AF824883

Zur Geschichte der Naturwissenschaften

ABHANDLUNGEN UND VORTRÄGE

ZUR GESCHICHTE DER

NATURWISSENSCHAFTEN

VON

PROF. DR. EDMUND O. VON LIPPMANN

DIREKTOR DER „ZUCKERRAFFINERIE HALLE“

ZU HALLE a. S.

„Die Geschichte der Wissenschaft ist die Wissenschaft selbst.“ Goethe.

VERLAG VON VEIT & COMP. IN LEIPZIG

1906

Druck von Fr. Richter in Leipzig.

HERRN GEHEIMRAT

PROFESSOR DR. EMIL FISCHER

IN DANKBARKEIT UND VEREHRUNG

GEWIDMET

Vorrede

Der Gedanke, meine Vorträge und Aufsätze zur Geschichte der Naturwissenschaften, die seit etwa 1890 in den verschiedensten und zum Teile nicht Jedermann leicht zugänglichen Zeitschriften erschienen sind, in einem Sammelbande zu vereinigen, ist mir im Laufe der letzten Jahre wiederholt, mündlich und schriftlich, nahegelegt worden, am eindringlichsten von dem der Wissenschaft jüngst so vorzeitig entrissenen Prof. Dr. Georg W. A. Kahlbaum, ferner von Herrn Staatsrat Prof. Dr. R. Kobert, von Herrn Hofrat Dr. H. Caro, und von den Herren Geheimräten Prof. Dr. Clemens Winkler, Prof. Dr. Ernst von Meyer, und Prof. Dr. W. Ostwald; er gewann Gestalt, als die, den letztgenannten Forschern nahestehende Verlagsbuchhandlung vor einiger Zeit mit einem bestimmten Vorschlage an mich herantrat, für den ich ihr auch an dieser Stelle meinen aufrichtigen Dank ausspreche.

Seit zur Zeit meiner Studien in Zürich der frühverstorbene, unvergeßliche Prof. Dr. W. Weith zwei Jahre hindurch zunächst für drei Zuhörer, dann für zwei, zuletzt für mich allein, ein Kolleg über Geschichte der Chemie las, — mit stets unverminderter Begeisterung und wahrhaft hinreißendem Schwunge —, hat mich das Interesse an der historischen Seite der Forschung dauernd festgehalten; es führte mich zunächst, im Umkreise meines engeren Berufes, zur Abfassung der „Geschichte des Zuckers" (die nach vieljährigen Vorarbeiten 1890 erschien), sodann, im Anschlusse an das unermeßliche Material, mit dem ich bei diesem Anlasse bekannt wurde, zur Vertiefung in geschichtliche Probleme allgemeineren Inhaltes.

Das in jugendlichem Überschwange angestrebte Ziel, von Etwas Alles und von Allem Etwas zu wissen, habe ich, — auch in ersterer Hinsicht, d. h. in bezug auf mein eigentliches Fach —, freilich längst als unerreichbar erkannt; dennoch halte ich mein Bemühen, dem die vorliegenden Vorträge und Aufsätze als bescheidene Früchte entsprossen, für kein ganz vergebliches: als eine zweifellos notwendige Durchgangsstufe der Entwicklung hat sich nämlich heutzutage die vielbeklagte völlige Zersplitterung des Wissens herausgebildet, und mit ihr das Unvermögen einer großen Anzahl von Forschern auch nur das Feld ihrer eigenen Wissenschaften ausreichend zu überblicken, geschweige denn jenes der benachbarten und fernerstehenden, oder gar das des historischen Werdeganges. Infolgedessen ist aber, wer auf mehreren dieser Gebiete auch nur einige, naturgemäß begrenzte Kenntnisse besitzt, doch schon zu manchen Leistungen befähigt, die vielen der größten, aber einseitig vorgebildeten Fachgelehrten zurzeit versagt bleiben. Daß solche Leistungen nur relativen Wertes sind, bin ich mir wohl bewußt, und möchte mich ausdrücklich gegen die Unterstellung verwahren: ich hätte mich erkühnt, wenn ich z. B. physikalische, physiologische, mathematische, philosophische, literaturgeschichtliche, oder sprachliche Probleme berührte, die eigentlichen Pfleger dieser Wissenschaften belehren zu wollen. Meine Veröffentlichungen waren stets nur für den Kreis Derer berechnet, die, wie die große Mehrzahl meiner engeren Fachgenossen, der Chemiker, Verständnis und Interesse für die Geschichte der Naturwissenschaften hegen, ihr aber als Laien gegenüberstehen. Gelänge es, die Aufmerksamkeit dieses weiteren Kreises zu erregen und dauernd zu fesseln, so wäre für die Anregung historischen Sinnes, und hiermit wieder für jene historischer Forschung, schon Wichtiges erreicht. Als diesem Ziele zugewandt, möchte ich meine Bestrebungen aufgefaßt sehen; Fachgelehrte aber, die das Buch einer Durchsicht unterziehen, bitte ich um Berichtigung der Fehler, an denen es nicht mangeln wird, und um Mitteilung auszufüllender Lücken.

Betreff letzterer sei aber bemerkt, daß ich, dem Rate Kahlbaums und anderer Sachkenner folgend, der Versuchung widerstand, sämtliche Aufsätze umzuarbeiten und inhaltlich zu erweitern; ich habe sie vielmehr, abgesehen von vereinzelten Verbesserungen, Ergänzungen und Zusätzen, zunächst in unveränderter ursprünglicher Form zum Abdrucke gebracht; sollten sie in dieser Gestalt Anklang finden, so sei die Einfügung des reichlich vorhandenen weiteren Materiales einer künftigen Auflage vorbehalten, deren vermehrten Umfang gutzuheißen man dann auch der Verlagsbuchhandlung wird zumuten dürfen.

Für das Ausschreiben und Anordnen der Register bin ich Herrn R. Dieckmann, technischem Beamten der „Zuckerraffinerie Halle", zu bestem Danke verpflichtet.

Möge mit mir auch der Leser empfinden, was Euripides in einem bei Clemens Alexandrinus erhaltenen Fragmente ausspricht:

„Ὄλβιος ὅστις τῆς ἱστορίας
Ἔσχε μάθησιν."[1]

Der Verfasser.

[1] „Glücklich, wer in den Lauf des Geschehens
Einsicht gewonnen."

(„Fragmenta philosophorum graecorum", ed. Mullach, Paris 1881; Bd. II, Vorr. S. 63.)

Inhalt

Siebente Abteilung

Achte Abteilung

Neunte Abteilung

Zehnte Abteilung

Erste Abteilung

I

DIE CHEMISCHEN KENNTNISSE DES PLINIUS[1]

Von den zahlreichen Werken, die Plinius bei seinem gelegentlich der Beobachtung des Vesuv-Ausbruches im Jahre 79 n. Chr. erfolgten Tode hinterließ, ist der Nachwelt nur die „Naturgeschichte“ erhalten geblieben, über die schon der jüngere Plinius sich mit den Worten ausspricht: „Diese Schrift meines Oheims ist voll Inhaltsschwere und Gelehrsamkeit, dabei nicht minder mannigfaltig als die Natur selbst.“ In 37 Büchern, deren einzelne mehr als hundert, und zum Teil sehr ausführliche Kapitel umfassen, hat Plinius, gestützt auf die Werke von 516, meist seither verloren gegangenen Quellenschriftstellern, eine encyklopädische Darstellung des naturhistorischen Gesamtwissens seiner Zeit zu geben versucht, die sich jedoch keineswegs streng an den Titel hält, vielmehr in zahlreichen Abschweifungen, — die übrigens inhaltlich häufig von größtem Werte sind —, über diesen hinausgeht. Die unendliche Fülle des zu behandelnden Stoffes hat es dem Verfasser begreiflicherweise unmöglich gemacht, mehr als einzelne Teile auf Grund eigener Kenntnisse und Anschauungen zu überblicken; obwohl er sich nun stets bemüht zeigt, das selbst Gesehene und das nur von Anderen Berichtete auseinander zu halten, und häufig selbst auf Wider-

[1] Festschrift der „Naturforschenden Gesellschaft des Osterlandes“, Altenburg 1892; im Auszuge vorgetragen auf der Hauptversammlung des „Vereines Deutscher Chemiker“ 1893 (s. „Zeitschrift für angewandte Chemie“, 1893, S. 383).

sprüche und Unwahrscheinlichkeiten solcher Berichte aufmerksam macht, so ist er daher im wesentlichen dennoch von seinen Quellen gänzlich abhängig geblieben, und sieht sich meistens gezwungen, sie ohne viel Kritik kompilatorisch zu benützen. Hieraus entspringen jene zahlreichen Stellen seines Werkes, die von handgreiflichen Unrichtigkeiten, absonderlichen Vorstellungen und abergläubischen Ideen völlig erfüllt sind;[1] im Bestreben, möglichst vollständig zu sein, führt Plinius solche eben so an, wie sie ihm seine Quellen bieten, bald ohne jede Bemerkung, bald unter Begleitung eines zweifelnden Zusatzes, und erscheint daher häufig befangener in den Irrtümern seines Zeitalters, als er dies, nach zahlreichen seiner eigenen Äußerungen zu urteilen, wirklich gewesen ist.

Die hohe Bedeutung des Plinius, sowie seinen maßgebenden Einfluß auf die gesamte mittelalterliche Gelehrsamkeit hat Humboldt im „Kosmos" in klares Licht gestellt,[2] und namentlich auch darauf hingewiesen, daß die „Historia naturalis" für die Geschichte vieler Zweige des menschlichen Wissens ein, an Umfang und Reichhaltigkeit einzig dastehendes Material enthält. Die Kenntnisse des Plinius auf zoologischem, botanischem, geographischem, kunstgeschichtlichem Gebiete u. s. f. sind nun schon in reichlichem Maße Gegenstand des Studiums gewesen und finden sich zum Teil auch in monographischer Darstellung vor; eine zusammenfassende Bearbeitung seiner chemischen Kenntnisse ist aber meines Wissens bisher noch nicht vorhanden, und ich unternahm daher den Versuch einer solchen, — nicht ohne mir der entgegenstehenden Schwierigkeiten völlig bewußt zu sein. Erstens finden sich nämlich die einschlägigen Stellen an so vielen Punkten des weitläufigen Werkes verstreut, daß es nicht leicht ist, sie sämtlich zu ermitteln; zweitens ist es nicht gut möglich, für eine solche Arbeit

[1] Die richtigen und unrichtigen Angaben jedesmal besonders als solche hervorzuheben, habe ich nicht für notwendig erachtet. [2] „Kosmos", Stuttgart 1847, Bd. II, S. 23 und 230.

scharf bestimmte Grenzen zu ziehen, da die Gebiete der Chemie, der chemischen Technologie, der Pharmakognosie, Mineralogie u. s. f. sich vielfach berühren oder ineinander übergehen; drittens sind die Deutungen der chemischen, botanischen, mineralogischen Namen häufig sehr zweifelhaft, und gerade in wichtigen Fällen oft so unsicher, daß einzelne Irrtümer und Mißverständnisse fast unausbleiblich werden; endlich hat man sich sorgfältig vor dem Fehler zu hüten, daß man den vorhandenen Angaben einen Sinn unterlege, den sie zwar im Lichte unserer heutigen Erkenntnis, nicht aber der Absicht des Verfassers nach haben können.

Die von mir im nachstehenden bei allen Citaten benutzte deutsche Übersetzung des Plinius ist die neueste, von Wittstein verfaßte und 1881 zu Leipzig erschienene.

I. Die vier Elemente.

Der Empedokleisch-Aristotelischen Qualitäten- und Elementen-Lehre schließt sich Plinius im allgemeinen völlig an, ohne sich jedoch im einzelnen irgendwie um deren Durchführung und Konsequenzen zu kümmern:

Über die Existenz von vier Elementen waltet kein Zweifel; das leichteste ist das Feuer, und aus ihm entstand die, gleich strahlenden Augen schimmernde Schar der Sterne; sodann kommt die Luft, die belebende, alles durchdringende, mit allem in Verbindung stehende; durch ihre Kraft getragen, schwebt die Erde in der Mitte der Welt, und trägt selbst wieder das Wasser.[1]

Das Feuer ist ein unermeßlicher und gewaltiger Teil der Natur, und es scheint fraglich, ob es als zerstörende oder als neubildende Kraft vorwiegt.[2] Seine reinste Form ist der Blitz, der sich, wenn die trübe Luft mit allzu feuchten Ausdünstungen erfüllt ist, aus jenem Feuerstoffe bildet, der von den drei oberen

[1] Lib. 1, cap. 4. [2] 36, 68.

Planeten, besonders vom Jupiter, auf die Erde herabfällt;[1] zufällige und deshalb sich von selbst wieder auflösende Gemische der feuchten Ausdünstungen mit dem Feuerstoffe sind die Kometen,[2] während die Sternschnuppen einen Überfluß an feuriger Kraft vorstellen, den die Gestirne in ähnlicher Weise fallen lassen, wie die Dochte brennender Öllampen die gewöhnlichen Schnuppen.[3] Feuer entsteht auch durch die Reibung gewaltsam herabstürzender Luft, durch Stöße der Wolken, sowie durch Aneinanderreiben von Steinen oder Hölzern,[4] besonders des Efeu- und Lorbeerholzes, denen man deshalb heilige Eigenschaften zuschreibt.[5] Das Feuer allein hat die Kraft, sich von selbst zu vermehren und zu erzeugen,[6] ja wunderbarerweise kann es sich sogar aus Feuchtigkeit bilden, z. B. bei der Selbstentzündung feuchten Heues;[7] als belebendes Element vermag es auch Belebtes hervorzubringen, so z. B. verwandeln sich die Funken der zyprischen Schmelzöfen in Mücken, die jedoch sofort sterben, wenn sie aus der Flamme herausfliegen.[8] Manche Pflanzen, z. B. das sonst nicht näher gekannte Kraut Arianis, enthalten Säfte von so hitziger Beschaffenheit, daß sie geöltes Holz durch bloße Berührung entzünden;[9] im Gegenteil hierzu ist z. B. der Salamander wieder von so kalter Natur, daß seine Berührung jedes Feuer löscht, — welche Behauptung allerdings durch die Erfahrung nicht genügend bestätigt wird.[10]

Die Luft erfüllt alles scheinbar Leere, nimmt jedoch selbst einen Raum ein, weshalb auch mit Luft gefüllte Blasen bei großer Hitze zerspringen.[11] Sie löst sich im Wasser, was durch die Möglichkeit des Atmens der Fische bewiesen wird,[12] kann durch den Blitz entzündet und auch durch Reibung in Brand gesetzt werden.[13] Luftstrom und Wind sind keineswegs das Nämliche;[14] von besonderer Kraft ist der Westwind, der den erzeugenden Hauch des Weltalls bildet, die Blätter zum Er-

[1] 2, 18, 43, 51. [2] 2, 23. [3] 2, 6. [4] 2, 43. [5] 16, 77. [6] 2, 111. [7] 18, 67. [8] 11, 42. [9] 24, 102. [10] 10, 86; 29, 23. [11] 2, 38, 41, 43. [12] 31, 23; 9, 6. [13] 2, 43. [14] 2, 45.

grünen, die Bäume zum Erblühen bringt und sogar, wo er noch ganz frisch ist, z. B. in Lusitanien (Portugal), durch sein bloßes Wehen die Stuten zu befruchten vermag.[1]

Von der Erde gibt es vielerlei Abarten, die bezüglich ihrer Fruchtbarkeit und Eignung für bestimmte Gewächse große Unterschiede zeigen, und deren Kraft sich durch den Geruch der frisch aufgegrabenen Erde kenntlich macht.[2] Daß die Erde Krankheiten unterworfen ist, beweisen ihre krankhaften Auswüchse, die besonders nach starkem Regen und lautem Donner entstehen, und Trüffeln heißen; sie sind ein wahres „Übel der Erde" und bestehen aus runden Ballen, die nicht, wie es den Anschein hat, gesäet werden können, sondern nur aus der Erde selbst hervorgehen.[3] Auch in Tiere kann sich die Erde verwandeln: nach den Überschwemmungen des Nils findet man unzählige Mäuse, deren Entstehung aus feuchter Erde soeben begonnen hat, und die am Vorderkörper bereits leben, im übrigen aber noch aus Schlamm bestehen.[4]

Das Wasser steigt als feuchter Dunst von der Erde auf und bildet die Wolken, die eine gewisse Dichtigkeit haben und etwas Körperliches sind, da sie Schatten werfen und die Sonne verdecken;[5] aus diesen fällt es später wieder hernieder und wird zur Quelle aller irdischen Kräfte, indem es aus dem Himmel die Lebenskraft für alle Gewächse mit sich bringt;[6] daher ziehen die Wälder die Wasserdünste an und verrichten deren gleichmäßige Verteilung, so daß, sowie man die Hügel und Berge entwaldet hat, diese aufhört, und bald unheilbringende Gießbäche zu Tal stürzen.[7] Von der gen Himmel aufsteigenden irdischen Feuchtigkeit nähren sich die Gestirne, und zwar der Mond von den Dünsten des süßen, die Sonne von jenem des See-Wassers;[8] alle Sterne sind daher auch wieder ergiebig an Feuchtigkeit, aber in sehr verschiedenem Grade, so daß sie, je nach ihrer milderen oder rauheren Natur, bei ihrer Bewegung

[1] 16, 39. [2] 17, 3. [3] 19, 11, 13. [4] 9, 84. [5] 2, 42. [6] 31, 1. [7] 31, 10. [8] 2, 6, 104.

Tau, Nebel, Regen, Reif, Schnee oder Hagel erzeugen.[1] Der Tau ist die belebende Spende gewisser Gestirne, besonders des Mondes und der aufgehenden Venus;[2] durch milde Sonnenwärme wird er verdichtet, und es entstehen so aus ihm, z. B. auf Kohlblättern, die Eier der Schmetterlinge;[3] starke Sonnenhitze verbrennt ihn, und veranlaßt hierdurch die Bildung des Getreiderostes.[4] Vom Nebel nähren sich viele Pflanzen, z. B. die Weinstöcke.[5] Der Reif kann sich nur bei stiller und heiterer Luft entwickeln, und friert an, wo er hinfällt;[6] der Mond erkältet auch den fallenden Tau zu Reif und tötet dadurch die in jenem enthaltenen pflanzenschaffenden Milchsäfte, die aus der Milchstraße stammen;[7] in Gärten und Weinbergen kann man durch Anzünden von Feuern und Entwicklung von Rauch diesem Verderben entgegenarbeiten.[8] Der Schnee ist der Schaum des himmlischen Wassers; altert er durch langes Liegen, so wird er rot und verwandelt sich in weiße und rote Würmer.[9] Das Eis entsteht durch starken Frost, ist leichter als Wasser und der Verdunstung fähig, so daß man nach dem Auftauen die ursprüngliche Menge des Wassers nicht wiederfindet;[10] manche Pflanzen, z. B. die Blätter des Aquifolium und der Kräuter Coracesia und Callicia, sind von so kalter Natur, daß ihre Berührung Wasser zu Eis erstarren macht;[11] dies bewirken auch die Steine Achat und Hephästitis;[12] ebenso erkaltet selbst siedendes Wasser sofort, wenn man den Knochen einer Kröte hineinwirft, und läßt sich nicht wieder erwärmen, bevor man ihn entfernt.[13]

Reines Wasser hat an sich Kugelgestalt, wie man an den hängenden, oder an den auf Staub und wollige Blätter gefallenen Tropfen sehen kann; daher steht auch das in Gefäße gefüllte Wasser in der Mitte höher als an den Rändern, und die Oberfläche des Meeres ist rund wie die der Erde.[14] Das irdische

[1] 2, 39; 18, 57, 69. [2] 2, 6; 18, 69; 20, 1. [3] 11, 37. [4] 18, 68, 69. [5] 17, 3. [6] 17, 37. [7] 18, 68, 69. [8] 18, 70. [9] 17, 2; 11, 41. [10] 2, 61; 31, 21. [11] 24, 72, 99. [12] 37, 54, 60. [13] 32, 18. [14] 2, 65.

Wasser nimmt die Beschaffenheit des Erdreiches an, durch das es fließt, ja selbst die der Kräuter, die es bespült; daher sind keineswegs alle Wässer zum Begießen der Pflanzen gleich gut geeignet, vielmehr zeigen sie die verschiedensten Qualitäten.[1] Es gibt Gewässer von jeder Temperatur, eiskalte bis siedende, ferner alkalische, saure, salzige, bittere, bituminöse, schweflige, alaunhaltige Quellen, häufig erfüllt von den heilendsten Kräften, — die aber allerdings auch gewissen ganz indifferenten Wassern zukommen;[2] einige Quellen werfen viele Blasen, schmecken nach Eisen, werden beim Erwärmen trübe und sondern einen rötlichen Bodensatz ab;[3] andere zerfressen selbst Metalle, wie Kupfer und Eisen;[4] noch andere setzen an den Quellenrändern eine bimssteinähnliche Masse ab, oder verwandeln alles Hineingetauchte, selbst Blumen, Blätter und Kränze in Stein, woher es sich auch erklärt, daß in Bergwerken versteinerte Bäume gefunden werden; wiederum andere erstarren, in Höhlen herabfließend, zu steinharten Massen, nicht nur unten auf dem Boden, sondern sogar schon während sie noch von der Decke tropfen.[5] Manche Wasser bleiben von selbst drei Tage lang warm, z. B. das jenseits des Rheins bei Mattiacum (Wiesbaden?) entspringende,[6] während sonst Wasser, das schon einmal erwärmt war, seine Temperatur rascher als gewöhnliches verliert, und im allgemeinen überhaupt jenes Wasser am besten ist, das, heiß gemacht, am schnellsten wieder erkaltet.[7] Das beste Wasser ist auch das reinste und leichteste, wie man am Regenwasser wahrnehmen kann, das fähig war aufzusteigen und in der Luft zu schweben; übrigens zeigen verschiedene Wasser, auch mit Hilfe der Wage (vielleicht auch schon der Senkwage, des Aräometers?) gemessen, keine merklichen Gewichtsunterschiede.[8] Schlechtes Wasser, z. B. salziges oder Meerwasser, macht es unmöglich, darin Hülsenfrüchte gar zu kochen;[9] Gefäße, in denen solches hartes Wasser gekocht wird, überziehen sich allmählich mit einer

[1] 31, 29; 18, 51. [2] 31, 2, 15, 22, 32. [3] 31, 8. [4] 31, 19. [5] 31, 17, 20. [6] 31, 17. [7] 31, 23. [8] 31, 21, 23. [9] 18, 30; 31, 21.

sehr festen und harten Rinde, die aber sogleich abfällt, wenn man in ihnen Kohlköpfe sieden läßt.[1]

II. Nichtmetalle.

1. Schwefel.

Der Schwefel findet sich eingesprengt und als Anflug an Gesteinen, aber auch gediegen, und zwar teils in schönen, grünlichen durchsichtigen Kristallen, teils in dunkler gefärbten Klumpen, die aus Schachten gegraben, durch Feuer geläutert und durch Schmelzen gereinigt werden;[2] bei starkem Erhitzen gerät er ins Kochen und entzündet sich, da er sehr leicht brennbar ist.[3] Sein Dunst (d. i. die schweflige Säure), der sich auch in heißen Quellen, sowie im Qualme des Blitzes vorfindet, ist von heftigem Geruch und von so großer Kraft, daß er z. B. bei Fallsüchtigen sofort den Ausbruch ihrer Krankheit veranlaßt; er dient zum Konservieren des Weines, zum Räuchern der Wolle, der er Glanz und Zartheit verleiht, zum Reinigen und Bleichen des Linnens, der Wolle und der Kleider, und zum Zerstören der unechten Farbstoffe.[4] Des Schwefels bedienen sich auch die Walker; ferner bestreicht man mit ihm die Lampendochte, um sie leichter brennbar zu machen; der Schwefel, besonders der „natürliche“ (kristallinische?), besitzt für sich, mit Kalk zusammengeschmolzen, sowie in Verbindung mit vielen anderen Stoffen, große Heilkräfte, namentlich vertreibt er Flechten und Aussätze aller Art,[5] so daß seine medizinische Verwendung eine höchst ausgebreitete ist.

2. Kohlenstoff.

Durch langsames Verkohlen des Holzes in großen Meilern stellen die Köhler Holzkohle dar, die für viele Handwerke und Verrichtungen unentbehrlich ist; angezündet, verbrennt sie mit starker Flamme, und zwar ist jene Kohle die wirksamste,

[1] 20, 36; 31, 22. [2] 18, 29, 35, 50. [3] 17, 47; 35, 50. [4] 35, 50; 14, 25; 35, 57. [5] 35, 50; 22, 58; 26, 74.

die schon einmal angebrannt, dann aber wieder ausgelöscht war.[1] Durch Verbrennen von Harz oder Pech, und Niederschlagen des Rauches in großen Kammern, gewinnt man eine sehr feine Kohle, die Ruß heißt, mit Leim versetzt als Anstrichfarbe, mit Gummi gemischt als Tinte dient, und auch aus Hefe, Weintrestern, Elfenbein, Dattelkernen und dergl. erhalten wird, am besten aber durch Verbrennen von Sesamöl mittels eines papierenen Dochtes und Sammeln der Schwärze mit einer Feder;[2] die aus Dattelkernen und ähnlichen Substanzen gewonnene Schwärze heißt auch Spodium.[3]

Ob die „Steine, die mit Fett bestrichen verbrennen", vielleicht Braun- oder Steinkohlen waren, muß dahingestellt bleiben.[4]

Den Diamanten kennt Plinius,[5] natürlich ohne zu wissen, daß er kristallisierter Kohlenstoff ist: Der indische Diamant ist der schönste und wertvollste aller Edelsteine; er ist der härteste aller Körper, widersteht dem Feuer derart, daß er überhaupt nicht erhitzt werden kann, und ist von den merkwürdigsten Kräften erfüllt: er hindert den Magneten, das Eisen anzuziehen, kann durch keinerlei mechanische Gewalt zerstoßen oder zerschlagen werden, zerspringt aber augenblicklich, wenn man ihn mit frischem und noch heißem Bocksblute berührt.

Die Kohlensäure als solche kennt Plinius nicht, wohl aber viele ihrer Wirkungen. Eine erstickende Luft findet sich in vielen Gruben und Höhlen; auch in tiefen Brunnen wirkt die Luft, eben wegen der großen Tiefe, nachteilig, ja verderblich, was man daran erkennen kann, daß brennende Lampen in ihr verlöschen.[6] Gewisse heiße und kalte Sauerwasser besitzen eine derartige Stärke, daß sie, unmäßig getrunken, wie Wein zu Kopf steigen.[7] Die Weinhefe ist von einer Kraft erfüllt, die Leute, die in die Weinfässer hineinsteigen, zu töten vermag; ein brennendes Licht zeigt Gefahr an, solange es, ins

[1] 16, 8; 33, 30; 36, 68. [2] 35, 25; 23, 51; 28, 47. [3] 28, 47. [4] 2, 111. [5] 20, 1; 37, 15. [6] 31, 18. [7] 31, 5, 13.

Faß gebracht, verlöscht.[1] Essig, auf gewisse Erden gegossen, bewirkt ein Aufbrausen;[2] dasselbe gilt für die medizinisch vielfach angewandten Mischungen von Essig mit Nitrum (Soda) und dergl.

3. Kiesel.

Der Kieselstein (Quarz) findet sich als feiner Sand, in größeren Stücken, aber auch in ganzen Felsmassen, die häufig das Muttergestein des Goldes bilden, und auf bergmännische Art, oder auch mittels Feuer und Essig, zersprengt werden; er ist sehr hart und spröde, gibt beim Aneinanderschlagen zweier Stücke, oder beim Schlagen mit Stahl, Funken, die man in Schwefel, trockenen Blättern und Zunder auffängt, und eignet sich vorzüglich zu Mühlsteinen.[3]

Der Kristall (Bergkristall) ist von eisiger Natur, weshalb er auch keine Wärme vertragen und nur kalten Flüssigkeiten widerstehen kann; zu seiner Entstehung sind klare Feuchtigkeit, etwas Schnee und große Kälte notwendig. Die schönsten Kristalle, die sich aus dem reinsten Wasser bilden und deshalb auch „von reinstem Wasser“ heißen, sind vollkommen durchsichtig, wasserklar, von der wundervollsten Glätte, zeigen sechs Kanten, doch nicht immer ebenso geformte Spitzen, enthalten weder Poren noch Blasen und erweisen sich völlig unschmelzbar. Es gibt Stücke, die fast eine Elle hoch und bis 150 Pfund schwer sind; fehlerhafte Kristalle nennt man solche, die rauh, trüb, rissig, blind, unrein in der Farbe, oder unregelmäßig von Gestalt sind. Letzterem Fehler kann man durch Nachschleifen abhelfen; aus Kristall lassen sich auch Kugeln schleifen, mittels derer man, indem man sie gegen die Sonne hält, Feuer anzünden kann.[4]

Der Kieselsand dient zur Darstellung des Glases, und wird hierzu mit Nitrum (Soda), dessen beste Sorte die aus Ophir ist, und Muschelschalen oder gewissen Steinen, oft unter Zusatz

[1] 23, 31. [2] 23, 27. [3] 33, 21; 36, 30. [4] 37, 9, 10; 2, 95.

von eisen- oder kupferhaltigen Stoffen, geschmolzen; hierzu dienen große Öfen, die wie die Erzschmelzöfen beständig im Gange bleiben, und beim Abstich zunächst eine fettglänzende, dunkelfarbige Masse ergeben, die in eigenen Werkstätten, durch Umschmelzen in anderen Öfen, gereinigt und umgearbeitet wird. Glas läßt sich blasen, mit der Drehscheibe formen, wie Silber ziselieren, aber auch wie ein Metall gießen.[1] Man hat so Bühnen für die Theater, große Zimmerdecken, ja selbst vollständige Gewölbe hergestellt;[2] ganze Glaswände hat zuerst Kaiser Tiberius anfertigen lassen, um in seinen Treibhäusern möglichst früh frische Gurken zu erzielen, die er sehr gern aß.[3] Das beste Glas und zugleich das schönste und kostbarste ist das ganz wasserhelle, rein weiße, durchsichtige, das möglichst dem Kristall gleicht. Wie die Kugeln aus Kristall, so erzeugen auch die aus Glas eine große Hitze, sobald man sie der Sonne aussetzt, besonders wenn sie mit Wasser gefüllt sind; vom Kristall unterscheidet sich aber das Glas darin, daß man mit Wasser gefüllte Gläser erhitzen kann, und daß sich heiße Glasstücke durch Anpressen aneinander kitten lassen. Mit Schwefel zusammengeschmolzen, gibt das Glas eine trübe, steinige Masse. So leicht, wie zu bearbeiten, ist Glas auch zu färben, und man hat gelbe, grüne, hyazinthrote, saphirblaue und andersfarbige Gläser, ferner auch murrhinische (irisirende?); ein ganz rotes, undurchsichtiges, heißt Hämatinon, ein ganz schwarzes, dem gleichnamigen Steine ähnliches, Obsidian.[4] Auch Edelsteine werden auf das täuschendste aus Glas nachgemacht, z. B. Beryll,[5] Opal,[6] Karfunkel,[7] Saphir,[8] Türkis,[9] Amethyst[10] und viele andere; man kann sie jedoch daran erkennen, daß sie weicher, leichter und zerreiblicher sind als die echten, weniger Kälte und Lichtbrechungsvermögen besitzen und zuweilen kleine Fehlstellen oder Bläschen zeigen.[11]

[1] 36, 64. [2] 36, 34, 64. [3] 19, 23 [4] 36, 66, 67. [5] 37, 20. [6] 37, 22. [7] 37, 26. [8] 37, 39. [9] 37, 33. [10] 37, 40. [11] 37, 26, 76.

4. Bor.

Als Borax soll, nach Wittstein, dasjenige Nitrum anzusprechen sein, von dem Plinius berichtet, daß es beim Löten angewandt werde;[1] obwohl dieser Gebrauch den Alten bekannt gewesen sein soll, so ist doch der Mitteilung des Plinius so wenig Bestimmtes zu entnehmen, daß die Konjektur als eine gewagte bezeichnet werden muß.

III. Metalle.

1. Alkalimetalle (Anhang: Ammoniak).

Nitrum (im wesentlichen kohlensaures Natrium oder Soda, verunreinigt mit Natrium- und Magnesiumsulfat, Kochsalz, Salmiak und dergl.) findet sich in vielen Gewässern, z. B. in den ägyptischen Bitterseen, in manchen Quellen, die es aus der Erde auswaschen, und zeigt sich oft in salzähnlichen weißen Kristallen, oft nur als eine Auswitterung des Erdbodens. Aus solcher Erde laugt man es in Ägypten mit Wasser aus und scheidet es durch Versieden ab. Reines Nitrum ist weiß, zart, locker, schwammig und porös, unreines rotbraun, bröckelig und oft mit Erde vermischt; da es, selbst sorgfältig getrocknet, sehr zerfließlich bleibt, so versendet man es in verpichten Krügen.[2] Nitrum wirkt stark ätzend, und da diese Eigenschaft durch Kalk noch bedeutend verstärkt wird, so verfälscht man es häufig durch Zusatz von Kalk; in Wasser löst es sich leicht auf, wobei diese Verfälschung zutage tritt,[3] und auch in Essig ist es sehr löslich.[4] Mit Schwefel zusammengeschmolzen, bildet es eine graue, steinharte Masse.[5]

Die Asche getrockneter Pflanzen, die ein höchst kräftiges Düngemittel ist,[6] z. B. die Asche der Kohlstengel,[7] des Feigenholzes,[8] des Eichenholzes,[9] der Weinhefe,[10] u. s. f., hat die Natur des Natrons, besitzt aber noch stärkere Kräfte als dieses[11] und

[1] 33, 29. [2] 31, 46. [3] 31, 46; 23, 63. [4] 30, 10. [5] 31, 46. [6] 17, 5, 6, 47. [7] 20, 35. [8] 23, 63. [9] 16, 11. [10] 14, 26. [11] 14, 26.

hat sehr ätzende Eigenschaften.[1] (Gemeint ist das kohlensaure Kalium, die Pottasche.)

Eine Art Nitrum tritt auch als Auswitterung an feuchten Mauern auf;[2] es wird vielfach in der Medizin gebraucht[3] und ist ein wirksamer und treibender Dünger für zahlreiche Pflanzen, z. B. für Rettige.[4]

Kochsalz (d. i. Chlornatrium) scheidet sich aus dem Wasser mancher Seen, sowie beim Verdunsten des Meerwassers in den Salzgärten ab, ist meist pulverig, selten kristallisiert. In großen, wasserhellen, durchsichtigen, leicht spaltbaren Massen, Steinblöcken gleichend und daher Steinsalz genannt, findet es sich in der Erde, woselbst es durch Verdichtung der Feuchtigkeit entsteht; in den Gruben ist es sehr leicht, an die Luft gebracht erlangt es aber eine kaum glaubliche größere Schwere, offenbar weil die feuchte Grubenluft in der Tiefe sein Gewicht ebenso vermindert, wie das Wasser jenes der darin schwimmenden Gegenstände. Salz wird auch aus Salzsole gesotten, die man aus Brunnen pumpt, und zwar ist das mit Eichenholz gesottene Salz das beste, weil die Asche jenes Holzes auch dem Salze große Kraft verleiht;[5] manche Salzsolen enthalten ein öliges Bitumen, das beim Eindampfen der rohen Salzlauge emporsteigt und auf der Oberfläche schwimmt.[6] Gallier und Germanen, die die Kunst des Salzsiedens nicht verstehen, bereiten Salz, indem sie Salzwasser auf brennendes Holz gießen, wobei das Wasser verdampft.[7] Das Salz ist desto besser und wohlschmeckender, je reiner und weißer es ist; manches ist glashell und spiegelglänzend, anderes gelblich, rot oder braunrot; einiges knistert im Feuer, anderes beim Auflösen im Wasser;[8] merkwürdigerweise vermögen selbst vier Teile Wasser nicht einen Teil Salz vollkommen aufzulösen.[9] Salz findet sich auch in Pflanzen, z. B. in Futterkräutern, und zwar selbst da, wo der Boden nichts davon enthält.[10] Das Salz des Meerwassers stammt

[1] 20, 35. [2] 20, 26; 22, 30; 30, 41. [3] 35, 50; 24, 38. [4] 19, 26. [5] 31, 39, 40. [6] 31, 39. [7] 31, 39. [8] 31, 41. [9] 31, 34. [10] 11, 97.

nicht, wie das der Heilquellen, aus der Erde, sondern wird der See gleichsam durch die Glut der Sonne eingekocht, indem diese die süßeren und zarteren Teile des Seewassers allmählich an sich zieht;[1] das Meerwasser, das man zu Zwecken der Fischzucht auch künstlich (aus der Sole der Salzgärten?) darzustellen versteht,[2] friert langsamer als jedes andere, erhitzt sich aber dafür desto rascher.[3] Das Salz trocknet und konserviert, schützt vor Verwesung und Fäulnis, ist ein wichtiges Viehfutter und kann für die menschliche Nahrung nicht entbehrt werden;[4] seine belebende Kraft ist so groß, daß z. B. Mäuse durch bloßes Fressen von Salz Junge gebären.[5] Im Übermaße genossen, wirkt es aber schädlich; wenn z. B. Mütter zu viel Salz verzehren, so bringen sie Kinder ohne Nägel zur Welt.[6]

Salmiak (d. i. Chlorammonium) ist jedenfalls ein Hauptbestandteil jenes ägyptischen Nitrums, das nach Plinius, auf Zusatz von Kalk einen heftigen Geruch entwickelt (nach Ammoniak); man erhitzt (sublimiert?) ihn in Töpfen, die aber bestens verschlossen sein müssen, weil er sonst entweicht. Ganz rein ist er weiß und locker, leicht löslich im Wasser und wird, in Gefäßen stehend, feucht, wobei sich oben eine grauweiße, feinhaarige Schicht bildet; die geringere Sorte ist feucht, gelblich oder rötlich, und riecht unangenehm, sehr scharf, ungefähr wie Fischbrühe.[7] Einen ähnlichen, scharf riechenden Rauch liefert auch die Asche des gebrannten Hirschhornes;[8] sein Geruch (der dem kohlensauren und freien Ammoniak zuzuschreiben ist) wirkt so kräftig, daß er die Giftschlangen vertreibt; auch in der Medizin wird dieser Stoff allein, oder zusammen mit Essig, vielfach angewandt.[9]

2. Calcium.

Kalkstein (d. i. kohlensaures Calcium) ist desto besser, je weißer, gleichmäßiger und fester er ist; beim Brennen ergibt

[1] 2, 104. [2] 31, 34. [3] 2, 106. [4] 31, 45, 41. [5] 10, 85. [6] 7, 5. [7] 31, 46, 42; 32, 44. [8] 28, 42. [9] 28, 46, 47, 49, 57.

er den Ätzkalk, der die höchst merkwürdige Eigenschaft besitzt, sich, obwohl er doch schon gebrannt ist, mit Wasser nochmals zu erhitzen und gleichsam zu entzünden.[1] Mit viel Wasser versetzt, liefert er den eingesumpften Kalk, der desto besser und fetter gerät, je reiner der Kalkstein war, und sich zu Bauzwecken desto besser eignet, je älter er wird.[2] Gebrannter Kalk läßt sich mit Öl vermischen, welche Mischung u. a. auch zum Dichten gebrannter Tonröhren, wie man sie für Wasserleitungen benützt, sehr geeignet ist;[3] mit Eiweiß vermengt, liefert Ätzkalk einen vorzüglichen Kitt für Glasstücke;[4] wie zu vielen anderen Zwecken, dient er auch zum Düngen, besonders für Weinstöcke und Ölbäume.[5] – Der Marmor ist, wenn völlig rein, schneeweiß und körnig-kristallinisch, braust mit Essig auf, und dient deshalb in der Heilkunde als kühlendes Mittel;[6] er nimmt, mit Bimsstein und dergl. behandelt, Politur und herrlichen Glanz an und läßt sich in die dünnsten Platten zerschneiden, wozu man sich feinen Sandes, des Seesandes, des ägyptischen oder des Naxos-Schmirgels bedient.[7] Merkwürdig ist, daß er in den Steinbrüchen immer wieder frisch nachwächst und sich überhaupt durch einen Wachstumsvorgang bildet.[8] – Auch die Kreide, die in reinem Zustande weiß, in unreinem grau oder rötlich ist, braust mit Essig und wirkt so als Heilmittel; auch findet sie Verwendung zum Schönen und Walken der Kleider, sowie zum Reinigen des Silbers.[9] – Gebrannte Austernschalen, Muscheln und Schneckengehäuse werden gleichfalls ätzend, und sind medizinisch wichtig,[10] während hingegen die Korallen dem Feuer widerstehen und sich nicht brennen lassen.[11] Gebrannte Eierschalen, für sich, oder zusammen mit Essig, werden auch in der Medizin gebraucht; es ist bemerkenswert, daß Essig die Schale der Eier auflöst, obwohl diese sonst so fest ist, daß sie, aufrechtstehend, durch keine Kraft und kein Gewicht zerbrochen

[1] 36, 53. [2] 36, 53, 55. [3] 24, 1; 31, 31. [4] 29, 11. [5] 17, 4, 6. [6] 36, 16. [7] 36, 9. [8] 36, 24. [9] 35, 57, 58. [10] 30, 10; 32, 21. [11] 32, 11.

werden kann.[1] Auch die Perlen, die sich bilden, wenn die Perlmuscheln durch den himmlischen Tau befruchtet werden, lösen sich in Essig, wie dies z. B. Kleopatra bei ihrem berühmten Gastmahle bewies.[2]

Der Gips (d. i. schwefelsaures Calcium) entsteht, indem die Feuchtigkeit der Erde erstarrt und kristallisiert; er ist weiß, weich und spaltbar, in großen Stücken dem Marmor ähnlich, und kann wie dieser gebrannt werden; nach dem Befeuchten mit Wasser muß gebrannter Gips sofort verbraucht werden, da er sonst zu einer steinharten Masse zusammenbackt.[3] Vom farblosen Gips (Marienglas) ist der arabische der beste; er ist klar, zerbrechlich, durchsichtig wie Glas und dient zur Anfertigung von Fenstern und von Verschlußscheiben für Bienenstöcke, die es gestatten, die Tiere bei ihrer Arbeit zu beobachten.[4]

Des Gipses, Kalkes und Marmors bedient man sich zum Verbessern des sauren Weines[5] und zum Konservieren des Mostes;[6] Manche verstärken die Wirkung dieser Stoffe noch durch Hinzufügen von Asche, Aschenlauge oder eingedicktem Meerwasser, und bessern die, durch die Schärfe solcher Substanzen unansehnlich gewordene Färbung, durch Zusatz verschiedener Farbstoffe wieder auf.[7] Dergleichen Weine erhalten dann selbst Kranke zur Stärkung, obwohl schon der Gesunde vor deren Genusse erschaudern muß.[8]

3. Magnesium.

Den Magnesit (kohlensaures Magnesium) führt Plinius bei der Besprechung des Magneteisens an;[9] er findet sich bei Magnesia, ist weiß, sieht ähnlich wie Kalkstein aus und zieht das Eisen nicht an.

Bittersalz (Magnesiumsulfat) ist ein Bestandteil des Nitrums der oben erwähnten Bitterseen und bitteren Quellen.

[1] 29, 11. [2] 9, 54, 58. [3] 36, 45, 59. [4] 36, 46; 33, 22; 21, 47. [5] 14, 24. [6] 36, 48. [7] 14, 25, 26. [8] 23, 24. [9] 36, 25.

Asbest (d. i. wesentlich kieselsaures Magnesium) ist ein unverbrennlicher Flachs, den die regenlosen, vom Sonnenbrande ausgedörrten indischen Wüsten hervorbringen; er ist rötlich, wird beim Erhitzen weiß, widersteht dem Feuer, und läßt sich zu kostbaren Kleidern und Tischtüchern verarbeiten.[1]

4. Aluminium.

Tonerde ist in reinem Zustande weiß und völlig unschmelzbar; sie findet sich oft in großen Massen, oft in kleineren Knollen, oft auch als weiße, zarte, sehr lockere Erde, die an der Zunge klebt und als Walkererde benützt wird, nachdem man sie mit Wasser gewaschen und in der Sonne getrocknet hat;[2] die unreinere Tonerde ist rot oder braun, und aus ihr werden die Ziegelsteine verfertigt, von denen jene für die besten gelten, die zwei Jahre an der Luft gestanden sind.

Der Alaun (d. i. Kalium-Aluminium-Sulfat) stellt eine Art Salzsaft der Erde dar, entsteht aus Wasser und Schlamm, gerinnt im Winter, wird im Sommer gezeitigt, und ist, soweit er früh ausreift, klar und hell. Der beste ist, wenn fest, weiß und durchsichtig, wenn aufgelöst, klar, und von nagendem, zusammenziehendem Geschmacke; er allein ist zum Beizen und Färben heller Wolle, sowie zum Gerben feiner Häute brauchbar. Der unreine Alaun ist grau, dunkel, trübe und oft eisenhaltig; letzteres erkennt man daran, daß sich seine Lösung beim Versetzen mit Galläpfelextrakt (d. i. Gerbsäure) schwärzt.[3] Durch Brennen wird der Alaun verändert und liefert so ein wichtiges Heilmittel;[4] auch der Alaun als solcher ist aber in der Medizin unentbehrlich,[5] vor allem der ägyptische, der der reinste und wirksamste ist.[6] – In der Erde findet sich auch der Alaunschiefer, der lange, undurchsichtige, übelschmeckende Massen bildet, aus denen man durch Rösten Alaun gewinnt; auch der

[1] 19, 4. [2] 33, 21; 35, 49; 35, 53, 57. [3] 35, 52. [4] 28, 75; 30, 22; 35, 52. [5] 20, 51, 53; 28, 33, 46. [6] 28, 27, 46, 60.

Federalaun, der aus dem Schweiße des Kupferkieses entsteht und ein leicht spaltbarer, fest gewordener Alaun ist, wird in den Bergwerken vorgefunden.[1]

Der Mergel (wesentlich Tonerde und Kalkstein) bildet gleichsam ein „Schmalz der Erde", und seine Arten sind höchst zahlreich: man kennt weißen, grauen, rötlichen, tonartigen, sandigen, feuchten, fetten und rauhen Mergel. Mergel ist ein „Ernährer der Feldfrüchte", wird aber nur in dünner Schicht und womöglich mit Salz oder Mist gemischt auf das gepflügte Land gebracht, woselbst seine Wirkung nicht gleich im ersten Jahre hervortritt;[2] gewisse Saaten freilich ernähren ihre Felder selbst, z. B. Wicken, Wolfs- und Saubohnen, sowie Luzerne.[3]

Daß die Tonerde auch kristallisiert, weiß Plinius natürlich nicht, doch kennt er den Rubin und Saphir;[4] ferner erwähnt er den Schmirgel von Naxos,[5] den Topas,[6] sowie vermutlich den Blaustein oder Lapis Lazuli.[7]

5. Beryllium.

Der Beryll kommt zumeist aus Indien und wird dort schon sechskantig geformt aus der Erde gefördert, oder sechskantig zugeschliffen; von allen Edelsteinen hat er allein eine Abneigung gegen das Gold, weshalb man die Berylle nicht in Gold faßt, sondern durchbohrt und auf Elefantenhaare reiht.[8] — Den Smaragd schildert Plinius als besonderen Edelstein, von völliger Durchsichtigkeit, wunderbar grüner Farbe und außerordentlicher Härte.[9]

6. Gold.

Gold kommt in der Natur als gediegenes Metall vor, in Klumpen bis zu zehn Pfund Gewicht, ferner im Sande mancher Flüsse, endlich in die Adern anderer Gesteine eingesprengt, besonders in die des Quarzes. Aus den goldführenden Gesteinen

[1] 31, 39. [2] 17, 4. [3] 17, 6; 18, 36, 37, 43. [4] 37, 25, 39. [5] 37, 32. [6] 37, 32. [7] 37, 38. [8] 37, 20. [9] 37, 16.

gewinnt man es durch Mahlen oder Pochen, Schlämmen, Rösten, und Ausschmelzen in Tiegeln aus weißer Tonerde. Beim Auswaschen des Goldes läßt man das Wasser, das oft zwanzig Meilen weit unter unendlichen Gefahren, Mühen und Kosten herbeigeleitet wird, in gewaltsamem Gefälle herniederstürzen, bringt es dann zum Absitzen, und zwar in Gräben, die man mit Ulex (einer Art Rosmarin) auskleidet, sammelt diese Pflanze, deren rauhe Oberfläche das feine Gold zurückhält, verbrennt sie, und schlämmt ihre Asche.[1] Das Gold steht an Gewicht und Schmiegsamkeit nur dem Bleie nach,[2] ist sehr weich[3] und so dehnbar, daß eine Unze (d. i. 28,75 g) 750 und mehr Bleche von je vier Quadratzoll Größe liefert, und Goldfäden darstellbar sind, die bloß die Dicke von Wollhaaren haben und sich verspinnen oder verweben lassen. Gold rostet nicht, widersteht dem Essig und wird durch Feuer nicht verändert, sondern nur geschmolzen, am leichtesten, wenn man Blei zusetzt, welches Verhalten man zur Reinigung des Goldes und zur Trennung von dem es fast stets begleitenden Silber benützt. Durch wiederholtes Schmelzen läutert sich das Gold und nimmt zuletzt eine dem Feuer selbst gleichende Farbe an; an dieser erkennt man das echte Gold und spricht daher von der „Feuerprobe“.[4] Setzt man zu geschmolzenem Golde die Glieder eines Huhnes, so ziehen diese das Metall in sich ein, sind also gleichsam ein Gift für das Gold.[5]

Das reine Gold, dessen Güte man mittels des Probiersteines prüft,[6] ist ein mächtiges Arzneimittel und bricht Zauber und Gifte aller Art.[7] Kupfer, Silber und andere Metalle kann man mittels Quecksilbers vergolden; auf Holz, Glas, Marmor und dergl. trägt man jedoch Goldblättchen mittels Eiweiß oder Leim auf.[8] – Das Gold wächst, wie alle Metalle, in der Erde wieder nach, vermutlich, indem die Luft in die beim Graben erweiterten Öffnungen reichlich eindringt.[9]

[1] 33, 20. [2] 33, 19. [3] 33, 31. [4] 33, 19. [5] 29, 25. [6] 33, 43. [7] 33, 25; 21, 38. [8] 33, 19, 42. [9] 2, 95; 34, 49.

7. Silber.

Das **Silber** bildet einen beständigen Begleiter des Goldes, von dessen Menge es zuweilen nur $^1/_{36}$, oft aber auch $^1/_{10}$ ja $^1/_8$ beträgt;[1] gediegen kommt es nicht vor, in gewissen Erzen, besonders im Bleiglanze, ist es aber massenhaft enthalten. Aus den Bleierzen, oder unter Zusatz von Blei, wird es ausgeschmolzen, wobei das reine Silber schließlich verbleibt und leuchtend hervortritt (der sogenannte Silberblick), während die übrigen Stoffe in die Silberschlacke und den Silberschaum übergehen, die als Auswürfe des sich reinigenden und des schon gereinigten Metalles anzusehen sind und große Heilkräfte besitzen.[2] Das reine Silber ist weiß, glänzend, dehnbar und sehr weich;[3] eine Legierung mit vier Teilen Gold heißt Elektron, kommt in der Natur vor, wird aber auch künstlich bereitet, sowohl wegen ihres herrlichen Glanzes, als auch weil sie die Eigenschaft hat, alle Gifte zu offenbaren, indem sie, bei Berührung mit ihnen, unter Knistern Funken von sich gibt und sich mit den Regenbogenfarben überzieht.[4] Gewisse Mineralwässer und Salze färben das Silber, ebenso wird es durch das Gelbe eines hart gekochten Eies geschwärzt; durch Essig, sowie durch Putzen mit Kreide wird der Fleck wieder entfernt.[5] Aus Silber macht man auch Blattsilber und Silberspiegel, von denen die rückwärts vergoldeten die richtigsten Bilder geben; die Bilder entstehen aber überhaupt, indem die Luft, als Abbild des von der klaren Fläche aufgenommenen Schattens, zurückprallt und wieder ins Auge gelangt; daher erklärt sich die Veränderung und Verzerrung der Gestalten, wenn man die Spiegel konkav, konvex oder kegelförmig macht.[6] Nebst Spiegeln verfertigt man auch unzählige andere Luxusgeräte aus Silber, da sich dieses vorzüglich und leicht in jeder Weise verarbeiten läßt; mattierte Gegenstände bereitet man aus einer Legierung von $^1/_3$ Silber, $^1/_3$ Kupfer und $^1/_3$ Schwefel.[7]

[1] 33, 23, 20. [2] 33, 31; 47, 35; 28, 61. [3] 33, 31. [4] 33, 23. [5] 33, 55, 46. [6] 33, 45. [7] 33, 55.

8. Kupfer.

Kupfer wird hauptsächlich durch Ausschmelzen des Kupferkieses dargestellt, einer bröcklichen, zerreiblichen, honiggelben Gesteinsart, die in Cypern massenhaft auftritt und dort auch zuerst auf Kupfer verarbeitet wurde, während man in Rom selbst das Prägen des Kupfers erst zur Königszeit erlernte.[1] Das reine Kupfer ist rot, glänzend, schwer, dehnbar und hämmerbar; durch Hämmern wird es auch in Barren geformt, wobei der Kupferhammerschlag abspringt.[2] Will man es völlig blank haben, so beizt man es mit Urin;[3] in diesem Zustande, den man dauernd erhalten kann, wenn man es mit Öl, Fett oder Teer bestreicht, bildet es keinen Grünspan.[4] Das Kupfer ist ein Bestandteil vieler Legierungen, z. B. des Messings;[5] die wichstigste ist die mit Zinn, aus der man Spiegel und andere Gegenstände darstellt, und die am besten und schönsten in Brundisium bereitet wird,[6] (woher angeblich der Name Bronze rührt). Da der Grünspan zur Heilung vieler Augenkrankheiten, gewisser Geschwüre, offener Wunden und dergl. überaus nützlich ist, so stellt man ihn auch künstlich aus Kupfer dar,[7] indem man blanke Kupferbleche in bedeckten Fässern über scharfem Essig aufhängt, oder Kupferfeile mit Essig besprengt und fleißig umrührt, oder Kupferfeile mit Essig in einem Mörser verreibt, oder endlich kupferne Platten in Weintrester eingräbt; durch Erhitzen läßt sich dieser rohe Grünspan in eine lockere Asche (d. i. Kupferoxyd) verwandeln.[8]

Liegt der Kupferkies offen an der Luft, so verwandelt ihn diese (durch Oxydation) in einen anderen Körper (nämlich den Kupfervitriol), der in der Medizin als starkes Brechmittel dient,[9] übrigens auch aufgelöst in den Grubenwässern vorkommt. Um ihn zu gewinnen, kocht man die Grubenwässer stark ein,

[1] 34, 29; 33, 13; 34, 2. [2] 34, 24. [3] 34, 25. [4] 15, 8; 34, 21. [5] 34, 20; 34, 2. [6] 33, 45, 47. [7] 29, 38; 30, 37, 39. [8] 34, 26. 27. [9] 34, 30.

setzt ein gleiches Maß Wasser hinzu und gießt die Lösung in hölzerne Kübel, über denen Querhölzer befestigt sind, von denen wiederum kleine Stricke, die durch Steinchen gespannt gehalten werden, bis in die Kübel hinabreichen; an diese nun hängt sich die gelöste Materie an, in gläsernen Beeren, gleichsam traubig; sie ist glänzend, durchsichtig wie Glas, und wird für desto besser gehalten, je tiefer blau sie aussieht.[1] – Andere (meist nicht sicher zu deutende) Kupfermineralien sind: die Chrysocolla, die herrlich grün, wie ein frisches Saatfeld erglänzt und als Farbe benützt wird;[2] der cyprische Kupfersmaragd, eine fette, feuchte, meergrüne, durchsichtige Materie;[3] das Bergblau oder Cöruleum, das in vier Nuancen käuflich ist und, auf Kohle gebracht, mit heller Flamme brennen soll,[4] und dergl. mehr.

9. Quecksilber.

Vom Quecksilber gibt es zweierlei Arten, das natürliche und das künstliche. Das natürliche ist sehr selten; es wird in Form metallischer Tropfen gefunden und mittels Durchpressens durch Leder gereinigt; ausgezeichnet ist es durch seine Giftigkeit, seine Schwere, vermöge derer alles auf ihm schwimmt, und sein Lösungsvermögen für Gold und Silber, das seine Anwendbarkeit zum Vergolden erklärt.[5] Das künstliche erhält man durch Verreiben von Zinnober mit Essig in einem kupfernen Mörser; auch füllt man Zinnober in eine eiserne Schale, deren Deckel mit Ton verstrichen wird, stellt das Ganze in einen irdenen Tiegel, gibt heftiges Feuer und sammelt die durchschwitzenden feinen Tröpfchen, die leicht zu größeren Tropfen zusammenfließen.[6] Das künstliche Quecksilber ist ebenso schwer und ebenso giftig wie das natürliche, steht ihm aber sonst an Güte nach; Gegengifte sind Nesselsamen,[7] reiner Wein,[8] Eselsmilch,[9] Speck,[10] Mist wilder Tauben[11] u. s. w.

[1] 34, 30. [2] 33, 26, 27. [3] 37, 17, 19. [4] 33, 57. [5] 33, 32. [6] 33, 41. [7] 22, 15. [8] 23, 23. [9] 28, 33. [10] 28, 45. [11] 29, 33.

Der Zinnober selbst ist ein prächtig rotes, aber sehr giftiges Pulver, dient als höchst kostbare Malerfarbe und wird deshalb häufig gefälscht; der beste, spanische, ist ein Kronregal, wovon jährlich etwa 2000 Pfund in versiegelten Säcken nach Rom gebracht werden; gereinigt und geschlämmt kostet das Pfund 70 Sesterzen.[1]

10. Eisen.

Eisen findet sich in den Meteorsteinen, die vom Himmel auf die Erde herabfallen und ein dunkles blasiges Aussehen haben.[2] Eisenerze sind auf der Erde überall sehr verbreitet und bilden oft ganze Berge; die besten sind die von Elba, im übrigen aber ist ihre Verschiedenheit, je nach Klima und Beschaffenheit der Erde, bedeutend, so daß das ausgeschmolzene Eisen, das anfangs dünnflüssig wie Wasser ist, nach dem Erkalten weich oder hart, spröde oder brüchig, zäh oder fest, zum Gießen oder zum Schmieden geeigneter sein kann.[3] Durch Umschmieden des Eisens erhält man Stahl, dessen Güte und Härte sehr ungleich und hauptsächlich auch von der Art des Löschens abhängig ist; feine Geräte z. B. werden, wenn man das glühende Metall in Wasser taucht, zu brüchig; man löscht sie daher in Öl, womit man auch feinere Schneiden schleifen kann, als mit Wasser allein; Spanien, Noricum (Steiermark) und das serische Land (hier das nördliche Indien?) liefern die besten Qualitäten.[4] Rotglühendes Eisen läßt sich schwer, weißglühendes sehr leicht hämmern, und hierbei entsteht der Eisen-Hammerschlag; glühendes Eisen, das man nicht hämmert, verdirbt und verrostet; auch Feuchtigkeit, feuchte Erde, Blut, Essig, Alaun und dergl. machen Eisen rosten, wovor man es durch einen Anstrich mit Öl, Teer, Gips oder Bleiweiß schützen kann;[5] durch Meerwasser wird Eisen wieder vom Roste befreit.[6]

Von allen Eisenerzen ist das merkwürdigste das Magnet-

[1] 33, 36, 37, 40; 29, 8. [2] 2, 57. [3] 34, 41, 43; 34, 20. [4] 34, 41. [5] 34, 43, 46; 17, 3; 34, 21. [6] 31, 33.

eisen, das sein Entdecker Magnes zuerst in der Nähe des Berges Ida auffand, als er, das Vieh hütend, plötzlich mit Schuhnägeln und Stockspitze an der Erde haften blieb; es ist eine schwere, kompakte Masse, von bläulicher Farbe, zieht anderes Eisen an, macht es magnetisch, so daß man auf solche Weise ganze Ketten von Ringen aneinanderhängen kann, und ist ein Heilmittel für alle bösen Wunden.[1] Magnete, die das Eisen abstoßen, sollen ebenfalls vorkommen.[2] – Eisenkies entsteht beim Erzschmelzen unter dem Einflusse des Fichtenholzes und findet sich massenhaft in den Bergwerken Cyperns; stark geglüht, gibt er eine Art Eisenocker oder Röthel (d. i. Eisenoxyd);[3] ein ähnlicher Eisenocker wird aber auch aus den Erzgruben gefördert und verwandelt sich, in einem Topfe heftig geglüht, in eine schön rot gefärbte Masse.[4] Auch der Eisenvitriol wird beim Glühen rot; er ist grün, aber nicht so schön wie Grünspan, dient zum Schwarzfärben des Leders, und färbt ein mit Galläpfelabsud getränktes Papier schwarz, woran man seine Gegenwart stets leicht erkennen kann.[5]

11. Zink.

Metallisches Zink war, soviel man bisher weiß, im Altertume unbekannt, dagegen kannte man einige seiner Derivate und bereitete sie aus dem Zinkerz (Galmei), das sich nach Plinius in der Natur vorfindet und in schlechterer Qualität auch in den Silberschmelzöfen entsteht. Der zarteste Teil seiner Materie (d. i. Zinkoxyd) wird aus ihm, wenn man es glüht, ausgetrieben, und schlägt sich als rein weiße, feine Flockasche von äußerster Leichtigkeit an den Ofengewölben nieder;[6] mit Essig versetzt, löst sie sich auf, entwickelt einen metallischen Geruch, und schmeckt sehr ekelhaft.[7] Durch Glühen mit Schwefel in verschlossenen irdenen Töpfen entsteht ein gelblicher oder rötlicher Rückstand (d. i. Schwefelzink), der, geschlämmt und

[1] 34, 101; 36, 25. [2] 36, 25; 20, 1. [3] 34, 31, 37. [4] 35, 16. [5] 34, 26, 32. [6] 34, 22, 33, 34. [7] 34, 33.

getrocknet, große Heilkräfte besitzt.[1] Auch ein dem Bleiweiße ähnliches Produkt kann man aus Zinkerzen erhalten.[2]

12. Zinn.

Zinn wird aus einem sehr schweren Erze, dem Zinnerze, durch Schlämmen und Schmelzen gewonnen, wobei kein Silber zum Vorschein kommt; es ist weiß und so leicht schmelzbar, daß man es, geschmolzen, in Papierdüten gießen kann, ohne daß diese verbrennen. Man gebraucht es zur Herstellung der Bronze, zum Löten, und zum Verzinnen von Gefäßen; Silber läßt sich aber mit Zinn nicht dauerhaft löten, denn die Lötestelle verträgt keine Glühhitze.[3]

13. Blei.

Bleierze finden sich in der Natur massenhaft und sind häufig durch großen Silbergehalt ausgezeichnet;[4] beim Schmelzen der Erze im Ofen senken sie sich, zum Teil in Blei verwandelt, in den Ofen hinab, während das Silber obenauf schwimmt, wie Öl auf dem Wasser. Der erste Abstich liefert das sogenannte Werkblei, mit dem man Kupfergeschirre überzieht, um die Grünspanbildung zu vermeiden; ihr Gewicht nimmt dabei nicht zu.[5] Reines Blei läßt sich leicht schmelzen, aber nicht löten; mit Wasser gefüllte Bleigefäße kann man ohne Schaden erhitzen, wirft man aber eine Münze oder ein Steinchen hinein, so schmelzen sie sogleich durch.[6] Röhren und Bleche lassen sich aus Blei leicht anfertigen. Glüht man Blei mit Schwefel und schlämmt die Schmelze, so erhält man eine graubraune Masse, die sehr heilsame Wirkungen ausübt, jedoch giftig ist, wie alle Bleiverbindungen.[7]

Ein wichtiger und auch in der Medizin geschätzter Stoff[8] ist das Bleiweiß. Seine Darstellung erfolgt, indem man dünne Bleibleche über scharfem Essig stehen läßt, das dabei Abfallende

[1] 34, 23, 34. [2] 34, 22. [3] 34, 47, 48; 30, 19. [4] 34, 47; 33, 31.
[5] 34, 48. [6] 34, 48, 49. [7] 34, 50. [8] 20, 51; 23, 63.

trocknet, mahlt, siebt, mit Essig anreibt, zu Kügelchen formt und an der Sonne trocknet, oder indem man nach etwa zehn Tagen den schimmel-ähnlichen Überzug von den Bleiblechen abkratzt, diese wieder über Essig stellt, und so fortfährt.[1] Als einmal ein im Piräus ausgebrochener Brand einige mit Bleiweiß gefüllte Fässer ergriff, entdeckte man durch diesen Zufall, daß Bleiweiß beim Erhitzen in eine rote bis purpurfarbige Masse (d. i. Mennige) übergeht, die als Farbe, und trotz ihrer Giftigkeit auch als Schminke, Verwendung findet.[2] – Die Bleiglätte wird ebenfalls in der Heilkunde angewandt; mit Öl gekocht, gibt sie das (vom Arzte Menekrates erfundene) Bleiglättepflaster; ferner verarbeitet man sie mit Schmalz oder Wollfett zu heilsamen Salben.[3]

14. Antimon.

Das Grauspießglanzerz (d. i. Schwefelantimon) findet sich, als graue, strahlig kristallisierte, stark glänzende, aber zerreibliche und splittrige Masse in der Natur, und dient zur Herstellung medizinischer Mittel, zum Schminken, zum Bemalen der Augenbrauen und dergl. Durch Brennen mit Kohlen oder Mist wird es in ein Metall verwandelt, das seinem Äußeren nach in jeder Hinsicht dem Bleie gleicht.[4]

15. Arsen.

Arsenicum als solches (?) wird in den Bergwerken vorgefunden.[5] Ebenso gewinnt man auch das Realgar (d. i. rotes Schwefelarsen) oder Sandarach, eine prachtvoll rote, zerreibliche, sehr giftige Masse,[6] die häufig mit Mennige gefälscht wird[7] und als Farbe, als Heilmittel,[8] sowie zur Bekämpfung der Traubenfäule[9] Verwendung findet. — Das Auripigment (d. i. gelbes Schwefelarsen) ist schuppig, in dünne Blättchen spaltbar und

[1] 34, 54. [2] 34, 54; 35, 20. [3] 11, 7; 29, 28; 32, 34; 28, 37; 30, 33. [4] 33, 33, 34; 29, 37, 38. [5] 6, 26. [6] 34, 55. [7] 35, 22. [8] 23, 13; 35, 50. [9] 17, 47.

prachtvoll goldfarbig; Kaiser Cajus kaufte zehn Pfund davon für vier Pfund Gold und befahl, daraus Gold zu schmelzen, gewann dessen aber so wenig, daß er seine Habsucht schwer büßen mußte.[1] Das Auripigment wirkt ätzend, entfernt die Haare, und dient als Farbe und als Heilmittel.[2]

IV. Organische Stoffe.

1. Erdöl, Terpentinöl, Harz und Pech.

Das Erdöl und die Naphtha ist eine, zuweilen wie flüssiges Harz aus der Erde hervorquellende Materie, von solcher Verwandtschaft zum Feuer, daß dieses ihr zuspringt, wo es nur irgend möglich ist;[3] manchmal ist sie völlig klar und wasserhell, z. B. in gewissen Bächen Siziliens, von deren Oberfläche man sie mit Rohrbüscheln abschöpft, um sie als Brennöl für Lampen zu verwenden.[4] Aus Naphtha bestehen jene Quellen, von denen berichtet wird, ihr Wasser diene an Stelle des Brennöles,[5] ebenso jene feurigen Ausflüsse gewisser Berge, die selbst im Wasser fortbrennen, durch Aufschütten von Erde aber ausgelöscht werden,[6] vielleicht auch die in der Nähe mancher Vulkane aufsteigenden Dünste, die man mittels Fackeln entzünden kann;[7] auch das Bitumen, das beim Eindampfen roher Salzlaugen zuweilen auf der Oberfläche schwimmt, ist eine Art Erdöl.[8] Durch Verdichtung der Naphtha entsteht der Bergteer, das Erdpech und der Asphalt, welcher letztere massenhaft auf dem Wasser des toten Meeres schwimmt, jedoch auch fossil vorkommt;[9] er ist fest, derb, zäh, klebrig, glänzend und gewichtig und wird zur Darstellung von Firnissen, aber auch (an Stelle des Kalkmörtels) zum Mauern verwendet.

Das Terpentinöl ist ein dünnflüssiges, brennbares, stark riechendes Öl, das aus dem Harzsafte der Terebinthe gewonnen

[1] 34, 56; 33, 28. [2] 34, 56; 35, 12; 25, 22; 28, 60, 62. [3] 2, 109. [4] 35, 51. [5] 31, 14. [6] 2, 110. [7] 2, 110. [8] 31, 39. [9] 5, 15; 16, 23; 24, 25; 35, 51.

und in Pfannen zurechtgesotten wird;[1] medizinisch ist es außerordentlich wirksam.[2]

Das Harz ist zum Teil ein durch die Sonnenwärme verdichteter oder ganz verdickter Saft gewisser Nadelhölzer, zum Teil aber ist es das Produkt einer eigentümlichen, in einer Art Verfettung bestehenden Krankheit dieser Bäume, und vertritt die Stelle der Frucht.[3] Die Harze sind bald noch flüssig, bald schon fest, weiß bis braun, von scharfem Geschmacke und Geruche, und fast stets in Öl löslich;[4] flüssige Harze sind die der Zypresse, des Mastixbaumes, das zähe, magere, honigfarbige Lärchenharz und das fette, wohlriechende, harntreibende Terebinthenharz, und alle diese sind, wenn völlig rein, weiß, löslich in Öl, reinigend, konservierend, und schützend gegen Fäulnis und Verwesung.[5] Trockene Harze sind hauptsächlich das Tannen- und Fichtenharz, deren feinere Sorten man mit Wasser auskocht, abpreßt, und in großen Eichenholztrögen oder in kupfernen Kesseln mittels heißer Steine umschmilzt.[6] Den meisten und zähesten Harzsaft enthält die eigentliche Harzfichte,[7] deren Holz in besonderen Öfen geschwelt wird; zuerst läuft dabei eine dünne, wasserklare Flüssigkeit ab, die von heftigem Geruche und von solcher Kraft ist, daß man in Ägypten die Leichen mit ihr übergießt und so konserviert;[8] dann folgt der Teer, eine zähe, dunkle, sehr fette Masse, die man in kupfernen Gefäßen, oft unter Essigzusatz, aufs neue kocht, wobei sie immer dicker wird und zuletzt zu Pech gerinnt.[9] Letzteres ist ein heilsames, erweichendes Mittel, vertreibt den hartnäckigsten Husten und zusammen mit Schwefel alle Ausschläge, dient auch außerdem zum Pichen der Weinfässer, zum Konservieren von Wein und Most und, mit Wachs zusammengeschmolzen, zum Dichten der Seeschiffe.[10] Kocht man Pech und spannt über dem entweichenden Dampf Felle aus, so bleibt in diesem das Teeröl

[1] 14, 25; 16, 23. [2] 12, 54; 13, 2; 27, 5; 31, 46. [3] 14, 25; 16, 23, 18, 19; 17, 37. [4] 14, 25. [5] 24, 22; 16, 19. [6] 16, 22. [7] 16, 19. [8] 16, 21. [9] 16, 22. [10] 24, 23; 14, 25; 16, 23.

oder Pechöl hängen, und kann durch Ausdrücken gewonnen und durch mehrmaliges Umkochen gereinigt werden;[1] es ist harzartig, gelb bis braun, sehr fett, wirkt konservierend, und ist außerordentlich heilsam.[2] Daher ist auch die Luft der Harz und Pech liefernden Wälder den von schwerer Krankheit Genesenden und besonders den Schwindsüchtigen höchst zuträglich und bekommt diesen besser als eine Reise nach Ägypten oder eine Kur mit Kräutersaft.[3] — Dem Fichtenteer ähnlich ist auch der Birkenteer, der in Gallien gekocht wird,[4] und der Zederntеer, aus dem man ein sehr brennbares, stark riechendes Teeröl von großem Konservierungsvermögen darstellt.[5]

2. Öle und Fette.

Das echte Öl ist der eigentliche, durch die Wärme gebildete Saft der reifen Oliven, aus denen er in Körben, zwischen Blechen oder zwischen erwärmten Platten ausgepreßt wird.[6] Man konserviert das Öl durch Zusatz von Salz,[7] da es sonst bei langem Stehen, besonders im Licht, verdirbt, sauer und ranzig wird;[8] solches Öl greift beim Kochen die kupfernen Geschirre an; man bewahrt es daher besser in Muscheln oder Bleigefäßen auf.[9] Öl ist eines der unentbehrlichsten Heilmittel und das beste Schmiermaterial;[10] es dient zum Ausziehen der Duftstoffe und Arome aus vielen Blumen, Blättern und Früchten, die man entweder, wie z. B. Rosenblätter, mit Öl in Glasgefäßen an der Sonne digeriert,[11] oder in Öl einweicht und auspreßt, oder selbst mit Öl auskocht, z. B. Lilien, Safran, Majoran, Steinklee, Narzissen, Granaten, Nelken, Kalmus und unzählige andere.[12]

Das Mandelöl[13] ist sehr angenehm, fett und heilsam, jedoch medizinisch weniger wichtig als das Öl der bitteren Mandeln, das in Ägypten ausgepreßt wird;[14] ebenso gut und höchst heilsam ist das Sesamöl, das aus dem indischen Sesam

[1] 15, 8; 24, 24. [2] 15, 8; 23, 50. [3] 24, 19. [4] 16, 30. [5] 24, 11. [6] 15, 2, 3. [7] 15, 4. [8] 13, 3; 15, 3. [9] 15, 6. [10] 15, 8. [11] 21, 73. [12] 13, 2; 15, 7. [13] 13, 3; 23, 42, 76 [14] 13, 2; 15, 7.

hervorgeht.[1] Das Rizinusöl gewinnt man aus den Rizinussamen, die man kalt auspreßt oder mit Wasser auskocht, wobei das Öl an die Oberfläche steigt; es ist sehr fett und brennt deshalb schlecht, mit dunkler Flamme, auch wirkt es heftig purgierend und ist daher zu Speisezwecken untauglich.[2] Andere Öle, deren es zahlreiche Arten gibt, sind z. B.: das Traubenkernöl,[3] das Nußöl,[4] das Palmöl,[5] das Behenaöl[6] (d. i. das Öl der Früchte von Moringa oleïfera), das Öl der Erucasamen,[7] der Rettigsamen,[8] der Leinsamen,[9] der Nesselsamen[10] u. s. f.

Von gleicher Beschaffenheit wie das Öl ist auch der dichte fette Milchschaum, der Butter genannt wird;[11] um diese zu bereiten, füllt man Rahm in Gefäße, die nur eine einzige kleine Öffnung besitzen, verschließt diese, nachdem man, um Säuerung zu bewirken, noch etwas Wasser zugegeben hat, schüttelt heftig, und schöpft die aufschwimmende geronnene Masse ab; den Rest erhitzt man in Töpfen, und was sich dabei als Öl ausscheidet, ist ebenfalls Butter. Die Butter kann bei Mangel an Öl dessen Stelle vertreten, namentlich als Gegengift; je stärker sie schmeckt, für desto besser wird sie gehalten.[12] Man benützt sie zum Backen feiner Kuchen,[13] auch ist sie sehr stärkend, erhält die Kräfte und ernährt besonders die Knochen.[14]

Das beste der tierischen Fette ist das Schweineschmalz, das man ausschmilzt und durch wiederholtes Umkochen und Umschmelzen reinigt;[15] ebenso geschätzt ist das Gänsefett, das, mit heißem Wasser ausgeschmolzen, durch Leinen koliert und in der Kälte erstarren gelassen wird[16] und sowohl für die Küche als für die Heilkunde höchst wichtig ist.[17] In der Medizin werden auch noch viele andere Fette benützt, denen man sehr

[1] 18, 22; 22, 64; 23, 49; 13, 2; 15, 7; 6, 32. [2] 15, 7; 23, 41. [3] 13, 2. [4] 15, 7; 23, 45. [5] 23, 45. [6] 12, 46; 23, 52. [7] 20, 49. [8] 19, 26. [9] 20, 92. [10] 15, 8; 22, 15. [11] 11, 96. [12] 28, 35, 45. [13] 18, 27. [14] 11, 19; 23, 22. [15] 28, 37. [16] 29, 39. [17] 10, 28; 20, 8, 33, 84; 29, 13.

wunderbare, ja zauberhafte Wirkungen zuschreibt, z. B. Löwenfett,[1] Bärenfett,[2] Wolfsfett,[3] Fuchsfett,[4] Gemsenfett,[5] Mäuse- und Siebenschläferfett,[6] Schlangenfett,[7] Drachenfett,[8] Schildkrötenfett,[9] Wasserschlangenfett,[10] Froschfett,[11] Straußfett,[12] Schwanenfett,[13] Welsfett,[14] Delphinfett,[15] Thunfischfett,[16] Seehundsfett und Delphinleberfett[17] u. s. f. Gewisse Fische geben sogar ein so öliges Fett, daß man es in Lampen brennen kann.[18]

Das Schmalz der Wiederkäuer heißt Talg, wird ebenso wie das echte Schmalz gewonnen und behandelt, läßt sich an der Sonne bleichen, und wird zu Talglichtern verarbeitet.[19] Durch Kochen von Ziegentalg mit Asche, am besten mit Buchenasche, bereiten die Gallier und Germanen Seife, wovon es zwei Arten gibt, steife und füssige[20] (d. i. nach Ansicht einiger Autoren Kali- und Natronseife, während andere bezweifeln, daß die Deutung auf Seife im heutigen Sinne überhaupt zulässig ist); einen der Seife ähnlichen Saft, der gleichfalls zum Waschen der Wolle dient, und dieser außerordentliche Weiche und Weiß erteilt, enthält aber auch die Seifenwurzel.[21]

Zu den Fetten gehört auch das Wollfett (d. i. Lanolin), eine weiße, halbflüssige, höchst heilsame Masse, die man durch wiederholtes Auskochen von Schafwolle, und Abschöpfen, Auswaschen, Umschmelzen, Abpressen und Bleichen des obenauf schwimmenden Fettes gewinnt.[22]

3. Wachs.

Das Wachs bereiten die Bienen aus den Säften der Blüten,[23] und formen es zu sechseckigen Waben. Diese werden mit Wasser, oft unter Zusatz von Nitron oder Meerwasser, gekocht und abgepreßt, worauf man das Wachs zwei- bis dreimal um-

[1] 24, 102; 28, 25. [2] 28, 52. [3] 28, 37. [4] 28, 46. [5] 28, 67. [6] 30, 26. [7] 28, 77. [8] 29, 20. [9] 32, 14. [10] 32, 19. [11] 32, 25. [12] 29, 30. [13] 30, 10. [14] 32, 36. [15] 32, 39. [16] 32, 36. [17] 32, 27. [18] 15, 7. [19] 28, 38; 13, 27; 11, 85. [20] 28, 51. [21] 19, 18; 24, 58; 29, 11; 13, 2. [22] 29, 10, 37; 28, 21, 44; 30, 10, 22, 48. [23] 11, 8.

schmilzt, durchseiht und zuletzt das beste und hellste oben abschöpft; man trocknet es in der Sonne, bleicht es jedoch im Mondschein.[1] Reines Wachs ist vollkommen weiß, läßt sich aber mit Leichtigkeit bunt färben; seine Anwendungen in der Medizin sind geradezu unzählbar und, wie so viele ähnliche, zumeist Ausgeburten der gemeinen Habsucht und Unverschämtheit.[2]

4. Stärke und Zucker.

Stärke gewinnt man aus Weizen und nennt sie „Amylum", weil dieses ohne Mühle geschieht; man übergießt nämlich den Weizen in Holzgefäßen mit soviel Wasser, daß es ihn eben bedeckt, rührt täglich fünfmal um, seiht das Ganze durch Leinwand oder Hordengeflechte, bringt den Rückstand auf Ziegel, die das Wasser einsaugen, und trocknet ihn dann an der Sonne;[3] eine gröbere Sorte Stärke macht man aus Dinkel.[4] Reine Stärke ist weiß, leicht und glatt, dient zum Papierleimen,[5] sowie in der Heilkunde;[6] für Hals und Augen ist sie aber schädlich.[7]

Den Rohrzucker kennt Plinius nicht, und was er unter dem Namen „Saccharon" beschreibt,[8] ist keinesfalls Rohrzucker gewesen.[9] Ebensowenig kennt er den Traubenzucker, obgleich er angibt, daß der Honig bei längerem Stehen häufig fest wird. Der Honig ist ein Schweiß des Himmels, ein Saft der sich reinigenden Luft, oder ein speichelartiger Ausfluß der Sterne, der beim Aufgange der Gestirne, und besonders des Vollmondes, auf die Erde herabfällt.[10] Er ist wunderbar süß und wohlschmeckend, schützt die Früchte vor dem Faulen, das Fett vor dem Ranzigwerden, und besitzt große konservierende Kräfte.[11] Durch den Tau wird er sauer,[12] ebenso beim Stehen in wässeriger Lösung, wobei er in Gärung gerät und sich in Met verwandelt.[13]

[1] 21, 49. [2] 22, 55, 56. [3] 18, 17. [4] 18, 19. [5] 13, 26; 22, 60. [6] 20, 53; 23. 75. [7] 22, 67. [8] 12, 17. [9] s. meine „Geschichte des Zuckers", Lpz. 1890, Kap. 3. [10] 11, 11, 12, 13, 15. [11] 29, 39. [12] 11, 15. [13] 14, 20.

Andere süße Pflanzenstoffe sind der Lindensaft[1] und Lindenstaub,[2] der unbeschreiblich wohlschmeckende Palmsaft,[3] der Saft der Palmfrüchte, der auch eingekocht wird,[4] die Zuckerwurzel,[5] der Wurzelsaft der Inula,[6] sowie der des Süßholzes,[7] der, zur Honigdicke eingedampft, ein stärkendes und wirksames Heilmittel liefert. Süß sind auch die Rosinen, sowie der frische und eingekochte Most;[8] läßt man aber den Most an der Luft stehen, so gerät er in Gärung und verwandelt sich in Wein, der also eine Flüssigkeit darstellt, die sich durch die Gärung die Kräfte des Mostes angeeignet hat.[9] Die Mostgärung dauert meistens neun Tage;[10] sie entsteht offenbar durch den Einfluß der Säure,[11] erfordert aber auch eine gewisse Wärme, daher sie z. B. sofort aufhört, wenn man dem Moste Bimsstein zusetzt, der eine ganz außerordentlich kalte Natur besitzt.[12] Bei der Gärung des Mostes, aber auch bei der des Reisweines,[13] und des Bieres aus Gerste und Weizen,[14] entsteht ein verdichteter Schaum, den man Hefe nennt.[15] Die Weinhefe ist, je nach der Beschaffenheit des Weines, sehr verschieden, und zuweilen von tödlicher Kraft erfüllt (siehe bei Kohlensäure); getrocknet fängt sie leicht Feuer und hinterläßt eine Asche, die dem Nitrum ähnliche, ja noch größere Kraft besitzt;[16] sie ist daher ein guter Dünger, besonders für gewisse Pflanzen, z. B. den Sadebaum.[17]

Die Anführung der Tatsache, daß der starke Falernerwein, und nur er allein unter allen Weinen, angezündet werden kann,[18] ist für die Vorgeschichte des Alkohols von großem Interesse; die eigentümlichen Erscheinungen beim Eingießen der Weine in das Opferfeuer erwähnt übrigens schon Hippokrates, und ihre Beobachtung ist vermutlich uralt.

[1] 16, 25. [2] 24, 1. [3] 12, 6; 14, 19. [4] 23, 51. [5] 19, 22. [6] 19, 22, 28, 29; 20, 12. [7] 21, 55; 22, 11; 28, 27; 11, 119. [8] 14, 11. [9] 14, 11; 23, 24. [10] 14, 25. [11] 18, 26. [12] 36, 42. [13] 18, 13. [14] 18, 12, 13, 15; 22, 82. [15] 18, 22; 22, 82. [16] 23, 31, 14, 26. [17] 17, 21. [18] 14, 8.

5. Gummi und Pflanzenschleim.

Der echte Gummi, dessen beste Sorte aus Arabien kommt, ist der Saft eines ursprünglich afrikanischen Dornbaumes, der Akazie;[1] erhärtet und in reinem, rindenfreiem Zustande, ist er eine grünliche Masse, bildet wurmförmige Körner, die beim Daraufbeißen an den Zähnen haften, und wird in der Medizin vielfach benützt.[2] Geringere Gummisorten liefert der Mandelbaum, Kirschbaum, Pflaumenbaum, der Wachholder, der Ölbaum, der Weinstock, der Efeu und die Ulme; aus verschiedenen dieser Gummiarten entstehen Mücken.[3] Eine andere, ebenfalls in der Heilkunde angewandte Gummisorte ist der Traganthgummi;[4] auch manche Pflanzenschleime gleichen dem frischen Gummi und besitzen wie dieser medizinische Kräfte, z. B. der Schleim der Althaea[5] (d. i. Eibisch) und der Flohsamenschleim.[6]

6. Pflanzensäuren.

Von den organischen Säuren kennt Plinius keine in reinem Zustande, über Existenz und Verhalten mehrerer von ihnen macht er jedoch nähere Mitteilungen.

Die heute Ameisensäure genannte Säure wird als die ätzende Flüssigkeit der Haare der Fichtenraupen erwähnt.[7]

Essigsäure entsteht durch eine besondere Gärung des Mostes, des verdünnten Honigwassers, des Fruchtsaftes, Palmsaftes und Feigensaftes, sowie des verdorbenen Weines;[8] über die Herstellung des Essigs, besonders des Weinessigs, gibt es ganze Bücher, sicher ist aber nur, daß der Wein bei seiner Verwandlung in Essig kahnig wird, und daß sich dabei eine Essighefe bildet, die, wie das ihre Natur erfordert, noch schärfer ist als Weinhefe, und auch eine noch schärfere Asche hinterläßt.[9] Essig wirkt kühlend und zerteilend, und verursacht, wenn

[1] 13, 19; 20, 79. [2] 13, 20; 20, 22; 24, 64. [3] 13, 20; 16, 72; 24, 47, 64. [4] 30, 43. [5] 26, 90. [6] 25, 90; 26, 64, 73, 90. [7] 29, 30. [8] 21, 48; 14, 19, 35. [9] 14, 26; 23, 33, 32.

man ihn auf manche Erdarten gießt, ein heftiges Schäumen;[1] infolge seiner äußerst kalten Natur bietet er ein treffliches Mittel gegen die Gewalt der feurigen Wirbelstürme, die sogleich beschwichtigt werden, wenn man ihnen Essig entgegengießt.[2] Essig macht die Milch gerinnen,[3] merkwürdigerweise bewirkt das nämliche aber auch der Feigensaft.[4]

Milchsäure ist die angenehm schmeckende Säure, die sich beim Stehen der Milch bildet, und deren Entstehung man am sichersten dadurch hervorruft, daß man zu süßer Milch etwas schon saure zusetzt.[5]

Oxalsäure ist die Säure, die den sauren Geschmack des Sauerampfers bewirkt[6] und sich zuweilen auf der Außenseite der Kichererbsen als feines salziges Pulver (d. i. als Efflorescenz) absetzt.[7] Die Kichererbse erzeugt dieses saure Pulver ganz von selbst während ihres Wachstumes und dörrt daher den Boden in hohem Grade aus; durch Regengüsse wird das Salz der Kichererbse abgespült und diese selbst schmeckt dann süßer.[8]

Weinsäure ist der Saft der unreifen Weintrauben; auch unreife Granaten schmecken „weinsäuerlich".[9]

Zitronensäure ist die scharfe Säure des Zitronensaftes, die viele noch mit Essig verstärken.[10]

Äpfelsäure ist die Säure der unreifen Äpfel, namentlich aber der Holzäpfel; der Saft wilder Äpfel ist von so kräftiger Säure, daß er selbst die Schneide scharf zugeschliffener Schwerter abstumpft.[11]

Von der Existenz der giftigen Blausäure scheint irgend eine dunkle Kunde zu Plinius gedrungen zu sein; so z. B. wenn er anführt, daß, entgegen gewissen Meinungen, Pfirsiche nicht giftig seien,[12] oder daß Füchse sterben müssen, wenn sie bittere Mandeln gefressen haben und nicht sogleich Wasser trinken können.[13]

[1] 23, 27. [2] 2, 49. [3] 23, 63. [4] 23, 63, 64; 16, 72. [5] 11, 96; 28, 36. [6] 20, 85. [7] 19, 61. [8] 18, 32, 44; 17, 7. [9] 17, 47. [10] 15, 34; 23, 56. [11] 23, 55; 15, 15. [12] 15, 13. [13] 23, 75.

Die Gerbsäure ist die Säure der Galläpfel; diese bilden sich auf allen Bäumen die Eicheln oder eichelähnliche Früchte tragen (jedoch oft nur in jedem zweiten Jahre), und zwar ganz plötzlich über Nacht, sobald die Sonne aus dem Zeichen der Zwillinge tritt. Der Saft der Galläpfel, deren beste und schwerste auf der breitblätterigen Eiche wachsen, dient zum Färben und Gerben,[1] ist aber auch medizinisch sehr wirksam[2] und färbt Haare und Häute schwarz,[3] besonders wenn man diese in den Gerbereien vorher mit Urin behandelt hat.[4] Auch viele andere Pflanzensäfte besitzen eine ähnliche adstringierende Kraft und werden daher teils in der Medizin, teils in der Gerberei verwendet, z. B. die Stiele und Kerne der Weintrauben,[5] die Akaziensamen,[6] die Granatrinde,[7] der Samen der Zaunrübe (d. i. Bryonia alba),[8] der Sumach,[9] die Blätter des Gerberstrauches (d. i. Rhus coriaria),[10] der pontische Rhabarber,[11] viele Rubus- und Rhamnusarten[12] u. s. f.

7. Farbstoffe.

Der Indigo kommt aus Indien und die Art seiner Gewinnung ist unbekannt;[13] einige sagen, er werde an den Klippen des Meeres gesammelt, andere meinen, er setze sich als Schaum an die Stengel von Rohren,[14] wieder andere halten ihn für eine dem Bergblau (einem Kupfermineral) ähnliche Erde,[15] noch andere behaupten, er werde künstlich hergestellt und sei metallischer Natur.[16] Als Pulver zerrieben, ist der Indigo dunkel und glänzend, in Auflösung gebracht, jedoch von wundervoller, zwischen Blau und Purpur schimmernder Farbe; er brennt mit schöner Purpurflamme, und sein Rauch verbreitet einen Seegeruch. Man verfälscht ihn mittels Kreide, die man mit Veilchenabguß oder Waid tränkt.[17] Der Waid (d. i. Isatis tinctoria, deren Saft wirklich Indigo liefert) wächst besonders in Gallien

[1] 16, 10. [2] 20, 69, 81, 22; 24, 3. [3] 24, 5. [4] 17, 6. [5] 23, 8, 9. [6] 24, 67; 13, 20. [7] 23, 57, 58; 17, 47; 13, 34. [8] 23, 16. [9] 29, 11; 24, 79. [10] 24, 54. [11] 27, 105. [12] 24, 73, 77. [13] 35, 25. [14] 35, 27. [15] 33, 57. [16] 35, 12. [17] 35, 27; 33, 57.

und Brittanien und dient zum Bemalen des Körpers bei gewissen, meist religiösen Ceremonien, sowie zum Färben der Wolle.[1]

Der Purpur stammt aus einem Safte, den die Purpurschnecken in einer einzigen, weißen, mitten im Munde gelegenen Ader enthalten und nur im Sterben von sich geben. Man fängt die Schnecken im Frühjahr, weil da der Saft reichlich und dünnflüssig ist, beizt die Farbadern drei Tage in Salzlake, kocht die Masse in einem Bleikessel ein und läßt sie in einer langen Ofenröhre trocknen; am zehnten Tage färbt man mit Wolle Probe. Der rohe Purpur ist graugrün und übelriechend und wird zum Färben stets in heißer Lösung angewendet; in diese legt man die gekrempelte Wolle hinein und läßt sie darin verweilen, bis sie alle Farbe an sich gezogen hat, wobei man durch Zusatz anderer Farbstoffe, sowie durch Bcigabc von Urin oder Nitrum, verschiedene Nüancen hervorrufen kann, und zwar vom Rosenroten bis zum lebhaft Blutroten, das, von oben gesehen, schwärzlich, von der Seite gesehen, glänzend rot erscheint.[2] Silberkreide nimmt die Farbe aus dem Bade noch rascher auf als Wolle; der erste Sud ist stets der beste, denn die zwei bis vier folgenden sind blasser und unbeständiger. Die Maler tragen die Purpurfarbe auch mittels Eiweiß auf, und zwar auf rotem oder, was besonders schön ist, auch auf blauem Grunde.[3]

Der Krapp oder die Färberröte wächst wild, wird aber auch allerorten massenhaft angebaut; er wird in der Medizin angewandt, hauptsächlich aber zum Färben der Wolle und des Leders.[4]

Die Scharlachbeere ist die Frucht der Kermeseiche (d. i. Quercus coccifera), die am besten in Spanien gedeiht, woselbst arme Leute zuweilen die Hälfte ihrer Abgaben in Form dieser eingesammelten Beeren entrichten; sie ist medizinisch wichtig und liefert einen zwar unbeständigen, aber so pracht-

[1] 22, 2; 20, 25. [2] 9, 60, 62, 64, 65; 11, 2; 31, 46. [3] 35, 26. [4] 19, 17; 24, 56.

voll purpurroten Farbstoff, daß man sie mit Vorliebe zum Färben der Kaisermäntel benützt.[1]

Orseille oder „gätulischer Purpur“ stammt von den mauritanischen Inseln (aus der Flechte Lichen roccella); aber auch ein, an der Küste der Insel Kreta, auf den Steinen des Ufers wachsender Seetang liefert einen ähnlichen, die Wolle so dauerhaft färbenden Farbstoff, daß er aus der gefärbten Wolle nicht wieder ausgewaschen werden kann.[2]

Die Kunst des Färbens, die zuerst in Lydien erfunden wurde,[3] vermag die schönsten Farben der Blumen, z. B. gelb, veilchenblau, rosenrot, heliotrop und unzählige andere, täuschend nachzubilden, teils mit den Farbstoffen der Muscheln, teils mit denen der Pflanzen.[4] Mit dem blutroten, nur in Öl und nicht in Wasser löslichen Farbstoffe der roten Ochsenzunge (d. i. Anchusa tinctoria) färbt man Holz, Wachs, Bernstein, am schönsten jedoch Wolle,[5] mit dem roten Safte des Färberkrautes (d. i. Rhus cotinus) hauptsächlich Leinenbänder;[6] ferner benützt man Granatblüten,[7] Vaccinium,[8] Safflor (?),[9] Ginster,[10] Dattelpflaumen (d. i. Diospyros Lotus),[11] Nußschalen,[12] Sepiensaft[13] und dergl. mehr. Auf die wunderbarste Weise versteht man es in Ägypten die Kleiderstoffe zu färben: man färbt sie nämlich nicht sogleich aus, sondern tränkt sie erst mit besonderen Flüssigkeiten (d. i. mit Beizen), die aber den Stoff nicht selbst färben, vielmehr die Farbe erst dann hervortreten lassen, wenn man ihn kurze Zeit in das siedende Farbbad getaucht hat. Das Merkwürdigste bleibt aber, daß sich zwar im Färbekessel nur eine einzige Farbe befindet, der Stoff aber dennoch bald diese bald jene Färbung annimmt, je nachdem er zuvor mit dieser oder jener Flüssigkeit getränkt worden war; auch läßt sich die Farbe dem Stoffe durch Waschen nicht mehr entziehen, und je heißer die

[1] 9, 65; 16, 12; 22, 3; 24, 4. [2] 6, 36; 32, 22; 13, 49; 26, 66. [3] 7, 57. [4] 21, 22; 22, 3. [5] 21, 59; 22, 23; 37, 11. [6] 16, 30. [7] 13, 34. [8] 16, 31. [9] 22, 19. [10] 16, 30. [11] 26, 53. [12] 15, 24. [13] 32, 52.

Farbflotte war, desto dauerhafter wird die Färbung. So werden mit Hülfe der Beizen die Pigmente gezeitigt und die verschiedenen Farben hervorgerufen, die sich doch zweifelsohne sämtlich vermischen würden, brächte man sie gleichzeitig schon fertig in den Kessel.[1]

8. Balsame, Harze und Gummiharze.

Aloeharz besitzt nicht metallische Herkunft, wie einige meinen, sondern ist der aus den Stengeln und Blättern der Aloe vor der Zeit der Samenreife fließende und in Gestalt von Tränen erhärtende Saft; es ist hellfarbig, fettglänzend, rötlich, zerbrechlich, schmelzbar, wird in der Medizin angewandt, hauptsächlich als Purgiermittel, dient zum Weinfälschen, und wird selbst wieder mit Gummi verfälscht.[2]

Ammoniakharz fließt als Harz aus einem, beim Orakel des Jupiter Ammon wachsenden Baume (nämlich der Ferula tingitana) und bildet helle, bröckliche Körner oder Tränen von glänzendem Bruch; eine geringere Qualität ist harzig, massig und fett. Medizinisch ist es sehr wichtig.[3]

Asa foetida (Milchsaft der Ferula asa foetida und anderer Umbelliferen) wird als Heilmittel gebraucht.[4]

Balsam ist der, in kleinen Tropfen aus der Rinde der Balsamstaude (d. i. Balsamodendron gileadense) hervorquellende Saft; frisch bildet er ein dickes, weißes, höchst wohlriechendes, in Wasser untersinkendes Öl, das allmählich nachdunkelt und zu harten, durchscheinenden, fetten, rötlichen, beim Reiben angenehm riechenden Tränen gerinnt. Eine besondere Sorte, Opobalsamum genannt, gewinnt man durch Einschneiden in die Rinde oder durch Aussieden der Reiser. Balsam ist überaus kostbar und ein Heilmittel von wunderbarster Kraft, das daher vielfach verfälscht wird, am häufigsten mit dem Öle der bitteren Mandeln; diese Fälschung ist jedoch leicht erkennbar,

[1] 35, 42. [2] 27, 5; 20, 51; 14, 8. [3] 12, 49; 20, 75; 24, 14; 25, 38. [4] 17, 47.

denn in Wasser gegossen fällt der Balsam zu Boden, das Öl aber schwimmt obenauf und bildet einen weißlichen Ring.[1]

Bdellium ist der zu Gummi erhärtete (Milch-) Saft eines baktrischen Baumes (d. i. Heudelotia africana), durchscheinend wie Wachs, glänzend, zerbrechlich, fettig, bitter, und stark riechend.[2]

Der Bernstein soll nach einigen aus dem Urin des Luchses entstehen, den dieser neidisch mit Erde bedeckt, wodurch er aber gerade desto schneller erhärtet, fest und feurig glänzend wird; die dunkeln rötlichen Stücke sollen von den Männchen, die matten weißlichen von den Weibchen herrühren. Nach anderen wieder wäre Bernstein ein Abschaum des Meeres, ein Erzeugnis des Seeschaumes, eine aus Vogeltränen entstandene Versteinerung, oder endlich ein fetter, aus dem Safte der beim Sonnenuntergang heftig auf die Erde drückenden Sonnenstrahlen hervorgegangener Schweiß. In Wirklichkeit aber ist der Bernstein ein Harz, nicht von Pappeln, wie man behauptet hat, sondern von gewissen Zedern und Fichten herrührend, die an den Nordküsten Deutschlands wachsen sollen. Er bildet kleine Brocken, aber auch große, bis dreizehn Pfund schwere Stücke, von weißer oder weißgelber bis dunkelgelber Farbe; die letztere ist die geschätzteste, falls sie mit Durchsichtigkeit verbunden ist. Bernstein ist glänzend, mild-feurig, läßt sich färben, ist, besonders mit Öl versetzt, brennbar, nimmt beim Reiben einen eigentümlichen Geruch an, und erhält dabei durch die Wärme die Fähigkeit, leichte Gegenstände, z. B. Spreu, Bast, trockene Blätter, aber auch Eisen, an sich zu ziehen. Bernstein dient als Schmuck, als Amulett, und als Heilmittel; daß er ein Harz ist, ersieht man aus allen seinen Eigenschaften und aus seinem ganzen Verhalten, daß er aber ursprünglich flüssig war, beweisen die eingeschlossenen Pflanzenteile, Insekten und Mücken.[3]

Kolophonium ist ein dunkles, stark riechendes Harz und wird in der Medizin angewendet.[4]

[1] 23, 47; 12, 54. [2] 12, 19. [3] 8, 57; 37, 11, 13; 17, 2. [4] 14, 25.

Drachenblut (d. i. das Harz von Daemonorops draco) ist ein Stoff sehr merkwürdiger Herkunft. Die Drachen lauern nämlich bei großer Hitze den Elefanten auf, überfallen sie, und saugen ihnen ihr Blut aus, weil dieses von äußerst kalter und kühlender Natur ist; die Elefanten stürzen infolgedessen blutlos nieder, erdrücken die vollgetrunkenen Drachen und finden zugleich mit ihnen den Tod. Das Blut nun, das der sterbende Elefant durch die Last seines Körpers den Drachen auspreßt und das nicht mit dem eigenen Blute des Elefanten vermischt sein darf, ist das echte Drachenblut; es bildet Körner von wunderbar blutroter Farbe, ist als Heilmittel ebenso geschätzt wie als Malerfarbe, und wird wegen seiner großen Kostbarkeit häufig verfälscht, meist mit dem giftigen Zinnober.[1]

Euphorbiumharz ist der eingetrocknete Milchsaft einiger Euphorbien und bildet stark riechende, weihrauchähnliche Körner.[2]

Galbanumharz entsteht aus dem Milchsafte einer Steckenpflanze (d. i. Ferula galbaniflua) und ist eine knorpelige, bittere, scharf riechende Masse, die in der Arzneikunde und als Räuchermittel gegen Schlangen verwendet wird.[3]

Ladanum ist ein gummiartiges Harz aus dem Safte einer besonderen Pflanze (d. i. Cistus creticus), das an den Haaren der Ziegen hängen bleibt, die jene benagen, und durch Auskämmen des Haares gewonnen wird; es ist milde, fest aber leicht erweichend, und besitzt einen angenehmen Geruch, der besonders beim Brennen hervortritt.[4]

Laser ist der eingedickte Milchsaft aus Stengel und Wurzel einer (mit Sicherheit noch nicht festgestellten) Doldenpflanze, die zuerst in Nordafrika, durch Benetzung der Erde mit einem pechartigen Regen, entstanden sein soll; es ist abführend, schlafmachend, und seine medizinische Anwendung geht geradezu ins Unendliche.[5]

[1] 8, 12; 33, 38; 13, 2; 29, 8. [2] 25, 38; 26, 38 bis 45. [3] 12, 56, 24, 12; 31, 46. [4] 12, 37; 26, 30. [5] 19, 15; 22, 49.

Mastix, die verhärtete Harzmasse des Mastixbaumes (d. i. Pistacia lentiscus), ist glänzend und brüchig, und dient für sich oder als Mastixöl, in der Medizin und zum Färben der Haare.[1] Als Mastix wird aber auch ein weißes, in geringerer Qualität braunes bis schwarzes Harz bezeichnet, das von einem Dornstrauche herstammt und aus dessen Distelköpfen beim Ritzen quellen soll.[2]

Das Myrrhenharz ist der verhärtete, von selbst oder nach dem Anbringen von Einschnitten ausfließende Saft eines arabischen Baumes (d. i. Balsamodendron Myrrha) und besteht aus kleinen, weißen, splittrig brechenden, eckigen Körnern, von gelinde bitterem Geschmack und angenehmem Aroma. Wegen seiner Kostbarkeit ist es vielerlei Verfälschungen ausgesetzt.[3] In der Medizin wird es, besonders als Mundarznei, sehr geschätzt, auch bereitet man daraus Myrrhenwein.[4]

Opopanax (d. i. der eingedickte Milchsaft von Opopanax Chironium) findet als Arzneimittel Verwendung.[5]

Scammoniumharz gewinnt man zur Zeit des Hundssternes aus dem milchigen Wurzelsafte einer Pflanze (d. i. Convolvulus scammonia) als weiße, glänzende, lockere, leicht schmelzbare Masse, die außerordentlich bitter schmeckt und kräftig purgierend wirkt.[6] In der Medizin wird es sehr häufig gebraucht.

Styrax ist der gummiähnliche Saft eines Baumes (d. i. Liquidambar orientale), eine rötliche, fette, zähe, brennbare, kräftig riechende Masse, von außerordentlicher medizinischer Kraft.[7]

Weihrauch ist der erhärtete Saft eines nicht näher bekannten arabischen Baumes (hauptsächlich von Boswellia Carterii), der beim Einschneiden ausquillt und zu weißlichen bis rötlichen Tropfen erhärtet, die sich leicht zerbrechen lassen, beim Daraufbeißen zersplittern, brennbar und höchst wohl-

[1] 24, 28; 23, 45. [2] 12, 36; 21, 56. [3] 12, 33, 34, 35. [4] 20, 81, 92; 21, 76; 23, 58, 71; 14, 15. [5] 20, 100. [6] 26, 38; 14, 19; 24, 89; 25, 22. [7] 12, 40, 55; 24, 15.

riechend sind. Je mehr Gewicht die Stücke haben, für desto wertvoller gelten sie; verwendet wird der Weihrauch als Arznei, hauptsächlich aber zum Räuchern.[1]

9. Ätherische Öle.

Von den zahlreichen, ihrer Zusammensetzung nach zu den verschiedensten chemischen Körperklassen gehörigen Stoffen, die man unter dem Sammelnamen der ätherischen Öle zusammenzufassen pflegt, kennt Plinius kaum einen einzigen in annähernd reinem Zustande, wohl aber sind ihm Namen und Eigenschaften vieler Arome geläufig, die durch Auspressen mannigfacher Pflanzen oder Pflanzenteile für sich, oder durch Ausziehen, Auspressen und Aussieden mit Öl, Wasser, Most, Essig, Milch, Met u. s. f. gewonnen werden können. Die wichtigsten sind: Anisöl;[2] Absinthenöl;[3] Basilikumöl;[4] Dillöl;[5] Fenchelöl;[6] Foenum-graecum-Öl;[7] Gewürznelkenöl[8] (indisches); Holunderöl;[9] Irisöl;[10] Kirschlorbeeröl;[11] Knoblauchöl;[12] Korianderöl;[13] Kressen- und Brunnenkressenöl;[14] Kümmelöl;[15] Lavendelöl;[16] Lorbeeröl;[17] Majoranöl;[18] Malabathronöl (von Laurus Cassia?);[19] Minzenöl;[20] Myrtenöl;[21] Narzissenöl;[22] Petersilienöl;[23] Pompelmusenkernöl;[24] Poleyöl;[25] Quittenkernöl;[26] Rautenöl;[27] Rettigöl;[27b] Rosmarinöl;[28] Sadebaumöl;[29] Senföl, von furchtbar scharfer und ätzender Kraft;[30] Schnittlauchöl;[31] Thymianöl;[32] Wacholderöl;[33] Zimtöl;[34] Zwiebelöl;[35] Zedernöl;[36]

[1] 12, 32; 28, 61. [2] 20, 72, 73. [3] 27, 28. [4] 20, 48. [5] 20, 74; 29, 21. [6] 20, 73, 95, 96. [7] 24, 120. [8] 12, 14; 37, 77. [9] 24, 35. [10] 21, 19. [11] 15, 30. [12] 19, 34; 20, 23; 28, 57; 29, 39. [13] 20, 33, 82. [14] 19, 44; 20, 50; 70, 91; 24, 120; 28, 33. [15] 20, 57, 71; 26, 38; 28, 59; 19, 47; 29, 11. [16] 26, 27; 27, 107. [17] 13, 2; 23, 43, 80; 20, 51. [18] 21, 93. [19] 12, 41; 23, 48. [20] 19, 47; 20, 33, 52, 53. [21] 13, 2; 15, 7, 35; 23, 44, 81. [22] 21, 76. [23] 19, 62; 29, 11. [24] 12, 16. [25] 19, 47. [26] 13, 2. [27] 20, 33, 51. [27b] 15, 7; 23, 49; 17, 37; 19, 26; 20, 13. [28] 24, 59. [29] 16, 33. [30] 20, 87; 18, 34; 19, 54. [31] 20, 21; 28, 28, 48; 29, 11; 19, 33. [32] 21, 89. [33] 16, 76; 14, 19; 24, 36. [34] 13, 2; 15, 7. [35] 19, 32; 20, 20. [36] 15, 7; 16, 76.

Zitronenöl und Zitronenkernöl, geschätzt als Arznei und als Schutzmittel gegen die Motten;[1] Zypressenöl.[2] (Rosenöl und dergl. siehe bei „Fette und Öle".)

10. Alkaloide.

Aconitum, so genannt nach dem pontischen Hafen Acone,[3] ist das schnellwirkendste aller Pflanzengifte, dient zum Vergiften der Tiger und Panther, und ist von solcher Kraft, daß schon sein Geruch die Mäuse tötet. Merkwürdigerweise macht es aber, in Wein eingegeben, die von giftigen Skorpionen gestochenen Menschen wieder gesund; es tötet nämlich den Menschen nur dann, wenn es nichts in ihm findet, wogegen es seine vertilgenden Kräfte richten könnte; trifft es aber in ihm einen Feind, so läßt es sich nur mit diesem in einen Kampf ein, und während sich die beiden, an sich verderblichen Gifte gegenseitig vernichten, bleibt jener allein am Leben übrig.[4] Als Gegengifte des Aconitum gelten: echtes Balsamöl in Milch, Maulbeersaft, Knoblauchöl, oder Salz in Essigmet gelöst.[5]

Opium ist ein Milchsaft, der aus den Stengeln und Samenkapseln des Mohnes ausfließt, oder, nachdem man künstliche Einschnitte gemacht hat, hervorquillt; kleinere Mengen fängt man in Wolle auf, größere dickt man ein, formt sie zu Kügelchen und trocknet diese im Schatten. Echtes Opium riecht fast unerträglich scharf, wird in der Sonne dünnflüssig, gibt mit Wasser eine milchige Trübung und brennt mit heller Flamme; in kleiner Menge erregt es Schlaf, und man kocht daher aus Mohnköpfen einen Trank gegen die Schlaflosigkeit; in größerer aber tötet es.[6] Als Gegengift wird Thymiansaft mit Asche und Wein empfohlen.[7]

Veratrin ist das Gift der Veratrum-Arten, das aber auch in der Medizin angewandt wird,[8] Hyoscyamin das des Bilsen-

[1] 23, 56, 45; 15, 7, 34; 13, 27. [2] 15, 7; 16, 60; 23, 45. [3] 6, 1. [4] 72, 2. [5] 23, 47, 70; 20, 23; 31, 45. [6] 18, 61, 19, 53; 20, 76. [7] 20, 69. [8] 25, 21, 23; 26, 86; 14, 19.

krautes,[1] Coniin, das des Schierlings;[2] Gegengifte sind Knoblauch oder Eselsmilch mit Met, Rautenöl, Nesselsamen und Styrax.[3] Unter den Pflanzengiften, die mit größter Schnelligkeit Krämpfe, Wahnsinn, Tollheit, tiefen Schlaf und zuletzt Tod erregen, kann man vielleicht Strychnin, Atropin und Daturin verstehen; sie sollen auch als Heilmittel gebraucht worden sein.[4] (Selbstverständlich kennt Plinius auch alle diese Stoffe nicht in isoliertem Zustande oder gar in reiner Form!)

Andere Gifte nicht näher bekannter Art sind das der Nieswurz,[5] des Oleanders,[6] der pontischen Azaleen- und Rhododendron-Arten, aus denen die Bienen giftigen Honig sammeln,[7] und gewisse Pfeil- und Lanzengifte.[8] Bekannt ist es, daß auch zahlreiche Pilze höchst kräftige und gefährliche Gifte enthalten.[9]

11. Leim, Eiweiß, Galle und pflanzliche Bitterstoffe.

Den Leim, dessen Erfindung man Dädalus zuschreibt,[10] erhält man durch anhaltendes Kochen der Knochen und gewisser Körperteile mancher Tiere; den besten sollen die Ohren der Stiere liefern, und zwar muß er rein, durchsichtig und ganz hell sein.[11] Der gewöhnliche Leim oder Tischlerleim ist braun und dunkel, dient hauptsächlich zum Leimen des Holzes, wird aber auch als Arzneimittel verwendet;[12] zu letzterem Zwecke wird jedoch dem Leim aus Hasenknochen der Vorzug gegeben.[13] Einen sehr weißen, homogenen, leicht löslichen Leim gewinnt man aus dem Bauche eines pontischen Fisches;[14] diesem ähnlich verhält sich der weiße Leim der Mistel, den man, seiner besonderen Klebekraft wegen, als Vogelleim verwendet.[15]

Das Eiweiß schildert Plinius als Bestandteil der Vogeleier und berichtet über seine unzähligen Anwendungen in der

[1] 25, 17; 20, 23, 71. [2] 25, 95; 20, 51. [3] 22, 52, 15; 24, 15. [4] 20, 51; 26, 73. [5] 25, 23. [6] 16, 33. [7] 21, 44, 45. [8] 21, 105. [9] 20, 51; 22, 46. [10] 7, 57. [11] 28, 71. [12] 13, 26; 16, 83; 28, 49. [13] 28, 48, 49. [14] 32, 24, 27. [15] 22, 21; 24, 6; 16, 94.

Medizin; ob er dessen Eigenschaft, in der Wärme zu gerinnen, gekannt hat, ist fraglich, mindestens wird ihrer nirgends besondere Erwähnung getan, obwohl ein Übersehen auch wieder kaum möglich erscheint.

Die Galle ist ein Auswurf des Blutes und dessen verdorbenster und schlechtester Teil; merkwürdig ist es, daß Esel, Pferde, Hirsche, Ziegen, Eber, Maultiere, Kamele und Delphine stets, Menschen und Schafe zuweilen keine Galle besitzen. Ausgezeichnet ist die Galle durch ihre dunkelglänzende Farbe und ihre entsetzliche Bitterkeit.[1]

Ähnliche Bitterstoffe bringen aber auch zahlreiche Pflanzen hervor und erhalten durch sie heilsame Kräfte. Die wichtigsten sind: Absinth,[2] Achillea,[3] Anemone,[4] Centaurium,[5] Coloquinte,[6] Enzian,[7] Ingwer,[8] Kalmus,[9] Lupine,[10] Meerzwiebel,[11] Polygala,[12] Quinquefolium,[13] Rhabarber,[14] Wermut,[15] Ysop[16] u. s. f. Einen außerordentlich bitteren, beißenden, ätzenden Stoff, der ein heftiges Gift ist, jedoch in der Medizin angewandt wird, enthalten auch die Canthariden, gewisse Käfer, die aus jenen Würmern hervorgehen, die sich aus den Auswüchsen der Feigen, Birnen, Fichten, Disteln, Eschen und Rosen bilden.[17]

[1] 11, 74. [2] 27, 28; 26, 76. [3] 26, 90. [4] 27, 85. [5] 25, 30; 31, 79. [6] 20, 8. [7] 25, 34, 55; 26, 18, 85. [8] 21, 70; 13, 9; 12, 14. [9] 29, 13. [10] 18, 36. [11] 19, 30; 20, 26. [12] 27, 96. [13] 25, 62; 26, 76. [14] 27, 105. [15] 22, 71; 26, 90. [16] 26, 76. [17] 11, 41; 29, 30.

2

DIE CHEMISCHEN KENNTNISSE DES DIOSKORIDES[1]

Gegen Ende des ersten nachchristlichen Jahrhunderts, etwa um das Jahr 75 oder 80, vollendeten zwei, gleichzeitig, aber völlig unabhängig voneinander wirkende Schriftsteller ihre Hauptwerke: Plinius seine „Naturgeschichte", und Dioskorides seine „Arzneimittellehre". Die „Naturgeschichte" des Plinius ist eine das Gesamtgebiet naturhistorischer Kenntnisse umfassende Encyklopädie, deren Wert für die Geschichte der Wissenschaft gar nicht hoch genug eingeschätzt werden kann, trotz des Mangels an Kritik und des Überflusses an Aberglauben; diese und andere Fehler wird man übrigens milderen Auges ansehen, wenn man überlegt, daß Plinius nur ein Liebhaber der Naturkunde, dem Berufe nach aber Reitergeneral war, und daß in der Regel einem solchen noch heutzutage die Abfassung einer naturwissenschaftlichen Schrift nicht leicht tadellos gelingen dürfte. Dem Soldatenstande gehörte auch Dioskorides an; die sehr spärlichen Nachrichten über seinen Lebenslauf besagen, daß er zu Anazarba in der kleinasiatischen Landschaft Cilicien geboren war, als praktischtätiger römischer Militärarzt Kriege in verschiedensten Gegenden mitmachte, und hierbei die Provinzen des Weltreiches, ihre Bewohner und ihre Produkte aus eigener Anschauung

[1] Vortrag auf der Hauptversammlung des „Vereines Deutscher Chemiker" 1905 (s. „Zeitschrift für angewandte Chemie" 1905, S. 1209).

gründlich kennen lernte. Auf Grund reicher persönlicher Erfahrungen und von Jugend auf betriebener Studien verfaßte er in griechischer Sprache die fünf Bücher seiner „Arzneimittellehre", eine Beschreibung von mehr als fünfhundert der gebräuchlichsten Heilmittel aus allen drei Naturreichen, also kein encyklopädisches, sondern ein Spezialwerk vorwiegend botanischen, pharmakologischen, pharmakotherapeutischen und auch pharmakognostischen Inhaltes; nicht nur der Reichhaltigkeit, der weitgehenden Benutzung älterer und neuerer Quellen, der Berücksichtigung volkstümlicher Synonyma, und der klaren und knappen Darstellung, sondern vor allem auch seiner bestimmten, obgleich noch unvollkommenen Systematik, hatte es seinen fast einzig dastehenden Erfolg zu verdanken: länger als anderthalb Jahrtausende übte es eine Art Alleinherrschaft auf seinem Gebiete aus und galt den spätgriechischen, byzantinischen, syrischen, arabischen und mittelalterlichen Gelehrten als ein absolut vollkommenes und vollständiges, über jede Kritik erhabenes Kompendium, das nur der Deutung und Kommentierung, nicht der Verbesserung oder Ergänzung zugänglich sei, — ja im Orient dauert dieser hohe Ruf noch heute unvermindert fort!

Der geschilderten Tendenz gemäß, ist das Werk des Dioskorides an chemischen Tatsachen ärmer als das des Plinius, denn in erster Linie steht dem Verfasser stets die medizinische Anwendung: er beschreibt vor allem die nützlichen oder schädlichen Einwirkungen der Mittel bei inneren oder äußeren Krankheiten, wobei das Vorurteil, und, — wie Kobert schon vor Jahren nachwies —, der Glaube an Sympathie eine bedeutende Rolle spielt; alle übrigen Beziehungen aber ergeben sich zumeist nur nebenher und finden sich an den verschiedensten Stellen des umfangreichen Buches verstreut. Dennoch lohnt es sich in hohem Grade, sie zusammenzufassen, sowohl weil Dioskorides in einer der merkwürdigsten Übergangsperioden lebte und schrieb, als auch, weil infolge seiner überragenden Bedeutung und Fortwirkung fast jede seiner Ansichten irgend eine Spur in der Geschichte der Wissenschaft zurückgelassen hat. In dieser Hinsicht ist es auch von Wichtigkeit, daß Dioskorides, im Gegensatze zu Plinius, keinerlei dogmatische Neigungen besitzt. Er beurteilt und ordnet zwar die Heilmittel nicht selten nach den vier Hauptqualitäten „kalt, warm, feucht, trocken", geht aber auf die entsprechenden theoretischen Anschauungen niemals weiter ein; selbst von den „vier Elementen" als solchen ist nirgends die Rede, und nur ganz vereinzelt wird berichtet, daß die „Luft" erhärtend auf die ursprünglich weiche Koralle wirke,[1] daß das „Feuer" eine heftige Verwandtschaft zum Erdöl habe[2] und entgegen der törichten Volksmeinung auch den Salamander verzehre,[3] und daß das „Wasser" in reinster Form als klares, süßes, besonderer Eigenschaften entbehrendes, zu vielen feinen Präparaten allein anwendbares Regenwasser auftrete,[4] sonst aber, je nach der Gegend und ihrer Eigenart, mancherlei, oft schwer zu beurteilende Beschaffenheit zeige.[5]

Im folgenden soll nun, was an chemischen Kenntnissen aus der „Materia medica" des Dioskorides zu schöpfen ist, im Zusammenhange dargelegt werden. Alles Irrtümliche oder Falsche jedesmal ausdrücklich hervorzuheben, schien um so weniger nötig, als Dioskorides, wie der Zusammenhang seines Werkes ersehen läßt, nicht alles Unrichtige, das er anführt, auch stets selbst glaubte. Absolute Vollständigkeit ist nicht erstrebt worden; namentlich blieben viele allzu dunkle, oder nur indirekt aus der pharmakologischen und pharmakognostischen Systematik zu erschließenden Andeutungen außer Betracht, ferner wurde nicht auf die spezifisch medizinischen und therapeutischen Gebrauchsanweisungen eingegangen, und endlich fanden nur die fünf Bücher der „Arzneimittellehre" Berücksichtigung, nicht aber einige weitere, dem Dioskorides zugeschriebene Abhandlungen, da ihm die neuere Kritik diese mit stets wachsender Bestimmtheit abspricht.

[1] 5, 138. [2] 1, 101. [3] 2, 67. [4] 1, 151 u. 180; 2, 87. [5] 5, 18.

I. Metalloide.

Von Metalloiden, die in freiem Zustande vorkommen, wird nur der Schwefel erwähnt. Der beste ist der noch nicht umgeschmolzene θεῖον ἄπυρον, den z. B. die vulkanischen Inseln Lipara und Melos als gelbe, glänzende, durchsichtige Masse liefern;[1] dieser „natürliche Schwefel" ist schon an sich ein treffliches Heilmittel und gibt, angezündet, einen kräftigen, als Räuchermittel sehr geeigneten Dunst (die schweflige Säure); außerdem wird er aber, innerlich und äußerlich, auch in Verbindung mit zahlreichen anderen Substanzen angewandt, z. B. mit Pech,[2] Natron,[3] Essig,[4] Asphalt,[5] Harz oder Terpentin,[6] sowie allerlei Pflanzensäften.[7]

II. Die Schwermetalle und ihre Verbindungen.

Das Gold ist außerordentlich feiner Verteilung fähig; es läßt sich zu äußerst dünnen Blättchen schlagen[8] und dient in Form lockeren Schabsels als Gegengift für Quecksilber.[9] Eine Lötsubstanz für Gold soll aus Urin und einer Kupferverbindung bereitet werden,[10] dem Grünspan; gemeint ist hier jedenfalls der sogenannte „natürliche Grünspan", d. i. Malachit oder ein ihm nahestehendes Kupferkarbonat, aus dem beim Schmelzen mit Kohle metallisches Kupfer abgeschieden wird (siehe unten).

Quecksilber stellt man hauptsächlich aus Zinnober dar, einer kostbaren Malerfarbe, die weder mit Mennige identisch ist, wie manche meinen, noch mit dem sogenannten Drachenblute (einem indischen Harze), wie andere glauben, sondern als Mineral in gewissen Gruben vorkommt; es geht von ihm ein erstickender Hauch aus, weshalb die bei der Verarbeitung beschäftigten Leute sich durchsichtige Blasen vor das Gesicht binden.[11]

[1] 5, 123. [2] 1, 94. [3] 2, 208; 5, 123. [4] 2, 122; 4, 29 u. 76; 5, 21 u. 123. [5] 3, 9. [6] 5, 123. [7] 4, 154. [8] 5, 91. [9] 5, 110. [10] 2, 99. [11] 5, 109.

Zur Gewinnung des Quecksilbers füllt man den als „Mennige“ bezeichneten Rohstoff, d. i. in Wirklichkeit Zinnober, in eine eiserne Schale, bringt diese in ein irdenes Gefäß, verschließt es durch einen gut passenden Helm, verschmiert rings mit Lehm und erhitzt; hierbei setzt sich eine Masse an dem Helm fest, die, abgekühlt und abgekratzt, zu Quecksilber wird.[1] Man muß dieses in Gefäßen von Glas, Blei, Zinn oder Silber aufbewahren, da es alle anderen Materialien durchfrißt; es ist ein furchtbares Gift und wirkt, getrunken, tödlich, weil seine Schwere die Eingeweide zerreißt.

Kleine Mengen Quecksilber treten auch als solches (d. h. in metallischer Form) in den Gruben auf; ferner soll Quecksilber beim Verhütten des Silbers in Tropfen an den Decken der Schmelzhütten hängend gefunden werden.

Kupfer, das in den Schmelzöfen dargestellte, schön rote Metall,[2] dient, ebenso wie die hinterbleibende Kupferschlacke,[3] als Zusatz zu Heilmitteln.[4] Beim Glühen für sich oder auch mit Schwefel, Salz, Alaun u. s. w. hinterläßt es das „gebrannte Kupfer“, eine trocknende, adstringierende und Erbrechen erregende Masse;[5] offenbar ist diese ein Gemenge ganz verschiedener Verbindungen, von denen in reinerer Form und unter ganz bestimmten Bestimmungen erhalten, nur beschrieben werden: eine anfangs entstehende rote, beim Reiben schön zinnoberrot werdende, sowie eine zuletzt abgeschiedene schwarze Substanz, Kupferoxydul und Kupferoxyd. Mit diesen zu identifizieren sind wohl die Kupferblüte,[6] die beim Aufgießen von Wasser auf das den Schmelzöfen entströmende Kupfer „infolge der plötzlichen Abkühlung gleichsam ausgespien wird und ausblüht“, bezw. der Kupferhammerschlag, ein Abfallprodukt der cyprischen Kupferwerkstätten;[7] beide dienen als Zusätze zu Heilmitteln.[8]

Kupfer, gebranntes Kupfer, Kupferblüte u. s. w. erzeugen

[1] 5, 110. [2] 5, 88 u. 89. [3] 5, 119. [4] 5, 92. [5] 5, 87. [6] 5, 88. [7] 5, 89. [8] 3, 165, 4, 22.

beim Benetzen mit Essig den Grünspan.[1] Im großen stellt man diesen dar, indem man auf den Boden eines Fasses schärfsten Essig gießt, darüber kupferne Platten oder Hohlbleche befestigt, unter gutem Verschluß zehn Tage stehen läßt und dann den entstandenen Ansatz abschabt; das Kupfer benutzt man auch in Form von Abfällen und Feilspänen, auch kann man, statt es über Essig zu hängen, es in alte saure (d. i. essigsaure) Weintrester eingraben.[2] Beim Verreiben von Kupfer mit Essig und anderen Zutaten, z. B. in einem kupfernen Mörser mit einer ebensolchen Keule, entsteht ebenfalls Grünspan,[3] auch soll solcher aus manchen kupferhaltigen Mineralien von selbst ausblühen oder bei großer Hitze ausschwitzen.[4] Er dient als Heilmittel[5] und wird oft verfälscht, z. B. mit Bimsstein, Marmor oder Kupfervitriol; letzteren kann man nachweisen, indem man eine reine und verdächtige Probe gleichzeitig über glühender Asche erhitzt, wobei die vitriolhaltige einen roten Rückstand hinterläßt.

Der Kupfervitriol ist eine festgewordene Flüssigkeit[6] und kommt in drei Formen vor: erstens als Inhalt großer unterirdischer Teiche, den man zunächst in Gruben ausschöpft und allmählich erstarren läßt; zweitens als Tropfvitriol, Stalaktis, in den Gängen der Bergwerke; drittens als künstlicher, gekochter Vitriol, den man in Spanien zubereitet, indem man die in Wasser gelöste Masse einkocht und in Behältern stehen läßt. Dieser bildet traubenförmige Gruppen von blauen, durchscheinenden Würfeln und eignet sich gut für die Zwecke der Färber und Beizer, nicht aber für die der Ärzte, da seine medizinischen Kräfte zu gering sind; beim Brennen ergibt der Kupfervitriol einen schön roten Rückstand,[7] offenbar Kupferoxydul; er dient als Zusatz zu vielen Arzneien[8] und wirkt erbrechenerregend. — Unreiner, teilweise verwitterter Kupfervitriol war vermutlich das sogenannte Sory, eine dunkle, fettige, übelriechende Masse von gleichfalls emetischer Wirkung.[9]

[1] 5, 89. [2] 5, 91. [3] 5, 92. [4] 5, 91. [5] 1, 91. [6] 5, 114. [7] 5, 91. [8] 1, 86 u. 91; 3, 9 u. 165. [9] 5, 118.

Armenion und Kyanos, zwei leicht zerreibliche, schön blaue, kupferhaltige Mineralien, dürften als Bergblau oder diesem nahestehende Kupferkarbonate anzusprechen sein;[1] Chrysokolla,[2] anscheinend identisch mit dem „natürlichen Grünspan",[3] eine in geschlämmtem und gewaschenem Zustande schön lauchgrüne, emetische und giftige Masse, die, mit Kohle erhitzt, Kupfer oder gebranntes Kupfer (d. i. Kupferoxydul) liefert, war wohl Malachit, d. i. ein basisches Kupferkarbonat.

Zink ist in metallischer Gestalt, wie dem Altertume überhaupt, so auch Dioskorides unbekannt, doch wußte man ein mehr oder minder unreines Zinkoxyd darzustellen und durch Verarbeitung kupfer- und zinkhaltiger Rohmaterialien Legierungen zu gewinnen, die man oft nur unbestimmt als „das Glänzende", „das Helle", „το λευκόν" bezeichnet findet, in anderen Fällen aber, z. B. wenn dem geschmolzenen Kupfer eine größere Menge verunreinigtes Zinkoxyd zugesetzt wird, „um es schöner in der Farbe", „von besserer Beschaffenheit", oder „leichtflüssiger" zu machen, als Messing und Bronze betrachten darf.[4] Klarheit über die betreffenden chemischen Vorgänge haben die alten Metallurgen niemals gewonnen.

Die sogenannte Cadmia findet sich nicht, wie manche annehmen, schon fertig in den Bergwerken, sondern entsteht bei der Verhüttung eines dem Pyrit ähnlichen Minerales (wohl Zinkblende), sowie bei der Verhüttung gewisser (unreiner) Kupfererze. Solche Cadmia (d. i. verunreinigtes Zinkoxyd) bildet trauben-, brocken- und plattenförmige Stücke von weißlicher, grauer, schwarzer, grünlicher oder bläulicher Farbe, zeigt oft Bänderung und Zonenbildung, und wird entweder vom Oberteile und von den Wänden der Schmelzöfen abgekratzt, oder auf dem Boden der Öfen und der Werkstätten zusammengefegt; die Masse, die man anfangs mit den Zähnen durchbeißen kann, wird, wenn man sie mit Essig fein reibt und in die Sonne stellt, alsbald hart und rot; im Feuer läßt sie kupfer-

[1] 5, 105 u. 106. [2] 5, 104. [3] 5, 91. [4] 5, 85; 5, 88 u. 89.

rote, gelbliche oder auch verschieden gefärbte Zonen erkennen, verliert aber erst nach mehrtägigem Glühen an Gewicht und hinterläßt zuletzt eine bimssteinähnliche Asche, die man mit Wasser auswäscht und schlämmt.[1]

Von der Cadmia nur durch die Form verschieden, ist der Pompholyx oder Hüttenrauch;[2] beim Verschmelzen des Kupfers, namentlich bei seiner Verschönerung und Verbesserung durch Zusatz größerer Mengen Cadmia, steigt er von selbst als ein außerordentlich feiner Rauch auf, der so leicht ist, daß er in der Luft schweben bleibt und schließlich zu einer weißen bis bläulichen, etwas fettartigen Masse erstarrt. Man stellt ihn aber auch planmäßig dar, indem man einen hohen, mit Kohlen beschickten Schmelzofen mittels der Blasebälge ins Glühen bringt und ein fein gestoßenes Gemenge von Cadmia und Kohle aufschüttet; den aufsteigenden Rauch leitet man in Kammern, die ein Stockwerk über der Erde liegen, woselbst er sich an der Decke und an den Wänden niederschlägt und eine äußerst feine, einem zusammengeballten Knäuel Wolle gleichende, weiße Masse bildet (daher „weißer Schnee“, „nix alba“ genannt, was später mißverständlich zu „nihilum album“ entstellt wurde); um seine Echtheit zu prüfen, denn er wird vielfach verfälscht, wirft man ihn auf glühende Kohlen, wobei eine leichte, bläuliche Wolke aufsteigen muß, oder übergießt ihn mit Essig, der einen scharfen, metallischen Geruch und Geschmack annimmt. Bei der beschriebenen Darstellung des Pompholyx sinkt stets auch ein Teil des Rauches als dunkle schwere Wolke zu Boden; man kratzt die schwarze Masse zusammen, wäscht und schlämmt sie, bis sie sand- und schmutzfrei ist, und erhält so ein feines, von allen gröberen Teilchen freies Pulver, „Spodos“ genannt (unreine Zinkasche). Wegen seiner Heilsamkeit wird es sehr geschätzt und daher auch vielfach verfälscht, z. B. mit Bleiasche,[3] mit gebrannten Dattelkernen,[4] Ölblättern[5] und vielerlei anderen verkohlten pflanzlichen oder tierischen Abfällen.[6] — In späterer

[1] 5, 84 u. 85. [2] 5, 85. [3] 5, 95. [4] 1, 149. [5] 1, 186. [6] 5, 86.

alchemistischer und mittelalterlicher Zeit wurde bekanntlich Spodos oder Spodium zu einem völlig undefinierbaren Sammelnamen, der alles nur mögliche und unmögliche „Gebrannte" bezeichnete, und noch im vergangenen Jahrhunderte an der aus gebrannten Knochen gewonnenen Knochenkohle der Zuckerfabriken haften blieb.

Eisen wird durch einen Röstprozeß aus verschiedenen Mineralien und Erzen gewonnen, namentlich aus „Misy", einem goldfarbigen, glänzenden, sehr harten, beim Zerschlagen leuchtenden Gesteine, — wahrscheinlich Schwefelkies, den aber Dioskorides auch mit Kupferkies verwechselt.[1] Eisen enthält auch der Magneteisenstein,[2] dessen beste Sorte dunkelblau, dicht, nicht gar zu schwer ist, und das Eisen kräftig anzieht; beim Brennen entsteht aus ihm der blutrote, zinnoberfarbige Hämatit (Roteisenstein), der in Pulverform ein sehr geschätztes Heilmittel darstellt.[3] Durch Ablöschen glühenden Eisens in Wasser oder Wein sowie Rösten der Eisenerze an der Luft bildet sich Eisenrost,[4] und beim Bearbeiten des Eisens auch Eisenhammerschlag;[5] alle diese Stoffe finden, gewaschen und geschlämmt, sowohl für sich als auch mit Essig angerieben, zahlreiche Anwendungen in der Medizin.

Das nämliche gilt vom Eisenvitriol;[6] ein kupferhaltiger Eisenvitriol war vermutlich das „Psorikon":[7] es enthält viel Wasser, wirft beim Erhitzen große Blasen und hinterläßt schließlich einen schön roten Rückstand.

Blei wird durch Verhüttung der Bleierze gewonnen, wobei auch eine Art Spodos, sowie eine gelbe, glasartige, dichte und schwere Bleischlacke zurückbleibt;[8] dieser sehr ähnlich ist die Molybdaina, die beim Ausschmelzen des Silbers und Goldes entsteht, aber auch als gelbe glänzende Masse in kleinasiatischen Bergwerken vorkommt.[9] Das reinste Blei stellt man durch sorgfältiges Zerreiben von Bleifeile zu feinstem Schlamm und

[1] 5, 116 u. 142. [2] 5, 147. [3] 5, 144. [4] 5, 93 u. 119. [5] 5, 90. [6] 1, 183. [7] 5, 116. [8] 5, 85 u. 97. [9] 5, 100.

anhaltendes Auswaschen mit Wasser dar;[1] sein Dampf ist sehr giftig.[2]

Schmilzt man Blei unter Umrühren mit einem Eisenstabe, so entsteht erst ein schwarzes Pulver (d. i. Bleisuboxyd), sodann Bleiglätte;[3] diese erhält man auch aus dem Blei der bleihaltigen Mineralien und aus dem Silber der Silbererze,[4] – eine bis an die Schwelle der Neuzeit herrschend gebliebene Anschauung. Bleiglätte ist eine gelbliche, glänzende Masse, wird für sich und zusammen mit mancherlei Stoffen als Medikament angewandt,[5] liefert mit Ölen und Fetten die Bleipflaster,[6] und dient zur Verfälschung des Safrans.[7]

Bleiweiß wird dargestellt, indem man auf den Boden eines Gefäßes starken Essig gießt, an seiner Mündung Bleiplatten aufhängt, das zugedeckte und verschmierte Gefäß stehen läßt, bis das Blei gelöst und abgefallen ist, die abgesiebte zähe Masse an der Sonne trocknet, sie auf der Handmühle zu feinem Pulver reibt, absiebt, und alles dieses drei- bis viermal wiederholt; im Winter ist künstliche Erwärmung erforderlich.[8] Das beste Bleiweiß ist das im Sommer zu Beginn der Fabrikation gewonnene; es ist zart, rein weiß und sehr giftig, wird jedoch vielen Arzneimitteln zugesetzt.[9] Beim Brennen entsteht erst eine graue Masse, dann aber eine prachtvoll gesättigte rote, die Mennige.[10]

Brennt man Blei mit Schwefel in einem Tiegel, so scheidet sich eine dunkle Masse ab (Schwefelblei), die in der Medizin und Kosmetik Anwendung findet.[11]

Über die Gewinnung des Zinnes macht Dioskorides keine Mitteilung, doch erwähnt er verzinnte Kessel, die zur Darstellung des Rizinusöles, und zinnerne Behälter, die als angeblich unangreifbare Behälter für Quecksilber dienen.[12]

[1] 5, 95; 2, 7. [2] 5, 96. [3] 5, 102. [4] 5, 102. [5] 1, 86; 3, 64; 4, 71; 5, 102. [6] 5, 103. [7] 1, 25. [8] 5, 103. [9] 1, 136; 2, 152 u. 159; 3, 45 u. 64; 4, 71. [10] 5, 103 u. 138. [11] 5, 96. [12] 1, 38; 5, 110.

Eine Verbindung des Antimons ist das Stimmi, d. i. Schwefelantimon,[1] eine glänzende, strahlige oder blättrige, spröde Masse, die beim Erhitzen schmilzt, beim Glühen mit Kohle aber zu „Blei“ wird; es dient zum Färben der Augenbrauen und auch zum Fälschen der Narde.[2]

Arsenikon ist das Auripigment und bildet goldgelbe Platten und Schuppen, die ätzend, adstringierend und enthaarend wirken, und auch zusammen mit Vogelleim zur Anwendung kommen;[3] erhitzt man es für sich oder auf Kohle, so verliert es die Farbe und hinterläßt eine Masse, die man abkühlt und fein gerieben aufbewahrt (unreine, arsenige Säure). Es ist ein tödliches Gift; als Gegenmittel dient geronnene Milch.[4]

Eine andere Arsenverbindung ist das Sandarach, d. i. Realgar, ein dem Zinnober ähnlicher, prachtvoll roter Körper, der nach Schwefel riecht und dieselben Eigenschaften, namentlich dasselbe Verhalten beim Brennen zeigt wie das Auripigment.[5] Die Bemerkung, daß man veraltete Katarrhe durch Einatmen von Sandarachdampf bekämpft, bezieht sich wahrscheinlich auf das mit dem nämlichen Namen bezeichnete Harz.

Tonerde wird als ein Lehm aus den Gruben gefördert, an der Sonne getrocknet und durch passend geschichtetes Reißig gebrannt[6] oder auch in eigenen Öfen durch scharfes Feuer in Ziegel verwandelt.[7] Die eretrische, die kimolische, die samische und ähnliche Erden sind weißer und grauer Ton besonderer Beschaffenheit;[8] ein gelber Ton ist der leicht zerreibliche Oker,[9] der auch sorgfältig gewaschen und dann gebrannt wird, wobei man Rötel erhält, eine dichte, homogene, lebhaft rote Masse.[10] Ein besonders schöner Ton ist die lemnische Erde;[11] sie wird auf der Insel Lemnos ausgegraben, mit Ziegenblut gemischt und mit dem Bildnis einer Ziege gestempelt, weshalb man sie auch kurzweg „die Ziegengestempelte“ nennt. — Es ergibt sich hieraus der Ursprung der späteren Bezeichnung „terra sigillata“.

[1] 5, 99. [2] 1, 6. [3] 5, 120; 3, 93. [4] 2, 77. [5] 5, 121. [6] 5, 119. [7] 5, 177. [8] 5, 170 u. 171. [9] 5, 108. [10] 5, 111 u. 112. [11] 5, 113.

Weitere Erden eigentümlichen Charakters sind der weiße, von den Webern und Färbern zum Reinigen der Leinengewänder gebrauchte Morochthos,[1] d. i. vermutlich Seifenstein, ein wasserhaltiges Aluminium-Magnesiumsilikat, sowie der Amiant,[2] ein dem Federalaun gleichendes, biegsames, zu unverbrennlichen Geweben und Schaustücken verarbeitbares Mineral, offenbar Asbest.

III. Die Leichtmetalle und ihre Verbindungen.

Nitron, d. i. unreine Soda, findet sich als Ausschwitzung der Erde so wie mancher Wässer, namentlich gewisser (ägyptischer) Seen, und ist eine weißliche, gelbliche oder rötliche, schwammartig lockere, etwas fettige Substanz, von beißendem Geschmacke und scharfer, ätzender, kaustischer Beschaffenheit,[3] die durch Brennen noch bedeutend verstärkt wird;[4] in reinem Zustande ist das Nitron glänzend weiß und im Wasser leicht löslich;[5] es bildet einen Bestandteil zahlreicher Arzneien.[6]

Ihm sehr ähnlich ist die Asche, die man beim Verbrennen vieler Pflanzen und pflanzlicher Produkte erhält, z. B. aus Hölzern, Stengeln, Wurzeln oder Blättern von Papyrus[7], Tamariske,[8] Weide,[9] Ölbaum,[10] Eiche,[11] Myrte,[12] Birnbaum,[13] Nußbaum,[14] Feigenbaum,[15] Rübe,[16] Weinrebe[17] u. s. w., ferner auch aus Leinen und leinenen Lumpen.[18] Sehr wirksam ist besonders die Asche, die der Weinstein ergibt;[19] bei richtigem Glühen ist sie rein weiß, kaustisch und adstringierend, scharf auf der Zunge brennend und sehr zerfließlich, so daß man sie nur in gut verschlossenen Gefäßen aufzubewahren vermag. Auch die Aschenlauge ist, wenn es kaustische Wirkungen gilt, sehr brauchbar;[20] zu anderen Zwecken jedoch nimmt man die Asche mit Essig auf.[21]

[1] 5, 151. [2] 5, 155. [3] 5, 128 u. 129. [4] 2, 200; 5, 118. [5] 5, 102. [6] 1, 81 u. 91; 1, 183; 2, 124 u. 125 u. s. w. [7] 1, 115. [8] 1, 116. [9] 1, 35. [10] 1, 136. [11] 1, 146. [12] 1, 155; 5, 86. [13] 1, 168. [14] 1, 178. [15] 1, 186. [16] 2, 149. [17] 5, 134. [18] 5, 86. [19] 5, 118 u. 131. [20] 1, 186. [21] 2, 27 u. 98; 5, 131 u. 134 u. s. w.

Verbrennt man Tiere, z. B. Wiesel[1] und Schwalben,[2] oder tierische Produkte, wie rohe Wolle,[3] rohe Fette,[4] Kot[5] und Leim,[6] so hinterbleibt ebenfalls eine ähnliche Asche; dieser analoge Eigenschaften zeigt aber auch der scharfe Saft mancher Pflanzen, z. B. des zur Wollwäscherei dienenden (ein Saponin enthaltenden) Seifenkrautes.[7]

Der Kalk wird am besten aus Marmor bereitet oder auch aus den Schalen von Muscheln, Meerschnecken, Seeigeln und Krebsen,[8] und zwar durch ein mehrere Tage lang andauerndes Brennen,[9] durch das seine Kraft ganz außerordentlich gesteigert wird.[10] Der fertig geglühte Kalk ist rein weiß, scharf, brennend und stark ätzend, mischt sich mit Öl, und löscht sich mit Wasser (beim Stehen über Nacht) zu einer schweren weißen Masse (Kalkhydrat). Manchen Heilmitteln wird er in ungelöschtem Zustande zugesetzt.[11]

Auf eine dunkle Kenntnis des Ammoniaks deuten einige Bemerkungen hin, die Dioskorides über die Räucherung mit Hirschhorn, über die Eigenschaften faulenden Harnes, und über den widrigen, an Fischlake erinnernden Geruch des rohen Nitrons und mancher Arten Alaun macht.[12]

Das Salz findet sich als Steinsalz in weißen, dichten, durchsichtigen, spaltbaren Stücken,[13] als Seesalz in weißen, homogenen Massen, die je nach dem Orte und der Art der Gewinnung sehr verschiedene Eigenschaften zeigen, endlich auch als „reinste Salzblüte des Meeres“, die zu medizinischen Zwecken dient,[14] sowie als mißfarbiger Absatz der Salzseen. Es wirkt fäulniswidrig und wird zur Verstärkung seiner Kraft auch gebrannt, wobei man jedoch die Töpfe gut verschlossen halten muß, weil es sonst herausspringt.

Der Gips wirkt innerlich giftig und erstickend,[15] wird je-

[1] 2, 27. [2] 2, 60. [3] 2, 83; 5, 86. [4] 2, 94. [5] 2, 98. [6] 5, 86. [7] 2, 84 u. 192. [8] 5, 132; 1, 178; 2, 1 u. 4; 2, 5 u. 12. [9] 5, 119. [10] 5, 118. [11] 1, 182; 2, 94; 3, 93. [12] 2, 63 u. 99; 5, 122 u. 128. [13] 5, 125. [14] 2, 101; 5, 76. [15] 1, 186; 3, 29; 5, 133.

doch als Zusatz zum Wein aus Nießwurz angewandt;[1] ganz verwerflich ist sein Gebrauch zum Gipsen des Weines, da ein solches Getränk den Körper schädigt und besonders den Nerven zum Verderben gereicht.[2]

Vom Alaun, der auch künstlich bereitet wird, gibt es zahlreiche Arten; zu den besten gehören der ägyptische Trichitis, d. i. Federalaun, sowie der in großen, weißen, gut spaltbaren, rundlichen Stücken vorkommende, der frisch feucht und von scharfem Geruche ist;[3] seiner stark adstringierenden Eigenschaften wegen findet er in der Medizin zahlreiche Anwendungen,[4] teils als solcher, teils gebrannt und geröstet.[5] Der sogenannte „phrygische Stein", ein alaunhaltiges Mineral, wird von den Färbern benutzt und zuweilen ebenfalls auf Kohlen geröstet.

IV. Organische Säuren.

Essig bildet sich beim Stehen von Wein,[6] Dattelwein,[7] Feigenwein,[8] Sykomorenwein[9] und ähnlichen Flüssigkeiten, „deren Kraft nicht ausreicht, um die Süßigkeit der ursprünglichen Säfte dauernd zu erhalten;" Angaben über die Darstellung des „schärfsten Essigs", der zur Bereitung des Grünspanes, des Bleiweißes u. s. w. vorgeschrieben ist, fehlen. Essig wirkt für sich, und mit anderen Medikamenten zusammen, in hohem Grade kühlend und adstringierend und bewährt sich daher in vielen Fällen als Gegengift;[10] er hat ferner die Eigenschaft, durch Lab oder Feigensaft geronnene Milch wieder zu verflüssigen;[11] häufig verwendet man ihn auch zum Auflösen des Nitrons (unreiner Soda), der Pflanzenasche, und des Eisenrostes.

Einen sauren, sehr herben und zusammenziehenden Stoff (die Gerbsäure), enthalten zahlreiche Pflanzenteile, z. B. Rinde, Bast, Blätter und Wurzeln der Eiche,[12] die „Galläpfel" genannten

[1] 5. 82. [2] 5, 10. [3] 5, 122. [4] 1, 77 u. 180; 2, 101 u. 127. [5] 5, 122. [6] 5, 45. [7] 5, 40. [8] 5, 41 [9] 5, 42. [10] 1, 146; 5, 21. [11] 1, 183. [12] 1, 142 u. 144.

Früchte der Eiche,[1] die Früchte der Tamarisken und Akazien,[2] die Holzäpfel,[3] Blätter und Früchte des Sumachstrauches,[4] sowie Früchte, Rinden und Wurzeln der Granate, welche letztere auch eine zum Abtreiben der Bandwürmer nützliche Abkochung liefern.[5] Alle diese Materialien wirken stark desinfizierend, adstringierend und austrocknend, und dienen, außer zu medizinischen Zwecken, auch zum Gerben der Häute, sowie zum Färben und Schwärzen der Haare, besonders der vorher mittels kimolischer Erde entfetteten.[6]

Eine herbe Schärfe der unreifen Trauben, d. i. Weinsäure, verursacht die Säure solchen Traubensaftes und macht den sauren Wein stark abführend.[7] Beim Lagern des Weines setzt sich der Weinstein ab, den man mit Wasser reinwäscht und auch durch Brennen in eine Art Nitron verwandelt;[8] der beste, der auch als Medikament dient,[9] ist der aus altem italischem Wein, während der aus Essig abgeschiedene wegen seiner großen Kraft minder brauchbar erscheint.

Die Exkremente gewisser, anscheinend eidechsenartiger Tiere (aus fast reiner Harnsäure bestehend), die getrocknet völlig weiße, leicht zerreibliche Körner bilden und wie Stärkemehl stäuben, werden von den Frauen als Schminke benutzt; ihrer Kostbarkeit wegen verfälscht man sie mit Stärke, kimolischer Erde oder Vogelkot, die man in die richtige Form bringt, indem man sie mit Wasser zu einem dicken Brei anrührt und diesen durch die Löcher eines engen Siebes preßt.[10]

V. Fette, fette und ätherische Öle, und Verwandtes.

Die Fette gewinnt man durch Ausschmelzen passender tierischer Körperteile in der Sonne, auf schwachem Feuer oder mittels heißen Wassers, reinigt sie durch ein- oder mehrmaliges Umschmelzen, und präserviert sie durch Übergießen mit einer

[1] 1, 146. [2] 1, 116 u. 133. [3] 1, 159. [4] 1, 147. [5] 1, 151 u. 153. [6] 1, 144, 146, 147. [7] 5, 6 u. 9. [8] 5, 131. [9] 3, 93. [10] 2, 98.

Schicht Honig; ihrer besonderen Eigenschaften wegen werden in der Medizin zahlreiche Fette, allein oder gewürzt, angewandt, u. a. das der Löwen, Panther, Bären, Hirsche, Elefanten, Kamele, Esel, Füchse, Schlangen u. s. w.[1]

Eine fettige, wohlriechende Masse ist auch das Wachs, dessen von Natur gelbliche Farbe durch Bleichen im Sonnenlicht bei Tage und im Mondlicht bei Nacht in ein reines Weiß übergeht,[2] ferner das Wollfett, d. i. Lanolin; nach völliger Reinigung, die umständlich und mühsam ist, erhält man es als ein schön weißes, geschmeidiges Fett, das für die Kosmetik, die Hautpflege, die Heilung von Entzündungen und Wunden u. s. w. von hohem Werte ist und daher oft mit Wachs oder mit Talg verfälscht wird.[3]

Eine fettige, ölartige Masse ist ferner die Butter, die beim Aufbewahren leicht übelriechend wird, beim Erhitzen schmilzt, und unter Entstehung von viel Ruß verbrennt;[4] man gewinnt sie durch anhaltendes Schütteln möglichst fetter Milch. Von dieser gibt es vielerlei Sorten, auch schädliche, weil giftige Bestandteile der Futterpflanzen in sie übergehen;[5] gute Milch ist mehr oder weniger süß und fett, leicht verdaulich, und schäumt beim Erhitzen stark, weshalb man sie entweder durch Einwerfen heißer Steinchen anwärmt, oder ein silbernes, mit kaltem Wasser gefülltes Gefäß in den Kochtopf einstellt, wodurch man das Überlaufen verhindert.[6] Setzt man der Milch das in zahlreichen Tieren vorkommende Lab zu, so gerinnt sie und scheidet einerseits das Käsige ab, andererseits die heilsame, nahrhafte und kräftigende Molke.[7] Ähnlich wie Lab wirken der echte Balsam,[8] sowie der Feigensaft,[9] doch löst ein Überschuß von diesem das käsige Gerinnsel wieder auf,[10] wie er denn auch das Fleisch erweicht;[11] andere Pflanzensäfte hingegen hindern die Gerinnung, z. B. die der Minze.[12]

[1] 2, 86—94. [2] 1, 105. [3] 2, 84; 5, 11 u. 21. [4] 2, 81. [5] 2, 75. [6] 2, 77. [7] 1, 183; 2, 85; 2, 77. [8] 1, 18. [9] 1, 183. [10] 1, 183. [11] 1. 184. [12] 3, 36.

Das edelste Fett ist das Öl, der erste Saft der noch nicht völlig reifen Olive; er ist gelblich, nach dem Entschleimen und Bleichen an der Sonne fast weiß, wohlriechend, dickflüssig, und zum Genuß, zu kosmetischen, und zu medizinischen Zwecken gleich wertvoll und zuträglich.[1]

Ähnliche fette Öle, jedoch von minderer Feinheit, gewinnt man auch aus anderen Pflanzen, teils durch Auskochen mit Wasser und Abschöpfen, teils durch Auspressen, z. B. das Öl des durch seine giftigen Samen ausgezeichneten Rizinus,[2] das Mandeöl,[3] das Behenöl,[4] das Sesamöl,[5] das Nußöl,[6] das Rettigsamenöl,[7] das Öl der Myrten- und Lorbeerblätter,[8] das Kümmelsamenöl[9] u. s. w.

Die letztgenannten fetten Öle leiten bereits zu den ätherischen Ölen über, deren Dioskorides eine sehr große Anzahl, jedoch kaum eines in halbwegs reinem Zustande kennt; eine scharfe Trennung zwischen den beiden Klassen der Öle wird nicht gemacht. Die Gewinnung der ätherischen Öle erfolgt teils durch Mazerieren mit Wasser oder mit Öl, teils durch Auspressen der mit Öl vorbehandelten Rohstoffe, teils durch Auskochen mit Wasser und Abschöpfen. Erwähnt werden u. a.: die Öle von Kümmel,[10] Anis,[11] Koriander,[12] und Foeum graecum,[13] von Majoran,[14] Basilicum,[15] Beifuß,[16] Dill,[17] Salbei,[18] und Minze,[19] die Öle von Zitrone (richtiger wohl Pompelmuse?) und Zitronenmelisse,[20] Bittermandelöl,[21] Zimtöl,[22] Senföl,[23] Myrten- und Lorbeeröl,[24] sowie die Öle der Lilie,[25] Narzisse,[26] Narde[27] und Rose.[28] Zur Darstellung des Rosenöles wird ein systematisches, bis siebenmaliges Extrahieren der Rosenblätter mit Öl nach dem Gegenstromprinzip empfohlen, unter sorg-

[1] 1, 29—32; 1, 52. [2] 1, 38; 4, 161. [3] 1, 39. [4] 1, 40; 4, 157. [5] 1, 41; 2, 12. [6] 1, 41 u. 178. [7] 1, 45. [8] 1, 48 u. 49. [9] 1, 46. [10] 1, 46; 3, 59 u. 60. [11] 3, 58. [12] 3, 64. [13] 1, 57. [14] 1, 58. [15] 1, 59. [16] 1, 60. [17] 1, 61; 3, 60. [18] 3, 35. [19] 3, 36. [20] 1, 166; 3, 108. [21] 1, 46. [22] 1, 13 u. 74. [23] 1, 47; 2, 183. [24] 1, 48 u. 49. [25] 1, 62. [26] 1, 63. [27] 1, 75. [28] 1, 53.

fältiger rascher Trennung des Öles von der wässerigen Schicht, die das Öl alsbald minderwertig und ranzig macht.

VI. Harze, Terpene, und Verwandtes.

Die Harze sind anfangs tropfbare, später mehr oder weniger erhärtende Ausflüsse verschiedener Bäume und werden durch Ausschmelzen, Auskochen und Kolieren gereinigt.[1]

Des beste Harz ist das Terpentinharz der Terebinthe, eine weiße, glasige, durchsichtige Masse, die erweichend, erwärmend, expektorierend und harntreibend wirkt;[2] beim Erhitzen liefert es das Terpentin, das aber zuweilen gleichfalls aus der Terebinthe ausfließen soll[3] und als Zusatz zu Arzneien dient,[4] sowie zum Verfälschen des echten Balsams und kostbarer Salböle.[5] – Von geringerer Qualität ist das Mastixharz, das in glänzenden wachsartigen Brocken aus Chios kommt und auch ein heilsames Harzöl ergibt.[6] – Noch minderwertiger sind das Fichten-, Tannen- und Kiefernharz,[7] bald flüssige, bald halbfeste, bald feste und leicht zerreibliche, wachsartig durchscheinende, weiße bis gelbliche Massen, die aus Gallien, Etrurien und Kleinasien gebracht werden, in guter Qualität besonders aus Kolophon (daher Kolophonium); sie dienen zum Harzen des Weines[8] sowie zum Fälschen des Weihrauches.[9] Aus dem Holze der Fichten, Tannen und Kiefern gewinnt man auch den Teer, eine dicke, glänzende, höchst heilkräftige, antiseptische, fäulnishemmende Flüssigkeit,[10] die beim Erhitzen erst etwas „Wasserartiges" (d. i. Vorlauf), dann Teeröl ergibt,[11] und zuletzt ein hellgelbes, fettes, harziges Pech hinterläßt.[12]

Harze edler Art sind noch das Zypressenharz[13] und das Zedernharz, das außerordentlich konservierend wirkt[14] und ein kräftiges Gegengift darstellt;[15] beim Erhitzen läßt es ein kost-

[1] 1, 93. [2] 1, 91; 4, 152. [3] 1, 91. [4] 3, 153. [5] 1, 18 u. 69. [6] 1, 51; 1, 90 u. 91. [7] 1, 91 u. 92. [8] 5, 43. [9] 1, 81. [10] 1, 94. [11] 1, 95. [12] 1, 97. [13] 1, 92 u. 102. [14] 1, 105. [15] 4, 149.

bares Öl entweichen, das man mittels übergeschichteter Wollflocken auffängt.[1]

Daß der „federntragende“ Bernstein aus dem an der Luft erhärtenden Harne des Luchses entstehen soll (daher auch Lynkurion), ist ein unsinniger Aberglaube,[2] er ist vielmehr das Harz einer Schwarzpappel, und die goldgelben Stücke werden beim Reiben wohlriechend.[3]

Ein verhärteter Teer ist der Asphalt, den das Tote Meer in großen, schweren, dunkelglänzenden, durchdringend riechenden Stücken auswirft.[4] Als eine Art verflüssigten Asphaltes ist das Erdöl, die Naphtha, anzusehen; in Babylon findet sich diese gemischt mit Asphalt vor und wird durch Absitzen von ihm getrennt, in Vorderasien und Sizilien schwimmt sie aber auch auf dem Wasser obenauf, und in Arabien und Italien fließt sie freiwillig aus den Felsen mancher Gegenden. Naphtha ist bald hell, bald dunkel, zeigt eine solche Gier nach Feuer, daß sie es schon von weitem an sich reißt, und dient daher statt des Öles zum Füllen der Lampen.[5]

Durch Verbrennen von Harz stellt man den Ruß her, und zwar am besten so, daß man auf irdene Untersätze einige Steinchen legt und auf diese einen Klibanos (d. i. eine, namentlich beim Brotbacken gebräuchliche Hohlform) aus gebranntem Ton oder aus Kupferblech derartig stellt, daß man durch die zwischen den Steinchen bleibenden Öffnungen angezündete Harzbrocken unterschieben und einzeln nachlegen kann; kühlt man mittels nasser Schwämme die Außenfläche der Hohlgefäße gut ab, so setzt sich der Ruß an der Innenseite fest und kann abgekratzt werden.[6] Ruß gewinnt man auch, indem man in passenden Dochtlampen Teer verbrennt;[7] feinere Sorten Ruß liefert auf gleiche Weise das Verbrennen von Zedernöl,[8] von geschmolzener Butter[9] und geschmolzenem Wollfette,[10] während geringere Sorten im Großen beim Betriebe der Holz-

[1] 1, 105. [2] 2, 100. [3] 1, 110. [4] 1, 99. [5] 1, 101; 1, 68 u. 99. [6] 1, 84 u. 93. [7] 1, 96. [8] 1, 105. [9] 2, 81. [10] 1, 84.

schwelereien[1] und Glashütten abfallen.[2] Außer zu medizinischen und kosmetischen Zwecken, z. B. zum Schminken der Augenlider,[3] dient der Ruß zur Bereitung der Tinten, die man aus Kien-, Harz-, Glashüttenruß, Vitriol, Gummi und Leim verfertigt;[4] setzt man ihnen Wermutextrakt zu, so bleiben die Schriftstücke vor Mäusefraß geschützt.[5]

VII. Kohlenhydrate, Gummiarten, und Verwandtes.

Stärke oder Amylum, angeblich so genannt, „weil es ohne Mühle hergestellt wird", ist ein Produkt aus bestem ägyptischen oder kretensischen Weizen; man übergießt die Körner tags und nachts etwa fünfmal mit Wasser, bis sie völlig durchgeweicht sind, entfernt das Wasser vorsichtig und ohne jedes Pressen, tritt die weiche Masse mit den Füßen aus, nimmt die leeren Hülsen von oben mittels eines Durchschlages ab, koliert, bringt auf Seihgefäße, und trocknet schließlich so rasch als möglich auf heißen Steinen oder in der größten Sonnenhitze.[6] Die Stärke ist weiß, locker, leicht zerreiblich,[7] gibt, in Wasser gekocht, Kleister,[8] und dient als Zusatz zu zahlreichen Arzneien;[9] geringere Sorten, z. B. die aus Dinkel, sind aber zu solchem Zwecke unverwendbar.[10]

Außer der Stärke stellt man aus Getreide, namentlich aus Gerste, auch ein weinähnliches Getränk dar, das Bier; sein Genuß ist äußerst schädlich, denn es bläht, macht dick, verdirbt die Körpersäfte, greift durch seine harntreibende Kraft die Nieren an, und reizt in hohem Grade die Nerven und das Gehirn.[11] Der Wein selbst, von dem es zahlreiche Sorten gibt, ist bei dauerndem Genusse ebenfalls schädlich und nur als zeitweiliges Anregungsmittel, als Zusatz zum Wasser, sowie in gewissen Fällen als Gegengift, zu empfehlen;[12] besonders nachteilig ist der gegipste Wein.[13] Bei der Weinbereitung darf man

[1] 1, 86. [2] 5, 181. [3] 1, 86 u. 93. [4] 5, 182. [5] 3, 23. [6] 2, 124. [7] 2, 98. [8] 2, 107. [9] 1, 176; 2, 98; 4, 152. [10] 2, 124. [11] 2, 109. [12] 5, 9. [13] 5, 10.

keinen Bimsstein zusetzen, weil dieser die Gärung zum Stillstande bringt,[1] auch darf man Wein nicht in halbleeren Gefäßen stehen lassen, sondern muß regelmäßig nachfüllen, sonst tritt Säuerung ein;[2] durch den (im Orient noch jetzt üblichen) Zusatz von Harz läßt sich aber die Säurebildung hindern.[3] Die Kräfte des jungen Weines, die sich z. B. in der Pulsbeschleunigung äußern, gehen verloren, wenn man ihn mit Wasser kocht, bis dieses verdampft ist,[4] — eine für die Vorgeschichte des Alkohols sehr beachtenswerte Bemerkung.

Ein dem Weine verwandtes Getränk ist der Honigmet, den man aus Honig bereitet; von diesem kennt man zahlreiche, an Süßigkeit und Duft sehr verschiedene Arten,[5] unter ihnen auch bittere, wie den sardinischen aus Wermutblüten,[6] und selbst giftige, wie den pontischen.[7] Honig findet, wegen seiner Süßigkeit, ausgebreitete Anwendung in der Medizin und Kosmetik und dient u. a., zusammen mit Wachs, auch zum Überziehen bitterer oder übelschmeckender Pillen.[8]

Süße Säfte sind auch in den Wurzeln der Möhre sowie des Süßholzes enthalten, aus denen man durch eine Art Mazeration Weine herstellt; der aus dem Süßholze ausgekochte und zu Honigdicke konzentrierte Saft ist ein spezifisches Mittel gegen Rauhigkeit des Halses, hartnäckige Katarrhe und dergl., und wirkt durstlöschend.[9]

Die Manna des Dioskorides ist nicht mit der unserigen identisch, sondern bezeichnet kleine Körner, z. B. die des Weihrauches;[10] ebenso kann das arabische oder indische Saccharon,[11] das als eine Honigart, als Ausschwitzung von Rohren, als salzähnliche Masse beschrieben wird, nicht als unser Rohrzucker angesprochen werden.

Der Gummi, eine glasige, durchscheinende Substanz, in kleinen Brocken und wurmartig aussehenden Stücken, stammt

[1] 5, 124. [2] 5, 45. [3] 5, 43. [4] 5, 13. [5] 1, 101. [6] 1, 102. [7] 1, 102. [8] 4, 162. [9] 3, 52 u. 5, 70; 3, 5 u. 5, 73. [10] 1, 83 u. 86; 1, 94 u. 178. [11] 2, 104.

von einer Akazie, besitzt kühlende, adstringierende und klebende Kraft, und dient u. a. zum Verfälschen von Weihrauch und von Myrrhe;[1] ähnliche Gummiarten liefern die Kirschbäume,[2] Pflaumenbäume[3] und Mandelbäume,[4] aber auch die Wurzeln mancher Pflanzen, z. B. des Traganthstrauches: der Traganthgummi ist eine lockere, weiße, feine, klebende Masse von süßlichem Geschmack und ein wertvolles Heilmittel bei Katarrhen und Augenleiden.[5]

Stoffe, die teils den Gummiarten, teils den Harzen nahestehen, – heute zumeist den Gummiharzen zugerechnet –, sind Myrrhe,[6] Styrax,[7] Bdellion,[8] Weihrauch,[9] Galbanum,[10] Scammonia,[11] Ammoniakharz, d. i. „der verhärtete Saft eines bei der Oase Ammon wachsenden Krautes"[12], und viele andere.

VIII. Farbstoffe.

Organische Farbstoffe bespricht Dioskorides, seiner vorwiegend botanischen und pharmakologischen Tendenz gemäß, meist nur nebenbei: Die Säfte der Nußschalen, der Myrtenbeeren, gewisser Rubus-Arten und anderer gerbstoffhaltiger Pflanzen dienen zum Schwarzfärben, z. B. der Haare.[13] Rote Farbstoffe sind die der Anchusa, d. i. Alkanna,[14] des Krapps,[15] des Kermes[16] und mancher Algen und Tange;[17] von letzteren, sowie auch vom Safflor,[18] wird nicht besonders erwähnt, daß die Färber sie gebrauchen. Zum Blaufärben benutzt man den Waid,[19] sowie das kostbare Indikon, d. i. Indigo, der auffälligerweise unter den Mineralien beschrieben wird,[20] obwohl es von ihm heißt, er entstehe als eine Ausschwitzung indischer Rohrstengel; beim Auskochen in den kupfernen Kesseln schwimmt er als ein purpurner Schaum obenauf, wird abgeschöpft und

[1] 1, 133; 3, 20; 1, 77 u. 81. [2] 1, 157. [3] 1, 174. [4] 1, 176. [5] 3, 20; 4, 121. [6] 1, 77. [7] 1, 79. [8] 1, 80. [9] 1, 18. [10] 3, 87. [11] 4, 168. [12] 2, 26; 3, 88; 3, 48 u. 87. [13] 1, 178; 5, 36; 4, 37. [14] 4, 23 u. 24; 2, 98; 1, 124 u. 65. [15] 3, 150. [16] 4, 48. [17] 4, 98. [18] 4, 187; 2, 53; 3, 6; 1, 44. [19] 2, 215. [20] 5, 107.

getrocknet, und bildet dann einen geschmeidigen, in bester Qualität rein blauen Farbstoff,[1] wird aber auch als Heilmittel angewandt.

IX. Giftstoffe.

Gifte pflanzlichen Ursprunges erwähnt Dioskorides in großer Zahl, kennt jedoch natürlich kein einziges in reinem Zustande und beschreibt auch die betreffenden Stammpflanzen nicht stets in eindeutiger Weise. Einige wirken durch ihre erstickenden Eigenschaften,[2] andere durch Erregung ungeheurer Hitze oder Kälte,[3] und demgemäß werden auch sehr verschiedene Gegenmittel vorgeschrieben, z. B. Balsam,[4] Günsel,[5] Origanum,[6] Alisma,[7] Honig,[8] Essig,[9] Milch[10] und viele andere; manche Gifte neutralisieren sich gegenseitig, z. B. Akonit und Nießwurz,[11] manche auch erweisen sich nur in größerer Menge als verderblich, in kleiner aber als heilsam, z. B. gerade Nießwurz.[12]

Als wichtigste, Giftstoffe enthaltende oder liefernde Pflanzen werden aufgeführt: Conium oder Schierling;[13] die Strychnosarten, unter denen aber angeblich Tollkirsche (?) und Stechapfel zu verstehen sind;[14] Colchicum oder Zeitlose;[15] Aconitum, d. i. Sturmhut,[16] vielleicht aber auch noch eine andere Pflanze;[17] Bilsenkraut,[18] das Lethargie und Wahnsinn hervorruft, in kleinen Mengen aber als Narkotikum dient und die Schmerzen in und am Auge stillt (Hindeutung auf mydriatische Wirkungen?); Mohn, aus dessen Köpfen man durch zweckmäßige Einschnitte das Opium gewinnt;[19] Giftlattich, dessen Saft dem Opium gleicht;[20] Rizinus, dessen Samen das Gift enthalten;[21] bittere Mandeln[22] und wohl noch eine andere Amygdalee;[23] Eibe, die so giftig ist, daß schon das Schlafen in ihrem Schatten schwere Krankheit und selbst Tod verursacht;[24] Mistel;[25] Nießwurz,[26]

[1] 5, 107. [2] 4, 84. [3] 4, 79. [4] 1, 18. [5] 3, 165. [6] 3, 29. [7] 3, 159. [8] 2, 101. [9] 5, 21. [10] 2, 77. [11] 4, 77. [12] 4, 148 u. 149. [13] 4, 79; 3, 29. [14] 4, 74. [15] 4, 84. [16] 4, 78. [17] 4, 77. [18] 4, 69. [19] 4, 65. [20] 2, 165. [21] 4, 161. [22] 1, 176. [23] 1, 187. [24] 4, 80. [25] 5, 21; 3, 93. [26] 4, 149.

dessen Ausgraben sehr gefährlich ist und besondere Vorsichtsmaßregeln erfordert, die man später auf den Alraun übertrug; Mandragora,[1] über deren schwierige Gewinnung ähnliches berichtet wird, und die, auch in Form eines Weines,[2] als Liebesmittel, als Schlaftrunk, sowie als Narkotikum dient, da sie tiefen, mehrstündigen, von völliger Bewußtlosigkeit begleiteten Schlaf hervorruft, während dessen die Ärzte schwierige und schmerzhafte Operationen ausführen.

Nicht näher bezeichnete Gifte sind die des Moly, einer nicht bestimmbaren Pflanzenart,[3] die Pfeilgifte,[4] und die Gifte der aus faulenden Stoffen entstehenden und selbst zur Fäulnis neigenden Pilze.[5]

Den pflanzlichen Giften analog sind die tierischen, doch werden diese nicht weiter beschrieben, am eingehendsten noch das der Canthariden.[6]

X. Organische Stoffe verschiedener Natur.

Heilsame Bitterstoffe finden sich in verschiedenen Teilen mannigfaltiger Pflanzen, u. a. im Wermut,[7] im Enzian,[8] in der Aloe,[9] im Wurmsamen (?),[10] in der Lupine, die auch entbittert werden kann[11] u. s. w.; sie entfalten vielerlei medizinische Wirkungen.

Das Eiweiß gerinnt beim Kochen und wird hierbei nahrhafter;[12] ähnliche Gerinnsel entstehen auch beim Versetzen der Milch mit Lab oder Feigensaft (siehe oben), doch löst letzterer im Überschuß sie wieder auf, wie er auch auf das Fleisch erweichend wirkt.[13]

Leim ist ein Bestandteil der Ochsenhäute;[14] den besten, rein weißen, dicken, leicht löslichen, liefert jedoch der Magen eines im Schwarzen Meere lebenden Fisches.[15]

---

[1] 4, 76. [2] 5, 81. [3] 3, 46 u. 47. [4] 5, 9. [5] 4, 83 u. 84; 2, 101. [6] 2, 65. [7] 3, 23. [8] 3, 3. [9] 3, 22; 4, 138. [10] 3, 25. [11] 2, 132. [12] 4, 112; 2, 54 u. 55. [13] 1, 184. [14] 3, 91. [15] 3, 92.

Neben den chemischen Substanzen, die Dioskorides anführt, sind auch die chemischen Verfahren und Apparate, deren er gedenkt, von hohem Interesse; erinnert sei z. B. an seine Andeutungen über die Sublimation bei der Bereitung des Rußes,[1] über die Kristallisation bei der Darstellung des Vitriols und Alauns,[2] und über die Destillation bei der Gewinnung des Teeröles, Zedernöles und Quecksilbers.[3] Das Kondensieren der aufsteigenden Öldämpfe an übergehängten Massen lockerer Wolle und das Auspressen der mit Öl beladenen Flocken bietet ein sehr lehrreiches Bild von den ersten Anfängen der Destillationskunst; diesen gegenüber stellt die Abscheidung des Quecksilbers schon eine erhebliche Verbesserung dar, zum mindesten werden bereits zwei Hauptteile des Apparates unterschieden, die eigentliche Retorte und der ihr aufgekittete Helm, dessen Namen ἄμβιξ, mit dem arabischen Artikel al versehen, sich als „Alambic" in den romanischen Sprachen bis auf den heutigen Tag erhalten hat. So primitiv derlei Methoden auch sind, so weisen sie doch schon unverkennbar den Weg, der die Chemie während der nächsten Folgezeit, und zwar speziell auf ägyptischem Boden, zu so großen Fortschritten in den erwähnten Richtungen führen sollte; scheint es doch ganz naturgemäß, daß die Kombination von Retorte und Helm einerseits, mit dem bei der Sublimation des Rußes beschriebenen kühlbaren Rezipienten andererseits erfunden, und hierdurch der Destillationsapparat im heutigen Sinne ins Leben gerufen wurde; war dieser aber erst geschaffen und durch allmähliche weitere Ausbildung genügend verfeinert, so mußte sich auch von selbst das Bestreben aufdrängen, jene flüchtigen, beim Kochen entweichenden Bestandteile zu isolieren, die so manchen Substanzen ihre „Kraft" verliehen, z. B. dem jungen Weine.[4] Eine „Erhitzung über Kohlen", wie sie für die Darstellung des Quecksilbers aus Zinnober vorgeschrieben wurde, war für solche Zwecke allerdings untunlich, aber auch in

[1] 1, 84 u. 93. [2] 5, 141 u. 122. [3] 1, 95 u. 105; 5, 110. [4] 5, 13.

dieser Richtung findet sich bei Dioskorides bereits Vorsorge getroffen: ausdrücklich gibt er an, daß die Aus- und Umschmelzung des Fettes, Knochenmarkes, Galbanumharzes und dergl. statt über freiem Feuer oder in der Sonnenhitze, auch in einem Topfe oder einer durch Deckel geschlossenen Büchse geschehen könne, die man in ein Gefäß mit heißem Wasser einstelle oder einhänge.[1] Hier haben wir also eine ganz klare und keineswegs auf Neuheit Anspruch machende Beschreibung des Wasserbades, aus der zunächst die Müßigkeit aller Konjekturen zu ersehen ist, die diese Erfindung erst in das dritte oder vierte nachchristliche Jahrhundert verlegen und einer Persönlichkeit dieses Zeitalters zuschreiben wollen. Ohne an dieser Stelle auf die Geschichte des Wasser- und Sandbades näher einzugehen, sei nur kurz erwähnt, daß vermutlich beide kulinarischen Ursprunges sind, wie denn z. B., — worauf K. B. Hofmann zuerst hinwies —, schon der alte Cato (gest. 149 v. Chr.) das Wasserbad in seiner Schrift: „Über die Landwirtschaft", zur Herstellung einer „Erneum" genannten Speise empfiehlt; weit früher, nämlich im vierten vorchristlichen Jahrhunderte, beschreibt aber, — was meines Wissens noch niemand bemerkt hat —, bereits Theophrast, der Schüler und Nachfolger des Aristoteles, deutlich das Wasserbad, und zwar zu Zwecken der Extraktion eines ätherischen Öles. Dioskorides spricht vom Schmelzen des Knochenmarkes im Wasserbade unter der Bezeichnung „ἐν διπλώματι", die sich offenbar auf die doppelte Hülle bezieht; wenn wir in heutigem Sinne von einem „Diplom" reden, so ist also dieser Name, wie in gar manchen Fällen verwandter Art, von der Form auf den Inhalt übergegangen.

Zum Schlusse sei bemerkt, daß bei Dioskorides noch keinerlei Spuren jener eigentlich alchemistischen Ideen auftauchen, die sich in Ägypten vom zweiten und dritten Jahr-

[1] 2, 86 u. 95; 3, 87. Eine ähnliche Bemerkung findet sich auch bei Plinius (20, 27).

hunderte n. Chr. an zu einem charakteristischen System zu gestalten begannen; unzutreffend ist namentlich die von Berthelot aufgestellte, jedoch später von ihm selbst als irrtümlich und übereilt anerkannte Behauptung, schon Dioskorides habe das Quecksilber als einen Grundbestandteil sämtlicher Metalle betrachtet; an der betreffenden Stelle[1] liest man zwar, Quecksilber finde sich ἐν μετάλλοις, doch heißt dies nicht „in den Metallen", sondern „in den Bergwerken". Das Wort Metall entstammt nach Lenormant der Sprache der Sumerer, der Urbewohner des babylonischen Tieflandes, und bedeutet ursprünglich „hacken", „graben"; als Fremdwort diesen Sinnes ging es in die indogermanischen Sprachen über, und im Armenischen heißt „Metalk" noch jetzt eine Grube, ebenso wie einst im Griechischen.

Wenn diese kurze Darlegung der chemischen Kenntnisse eines der bedeutsamsten und einflußreichsten Schriftsteller des ausgehenden Altertumes irgendwie dazu beigetragen hat, das in den Kreisen unseres Faches im ganzen immer noch arg darniederliegende historische Interesse anzuregen, so ist ihr Zweck erfüllt. Tiefe Wahrheit liegt in dem Ausspruche Koberts, eines unserer ersten Meister der Medico-Historie: „Nichts zeugt so sehr von der Unfertigkeit einer Wissenschaft, als wenn sie glaubt, aus der Geschichte ihrer Disziplin nichts mehr lernen zu können."

[1] 5, 110.

3

ZUR GESCHICHTE DES GLASES IM ALTERTUME[1]

In der Einleitung seines Aufsatzes: „Über Gebrauch und Abnutzung von Aluminiumgeräten im Haushalte" hat L. Franck[2] eine Angabe St. Claire-Deville's angeführt, des berühmten französischen Chemikers und ersten Darstellers des Aluminiums in größerem Maßstabe, derzufolge das Aluminium zur Zeit des Kaisers Tiberius bereits bekannt gewesen, und aus einer tonhaltigen, glasartigen Masse durch ein Geheimverfahren abgeschieden worden sei; der so hochverdiente Forscher, bezw. sein Gewährsmann, der Liebhaber der antiken Literatur, General de Beville, sind jedoch hierbei einem gründlichen Irrtume zum Opfer gefallen, den aufzuklären es immerhin der Mühe lohnt, da er sich, falls kein Widerspruch erfolgt, leicht weiterverbreiten könnte.

Die Erzählung, auf die St. Claire-Deville Bezug nimmt, findet sich bei verschiedenen alten Schriftstellern, am ausführlichsten (soweit mir bekannt ist) bei Petronius, dem Verfasser des wenig gelesenen und schwer verständlichen „Gastmahl des Trimalchio". Im 50. und 51. Kapitel äußert sich dieser reiche Großsprecher zu seinen Gästen, nachdem er die Menge und Pracht seiner Vasen und Gefäße aus Edelmetallen und kostbaren Metallmischungen gepriesen hat, wie folgt: „Haltet es mir zugute: ich ziehe, wenn auch andere widersprechen, gläserne Gefäße jenen aus

[1] „Chemiker-Zeitung" 1897, S. 857. [2] Ebenda 1897, S. 816.

korinthischem Erze vor, und wären sie unzerbrechlich, zöge ich sie auch jenen aus Gold vor, denen sie jetzt freilich nachstehen. Übrigens gab es einmal einen Handwerker, der einen unzerbrechlichen gläsernen Pokal machte (qui fecit phialam vitream quae non frangebatur); er überreichte ihn als Geschenk dem Kaiser, ließ sich ihn von diesem zurückgeben und schleuderte ihn auf den Estrich. Der Kaiser erschrak hierüber außerordentlich; jener aber hob den Pokal, der gleich einem metallenen nur eine Beule davongetragen hatte, vom Boden auf, holte ein Hämmerchen hervor, und besserte ihn in aller Ruhe schönstens wieder aus. Nunmehr erhoffte er Jupiters Himmel zur Belohnung, und als der Kaiser nachdrücklich fragte, ob noch jemand diese Behandlung des Glases (condituram vitreorum) verstehe, verneinte er es; da befahl der Kaiser, ihn zu enthaupten, damit nicht, wenn jene Behandlung bekannt werde, der Wert des Goldes auf den des Tones herabsinke."

In dieser Erzählung kann man allenfalls eine Anspielung auf die Herstellung von Hartglas sehen, die angesichts der im Altertume wohlbekannten Benutzung von Öl und Fetten zum Löschen und Härten des Stahles keineswegs undenkbar erscheint; von der Abscheidung eines Metalles, und gar eines dem Aluminium ähnlichen, ist aber, wie man sieht, gar nicht die Rede, und der ganze Bericht ist überhaupt nicht so wortgetreu und ernsthaft zu nehmen. Bei Dio Cassius[1] ist der Künstler ein Baumeister, der die Glasscherben einfach wieder mit der Hand zusammendrückt und alsbald das unversehrte Gefäß dem Kaiser aufs neue darbietet, und bei Plinius heißt es:[2] „Unter der Regierung des Tiberius soll man es verstanden haben, das Glas so zu behandeln, daß es biegsam bleibt, aber die Werkstätte des Meisters soll gänzlich zerstört worden sein, damit der Wert des Erzes, Silbers und Goldes nicht sinke; dieses Gerücht ist jedoch mehr verbreitet als glaubwürdig."

Die Anekdote vom biegsamen und hämmerbaren Glase

[1] lib. 57, cap. 21. [2] „Historia naturalis", lib. 36, cap. 66.

und von der Entscheidung des Kaisers Tiberius muß übrigens seit jeher weiten Kreisen ein ganz besonderes Interesse eingeflößt haben, denn sie zieht sich fast anderthalb Jahrtausende lang durch die Literatur hin, von Dio Cassius, Plinius und Petronius über Isidorus von Sevilla, Damianus, Johannes von Salesbury, Bartholomäus Anglicus u. s. w. bis zu Agrippa von Nettesheim, Sebastian Franck und Pauli. Sie findet sich auch in dem vermutlich gegen 1300 entstandenen Sammelbuche „Gesta Romanorum",[1] einem der für die Sichtung und weitere Verbreitung von Erzählungen und Fabeln mannigfacher Herkunft wichtigsten Werke des Mittelalters, und der gelehrte Herausgeber, Oesterley, zählt nicht weniger als sechzehn verschiedene Quellen für sie auf.[2] Die „Gesta Romanorum" selbst bringen die Erzählung unter dem Titel „De invidia" (vom Neide), und lassen ihr, nach Hinweis auf die anfängliche gute Regierung des Tiberius, nachstehende, für den mittelalterlichen Geist höchst charakteristische „Moralisatio" folgen: „Ihr Lieben, dieser Tiberius bedeutet gewisse Klosterleute und dergl., die, bevor sie zu Würden und Reichtümern kommen, ziemlich einfach und genügsam sind, nachher aber das gerade Gegenteil offenbaren, daher denn das Sprichwort sagt: „Glück ändert die Sitten", und der Psalmist: „Glück und rechter Sinn verträgt sich selten". Der Glaskünstler aber bedeutet den Armen, der dem Reichen Geschenke bringt: gefallen sie diesem aber nicht, so wirft er sie weg, will sie nicht wiedernehmen, gerät gegen jenen in Wut, mißhandelt ihn, oder tötet ihn gar."

[1] „Gesta Romanorum", ed. Oesterley (Berlin 1872, S. 342; Kap. 44).
[2] Ebenda, S. 719.

4

DER HEILIGE AUGUSTINUS ÜBER DEN ÄTZKALK[1]

In den Anfangskapiteln des 21. Buches seines um 415 vollendeten Hauptwerkes „De civitate Dei“, das man der Großartigkeit seines Grundgedankens und der Konsequenz der Darstellung wegen auch heute noch nur mit Bewunderung lesen kann, behandelt der heilige Augustinus die Frage, wie man die Zweifler davon überzeugen könne, daß die Verdammten im ewigen Höllenfeuer wirklich endlose Schmerzen und Martern erleiden, ohne (wie jene behaupten wollen) schon nach Kurzem ihr Leben und Bewußtsein zu verlieren, wodurch die Strafe gegenstandslos würde. „Wollte man solchen Leuten vorhalten,“ so sagt der Kirchenvater,[2] „daß gewisse Würmer nur in fast unerträglich heißem Wasser leben, ja leben können, daß der Salamander sich in den Flammen am wohlsten fühlt, daß manche Berge Siziliens seit jeher Feuer auswerfen, ohne doch von ihm verzehrt worden zu sein, so werden sie dies als genügenden Beweis nicht gelten lassen. Ebensowenig werden sie zugeben, daß die Möglichkeit jenes ersten Wunders durch die einer ganzen Reihe anderer ebenso großer, verbürgt werde: so z. B. zerspringt der sonst unzerstörbare Diamant, wenn man ihn mit Bocksblut bespritzt; der Magnetstein trägt eine Kette von Eisenringen und zieht das Eisen an, selbst wenn man eine silberne Platte dazwischen hält;

[1] „Chemiker-Zeitung“ 1896, 304. [2] Ich zitiere und übersetze frei nach der Ausgabe von Dombart (Leipzig 1863, Bd. 2, S. 426 ff., passim.).

der Stein Asbest kann, einmal angezündet, nicht wieder gelöscht werden, der Stein Pyrit entzündet sich schon durch starken Druck, und der Glanz des Steines Selenit nimmt zugleich mit dem des Mondes ab und zu; das Salz von Agrigent verflüssigt sich im Feuer wie im Wasser und verknistert mit Wasser wie im Feuer; gewisse Brunnen löschen brennende Fackeln aus und entzünden verlöschte, manche auch sind bei Tage zu kalt zum Trinken, bei Nacht aber zu heiß zum Baden; die Spreu ist zugleich so kalt, daß sie Eis unzerschmolzen erhält, und so warm, daß sie Äpfel zur Nachreife bringt; das Fleisch der Pfauen kann nicht verfaulen; in Cappadocien werden die Stuten vom Winde befruchtet, dafür aber leben die Füllen auch nur drei Jahre u. s. w."

„Wer jedoch durch alles dieses sich noch nicht überwunden gibt, der betrachte denn die Wunderwirkungen des Kalkes (miracula calcis)! Zunächst sein Verhalten zum Feuer. Wer erklärt uns aber erst d e s s e n Geheimnisse? Selbst rein und lauter, schwärzt es, was es ergreift; selbst herrlich leuchtend, entfärbt es, was es verzehrt, und verwandelt prächtig glühende Holzblöcke in gemeine Kohle. Wie rätselhaft wieder ist das Wesen der Kohle, die unter dem leisesten Schlag zersplittert, unter dem geringsten Druck zerspringt, dagegen jeder Fäulnis trotzt, und, in die Erde vergraben, unverändert jeden Zeitraum überdauert! Von jenem Feuer nun durchglüht, das anderes schwärzt, wird der dunkle Kalkstein selbst leuchtend, und je feuriger die Flamme ihn umspielt, desto weißer strahlt seine Glut; hierbei aber nimmt er von der Natur des Feuers auf geheimnisvolle Weise einen Teil in sich auf. Berührt man den wieder erkalteten Stein, so hält er diese Kraft so völlig verborgen, daß keiner jener scharfsinnigen Zweifler sie entdecken wird, selbst wenn er durch Erfahrung schon belehrt wäre, daß sie heimlich, gleichsam unter der Asche versteckt, dort schlummere; und doch ist dies so, und wir sprechen daher vom „lebendigen Kalk" (calx viva), als wäre das Feuer die verborgene und unsichtbare Seele dieses sichtbaren Körpers. Wie wunderbar ist es nun, daß die Glut des Steines gerade dann zum Vorschein kommt, wenn man glauben würde, sie auszulöschen, daß nämlich beim Begießen mit Wasser, das doch sonst alles Heiße erkalten macht, eine feurige Kraft hervorbricht und das Wasser zum Sieden bringt! So völlig haucht aber hierbei der Stein die vorher verborgene Hitze aus, daß er schließlich wie tot erkaltet, mit neuem Wasser begossen keine Regung mehr zeigt und deshalb nunmehr, obwohl er eigentlich „ausgebrannt" ist, doch als „gelöscht" bezeichnet wird! Was könnte man einem solchen Wunder an die Seite stellen, wenn nicht etwa das noch größere, daß Öl, dieser Zunder jedes Feuers, an Stelle von Wasser angewandt, durch noch so viel Kalk nicht in Hitze oder gar ins Kochen gerät? Erzählte man uns dergleichen von einem Steine des fernen Indiens, den selbst zu prüfen uns versagt bliebe, wahrlich wir würden Lügen zu hören glauben, oder wie starr vor Staunen sein! Und doch ist die Natur der gewöhnlichsten Gegenstände, die wir fortwährend vor Augen haben, nicht weniger rätselhaft, und nur die tägliche Gewohnheit stumpft uns ab, so daß man aus dem entlegenen Indien Wunderdinge herbeischleppen muß, will man einmal unsere Aufmerksamkeit erregen."

„Jene Zweifler aber, die mit ihrer geringen Vernunft alles bekritteln und betreffs aller Dinge Rechenschaft über jede Einzelheit verlangen, mögen sie nun zunächst uns das geschilderte Wunder erklären! Sollten sie aber, wie gewöhnlich, schließlich sagen, „es liege eben in der Natur des Kalkes, sich so wie angegeben zu verhalten", dann mögen sie auch Andere, Berufenere, ungestört lehren lassen, was in der Natur des höllischen Feuers liege, und was in der Natur der zu ewigen Qualen Verdammten."

Dem Kenner der antiken Literatur wird es leicht bemerklich sein, daß der heilige Augustinus die Mehrzahl der angeführten „Tatsachen", sowie die Schilderung der „Miracula calcis", wesentlich einigen alten Autoren entnommen hat (namentlich Plinius), ohne sie aber etwa geradezu auszuschreiben; ebenso wird es dem in der patristischen Literatur halbwegs Bewanderten nicht entgehen, daß der Punkt, von dem aus die Darlegung des heiligen Augustinus ihren Anfang nimmt, nämlich die Einwirkung des Höllenfeuers auf die Sünder, zu den von den Kirchenvätern stets mit größter Vorliebe behandelten Fragen gehört. Schon Tertullianus widmet ihr in seinen, um 200 n. Chr. verfaßten Schriften „Apologeticum“ (Kap. 48) und „Über die Buße“ (Kap. 12) eingehende Betrachtungen, und auch die spätere kirchliche Literatur, namentlich die mittelalterliche, ist reich an solchen; ja selbst Descartes erörtert sie noch in den über das Wesen des Feuers handelnden Kapiteln seiner „Prinzipien der Philosophie“.

Zweite Abteilung

5

CHEMISCHE KENNTNISSE VOR TAUSEND JAHREN[1]

Unsere Kenntnisse aus dem Gebiete jener wissenschaftlichen Literatur, die zur Zeit des frühen Mittelalters im Oriente blühte, und sich während einer Epoche, die für Europa eine solche des tiefsten Darniederliegens geistiger Tätigkeit war, in glänzender Weise entfaltete, sind leider immer noch geringe; dies gilt besonders hinsichtlich der naturwissenschaftlichen Fächer, weil der übliche gelehrte Bildungsgang es in der Regel bei den Naturforschern an Sprachenkunde, bei den Philologen aber an naturhistorischer Schulung fehlen läßt. Viele der wichtigsten Dokumente für die Geschichte der Wissenschaft, die alle Stürme der Zeiten überstanden haben, ruhen daher heute noch unverwertet in Archiven und Bibliotheken, und harren, um allgemein nutzbar zu werden, des sachkundigen Bearbeiters.

Das Glück, einen solchen gefunden zu haben, blühte u. a. dem höchst merkwürdigen Werke, das den Gegenstand der heutigen Mitteilung bilden soll, dem „Buche der pharmakologischen Grundsätze“, das etwa im Jahre 975 von Abu Mansur Muwaffak (aus Hirow in Nordpersien?) verfaßt wurde, und uns, anscheinend in der Nachschrift eines seiner Schüler, fast vollständig erhalten ist. Gestützt auf ein umfassendes

[1] Vortrag auf der Hauptversammlung des „Vereines Deutscher Chemiker“ 1901 (s. „Zeitschrift für angewandte Chemie“ 1901, S. 640).

Studium der griechischen, indischen, arabischen und persischen Medizin, sowie auf die während langer Reisen erworbenen praktischen Kenntnisse, schrieb Abu Mansur diese älteste Arzneimittellehre der Perser, die, als erst-überlieferter neupersischer Text, auch linguistisch von höchstem Werte ist. Übersetzt, und mit einer Fülle gelehrter Erklärungen herausgegeben, wurde sie durch den in Persien geborenen, aber europäisch gebildeten Arzt Achundow aus Baku, unter Leitung von Prof. Dr. R. Kobert; veröffentlicht ist sie im dritten Bande[1] der „Historischen Studien“ dieses vielseitigen, in zahlreichen Disziplinen hochgelehrten, und noch lange nicht allgemein nach rechter Gebühr gewürdigten und anerkannten Mannes.

Ein „Buch der pharmakologischen Grundsätze“ ist natürlich in erster Linie für Medizin und Pharmakologie von Bedeutung; aber Abu Mansur verfügt auch über so beträchtliche chemische Kenntnisse, daß es sich der Mühe lohnt, diesen nachzugehen, und sie, gesondert vom fachlichen Ballaste, in Kürze darzustellen. Verzichtet muß aber von vornherein darauf werden, an dieser Stelle auf die literarischen Quellen Abu Mansurs zurückzuweisen; sowohl was die theoretischen Anschauungen, als auch was die übergroße Rolle der „Sympathie“ bei der Wahl der Heilmittel betrifft, kommen vornehmlich spät-griechische Einflüsse in Betracht, wie sie aus Dioskorides, und auch aus Plinius, genügend bekannt sind.

---

1. Aus der Reihe der sogenannten Metalloide und ihrer Verbindungen bespricht Mansur den Schwefel, die Kohle, die Kieselsäure, und das Wasser. Der Schwefel ist von sehr trockener und heißer Natur, zeigt bald eine gelbliche Färbung, bald eine mehr weißliche oder rötliche, und verbindet sich mit vielen Stoffen, so daß er, neben anderen innerlichen und äußerlichen Verwendungen, auch die als Antidotum bei

[1] Halle, 1893.

Metallvergiftungen findet. – Die Kohle bleibt beim Verbrennen pflanzlicher und tierischer Stoffe als schwarze Masse zurück; daß sie als Diamant auch kristallisieren kann, weiß Mansur natürlich nicht, doch kennt er den Diamanten sehr wohl, und beschreibt ihn als einen meist dreikantigen, dem Bergkristall ähnlichen, alle anderen Mineralien an Härte übertreffenden Stein von heftigen Giftwirkungen, die namentlich an der Leber hervortreten. Letztere Angabe hängt vermutlich damit zusammen, daß schon seit dem Altertume her (und bis in die späte Neuzeit hinein) die Leber als ein Hauptsitz der Körperwärme und aller auf „Heißblütigkeit" zurückgeführten Eigenschaften galt, während man hingegen den Edelsteinen, wie dies Mansur auch vom Smaragd, Jaspis, Hyacinth u. s. f. berichtet, eine ganz außerordentlich „kalte Natur" zuschrieb, so daß die einen überhaupt nicht zu erwärmen seien und selbst höchster Feuersglut tagelang widerständen, die anderen nur von einzelnen besonders kräftigen Mitteln bewältigt würden, z. B. vom Blute des Bockes, das man, wegen der heftigen sinnlichen Begierden dieses Tieres, für ganz besonders „hitzig" hielt; Mansur führt, als solche „Feinde" des Diamants, den Saft der indischen Pflanze Asclepias gigantea an, sowie das Blei, zwei Mittel, die (letzteres in „gebranntem" Zustande) als von besonders heißer Beschaffenheit angesehen wurden. – Die Kieselsäure kennt Mansur in Gestalt des sogenannten Tabaschir, jener merkwürdigen, in den Knoten der Bambushalme als milchige Flüssigkeit ausgeschiedenen, allmählich völlig erhärtenden Masse, die im indischen Arzneischatze seit jeher eine sehr wichtige Rolle spielte;[1] vom Glase spricht er nur sehr vorübergehend, und setzt seine Bestandteile jedenfalls als bekannt voraus. – Das Wasser zeigt die merkwürdige Eigenschaft, durch die Gewalt des Feuers nicht eingedickt werden zu können, und wird durch diese seine Flüchtigkeit und Flüssigkeit, obwohl es selbst kein Nährstoff ist, zu einem unentbehrlichen, und als Vehikel anderer

[1] S. meine „Geschichte des Zuckers" (Leipzig 1900, S. 76 ff.).

Nährstoffe unersetzlichen Bestandteile des menschlichen Körpers; dieser scheidet es teils durch den Schweiß, teils durch die unsichtbare Verdunstung der Hautporen in erheblichem Maße ab, wie daraus hervorgeht, daß Gewicht und Volumen des täglich genossenen Wassers und abgeschiedenen Harnes bei weitem nicht gleich sind. Das reinste Wasser ist das Regenwasser, denn es erweist sich als farb-, geruch- und geschmacklos, läßt sich rasch erwärmen und kühlt ebenso rasch wieder ab, und ist auch leicht von Gewicht; an letzteres, bei der Unterscheidung guten und schlechten Wassers so wichtige Kennzeichen pflegt sich das Volk zu halten, und erklärt leichtes Wasser auch für gut. Unreine Wasser, wie die Salz, Schwefel, Alaun, Gips, oder Alkali enthaltenden, die aus Kupfer-, Eisen- und Quecksilbergruben kommenden, und wie das Pech- und Teerwasser, können zuweilen sehr heilsam und nützlich sein; in der Regel erweisen sich aber unreine Wasser als gesundheitsschädlich, und sollen vor dem Genusse entweder mittels gewisser Erden geklärt, oder mit Hülsenfrüchten erwärmt, oder am besten tüchtig aufgekocht werden. „Ich habe auch gehört", — sagt Mansur —, „daß sich die Schiffsleute, wenn sie kein Trinkwasser haben, durch Destillation des Seewassers, so wie man Rosenwasser destilliert, ein brauchbares, von Bitterkeit freies Wasser verschaffen." Schädlich ist nach Mansur auch das im Oriente so viel gebrauchte Schnee- und Eiswasser,[1] denn der Schnee, und in noch höherem Grade (wie sein langsameres Auftauen beweist) das Eis, hat seine leichtesten und flüchtigsten Bestandteile verloren, und außerdem zeigt alles aus schlechtem Wasser gewonnene Eis auch selbst wieder eine schlechte Beschaffenheit.

Was die Feststellung der „Schwere" des Wassers betrifft, so könnte man denken, sie sei mittels des Aräometers geschehen, welches Instrument zu Anfang des 5. Jahrhunderts, vielleicht auch noch früher, schon bekannt war; da aber bereits die

[1] Um 900 hatten es die Chalifen bereits mit einer Konsumsteuer belegt.

Schriften des um ein Jahrtausend älteren Hippokrates oder seiner Schüler ebenfalls von schweren und leichten Wassern sprechen, so bleibt eine solche Annahme für die älteren Zeiten ganz ausgeschlossen, für die späteren mindestens ungewiß. Bei Hippokrates findet sich auch schon ein Hinweis auf die Kondensation der Wasserdämpfe, während bestimmtere Angaben über die Gewinnung süßen Wassers aus Meerwasser erst bei Aristoteles und seinem Kommentator Alexander von Aphrodisias auftauchen; zu pharmazeutischen Zwecken wurde destilliertes Wasser nachweislich erst im 10. Jahrhundert benützt, und Mansur benennt es mit dem arabischem Worte „Alrak“ oder „Arrak“, = „das Übergeschwitzte“.

2. Von Alkalien und alkalischen Erden erwähnt Mansur unter dem Namen Natrûn das mehr oder wenig reine, natürlich vorkommende kohlensaure Natron, und bezeichnet es als eine Abart des Buraq oder Borax; dieses Wort diente seit altersher als Sammelname für das mineralische Alkali, denn die Zusammenstellung „Neter und Borit“ (Natron und Borax) ist bekanntlich schon in der heiligen Schrift zu finden. Natrûn ist eine weiße, poröse, harte Masse von sehr salzigem Geschmacke, und entfaltet „scharfe und reinigende“ Wirkungen. In ähnlicher Weise äußern diese aber auch die Aschen gewisser Pflanzen, z. B. der Rübe, des Schilfrohres, des Papyrus, und namentlich des sogenannten Alkalikrautes, von dem es verschiedene Abarten gibt; beim Verbrennen hinterlassen diese Pflanzen Qualja (Kali), ein Wasser anziehendes, trocknend und reinigend wirkendes Salz von bitterem, ätzendem, brennendem Geschmacke, das für sich, oder mit Essig gemengt, als wichtiges Heilmittel dient. Der Reaktion zwischen Essig und Soda gedenken schon die Sprichwörter Salomonis; für die scharfe Unterscheidung des kohlensauren Natriums und Kaliums, verbunden mit der Benennung durch die beiden verschiedenen, bis auf den heutigen Tag erhaltenen Namen, dürfte aber Mansur die älteste bisher bekannte Quelle sein.

In mancher Hinsicht dem Natrûn (d. h. der Soda) vergleichbar ist der Salmiak, der scharf und salzig schmeckt, und sehr kühlend wirkt. Auf eine unbestimmte Bekanntschaft mit dem Ammoniak scheint das über die reinigenden Wirkungen des Harnes Vorgebrachte hinzuweisen.

Das Salz findet sich in reinster Form als Steinsalz, in unreiner als Kochsalz, und zieht, je nach der Natur der ihm beigemengten Teile, die Feuchtigkeit leicht an; als Heilmittel berühmt ist das rotbraune indische Salz, und das Naphtha-haltige persische; Salz enthalten auch viele Quellen, vor allem aber das Meer, in dem es durch die Wirkung der Sonne, die nur die leichtesten Teilchen des Seewassers an sich zieht, allmählich angehäuft wird.

Der Kalk wirkt gebrannt in außerordentlichem Grade erhitzend, ätzend und giftig; er zerstört Fleisch, Haut und Haare, und wird deshalb den Depilatorien zugesetzt; von sanfterer Wirkung ist die Kalkmilch. Dem Kalke ähnlich verhält sich der Gips, der sich auch ebenso wie jener brennen läßt, und mit Eiweiß gemischt zur Behandlung von Brandwunden sowie als Brei zur Heilung von Knochenbrüchen große Dienste tut. Diese Erwähnung der äußerlichen Anwendung des Gipses ist die erste in der Geschichte des für die Chirurgie so überaus wichtigen Gipsverbandes, der erst in neuerer Zeit (1852) durch holländische Ärzte wieder in die medizinische Praxis eingeführt wurde.

Der Magnesit ist weiß oder gelblich, oft silberweiß glänzend, und erweist sich besonders nützlich als Augenpulver; das nämliche gilt vom Meerschaum (wesentlich kieselsaures Magnesium).

3. Vom Arsen kennt man drei Arten, die sämtlich durch Wärme verbrannt oder verflüchtigt werden können, und zwar furchtbare Gifte, aber in kleinen Mengen doch zu medizinischen Zwecken verwendbar sind; sie unterscheiden sich durch ihre Farbe, denn die erste ist gelb (Auripigment), die zweite rot (Realgar), die dritte weiß. Die beiden Arsensulfide waren schon im Altertume bekannt; über das reine weiße Arsenigsäure-

Anhydrid gibt aber Mansur eine der ältesten, wenn nicht die älteste bisher aufgefundene Nachricht.

Antimon ist ein Stoff von dunkler Farbe, der aber auf den Schnittflächen schön metallisch glänzt. Bekanntlich war, wie prähistorische Funde beweisen, die Darstellung dieses Metalles sowie mancher seiner Legierungen, z. B. der sogenannten Antimonbronzen, entgegen der meist herrschenden Ansicht, schon vorgeschichtlichen Zeiten geläufig, und sein Sulfid diente in Indien und Ägypten schon vor Jahrtausenden als Schminke und zum Malen der Augenbrauen, wurde aber bereits damals (wie die Analysen in Ägypten aufgefundener Reste beweisen) teilweise durch Bleisufid ersetzt.

4. Das Eisen wird in den verschiedensten Formen benützt, deren einige sehr weich, andere außerordentlich hart sind; die geringste Härte kommt aber dem ganz reinen Eisen zu. Glühend in Wasser abgelöscht erlangt es besondere Kräfte, und erteilt diese auch dem Wasser selbst; ähnlich verhält es sich beim Ablöschen in Milch oder Essig, und beim längeren Liegen in diesen Flüssigkeiten. Sehr heilsame Eigenschaften entfaltet auch der Roteisenstein (Hämatit), – dessen Farbe ihn als in besonderen sympathetischen Beziehungen zum Blute stehend erscheinen ließ –, ferner der Magnetstein, der sogar dazu dienen kann, verschluckte Eisenteile aus dem Körper auszuziehen und unschädlich zu machen, und endlich das Mineral „Mârqaschîta", das jedenfalls unserem Markasit seinen Namen gegeben hat, und als Eisenkies (Pyrit, Strahlstein) anzusprechen ist, – obwohl man zuweilen auch den glänzenden, als Malerfarbe und Arznei benutzten Lasurstein (Lapis lazuli) darunter verstand.

Die Tonerde findet sich als weiße feste Masse vor, und wird wegen ihrer großen Härte auch als Schmirgel verwendet; aus Ton brennt man vielerlei Gefäße, die man, ebenso wie die gläsernen, prächtig zu färben und auch zu glasieren versteht. Die schönste, haltbarste und gesündeste Glasur ist die blaue (als deren wesentlichen Bestandteil neuere Analysen ein Kupfer-,

Blei- und Zinn-haltiges Silikat erwiesen). – Daß der Alaun Tonerde enthält, weiß Mansur nicht; er beschreibt ihn als ein weißes Salz, dessen Lösung in hohem Grade adstringierend, koagulierend, und daher auch blutstillend wirkt.

5. Das Kupfer kommt in gediegenem Zustande vor und ist auch ein Hauptbestandteil der cyprischen Kupfererde; beim Liegen an der Luft geht es oft in eine grüne Masse, den Grünspan, über, der sich als sehr scharf, fressend und adstringierend erweist, analog dem ebenfalls grünen Malachit. Beim Brennen geben Kupfer und Grünspan eine schwarze Masse, Kupferoxyd, das als zusammenziehendes Streupulver und zum Dunkelfärben der Haare dient. Innerlich genommen sind die Kupferverbindungen Gifte, namentlich auch der Kupfervitriol.

Blei ist ein schwarzes Metall, das roh oder an der Luft gebrannt (d. h. als Bleioxyd) mannigfaltige Verwendung findet, u. a. zur Darstellung eines schwarzen Haarfärbemittels, aber auch des schön glänzenden Bleiweißes, dessen feinste Sorte aus Isfahan in den Handel kommt; ebenda bereitet man auch die rötliche Bleiglätte, die außerordentlich giftige Eigenschaften besitzt.

Zinkoxyd, das als solches, und in Gestalt von Salben, für die Wunden- und Hautpflege eine große Rolle spielt, ist ein weißes, äußerst feines Pulver, und die beste Qualität muß so aussehen wie Tabaschir (Kieselsäure, meist geglüht und feinst gestoßen). Stark ätzend und adstringierend wirkt der Zinkvitriol, dessen beste Art man aus Ägypten bezieht. – Die Angabe, daß Mansur gewisse ölhaltige Bäder in Zinkbadewannen verabreichen ließ, also das metallische Zink kannte, ist irrtümlich und beruht, wie Diergart zeigte, auf einem Übersetzungsfehler.

6. Vom Gold und Silber erwähnt Mansur bloß, daß sie den menschlichen Körper, insbesondere das Herz und das Auge, stärken, und die Wirksamkeit anderer Arzneimittel meist bedeutend steigern; die Vorstellung, daß den Edelsteinen, und namentlich den Edelmetallen, solche ungewöhnliche Kräfte anhaften, ist eine uralte, und wirkt noch heute in der schon im

10. Jahrhunderte üblichen Vergoldung oder Versilberung der Apothekerpillen nach.

Das Quecksilber findet sich in Bergwerken, und besitzt schon in „lebendigem" Zustande giftige Eigenschaften, noch stärkere aber in „totem", d. h. als „Quecksilberpräparat", sogenanntem Sublimat. Trotzdem dient es aber, ebenso wie der Zinnober, auch als Heilmittel, da es Hautkrankheiten vertreibt und Parasiten tötet. Berühmt war namentlich eine in der persischen Stadt Tabriz angefertigte Salbe, aus Quecksilber, Butter und Alkanna bestehend, und es wird erzählt, daß noch der Eroberer Tamerlan diese Stadt allein verschonte, weil ihre Bürger seinem, vom Ungeziefer arg gequälten Heere durch Darbringung solcher Salbe Abhilfe von bösen Leiden verschafften!

7. Das Steinöl oder Naft kommt in der Erde und in manchen Quellen vor, häufig auch zusammen mit Salz; das beste ist weiß und ganz klar, und besitzt eine sehr heiße und trockene Natur. Ihm ähnlich ist das Terpentinöl, sowie das Zedern- und Fichtenöl, deren geringere Sorten gelb, deren bessere weiß sind, und zum Räuchern und Desinfizieren dienen; zu gleichem Zwecke benützt man auch das Fichten- und Zedernharz, den Teer und das Pech, mit dem wiederum der Asphalt aus dem toten Meere verwandt ist.

Andere Harze, deren Rauch oft erstaunlich stärkende und reinigende Kräfte besitzt, sind: Aloe, Asa foetida, Bdellium, Bernstein (persisch Kahrubâ = Strohräuber), Galbanum, Ladanum, Myrrhe, Sandarach (Harz des Juniperus, von manchen aber auch für Drachenblut, das Harz des indischen Drachenbaumes, gebraucht), Scammonium, Styrax und Weihrauch. Aus einigen Harzen gewinnt man auch heilsame Öle, wie aus Styrax oder Mastix, doch werden alle diese übertroffen vom Öl des arabischen Balsamstrauches (d. i. Amyris gileadensis), das äußerst wohlriechend und sehr leicht brennbar ist, die Milch koaguliert, in kleiner Menge das Wasser nur trübe macht, in größerer aber in ihm untersinkt; gefälschtes Balsamöl schwimmt hingegen auf dem Wasser und kann hieran leicht erkannt werden.

Den Harzen ähnlich, aber nicht zu ihnen gehörig, ist der indische Kampfer, der besonders die Herztätigkeit anregt und auf die inneren Organe stark abkühlend wirkt, wie das schon sein kühler Geschmack erwarten läßt; Mansur berichtet, daß er durch die Nieren ausgeschieden wird und bei Blasenleiden heilsam ist (was darauf beruht, daß die im Körper gebildeten Kampfer-Glykuronsäuren in der Blase, unter Freiwerden von stark antiseptischem Kampferol, wieder zerfallen).

Aus der Klasse der Gummiharze führt Mansur u. a. die Sarcocolla, „den Gummi eines Dornstrauches" und den Ammoniakgummi an.

8. Ein Gummi ganz anderer Art ist der Traganthgummi sowie der mit ihm verwandte arabische Gummi, dem wieder der Kirschen- und Pflanzengummi gleichen; im Wasser quellen sie auf und geben klebrige Flüssigkeiten, die ganz jenen ähnlich sind, die man mittelst des Schleimes mancher Pflanzen erhält, z. B. Leinsamen, Flohsamen und Quitten.

Den Rohrzucker erwähnt Mansur sehr oft und in den verschiedensten Formen, was bestätigt, daß dieser Stoff im 10. Jahrhunderte den Persern und Arabern schon lange Zeit und wohl bekannt war; er ordiniert rohen roten Zucker, gereinigten weißen, harten weißen oder Tabarzed (= axtgehauen), Pajend (Fanid[1]), Zuckerwasser und Wein aus Zuckerrohr. — Andere Versüßungsmittel sind eingekochter Most, Süßholz, Honig und verschiedene Mannaarten.

Das Stärkemehl benützt Mansur in der Regel zusammen mit arabischem Gummi; eine nähere Beschreibung gibt er nicht, deutet aber an, daß es durch den Speichel in einen veränderten Zustand übergeführt wird, in dem er es zu ähnlichen Zwecken benützt wie den Honig, z. B. zur Wundheilung.

9. Von organischen Säuren kennt Mansur (natürlich

[1] S. über diese Sorten meine „Geschichte des Zuckers".

nicht in reinem Zustande) die Säure der Zitronen, der Äpfel, der unreifen Trauben, der umgeschlagenen Milch sowie die Essigsäure und die Gerbsäure. Der Essig soll, neben einer kleinen Menge einer erhitzenden, einen weit überwiegenden Anteil einer kalten Essenz enthalten und infolgedessen sowie wegen seiner Flüchtigkeit in hohem Grade abkühlend wirken, äußerlich wie innerlich; in größeren Dosen verabreicht, erweist er sich als schädlich, doch gibt es allerdings Lebewesen, die ganz an ihn gewöhnt sind und daher Essigwürmer genannt werden.

Die Gerbsäure bildet einen Bestandteil der Säfte, Rinden, und Früchte zahlreicher Pflanzen, besonders der Eichen, Tamarinden, Zypressen, Granaten, Katechu-, Sumach- und Rumexarten, sowie der Myrobalanen. Die beste und kräftigste Sorte ist die der Eichenrinden und der Galläpfel, einer Frucht, die die Eichen abwechselnd mit den eigentlichen Eicheln tragen sollen; viel Gerbsäure enthält auch jene Art Eicheln, denen man den Namen „Kastanien" gegeben hat.[1]

Die Gerbsäure ist eines der stärksten Adstringentien und verwandelt die Haut in Leder, weshalb sie in der Gerberei ausgedehnte Verwendung findet; außerdem dient sie zur Herstellung der Tinte. Die Bereitung von Tinte aus Galläpfelsaft und in Essig gelöstem Eisen oder Eisenvitriol verstanden bekanntlich schon die alten Ägypter, auch empfiehlt bereits Plinius mit Gerbsäure getränktes Reagenspapier zum Nachweise einer Verfälschung des Grünspans und Alauns mit Eisenvitriol, so daß diese Reaktion als eine der ältesten, wenn nicht überhaupt als die ältest-bekannte der analytischen Chemie angesprochen werden darf. – Im 10. Jahrhunderte kannte man auch schon die sympathetischen Tinten[2] und wußte, daß sich Tintenflecken mittelst Zitronensaft entfernen lassen.

[1] Kastanie kommt vom armenischen Kastana = Nuß; Xenophon, den sein berühmter Rückzug durch Armenien führte, gibt wohl die erste Nachricht von dieser, den Griechen damals noch unbekannten Frucht.

[2] S. weiter unten in „Naturgeschichtliches aus Albiruni".

10. Von den Fetten ist das edelste das Olivenöl, so lange es frisch und nicht sauer oder ranzig ist; andere Öle, die teils als Genuß- teils als Heilmittel dienen und im ganzen dem Olivenöl gleichen, sind das süße Mandelöl, das Sesam-, Behen-, Kokosnuß- und Rizinusöl, sowie das Nuß- und Leinöl, und endlich das Eieröl und das fette Öl der Milch, die Butter. Die Milch enthält nämlich dreierlei Essenzen, und zwar in sehr wechselnden Mengen: eine käsige, die sich beim Koagulieren und bei Zusatz von Säure ausscheidet, eine fettige, die die Butter darstellt, und eine schließlich verbleibende wässerige, das Serum.

Den Fetten ähnlich und gleichfalls zu Einreibungen und Salben dienlich, ist das Wachs, der heilsame Schweiß der Schafwolle (Lanolin), und das „Mumia" genannte Erdwachs. Aus Fetten wird auch Seife bereitet; doch sind die in Persien wachsenden Seifenpflanzen ebenfalls zum Waschen und Reinigen von Kleidern und Teppichen gebräuchlich.

11. Von ätherischen Ölen führt Mansur eine große Anzahl an, die teils ausgepreßt, teils mittelst Olivenöl ausgezogen, teils durch Destillation gewonnen und als Heilmittel sowie als „flüchtige Öle des Wohlgeruches" verwendet wurden. Er erwähnt u. a.: das Öl der Zitronenschalen und -kerne, das giftige Öl der bitteren Mandeln und Pfirsichkerne, das Croton-, Senf- und Rettigsamenöl; ferner das Absinth-, Anis-, Basilikum-, Dill-, Fenchel-, Jasmin-, Kamillen- und römisch-Kamillen-, Kümmel-, Lavendel-, Lorbeer-, Majoran-, Myrthen-, Narden-, Nelken-, Pfefferminz-, Rauten-, Rosen-, Schoenanthus-, Thymian-, Veilchenöl u. s. f.

12. Der Farbstoffe des Pflanzenreiches gedenkt Mansur meist nur in Hinsicht auf ihren pharmakologischen Gebrauch, und zwar nennt er die Säfte der Akazie (Nil-Akazie), Alkanna, Curcuma, des Färberkreuzdornes (Rhamnus infectorius), Gelbholzes, Indigos, Krapps, Safrans, Safranbaumes (Memecylon tinctorium) und Safflors.

Für die Indigopflanze gibt er den Namen „Nileh“ an, für den Indigo selbst den dem Indischen, Persischen und Arabischen gemeinsamen „Nil“, von dem sich das portugiesische Wort „Anil“ für Indigo ableitet, sowie der Namen des aus Indigo zuerst gewonnenen Anilins. Ursprünglich bedeutet „Nil“ die blauschillernde Farbe des Indigos, und erst die Perser übertrugen diese Bezeichnung auf den Hauptfluß Ägyptens, dessen schlammige zur Zeit der Hochflut intensiv gelbe Gewässer im Sonnenscheine in der komplementären Farbe, also tief dunkelblau, glitzern; bei den Ägyptern selbst, und auch bei den älteren Griechen, war dieser Namen ganz unbekannt. Nach Loret[1] ist übrigens der Indigo auch in Ägypten einheimisch und wächst dort noch jetzt an manchen Plätzen wild; die altägyptischen Inschriften benennen ihn „ti-nkon“, und hieraus dürfte durch einen etymologischen Irrtum der griechischen und römischen Autoren deren „Ἰνδικόν“ und „Indicum“ entstanden sein, welcher Namen wieder zu der Meinung Anlaß gab, als Ursprungsland des Farbstoffes sei ausschließlich Indien in Betracht zu ziehen.

13. Das Eiweiß ist ein Bestandteil des Eies und besitzt eine große Neigung zur Kälte, d. h. zum Gerinnen, so daß es schon bei mäßiger Wärme fast, und bei höherer ganz unlöslich wird; es gleicht dann dem gekochten Fleische sowie dem Leim oder Fischleim und wird nur durch die von den tierischen Mägen abgesonderten eigentümlichen Flüssigkeiten gelöst, die das Gleiche auch gegenüber geronnener Milch, gestocktem Blute u. s. f. vermögen. Das Eiweiß wird in der Medizin vielfach angewandt, äußerlich und innerlich; es ist sehr nahrhaft und blutbildend, daher genießen es vor allem solche, die schwere körperliche Arbeit zu verrichten oder sich anhaltend zu bewegen haben.

14. Gifte sind im Pflanzenreiche ebenso verbreitet wie im

[1] „l'Egypte au temps des Pharaons“ (Paris 1889, S. 177). Weniger bestimmt spricht sich Woenig aus („Die Pflanzen im alten Ägypten“, Leipzig 1897, S. 353).

Mineral- und Tierreiche, welchem letzteren nicht nur die Gifte beißender und stechender Lebewesen angehören, sondern auch die beim Verderben von Fleisch, Fischen und Milch erst entstehenden und die in gewissen Organismen (z. B. den Canthariden) angehäuften.

Die wichtigsten Pflanzengifte sind: Agaricum und ähnliche Pilzarten, Aconit, Atropa, Mandragora (Alraun), Colchicum (Herbstzeitlose), Conium (Schierling), Croton, Datura (Stechapfel), Helleborus (Nieswurz), Hyoscyamus (Bilsenkraut), Opium, Rizinussamen, Secale (Mutterkorn), Strychnos (Brechnuß) und Veratrum. Viele von ihnen gehören, in kleinen Mengen angewandt, zu den wirksamsten Arzneimitteln, während sie in größeren Dosen bald vorzugsweise einzelne Organe angreifen, z. B. Gehirn, Herz, Magen, Darm, Nieren, Leber u. s. f., bald den ganzen Körper, wie Secale, Opium oder Aconit; einige Arten des letzteren sind so furchbare Gifte, daß selbst der Boden, in dem sie wachsen, wie verbrannt aussieht, und daß nicht nur der Genuß des kleinsten Stückchens, sondern schon das Riechen daran, zum fast sofortigen Tode führt. Allgemeine Gegenmittel für Pflanzengifte sind nicht bekannt und wären bei der Raschheit der Giftwirkung meist so gut wie unanwendbar; auch gehört die Erkennung des Giftes, das in einem bestimmten Falle gegeben wurde, zu den schwierigsten und nur selten mit Sicherheit zu lösenden medizinischen Aufgaben.

Ebenso interessant wie durch das, was es berichtet, ist Mansurs Werk durch einiges, worüber es schweigt. So z. B. tut es keinerlei Erwähnung des Alkohols, der demnach damals dem Arzneischatze noch nicht angehörte, obwohl er, wie viele andere Produkte der Destillation, im 10. Jahrhunderte schon wohlbekannt war; es stimmt dies zu dem Berichte, daß zwar der berühmte arabische Arzt Razi, der 850 bis 923 lebte, zuerst gewagt haben soll, Alkohol innerlich zu verwenden, daß aber anfangs, wie andere seiner kühnen Neuerungen so auch diese, von der am Hergebrachten hängenden konservativen Schule verworfen worden sei. Über die „Kräfte“ des Weines aus Trauben, des Obstweines und des Weines aus Honig, Rosinen oder Dattelsaft, weiß zwar Mansur vielerlei zu berichten, und die Folgen übermäßiger Libationen sehr lebenswahr zu schildern, aber den eigentlich wirksamen Bestandteil des Weines erwähnt er nicht, sondern spricht nur sehr allgemein von einem „Weindunste“, der durch die Blutgefäße ins Gehirn aufsteigen und dieses in übermäßiger Weise erhitzen soll. Eine weit schlechtere Meinung als vom Weine hat Mansur von dem aus Gerste gebrauten Biere, in dessen Bereitung seit altersher namentlich einige ägyptische Städte Großes leisteten, so daß z. B. das „Pelusische“ ungefähr ebenso berühmt war wie heutzutage das „Münchener“; er behauptet, daß das Bier die Verdauung störe, den Nerven schade, den Kopf einnehme, Übelkeiten und Leibschmerzen errege u. s. f., daß es aber dem (wohl durch allzu reichlichen Weingenuß entstandenen) Katzenjammer abhelfe, — eine Ansicht, die noch gegenwärtig von manchem Sachverständigen geteilt wird!

Hervorzuheben ist ferner, daß Mansur nur den Essig und die früher erwähnten sauren Pflanzensäfte kennt, nicht aber mineralische Säuren, was sich schwer mit der Behauptung vereinbaren läßt, daß der berühmte Geber schon um die Mitte des 8. Jahrhunderts mit diesen genau vertraut gewesen sei und sie in verschiedenen seiner Werke ausführlich beschrieben habe. Aber bereits vor über dreißig Jahren wurde durch sachkundige Orientalisten, namentlich durch den vielbelesenen Steinschneider, darauf hingewiesen, daß Geber eine nahezu mythische Persönlichkeit vorstelle, und daß die erhaltenen arabischen Originalschriften, als deren Verfasser er allenfalls gelten kann, nichts von allen den erstaunlichen Kenntnissen enthalten, die die angeblichen lateinischen Übersetzungen (in Wahrheit durchaus Machwerke des späteren Mittelalters) ihm zuschreiben. Dieser Sachverhalt, den eingehende Forschungen Berthelots bestätigt und bis ins einzelne erwiesen haben, wird zwar in einigen wenigen Werken, z. B. in E. v. Meyers trefflicher „Geschichte der Chemie" richtig dargelegt, in den weitaus meisten Schriften begegnet man aber, sobald historische Angaben in Frage kommen, auch neuestens noch immer dem unvermeidlichen Geber; die einschlägigen Notizen, die ein Autor dem anderen entlehnt, führen in letzter Linie fast alle auf das große Geschichtswerk Kopps zurück, der allerdings zu seiner Zeit den Pseudo-Geber noch als echt ansah und ansehen durfte, immerhin aber merklichen Zweifeln an mehreren Stellen seiner Schriften Ausdruck gab, — Stellen, die, infolge der durchweg mangelhaften Indices, leider nicht jederzeit leicht aufzufinden sind.

Im Hinblick auf die erwähnte Streitfrage ist die Tatsache, daß Mansur mineralische Säuren und deren Verbindungen nicht anführt, von großer Bedeutung und festigt das Übergewicht der von Steinschneider und Berthelot verfochtenen Behauptung neuerdings in entscheidender Weise; zugleich liefert sie ein Beispiel dafür, wie gewiß auch noch so manche andere der sehr zahlreichen dunklen Punkte in der Geschichte der Chemie, der reinen wie der angewandten, durch gründliches Studium von Werken aufzuklären wären, die jenem Mansurs analog sind und in die nämliche Zeitperiode zurückreichen. Solcher Werke gibt es noch eine ganze Anzahl, und ihnen die Aufmerksamkeit auch der Chemiker in höherem als dem bisherigen Maße zuzuwenden, war mit ein Hauptzweck der heutigen Darlegungen.

6

NATURWISSENSCHAFTLICHES AUS DER „CHRONOLOGIE DER ALTEN NATIONEN“ DES ALBÎRÛNÎ[1]

Albîrûnî, 973 in der Unterstadt (Bêrûn) von Khiwa geboren und 1048 vermutlich zu Ghazna verstorben, gehörte zu den belesensten und vielseitigsten Schriftstellern seines Zeitalters und besaß neben einer ausgebreiteten literarischen Bildung auch eine ungewöhnliche Kenntnis von Land und Leuten, die er sich teils als privater Reisender, teils als Begleiter des Sultans Mahmud von Ghazna während mehrerer Feldzüge, und insbesondere während der indischen Eroberungskriege, angeeignet hatte. Neben der ausführlichen „Beschreibung Indiens“ ist unter seinen Werken namentlich die „Chronologie der alten Nationen“ wichtig, eine höchst umfassende, auch zahlreiche astronomische, mathematische, geographische und naturwissenschaftliche Angaben enthaltende Arbeit, die um das Jahr 1000 abgeschlossen sein dürfte. Trotz des an vielen Stellen mangelhaft überlieferten und durch Orthodoxie späterer arabischer Gelehrter auch entstellten und verkürzten Textes ist sie von hervorragender Bedeutung, einmal, weil sie auf dem Studium mannigfaltiger, seither verlorener oder wenigstens in Europa noch nicht bekannt gewordener Quellenwerke beruht, zweitens weil Albiruni kein bloßer Autoritätsgläubiger und Nachbeter war, sondern nach eigener An-

[1] „Chemiker-Zeitung“ 1899, S. 245.

schauung trachtete und zu diesem Zwecke auch selbst zahlreiche Probleme durch Versuche aufzuklären bemüht war; so z. B. bestimmte er zuerst das spezifische Gewicht von 18 Edelsteinen und Metallen durch Wägen in Luft und Wasser mit ganz erstaunlicher Genauigkeit. Überraschend richtig sind Albirunis Ansichten betreffs vieler physikalischer und naturgeschichtlicher Einzelheiten, deren wichtigste im nachfolgenden kurz angeführt werden sollen, und zwar auf Grund der von E. Sachau verfaßten englischen Übersetzung der „Chronologie", die 1879 zu London erschienen ist.

Was den Ursprung der Quellen, Bäche und Flüsse betrifft, über den zum Teil noch bis gegen Ende des vorigen Jahrhunderts die unklarsten und sonderbarsten Vorstellungen herrschten, so ist es nach Albiruni[1] zweifellos, daß ihr Wasser ausschließlich meteorischer Herkunft ist, d. h. aus Regen- oder Schneewasser besteht, das je nach den Terrainverhältnissen entweder rein abfließt, oder den Untergrund durchströmt und dabei Stoffe aller Art aus diesem aufnehmen kann. Daß Quellen in gewisser Höhe entspringen, ist nicht anders zu erklären als das Steigen des Wassers in den Springbrunnen, sowie in den auf die Schloßdächer und Minarete geführten Leitungen, nämlich allein dadurch, daß genügende, noch höher gelegene Speisebehälter vorhanden sind; abgesehen von den Leitungswiderständen kann man das Wasser stets wieder bis zur ursprünglichen Höhe dieser Behälter steigen machen, und wäre diese auch noch so groß. Taucht man ein mit Wasser gefülltes **U**-Rohr in umgekehrter Lage derart in zwei mit Wasser gefüllte Gefäße, daß sich jeder Schenkel in einem der Gefäße eingesenkt befindet, so tritt keine Bewegung ein, so lange beide Gefäße gleich hoch stehen; sowie aber das eine gesenkt wird, fließt Wasser aus dem Rohre aus, entweder bis die Oberflächen wieder gleich hoch stehen, oder bis das Rohr und das andere Gefäß geleert sind. In manchen Gegenden, z. B. in Jemen, gibt es Leute, die sowohl im Gebirge, als auch

[1] S. 253ff.

in der Ebene das Vorhandensein von Wasser unterhalb gewisser Gesteine, ja angeblich durch Abklopfen sogar dessen Menge, zu erkennen verstehen; sie treiben Bohrlöcher, aus denen dann das Wasser mit großer Gewalt hoch emporspringt, so daß durch solche Ausbrüche schon Unglücksfälle entstanden sind, falls es nicht gelang, die Bohrlöcher mit Gips oder Kalk zu verstopfen. Das Aufsteigen des Wassers in diesen Brunnen[1] läßt sich ebenfalls auf Grund des oben erwähnten Prinzipes ableiten, und gehört daher keineswegs zu den Wundern: „Man muß also nicht gleich alles, was man von den physikalischen Wissenschaften nicht versteht, bloß der Weisheit Allahs zuschieben, auch soll man seine eigene Unwissenheit nicht stets mit den Worten entschuldigen: Allah allein ist allwissend."[2]

Was die Wärme anbelangt, so kommt Albiruni nach Erwähnung verschiedener Auslegungen aristotelischen Anklanges zum Schlusse, sie stamme von der Sonne her und hafte ihren Strahlen an.[3] Während Einige behaupteten, deren Fortpflanzung sei wegen ihrer unermeßlichen Geschwindigkeit und ihrer unkörperlichen Natur als völlig zeitlos (d. i. als momentan) anzusehen, lehren Andere, daß sie doch eine gewisse, jedoch eine äußerst kurze Zeit gebrauchen, um fortzuschreiten, die man nur deshalb nicht genau anzugeben vermöge, weil es keine andere genügend rasche Bewegung als brauchbaren Maßstab gebe. So ist z. B. die Geschwindigkeit des Schalles in der Luft nicht entfernt so groß wie die jener Strahlen, und durch Vergleich der ersteren dieser Geschwindigkeiten mit der zweiten hat man die un-

[1] Die wir heute „artesische" nennen. [2] Nach E. Wiedemann besaßen die Araber eine besondere Wissenschaft „vom Heraufholen der Gewässer", das, weil es die Bepflanzung sonst unbewohnbarer und wüster Ländereien ermöglichte, als ein Allah besonders wohlgefälliges Werk galt; über die Hebung des Wassers durch Räder, Schrauben und andere Maschinen sind verschiedene ausführliche Werke erhalten, die sich anscheinend hauptsächlich auf das des Philon gründen („Sitzungsberichte der physik.-medizin. Sozietät" Erlangen 1905; Bd. 37, S. 231 ff.). [3] S. 247.

geheure Größe der letzteren erkannt. — Wie man sieht, hatte man nicht nur zu jener Zeit richtige Vorstellungen über die Ausbreitung der Lichtstrahlen gewonnen, sondern auch schon quantitative Messungen versucht; in dieser Hinsicht ist die angeführte Stelle um so beachtenswerter, als die Geschwindigkeit des Schalles, den üblichen Angaben gemäß, zuerst gegen 1650 durch Mersenne, Gassendi, Borelli und Viviani bestimmt wurde.

Die noch heute geheimnisvolle elektrische Kraft des Zitteraales, die schon den Gelehrten des Altertums bekannt war und von ihnen bereits zu medizinischen Zwecken benutzt wurde,[1] erwähnt Albiruni (auch ohne ihr Wesen zu erkennen) als eines der merkwürdigsten Beispiele des Zusammenhanges zwischen dem inneren tierischen Lebensprozesse und dessen äußeren materiellen Wirkungen.[2] Die Fischer hüten sich, den gefangenen Fisch mit der Hand anzufassen, so lange er im Netze noch lebt, aber selbst wenn man ihn nur mit der Spitze eines Pfeiles berührt, so erlahmt die Hand und läßt den Pfeil zu Boden fallen. Wie aus anderen Stellen seines Werkes hervorgeht, hält Albiruni derlei Erscheinungen für Wirkungen der sogenannten „Lebenskraft“; daß diese auch Mäuse aus feuchter Erde, Insekten aus Baumblättern, Skorpione aus Feigen, Bienen und Wespen aus faulem Fleische hervorzubringen vermöge, und dergl. mehr, scheint, wie so vielen antiken Schriftstellern, auch ihm nicht unmöglich, ja er will solche Urzeugungen niedriger Lebewesen nicht selten sogar selbst beobachtet haben.[3]

Von chemischen Produkten und Präparaten erwähnt Albiruni das Stimmi oder Stibium, vermutlich zumeist Schwefelantimon, das hauptsächlich zum Bemalen der Augenbraunen diente und beim Rituale gewisser persischer Feste hierzu sogar

[1] Bassus, ein Arzt der ersten römischen Kaiserzeit, behandelte Migräne, indem er den Kranken Zitteraale an den Kopf legte und ihnen von diesen mehrere elektrische Schläge versetzen ließ. (Ein ähnliches Naturheilverfahren wenden noch jetzt einige Negervölker an.) [2] S. 345. [3] S. 214.

vorgeschrieben war.[1] Bekanntlich findet es sich schon in altägyptischen Tempelinschriften aus dem Beginne des zweiten vorchristlichen Jahrtausendes als asiatischer Einfuhrartikel aufgeführt. — Eine aus Lapis lazuli bereitete blaue Tinte wandte man beim Zeichnen und Bemalen der Stern- und Himmelskarten an.[2] Eine sympathetische Tinte wurde, angeblich nach dem Rezepte des berühmten Elkindi (der 800 bis 873 oder 880 lebte), mittels verschiedener ätzenden Materialien bereitet;[3] erst beim Erwärmen trat die Schrift lesbar hervor, und betrügerische Priester benutzten dies, um glückbringende Namen, z. B. „Muhammed" oder „Ali", auf Achatstücke zu schreiben, und diese dann als wunderbare und wunderbewirkende Talismane den Gläubigen um schweres Geld zu verkaufen.

Vom Zucker berichtet Albiruni, daß die allgemeine persische Sitte, sich am Neujahrstage gegenseitig mit Zucker zu beschenken, daher rühre, daß das Zuckerrohr zuerst an diesem Festtage, unter der Herrschaft des Königs Jamschid oder Dschemschîd, entdeckt wurde: „Als dieser nämlich aus einem Rohre etwas Saft abtropfen sah, kostete er ihn und fand ihn angenehm süß, worauf er befahl, den Saft aus dem Rohre auszupressen und Zucker daraus zu machen; am fünften Tage war dieser fertig und dann machte man sich gegenseitig Zucker zum Geschenke." (Daß, entgegen dieser, die Kenntnis festen Zuckers schon voraussetzenden, und sie in das älteste mythische Zeitalter verlegenden Tradition, eine Bekanntschaft der Perser mit dem Zuckerrohre vor Ende des fünften Jahrhundertes nicht nachweisbar ist, habe ich bereits in meiner „Geschichte des Zuckers" gezeigt.)

Sehr beachtenswert sind einige Angaben Albirunis über die sieben Metalle und deren Beziehungen zu den sieben Planeten, auf die jedoch an dieser Stelle nicht näher eingegangen werden kann. Auch auf mathematische und astronomische Darlegungen kann nur verwiesen werden, z. B. auf die Dar-

[1] S. 317 u. 326. [2] S. 359. [3] S. 294.

stellung der zentralen, zylindrischen und polaren Projektionsmethoden zur Abbildung des Himmelsgewölbes.[1] Kulturhistorisch interessant ist die Bemerkung,[2] man habe astronomische und andere schwierige Lehren schon in alter Zeit zu Gedichten zusammengefaßt und in gereimten Versen dargestellt, damit auch der Ungebildete (und des Lesens Unkundige) sich solche leichter merken und sie weiter überliefern könne; auch hier erweist sich demnach die Poesie älter als die Prosa, und die noch heute zuweilen hervortretenden Bestrebungen, wissenschaftliche Lehren zum Zwecke der Examina und dergl. in faßlichen „Merkversen" zu kondensieren, dürfen also auf ein recht stattliches, ja auf ein vorgeschichtliches Alter zurückblicken.

[1] S. 357. [2] S. 336.

7

ALCHEMISTISCHE POESIE AUS DEM 13. JAHRHUNDERTE[1]

Daß nicht nur in der spärlichen naturwissenschaftlichen, sondern auch in der umfangreichen scholastischen und theologischen Literatur des 13. und 14. Jahrhundertes alchemistische Lehren häufig den Gegenstand vereinzelter Anspielungen, mitunter auch den breitgedehnter Ausführungen bilden, dürfte jedem geläufig sein, der in den Kompendien jenes Zeitalters auch nur einige Umschau gehalten hat; weniger bekannt ist es aber, daß alchemistische Ideen auch Eingang in die „schöne“ Literatur fanden, — und doch bietet diese Tatsache besonderes kulturgeschichtliches Interesse, weil sie beweist, wie sehr der allgemeine Zeitgeist sich mit solchen Anschauungen befreundet hatte, und wie vertraut diese, bis zu gewissem Grade, auch jener großen Menge geworden waren, die, wie heute, so auch damals, den empfänglichen Leser- und Hörerkreis volkstümlicher Dichtungen bildete.

Eines der lehrreichsten Beispiele dieser Art sei dem altfranzösischen „Roman de la Rose“ entnommen, der um 1237 von Guillaume de Lorris begonnen und um 1277 von Jean Clopinel (genannt de Meung) vollendet wurde[2] und nach Francisque-Michel (dem berühmten Literaturhistoriker, dem wir die beste Textausgabe dieses Werkes verdanken) fast fünf Jahrhunderte lang eines der vielgelesensten, verbreitetsten und

[1] „Chemiker-Zeitung“ 1905, S. 323. [2] G. Paris, „La littérature française au moyen âge“, Paris 1890, S. 160.

einflußreichsten Bücher der französischen Literatur blieb; daß ihm dies trotz seines Umfanges von 22817 Versen, trotz der Schwerverständlichkeit vieler Stellen, und trotz des Dunkels der allegorischen Einkleidung beschieden war, ist nicht nur dem novellistischen Interesse seiner Fabel zuzuschreiben, sondern auch der beispiellos kühnen Satire auf weltliche und geistliche Macht, die ihm seitens Kirche und Staat scharfe Verfolgung, durch diese aber ungeheuere Popularität eintrug,[1] ferner aber auch den zahlreichen, für die Leser oft nur halb verständlichen, sie aber gerade deshalb besonders fesselnden wissenschaftlichen Anspielungen. Die verschiedensten Kreise wähnten gerade sich „hineingeheimnist", es erchienen Erklärungen, Deutungen und Kommentare aller Art von Philosophen, Ärzten, Theologen, Juristen, Alchemisten u. s. w., ja noch Palissy (1499 bis 1589), der große Technologe und Vorkämpfer der induktiven Methode, zählt den „Roman de la Rose" geradezu unter den alchemistischen Schriften auf.

Die anzuführende alchemistische Stelle findet sich V. 17001 des Romans,[2] und da dieser meines Wissens in deutscher Übertragung nicht vorliegt, so habe ich sie möglichst wörtlich übersetzt und dabei nach Tunlichkeit auch die holprigen, in sehr freien Metren hinziehenden, gereimten Knittelverse wiederzugeben versucht. — Nachdem der Dichter geschildert hat, wie die Natur immer und überall der Kunst überlegen bleibt, fährt er im Hinblicke auf letztere fort:

Und brächt' Alchemie ihr auch bei, die Metalle
Mit farbigem Glanz zu tingieren alle,

[1] F. Guillon, „Jean Clopinel dit de Meung; le roman de la rose considéré comme document historique du règne de Philippe le Bel", Paris 1903.

[2] ed. Francisque-Michel, Paris 1864. Bd, II, S. 173. Alle anderen alchemistischen Stellen, die sich in den Ausgaben der letzten Jahrhunderte finden, sind, wie die französische Kritik längst bewies, spätere Einschiebsel, und nach Form, Inhalt und Sprache leicht als solche kenntlich; trotzdem haben sie noch neuere französische Geschichtsschreiber der Chemie als echt angesehen und entsprechend benutzt.

Sie könnte, und sollt's um ihr Leben sich handeln,
Doch Art nie wirklich in Art verwandeln, —
Sie müßte denn erst einen Weg ersinnen,
Die „materia prima" zurückzugewinnen;
Daß sie ihr Lebtag dessen Spur
Nicht findet, dafür sorgt Natur.
Mag sie nun noch so mühsam streben,
Den Stoffen die Urform zurückzugeben,
Fruchtlos bleibt sie des Werks beflissen,
Denn ihr Fehler ist: nicht zu wissen,
Wie ihr das Elixir gelänge,
Dem die richtige „Form" entspränge,
Die, mit „Materie" im Verbande,
Die einzelnen Stoffe bringt zustande, —
Dies Elixir, das erscheinen muß,
Bringt Einer die Sache recht zum Schluß.
Dennoch aber, und mit Vergunst,
Ist Alchemie eine wahre Kunst;
Wunderbare Dinge fände,
Wer sie nur so recht verstände.
Würd' der sich an die Substanzen machen
Mit Hilfe der seltsamen Siebensachen,
Die zu sothanem Werke nötig:
Der fänd' sie zu jeglicher Wandlung erbötig.
Er ändert ihre Komplexion
Durch diese und jene Digestion,
Und wenn die Verwandlung gelungen ganz,
So hat er eine neue Substanz,
Und die alte ging auf in Dunst.
So wissen die Meister der Glasmacherkunst
Aus den Pflanzen vom Strand am Meer
Asche und Glas zu stellen her
Kraft einer Läuterung sanft und milde;
Und doch ist die Pflanze kein Glasgebilde,
Und auch das Glas kein Gewächs im Meer!
Dann, — wenn der Blitz und der Donner schwer
In den Boden schlägt: da wird sich Dir zeigen,
Wie den Gesteinen Dämpfe entsteigen,
Die sonst niemals aus Felsen brechen.
Bist Du nun Kenner, dann magst Du sprechen,
Und die Ursache machen kund,
Die solcher Wandlung liegt zu Grund,
Völlig die Stoffe umgestaltet,
Völlig neu an ihnen entfaltet

(Sei es durch Zwang, sei's durch Natur)
Fremdes Wesen und fremde Figur.

Wer gründlich erfaßt diese Wege alle,
Verwandelt leicht auch die Metalle.
Er weiß von Beimischung sie zu befreien
Und ihnen die rechte Form zu verleihen,
Er macht sie die Nachbarstufen durchschreiten,
Die eine zur andern hinüberleiten,
Bis so das Werk er fertig bringt,
Wie der Natur es selbst gelingt:
Denn, wie in weisen Büchern zu lesen,
Läßt diese der Metalle Wesen
Aus Schwefel und Quecksilber sich gestalten
Durch mancherlei Kraft in der Erde Spalten.
Wer nun die Geister
Zu nützen wüßt' als Meister,
Wer ihre Kraft könnt' zwingen,
Ins Innre der Stoffe zu dringen,
Und, ohne wieder zu verfliegen,
Im reinen Stoffe festzuliegen,
(Denn rein muß der Schwefel sein wie billig,
Zu weißer und roter Tingierung willig), —
Der wäre Fronherr der Metalle,
Und wandelte nach Wunsch sie alle.

Der, dem die Alchemie ist hold,
Gewinnt gar leicht aus Quecksilber Gold
Und verleiht ihm den Glanz und der Schwere Kraft
Durch Zutaten, die er sich billig verschafft.
Aus Gold auch macht er sich Edelsteine,
Herrlich leuchtend in lauterem Scheine,
Und aus gemeiner Metalle Substanz
Zeugt er Silber von hellem Glanz
Durch kräftig bleichende Medizinen,
Die die Form zu veredeln dienen.
Doch nichts von all dergleichen Dingen
Wird dem Sophisten je gelingen:
Der mühet sich, Zeit seines Lebens,
Natur zu meistern ganz vergebens.

Zum Verständnis dieser Verse sei zunächst darauf hingewiesen, daß die Grundanschauungen der ursprünglichen Alchemie, wie schon Autoren der Renaissancezeit und später besonders Salmasius klar erkannten, geradewegs aus gewissen Prinzipien der Philosophie des Aristoteles abzuleiten sind, die sich u. a. in dessen „Metaphysik“ und in der Abhandlung „Über Werden und Vergehen“ erörtert finden. Nach Aristoteles bestehen die Stoffe oder Substanzen aus Materie und Form; die Materie ist das gemeinsame, an sich gestaltungslose Substrat, das „der Möglichkeit nach“ allen Substanzen zugrunde liegt (daher πρώτη ὕλη, später „materia prima“ genannt); indem an ihm die verschiedenen Formen in Erscheinung treten und ihren individualisierenden Charakter entfalten, entstehen die einzelnen Substanzen, deren Wesen also in der Bindung der Materie an bestimmte Formen liegt. Offenbar kann daher ein Stoff in einen anderen übergehen, sobald sich des beharrenden Substrates neue Formen bemächtigen; dies kann entweder „durch Natur“ geschehen, die in der Regel eine langsame Läuterung und Reifung, eine allmähliche und stufenweise Reinigung und Veredelung bewirkt, oder „durch Zwang“, wobei die Umwandlung meist rasch und plötzlich erfolgt. Neue Stoffe können sich aber auch durch bloße Mischung bereits vorhandener bilden, indem die Letzteren gemeinsame Materie neue Formen annimmt, die durch Vereinigung der gegebenen alten entstehen; um eine solche Mischung anzuregen, genügen oft schon ganz geringe Zugaben des einen Stoffes, und ist dieser von unbeständigem, ungefestigtem Wesen, so kann er völlig in den anderen aufgehen, so daß dieser Zusatz nur mehr in dieser oder jener Form der durch Mischung entstandenen neuen Substanz nachwirkt. Hierfür gibt Aristoteles in der Abhandlung „Über Werden und Vergehen“ (T. 1, Abs. 10) das Beispiel vom Zusammenschmelzen des Kupfers und Zinnes: das Zinn, dem ein unausgesprochener, wenig beharrlicher Charakter zukommt, ist als solches nicht mehr in der Mischung (der Bronze) gegenwärtig, es hat aufgehört, ein Stoff zu sein, es wurde völlig aufgenommen vom Substrate, dem es nur die charakteristische (goldglänzende!) Färbung erteilt hat, χρωματίσας μόνον. — Diese Lehren des Aristoteles sind die Quellen, aus denen die alte Alchemie ihre wichtigsten Theorien schöpfte, nämlich die über das Verhältnis zwischen Materie und Form, über die Umwandlung der Stoffe und die Transmutation der Metalle, über die Wirkung geringer Zusätze und die Bedeutung der Farbenveränderung u. s. w. War das Färben und Tingieren von so ausschlaggebender Wirksamkeit, so erklärt sich leicht das unablässige Suchen nach kräftigen „Tinkturen" und schließlich nach der „Universaltinktur", die als „Elixir", „Magisterium", „Stein der Weisen" und dergl. eine so einflußreiche Rolle zu spielen berufen war; schrieb man ihr doch das Vermögen zu, an der beharrenden „Materia prima" jede beliebige der wandelbaren und wegen dieser Flüchtigkeit auch mit den „Geistern" identifizierten „Formen" zutage treten zu lassen.[1]

Was die Lehre von der Entstehung der Metalle aus „Schwefel" und „Quecksilber" betrifft, — wobei jedoch vielleicht weniger an die heute so genannten Elemente zu denken ist als an die symbolischen Träger gewisser allgemeiner Eigenschaften —, so schrieb man sie früher, ebenso wie die von den „Medizinen" (der großen, die Gold, der kleinen, die Silber hervorbringt u. s. f.), dem Araber Geber (um 800) zu, dessen angebliche Schriften jedoch, soweit die früher allein benutzten lateinischen Übersetzungen in Betracht kommen, jetzt als Machwerke einer viel späteren Zeit erkannt sind; jedenfalls haben sich aber die Keime dieser Theorien bereits auf spätgriechischem (alexandrinischem) Boden entwickelt und sind vielleicht schon in der pseudo-demokritischen Rezeptsammlung des „Papyrus Londinensis" aus dem 3. Jahrundert nachweisbar (No. 121, Absatz 1),

[1] In den „Geistern" der Chemie, wie dem Weingeist, Holzgeist, Salzgeist, Salmiakgeist, Salpetergeist u. s. w., die beim Verflüchtigen die charakteristischen Eigenschaften der betreffenden Rohstoffe mit sich fortführen, hat sich die Nachwirkung der aristotelischen Anschauung noch ebenso erhalten wie in der populären Auffassung des Zusammenhanges zwischen „Körper" und „Geist".

deutlicher jedoch bei Stephanos von Alexandria (um 650). Schon bei diesem Autor[1] finden sich auch die Anrufungen Gottes und der Himmlischen als Helfer bei dem „großen und heiligen Werke“, das nur dem gelingen kann, der es völlig selbstlos und mit der Frömmigkeit eines reinen Herzens unternimmt; hiernach ist, da sich die Alchemisten ursprünglich, wie dies auch Stephanos tut, als „Philosophen“ bezeichneten,[2] die Anspielung des „Roman de la Rose“ leicht verständlich, daß dem „Sophisten“, aller Mühe zum Trotze, jeglicher Erfolg zeitlebens versagt bleiben werde.

Für die „Pflanzen vom Meeresstrande“ gebraucht der altfranzösische Text das Wort „fogière“, das nach freundlicher Mitteilung Herrn Prof. Dr. H. Suchiers eigentlich Farnkraut bedeutet. Noch der Dioskorides-Kommentator und „Kräutervater“ Matthiolus (1501 bis 1577) gibt in der Tat als das zu seiner Zeit übliche französische Synonym für Farnkraut „fengière“ und „fuchière“ an („Compendium de plantis omnibus“, Venedig 1571, S. 907 und 911). Der Verfasser des „Roman de la Rose“, der weder Botaniker noch Chemiker war, hat aber offenbar unter fogière nicht Farnkräuter verstanden, sondern, — auf eine oberflächliche Ähnlichkeit des Äußeren hin —, Seetange und Algen, und daß ihm derlei Pflanzen auch gleich als Muttersubstanz des Glases selbst erschienen, kann insofern nicht wundernehmen, als bekanntlich die Soda, dieses unentbehrliche und sehr kostbare Rohmaterial der alten Glasmacher, bis gegen 1800 hin fast ausschließlich durch Veraschung von Tang (fucus), Algen, und gewissen schon von den Arabern planmäßig angebauten „Strand-“ oder „Salz“-Pflanzen gewonnen wurde.

[1] Eine kritische Ausgabe des sehr schwierigen griechischen Textes seines Werkes steht in Idelers „Physici et medici graeci minores“ Berlin 1841. Bd. 2, S. 199.

[2] Stephanos nennt sich „φιλοσόφος τῆς μεγάλης καὶ ἱερᾶς τέχνης“ und schon in der Überschrift jedes seiner neun Kapitel heißt es allemal „σὺν θεῷ“ (mit Gott).

Dritte Abteilung

8

ZUR GESCHICHTE DER KÄLTEMISCHUNGEN[1]

Konstruktion und Leistungsfähigkeit der Eis- oder Kältemaschinen, deren Entwickelung etwa mit dem Jahre 1860 begann und seit 1875 mit staunenswürdiger Schnelligkeit fortschritt, haben gegenwärtig eine so hohe Stufe der Vollkommenheit erreicht, daß die verschiedenen Systeme dieser Apparate das Gebiet der chemischen Technik ausschließlich beherrschen, während die Anwendung von Salzen oder Salzgemischen, die beim Lösen im Wasser eine starke Abkühlung hervorrufen, jede Bedeutung für die Großindustrie verloren hat. Dennoch ermangelt diese ältere und für den Laien noch heute höchst überraschende Methode der Temperaturerniedrigung keineswegs des Interesses, weder in physikalischer noch in historischer Hinsicht, und es mag daher nicht unangebracht erscheinen, den Spuren ihrer geschichtlichen Entstehung und ihrer praktischen Anwendung nachzugehen; an dieser Stelle kann das natürlich nur in großen Zügen geschehen, während betreffs der zahlreichen und oft sehr bemerkenswerten Einzelheiten auf die einschlägige ältere

[1] Vortrag auf der Hauptversammlung des „Vereines Deutscher Chemiker" 1898 (s. „Zeitschrift für angewandte Chemie", 1898, S. 739). Einen Teil der diesem Vortrage hier beigefügten Quellen hat auch Herr Dr. C. G. v. Wirkner in seiner Schrift „Geschichte und Theorie der Kälteerzeugung" (Hamburg 1897) benützt, die er mir kürzlich (nach Ankündigung meines Vortrages) zuzusenden so freundlich war; s. deren historische Einleitung.

Literatur sowie auf die großen Sammelwerke verwiesen werden muß.[1]

Daß das Bedürfnis nach Kühlung, zunächst zu häuslichen Zwecken, seit jeher ein sehr allgemeines und weit verbreitetes war, zeigt uns eine große Zahl aus alten Zeiten stammender Berichte. In China z. B. erwähnt schon das etwa im 6. vorchristlichen Jahrhunderte abgefaßte kanonische Liederbuch „Schiking" die Aufbewahrung von Eis für die Sommermonate und schreibt in einem seiner älteren, vermutlich bis in das 11. Jahrhundert zurückreichenden Abschnitte gewisse religiöse Zeremonien für das Füllen und Entleeren der Eiskeller vor.[2] — Die Indier benutzen seit unbestimmbar langer Zeit das Zusammenwirken von Verdunstungskälte und Wärmeausstrahlung, indem sie während ganz klarer und windstiller Nächte Wasser in flachen porösen irdenen Pfannen auf eine Unterlage trockenen Strohes in kleine Erdgruben stellen, wobei sich dann vor Sonnenaufgang eine Eisschicht gebildet, jedenfalls aber das Wasser bis gegen den Gefrierpunkt abgekühlt hat; auch daß salziges Wasser (seines tieferen Gefrierpunktes wegen) hierbei einen besonders hohen Kältegrad annimmt, scheint schon frühzeitig bekannt gewesen zu sein, zum mindesten enthält bereits das etwa im 4. Jahrhunderte unserer Zeitrechnung redigierte, für die Übermittlung des indischen Märchenschatzes an das Abendland so außerordentlich wichtige „Pancatantram" den Vers: „Dann ist das Wasser kühl, wenn's Salz enthält".[3] — Bekannt ist es ferner, daß ein Spruch Salomonis lautet: „Wie die Kälte des Schnees zur Zeit der Ernte, so ist ein getreuer Bote dem, der ihn gesandt hat, und erquickt seines Herren Seele";[4]

[1] S. besonders die „Geschichten der Physik" von Poggendorff (Leipzig 1879), Heller (Stuttgart 1882), und Rosenberger (Braunschweig 1882), Kopp, „Geschichte der Chemie" (Braunschweig 1842), und Beckmann, „Beiträge zur Geschichte der Erfindungen" (Leipzig 1799, IV, S. 161).

[2] „Schiking", übers. von Strauß (Heidelberg 1880, S. 241 u. Vorr. 23).

[3] „Pantschatantra", übers. von Fritze (Leipzig 1884, S. 160).

[4] „Sprüche" 25, 13.

ähnlich heißt es auch in einem nicht genau datierbaren Distichon der griechischen sogenannten „Anthologie“: „Süßes Getränk ist im Sommer dem Durstenden Schnee“.[1]

In Rom war die Verwendung von Schnee und Eis zu Anfang der Kaiserzeit bereits eine ganz allgemeine, wie Seneca (1 bis 65 n. Chr.), Petronius (um 70), Plinius (23 bis 79), Plutarch (50 bis 120), Martial, Juvenal und andere bezeugen. Es gab für diese Luxusware verschiedene, vermutlich je nach deren Reinheit wechselnde, aber stets sehr hohe Preise, und auch die Redensart „selten und kostbar wie Schnee in Ägypten“ gebraucht schon Plutarch sprichwörtlich; bei Beginn der Mahlzeiten begoß man die Hände mit Schneewasser,[2] man kühlte den Wein mit Schnee und die Getränke mit Eis, man trank Schnee- und Eiswasser und warf Schnee in die Weinbecher,[3] ja selbst in der Einladung zu einem „einfachen Abendessen“ verspricht der jüngere Plinius seinem Freunde Clarus neben Kopfsalat, drei Schnecken und zwei Eiern, auch Grütze mit Met und Eis.[4] Die Aufbewahrung des zusammengepreßten Schnees geschah nach Seneca in Gruben, die man mit Erde, Mist oder Baumzweigen zu bedecken pflegte, — eine Kunst, die nach Athenäus (um 220) schon Alexander der Große während der Belagerung von Petra angewandt haben soll;[5] Plutarch erörtert ausführlich die Frage, wieso der Schnee, mit Spreu bedeckt und in dichte neue Tücher eingehüllt, sich so lange Zeit in so gutem Zustande erhalten könne, und findet namentlich diese Einwirkung der wärmenden Spreu auf den kalten Schnee höchst wunderbar,[6] worin ihm übrigens noch nach Jahrhunderten der heil. Augustinus beistimmt.[7] Daß der so aufbewahrte Schnee nicht besonders rein war und nach

[1] ed. Regis, No. 169 (Stuttg. 1856, 10). [2] Petronius, „Satyricon“ 31 u. 74. [3] Seneca, „Naturgesch. Betrachtungen“ 4, 13; „Briefe“ 78 u. 95. Martial, „Epigramme“ 14, 116 und 118. Juvenal, „Satiren“ 5, 50 und 63. [4] „Briefe“ 15. [5] „Deipnosophisten“ 3, 96 ff. [6] „Tischgespräche“ 6, 6; „Gesundheitsregeln“ 6. [7] „De civitate dei“ 21, 4.

dem Schmelzen der wiederholten Filtration durch Siebe und Tücher bedurfte, wird man Seneca ohne weiteres glauben, auch erklärt sich hieraus die dem Hippokrates nachgesprochene Versicherung des Plinius,[1] daß alles Schnee- und Eiswasser höchst ungesund sei und vielerlei Krankheiten hervorrufe, besonders Leberverhärtung.[2] Diese Gefahren zu vermeiden, indem man Schnee oder Eis nicht mehr in die Getränke warf, sondern diese nur von außen mittels Schnee abkühlte, lehrte nach Plinius[3] zuerst der Kaiser Nero, bekanntlich ein großer Feinschmecker, und hierzu stimmt die Erzählung des Sueton,[4] Nero habe, als er kurz vor seinem Tode auf der Flucht aus einer Pfütze trinken mußte, ironisch ausgerufen: „Seht, dies ist Neros Kühltrank!" Nero soll auch zuerst bemerkt haben, daß vorher erwärmt gewesenes Wasser sich leichter und rascher abkühlen lasse; diese Erscheinung, die offenbar auf der Austreibung gelöster Luft und Kohlensäure beruht, die tatsächlich die Abkühlung verzögern, erwähnt jedoch bereits Aristoteles,[5] ja sogar schon Hippokrates, falls der Bericht des Galenos (131 bis 200 n. Chr.) zuverlässig ist.[6] Letzterer selbst erzählt, daß man in Ägypten vorher erwärmtes Wasser in flache Tonschüsseln gieße, diese auf dem Winde abgewandten Dächern über Nacht stehen lasse, vor Sonnenaufgang aber sie in feuchte Erdgruben bringe und mit feuchten Blättern bedecke; Athenäus bestätigt dies ebenfalls, läßt aber statt der Blätter Spreu nehmen, und fügt noch hinzu, man müsse die Tonschüsseln während der Nacht fortwährend durch einige Knaben von außen feucht erhalten lassen. – Aus verschiedenen Angaben des Athenäus, seines Zeitgenossen Apicius Cölius, dessen Kochbuch u. a. allerlei gefrorene und mit Schnee bestreute Sülzen bereiten lehrt,[7] sowie des späteren Macrobius,[8] ist der unglaubliche

[1] „Histor. natural." 31, 21. [2] Seneca, „Brief" 95. [3] „Histor. natural." 31, 23. [4] Sueton, „Nero", cap. 48. [5] „Meteorologie" 1, 12. [6] „Commentar. de morbis vulgar." 4, 10. „De compos. medicam." 2, 1. [7] ed. Schulze (Heidelberg 1874), 67. [8] „Saturnalien" 7, 12.

Luxus zu entnehmen, den das verfallende römische Reich auch in dieser Hinsicht entfaltete; ließ doch Kaiser Heliogabalus (218 bis 222) während der Sommerzeit neben seiner Villa zu seinem Vergnügen ganze Schneeberge anhäufen,[1] und der Usurpator Carinus (um 285) sogar sein Badewasser aus Schnee bereiten![2]

Während des frühen Mittelalters zeichneten sich namentlich die üppigen Hofhaltungen der Kalifen in Damaskus und Bagdad, sowie der ägyptischen Sultane in Kairo, durch ähnliche Prunksucht und Verschwendung aus. Schon im 8. Jahrhunderte wurden am arabischen Hofe mannigfaltige gekühlte Würztränke und namentlich gezuckertes Rosenwasser mit Schnee genossen, dessen Beschaffung aus dem Libanon oder aus den armenischen Hochgebirgen, und dessen sachgemäße Aufbewahrung als Gegenstand größter Wichtigkeit galt und bald so unentbehrlich erschien, daß bereits der Geograph Ibn-Haukal (um 900) einer Steuer auf gekühltes Wasser Erwähnung tut;[3] der Kalif Mahdi (775 bis 785) brachte zuerst Schnee in ganzen Kamelladungen bis nach Mekka,[4] und einer seiner Nachfolger schützte sich gegen die Sommerhitze durch Aufenthalt in einem Zimmer mit doppelten Wänden, deren Zwischenraum mit Schnee gefüllt wurde. Zu Kairo empfing, so erzählt um 1040 der persische Reisende Nassiri-Chosrau, allein die Küche des Sultans täglich vierzehn Kamelladungen Schnee, zu dessen Transport von Syrien nach Ägypten ein besonderer Eildienst mit mehreren Relaisstationen bestand.[5] Auch in späterer Zeit rühmen die Reisenden Frescobaldi (1384) und Casola (1494) die Menge und die treffliche Erhaltung des Schnees in Damaskus und in Syrien,[6] und zu Kairo erstreckte sich dessen Gebrauch auf alle Bevölkerungs-

[1] Lampridius, „Heliogabalus", cap. 23. [2] Vopiscus, „Carinus", cap. 15. [3] S. meine „Geschichte des Zuckers" (Leipzig 1890), S. 111 u. 113. [4] Gibbon, „History of the decline . . ." (Philad. 1868), 5, 297. [5] „Geschichte des Zuckers" S. 142. [6] ebd. S. 203.

schichten, wie dies die Erzählungen „Tausend und eine Nacht“ beweisen, deren jetzt vorliegende Fassung vermutlich um 1400 dort redigiert ist.[1]

In Europa scheint, abweichend von anderen orientalischen Sitten, die sich seit Beginn der Kreuzzüge dahin verbreiteten, die Anwendung von Schnee und Eis nur wenig Boden gefaßt zu haben. Dem französischen Hofe, dieser alten Pflanzstätte des höchsten Tafelluxus, war sie z. B. noch zur Zeit König Franz I. unbekannt, denn nach Brantôme ließ eine Hofdame aus ihrem Vaterlande Portugal unglasierte poröse Tongefäße (sogenannte Alcarrazas, vom arabischen al-kurrâs) kommen, um dem Dauphin stets reichliches kaltes Wasser bieten zu können, und Champier, der den König nach Nizza begleitete, erwähnt die dortige Gewohnheit, Schnee in den Wein zu werfen, als auffällig und als jedenfalls sehr ungesund.[2] Bellon (Bellonius), der auf seinen Reisen an vielen Orten, z. B. in Konstantinopel, während der heißen Jahreszeit Schnee und Eis genießen sah, glaubt, man müsse dies in Frankreich ebensogut aufbewahren können, wie in anderen, viel heißeren Ländern;[3] aber noch in der gegen 1598 verfaßten „Description de l'isle des Hermaphrodites“, die den Hofhalt Heinrichs III. geißelt, wird nur in satirischem Sinne der Befehl angeführt, „man solle für den Sommer stets viel Eis und Schnee aufbewahren, und sie, auch wenn das besondere Krankheiten errege, fleißig in die Getränke werfen“, — was sich denn auch vom Könige selbst berichtet findet. Zu Anfang des 17. Jahrhunderts galt der Schnee- und Eishandel immer noch als Luxus, wurde jedoch in dessen Verlauf zum Monopol erklärt und verpachtet, später aber wieder freigegeben, weil dieses Monopol infolge der erhöhten Preise nichts einbrachte.[4]

Der ersten Nachricht über die Anwendung künstlicher

[1] „Geschichte des Zuckers“ S. 215. [2] „De re cibaria“ (Lyon 1560), 16, 9. [3] „Observationes“ (1553), 3, 22. [4] Zu Panama bestand noch 1859 ein solches Eismonopol (s. Scherzer in der „Reise der Novara“, Wien 1878, II, S. 587).

Kältemittel begegnen wir, der üblichen Annahme nach, auf italienischem Boden. Ein spanischer Arzt zu Rom, Blasius Villafranca, wird als derjenige bezeichnet, der 1550 die Abkühlung des Wassers durch Auflösen von Salpeter zuerst gelehrt habe. In seiner Schrift „Methodus refrigerandi ex vocato salenitro vinum aquamque ac potus quodvis aliud genus" beschreibt er die Abkühlung von Wein und anderen Getränken in langhalsigen Phiolen, die man in Gefäßen mit kaltem Wasser, während in diesem ein Viertel bis ein Fünftel seines Gewichtes Salpeter aufgelöst werde, rasch und regelmäßig herumdrehe. Diese Methode, so sagt er, stehe zur Abkühlung von Wasser und Wein in den Häusern aller Vornehmen in Gebrauch, und der Salpeter könne, entgegen den Ansichten Einiger, durch Kristallisation wiedergewonnen und dann abermals benutzt werden; sie sei durch die Wahrnehmung veranlaßt worden, daß Salzsoolen im Sommer stets kühler schmeckten als reines Wasser, und er habe zuerst ihre (nach echt scholastischen Prinzipien abgefaßte und heute kaum mehr lesbare) Erklärung gegeben und sie zuerst öffentlich beschrieben.

Wie man sieht, nimmt Villafranca nur den Ruhm für sich in Anspruch, die neue Erfindung allgemein bekannt gemacht zu haben; doch ist es zweifelhaft, ob ihm selbst dieser gebührt, denn Zimara, ein apulischer Arzt, der 1525 bis 1532 Professor in Padua war, beschreibt in seinem Buche „Problemata" die Kühlung mittels Salpeters ebenfalls, und erteilt auf die Frage des Herzogs von Ferrara, worauf sie denn beruhe, eine äußerst breite, vom ödesten scholastischen Schwulste erfüllte Antwort. Da nun Villafranca selbst zugibt, das Verfahren sei in Rom schon weit verbreitet, man habe über die Wiederverwendung des Salpeters gestritten u. s. f., so ist es keineswegs unmöglich, daß Zimara es ebensogut wie er oder auch schon früher gekannt habe; die Jahreszahl 1530 für das Erscheinen der „Problemata" steht aber nicht unbedingt fest.

1559 erwähnt Levinus Lemnius in seinem Buche „De

miraculis occultis“, man könne mit „sal nitrum vulgo salpeter“ die Getränke derartig abkühlen, daß sie fast unerträglich für die Zähne seien, und ähnlich sprechen sich auch 1566 Mizaldus (Mizauld) in den „Centuriae IX. memorabilium“, und der spanische Arzt Monardus (1493 bis 1578) in seiner von Clusius (de l'Écluse) übersetzten Schrift „De nive“ aus. Der berühmte Baptista Porta zu Neapel gibt 1589 schon an, daß man mittels Eis und Salpeter eine weit höhere Kälte als mittels Wasser und Salpeter erzeugen könne,[1] und ebenso berichtet 1607 sein Landsmann, der Professor der Medizin Latinus Tancredus, daß Schnee und Salpeter große Kälte ergäbe, ja Wasser zu klarem festem Eise erstarren mache.[2] Barclay läßt in seinem Romane „Argenis“, der 1621 zu Paris gedruckt ist, bereits gefrorenen Wein und in Bechern und Hohlformen gefrorene Fruchtsäfte auftragen, und Sanctorius bestätigt 1626 in seinem Kommentar zum „Canon“ des arabischen Arztes und Schriftstellers Avicenna, daß in der Tat selbst der Wein in einem solchen Gemische erstarre, das man übrigens auch durch ein Gemenge von 1 Teil Schnee und $^1/_3$ Teil Kochsalz zu ersetzen vermöge. Bacon von Verulam (1561 bis 1626) berichtet an mehreren Stellen seiner Werke über Kältemischungen aus Wasser, Schnee oder Eis mit Kochsalz oder Salpeter,[3] läßt es dahingestellt, ob man aus Wasser und Salpeter allein wirklich Eis zu bereiten imstande sei, und bezeichnet die ganze Erfindung als eine der bemerkenswerten der neueren Zeit. In gleichem Sinne äußert sich 1627 Nonnius, der Verfasser einer vielgelesenen „Diätetik“, sowie 1644 der Jesuit Cabeus; in seinem Kommentar zur „Meteorologie“ des Aristoteles behauptet er, bei genügend lebhafter Bewegung mittels 35 Teilen Salpeter 100 Teile Wasser in festes Eis verwandelt zu haben, „wobei die Bewegung

[1] „Magia naturalis“ 22, 20. [2] „De fame et siti“ 2, 27.

[3] „Natural History“ 1, 83 (Works, London 1879, I, 95). „De Augmentis Scientiarum“ 5, 2 (II, 359). „Historia vitae et mortis“, Absatz „Operatio super spiritus“ No. 44 (II, 580). Siehe auch I, 86 u. 93, sowie II, 341 u. 556.

also nicht Wärme, sondern Kälte erzeugt habe, was für die Philosophie sehr schwer zu erklären sei". Als zwar bekannt, aber als merkwürdig und unerklärlich, führt 1650 auch der große Descartes die Kältemischungen aus Schnee oder Eis und Kochsalz an;[1] sein Zeitgenosse, der gelehrte Aldrovandi, beschäftigte sich im „Musaeum Metallicum" (1648) gleichfalls mit der Einwirkung von Salpeter oder Salz auf Wasser, und glaubt, daß auch die Töpfer Kochsalz zu ihren Glasuren zusetzen, um diese „kühlender" zu machen!

Zu wissenschaftlichen Zwecken stellte zuerst der italienische Physiker Aggiunti gegen 1635 Gefrierversuche mittels Wasser und verschiedener Salze an, wobei er bestätigte, daß sich das Wasser beim Frieren nicht zusammenziehe, sondern ausdehne, wie dieses schon Galilei aus dem Schwimmen des Eises auf Wasser gefolgert hat; 1665 veröffentlichte dann Boyle seine ausführlichen Versuchsreihen,[2] beschrieb die Kälteerzeugung mittels Schnee oder Eis und zahlreichen Salzen (darunter auch Salmiak), Säuren, und neutralen Körpern (z. B. Zucker), widerlegte die in cartesianischem Geiste abgefaßte Häkchen- und Spitzentheorie des Gassendi (1592 bis 1655), und gab zugleich die richtige Erklärung, der gemäß das Auftreten der Kälte darauf beruht, daß die Salze den Aggregatzustand des Eises und Schnees ändern, indem sie Schmelzung bewirken; hierauf beruht auch sein hübscher Versuch, zwei kalte Gegenstände mittels Eis und etwas Salz aneinanderzuschmelzen, was mit Eis allein nicht gelingt. -- Ob die 1657 herausgegebenen Schriften der berühmten florentinischen „Accademia del Cimento" in ihrem Kapitel über Kältemischungen ganz Selbständiges oder nur eine Wiederholung älterer Boylescher Versuche wiedergeben, steht nicht fest; sie berichten ausführlich über die Einwirkung von Salz, Salpeter, Salmiak und Alkohol, sowie von deren Gemischen auf Wasser, Schnee und Eis. Die Versuche von St. Geoffroy (1700) und Homberg (1701)

[1] „Meteore", cap. 8. [2] „Historia experimentalis de frigore."

gehen über den Rahmen der Boyleschen nicht wesentlich hinaus.

Den Gedanken, durch eine Eis-Kochsalz-Mischung den Nullpunkt des Thermometers festzulegen, faßte zuerst 1688 Dalencé und dies ist bemerkenswert, da die Benutzung des Siede- und Gefrierpunktes des Wassers, wie die ganze Geschichte der Thermometrie lehrt, keineswegs so nahe lag, als man nachträglich zu glauben geneigt sein möchte. Fahrenheit betrachtete 1724 ebenfalls die mittels Eis und Kochsalz oder Schnee und Salmiak erzielte Kälte (die er für die größte, in der Natur überhaupt mögliche erklärte) als die dem Nullpunkte entsprechende, während Réaumur 1734 ein Gemenge von zwei Teilen Eis und einem Teil Kochsalz nur zur Graduierung seines Thermometers anwandte, und mit diesem die Temperaturabnahme, die Kältemischungen verschiedener Zusammensetzung hervorrufen, schon quantitativ prüfte.[1]

Eine sehr vollständige Zusammenstellung der bis 1737 veröffentlichten Tatsachen und Ansichten gibt eine aus diesem Jahre stammende Leipziger Dissertation „Caussae frigoris et glaciei" J. H. Winckler's, desselben Physikers, der sich später durch die Verbesserung des elektrischen Konduktors und Reibzeuges, sowie durch die selbständige Entdeckung der Natur des Blitzes und des Blitzableiters bekannt gemacht hat. Den namentlich von Musschenbroek und Boerhave aufgestellten Theorien gegenüber verhält er sich kritisch; luftfreies und vorher erwärmt gewesenes Wasser soll nach diesen Autoren deshalb leichter gefrieren, weil die kalten Winde subtile Teilchen, vermutlich salzartiger Natur, herbeitragen, die sich den flüssigen Teilchen des Wassers beimischen, sie nach der Art der Kältemischungen abkühlen, und dadurch zwingen fest zu werden; woher aber, so fragt Winckler, sollen die hierzu nötigen, nicht unbeträchtlichen Salzteilchen kommen, und wieso kann das Eis leichter als Wasser sein, falls es so viel mehr subtile

[1] S. Baumé, „Kleinere chemische Schriften" (Frankfurt 1800, S. 336).

Salzgeister enthält als dieses? Fraglich erscheinen auch andere Ansichten jener holländischen Physiker: so soll das Gefrieren des Bodens in der Tartarei, die Vergletscherung der Anden zwischen Peru und Chili, sowie das Vorhandensein von Eishöhlen im Jura auf der Nähe riesiger Lager von Salpeter, Salz und Salmiak beruhen, und ebenso auch die Bildung der festen Eiskristalle (d. i. des Bergkristalls) in den nämlichen sechseckigen Figuren, die von allen Salzen allein der Salpeter zeige.[1] – Nach Versuchen von Lister, so berichtet Winckler, gefrieren mit steigender Schwierigkeit die wässerigen Lösungen von Mauersalpeter, rohem ägyptischem Natron und Meersalzen, und derselbe Grund, der das Salz- und Seewasser schwer gefrieren macht, bewirkt umgekehrt auch, daß Salz das Eis schon bei höherer Temperatur löst, wie denn z. B. die Eisbeschläge der Fensterscheiben sofort verschwinden, wenn man sie mit einem in Salzwasser getauchten Schwamme überfährt. Besonders hohe Kältegrade erhält man, wie schon Fahrenheit und Hamberger beobachteten, mittels Eis und stärkstem Alkohol, Schnee, Kochsalz und Weingeist, oder Alkohol und Eis oder Schnee nebst konzentrierter Salzsäure oder Salpetersäure, ja die Kälte kann hierbei so groß werden, daß diese Säure selbst gefriert und kristallinisch wird. Merkwürdig ist es hingegen, daß man das Quecksilber, trotzdem es schon flüssig und sehr dicht ist, auf keine Weise zum Erstarren bringen kann. – Offenbar war es nicht zu Winckler's Kenntnis gelangt, daß de l'Isle schon 1736 das Quecksilber zu Irkutsk gefrieren sah; als sich diese Nachricht weiter verbreitete, gab sie übrigens den Anreiz zu zahlreichen Versuchen, die nach einer Angabe Blagden's,[2] zuerst Nab sowie Braun in Petersburg 1759/60

[1] Die Entstehung des Bergkristalls durch Gefrieren von Wasser bei großer Kälte lehren viele alte Schriftsteller, z. B. Plinius. Daß aber die Kälte hoher Berge irgend welchen geheimen Einflüssen des Bodens zuzuschreiben sei, glaubte noch 1738 ein Gelehrter vom Range Daniel Bernoullis (s. Humboldt, „Centralasien", Berlin 1844, 2, S. 149). [2] „Geschichte der Versuche über das Gefrieren des Quecksilbers" (London 1783).

dahin führten, Quecksilber mittels Kältemischungen aus trockenem Schnee und verdünnter Schwefel- oder Salpetersäure in festem Zustande darzustellen.

Die große Kraft dieser Kältemischungen rühmt auch Baumé in seinen 1756 bis 1773 veröffentlichten Versuchen;[1] hohe Kältegrade erhielt er ferner mittels Eis und Alkohol, einer Mischung von Salz und Salmiak, Kali, Natron oder sogar Ätzkalk, der das Thermometer auf —4,5⁰ sinken machte;[2] eine geringere Abkühlung zeigte sich beim Lösen von Zucker in Wasser,[3] wie dies schon Boyle wahrgenommen und 1744 Machy für Zucker und Milchzucker bestätigt hatte.[4] Die Ursache dieser Erscheinung sucht auch Baumé ausschließlich in einer gelegentlich aller solchen Reaktionen eintretenden Schmelzung und Lösung; es ist erwähnenswert, daß sich zur nämlichen Zeit (1763) Kant ebenfalls mit dieser Frage beschäftigte, und die Kälte als durch die Kontraktion des Volumens der Mischung hervorgerufen ansah.[5]

Von Versuchen späteren Datums sind noch hervorzuheben: die von Lowitz (1793), dessen Gemenge aus trockenem Schnee und kristallisiertem Chlorcalcium zu Temperaturen von -50^{0} führten, die von Fourcroy und Vauquelin (1799), die sich auf eine große Anzahl verschiedener Stoffe erstreckten, sowie die durch ein Preisausschreiben der Pariser „Société d'encouragement" veranlaßten von Decourmanche, Malepert und Boutigny (1824), die nachher noch von Filhol und Fumet fortgesetzt und verbessert wurden. Auf die neuere, wissenschaftliche Erforschung der Kältemischungen durch Karsten, Hanamann, Rüdorff, Pfaundler und Andere einzugehen, liegt nicht mehr in der Absicht dieses Vortrages, und ebensowenig soll eine Beschreibung der zahlreichen, zu praktischen, namentlich häuslichen und kulinarischen Zwecken empfohlenen

[1] „Kleinere chemische Schriften" (Frankfurt 1800), S. 397. [2] ebd. S. 135, 108, 505, 495, 501. [3] ebd. S. 209. [4] S. meine „Chemie der Zuckerarten" (Braunschweig 1904), S. 1162 u. 1541. [5] „Versuch, den Begriff der negativen Größen in die Weltweisheit einzuführen" (Werke 1838, 1, S. 139).

Kälteapparate gegeben werden. Erinnert sei jedoch daran, daß Procope Couteaux, Limonadier zu Paris, 1660 zuerst gewerbsmäßig gefrorene Limonaden und Fruchtsäfte feilhielt und dabei so gute Geschäfte machte, daß 1676 schon 250 Meister der Kunst „des glaces de fruits et de fleurs" in eine Innung aufgenommen werden konnten; eine tägliche Anfertigung solcher Waren, auch außerhalb der Sommerzeit, wagte aber erst 1750 Dubuisson, ein Geschäftsnachfolger Procope's, da bis dahin die Vorurteile des großen Publikums, und namentlich auch der Ärzte, unüberwindlich gewesen waren.

Wie vorhin erwähnt, hat man bisher allgemein dem Blasius Villafranca (1550) die erste Mitteilung über die künstliche Abkühlung durch Salpeter zugeschrieben, und es erübrigt noch die Frage, auf welche Weise denn wohl sein Zeitalter zur Kenntnis jener Erscheinung gelangt sei? Nach Aldrovandi's Mitteilungen, die allerdings der Klarheit ermangeln, soll das Abkühlen von Wasser mittels „Salz" an den Küsten des Mittelmeeres seit langem bekannt und üblich gewesen sein, und Monardus (1493 bis 1578) behauptet sogar, die Kühlung mittels Salpeter, die er vom ärztlichen Standpunkte aus als gefährlich und ungesund bezeichnet, sei von durstgequälten Galeerensklaven erfunden worden. Wenn nun auch nicht als Erfinder, so wird man diese Unglücklichen doch recht wohl als Verbreiter eines Verfahrens ansehen dürfen, dessen Ursprung dann aller Wahrscheinlichkeit nach im Oriente zu suchen ist. In dieser Hinsicht möchte ich auf eine bisher nicht genügend beachtete Stelle in der „Geschichte der Ärzte" des gelehrten arabischen Schriftstellers Ibn-Abi-Usaibia aufmerksam machen, der 1203 bis 1269 lebte.[1] Der Autor spricht daselbst über die Darstellung des Eises, von der er zwei Methoden anführt: die eine, die sich sichtlich auf antike Reminiszenzen über die kühlende Kraft gewisser Pflanzen und des Essigs gründet,[2] lautet, der Angabe

[1] In A. Müllers Textausgabe steht diese Stelle 1, 82. [2] S. z. B. bei Plinius, lib. 24, cap. 72 u. 99; lib. 2, cap. 49.

eines Magribin (Bewohners von Nordwest-Afrika) folgend: „Man nimmt ein Leinenkorn, taucht es in guten scharfen Weinessig ein und wirft es, sobald es in diesem aufgequollen ist, in einen mit Wasser gefüllten Krug, worauf das Wasser darin gefriert, auch in der heißesten Jahreszeit." Von der zweiten Methode heißt es: „Ibn Bachtawaihi[1] teilt in seinem „Buche der Einleitungen" folgendes Rezept zur künstlichen Herstellung von Eis mit: Man nimmt vom besten südarabischen[2] Salpeter ein Rotl,[3] zerkleinert ihn gründlich, tut ihn in einen neuen irdenen Topf, gießt sechs Rotl reines Wasser darüber, stellt das Ganze in einen Ofen, den man verschließt, und läßt zwei Drittel davon verdunsten. Es bleibt ein Drittel übrig, das weder zu- noch abnimmt, da es zu einer festen Masse wird. Diese tut man in eine Flasche, die man gut verkorkt, und will man Eis herstellen, so nimmt man einen neuen, mit reinem Wasser gefüllten Behälter(?),[4] bereitet darin zehn Miskâl Salpeterwasser, läßt eine Stunde lang stehen, und es wird zu Schnee". Wie mir Herr Prof. Dr. A. Fischer in Berlin mitteilt, ist diese Übersetzung, für die ich ihm zu großem Danke verpflichtet bin, etwas unsicher, teils weil schon der arabische Text schwer verständlich, und vermutlich, wie an so vielen Stellen naturhistorischen Inhaltes, durch unwissende Abschreiber verderbt ist, teils weil er einige wenig oder gar nicht bekannte Worte enthält. Anscheinend handelt es sich, soweit die unvollständige Beschreibung erkennen läßt, erst um eine Reinigung des rohen (aufgelösten und filtrierten?) Salpeters, und dann um eine Verwendung der festen Kristalle oder des dicken Kristallbreies zu Kühlzwecken; allerdings ist reiner Salpeter zur Eisbereitung nicht brauchbar, aber der sogenannte raffinierte, und um so mehr der rohe Salpeter, stellten stets Salzgemische dar,[5] die bekanntlich einen erheblich

[1] Die Werke dieses Schriftstellers scheinen nicht erhalten zu sein. [2] d. h. über Südarabien bezogenen. [3] 1 Rotl = 2566 g. [4] Das betreffende Wort ist nicht bekannt. [5] Leméry, „Cours de Chymie" 1675; Dresdener Ausgabe von 1726; I, S. 512. — Berzelius: „Lehrbuch der Chemie", 1845, 3, S. 125.

höheren Kältegrad erzeugen als ihre Komponenten allein, und eine Eisgewinnung immerhin wenigstens als möglich erscheinen lassen; vielleicht ist aber auch gar nicht gemeint, daß das Wasser materiell, sondern nur daß es dem Geschmacke nach „zu Schnee werde", welche Auslegung der Schlußworte jedoch mit dem Eingange der Beschreibung, die in klaren Worten die Herstellung von Eis anführt, gleichfalls im Widerspruche bleibt. Mag nun auch die Stelle in ihren Einzelheiten undeutlich und weiterer Aufklärung bedürftig sein, als Ganzes tut sie jedenfalls dar, daß die Anwendung der Kältemischungen um etwa drei Jahrhunderte weiter zurückreicht, als man bisher annahm, demnach bis in jene Zeit, zu der der Salpeter nachweislich zuerst im Abendlande bekannt wurde. In chinesischen Schriften findet sich der Salpeter nicht vor etwa 1150 n. Chr. erwähnt, und von China aus gelangte er, wahrscheinlich durch arabische Handelsbeziehungen, nach dem Westen; Ibn-Beithar (1197 bis 1248), ein sehr gelehrter und weitgereister arabischer Kompilator, erwähnt ihn unter dem Namen des chinesischen Salzes schon in Spanien, und die arabischen Ärzte verschrieben ihn wegen seines kühlenden Geschmackes als kräftiges Mittel gegen das Fieber, als das er viele Jahrhunderte hindurch gebräuchlich blieb.[1] Vielleicht hat, wenn man nach zahlreichen Analogien urteilen darf, gerade dieser kühlende Geschmack die Anwendung des Salpeters auch zum Kühlen von Wasser veranlaßt, und falls sich eine solche Erfindung, wie so viele andere arabischen Ursprunges, von Spanien[2] her über das benachbarte Südeuropa ausbreitete, wäre es leicht erklärlich, daß sich gerade Männer wie Villafranca, Zimara und Latinus Tancredus, Söhne Spaniens oder des mit Spanien in so engem politischem und Handelsverbande stehenden Unteritaliens, zuerst mit ihr näher vertraut zeigen.

[1] Leméry, a. a. O. — Kobert, „Pharmakotherapie" (Stuttgart 1897), S. 217. [2] Über die vielfache Anwendung von Eis und Schnee, innerlich wie äußerlich, in der spanischen, fast durchweg auf arabischen Traditionen beruhenden Medizin des 16. Jahrhunderts s. Prescott, „Geschichte Philipp II." (Leipzig 1856, III, S. 273).

9

ZUR GESCHICHTE DES SCHIESSPULVERS UND DER ÄLTEREN FEUERWAFFEN[1]

Als maßgebendes Wahrzeichen des Uberganges der mittelalterlichen Zustände in die neuzeitlichen betrachten die Geschichtsforscher so gut wie einstimmig die tiefgreifende Veränderung der gesamten europäischen Kulturzustände unter dem Einflusse der wachsenden und rasch ausgebreiteten Anwendung dreier der denkwürdigsten Erfindungen menschlichen Geistes: der Magnetnadel, des Buchdruckes und des Schießpulvers. Unermeßlich ist die Tragweite jeder dieser drei Erfindungen, und dennoch schwebt über ihnen allen geheimnisvolles Dunkel: von wem, wo, und unter welchen Umständen sie gemacht wurden, ist bisher, trotz aller gelehrten Mühewaltung, nicht völlig zweifelsfrei aufgeklärt, und die Ergebnisse langjähriger Forschungen lassen auch jetzt noch so manchem Bedenken Raum. Der heutige Vortrag, dessen Gegen-

[1] Vortrag, gehalten in der Sitzung des Naturwissenschaftlichen Vereines für Sachsen und Thüringen zu Halle a. S., am 8. Dezember 1898 (s. „Zeitschrift für Naturwissenschaften", 1898, S. 295). — Hauptquellen: Hoyer, „Geschichte der Kriegskunst" (Göttingen 1797); Jähns, „Handbuch einer Geschichte des Kriegswesens von der Urzeit bis zur Renaissance", mit Atlas von 100 Tafeln (Leipzig 1880); Jähns, „Geschichte der Kriegswissenschaften" (München 1889); Romocki, „Geschichte der Explosivstoffe" (Berlin 1895); Essenwein, „Quellen zur Geschichte der Feuerwaffen" (Nürnberg 1877); Hansjakob, „Der schwarze Berthold" (Freiburg 1891) — Einzelne andere Quellen sind gelegentlich der Korrektur der Originalabhandlung angemerkt worden.

stand die Geschichte des Schießpulvers und die eng mit dieser verbundene der älteren Feuerwaffen sein soll, beansprucht daher keineswegs, Entscheidendes oder auch nur Abschließendes zu bieten; er bezweckt vielmehr allein, die Aufmerksamkeit eines weiteren Kreises auf den gegenwärtigen Stand der erwähnten Forschungen zu lenken, und so manches, nur dem Fachgelehrten Geläufige, auch allgemeinerer Kenntnis und weiterer Kritik zugänglich zu machen.

Der Behauptung, das gewöhnliche, bekanntlich aus Schwefel, Kohle und Salpeter bestehende Schießpulver sei schon den Völkern des Altertums bekannt gewesen, hat es bis in ziemlich naheliegende Zeiten hinein nicht an Anhängern gefehlt, und aus verschiedenen Stellen der alten Schriftsteller glaubte man die gewünschten Beweise herauslesen oder wenigstens herausdeuten zu können. Prüft man jedoch die fraglichen Unterlagen in unbefangener Weise, so zeigt sich, daß sie keinerlei ernstlichen Beleg bieten. Von dem mythischen vorrömischen Könige Allades erzählt allerdings Dionysius von Halikarnaß,[1] und vom Kaiser Caligula auch Dio Cassius,[2] sie hätten, um die Götter zu verhöhnen, während eines Gewitters Donner und Blitz durch Maschinen nachgeahmt, und Appolonius von Tyana[3] meldet, die indischen Brahmanen vermöchten Blitz und Donner gegen ihre Feinde zu schleudern; alle diese Historiker schweigen aber vollständig über die hierzu angewandten Mittel. Die angeblichen Berichte des Thukydides[4] über Sprengungen durch ein schwarzes Pulver bei der Belagerung von Delion (424 v. Chr.) betreffen in Wirklichkeit nur das Anzünden feindlicher Holzwerke durch Kohlenpulver und andere brennbare Stoffe mittels einer Art großen Lötrohres, und ein ähnliches Verfahren, das Ausstreuen brennenden Kohlenpulvers durch mächtige Blasebälge, empfahlen noch Appolodor, der Architekt des Kaisers Hadrian und Erbauer der ersten steinernen Donaubrücke, sowie

[1] I, cap. 71. [2] lib. 59, cap. 28. [3] II, cap. 3. [4] IV, cap. 100.

Heron von Byzanz, ein Kriegsschriftsteller des zehnten Jahrhundertes. Endlich sprechen auch die zuweilen angeführten Stellen Aineias „des Taktikers“ (um 360 v. Chr.), des Polybios,[1] Appian,[2] Dio Cassius,[3] und Caesar,[4] stets nur ganz allgemein von zündenden Geschossen, von Feuerpfeilen und Bränden, von Brandsätzen aus Kienholz, Werg, Pech und Schwefel, und von großen, an langen Stangen oder Kranen befestigten, mit glühenden Kohlen, Harz, Asphalt, Naphtha und dergl. gefüllten Brandtöpfen, die nicht durch Wasser, sondern nur durch Sand oder Essig gelöscht werden könnten; daß nämlich der Essig von besonders „kalter Natur“ und daher von ganz ungewöhnlicher Kraft sei, ist eine, die Anschauungen des gesamten Altertums, von den frühesten griechischen bis zu den spätesten römischen Zeiten[5] durchziehende Vorstellung: soll doch z. B. Metellus[6] bei der Eroberung Cretas einen Ziegelturm über Nacht durch Essig zerstört, und Hannibal[7] sich einen Weg durch die Alpen gebahnt haben „indem er auf das durch Feuer glühend gemachte Gestein Essig goß“, — welcher dunkle Vorgang vermutlich durch keinerlei technische Absicht erklärbar ist, sondern nur durch den Aberglauben, das plötzliche Aufeinanderprallen der entgegengesetzten Prinzipien, Hitze und Kälte, müsse auch eine ganz außerordentliche Wirkung hervorbringen. — Was die spätrömischen Militärschriftsteller Ammianus Marcellinus und Vegetius (um 400 n. Chr.) berichten, beschränkt sich ebenfalls nur auf Brandstiftungen durch feurige Geschosse, in der Regel Zündpfeile, die eine Füllung von Schwefel, Harz, Erdharz und Pech, und eine Umwickelung von Werg besaßen, das mit Erdöl getränkt war; dieses wird als „oleum incendiarium“ (Brandöl) bezeichnet, und ist nichts anderes als Petroleum, das ältere Autoren auch als medisches oder medeisches Öl anführen, als „medisches“, weil es zuerst aus

[1] lib. 21, cap. 5. [2] lib. 12, cap. 74. [3] lib. 48, cap. 47; 50, 34; 75, 11. [4] „Bell. civ.“ 2, cap. 9. [5] Macrobius, „Saturnal.“ 7, cap. 6. [6] Dio Cassius lib. 36, cap. 1. [7] Livius, lib. 21, cap. 37.

Medien gebracht worden sei, als „medeisches“, weil Medea mit diesem Öle den Kranz für Jasons zweite Gattin Kreusa getränkt haben soll, der dann an der Opferflamme Feuer fing und dadurch den Tod ihrer Nebenbuhlerin herbeiführte.

Sind nun schon alle die besprochenen literarischen Belege als Beweisstücke völlig untauglich, so läßt sich außerdem noch ein gewichtiger positiver Anhaltspunkt gewinnen, der die Unbekanntschaft des Altertums mit dem Schießpulver erweist, nämlich dessen Unbekanntschaft mit dem charakteristischen Bestandteile des Pulvers, dem Salpeter. Dieses Salz, das salpetersaure Kalium, hat man zwar in dem Nitrum oder νίτρον der Alten wiedererkennen wollen und daher das Wort Nitrum zumeist einfach mit „Salpeter“ übersetzt; in der Tat war aber, wie alle Untersuchungen übereinstimmend ergeben, das antike Nitrum nichts anderes als kohlensaures Alkali, das in lockeren, oft sehr unreinen und namentlich durch Eisen rötlich gefärbten Kristallen, aus den trockenen Böden mancher Gegenden Nordafrikas und Westasiens ausblüht (effloresziert), und daher häufig auch mit dem Namen „Aphronitrum“ oder „Schaumnitrum“ bezeichnet wurde. Nach Herodot[1] diente dieses Nitron zum Einbalsamieren der ägyptischen Leichen, nach Theophrast[2] setzte man es den Gemüsen behufs leichteren Kochens zu, nach Virgil[3] und auch nach Plinius gebrauchte man es als Dünger, und die römischen Damen benutzten es als Schminke, wie denn Ovid in seinem fragmentarisch erhaltenen Gedichte „über die Schönheitsmittel“ seiner Liebsten den Wunsch ausspricht:[4] „Bleiweiß fehle Dir nie, noch Schaum vom rötlichen Nitrum“; in diesem Sinne ist auch die von Trebellius Pollio[5] überlieferte Anekdote zu verstehen, daß der Kaiser Gallienus, als man ihm den Abfall der asiatischen Provinzen meldete, nur ausrief: „Nun, können wir nicht auch ohne Aphronitrum bestehen?“ — Offenbar ist mit dem Nitron auch das orientalische „Neter“ identisch,

[1] II, cap. 86 u. 87. [2] „Hist. plant.“ II, 5. [3] „Georgica“ I, 193
[4] v. 73. [5] cap. 6.

von dem es schon in den Sprichwörtern Salomonis[1] heißt, „das Lied der Gottlosen ist wie Essig auf Neter gegossen"; dieses Gleichnis gemahnt deutlich an das Aufbrausen des kohlensauren Alkalis mit Säure, und so erklärt es schon der heil. Hieronymus, der dazu bemerkt, der Name Nitrum stamme von dem der ägyptischen Provinz Nitria. Jeremias[2] sagt ebenfalls, „daß die Untugend der Gottlosen nicht abzuwaschen sei, und nähme man gleich Neter dazu und viel Borith"; Borith, das Stammwort des späteren Borax, das auch bei Malachias[3] vorkommt, bezeichnete aber nach Angabe der Kommentatoren ursprünglich nichts anderes als die durch Verbrennen gewisser Pflanzen gewonnene Asche, oder die aus ihr dargestellte Aschenlauge, demnach gleichfalls kohlensaures Alkali.[4]

—— ——

Wie den Griechen und Römern, so blieb auch bei den Byzantinern, wenigstens bis tief in das Mittelalter hinein, der Salpeter unbekannt; wenn wir also auch in ihrer Literatur nicht selten Berichten über „furchtbare, unter Blitz und Donner entsandte Geschosse" begegnen, so ist ebenfalls nicht an Schießpulver zu denken, vielmehr bezieht sich der Blitz auf das Leuchten der Brandpfeile und Feuertöpfe, der Donner aber auf das Getöse der gewaltigen Wurfmaschinen, in deren Konstruktion die Byzantiner Meister waren; sie nannten derlei Apparate μαγγάνικα oder μάγγανα (Mángana), und von dieser Bezeichnung, soweit sie sich insbesonders auf das zum Winden und Spannen der Seile dienende Rollengestell der Maschine bezieht, stammt unser heutiges Wort „Mange" oder „Mangel" ab, – ein Zusammenhang, dessen sich wohl nur die wenigsten Hausfrauen bewußt sind, wenn sie gelegentlich der „großen Wäsche" den üblichen Gebrauch von ihren Wäschemangeln machen!

Daß das sogenannte „griechische Feuer" der Byzantiner Salpeter enthalten habe, ist eine oft aufgestellte Behauptung, die

[1] 25, 20. [2] 2, 22. [3] 3, 2. [4] S. Beckmann, „Beiträge zur Geschichte der Erfindungen", Leipzig 1800; V, 523, 561 u. ff.

aber, den Ergebnissen neuerer Forschungen gegenüber, gleichfalls nicht Stand zu halten vermag. Der Namen „griechisches Feuer“ ist abendländischen Ursprunges und stammt erst aus der Zeit der Kreuzzüge, während die Byzantiner selbst ausschließlich von πῦρ μηδικόν, θαλάσσιον oder ὑγρὸν (medischem, See- oder Wasser-Feuer) sprechen. Den ersten Bericht über diesen merkwürdigen Stoff hat man bei Julius Africanus zu finden vermeint, der 232 n. Chr. als Bischof von Nikopolis starb, und unter dem Namen „κεστοί“ (Kesten), — den er dem reizverleihenden Gürtel der Aphrodite[1] entlehnte —, eine Art Enzyklopädie hinterließ, die nur teilweise und in sehr entstellter Form auf uns gekommen ist, und namentlich auch zahlreiche, vier bis fünf Jahrhunderte jüngere Einschiebsel enthält. Eines der letzteren nun zählt, neben anderen kriegerischen Geheim- und Zaubermitteln, auch ein „automatisches Feuer“ auf, d. i. ein Brandsatz, mit dem man das feindliche Holzwerk des Nachts heimlich beschmieren soll, worauf dann, sobald die Sonne aufgeht, deren Strahlen eine selbsttätige Entzündung hervorrufen; als Hauptbestandteile werden Harz, Naphtha, Schwefel, Salz (dessen gelbe Flamme auch für besonders heiß galt), und gebrannter Kalk genannt, und man wird hiernach anzunehmen haben, daß dieser das wesentliche Agens war, d. h. daß die Wärme, die er z. B. in Berührung mit dem Morgentau entwickelte, die leicht brennbaren Substanzen in Entzündung versetzte, deren Ursache man aber, infolge einer leicht erklärlichen Verwechslung, den Sonnenstrahlen zuschrieb. — Verschiedene Kennzeichen lassen darauf schließen, daß dieses Einschiebsel der „Kesten“ frühestens aus dem Ende des 7. Jahrhunderts stammt, und mit dieser Zeitbestimmung deckt sich der Bericht der byzantischen Chronisten, namentlich des höchst zuverlässigen Theophanes, daß das „griechische Feuer“ im Jahre 678 durch Kallinikos, einen griechischen, aus Heliopolis in Syrien stammenden Architekten, nach Byzanz gelangt sei; der Kaiser Constantin Pogonatos,

[1] „Ilias“ XIV, 214.

der damals im Entscheidungskampfe gegen die, den oströmischen Staat bedrohenden Araber begriffen war, befahl sogleich, seine Kriegsschiffe, die bis dahin nur Feuertöpfe und Brandgeschosse geführt hatten, mit dem neuen Seefeuer auszurüsten, und es gelang ihm mit dessen Hilfe, die Araber in der Seeschlacht bei Kyzikos (678 n. Chr.) gänzlich zu schlagen und das Reich zu retten.

Was nun das vielumstrittene Wesen des griechischen Feuers anbelangt, so führen sämtliche Untersuchungen zum Schlusse, daß seine Hauptbestandteile leicht-flüchtige Erdöle, die man damals wohl auch schon durch Destillation zu gewinnen verstand, Lösungen von Asphalt, Harz, Teer und dergl. in solchen Ölen, und gebrannter Kalk waren. Neuerdings angestellte besondere Versuche ergaben in der Tat, daß Mischungen leichter Erdöle mit fein verteiltem Ätzkalk sich beim Aufspritzen auf Wasser zunächst über dessen Oberfläche ausbreiten, sodann, durch Einwirkung der heftigen Reaktionswärme des sich ablöschenden Ätzkalkes, Erhitzung und massenhafte Verdampfung erfahren, zuletzt aber sich entzünden, wobei die explosiven Mischungen von Luft und Erdöldampf unter Aufsteigen von Flammen und Rauch, und unter starker Detonation verbrennen. Wurden nun solche Mischungen, wie die Chronisten berichten, von den Schiffen aus mittels der „Siphone“ (einer Art Feuerspritzen mit doppelt-wirkenden Druckpumpen, die Ktesibios aus Alexandria schon um 200 v. Chr. erfunden hatte), durch lange Metallrohre, deren Öffnungen man als Rachen wilder Tiere zu stilisieren pflegte, gegen die Feinde geschleudert, so war begreiflicherweise die Wirkung eine außerordentliche: zum physischen Effekte, dem ohnehin schon an Zauberei grenzenden Brennen einer Masse bei der Berührung mit Wasser, gesellte sich noch der moralische, ein panischer Schrecken vor übernatürlichen und dämonischen, mit dem Gegner verbündeten Mächten; nur so ist es zu begreifen, daß z. B. die Russen, die 941 unter Igor mit tausend Schiffen vor Konstantinopel erschienen, durch bloß fünfzehn, mit griechischem Feuer ausgerüstete Barken vollständig besiegt und endgültig zurückgeschlagen werden konnten. In solchem Glauben suchten auch die Kaiser ihre Untertanen zu erhalten: Leo III. (718 bis 741) bezeichnet das Rezept zur Herstellung des griechischen Feuers als ein heiliges, nur ihm selbst und wenigen Vertrauten bekanntes Staatsgeheimnis; Constantin Porphyrogenetes (912 bis 959) behauptet sogar, der „erste christliche Kaiser" (d. i. Constantin der Große) habe es von einem Engel, behufs alleiniger Anfertigung in Konstantinopel „der Stadt der Christen" zugebracht erhalten, und er empfiehlt seinem Sohne, auch fernerhin auf sorgfältige Geheimhaltung bedacht zu sein, um so mehr, als schon einmal ein Verräter, sobald er eine Kirche betrat, von himmlischem Feuer getroffen und verzehrt worden sei.

Wie den alten europäischen Völkern, so war auch den alten Chinesen das Schießpulver unbekannt, und die weitverbreitete Meinung, sie hätten es schon seit undenklichen Zeiten zu gebrauchen verstanden, ist eine gänzlich irrige; selbst im 7. und 8. Jahrhunderte n. Chr. hatten z. B. die großen chinesischen Handels-Dschunken, die den persischen Golf besuchten, nur Naphtha an Bord, um sich der Angriffe feindlicher Schiffe und wilder Seeräuber zu erwehren,[1] und auch das um 1160 erwähnte „Öl des heftigen Feuers" scheint nichts anderes gewesen zu sein, als Erdöl. Dagegen wird allerdings als Tatsache überliefert, daß der Salpeter und seine Verwendung zur Darstellung explosiver Mischungen zuerst in China bekannt wurde, jedoch frühestens gegen Mitte des 12. Jahrhunderts, falls nämlich die keineswegs genügend beglaubigte Tradition richtig ist, daß der 1164 verstorbene Heerführer Weisching zuerst ein aus Salpeter, Schwefel und Kohle bereitetes Pulver benützt habe. Der älteste

[1] Reinaud, „Mémoire sur l'Inde", Paris 1849, S. 200. — Kremer, „Kulturgeschichte des Orients unter den Chalifen", Wien 1875; II, S. 276.

zuverlässigere Bericht, der jedoch über Namen und Lebenszeit des Erfinders ebenfalls schweigt, stammt aber erst aus dem Jahre 1232. Damals belagerten die Mongolen die Stadt Pienking oder Kaifungfu, und wurden hierbei, obwohl sie selbst in allen „Feuerkünsten" erfahren und deshalb sehr gefürchtet waren, durch ein neues kriegerisches Mittel in mächtigen Schrecken versetzt: die Chinesen schleuderten nämlich auf sie, vermutlich aus den üblichen Wurfmaschinen, große, mit einem brennenden Satze gefüllte Gefässe, anscheinend eiserne Hohlkörper, die die Menschen und die Erdwerke zerschmetterten, ja sogar eiserne Panzer zerstörten, indem furchtbares Feuer nach allen Seiten aus ihnen hervorbrach und donnerähnliches Krachen weithin vernehmbar war; ferner beschossen die Belagerten ihre Feinde aus nach hinten geöffneten, mit einer Zündschnur versehenen Brandsatzbehältern mit feurigen Geschossen, die auf Grund der Abbildungen in einem, aus dem 13. Jahrhunderte stammenden chinesischen „Feuerbuche", unschwer als primitive Raketen zu erkennen sind. Als Namen des Brandsatzes wird „Yo" angegeben, ein Wort, das noch heute das Schießpulver bezeichnet, in früherer Zeit aber die vielumfassende Bedeutung „Kraut" oder „Droge" besaß. – Eine schon verbesserte Waffe beschreiben die Annalen der Sung-Dynastie aus dem Jahre 1259: diese „Lanze des ungestümen Feuers" oder „Feuerlanze" bestand aus einem Bambusrohre, das einige abwechselnde Lagen von Pulver und „Körnern" enthielt; beim Anlegen von Feuer brach unter donnerndem Geräusche eine heftige Flamme hervor, und die Körner wurden 100 bis 150 Schritte weit fortgeschleudert. Die „Körner" waren indes nicht feste, vermöge ihrer Durchschlagskraft wirkende Kugeln, sondern nur Brandsatzklümpchen, die, auf brennende Gegenstände fallend, zündeten, so daß man in der Feuerlanze das Urbild der, aus der Kunstfeuerwerkerei bekannten sogenannten „römischen Kerze" zu sehen hat, die noch heute in ähnlicher Weise beschickt wird, und, angezündet, ihre Sterne allmählich und langsam auswirft. – Eine weitere Ausbildung hat die chinesische „Feuerkunst" nicht erfahren, sie ist namentlich, entgegen früheren irrtümlichen Berichten, niemals zur Konstruktion wirklicher Feuerwaffen fortgeschritten; dies bezeugt das Schweigen Marco Polos und aller anderen mittelalterlichen Reisenden,[1] vor allem aber das namenlose Staunen der Chinesen über die Gewehre und Geschütze der ersten portugiesischen Seefahrer.

Daß die Araber, wie man oft behauptet hat, schon im 8. oder 9. Jahrhunderte, zur Blütezeit ihres Handels mit den Chinesen, diesen das Schießpulver entlehnt, und es nach Europa weiterverbreitet hätten, ist dem Dargelegten zufolge ganz ausgeschlossen; die Fachliteratur über Waffen und Kriegsmaschinen, die das maßgebende Sammelwerk „Fihrist" enthält, gibt keine dahin lautende Andeutung,[2] auch erhebt keine arabische Tradition Anspruch auf ein solches Verdienst, und endlich sind die Namen für Pulver und Geschütz nicht einmal in dem, siebenhundert Jahre von den Arabern beherrschten Spanien, arabischen Ursprunges. Selbst das griechische Feuer verstanden die Araber erst gegen 1100, also nicht vor der Zeit der Kreuzzüge, anzuwenden[3] und schrieben dann seine Erfindung, wie die aller hervorragenden Kriegskünste, Alexander dem Großen zu; unter dem Namen dieses Königs ist auch ein gegen oder bald nach 1200 verfaßtes „Feuerwerksbuch" erhalten, das aber wesentlich von antiken Reminiszenzen erfüllt ist, eine Anzahl von Rezepten wiedergibt, die ganz denen der „Kesten" gleichen, den Salpeter aber noch gar nicht erwähnt.

Bald nach dieser Zeit, also etwa zu Beginn des 13. Jahrhundertes, muß indessen der Salpeter den Arabern und Persern

[1] S. Bretschneider, „Notes on chinese mediaeval travellers" (Shanghai 1875; S. 87). [2] Kremer, a. a. O.; II, S. 476. [3] Amari, „Storia dei musulmani in Sicilia", Florenz 1868; III, S. 367. — Kremer, a.a. O.; I, S. 249.

bekannt geworden sein; seine ältesten Namen, bei diesen Völkern, „Schnee von China“ oder „Salz von China“, deuten genügend an, woher sie ihre Kenntnis schöpften, wenngleich bisher nicht im einzelnen nachgewiesen werden kann, wie sie zu ihr gelangten. Die ältesten arabischen Schriftsteller, die den Salpeter erwähnen, sind Ibn-Abi-Usaibia (1203 bis 1269), der seiner in der „Geschichte der Ärzte“ gelegentlich der Darstellung einer künstlichen Kältemischung gedenkt, und Ibn-Beithar aus Malaga (1197 bis 1248), der weitgereiste und gelehrte Verfasser eines Sammelwerkes über die Kräfte der Arzneimittel. Er bezeichnet den Salpeter mit einem noch gegenwärtig bei Arabern, Persern und Türken üblichen, jetzt aber auch für Schießpulver gebräuchlichen Worte „Barud“ (von Barad = Hagel, Kristalle), und identifiziert ihn mit dem, schon bei Plinius[1] genannten Troischen oder Asischen Steine: „Barud ist eine Ausschwitzung des Steines Asios; so heißt der Schnee von China bei den älteren Ärzten Ägyptens (Alexandrias?); im Westen aber nennen die Ärzte und das Volk diesen Stoff Barud“. Die arabischen Ärzte benützten den Salpeter seines kühlenden Geschmackes wegen als Mittel gegen das Fieber; eine andere Anwendung scheint Ibn-Beithar nicht gekannt zu haben, mindestens erwähnt er eine solche nicht, und erst bei Jussuff, der 1311 eine verbesserte Auflage seines Werkes herausgab, findet sich die Bemerkung, Barud werde von altem Mauerwerke abgesammelt (also wohl nicht mehr aus China importiert) und verstärke die Kraft und Entzündlichkeit des Feuers.

In anderen, nichtmedizinischen Kreisen der Araber hat aber die Kenntnis des Salpeters offenbar weit raschere Fortschritte gemacht, denn während das sogenannte „Feuerwerksbuch Alexander des Großen“ aus dem Beginne des 13. Jahrhundertes den Salpeter, wie schon erwähnt, noch gar nicht nennt, ist aus der Zeit zwischen 1275 bis 1295 ein von Hassan-Alrammah geschriebenes „Feuerwerksbuch“ erhalten, in dem der Salpeter

[1] lib. 36, cap. 10.

bereits die Grundlage der gesamten Feuerwerkerei bildet. Der Verfasser beschreibt die Läuterung des Salpeters mittels Aschenlauge und seine vollständige Reinigung durch wiederholte Kristallisation und lehrt die Anfertigung von Raketen, Schwärmern, sogenannten Kanonenschlägen und „bengalischen" Flammen (dieser Namen rührt bekanntlich erst aus den Eroberungskriegen der Engländer in Indien her, gelegentlich welcher der General Congreve solche Leuchtfeuer und Kriegsraketen um 1800 wieder nach Europa brachte); die betreffenden Rezepte sind wohl meist chinesischen Ursprunges, da der Text verschiedene ihrer Bestandteile als „aus China stammend" anführt, unter diesen jedoch bemerkenswerterweise nicht mehr den Salpeter selbst. Aus der Reihe der „Kriegsfeuerwerke" wird in erster Linie die Rakete unter dem Namen „Pfeil von China" und die Bereitung ihres Treibsatzes aus Kohle, Schwefel uud Salpeter beschrieben; außerdem schildert Alrammah die „Feuerlanze von China", ein hölzernes Rohr „das aus Schwefel, Kohle, Salpeter, Harz, Leinöl und Feilspänen bereitete ‚Erbsen' auswirft", ferner Wurfpfeile, Zünd- und Sprengbomben mit Zündröhren, und sogar einen primitiven Torpedo. Von eigentlichen Feuerwaffen findet sich jedoch keine Spur, und selbst das etwa fünfzig Jahre jüngere „Buch der Kriegskunst Mohammeds", das (vermutlich fälschlich) dem gegen 1350 verstorbenen Schemseddin Mohammed zugeschrieben wird, tut solcher keinerlei Erwähnung, vielmehr empfiehlt es, neben der chinesischen Feuerlanze, nur noch den sogenannten „Madfah", wie die Abbildung zeigt,[1] einen hölzernen, an einer langen Stange befestigten Mörser, dessen Ladung aus Pulver und aus „Bondok" bestand; Bondok bezeichnet eigentlich Haselnüsse, im übertragenen Sinne aber jede kleinstückige Ladung, z. B. Steinchen, Schrot, Metallspäne, Brandsatzkugeln, „Erbsen" und dergl. Wie man sieht, fehlt es an jeglichem Anhaltspunkte, den Arabern überhaupt, und jenen Spaniens insbesondere, schon im 13. oder 14. Jahrhunderte

[1] S. Tafel 35 bei Jähns.

die Kenntnis von Feuerwaffen und Geschützen zuzuschreiben, wie dies sogar von Seite hervorragender Orientalisten geschehen ist.

Unter dem Einflusse der arabischen Kultur wurden Salpeter und Pulver allmählich auch in Europa bekannt. Der berühmte Philosoph und Alchemist Raymund Lull aus Majorka (1235 bis 1315), der wohl aus spanisch-arabischen Quellen schöpfte, erwähnt zuerst den Salpeter unter dem, anscheinend durch Mißdeutung einer Stelle des Plinius[1] entstandenen Namen „Sal nitri“ (Salniter), und bespricht auch zuerst die Bereitung des Scheidewassers aus Salpeter.[2] Von weit größerer Bedeutung ist jedoch die byzantinische Tradition, weil sie es war, durch die dem Abendlande die wesentliche Kunde über die Explosivstoffe und deren Anwendung übermittelt wurde. Das wichtigste einschlägige Werk ist das vermutlich gegen 1250 zu Konstantinopel verfaßte „Feuerbuch“ des Marcus Graecus, das für das ganze Mittelalter maßgebend blieb, bisher jedoch nicht im griechischen Originale bekannt ist, sondern nur in verschiedenen, teilweise entstellten und verkürzten lateinischen (und späteren deutschen) Übersetzungen. Unter Benützung älterer und neuerer griechischer und arabischer Quellen beschreibt Marcus Graecus zunächst das griechische Feuer und verschiedene andere ätzkalkhaltige und in Berührung mit Wasser entzündliche Brandsätze, mehrere „flüssige Feuer“ aus Petroleum- und Harzdestillaten, und endlich das „fliegende Feuer“ (ignis volans), das durch Vermischung von einem Teil Schwefel, zwei Teilen Kohle (am besten aus dem leichten Holze der Linde oder Weide) und sechs Teilen Salpeter bereitet wird. Der Verfasser hält es noch für nötig, zu erklären, was Salpeter ist, nämlich ein Mineral, das man durch Lösen in Wasser und Umkristallisieren reinigt; in anderer Gestalt kennt Marcus Graecus den Salpeter nicht,

[1] lib. 31, cap. 10. [2] Beckmann, a. a. O.; V, S. 581.

— er sagt nur: „sal petrosum est minera terrae" —, auch spricht er nicht über die sehr wichtige Reinigung mittels Aschenlauge. Benützt wird das „fliegende Feuer" zur Herstellung von Raketen, die ihm offenbar den Namen gaben, von Schwärmern und Kanonenschlägen, und von jenen Feuerwerkskörpern, die später als „römische Kerzen" bekannt wurden, — eine Bezeichnung, die unmittelbar auf deren byzantinische Herkunft deutet, da die Byzantiner sich offiziell ausschließlich „Romäer" oder „Römer" zu nennen pflegten. Wie ersichtlich, hat also das „fliegende Feuer" des Marcus Graecus keinen anderen Zweck, als den, die Feinde in Schrecken zu setzen, und allenfalls Brand zu stiften, und hierzu stimmt auch der ausdrückliche Zusatz zum Titel des Buches „ad comburendos hostes" (zur Verbrennung der Feinde).

Aus dem Werke des Marcus Graecus scheinen nun, allen Anzeichen nach, jene beiden Männer geschöpft zu haben, durch die Salpeter und Schießpulver zuerst dem westlichen Europa genauer bekannt wurden: der gelehrte, jedem Autoritätsglauben abholde, und deshalb von der Kirche auf das bitterste gehaßte und verfolgte englische Mönch Roger Bacon (1214 bis 1294?), einer der Väter und eifrigsten Vorkämpfer induktiver Forschungsweise, sowie sein Zeitgenosse Albert der Große (1200—1280?), Bischof von Regensburg, der gefeierteste Lehrer und vielseitigste Schriftsteller des 13. Jahrhundertes, zu dessen Zöglingen, während seines langjährigen Kölner Aufenthaltes, auch der berühmte Thomas von Aquino gehörte.

Roger Bacon bespricht nun in einem, 1265 an den Erzbischof von Paris geschriebenen Briefe, der ihn vom Verdachte der Magie reinigen sollte, die Fortschritte des menschlichen Geistes in der Ausnützung der Naturkräfte, und führt hierbei das Beispiel jener blitzenden, donnernden und sprengkräftigen Mischung an, die aus Schwefel, Salpeter und „Lura nope cum urbe" bereitet wird — aus welchem Anagramme sich unschwer „carbonum pulvere", Kohlenpulver, herauslesen läßt. Auch in seinem „Opus majus“[1] schildert er die zündenden und sprengenden Wirkungen dieser Mischung, erklärt die Reinigung des Salpeters durch Kristallisation, und erwähnt die schon in vielen Ländern als kindisches Belustigungsmittel verbreiteten „Kanonenschläge“, sowie die Blitz und Donner nachahmenden Raketen; derlei Kriegsfeuerwerk empfiehlt er besonders zur Bekämpfung der Ungläubigen, — was mindestens die Annahme nicht unterstützt, daß sich diese selbst der nämlichen Mittel schon in ausgedehnterem Maße zu militärischen Zwecken bedienten.

In ganz ähnlicher Weise äußert sich Albert der Große in seinen Abhandlungen „Opus de mirabilibus mundi“ und „Compositum de compositis“, die auch zuerst der Salpetersäure und des Königswassers Erwähnung tun. Den Salpeter hält er noch für eine dem Kolophonium verwandte Substanz, vielleicht irregeführt durch eine, den Ersatz von Kohle durch Kolophonium bei der Pulverbereitung betreffende Angabe des Marcus Graecus; auffälligerweise warnt er bereits vor Verfälschungen des Salpeters durch „unechtes Nitrum“, d. i. Soda, die man am Aufbrausen beim Begießen mit Essig erkennen könne. Die Darstellung des Pulvers, durch Vermengen von Salpeter, Schwefel und Kohle in einem steinernen Mörser, wird genau nach Marcus Graecus beschrieben, ebenso jene der Kanonenschläge, römischen Kerzen und Raketen. — Das außerordentliche Ansehen, in dem Albert der Große schon zu seinen Lebzeiten stand, der hohe Ruhm seiner Werke und deren weite Verbreitung, die er selbst eifrig förderte, indem er sie gelegentlich seiner zahlreichen Reisen zur Besichtigung deutscher Klöster den Gastfreunden zu schenken pflegte, — alle diese Umstände scheinen in hohem Grade dazu beigetragen zu haben, die Kenntnis des Salpeters und der

[1] „Opus majus“, ed. Bridges (London 1900; II, S. 218); meine ausführliche Besprechung dieser vorzüglichen Ausgabe des in jeder Hinsicht höchst wichtigen Werkes s. „Mitteilungen zur Geschichte der Medizin und der Naturwissenschaften“ (Hamburg 1905; Bd. 4, S. 319).

salpeterhaltigen Feuerwerkskörper weiteren, namentlich geistlichen Kreisen zu vermitteln.

Die Tatsache, daß Roger Bacon und Albertus Magnus, Männer, die einen großen Teil ihres Lebens unweit des Niederrheines zubrachten, zuerst näheres über das Schießpulver berichten, hat man übrigens nicht allein aus ihren gelehrten Studien erklären wollen, sondern auch aus dem Unstande, daß nachweislich gerade am Niederrheine die Feuerwerkskünste schon sehr frühzeitig bekannt und eifrig gepflegt waren; es soll dies eine Frucht byzantinischen Einflusses gewesen sein, der sich in hohem Grade geltend machte, als die Grafen von Flandern in den Jahren 1204 bis 1261 den Thron des zu Konstantinopel neu begründeten lateinischen Kaisertumes einnahmen. Als Anzeichen dieses Einflusses wird angeführt, daß, übereinstimmend mit dem Sprachgebrauche der Byzantiner, die das Schießpulver durch das Wort βοτάνη = Kraut bezeichneten,[1] aber abweichend von fast allen anderen Sprachen, die niederdeutsche, und lange Zeit hindurch auch die hochdeutsche, das Pulver „Kraut" nannten, ein Wort, das sich im Holländischen, Dänischen und Schwedischen bis zur Gegenwart erhalten hat, im Deutschen aber ursprünglich, analog dem griechischen φάρμακον (Pharmakon), zugleich ein Heil- und Zaubermittel bedeutete; selbst das älteste, 1475 zu Köln gedruckte lateinisch-deutsche Wörterbuch übersetzt noch Nitrum mit Kryt (= Kraut). Bemerkenswert ist es, daß die Russen, die den Byzantinern so vieles entlehnten, für Pulver gleichfalls das Wort selic = Kraut haben; doch sei daran erinnert, daß auch dem „Yo" der Chinesen anfänglich die nämliche Bedeutung zukam.

Allem bisher Ausgeführten zufolge braucht es wohl keines Beweises, daß eine allgemein bekannte Sage irrt, wenn sie berichtet, ein Mönch Berthold Schwarz, auch Constantin

[1] Krause, „Die Belagerungen von Konstantinopel" (Halle 1847, S. 147).

Anklitzen genannt, den einige an den Niederrhein, die meisten aber nach Freiburg im Breisgau versetzen, habe um das Jahr 1350 das Pulver erfunden; war doch zu dieser Zeit das Pulver schon seit etwa hundert Jahren bekannt, und, wie wir alsbald sehen werden, bereits weit verbreitet. Trotzdem ist jedoch, wie Hansjakobs neueste Forschungen dargetan haben, diese Sage nicht ohne jeden Grund, und Berthold Schwarz keine mythische Persönlichkeit, wie man dies lange Zeit hindurch glaubte.

Die Quelle, auf die man betreffs dieses Mannes zurückzugehen hat, ist die 1450 verfaßte Streitschrift „Über den Adel und die Bauernschaft" des Felix Hemmerlin oder Malleolus (1389 bis 1464), eines heißblütigen und freimütigen Züricher Mönches, der, verfolgt von der rohen und barbarischen Geistlichkeit seiner Zeit, ein unglückliches Leben mit einem elenden Tode beschloß. In jener Streitschrift erzählt nun Hemmerlin, wie vor zweihundert Jahren (also etwa 1250) ein Magister, der schwarze Berthold, „Bertholdus niger", der „ein allgemein bekannter feiner Alchymist war", die ihm geläufige Lehre des Aristoteles, daß sich Stoffe von heißer und kalter Natur sehr schlecht miteinander vertrügen, zu prüfen gedachte; er vermischte in einer steinernen Büchse, oder in einem Mörser, den hitzigen Schwefel mit dem kalten Salpeter und etwas Kohle oder dickem Leinöl, und sah dieses Gemenge, als zufällig ein Funken hineinfiel, unter Blitz und Donner die Büchse zerschmettern und den Stein, mit dem er sie bedeckt hatte, in die Höhe schleudern. Durch Nachdenken und großen Fleiß (sagacitate) bildete er diese zufällige Beobachtung weiter aus, verwandte erst hölzerne, durch eiserne Ringe verstärkte, und später eiserne Büchsen, schleuderte aus ihnen Steinkugeln, Blei- und Eisenstücke, und verbesserte so seine Gefäße zu dem „was wir noch jetzt uneigentlich Büchsen nennen".

Halten wir nun fest, daß das Pulver schon erfunden war, und dem gelehrten Mönche sehr wohl, z. B. aus den Schriften Albert des Großen, bekannt sein konnte, so werden wir dieser

Erzählung als wesentlichen Kern zu entnehmen haben, daß nicht das Schießpulver, wohl aber die erste wirkliche Feuerwaffe als die Erfindung des schwarzen Berthold anzusehen ist. Mit dieser Anschauung stimmen auch andere Überlieferungen zusammen. So z. B. besitzen wir aus dem Anfange des 15. Jahrhundertes (1410?) ein, früher irrtümlich dem Abraham von Memmingen zugeschriebenes, anonymes „Feuerwerksbuch“, die erste schriftliche Aufzeichnung der bis dahin nur mündlich fortgepflanzten Tradition, das, anfangs geheim gehalten, erst 1529 gedruckt wurde und Jahrhunderte lang die Hauptquelle der Fachliteratur blieb. Auch in diesem ist es „die Kunst, aus einer Büchse Steine zu schießen“, deren Erfindung zugeschrieben wird „einem Magister, so geheißen hat der schwarze Berthold (niger Bertholdus), und ist mit großer Alchymie umgegangen, und war ein Nigromanticus“; ein „Nigromant“ ist aber nichts anderes als ein „Schwarzkünstler“, denn das mißverstandene griechische „Nekromantie“ (Totenbeschwörung) wurde während des Mittelalters zu „Nigromantie“ umgestaltet, und dieser Ausdruck wörtlich mit „Schwarzkunst“ übersetzt. Der „schwarze Berthold“ war also ein „Schwarzkünstler Berthold“, d. h. er stand im Geruche der Zauberei und Magie; daß aber aus dem „niger Bertholdus“ ein „Bertholdus Niger“, zu deutsch „Berthold Schwarz“ wurde, beruht auf einem Irrtume, den zuerst ber bayrische Chronist Thurmayr (genannt Aventinus) um 1517 beging, und der namentlich durch seine Aufnahme in die berühmte „Kosmographie“ des Sebastian Münster, und in das vielgelesene „Buch der Erfindungen“ des Pancirollus, allgemeine Verbreitung fand, obwohl z. B. die französischen Chronisten des 16. Jahrhunderts, u. a. Belleforest, richtig „Berthold le noir“ schrieben. — Übereinstimmend mit dem erwähnten Feuerwerksbuche von 1410 bemerkt auch eine in Gent befindliche Chronik: „im Jahre 1313 wurde zuerst von einem Mönche in Deutschland der Gebrauch der Büchsen erfunden“, und das Nämliche wiederholt auf Grund alter Quellen, auch des Spaniers Ufano „Tractat über die Artillerie" (gedruckt in Brüssel 1612), und Tschamsers „Chronik der Barfüßermönche zu Thann", nur daß hier als Jahreszahl 1330 bezw. 1300 genannt wird. Indessen ist es zweifellos, daß die Zahl 1250 des Hemmerlin die richtigere ist, und daß für Freiburg als Ort der Erfindung mehr als die bloße Tradition, oder etwa die noch jetzt vorhandene „Pulverküche" im Keller des St. Martinstiftes spricht. In einer wohlerhaltenen Urkunde von 1245 erscheint nämlich ein „Magister Berthold" zu Freiburg als Zeuge; sodann ist der Zuname Anklitzen (Berthold war wohl nur der Klosternamen) als ein im alten Freiburg verbreiteter Familiennamen nachweisbar; endlich erwähnt ein in der sogenannten „Breisgauer Handschrift" von 1371 vorkommendes scherzhaftes Trinklied, dessen Abfassungszeit durch eine Anspielung auf die 1296 erfolgte Vollendung des Freiburger Münsters bestimmt ist, neben allerlei anderen Ungereimtheiten auch „das Schießen aus einer Büchsen, so daß es niemand hört", und berechtigt so zur Vermutung, daß dieses Schießen schon vor 1300 in Freiburg ziemlich allgemein bekannt gewesen sei. Alle diese Umstände führen zum Schlusse, daß in der Tat Berthold Schwarz als Erfinder der ersten Feuerwaffe, und Freiburg als Ausgangspunkt der abendländischen Feuerwaffentechnik anerkannt werden muß. Im besten Einklange hiermit steht es, daß Freiburg in der Handhabung und Herstellung von Feuerwaffen andauernd einen hervorragenden Ruf genoß, denn es lieferte solche z. B. noch 1416 nach Straßburg und Basel, also an weit größere Städte, und unterstützte noch Leopold von Österreich nach der Sempacher Schlacht durch Entsendung von zwanzig Schützen und eines Büchsenmeisters; seit jeher wurde ferner die Erfindung der Feuerwaffen von allen Seiten einstimmig nach Deutschland verlegt, und zwar berichten dies sämtliche italienische Quellen, ein französisches Reskript König Johann I. von 1354 (das sich ausdrücklich auf Berthold Schwarz beruft), sowie eine Schrift des Byzantiners Chalkokondylas von 1460; endlich begannen sich auch deutsche Büchsen- und Geschützmeister bald nach 1300 als Lehrer der neuen Kunst über fast ganz Europa zu verbreiten, und Deutschland allein besaß im 14. und 15. Jahrhunderte eine artilleristische Literatur. Schriftliche Denkmale liegen jedoch erst aus dem Beginne des 15. Jahrhundertes vor, darunter namentlich das bereits genannte „Feuerwerksbuch" von 1410, sowie das 1405 beendigte „Kriegsbuch" des Conrad Kyeser aus Eichstädt in Franken, „Bellifortis" betitelt.

Die wichtige Frage, wie denn nun die neue Erfindung des Berthold Schwarz des näheren beschaffen gewesen sei, ist begreiflicherweise nicht leicht zu beantworten und man kann sich diesbezüglich nur auf Vermutungen und auf Rückschlüsse aus den ältesten, allerdings erst etwa 100 bis 150 Jahre nach Berthold Schwarz schriftlich niedergelegten Traditionen stützen.

Was das Schießpulver anbelangt, so bestand es wohl zweifellos aus dem längst bekannten einfachen Gemische von Salpeter, Schwefel und Kohle in Pulverform, wie dies auch das älteste deutsche Pulverrezept von 1330 (im sogenannten Münchener Kodex) anführt; sonstige Zusätze, wie wir sie bei Kyeser genannt finden, z. B. Kampher, *Oleum benedictum* (d. i. das heilsame, aber auch sehr entzündliche leichte Teeröl) und Quecksilber (das man als flüchtigsten aller Stoffe ansah), weisen auf besondere alchemistische Einflüsse hin und gehören daher wohl einer späteren Zeit an. Das nämliche gilt betreffs des gekörnten Pulvers, dessen Darstellung durch Formen und Trocknen der feuchten Masse oder Bereitung einer Schmelze, und dessen sämtliche Vorzüge das „Feuerwerksbuch" von 1410 genau schildert. Auch die von Kyeser mit einiger Unbestimmtheit beschriebene Gewinnung von Salpeter durch Behandlung tierischer Abfälle mit Kalk und Asche in sogenannten

Salpeterplantagen, sowie die Reinigung des „Salniters“ durch wiederholte Umkristallisation mit allerlei Zusätzen (unter denen jedoch die Aschenlauge fehlt!), sind erst Errungenschaften einer späteren Periode; anfangs aber dürfte der Salpeter ausschließlich ein fremdländischer Einfuhrartikel gewesen sein, der vornehmlich aus Venedig bezogen wurde. Es ist bekannt, daß dort der Salpeter als ein sehr kostbares, mit hohem Ausfuhrzolle belegtes Erzeugnis galt, zu dessen Einkauf oft eigene fremde Gesandte erschienen, das „des guten Rufes der Stadt wegen“ zollfreien Rücktransport und Umtausch genoß, falls die Ware zu berechtigten Klagen Anlaß gab, und dessen Versendung so sorgfältig überwacht wurde, daß wir z. B. noch die Akten eines Betrugsprozesses von 1378 besitzen, der die Deklaration mehrerer Fässer Salpeter als Zuckerpulver betrifft.[1] Über die Bezugsquellen und die Herstellung des Salpeters in Venedig selbst ist jedoch so gut wie nichts bekannt, da die Venetianer über ihre Handelsbeziehungen und ihre industriellen Kenntnisse stets möglichstes Schweigen beobachteten und erzwangen; daß aber auch in Deutschland der Salpeter und seine Verwendung nach Tunlichkeit geheim gehalten wurden, läßt sich daraus schließen, daß Conrad von Megenberg, der 1349 die erste Naturgeschichte in deutscher Sprache schrieb, das Schießen aus Büchsen zwar als wohlbekannt voraussetzt, dagegen vom Salpeter garnichts weiß, vielmehr „Nitrum“ als einen Spat, als Marienglas, betrachtet.[2]

Was nun die erste Feuerwaffe betrifft, so glauben einige, sie sei aus der zu Feuerwerkszwecken benützten „Römerkerze“ byzantinischen Ursprunges dadurch hervorgegangen, daß an Stelle mehrerer abwechselnder Brandsatz- und Ausstoßladungen eine einheitliche Ladung getreten sei, die größere Durchschlagskraft entwickelte, aber auch eine festere Rohrwand be-

[1] Simonsfeld, „Der Fondaco dei tedeschi zu Venedig“, Stuttgart 1887; I, S. 110, 135, 170. [2] „Buch der Natur“, ed. Pfeiffer, Stuttgart 1861; S. 91, 274, 453.

dingte. Mit höherer Wahrscheinlichkeit ist jedoch die Feuerwaffe von der Rakete, und zwar namentlich von der stehenden Rakete, abzuleiten; hierfür spricht besonders das entwickelungsgeschichtliche Moment, daß die Rakete, wie schon Kyeser darlegt, behufs rascher und völliger Ausnützung der Gasentwickelung nicht vollgefüllt sein darf, sondern in ihrer Mitte eine Durchbohrung oder längliche Höhlung besitzen muß, in der eingeschlossen der „treibende Dunst" wirken kann, ähnlich wie der in der menschlichen Leibeshöhle eingeschlossene „Hauch", die Seele; die Benennung „Seele" (anima) für jene Höhlung ist aber von der Rakete auf die Feuerwaffen übergegangen, wie wir denn noch heute von der „Seele eines Geschützes" reden. Die senkrechte Stellung der Rakete läßt es auch begreiflich erscheinen, daß die Geschosse anfangs nicht in die Feuerwaffen geladen, sondern nur oben auf deren Mündung gelegt wurden, ganz so wie das von jenem Steine berichtet wird, der die Büchse des Berthold Schwarz bedeckte. Der Gebrauch von frei fliegenden Raketen mit Stab zu Kriegszwecken ist überdies für das westliche Europa schon im 13. Jahrhunderte nachweisbar und vermutlich byzantinischen Ursprunges, da noch Kyeser, der die Herstellung von Raketen und Raketen-Torpedos zuerst genau beschreibt, die sogenannte Ruthe aus orientalischem Zedernholze anzufertigen empfiehlt; daß aber weder die Verfasser der großen Sammelwerke älterer Zeit, z. B. Bartholomäus Anglicus († 1260?), Vincentius Bellovacensis († 1264) oder Thomas Cantipratensis († 1270), noch auch die eigentlichen militärischen Schriften, z. B. die „Kriegsbücher" des Egidio Colonna von 1271, des Marino Sanuto von 1321 und des Vigevano von 1330, solcher „Feuerwerkskünste" irgend Erwähnung tun, erklärt sich teils aus deren strenger Geheimhaltung, teils aus dem verdächtigen und üblen Rufe, in dem seit jeher ebensowohl diese zauberischen und teuflischen Künste standen, wie die ihrer Beflissenen. Die tatsächliche Anwendung von Raketen ist jedoch schon 1258 für

Köln bezeugt (wo sie „Wind-Feuer" = „ignis volans" genannt werden), 1314 für Gent (als Waffe gegen Seeräuber), anscheinend auch 1324 für Metz, und 1325 für England, woselbst man damals zuerst von den neuen „crackys" (= Krachern) während des schottischen Krieges Gebrauch machte; in Italien finden sich 1281 in Forli, 1309 in Volterra, 1311 in Brescia und 1326 in Florenz Raketen erwähnt, die dort zuweilen „bombarde", zumeist aber „schiopetti" oder „scopetti" (= Knaller, Kracher) heißen. Da nun letzterer Name, der sich vom italienischen schioppo und scoppio (= Knall) oder dem mittellateinischen sclopus (= Schlag, Krach) ableitet, alsbald auf die Feuerwaffen überging, — im Französischen und Spanischen bedeutet noch jetzt escopette und escopeta eine Stutzbüchse —, da ferner in späterer Zeit die „Bombarden" häufig mit „Lombarden" (einer Art alter, in Norditalien gebräuchlicher Wurfgeschütze) verwechselt wurden, und da man endlich die Hülsen, aus denen nach dem Berichte des Chronisten Lupus (1309) „die Raketen durch des Pulvers Gewalt sausend hervorzischten", als „canones" bezeichnete, so sind viele Berichte über die erste Anwendung von Feuerwaffen nicht sicher zu deuten und die Deutungen stets mit einiger Vorsicht aufzunehmen.

Was insbesondere die Etymologie des Wortes „Kanone" betrifft, das im heutigen Sinne in den romanischen Sprachen erst seit Beginn des 16. Jahrhundertes, in der deutschen seit dem 17. Jahrhundert in Gebrauch steht, so ist diese nicht endgültig aufgeklärt. Bei Homer bedeutet κανόνες (Kanones) das aus zwei übereinander gelegten Hölzern bestehende Gestell, über das das Leder der Schildfläche gespannt war; ebenso wurden die uralten dreieckigen Holzgestelle benannt, auf deren Seitenflächen Solon das öffentliche Recht und die religiösen Satzungen und Gebräuche, das „kanonische Recht", verzeichnet haben soll,[1] ferner auch die Gestelle für die zur Landesvermessung dienenden Instrumente und weiterhin auch diese selbst,

[1] s. Lysias, „Rede gegen Nikomachos", cap. 17.

z. B. Setzwage, Meßlatte und Lineal, womit die übertragene Bedeutung Kanon = Richtschnur oder Regel zusammenhängt. Mit κανόνες werden endlich auch Gestelle bezeichnet, die man, nach Art der späteren „spanischen Reiter", zur Verteidigung des Fußvolkes gegen die Reiterei benützte; an den Ecken der Aufstellung, wo die Reihen zusammenstießen, pflanzte man zuweilen fahrbare Wurfgeschütze auf, wie solche in offener Feldschlacht schon von Xenophon benützt und auch gelegentlich der Schlacht von Mantineia (207 v. Chr.) erwähnt werden; der Name κανόνες soll dann auf diese und von ihnen wieder auf die an ihre Stelle tretenden Feldgeschütze übergegangen sein. — Entgegen dieser Ableitung, zu deren Gunsten man auch die alte englische Bezeichnung der Kanone mit „a piece of ordnance" anzuführen pflegt („gun" soll nur ein verderbtes canon sein),[1] steht eine andere, die vom lateinischen *canna* = Rohr ausgeht, dem nämlichen Worte, von dem auch das deutsche „Kanne" abstammt, sowie das französische „canon" (= Paßglas, daher „kanonenvoll"!); aus *canna* soll nämlich das mittellateinische Vergrößerungswort „cannonus" (italienisch „cannone") entstanden sein, das ein großes Rohr bedeutet, ganz ebenso wie sich für Geschütze geringerer Größe das Diminutivum „canella" (= kleines Rohr) nachweisen läßt.

So lange der Durchmesser oder, wie man mit einem, vom arabischen „Kalib" (= Modell) abgeleiteten Ausdrucke zu sagen pflegt, der „Kaliber" der ersten Feuerrohre ein kleiner war, gab es natürlicherweise keine Trennung von leichten und schweren Waffen; indessen scheint eine solche schon ziemlich frühzeitig eingetreten zu sein, und es entwickelten sich dann nach der einen Richtung hin die eigentlichen Geschütze, die zuerst ausschließlich aus Eisen gegossen und als „vasa",

[1] Nach Guttmann (s. unten, Zusätze Nr. 1) beruht das englische „piece of ordnance" auf einer mißverständlichen Übersetzung des Wortes cannonus oder canon, das im Sinne von „Verordnung, Satzung" aufgefaßt wurde.

Büchsen, Mörser, Häfen, Krüge, boîtes, pots bezeichnet werden, nach der anderen die Handwaffen. Der Arkebuse (arquebuse, archibuso), die eine aus dem „arcus“ (Bogen) und der „busse“ (Büchse) zusammengesetzte Armbrust mit Raketenbüchse war, folgten zunächst die gestielten Handbüchsen oder Handmörser, die, weil sie zugleich auch in Gestalt von Morgensternen ausgebildet waren, zur Bezeichnung „Schießprügel“ Veranlassung gaben und sodann die tragbaren Knallbüchsen oder Handkanonen, aus einem Eisenrohre mit hölzerner Umhüllung bestehend, die sich als „Petrinale“ der Reiterei, d. h. als gegen die Brust zu stemmende, auf eine am Sattel befestigte Gabel aufzulegende Rohre, bis ins 15. Jahrhundert hinein erhielten.[1]

Wie bereits erwähnt, ging die Entwickelung und Verbreitung der Feuerwaffen von Deutschland aus, woselbst auch die ersten Pulverfabriken, 1340 in Augsburg, 1344 in Liegnitz, 1348 in Spandau nachweisbar sind. Das Freiburger Trinklied von 1296 beweist, daß das Schießen aus Büchsen schon vor 1300 bekannt zu werden anfing; gebräuchlicher wurde es jedoch erst zu Beginn des 14. Jahrhundertes. Die erste sichere und durch die charakteristische Gegenüberstellung der Geschütze (vasa) und der Handwaffen (sclopi) besonders wichtige Nachricht über die Verwendung der Feuerwaffen finden wir 1331; in diesem Jahre wurde, wie Muratori angibt, die Stadt Cividale in Friaul belagert, und es erschienen hierbei zwei deutsche Ritter, von Krusperg und von Spilemberg, die den Ort, allerdings erfolglos, mit Geschütz und Handwaffen beschossen: „ponentes vasa versus civitatem . . . balistabant cum sclopo“ (sie stellten Geschütze wider die Stadt auf und beschossen sie mit Handbüchsen). Daß zwei deutsche Ritter an einer entlegenen Grenze des Reiches bereits im Besitze solcher Waffen waren, ist von hohem Interesse und wirft ein Streiflicht auf deren erste, bisher noch recht dunkle Verbreitungszeit.

Für die weitere Entwickelung der „Feuerkünste“ in Deutsch-

[1] Abbildung bei Jähns, Tafel 85.

land und dessen Nebenländern (Niederlande, Schweiz) sind aus dem 14. Jahrhunderte schon reichlichere Belege vorhanden, deren wichtigste in chronologischer Ordnung angeführt werden mögen. In Brügge werden Geschütze, anscheinend aus Eisen gegossene, 1339 erwähnt, in Tournay 1346, in Gent 1347, in Metz 1348, und aus dieser Zeit ist auch schon eine kleine geschmiedete Kanone erhalten, die sich im Berner Zeughause befindet; 1346 enthalten die Aachener Stadtrechnungen Ausgaben für eine „eiserne Donnerbüchse“ (busa ferrea ad sagittandum tonitrum) und für „Salpeter zum Schießen“ (salpetra ad sagittandum). Etwa 1350 wurde in Steyr bereits ein Riesengeschütz zum Schleudern elf Zentner schwerer Steine hergestellt; 1352 ließ sich ein „Feuerschütze“ als Bürger in der Hansestadt Lübeck nieder, deren Rathaus wenige Jahre später „durch eine Unvorsichtigkeit jener, die daselbst Pulver für die Büchsen bereiteten“, in die Luft flog; 1356 bezahlte Nürnberg dem Meister Sanger eine größere Summe für Pulver und Geschütz, auch kaufte im selben Jahre Gent zwölf Donnerbüchsen; 1362 benützten die Erfurter Bürger, 1364 die Bayern bei Mühldorf Handbüchsen, und auch die deutschen Ordensritter zu Marienburg besaßen solche, während ihnen Geschütz noch fehlte; im Jahre 1365 verteidigte Herzog Albrecht von Braunschweig sein Schloß Salzderhelden mit Büchsen und erzwang so auch die Aufgabe der Belagerung von Schloß Einbeck durch den Markgrafen von Meißen;[1] 1365 wurden die Venetianer bei der Belagerung von Claudia fossa durch einige Deutsche unterstützt, „so zwei kleine eiserne Stücklein besaßen“, und die aufständischen Freiburger bestürmten 1366 die Burg ihres Grafen, wobei sie, wie der Chronist Königshoven staunend meldet, imstande waren, „hinauf zu schießen“; 1368 kauften Frankfurt und Nürnberg, 1370 auch die Stadt Löwen sowie Herzog Magnus von Braunschweig Donnerbüchsen,

[1] Reitzenstein, „Das Geschützwesen und die Artillerie in den Landen Braunschweig und Hannover“ (Leipzig 1896 ff).

desgleichen die Städte Köln und Augsburg, und Augsburg schaffte auch Salpeter und Pulver an, ließ „für fünfzig schwere Pfund Goldes seine ersten Geschütze (pixides = Büchsen) gießen und feuerte Steine auf das Belagerungsheer Herzog Johanns von Bayern". Die Stadt Basel besaß laut Zeughaus-Inventar von 1361 noch keine Feuerwaffen, kaufte aber, nachdem ihre Bürger an dem Aufstande der Freiburger als Hilfstruppen teilgenommen hatten, 1371 mehrere Donnerbüchsen nebst Pulver, und stellte einen „Büchsenmeister" an; 1372 suchte auch Speier „einen neuen Zeugmeister, der aber auch mit Büchsen schießen könne"; 1375 besetzten die Straßburger ihre Mauertürme mit Geschütz und Büchsen, 1376 kauften die Augsburger und Regensburger solche, und 1378 vermehrten Nordhausen und namentlich Nürnberg ihre Vorräthe an eisernen und kupfernen Büchsen, sowie an Steinen. Daß das Schießen immer noch eine sorgfältig geheim gehaltene Kunst war, ersehen wir aus der Nachricht, 1379 habe ein Glockengießer zu Augsburg drei Kanonen gegossen, die Art sie zu laden und abzufeuern aber nur drei hierzu auserwählten Ratsherren anvertraut. Im Jahre 1382 wandten die deutschen Ordensritter Geschütze an und errichteten eine Gießerei und eine Pulverfabrik zu Marienburg; 1383 taten „wenige Geschütze, nach roher Art, bei der Belagerung Yperns gute Dienste", und im nämlichen Jahre wurde in Gent eine Riesenkanone verfertigt, wie deren ähnliche als „Brechgeschütze" bald darauf in Nürnberg und Frankfurt erwähnt werden und auch dem Kurfürsten Ruprecht von der Pfalz dienten, um die elf Fuß dicken Mauern des Schlosses Tannenberg an der Bergstraße zu zerstören. Vom Beginne des 15. Jahrhundertes an häufen sich die Nachrichten derartig, daß es unmöglich ist, sie sämtlich wiederzugeben; es sei daher nur daran erinnert, daß es 1403 in Nürnberg bereits eine Zunft der Büchsenmeister und einen organisierten Handel mit dem daselbst erzeugten Pulver gab,[1] daß um dieselbe Zeit in Nürn-

[1] Poppe, „Geschichte der Technologie", Göttingen 1810, II, S. 524.

berg für die Stadt Bern, sowie auch in Arras Riesengeschütze gegossen wurden,[1] und daß 1414 der Kurfürst Friedrich I. ein solches vom Landgrafen von Thüringen entlieh, um in die bis vierzehn Fuß dicken Mauern der Schlösser seines widerspenstigen Adels, namentlich der Quitzows, Bresche zu schießen. „Unglaublich ist“, – so berichtet 1444 Aeneas Sylvius, der spätere Papst Pius VI. –, „die Menge der Büchsen und Geschütze in Deutschland, und unübertrefflich die Bewaffnung der Städte und Bürger mit Feuerwaffen aller Art, so daß nichts hiermit irgend zu vergleichen ist“.

Die nordischen und östlichen Länder empfingen ihre Feuerwaffen wohl fast ausschließlich von Deutschland; 1360 ist Pulver in Dänemark nachweisbar,[2] 1389 in Rußland, und 1400 in Schweden; schon 1395 besetzte daselbst die Hansa den Stockholmer Hafen mit Büchsen, aber erst 1431 ist von einheimischen Festungsgeschützen unter deutschen Meistern, und 1452 von auf Schlitten transportierten Feldgeschützen die Rede. Deutsche Meister brachten auch den Polen die Kunst bei, Geschütze zu gießen und zu bedienen, so daß in der Schlacht bei Tannenberg (1410), die die Macht des deutschen Ordens brach, das polnische Heer schon 60 Geschütze aufzuweisen hatte. Die Russen verdanken gleichfalls ihre Kenntnisse vorwiegend deutschen Meistern, und ebenso scheint es gewiß, daß sich hauptsächlich solche unter den ersten Lehrmeistern der Türken befanden. Bereits 1439 beschossen diese Belgrad mit hundertpfündigen Steinkugeln, und bei der Belagerung Konstantinopels 1453 kamen Geschütze zur Anwendung, die Steine von 600 bis 1200 Pfund schleuderten,[3] und deren eines noch jetzt am Eingange der Dardanellen zu sehen sein soll; das erste wurde unter Anleitung eines deutschen Überläufers zu Adrianopel verfertigt, und mittels hundert Ochsen und siebenhundert Mann binnen zwei Monaten nach Konstantinopel geschafft, wo es

[1] Beckmann, a. a. O. V. S. 576. [2] Poppe, a. a. O., S. 560. [3] Gibbon, „History of the decline . . .“, Philad. 1868, V, S. 289, 370, 380, 390.

nach Abgabe von sieben Schüssen zerplatzte und den Meister tötete; ein zweites wurde gleich an Ort und Stelle gegossen.

Die Behauptung, in England seien Feuerwaffen vor 1400 unbekannt gewesen, ist entschieden unrichtig, wie schon eine Stelle aus Chaucers 1384 vollendetem Gedichte „Haus der Fama" zeigt,[1] die da lautet: „So schnell durch alle Lande drang — Der gräulichen Trompete Klang, Wie aus dem Lauf die Kugel schnellt — Wenn Feuer auf das Pulver fällt"; im Abschnitte „Cleopatra" seiner „Legende von den guten Weibern" läßt Chaucer auch Kanonendonner während der Schlacht bei Actium ertönen,[2] und nimmt an solchem Anachronismus ebensowenig Anstoß, wie etwa Shakespeare, bei dem die alten Römer und Hamlets mythische Dänen Geschütze abfeuern, oder Calderon, der im Fronleichnams-Festspiele „Der Maler seiner Schande" die Katastrophe dadurch herbeiführt, daß der Heiland den Teufel mit einer Pistole niederschießt.[3] — Über die erste Zeit der Anwendung von Feuerwaffen fehlt es jedoch noch an sicheren Belegen; die 1346 erwähnten „Bombarden" auf Kriegsschiffen und Seeschlössern waren vermutlich nur Raketen, und die angeblich im nämlichen Jahre bei Crecy gegen die Franzosen gebrauchten drei Feldgeschütze sind durchaus fraglicher Natur, da weder die zeitgenössischen Gesichtsquellen, noch der Schlachtbericht des österreichischen Ritters Schönfelder ein Wort über eine derartige, offenbar doch höchst wichtige und auffällige Neuerung enthalten, während wieder den späteren Chroniken Einschiebungen, ja Fälschungen nachgewiesen sind, die u. a. auch den Bericht über die Beschießung von Romorentin (1356) als ungewiß erscheinen lassen. Wären die Engländer schon zu jener Zeit regelmäßig mit Geschütz versehen gewesen, so könnte man es auch schwer verstehen, daß noch 1378 Richard II. solches aus Flandern herbeischaffen ließ, um Brest und St. Malo (übrigens erfolglos!) zu beschießen, daß 1386 Pulver, nach

[1] „Werke", ed. Düring, Straßburg 1886, IV, S. 551. [2] ebd., v. 58.
[3] „Geistliche Festspiele", ed. Lorinser, Regensburg 1886; X, S. 184.

Walsinghams „Englischer Geschichte", als seltenstes und kostbarstes Beutestück galt, ja daß sogar 1413 Heinrich V. dessen Ausfuhr verbot; selbst 1415 wird noch als bemerkenswerte Tatsache gemeldet, daß die Engländer bei Azincourt und vor Mans einiges Geschütz ins Feld führten, — das aber allerdings noch weit von jener Wirkung entfernt blieb, die es dreizehn Jahre später gelegentlich der Belagerung von Orléans (1428) entfaltete.

Die Nachrichten, in Spanien seien Geschütze schon in der Zeit zwischen 1325 und 1342, bei den Belagerungen von Granada, Alicante, Tarifa oder Algeziras zur Anwendung gelangt, beruhen, wie schon erwähnt worden ist, auf Irrtum. Eine der ältesten sicheren Angaben, die Belagerungen von Belaguer und Setenil mit fünf Bombarden betreffend, stammt erst aus dem Jahre 1407;[1] 1461 belagerten spanische Rebellen Gerona, flohen aber beim Nahen französischer Hilfstruppen und ließen ihre Geschütze im Stich;[2] 1463 werden in Castilien Feuerschützen erwähnt; 1481 erscheinen die Mauren vor Granada, „in Eilmärschen und ohne Geschütze, deren sie damals bereits einige wenige und kleine besaßen, während ihnen Handwaffen noch fehlten„;[3] 1483, im granadischen Kriege, mangelte es beiden Teilen an Geschütz, weshalb Ferdinand und Isabella fremde, besonders deutsche Meister verschrieben, um schleunigst solches anzufertigen;[4] 1484 berief man deutsche Meister auch nach Cordova, „da bei den Spaniern das Geschütz noch selten und seine Bedienung wenig bekannt war", und 1487 zeichneten sich solche vor Malaga aus, indem sie trotz Mangels an Pulver (dem schließlich Kaiser Max I. durch eine schleunige Hilfssendung aus Flandern abhelfen mußte), mittels großer alter Marmorkugeln eine Bresche in die Hauptmauer der Stadt legten.[5]

Was Italien anbelangt, so ist ein Bericht des „Chronikon

[1] Prescott, „Geschichte Ferdinands und Isabellas", Leipzig 1841; I, S. 388 ff. [2] ebd. I, S. 119 u. 121. [3] ebd. I, S. 345 u. 390. [4] Prescott, „Geschichte Ferdinands und Isabellas", Leipzig 1841; I, S. 366, 357 ff., 406. [5] ebd. I, S. 424 ff., 431.

Estense" aus dem Jahre 1334 nicht einwandsfrei, in den folgenden Jahrzehnten muß sich aber der Gebrauch von Feuerwaffen rasch verbreitet haben, denn Petrarca sagt in seinem, gegen 1366 vollendeten Dialoge „De remediis utriusque fortunae": „Mit Flammenstoß und unter schrecklichem Donner entsendet man metallene Eicheln aus hölzernen Rohren ... Diese Pest war noch unlängst selten, so daß man sie einem Wunder gleich anstaunte, heute aber ist diese Art der Waffen ebenso gemein wie irgend eine andere". Unter den „hölzernen Rohren" sind wohl die bereits erwähnten, mit einer Holzumhüllung versehenen Knallbüchsen oder Handkanonen (canelle) zu verstehen, deren z. B. urkundlich Perugia schon 1365 fünfhundert Stück ankaufte, während Bologna und Padua hierin erst später (1386 und 1399) nachfolgten. Padua soll auch bereits 1374 Geschütze besessen haben, während der Chronist Onoro behauptet, das erste eiserne Geschütz, dessen sich Italiener bedienten, habe sein eigener Vater 1376 im Trevisanischen, gegen Leute des Herzogs Leopold von Österreich abgefeuert. Zur Zeit der Kriege zwischen Venedig und Genua, 1377 bis 1381, waren beide Teile mit eisernem, aus Deutschland bezogenem Geschütz versehen und bedienten sich dessen so häufig, als es der wiederholt eintretende Mangel an Pulver erlaubte; gegen 1400 bestanden jedoch bereits mehrere Pulverfabriken, namentlich zu Venedig, dessen Pulvermühlen dauernd berühmt blieben,[1] und italienisches Pulver ist als wichtiger Handelsartikel schon jenseits der Alpen nachweisbar, z. B. 1405 in Bern. Im Jahre 1390, während des Krieges zwischen Siena und Florenz, sollen in dieser Gegend zum ersten Male, und zwar seitens ausländischer (deutscher?) Söldner, Geschütze angewandt worden sein, die drei Zentner schwere Steine schossen;[2] 1395 zerstörte der Herzog von Mailand die Brücken und Wälle Mantuas mittels schweren Geschützes, das große

[1] Petrus Martyr, „De rebus oceanicis", Cöln 1574, S. 373.

[2] Capponi, „Geschichte der florentinischen Republik", Leipzig 1876; I, S. 330.

Barken den Mincio herabtrugen;[1] 1406 wurde die Mündung des Arno durch Geschütz gesperrt und so der Seeverkehr Pisas gehindert;[2] 1437 warf Sforza den Turm des Kastells Camaiore durch vier Schüsse mit 530 Pfund schweren Kugeln ein;[3] 1453 wählte sich Luca Pitti eine Bombarde als Abzeichen, „denn wie diese aus dem Laufe, so könne er aus der Stadt die Kugeln (das Wappen der Medicäer!) hinauswerfen“![4]

Frankreich betreffend, sind verschiedene ältere Angaben als irrtümlich erwiesen; die Bombarden vor Puy-Guillaume (1338), Rouen (1338), Cambray (1339) und Quesnoy (1340), waren der ganzen Beschreibung nach nur Raketen oder Brandpfeile, und das nämliche gilt für die 1345 zu Cahors frabrizierten 24 „canones“, die insgesamt nur 60 Pfunde Pulver erforderten,[5] sowie für die zu Artois und Toulouse benützten „kleinen Feuerröhren“. Was eine 1341 erwähnte Donnerbüchse (tonnoir) anbelangt, so fehlt es an näheren Nachrichten; 1354 befahl König Johann I., in den Zeughäusern die Mengen jener vorrätigen Metalle festzustellen, die zur Ausnützung der von Berthold Schwarz gemachten „invention de faire l'artillerie“ brauchbar seien, doch scheint sein „Reglement“ keine praktischen Folgen gehabt zu haben, da die Chronisten ausdrücklich berichten, die Franzosen hätten in den Entscheidungsschlachten wider die Engländer, weder bei Crecy (1346) und Poitiers (1356), noch während des Krieges von 1364 bis 1369, Geschütze besessen, und solche auch 1415 bei Azincourt und vor Mans nur in geringer Zahl geführt und schlecht bedient. Handrohre sollen nach Froissart vor 1382 nur selten angewandt worden sein, während die Pulvererzeugung und Geschützgießerei ihren Aufschwung sogar erst seit 1425 nahm, weil zu jener Zeit Städte und Bürgerschaften, ja selbst Innungen und Korporationen, ihre politische Macht durch den Besitz von Artillerie zu erhöhen suchten. —

[1] Capponi, „Geschichte der florentinischen Republik“, Leipzig 1876; I, S. 347. [2] ebd. I, S. 361. [3] ebd. II, S. 9. [4] ebd. II, S. 61.
[5] Berthelot, „Science et philosophie“, Paris 1886; S. 104 ff.

Was die Bezeichnung „Artillerie“ betrifft, so stammt dieser, im Französischen schon 1228 nachweisbare Ausdruck, vom mittellateinischen „ars“ = Geheimkunst oder List ab; es bedeutet „artiller“: „auf List, auf Widerstand sinnen, daher „artillier“: „befestigen“, und „artillerie“: Gewerfe, Wurfmaschinen und die mit diesen beladenen Wagen; mit Anlehnung an „arke“ oder „arche“ = Kasten (des Gewerfes), wurde dieses unverstandene romanische „artillerie“ später in das deutsche „Arkeley“ umgewandelt. Die das Geschütz bedienenden und begleitenden „Soldaten“ sind „Solidarii“ = Söldner, „Pioniere“ = Fußgänger (ital. pedono, span. peone), oder „Sarjanten“, d. i. Sergeanten = Servientes (Schergen, Knechte); zum Sergeanten in heutigem Sinne verhält sich also der mittelalterliche ebenso, wie zum heutigen „Minister“ oder „Marschall“ der ursprüngliche Diener (erhalten in „Ministrant“) oder Pferdeknecht.

Außerordentlich große und rasche Fortschritte machte die französische Artillerie unter Ludwig XI. und namentlich unter Karl VIII., so daß dessen gewaltige Armee, die 1494 mit 60000 Mann, — darunter 12000 Armbrustschützen und 8000 Flinten und Schwerter führenden Fußsoldaten —, in Italien einrückte, dort vor allem durch ihre Geschütze Angst und Schrecken erregte. Zwar verstanden es auch die Italiener, vortreffliche Geschütze zu gießen und benützten sie, um Städte zu belagern oder um ihren Festlichkeiten „durch deren Donnern erhöhten Glanz zu verleihen“, wie das zuerst die Borgias getan haben sollen,[1] aber diese Stücke waren gering an Zahl, von großem Gewichte und daher nur langsam auf gewaltigen Ochsenwagen transportabel, während die Franzosen leichte, von Pferden gezogene, rasch bewegliche und aufstellbare, nicht steinerne, sondern eiserne Kugeln schießende Geschütze besaßen, die den für Italien neuen Namen „Kanonen“ führten und mit zahlreichen Verbesserungen versehen waren, namentlich mit Schildzapfen

[1] Burkhardt, „Kultur der Renaissance in Italien“, Leipzig 1896; I, S. 99 und II, S. 142.

und Lafetten.[1] Einen Teil dieser Verbesserungen sollen die Franzosen übrigens der ebenso vortrefflichen wie zahlreichen Artillerie Burgunds entlehnt haben; belagerte doch Karl der Kühne 1474 Neuß mit 350 großen und kleinen „Stücken", und verlor in der Schlacht bei Murten nicht weniger als 419 Geschütze, deren einige noch jetzt im dortigen Museum zu sehen sind!

Es dürfte hier die passende Stelle sein, um auch auf die technische Entwickelung und die Namengebung der schweren und leichten Feuerwaffen, wie sich diese bis gegen das Ende der Renaissancezeit herausgebildet hatten, einen kurzen Rückblick zu werfen. Als wichtigste Quellen kommen hierbei in Frage: das handschriftliche Münchener „Kriegsbuch" von etwa 1350, Kyesers „Bellifortis" von 1405, das „Feuerwerksbuch" von 1410 und das etwa gleichzeitige „Streydbuch" der Ambraser Sammlung, Valturios „Kriegsbuch" von 1460, die Schriften Lionardo da Vincis (1451 bis 1517), das „Kriegsbuch" des Della Valle von 1521, die „Pirotecnia" des Biringuccio von 1540, und das „Skizzenbuch" des Ingenieurs Fontana von 1420, dessen Beschreibungen der Torpedos und Raketen namentlich vieles für den Übergang von diesen zu den ersten Feuerwaffen sehr charakteristische enthalten.

Alle Nachrichten stimmen darin überein, daß als älteste Form der schweren Geschütze der aus Eisen gegossene Mörser oder Böller anzusehen ist. Der Name „Böller" kommt vom griechischen πετρο-βόλος (Petro-Bolos), d. i. „Steinwerfer", und ist schon 1313, aber auch noch 1405, als für die frühere Steinwurfmaschine gebraucht, nachweisbar. Der Mörser oder „Wurfkessel" wurde ursprünglich nur senkrecht stehend benützt, und das Geschoß, der anfangs unregelmäßig gestaltete „Stein", auf seine Mündung gelegt. Sobald man aber den Stein zur runden

[1] Capponi, a. a. O. II, S. 185; Prescott, a. a. O. II, S. 26.

„Kugel“ zu formen und diese in das Geschütz zu laden begann, machte sich eine Verlängerung des Kessels zum „Rohre“ erforderlich, und hieraus ergab sich unmittelbar die Notwendigkeit „Hinterlader“ zu konstruieren, die seither bis gegen 1400 ganz vorwiegend im Gebrauche blieben; die Kugeln wurden hierbei mittels Holzkeilen befestigt und durch ein Tuch oder ein Heubündel „verschoppt“. Die Pulverkammer brachte man entweder am hinteren Ende seitlich, und zwar senkrecht gegen die Längsrichtung der Geschütze an, die dann den bezeichnenden Namen „Elbogen“ (Code) trugen, oder man bildete die kleinkalibrige, durch einen Spund verschließbare Kammer in Gestalt einer röhren- oder pfeifenähnlichen Verlängerung des Geschützes aus; diese bezeichnete man mit einem, vom Dialektworte „pummern“ (= dröhnen) abgeleiteten und im Namen „Pummerin“ für die Riesenglocke zu St. Stephan in Wien noch erhaltenen, damals aber namentlich für die großen Orgelpfeifen gebräuchlichen Ausdrucke „Bumhart“, „Pummer“ oder „Bommer“, der weiterhin auf das ganze Geschütz überging, und so zu dessen Benennung als „Bombarde“ (Bumbardia) Veranlassung gab. Wie es scheint, war aber in Italien das Wort Bombarde schon gebräuchlich, bevor Pulvergeschütze eingeführt wurden, von denen z. B. 1376 der Trevisanische Chronist Quero noch als von einer neuen Erfindung spricht: „Bombarda, instrumentum novum, ferreum, fortissimum“ (ein neues eisernes Gerät von größter Kraft); vermutlich bezeichnete ursprünglich „Bombus“ (vom griechischen βόμβος = Summen) jedes summende Geschoß, und „Bombus ardens“ (= brennende Bombe) jedes Zündgeschoß, und daher erklärt sich auch der noch bei Valturio vorkommende Gebrauch von „Bombarde“ für die Armbrust- oder Bogenwurfmaschine (arcubalista, arbaleste, balliste), sowie für die Rakete. Jedenfalls flossen aber die alte und neue Bedeutung des Wortes Bombarde rasch zusammen und außerdem fanden noch mannigfache Verwechslungen mit den „Lombarden“, einer in Norditalien vielgebrauchten Art Wurfmaschine, statt.

Schon sehr frühzeitig machte sich das Bestreben geltend, den Wurfkessel möglichst zu vergrößern, und da das Gießen schwererer Stücke in Eisen, Kupfer, Glockenspeise oder Erz anfangs noch wenig ausgebildet war, so verfiel man darauf, Eisenstäbe rund über einen Dorn zusammenzuschmieden und den so gebildeten Geschützkörper durch heiß aufgezogene Ringe zu verstärken. Das älteste, noch erhaltene Geschütz solcher Art ist die im Wiener Arsenale befindliche Riesenbombarde, die um 1350 in Steyr verfertigt wurde: sie ist 2,5 m lang, hat 1,1 m Durchmesser und schoß mit 67 kg Pulverladung 550 kg schwere Steine; ähnliche, aber kleinere Bombarden sind die im Schlosse zu Edinburg (von 1456?), die zu Baza in Spanien (von 1489), und die am Genter Marktplatze aufgestellte „tolle Grete“ (von 1382?); die Namen „tolle Grete“, „faule Grete“ und dergl. haben mit Grete und der mißverständlichen französischen Übersetzung Marguerite nichts zu schaffen, sondern leiten sich vom niederdeutschen griet (englisch great) ab, bedeuten also einfach „die große“, wie denn auch die 1400 zu Arras verfertigte Riesenbombarde nur „La Griete“ hieß. — Ganz aus Erz oder Bronze gegossene Bombarden waren im 14. Jahrhunderte selten, besonders in Deutschland, woselbst man seit jeher den Eisenguß bevorzugte. Größere Geschütze, wie die 50 Ztr. schwere Speyerer Bombarde von 1406, wurden anfangs über einen Kern gegossen, und ahmten dabei äußerlich den eisernen Mörser mit Verstärkungsringen nach, wie dies ein im Nürnberger Germanischen Museum vorhandenes Rohr von 1420 deutlich zeigt; schon um 1400 verstand man aber auch das Ausbohren der Geschütze und stellte seither solche mit geraden, aber auch schon mit „gezogenen“ Rohren, von 300 Ztr. und mehr Gewicht her.

Als Geschosse waren anfänglich nur Steinkugeln gebräuchlich, die zuweilen, wo es an Steinen mangelte, auch durch „gebackene Kugeln“ aus Ziegelmasse ersetzt wurden; später versah man die Steine mit eisernen Bändern oder überzog sie mit Blei, führte eisenbeschlagene, oft mehrere Zentner schwere „Kegel“ oder „Bolzen“ ein und gelangte so schließlich zu Lang- und Rundgeschossen aus Blei, Erz oder Eisen. Das „Feuerwerksbuch“ von 1410 erwähnt diese zuerst in Deutschland, doch wurden dort eiserne Vollkugeln wegen ihres hohen Preises selbst nach 1500 nur selten und meist nur als Glühgeschosse verwendet. Aus Frankreich dagegen hören wir, daß schon 1450 die Städte der Normandie kapitulierten, sobald Bombarden mit gegossenen Eisenkugeln anlangten, „weil gegen diese kein Widerstand möglich ist“; Ludwig XI. ließ 1477 zwölf Bombarden für 5 Ztr. schwere Eisenkugeln anfertigen und Karl VIII. versah die Feldartillerie mit solchen; den Italienern war 1495, beim Einrücken seiner Truppen, diese Erfindung noch neu, und wurde als „inventione bellissima et horribile“ bezeichnet. Hohl- und Sprenggeschosse, mit festgestampftem Pulversatze und mit Bronzehülsen, erwähnt schon Kyeser, und zwar wurden sie zumeist aus Hinterladern im Bogenwurfe entsendet; man verfertigte sie gewöhnlich aus zwei, durch Reifen oder Scharniere vereinigten Halbkugeln, mindestens waren solche aus einem Stück noch nach 1500 selten. Für Feldgeschütze sollen erst sehr spät, nämlich in den niederländischen Kriegen der Spanier, kleine Hohlgeschosse verwandt worden sein, die man vorher ausschließlich als „Handbomben“ benützte;[1] wegen ihres Zerplatzens in viele kleine Stücke oder „Körner“ (granae) nannte man diese auch „Granaten“ (granata, grenade), und die Soldaten, die sie zu werfen hatten, hießen „Grenadiere“.

Neben den Mörsern, Böllern und Bombarden werden am käufigsten die „Büchsen“ (Pixen) genannt, deren von πύξις (pyxis) abgeleiteter Namen in allen Sprachen wiederzufinden ist; die Büchsen waren anfangs „Steinbüchsen“, erst später wurden eiserne Kugeln (Klötze) und bleierne Kugeln (Lot, vom niederdeutschen lood = Blei) aus „Klotzbüchsen“ und „Lotbüchsen“ geschossen. Mit beweglicher Ladebüchse versehene

[1] Abbildung bei Jähns, Tafel 79.

„Kammerbüchsen" werden 1412 zuerst erwähnt, auch bezeichnete man die Bombarden als „Hauptbüchsen", woraus, unter Anlehnung an das von den Hussiten entstelllte „Haufnitze", die „Haubitze" wurde — französisch ausgesprochen „obus", was jetzt Granate bedeutet; kleinere Büçhsen hießen „Viertelbüchsen" oder „Quartanen", seit etwa 1460 auch „Kartaunen". Mit Vorliebe gab man den Geschützen die Namen wilder Tiere oder Ungeheuer, z. B. Drachen, Natter, Höllenbund, Fledermaus, Basilisk, Wurm, Singerin (Sirene), Sperber, Falke, Schlange u. s. f.; so erklären sich die Bezeichnungen „Falkaunen" (Falkonet, Falcone) und „Schlangen" für die Geschütze mit langen Rohren, deren Vorteile man immer mehr erkannte. Der Name „Metze" (Mette) endlich ist von mëz (= Maß, Gefäß) ebenso abgeleitet, wie „Kanone" von „canon".

„Hagel- oder Igel-Geschütze", die mehrere (6 bis 10) Rohre um eine Achse angeordnet enthielten, werden schon 1405 bei Kyeser erwähnt, ferner 1430 in Bremen, 1432 in Paris, 1439 in Belgrad, 1445 in Basel, und 1496 als Feldgeschütze in Flandern; aus ihnen gingen die 25- bis 40läufigen sogenannten „Todtenorgeln" oder „Orgelgeschütze" hervor, wie sie mit Vorliebe Karl der Kühne von Burgund und Kaiser Max I. benützten.[1] Ebenso entwickelte sich aus jener Art von Hagelgeschützen, deren „Hagel" anfänglich nur aus Kieselsteinen bestand, die „Kartätsche", die mit einer Papier-Kartusche (Cartocchio, von carta = Papier) geladen wurde, und die, nach der Eisensplitter (mitrailles) enthaltenden Kartusche, auch „Mitrailleuse" benannt wurde. Über ein Repetiergeschütz" spricht bereits Kyeser und betitelt es „revolvendus" und zu Beginn des 15. Jahrhundertes wurden solche „Drehlinge" schon vielfach gebraucht;[2] Lionardo da Vinci rühmt sich, neben Bombarden, Orgelgeschützen und Dampfkanonen auch solche bauen zu können.

Sämtliche Geschütze wurden ursprünglich nur auf Wagen

[1] Abbildung bei Jähns, Tafel 84. [2] ebd., Tafel 79.

liegend transportiert und erst an Ort und Stelle in Holzwerk (Bast) eingebaut, woher die Namen „Bastei“ und „Batterie“ rühren. Später werden neben diesen „Wagenbüchsen“ auch „Karrenbüchsen“ erwähnt, deren kleinste Exemplare ein in eine Holzgabel gespanntes Pferd zog; diese Holzgabel oder Fuste (vom mittellateinischen fusta = Holz) gab der „Lafette“ (la fusta) ihren Namen. Fahrbare Rädergeschütze werden zuerst 1406 in Metz und 1408 in Augsburg besonders aufgeführt, doch waren sie sehr unvollkommener Natur, denn Holzgestelle oder Lafetten, die eine Höhen- und Seitenverschiebung, und Schildzapfen, die eine vertikale Bewegung des Rohres gestatteten, finden sich nicht vor 1475 beschrieben, die Richtschraube wurde erst gegen 1500 (in der durch einen polnischen Jesuiten verbesserten Gestalt sogar erst gegen 1650!) bekannt, und den Kaliberstab erfand frühestens 1540 der Nürnberger Georg Hartmann,[1] und unabhängig von ihm (?) auch Tartaglia in Brescia.[2]

Schiffsgeschütze sind mit Bestimmtheit 1378 auf englischen, 1379 auf venetianischen, und 1384 auf hansischen Schiffen nachweisbar, während ältere Angaben von 1354 (Lübeck) und 1346 (London) auf Mißdeutungen beruhen dürften. So lange nur geruderte Galeeren in Gebrauch standen, konnte man bloß an Bug und Heck Geschütze, und zwar fast ausschließlich Hinterlader, aufstellen; die Breitseiten wurden erst bewaffnet, als man mit Segeln allein zu mannöverieren lernte, und die erste moderne Seeschlacht war daher die englisch-französische vor Brest 1512. Die spanische Armada von 1582 zählte jedoch bereits 2431 Geschütze auf 130 Schiffen. — Ein Kanonenboot gebrauchte zuerst 1474 Karl der Kühne, um Neuß von der Rheinseite her zu beschießen; schwimmende Batterien ließ Karl V. zur Belagerung Algiers konstruieren (1535) und in den niederländischen Kriegen wurden sie 1574 vor Leyden benützt.

[1] Beckmann, a. a. O., II, S. 462. [2] ebd. IV, S. 210.

Was die Handfeuerwaffen anbelangt, so sind die ältest erhaltenen zumeist Bronzeröhren von etwa 5 kg Gewicht, auch „Bleibüchsen“ genannt, da sie 2 bis 2,5 Lot schwere „Kugeln“ oder „Eicheln“ aus Blei schossen; anfangs scheint stets ein Mann das Rohr gehalten und gezielt, und ein zweiter die Luntenzündung besorgt zu haben, während später ein einziger „Feuerschütze“ das gesamte Abfeuern übernahm. Die Verlängerung der Handkanonen oder Knallbüchsen führte auch hier zur Konstruktion des Hinterladers, der „Kammerbüchse“, die ein Rohr mit beweglicher (einzulegender) Ladekammer besaß; erst seit etwa 1400 verstand man es, Rohr und Kammer aus einem Stücke zu machen und fertigte seither auch Vorderlader an, zu deren Bedienung Ladestöcke erforderlich wurden. Mit Schaft versehene „Gewehre“ (= Waffen, so wie wir heute noch von „Seitengewehr“ sprechen), finden sich zuerst 1376 in Regensburg erwähnt; nach 1400 begann man, den Schaften der längeren und daher auch schwereren Rohre auf Gabeln oder Böcken ein Auflager zu geben, das durch einen angebrachten „Haken“ gesichert wurde, und so entstanden die ursprünglich auch von zwei Mann bedienten „Hakenbüchsen“ oder „Bockbüchsen“, deren erstere unter dem Namen „Harkibuchsen“ oder „Harkebusen“ alsbald mit der alten „Arquebuse“ identifiziert wurden. Als Mittelglied zwischen den Arkebusen und den kleineren Karrenbüchsen bildete sich die Muskete heraus, abgeleitet von „muschetta“, dem mit einem Sperber verglichenen Bolzen der großen Armbrüste, nach dem man nun auch das neue Geschoß benannte. Orsini erwähnt sie schon 1477, allgemeiner gebraucht wurde sie aber zuerst bei den Spaniern, deren Armee in der Schlacht bei Pavia (1525) schon zahlreiche Musketen-Gabelschützen zählte, während z. B. Georg von Frundsbergs Landsknechte allein Handrohre führten. Als die Arkebusiere der Spanier, die mit 20 kg schweren, 300 Schritt weit tragenden Rohren und mit je dreißig Stück vierlötigen Bleikugeln ausgerüstet waren, den verstärkten Rüstungen der Feinde keinen Schaden mehr zu tun vermochten, führte Herzog Alba eine Neuerung ein; er trat nämlich 1567 den Eilmarsch nach Flandern ohne beschwerliche Artillerie an, fügte aber zu jeder Abteilung Fußvolk fünfzehn „Musketiere“, die Musketen mit tragbaren, bis dahin nur im Festungskriege üblichen Gabeln besaßen, und mit je fünfzehn Stück achtlötigen Kugeln versehen waren.[1] Da es den deutschen und französischen Truppen um diese Zeit selbst an Arkebusieren zumeist noch fehlte, so sicherte sich Alba auf diese Weise eine große taktische Überlegenheit; die Gabelmusketen wurden später in sämtlichen Armeen eingeführt, und erst Gustav Adolf, der das Gewicht aller Feuerwaffen möglichst zu erleichtern suchte, schaffte sie 1626 wieder ab.

An Stelle der anfänglichen Zündung mit loser Lunte trat, nachdem bereits das Zündloch und die gedeckelte Pulverpfanne erfunden war, 1378 das Luntenschloß, indem die Lunte in einen „Hahn“ oder „Drachen“ gespannt und mittels der Hand oder einer Feder auf die Pfanne gedrückt wurde; die Zündung mit offener Lunte blieb jedoch noch fast zweihundert Jahre lang weiterbestehen, weil die Schlösser als teuer, zerbrechlich und unsicher galten, weshalb denn auch viele Rohre zugleich für offene und Schloßzündung eingerichtet wurden. Aus den nämlichen Gründen gewannen auch mehrere analoge Erfindungen nur geringe Verbreitung, z. B. das Lunten- und Zündschwamm-Schnappschloß, das Nürnberger Radschloß mit stählernem Zahnrad, durch Schlüssel spannbarer Feder und Zündung durch ein in den Hahn gesetztes Stück Pyrit (Schwefelkies), – erdacht 1515 oder 1517 durch Peter Libs, verbessert durch Kuhfuß, woher der noch heute übliche Name „Kuhfuß“ für das Kommißgewehr rühren soll —, sowie auch das Steinschnappschloß. Auch bei diesem diente als Stein anfangs (und noch 1540) der Pyrit, der erst gegen Ende des 16. Jahrhundertes durch den härteren Feuerstein (Flint, fusil) er-

[1] Prescott, „Geschichte Philipp II.“, Leipzig 1856; II, S. 10.

setzt wurde; so entstand das verbesserte Steinschloßgewehr (Flintgewehr, Flinte), das 1592 der Venetianer Cornaro, anscheinend als deutsche Erfindung, beschreibt. Mit Flintgewehren (fusil) ausgerüsteten Truppen („Füsilieren") begegnen wir jedoch zuerst in Frankreich, und zwar 1635 bei der Kavallerie, 1671 bei der Bedeckung der Artillerie, und nicht vor 1700 bei der Infanterie, die bis dahin die Lunten beibehalten hatte; gleichzeitig wurde auch das zu Bayonne übliche sogenannte Bajonett eingeführt, ferner fanden die seit 1498 bekannten geraden Züge und die von Kutter in Nürnberg 1560 erfundenen Schraubenzüge immer allgemeinere Anwendung zur Herstellung „gezogener Gewehre" für „Scharfschützen" und „Jäger", und endlich erfolgte auch das Laden in verbesserter Weise, nämlich nur mehr mittels fertiger Patronen. Die „Patrone" (vom mittellateinischen patronus = Herr, Vorbild, Muster) wird für Handwaffen bereits gegen 1550 erwähnt und ging vermutlich aus den, schon dem Roger Bacon bekannten Pergamenthülsen der Feuerwerkskörper hervor; zur regelmäßigen Ausrüstung der Truppen verwandte sie zuerst 1567 Herzog Alba, und in Neapel stand sie nach Capobianco 1596 schon seit längerem zu diesem Zwecke in Gebrauch.

Für die Reiterei führte Karl V. statt der vierfüßigen Harkebusen eine leichtere Schießwaffe ein, die „Pistole"; in den türkischen und französischen Kriegen war sie noch ganz neu, und als „neue Erfindung der Deutschen" werden auch in einem Berichte an Franz I. „les reiters ou pistoliers" genannt; Philipp II. rüstete 1557, im Kriege gegen Frankreich, seine „Kürisser" (Kürassiere) gleichfalls mit je 5 bis 6 Stück dieser immer noch ungewohnten Waffe aus.[1] Den Namen Pistole hat man von „pistillum" oder „pistallo" (= Knauf) abgeleitet oder von „pistoleji", einer Art zu Pistoja gebräuchlicher, gleichfalls im Gürtel zu führender Dolche, oder vom Kaliber der Waffe, das dem einer „Pistole", d. i. einer Goldmünze von Pistoja, gleich ge-

[1] Prescott, a. a. O.; I, S. 145.

wesen sei; in Wirklichkeit rührt aber diese Bezeichnung vom böhmischen „pistaly" (= Pfeife, Röhre) her, und wurde von den leichten Geschützen der Hussiten, die dieses Wort zuerst bekannt machten, auf kleinere Handrohre (Faustrohre, Fäustlinge) übertragen; hierfür spricht es auch, daß der russische Namen für Handrohre ebenfalls „pistali" lautet.

Die kleine, als „Terzerol" bekannte Handwaffe führt ihren Namen von „tertiolus", einer kleinen Falkenart; frühzeitig wurden derlei Handrohre auch als „Drehlinge" ausgebildet, so z. B. erwähnt der Novellist Straparola einen fünfläufigen Revolver 1550 als etwas ganz Bekanntes.[1]

Völlig irrtümlich wäre es jedoch, durch die große Zahl und Mannigfaltigkeit der genannten Feuerwaffen verführt, anzunehmen, daß diese auch gleich anfangs rasch und allerorten Eingang gefunden und in der Heeresausrüstung alsbald eine maßgebende Rolle gespielt hätten; vielmehr trifft, besonders in einzelnen Ländern, gerade das Gegenteil zu, und zwar oft in ganz überraschender Weise.

Die Verbreitung der Geschütze hinderte zunächst die Kostspieligkeit der Rohre wie der Munition; der Transport, der sehr starke Wagen und besonderes Hebezeug erforderte, war mühevoll und schwierig, die Beweglichkeit selbst der Räderkanonen gering, und daher die Wahrscheinlichkeit, zugleich mit einer Schlacht auch die gesamte Artillerie zu verlieren, groß; das Laden und Abfeuern erforderte sehr viel Zeit, und fügte durch den Rückstoß, durch Platzen der Rohre (namentlich bei Gebrauch gekörnten Pulvers), und durch die Feuergefährlichkeit der offenen Pulvertonnen häufig der Bedienungsmannschaft Schaden zu; Tragweite und Durchschlagskraft waren klein, das Zielen schwierig, das Wechseln des Zieles fast unmöglich. Wir hören z. B., daß die venetianischen

[1] lib. 9, cap. 3.

Bombarden vor Chioggia 1380 selten mehr als einen Schuß im Tage abgeben konnten, und so den Belagerten Frist ließen, das beschädigte Mauerwerk in der Zeit zwischen je zwei Schüssen wieder auszubessern; die Spanier brachten es vor Setenil mit fünf Bombarden auf täglich 40 Schüsse, die Hussiten 1422 vor Karlstein mit 41 Geschützen meist nur auf 41 bis 100, die Spanier 1489 im granadischen Kriege mit 40 Bombarden auf höchstens 150, und das Braunschweiger Riesengeschütz, die „faule Mette“, feuerte gar von 1411 bis 1728, also binnen 317 Jahren, im ganzen nur neunmal, ohne aber dabei einen Treffer zu verzeichnen. Daß die 1428 in Orleans belagerten Franzosen gezielte Schüsse abzugeben verstanden, wird als Merkwürdigkeit erwähnt; über einen Metzer Büchsenmeister berichtet die dortige Chronik von 1437: „Er schoß in einem Tage dreimal und traf wohin er wollte, gebrauchte hierzu aber jedenfalls die magische Kunst, so daß er zur Lossprechung von seinen Sünden nach Rom wallfahrten mußte“; die vielgerühmte Feldartillerie Karl VIII. tötete 1495, bei Fornuovo, „trotz steten Schießens und standhaften Ausdauerns keine zehn Mann“; ebenso waren in der Seeschlacht bei Brest (1512), „in der 85 Schiffe an 307 Schüsse abgaben und jedes Geschütz einmal feuerte“, so gut wie keine Verluste zu verzeichnen; ein vielgebrauchtes Sprichwort dieser Zeit, das noch 1563 Kirchhofs „Wendunmut“ anführt, lautet: „Das Treffen ist nicht allweg Kunst, — Es liegt meistteils an Gottes Gunst!“ [1] — Was die Zahl der Geschütze anbelangt, so vermochte z. B. Nürnberg 1449 seine Türme mit 100 Büchsen auszurüsten und besaß 1462 schon 306 große und kleine Büchsen, 57000 Stein- und Bleikugeln und 200 Zentner Pulver; noch um 1500 galt in Spanien und Frankreich ein Feldgeschütz auf 1000 Mann Fußvolk als vollauf genügend. Daß die protestantische Armee 1546 mit 106000 Mann und 140 Geschützen gegen Karl V.

[1] „400 Schwänke des 16. Jahrhundertes“, ed. Bobertag, Stuttgart D. N. L., S. 360.

auszog, wurde schon als eine außerordentliche Machtentfaltung angesehen, und war dies auch in der Tat, wenn man die ungeheueren Schwierigkeiten der Bedienung und der Transporte bedenkt; Karl VIII. z. B. brauchte für seine 140 Geschütze außer 300 Büchsenmeistern 4000 Fahrer und 6200 Pioniere, und rechnete bei Regenwetter 40 bis 50 Pferde für jedes Geschütz, das „Zeugbuch“ Kaiser Max I. verlangt für kleines Geschütz fünf, für größeres 22 Pferde, und das „Reglement“ Karl V. bestimmt für ein dreipfündiges Falkonet einen Meister und zwei Gehilfen, für eine vierzigpfündige Kartaune aber schon zwei Meister und sechzehn Gehilfen.[1] — Unter solchen Umständen kann es nicht Wunder nehmen, daß noch um 1500 in dem nämlichen Italien, das bald darauf unter Lionardo da Vinci, Flavio Biondi, Biringuccio, und vielen Anderen, durch enthusiastische Aufnahme und allseitige Ausbildung der „deutschen Erfindung“ zum Lehrmeister Europas in allen Kriegs- und Festungskünsten werden sollte, Stimmen geringschätzigsten Klanges laut wurden.[2] So z. B. versichern zwei namhafte Historiker, Politiker und Soldaten, Machiavelli und Guicciardini, fast gleichlautend, daß die „deutsche Pest“, d. i. das Feldgeschütz, mehr Lärm als Schaden verursache und am besten gar nicht gebraucht werde; will man es aber dennoch benützen, so feuere man es zu Beginn des Treffens einmal ab, ziehe es aber dann sogleich völlig zurück, anderenfalls werden die Feinde, indem sie sich platt zu Boden werfen oder nur rasch nach den Seiten ausweichen, die Geschosse über oder zwischen sich hingehen lassen, die Geschütze aber im Eillaufe wegnehmen, bevor sie nochmals geladen werden können.

Noch allmählicher als die Verbreitung der Geschütze erfolgte die der Handfeuerwaffen: 1427 zählte das gegen die Hussiten aufgebotene Heer unter 80000 Mann 200 Handbüchsen,

[1] Scherr, „Deutsche Kultur- und Sittengeschichte“, Leipzig 1887, S. 317.
[2] Burckhardt „Die Kultur der Renaissance in Italien“, Leipzig 1896; I, S. 99.

1429 das Brandenburger Kontingent unter 1000: 50, 1444 das Züricher unter 1770: 61, 1456 das Würzburger unter 400: 54, 1492 das Straubinger unter 1836: 551; Orsini forderte 1477 auf 20000 Mann 500 Büchsen, König Ferdinand von Spanien besaß 1488 auf 834 Mann nur 80, Karl VIII. 1494 auf 1000 Mann nicht mehr als 50, und Kaiser Max I. fand 1507 nicht genug Büchsenschützen, um seinen Römerzug allein mit solchen anzutreten; von Herzog Albas Fußvolk waren 1525 kaum die Hälfte mit Haken, darunter nur zehn (später 50) Mann jeder Kompagnie mit Musketen bewaffnet, Frundsbergs Landsknechte hatten unter 12000 Mann bloß 1500 Feuerschützen, und die Reiterei Karl V. zählte deren nur 60 auf jedes Fähnlein von 240 Mann. Der größte Nachteil der Handwaffen war gleichfalls ihre Langsamkeit; während z. B. 1415 bei Azincourt die englischen Bogner zwölf Pfeile in der Minute abschossen und mit ihnen die Panzer der Feinde durchbohrten, brauchte 1445 ein geübter Feuerschütze noch eine Viertelstunde für jeden seiner, meist schlecht gezielten, wenig wirksamen, und nicht weit genug tragenden Schüsse, und wie sehr es an raschen Fortschritten fehlte, zeigt die Tatsache, daß selbst 1625, zu Gustav Adolfs Zeit, siebenmaliges Feuern während einer Schlacht für eine vorzügliche Leistung der Infanterie galt, ja daß 1627 die Bogenschützen noch einen regelmäßigen Bestandteil der englischen Armee bildeten! Allerdings äußerte sich der allgemeine tiefe Widerwillen der gesamten militärischen Organisation aller Länder gegen die Einführung der Feuerwaffen nirgends in höherem Grade als in England und Frankreich, die infolgedessen bis etwa 1475 weit hinter fast sämtlichen übrigen Staaten zurückblieben; begründet war dieser Widerwillen in den glänzenden Leistungen und großen Privilegien der Bogen- und Armbrustschützen, in dem Mißtrauen, der Eifersucht, und der Eitelkeit des Adels, und in der Scheu aller vornehmen und führenden Kreise, sich die zur Herstellung, Beurteilung und Handhabung der Feuerwaffen erforderlichen besonderen Kenntnisse durch bis dahin unnötige Studien und Anstrengungen zu eigen zu machen. Daß sogar bei den „Schießfesten“ Büchsen zu Augsburg erst 1449, zu Würzburg 1475 zugelassen wurden, mag zeigen, wie groß selbst die in Deutschland zu überwindenden Vorurteile waren. Für Frankreich und Italien genügten, um diese zu zerstreuen, nicht einmal die entscheidenden Schlachten bei Ravenna (1512) und Pavia (1552), obwohl in ersterer die offensive Anwendung der Artillerie sowie die unerhörte Neuerung einer „Generalsalve“ der spanischen Arkebusiere geradezu Epoche machte, und in letzterer die „zerstreute Gefechtsweise“ der deutschen Feuerschützen glänzende Erfolge zeitigte; während die erste 1533 in Mainz gedruckte Übersetzung des Livius selbst die Römer schon als Landsknechte und mit Feuerwaffen und Geschütz versehen abbildet, versichern noch 1550 erfahrene Heerführer ersten Ranges, wie Cornaro oder Vigenère, „in Übereinstimmung mit allen großen italienischen und französischen Feldherren“, daß Armbrüste besser, brauchbarer, rascher und treffsicherer seien als Handfeuerwaffen, und daß diesen nur ein wirklicher Vorteil zukomme, nämlich „Schrecken und Entsetzen, die sie verbreiteten.“

Um die Größe dieses moralischen Eindruckes richtig zu würdigen, darf man nicht aus dem Gedächtnisse verlieren, daß Pulver und Feuerwaffen seit jeher als Früchte der Schwarzkunst, Magie und Zauberei galten, ihre Erfindung daher als eine schädliche, schlechte, verderbliche, ja fluchwürdige angesehen wurde, die das Ende des Mannesmutes und der Tapferkeit bedeute und des ehrlichen Kriegers völlig unwürdig sei. Anschauungen dieser Art machen sich in der Kriegsgeschichte fast bei jeder neuen Vervollkommnung der Kampfmittel geltend: Schon der Spartanerkönig Archidamos rief beim Anblicke der ersten aus Sizilien angekommenen Wurfmaschine aus:

„Wehe, jetzt ist die Tapferkeit dahin!"; verschiedene Konzilien, z. B. das lateranische (1139), untersagten die Anwendung der verbesserten Wurfmaschinen, der Armbrüste und der großen Spannwerke „als einer dem Christen unziemlichen Waffe, es sei denn wider Heidenvolk"; die italienischen Condottieri benutzten zwar selbst Kanonen, ließen aber den gefangenen Büchsenschützen (schioppettieri) die Augen ausstechen und die Hände abhacken, „weil es gemein und unziemlich ist, daß ein wackerer und oft adeliger Ritter von einem verachteten und schlechten Fußsoldaten getötet wird";[1] Kaiser Max I., dessen Liebhaberei und Dilettantismus im „Theuerdank" in charakteristischer und oft lächerlicher Weise hervortritt, soll anfangs die Anwendung des Nürnberger Radschlosses verboten haben, „weil es das Feuergewehr entstelle", und noch im 18. Jahrhunderte war es Brauch, Scharfschützen oder Jägern, die sich gezogener Gewehre bedient hatten, den Pardon zu versagen.

Petrarca spricht von der „deutschen Erfindung" als einem höllischen Werkzeuge, einer Pest; Ariost erklärt sie für einen ruchlosen Frevel und läßt seinen Roland ein Feuerrohr, das er einem niederländischen Könige und Zauberer entreißt, „als eines echten Helden unwert" verächtlich ins Meer werfen, aus dem es der Teufel wieder herausfischt und nach Deutschland bringt, um den Kriegsruhm der gläubigen Ritterschaft zu vernichten und ehrlosen Feiglingen Macht über die Tapfersten zu geben;[2] „das Verderben der edlen fahrenden Ritterschaft" nennt auch Cervantes „die verwünschte teuflische Erfindung, deren Urheber seine Sünde in der Hölle büßen müsse",[3] und in Shakespeares „Heinrich IV." heißt es: „Ein großer Jammer ist es auch fürwahr, Daß sie den bübischen Salpeter graben, Aus uns'rer guten Mutter Erde Schoß".[4] Nach Luthers „Tischreden" sind „Büchsen und Geschütz des Teufels und der Hölle eigen Werk, und hätte Adam derlei Instrumente ge-

[1] Burckhardt, a.a.O.; I, S. 99. [2] „Orlando furioso", Ges. 9, Str. 90 ff.; Ges. 11, Str. 22 ff. [3] „Don Quixote"; I, S. 38. [4] 1. Teil; I, S. 3.

sehen, die seine Kinder gemacht, er wäre vor Leid gestorben"; Melanchthon nennt den Berthold Schwarz einen „Leibdiener und Gehilfen des Teufels", und unter des Teufels Segen Pulver zurechtmischend, stellen ihn auch viele alte Stiche und Bilder dar, und lassen so erkennen, weshalb die Geistlichkeit bemüht war, diesen Mann nicht als einen der ihrigen gelten zu lassen, ja selbst seinen Namen in Vergessenheit zu bringen; Erasmus von Rotterdam nennt es „ein Teufelswerk, daß sich Christen mit Maschinen der Hölle bekämpfen", Navagiero versichert, „die maurischen und italienischen Feldzüge Ferdinand I. von Spanien seien noch wahrhaft edle Kriege gewesen, weil man sich der Feuerwaffen damals noch wenig bediente und die Ritterschaft ihren persönlichen Mut zeigte",[1] und auf diesem Standpunkte stehen auch noch 1668 im „Simplicissimus" Grimmelshausen[2] und 1642 in „Philander von Sittewalds Gesichten" Moscherosch,[3] der in einer Gerichtsverhandlung über den „verruchten und gottlosen Schwarzkünstler" zu dessen Gunsten nur anzuführen weiß, die (angeblich!) gleichzeitig erfundene Buchdruckerkunst „habe durch Verbreitung der heiligen Schriften eine ebenso große Anzahl Seelen gerettet, als jener Mensch Leiber umgebracht und verdorben". Selbst Leibniz hat noch 1689 ein in dieser Hinsicht sehr charakteristisches lateinisches Epigramm verfaßt,[4] das in freier Übersetzung wie folgt lautet:

„Welche Wut treibt die Menschen doch an? Durch hölli-
[sches Feuer
Übertreffen sie noch, wahrlich, den himmlischen Strahl.

Nicht der Donner genügt; verderbenschwangere Bomben,
Ausgeworfen vom Blitz, tragen noch Blitze in sich:

[1] Prescott, „Ferdinand und Isabella" II, S. 633. [2] 3. Buch, cap. 12. [3] ed. Bobertag (D. N. L.), Buch 6, S. 381 ff. [4] „Geschichtliche Aufsätze", ed. Pertsch (Hannover 1847), S. 293.

Neue Geschosse entflieh'n dem Bauche des ersten Geschosses,
Aus seiner Höhlung rings streut es verderbliche Saat.
Dumpf ertönet der Knall der schrecklichen fliegenden Minen,
Und die Erde erbebt unter der Sprengung Gewalt;
Häuser stürzen, es hebt zertrümmert sich in die Lüfte,
Aufgelöst und zerstäubt, Mauerwerk samt Fundament.
Was ein Jahrhundert gebaut, hat eine Stunde vernichtet:
In der Zerstörungskunst, da ist der Mensch ein Genie!
Furchtbarer sandte der Orkus uns nichts als diese Erfindung,
Und ein teuflisches Werk heißt sie uns allen mit Recht".

Vermutlich als eines Gegengewichtes solcher Verdächtigungen und Bedrohungen trachteten die „Feuerkünste", sich auch himmlischer Fürsprache zu versichern, und so ist es wohl zu erklären, daß besonders die Artillerie eifrig nach einer Schutzpatronin suchte, und sie schließlich in der heiligen Barbara fand. Den alten Legenden zufolge[1] stürzten vor dem Gebete dieser Heiligen Türme und Mauern ein und gaben ihr den Weg zum Gottesdienste frei, an dessen Besuche ihr Vater, ein fanatischer Heide, sie hindern wollte; und als dieser die Tochter, ihres Übertrittes zum Christentum halber, selbst enthaupten ließ, fuhr ein Blitz vom Himmel und erschlug ihn. Der Zusammenhang zwischen dem Blitze, den Feuergeschützen, und den stürzenden Türmen der heiligen Barbara ist leicht zu durchschauen,[2] und so erfreute sich diese Heilige der größten Verehrung des Kriegsvolkes, ihr Bild schmückte Zeughäuser und Arsenale, – die Pulverkammer der französischen Kriegsschiffe heißt noch jetzt „la sainte Barbe" –, und Karl V. befahl in den „Vorschriften für die Artillerieschule zu Burgos" ausdrücklich, ihre Hilfe beim Laden jedes Geschützes anzurufen, sowie beim Entzünden jeder Mine.

[1] Jacobus a Voragine (1230—1298), „Legenda Aurea", ed. Graesse, Breslau 1890; S. 898.

[2] Pfleiderer, „Die Attribute der Heiligen", Ulm 1898, S. 169.

Die Sprengminen, die, wie auch aus Leibnizs Epigramme hervorgeht, den Ruf des „schändlichsten aller Teufelswerke" genossen, sollen nach Pitti zuerst 1403, im Kriege der Florentiner gegen Pisa, vom Ingenieur Domenico di Matteo vorgeschlagen worden sein; die ältesten Beschreibungen und Zeichnungen gab 1430 Mariano, 1480 erfand der Maler, Architekt und Bildhauer Martini aus Siena den Bau der Zickzackminen mit Hilfe der Boussole (den auch Lionardo da Vinci auszuführen verstand), und 1487 eroberten die Genuesen Borgo die Sarzanello „mittels der damals noch neuen Kunst der Minen".[1] Bei der Belagerung Malagas 1487 sprengte Ramirez durch eine Mine den Hauptturm, für welche Großtat König Ferdinand ihn eigenhändig zum Ritter schlug;[2] ebenso sprengten die Spanier, vermutlich unter Martinis Leitung, 1495 das „Castell Nuovo" bei Neapel, und 1503 die steile Felswand des „Castell dell' Uovo", in die sie von der Seeseite her, auf mit Schirmen geschützten Flößen arbeitend, Bohrlöcher trieben. Außerhalb Italiens wird die Minierkunst bis gegen 1550 kaum erwähnt, und die Türken verstanden sie 1529 vor Wien noch ebensowenig mit Erfolg anzuwenden, wie 1452 vor Konstantinopel. Allbekannt sind dagegen, durch Schillers glänzende Beschreibung, die Belagerungsarbeiten der Spanier vor Antwerpen 1585, sowie der Bau der niederländischen Sprengschiffe, deren Zünduhren den 1530 zu Nürnberg erfundenen, feuerschlagenden und lichtzündenden Weckeruhren nachgebildet waren; so entsetzlich war der Eindruck dieser „Höllenmaschinen" des Gianibelli, daß 1588 die Besatzung der vor Calais ankernden spanischen „großen Armada", beim bloßen Anblicke einiger kleiner Brander, die derselbe Ingenieur gegen sie losließ, in wahnsinniger Angst und unter dem Schreckensrufe „Das Feuer von Antwerpen!" die Ankerkabel kappte, und trotz heftigen Windes die hohe See zu gewinnen suchte, wo ein Sturm die Flotte vernichtete.

[1] Capponi, a. a. O.; II, S. 137. [2] Prescott, a. a. O.; I, S. 433.

In Deutschland ist der Danziger Zeugmeister Senftenberg der erste, der 1568 Minen, Torpedos verschiedener Art, Sprengwerke mit Fern- und Zeitzündung, Sprengbriefe, Selbstschüsse und dergl. ausführlich beschreibt; doch glaubt er, man solle alle Mittel dieser Art nicht gegen Christen benützen. Der nämlichen Meinung ist auch der Jesuit Mariana (1599), doch nimmt er die Tyrannen aus, „wie es denn auch gestattet sei, solche zwar nicht durch giftige Speisen, aber wohl durch vergiftete, an Stühlen oder Sätteln heimlich befestigte Nägel umzubringen, dieweilen der Mensch essen unbedingt muß, zum Sitzen oder Reiten aber durch nichts gezwungen wird, es also sozusagen selbst und freiwillig tut".

Daß die Minen und Sprengwerke in der Tat höchst gefährlich anzulegen waren, und durch das sogenannte „Zurückschlagen" oft die Sprengenden selbst zu Hunderten dahinrafften (wie noch 1686 vor Ofen), war hauptsächlich darin begründet, daß man ihre Wirkung in keiner Weise zu berechnen verstand und über die Vorgänge bei der Entzündung des Pulvers die abenteuerlichsten Vorstellungen hegte.

Schon im „Feuerwerksbuche" von 1410 heißt es hierüber: „Nicht das Feuer selbst ist das Treibende, sondern ein besonderer Dunst; der hitzige Schwefel und der kalte Salpeter können ihre verschiedenen Naturen nicht miteinander vertragen, und wenn das Feuer sie ergreift, so befeinden sie sich gar heftig und drängen sich gegenseitig mit großer Gewalt hinaus". Diese Dunsttheorie, mit ihrer anscheinend klaren und natürlichen Auslegung des Sachverhaltes, befriedigte die Geister offenbar in hohem Maße und blieb Jahrhunderte hindurch die herrschende, so daß wir sie z. B. noch 1617 in Wallhausens „Kriegskunst", ja noch 1683 in Mieths „Artilleriebuch" wiederfinden. Nach Wallhausen ist die Verbrennung des Pulvers gleichsam dessen Tod, „und wie beim Ende des

Menschen Seele und Geist als Hauch entweichen, während der Leib irdisch zu sein beharrt, so verfliegen Schwefel und Salpeter als Dunst, während die Kohle als erdiger Rest zurückbleibt". Nach Mieth wieder ist „der Salpeter kalter Beschaffenheit, enthält aber in sich gefangen ein gezwungenes Feuer, während der Schwefel schon von Natur aus gar hitzigen Wesens ist; zündet man nun auch noch die Kohle an, so vermag sie die Gegensätze nicht mehr auseinanderzuhalten, und diese prallen zusammen: die kalte Feuchte des Salpeters verwandelt sich in ‚corporalischen Dunst' (Dampf) und treibt das Feuer nach seinem natürlichen Orte, also in die Luft hinaus". Die nämlichen Erklärungen über die „Feindschaft des hitzigen trockenen Schwefels mit dem faulen, feuchten Salpeter" und die Austreibung eines Dunstes bringen auch Rubach (1710), St. Julien (1713) und Flemming (1726) vor, ja noch 1792 ließ das französische Direktorium sie durch eine besondere Kommission auf ihre Richtigkeit prüfen.

Bessere Einsichten besaß Lionardo da Vinci, der, auf diese gestützt, auch zuerst die ballistische Wirkung der Geschosse, ihre Flugbahnen, und ihre Fluggeschwindigkeiten, zu erforschen suchte; Tartaglia (1537) war ebenfalls auf dem richtigen Wege, indem er behauptete, bei der Entzündung des Pulvers entstehe ein plötzlicher und gewaltsamer Wind (d. i. ein Gas), der das Geschoß in Bewegung setze. Auch van Helmont (1650) und Boyle erkannten in der Gasentwickelung das treibende Moment, vermochten aber mit dieser Ansicht nicht bei den Physikern durchzudringen, die sich teils an Bacon von Verulams „feurigen, durch Wärme ausdehnbaren, Quecksilber-ähnlichen Pulvergeist" hielten, teils die mechanische Häkchen- und Spitzentheorie des Descartes vorzogen,[1] oder endlich das Vorhandensein einer ausnehmend verdichteten Luft in den Poren des Pulvers behaupteten; daß diese „sicherlich darin ebenso wie in einer Windbüchse gegenwärtig, und durch

[1] „Prinzipien der Philosophie" IV, § 109—115.

die Elastizität des Äthers so stark zusammengedrückt sei", gibt noch 1750 Euler an.[1]

Nach Newton (1705) verbrennt der Schwefel zu Schwefelsäure, die aus dem Salpeter den „Salpeterspiritus" austreibt, der das eigentlich wirksame Agens vorstellt; diese Ansicht teilte auch Papin, der erste Erbauer eines Dampfschiffes (1706), und Stahl erweiterte sie dahin, daß sich der Salpetergeist mit dem Phlogiston verbinde, während wieder Bigot (1737) eine mechanische Erklärung für die richtigere hielt, nämlich „die Entstehung kugelförmiger, von den brennenden Pulverteilchen ausgehender Wirbel, deren Schleudervermögen sich zu einer mächtigen Zentralkraft kombinieren".

Zu der wichtigen Erkenntnis des Zusammenhanges zwischen Verbrennungswärme und Ausdehnung der Gase, sowie zum Begriffe der durch diese bedingten Anfangsgeschwindigkeit, gelangte zuerst 1690 Johann Bernoulli in Basel. Er entzündete in einer mit Wasserabschluß versehenen Glasglocke einige Pulverkörner vermittelst eines Brennglases, und folgerte aus seinen Beobachtungen, daß die entstehenden Gase ein hundertmal größeres Volum einnähmen als das Pulver selbst; infolge der unzulänglichen Versuchsanstellung ist freilich diese Zahl viel zu niedrig ausgefallen, denn nach neueren Messungen von Debus, Nobel, Abel und Anderen ergibt 1 g (= etwa 1,2 ccm) Pulver 250 Vol. Gas bei 760 mm Druck und 0° C. Temperatur, also bei einer Verbrennungstemperatur von ca. 3340°, wie sie z. B. Bunsen für den geschlossenen Raum feststellte, ungefähr 3700 (oder für 1 ccm 3080) Vol. Richtigere Werte als die des Johann Bernoulli, und auch klarere und besser begründete Darlegungen, bietet Daniel Bernoullis „Hydrodynamik" von 1738; völlig zureichende Erklärungen waren jedoch erst möglich, nachdem Scheele und Priestley in der Zeit zwischen 1771 und 1774 den Sauerstoff entdeckt, die Natur der Gase

[1] „Briefe an eine deutsche Prinzessin", ed. Müller, Stuttgart 1847; S. 35 und 50.

aufgehellt, und die Zersetzung des Salpeters ergründet hatten: daß diese unter Sauerstoffentwickelung vor sich geht, machte endlich auch die rätselhafte Tatsache begreiflich, daß Pulver im luftleeren Raume zu verbrennen, und auch unter Wasser zu explodieren vermag (wie schon 1521 dem Della Valle bekannt war). Die Forschungen von Ingenhousz, Fourcroy, Achard, Berthollet, Green, Rumford und Lavoisier bereiteten dann allmählich den neueren Anschauungen die Bahn; auch gestattete die Ausbildung der chemischen Analyse nunmehr die Beschaffenheit der Materialien zu prüfen, und die älteren Ansichten zu berichtigen, die namentlich dem Salpeter, je nach seiner Herkunft, ganz verschiedene „Kräfte“ zugeschrieben hatten. Wie es nämlich, bevor die Holländer im 18. Jahrhunderte den hochprozentigen indischen Salpeter in Schiffsladungen nach Europa brachten, mit der Reinheit dieses Salzes gestanden haben mag, läßt sich am besten darnach ermessen, daß dessen größter Teil sogenannter „Mauersalpeter“ war, und nur mittels äußerst unvollkommener Methoden „zurecht gesotten“ wurde.[1] Die Beschaffung dieses Mauersalpeters stellte man durch besondere Gesetze und Maßregeln sicher; eines der ältesten solchen „Privilegien“ ist jenes von 1419, durch das Erzbischof Günther von Magdeburg den Inhabern das Recht erteilt, „ein Jahr lang innerhalb des Gerichtssprengels von Giebichenstein bei Halle Salpeter zu suchen und zu sieden“.[2] In späterer Zeit wurden derartige Privilegien in großer Zahl ausgegeben, und namentlich in Preußen und Württemberg bis gegen 1800 mit größter Strenge und rücksichtslosester Härte durchgeführt,[3] so daß die, Häuser, Ställe und Mauern inquisitorisch absuchenden und abkratzenden „Salpeterknechte“ der Schrecken aller Grundbesitzer und namentlich aller Hausfrauen blieben, „die nicht selten sothanes Teufelswerk leibhaftig zum Teufel wünschten“.

---

[1] Biringuccio, a. a. O. (1540); Agricola, „De re metallica“ (1546).
[2] Dreyhaupt, „Beschreibung des Saalkreises“ 1749; I, S. 653.
[3] Thiele, „Salpeterwirtschaft und Salpeterpolitik“ (Tübingen 1905).

Hat aber auch das „Teufelswerk" des Schießpulvers gewiß genug des Bösen verursacht, und mit dazu beigetragen über Ungezählte namenloses Unglück und Elend heraufzubeschwören, so darf man doch darüber auch seiner Lichtseiten und seiner heilbringenden Wirkungen nicht vergessen: ihm entsprang die steigende Bedeutung der Kriegskunst, ihrer technischen und später ihrer chemischen Hilfswissenschaften, ihm die wachsende Macht der Zentralgewalten über den Feudaladel, ihm eine der tiefgreifendsten sozialen Umwandlungen: der Sturz der allmächtigen Ritterschaft und die Erstehung eines Bürgerstandes, ihm endlich das dauernde Übergewicht der Kulturvölker über die barbarischen Nationen, und die rasche Erschließung aller Weltteile für die europäische Zivilisation. Seine sprengende Gewalt hat dem Bergbaue[1] neue Bahnen, dem Verkehrswesen ungeahnte Pfade erschlossen, und in alter, wie in neuerdings verbesserter Gestalt, ist und bleibt es, wenn die Stunde der Gefahr schlägt und das Sein des Vaterlandes auf dem Spiele steht, die „ultima ratio" der Völker und ihrer Könige.

Zusätze.[2]

1

G. Oppert hält, nach eigenem Ermessen, und gestützt auf die Ansichten einiger anderer älterer und neuer Sanskritforscher (die in ihrem Fache allerdings große Gelehrte waren, eingehende naturwissenschaftliche Kenntnisse aber wohl kaum be-

[1] Die erste Sprengarbeit, über die beglaubigte Urkunden vorliegen, führte 1627 in Schemnitz der Tiroler K. Weindl aus.

[5] Vorgetragen in der Sitzung der „Chemischen Gesellschaft" in Halle a. S., am 24. November 1905. Quellen: Oppert, „Mitteilungen zur Geschichte der Medizin und der Naturwissenschaften" (Hamburg 1905; Bd. 4, S. 421 ff.). Guttmann, ebd.; „Muspratts Handbuch der technischen Chemie" (Braunschweig 1900; Bd. 7, S. 775); „Zeitschrift für angewandte Chemie" 1904, S. 1060; Privatbrief vom 23. Mai 1905.

saßen), das Schießpulver für eine indische Erfindung. Da in Indien Kohle, Schwefel und Salpeter reichlich vorhanden, und große Mengen des letzteren durch Auslaugung und Kristallisation leicht rein zu gewinnen sind, so scheint es ihm durchaus glaublich, daß die Ureinwohner durch Zufall auch die Mischung dieser Rohstoffe und deren merkwürdige Eigenschaften entdeckt, und praktisch, namentlich im Kampfe mit ihren Feinden, angewandt hätten; später sei dann diese Erfindung wieder in Vergessenheit geraten (die zur Zeit der mohammedanischen Invasionen Nordindiens, also um 1000 n. Chr., schon längst eine vollständige war), und zwar hauptsächlich deshalb, weil sie den arischen Eroberern kein Interesse bot, so daß sie auch in der sanskritischen Literatur nur selten erwähnt wurde. Immerhin finden sich einige völlig beweisende Stellen in den großen epischen Werken, in einigen anderen Gedichten, Schriften, Gesetzbüchern u. s. f., wo z. B. von flammenden, die Feinde hundertweise tötenden Eisengeschossen, von feuergetriebenen Pfeilen, ja von Steinschloßgewehren, Geschützen und dergl. mehr die Rede ist; es sei zwar zuzugeben, daß die „feurigen Waffen“ der Götter oder Heroen Gebilde der Phantasie darstellten, jedenfalls lägen ihnen aber tatsächliche Anhaltspunkte zugrunde, und dies sei auch die Meinung gelehrter einheimischer (neuerer) Kommentatoren, die den alten Indiern u. a. den Besitz von Schießpulver, Stein- und Eisenkugeln, Feuergewehren, und auf Rädern laufenden „Blitz und Donner versendenden“ Kriegsmaschinen zuschreiben; auch ein Edikt des Königs Asoka (259 bis 222 v. Chr.) erwähnt „Feuerwerke und andere himmlische Schaustellungen“, unter denen nicht, wie Bühler darlegte, Gerüste und Pfeiler für Illuminationen zu verstehen seien, sondern Raketen, die ebenfalls den Gebrauch des Schießpulvers voraussetzen. Die kleinen Bleikugeln der indischen Handfeuerwaffen nannte man „Bandhuka“, mit dem Namen des Samens einer einheimischen Lianenart, der schön kugelförmige blaue Bohnen darstellt und in Birma noch jetzt bei der Schießpulverbereitung als Ersatz des Schwefels dient; dieser Samen wurde als Droge auch ausgeführt, und die Araber, z. B. Râzi und Avicenna, kannten ihn als „Bonduc Hindi" (indische Bohne, indische Nuß), und verwechselten „Bonduc" mit „Pfunduq", dem aramäischen und arabischen Namen der Haselnuß, κάρυον ποντικόν; infolgedessen habe fortan Bonduc auch Haselnuß, Flintenkugel und Flinte bedeutet, und zugleich mit der Sache sei auch dieser Namen durch die Araber wieder nach Indien zurückgebracht worden. Der Übergang der Bezeichnung „Bonduc" von der blauen Bohne auf die Kriegswaffe stehe in beachtenswerter Parallele mit jenem des Namens „Granate" von der roten Blume auf das später so genannte Geschoß.

Wie schon früher von Romocki[1] sowie von Rây, einem geborenen Hindu und Verfasser einer vortrefflichen „Geschichte der Chemie in Indien",[2] so werden indessen die Ausführungen Opperts neuerdings auch von Guttmann durchaus zurückgewiesen, und in der Tat sind sie so erfüllt von äußeren und inneren Unwahrscheinlichkeiten, daß sie in der vorliegenden Gestalt unmöglich überzeugend wirken können.

Hinsichtlich der Ersteren ist daran zu erinnern, daß zu den indischen Nationaleigenschaften ein völliger Mangel an chronologischem Sinne gehört;[3] demgemäß bilden fast alle indischen Schriften in ihrer heutigen Fassung ein Konglomerat ursprünglicher, oft sehr alter Texte, und ohne Wahl und Zahl eingeschobener Zusätze, Erklärungen und Erweiterungen, die oft viele Jahrhunderte jünger, und auch untereinander wieder von verschiedenstem Alter sein können; die Entwirrung ist in vielen Fällen noch gar nicht, in anderen, nach zahlreichen Irrtümern und Mißgriffen, nur bis zu einem gewissen Grade

[1] a. a. O., S. 36 ff.; s. daselbst auch die gleichlautende Ansicht Sinclair's.
[2] „A History of Hindu Chemistry" (London 1902; S. 95 ff.).
[3] s. Näheres weiter unten, in dem Aufsatze „Zur Geschichte des diabetischen Zuckers".

möglich gewesen, und nirgends ohne die sorgsamsten vergleichenden Spezialstudien. An solchen fehlt es aber, da die meisten Sanskritisten ganz oder vorwiegend Philologen sind, hinsichtlich naturwissenschaftlicher Gegenstände noch vielfach, und Beweise, namentlich solche chronologischer Natur, sind daher zumeist unmöglich, weil sich das Alter der betreffenden Schriften nicht mit Sicherheit ermitteln, und eine Zeitgrenze für die Herkunft ihrer (erwiesenen oder vermuteten) einzelnen Bestandteile nicht aufstellen läßt.

Was die inneren Unwahrscheinlichkeiten anbelangt, so verbürgt selbstredend das Vorhandensein gewisser Rohstoffe weder die planmäßige oder zufällige Gewinnung der aus ihnen darstellbaren Mischungen und Reinkörper, noch die Entdeckung der Eigenschaften dieser Substanzen, und aus der Möglichkeit eines Ereignisses darf niemals auf seine Wirklichkeit geschlossen werden; dies gilt im vorliegenden Falle um so mehr, als auch nicht gezeigt werden kann, daß die indischen Ureinwohner den Salpeter durch die keineswegs so einfachen Operationen der Auslaugung und Kristallisation rein darzustellen verstanden, und als nach Rây der Salpeter anscheinend nicht einmal einen alten einheimischen Namen besitzt. Nimmt man indessen an, daß die Urbevölkerung das Schießpulver und die Feuerwaffen gekannt habe, so muß man doch für die befremdliche Tatsache, daß sie trotz einer so ungeheuren Überlegenheit ihrer Bewaffnung von der Minderzahl einwandernder Arier mit Leichtigkeit gänzlich besiegt und unterjocht wurde, und daß sie eine für ihre fernere Zukunft so entscheidende Erfindung in Vergessenheit geraten ließ, bestimmte Beweise oder mindestens wahrscheinliche Erklärungen beibringen. Ebenso bedürfte der Widerspruch der Aufhellung, daß zwar die Arier jener Erfindung kein oder nur wenig Interesse schenkten, sie aber dennoch, und stellenweise recht eingehend, in ihrer Literatur verewigten, ja Götter und Helden mit Waffen ausrüsteten, die (selbst, oder älteren Vorbildern gemäß) in ihren Leistungen erheblich über jene der beginnenden europäischen Neuzeit hinausgingen, – denn weiter oben ist zur Genüge dargelegt worden, in wie später Zeit und mit welchen Schwierigkeiten man es im Abendlande zu nur halbwegs treffsicheren Handfeuerwaffen und Räderkanonen brachte, geschweige denn zu solchen, die mit eisernen Geschossen und bleiernen Kugeln als „hunderttötende" einzugreifen vermochten. Es bleibt auch zu erwägen, daß unter „indischer Nuß" (die übrigens unmöglich den Schwefel ersetzen kann!) bei den arabischen Kompilatoren indische Drogen sehr verschiedener, ohne jedesmalige besondere Untersuchung nicht ohne weiteres zu identifizierender Beschaffenheit verstanden werden; daß eine Analogie zwischen der „blauen Bohne" und der „roten Granate" nicht besteht (da, wie oben dargetan, die Quelle des Namens „Granate" für das Geschoß eine völlig andere ist); endlich, daß die Araber selbst sowohl in Spanien (wie gleichfalls weiter oben bewiesen) als auch, soviel man weiß, anderwärts, gegen Ende des 15. Jahrhundertes Geschütze noch kaum, fahrbare Kanonen und Handfeuerwaffen aber gar nicht (oder letztere nur als Kuriosität) besaßen, folglich auch nicht in der Lage waren, Sache und Namen schon in weitaus früherer Zeit nach Indien zurückzubringen.

Aus den Berichten, die über die ersten Entdeckungsfahrten der Portugiesen nach Ostindien vorliegen,[1] ist denn auch zu ersehen, daß noch um 1500 sowohl die „Mauren" als die Inder allenthalben mit Säbeln, Pfeilen, Schleudern, Schilden, und „Waffen für Kopf, Leib und Hände" ausgerüstet waren, nicht aber mit Schießgewehren und Kanonen. Der mächtige Samorin von Calicut besaß zwar einige kleine, bald recht gut, bald ganz ungenügend bediente Bombarden[2], und verfügte sogar (wenn die Übersetzung korrekt ist) über einen „Flintenschützen", der bei festlichen Aufzügen diesen vorausging und Schüsse abgab;[3]

[1] Hümmerich, „Vasco da Gama" (München 1898). [2] ebd., S. 79 und 98. [3] ebd., S. 172.

desgleichen hatten indische Schiffe, die vor Melinde (in Ostafrika) lagen, Bombarden und Raketen an Bord, mittels derer sie den dortigen König begrüßten;[1] indessen scheinen diese kleinen Bombarden, ähnlich wie die heutigen Pöller, viel mehr festlichen und Repräsentations-Zwecken gedient zu haben als kriegerischen, denn auch die größte Überzahl der Mauren und Inder ergriff in der Regel schon auf einige Schüsse der portugiesischen Bombarden hin die Flucht,[2] nicht selten aber auch gleich nach dem ersten Schusse, „a la prima bombarda."[3] Der Herrscher von Goa, einer der reichsten und kriegerischsten indischen Fürsten, suchte das portugiesische Geschwader durch Hinterlist in eine Falle zu locken, um die Gefangenen seiner Armee einzureihen und so „die Überlegenheit ihrer Waffen für sich auszunützen",[4] und noch 1505 verschafften sich die Mauren zum Kampfe gegen d'Almeida nur dadurch einige Geschütze, daß sie sie aus einem untergegangenen portugiesischen Schiffe hoben.[5]

Aus allen diesen Tatsachen, die sich unschwer vermehren ließen, ergibt sich bis auf Weiteres der Schluß, daß die Indier noch um 1500 höchstens einige Bombarden besaßen, aber keine mit Steinschloßgewehren, Kanonen u. s. f. ausgerüstete Armee, daß sie also diese Waffen erst durch die portugiesischen Eroberer näher kennen und anwenden lernten. Seit wann sie sich des Schießpulvers zu Feuerwerkszwecken bedienten, und ob sie diese Erfindung selbständig machten, oder seitens fremder Vermittler (Chinesen?, Araber? ...) zugetragen erhielten, — dieser Punkt bedarf noch weiterer eingehender Untersuchungen.

2

Nach Guttmann ist in den Handschriften und Drucken der „Epistolae" des Roger Bacon das Anagramm „Lura nope

[1] Hümmerich, „Vasco da Gama" (München 1898), S. 167; s. auch S. 166. [2] ebd., S. 31, 33, 35, 53, 57, 159, 161, 162, 182, 184, 187, 189, 196, 197, 201. [3] ebd., S. 196. [4] ebd., S. 56. [5] ebd., S. 165.

cum urbe“ (das auch „Luru mope can ubre“, und völlig sinnlos „luru vope vir can utriet“ u. s. f. zitiert wird), in solcher Form nirgendwo enthalten, so daß diese, wo sie in späteren Werken auftritt, als Fälschung angesehen werden muß. Hingegen hat, nach Guttmann, Oberstlieutenant Hime in einem Aufsatze „Our earliest Cannon 1314 bis 1346“[1] neuerdings dargetan, welches der Zweck der drei bisher unverstandenen Kapitel der „Epistolae“ ist, und welches der Sinn des Anagrammes, das richtig „Luru vopo vir can utri et“ lautet, und den entschiedenen Beweis für Roger Bacons Kenntnis des Schießpulvers erbringt.[2]

3

Guttmann vertritt die Ansicht, daß Berthold Schwarz die treibende Kraft des Pulvers 1313 entdeckt habe (wie auch die oben erwähnte Genter Chronik erzählt), und daß die Angaben, die diese Entdeckung schon in die Zeit vor 1300 verlegen, ungenügend beglaubigt und daher verwerflich seien. Als älteste Urkunde über den Gebrauch von Geschützen führt er ein Manuskript des Walter de Millemete aus dem Jahre 1326 an, das sich in Oxford befindet und „De officiis regum“ betitelt ist; es wird daselbst ein kleines, liegendes, flaschenförmiges, rückwärts mit einem Zündloche versehenes Geschütz abgebildet, in dessen Mündung das kugelig verdickte Schaftende eines Pfeiles steckt; beim Abfeuern, das mittels einer glühenden Stange erfolgte, wurde der Pfeil, der bestimmt war, „ein Schloßtor zu sprengen“, herausgeschossen. Solche „Kanonen“ sollen die niederländischen Söldner des Grafen Wilhelm von Hennegau mitgebracht haben, der die Gemahlin König Eduard II. bei der Entthronung dieses Fürsten unterstützte.

[1] „Proceedings of the Royal Artillery Institution“, Bd. 31, Nr. 12; ich habe mir diese Abhandlung nicht verschaffen können. Der in ihr zitierte Lenz war nach Guttmann ein Fälscher.

[2] „Mitteilungen“ 1905; Bd. 4, S. 425.

Nimmt man an, daß die Erfindung des Schießens mit Pulver erst 1313 in Deutschland gemacht, jedoch schon 1326 in England zu Kriegszwecken angewandt wurde, so bleibt allerdings für die Ausbildung, praktische Vervollkommnung, und Verbreitung dieser Kunst nur eine derartig kurze Frist, daß man sie, in Ansehung der Zeitverhältnisse sowie der ganzen späteren Entwickelung, nicht wohl für wahrscheinlich erachten kann; in dieser Hinsicht scheint es daher gerechtfertigt, bis auf Weiteres die frühere Datierung (etwa 1250) für die im allgemeinen richtigere zu halten, selbst wenn man die besonderen Zeugnisse, soweit sie sich auf bestimmte Jahresgrenzen erstrecken sollen, nicht als zureichend gelten läßt.

Dagegen ist andererseits zu berücksichtigen, daß ein Zweifel bestehen bleibt, ob die Bezeichnung der fraglichen Kriegsmaschinen als eigentliche „Geschütze" berechtigt ist, und ob diese nicht vielmehr Erzeugnisse einer Übergangszeit waren, in der man von der Erfindung des Berthold Schwarz unbestimmte Kunde, aber keine genauere Kenntnis besaß, und sie, unter Benutzung der üblichen und vorhandenen Mittel, nachzuahmen versuchte: die Geschosse waren nicht, wie anfangs bei Berthold Schwarz, obenauf liegende Steine, sondern horizontal eingesteckte Pfeile, und wirkten auch nicht, wie es für wahre Geschütze charakteristisch ist, vermöge ihrer Durchschlagskraft, — wie denn Pfeile auch nicht imstande sind, Sprengwirkungen auszuüben, selbst wenn sie mit einer starken Pulverladung abgefeuert werden. Sobald eine ausführliche Publikation des Oxforder Manuskriptes gestattet wird (was bisher nicht geschehen ist), empfiehlt es sich daher, zu prüfen, ob jene Pfeile nicht etwa Feuerpfeile waren, wie sie in einem, gleichfalls von Guttmann angeführten Dokumente von 1338 erscheinen: dort übergibt Fouques, Verwalter des Galeerenhauses in Rouen, dem Guillaume du Moulin „einen eisernen Topf zum Schießen von Feuerpfeilen, 48 eisenbeschlagene und gefiederte Pfeile, und dazu 1 Pfund Salpeter und $^1/_2$ Pfund lebenden Schwefel, um

Pulver zum Abschießen dieser Pfeile zu machen"; auf jeden Pfeil kommen hier nur etwa 30 g Pulver, von einer Durchschlags- oder gar Sprengwirkung kann also nicht gut die Rede sein.

Wie es mit den Kriegsgeschützen („crakys of were") beschaffen war, die, laut dem von John Barbour 1375 verfaßten „Leben des Königs Robert Bruce von Schottland", 1327 im schottischen Kriege als Neuigkeit gesehen wurden, steht dahin;[1] 1342 schoß man aber, bei der Belagerung des Schlosses Rihoult, immer noch „aus einer Büchse hölzerne, mit Eisen beschlagene, durch Kupferscheiben zentrierte Pfeile", und das Pulver kostete etwa 30 Mark für ein Pfund, wurde aber wohl nur sparsam angewandt, wie denn 1342 auch die Stadt Cambray zu ihrer Verteidigung fünf metallene „Kanonen" kaufte, zu jeder aber nur drei Pfund Pulver.

Ausgaben für Schwefel und Salpeter zur Herstellung von Pulver finden sich ferner 1338 in den Rechnungen des französischen Kriegskommissärs Barthelemy du Drach, desgleichen enthalten die Rechnungsbücher der Kammer und der großen Garderobe Eduard III. in den Jahren 1344/47 und 1345/49 Eintragungen über Zahlungen betreffs Salpeter, Schwefel und Pulver „für des Königs Kanonen (gunnies)", und 1346/47 wurde aller Schwefel und Salpeter im Lande aufgekauft, wohl um wegen seiner Seltenheit die Kanonen rechtzeitig zu versorgen. Unter diesen Umständen hält Guttmann die Nachricht, die Engländer hätten sich in der Schlacht bei Crecy, 1346, einiger wirklicher Kanonen bedient, für der Wahrheit entsprechend, und vermutet, der König hätte diese Geschütze (über deren Beschaffenheit allerdings nichts Bestimmtes ausgesagt werden kann), aus Koblenz mitgebracht, wo er 1338

[1] Die Behauptung Libri's, man habe 1326 in Florenz schon metallene Kanonen mit schmiedeeisernen Kugeln gehabt, ist aus inneren Gründen, und weil diesem Autor verschiedentliche Fälschungen nachgewiesen sind, nicht glaubhaft.

eine Zusammenkunft mit Kaiser Ludwig dem Bayern hatte, um ein Bündnis gegen Frankreich abzuschließen.

Nach Muratori waren Kanonen um diese Zeit auch in Italien schon bekannt, denn 1347 verfertigte Meister Hugonius di Chatillon für die Marquise von Monferrato bei Aosta vier Bronzegeschütze, jedes etwa 40 Pfund schwer, die mittels Pulver Bleikugeln mit eisenbeschlagenen Pfeilen abschossen.

Vierte Abteilung

10

ALRAUN UND SCHWARZER HUND; EIN NATURWISSENSCHAFTLICHER ABERGLAUBE[1]

In der am kaiserlichen Hofe spielenden Szene des „Faust" (II. Teil, 1. Akt) rät Mephistopheles bekanntlich an, der wachsenden Finanznot des Reiches durch Ausgabe von Papiergeld abzuhelfen, und verweist zwecks dessen „metallischer Bedeckung" auf die im Boden vergrabenen, herrenlosen Schätze, die der Kaiser als sein Eigentum betrachten dürfe;[2] dem zweifelnden Gemurmel des Hofstaates begegnet er mit den Worten (Vers 4977ff.):

„Da stehen sie umher und staunen,
Vertrauen nicht dem hohen Fund,
Der Eine faselt von Alraunen,
Der Andre von dem schwarzen Hund".

Der Sinn dieses Satzes ist bisher unklar geblieben, denn war es auch zweifellos, daß unter dem Alraune die Alraunwurzel, der geheimnisvolle Gegenstand zahlreicher abergläubischer Vorstellungen zu verstehen sei, so schien doch der Zusammenhang zwischen dieser Wurzel, den Schätzen, und dem schwarzen Hunde dunkel, und auch aus den Erklärungen der bewährtesten Kommentatoren ist in dieser Hinsicht nichts bestimmtes zu entnehmen.[3]

[1] Jubiläums-Festschrift der „Naturforschenden Gesellschaft" in Halle a. S., 1894 (s. dessen „Abhandlungen" 1894, Bd. XX).

[2] Diesen Rechtsgrundsatz kennt schon der „Sachsenspiegel", Buch I, Artikel 35; s. meinen Hinweis im „Goethe-Jahrbuch" 1903, XXIV, S. 220.

[3] Carrière (Leipzig 1869; II, S. 241), Düntzer (Leipzig 1887; II, S. 74), Schröer (Heilbronn 1888; II, S. 23).

Bei einem Besuche des Nürnberger Germanischen Museums bemerkte ich nun in einem der oberen Säle, der alchemistische, astrologische Instrumente und dergl. enthält, eine an der Längswand hängende mittelalterliche Zeichnung, auf die, wie ich gelegentlich meiner späteren Studien ersah, zuerst wohl Peters[1] aufmerksam gemacht hat, und die gleich beim ersten Anblicke

ein gewisses Licht auf die oben angeführten rätselhaften Zeilen wirft.

Wir sehen einen kräftigen Hund mit Anstrengung bemüht, die Alraunwurzel, an die er mit einem Stricke angebunden ist, aus dem Boden herauszuziehen, während sein Herr erwartungsvoll daneben steht und in ein mächtiges Horn stößt. Wie aber ist hinwiederum der Sinn dieser Zeichnung aufzufassen und wie ihre innere Bedeutung auszulegen? Auf diese Fragen

[1] „Aus pharmazeutischer Vorzeit" (Berlin 1886; I, S. 181).

war Antwort zu erhoffen, wenn es gelang, die Geschichte der Alraunwurzel und des ihr anhängenden Aberglaubens bis zu einem gewissen Grade aufzuklären.

Was nun die Alraunpflanze oder *Mandragora officinalis* selbst anbelangt,[1] so ist sie eine in Mittel- und Südeuropa heimische, zum Geschlecht der Solaneen oder Nachtschatten gehörige und der Tollkirsche *(Atropa Belladonna)* verwandte perennierende Pflanze, mit sehr großer, dicker, graubrauner, stark und lang behaarter, rübenförmiger, fast stets deutlich zweigeteilter Wurzel, mit milchweißen Blüten und gelblichen Beeren; Wurzelrinde und Blätter schmecken bitter, riechen betäubend, und wirken, wie auch die übrigen Teile der Pflanze, stark narkotisch, was, wie Ahrens zuerst zeigte,[2] auf dem Vorhandensein zweier giftiger, dem Atropin und Hyoscyamin nahestehender Alkaloide beruht.

Das eigentümliche Aussehen der behaarten, gleichsam zweibeinigen Wurzel scheint schon in frühester Zeit Vergleiche mit der menschlichen Gestalt veranlaßt zu haben, da bereits Pythagoras (580 bis 500 v. Chr.) sie ἀνθρωπομόρφη nennt;[3] auch waren ihre medizinischen Wirkungen wohlbekannt, denn schon Hippokrates (460 bis 356 v. Chr.) bezeichnet in einer von ihm verfaßten oder ihm zugeschriebenen Abhandlung „De locis in homine“ den Saft als beruhigendes und die Gallenabsonderung förderndes, in großen Dosen aber als gefährliches, Raserei verursachendes Mittel. Aristoteles (384 bis 322 v. Chr.) erwähnt die Mandragora in der Schrift „De somno et vigilia“ als schlafmachend;[4] sein Schüler Theophrast (372 bis 285 v. Chr.) berichtet,[5] man gewinne ihre große dicke Wurzel, indem man drei Kreise mit dem Schwerte um sie ziehe, dabei

[1] s. Wittstein, „Handwörterbuch der Pharmakognosie des Pflanzenreiches“ (Breslau 1882, S. 18). [2] Liebig's „Annalen“, Bd. 251, S. 312. [3] s. Sprengel's Ausgabe des Dioskorides (Leipzig 1830). [4] Ausgabe der Berliner Akademie, v. 3, 456b, 30. [5] „Historia plantarum“ 6, 2; 9, 8 und 9. „De causis plantarum 6, 2 und 4.

umherspringe und viel von erotischen Dingen rede, und sie schließlich, den Blick gegen Westen gerichtet, aus der Erde reiße; über die Ursachen dieses Aberglaubens, der uns hier zum ersten Male begegnet, spricht sich Theophrast nicht aus, sondern sagt nur noch, die Pflanze sei ein Heilmittel vieler Krankheiten, bewirke aber, in größerer Menge genossen, tiefen Schlaf, ja selbst Tod. In diesem Sinne gebraucht auch Demosthenes (383 bis 322 v. Chr.) die Redensart „ὑπὸ μανδραγόρᾳ καθεύδειν" (unter der Mandragora schlafen = sterben) als sprichwörtlich. Nicht unmöglich ist es übrigens, daß schon Homer auf die Mandragora anspielt, wo er von dem Kraute, das Hermes dem Odysseus als Gegenmittel für den Zaubertrank der Circe übergibt, sagt:[1]

> „Schwarz war die Wurzel zu schaun, jedoch milchähnlich die Blüte;
> Moly wird's von den Göttern genannt; schwer ist es zu graben
> Sterblicher Menschen Geschlecht; doch Himmlische können ja alles."

Columella (35 bis 65 n. Chr.) nennt die Mandragora wieder, wie Pythagoras, „*planta semihominis*".[2] Plinius (23 bis 79) erzählt, sie komme in zwei Arten vor, einer männlichen und einer weiblichen, und enthalte einen schmerzstillenden, schlafbringenden, bei allzu großer Gabe aber betäubenden und tödlichen Saft; das Ausgraben geschehe vom Winde abgewandt, und nachdem man, das Gesicht nach Westen gekehrt, mit einem Schwerte drei Kreise um sich gezogen hat.[3] Dioskorides berichtet in seiner um 77 oder 78 verfaßten „Materia medica" ungefähr das nämliche: die Pflanze besitze zwei Geschlechter, liefere einen in kleinerer Menge einschläfernden, in größerer betäubenden und tödlichen Saft, den die Ärzte in Gestalt eines Weines als Anästheticum bei Operationen anwenden, und bewähre sich außerdem als kräftiges Liebesmittel.[4] Den erwähnten medizinischen Gebrauch bestätigen auch andere

[1] „Odyssee", X, 302 ff. [2] „De re rustica", 10, 19. [3] „Historia naturalis", lib. 25, cap. 94. [4] „Materia medica", lib. 4, cap. 76; lib. 5, cap. 81.

Autoren, und noch Galenos (131 bis 204) führt an, daß der Extrakt der Mandragora, sowie der aus ihr bereitete Wein, alljährlich zu gewisser Zeit aus Kreta nach Rom gebracht werde.

Ausführlicheres findet sich in den um 125 geschriebenen „Tiergeschichten" des Aelian:[1] Die Pflanze „Kynospastos" (= hundsgezogen), die ein wichtiges Heilmittel und auch sonst zu vielen Dingen nützlich ist, erkennt man des Nachts an ihren leuchtenden Blüten,[2] darf sie aber nicht abpflücken, sondern bezeichnet nur ihren Standort, da jeder, der sie berührt, sofort sterben müßte: am nächsten Morgen bringt man einen jungen hungrigen Hund mit, bindet ihn mittels eines Strickes an die Wurzel, und hält ihm ein Stück Fleisch vor. Vom Hunger getrieben zieht dann der Hund die Pflanze samt der Wurzel aus, fällt aber im Augenblicke, der diese an das Tageslicht bringt, tot zu Boden. Ähnliches meldet auch Diodoros von Tarsos, der noch hinzufügt, daß die leuchtenden Blüten nachts vor den sich ihnen Nähernden fliehen und zurückweichen. Flavius Josephus (37 bis 93) schildert die Mandragora ebenfalls als des Nachts feuerrot leuchtend, berichtet von der Kunst, ihrer todbringenden Gewalt durch Ausgraben mittels des Hundes zu entgehen, und versichert, daß sie ihrem Besitzer große Schätze, Unverwundbarkeit, die Kunst des Wetterzaubers, und Kinderreichtum zubringe.[3] Der Glaube an die erotischen Eigenschaften der Wurzel scheint uralt zu sein; Theophrast kennt ihn bereits (siehe oben), Aphrodite führte nach dem Lexikographen Hesychius (um 550) den Beinamen μανδραγορῖτις, und in der Septuaginta, der zur Zeit des Ptolemäus Philadelphus (285 bis 247 v. Chr.) verfaßten griechischen Bibelübersetzung, wird der Name der Pflanze Dudaïm,[4] die Ruben auf den Feldern fand und die sich die unfruchtbare Rahel von

[1] „Historia anim." 14, cap. 27. [2] In Wirklichkeit sind die Blüten der Mandragora Nachts völlig geschlossen. [3] „De bello Judaico", VII, 6 und 25. [4] „Genesis", 30, 14.

Lea schenken ließ, um Kindersegens teilhaftig zu werden, durch die Worte „μῆλα μανδραγόρου“ wiedergegeben.

Auch bei den späteren byzantinischen Schriftstellern, z. B. bei Theophanes (um 818) und Kedrenos (um 1050), wird der Mandragora, ihrer zauberischen Eigenschaften und ihrer Gewinnung mittels des Hundes, in stets der nämlichen Weise gedacht. Aus der griechischen und byzantinischen Literatur gingen dann diese abergläubischen Vorstellungen in die des Orientes über; man begegnet ihnen in der ältesten persischen Pharmakopöe, der des Ali-el-Herewi (um 980), bei Avicenna (980 bis 1037) und allen seinen Nachbetern,[1] und die Historiographen des ersten Kreuzzuges (1096 bis 1099), z. B. Jacobus de Vitriaco,[2] melden sie wieder dem christlichen Europa zurück. Dort fanden sie zwar bei den erleuchteteren Geistern der Zeit wenig Anklang: der gelehrte Platearius (um 1150) und Petrus de Crescentiis (1235 bis 1320) verlachen sie geradezu, Vincentius Bellovacensis (gestorben 1260), Thomas di Cantiprato (gestorben 1260), und Albert der Große (1193 bis 1280) tun ihrer bei Besprechung der Mandragora gar keine Erwähnung,[3] und auch Konrad von Megenberg, der Verfasser der ersten deutschen Naturgeschichte (1349), folgt diesem Beispiele;[4] desto mehr aber erhielten und befestigten sie sich im Volksglauben und auch in der Volksmedizin, wofür nur ihr Vorkommen in den späteren, vielfach erweiterten Fassungen des berühmten, ursprünglich der Schule von Salerno entstammten „Regimen sanitatis“ angeführt sei, z. B. in der 1486 zu Augsburg gedruckten Ausgabe des „Hortus sanitatis“. Zauber- und Wunderwirkungen mittels der Alraunwurzel, sei es zu guten oder zu bösen Zwecken, fanden daher während des ganzen Mittelalters Ausübung und

[1] Der gelehrte Sprengel irrt, wenn er die „menschenähnliche Gestalt“ der Mandragora auf Avicenna zurückführt (Dioskorides II, 605).

[2] „Gesta Dei per Francos“, ed. Bongars, Han. 1611; I, S. 1099.

[3] Alb. Magnus, „De vegetabilibus“, lib. VI, cap. 12, Absatz 379—381.

[4] „Von den Kräutern“, V, cap. 48; IV, cap. 28.

Glauben, und die Beschuldigung, Alraune erworben oder benutzt zu haben, bildete einen stehenden Anklagepunkt gegen die, des Verkehres mit bösen Geistern, Hexen, Teufeln u. s. f. Verdächtigen; obwohl nun, wie Du-Cange berichtet,[1] die Pariser Behörden schon im 14. Jahrhunderte aufgeklärt genug waren, den Verkauf von Alraunwurzeln als Betrug zu verbieten und die Wurzeln ins Feuer zu werfen, so begegnen wir daher dennoch z. B. der „Alraunzauberei" unter den Gründen, die 1431 zur Verurteilung und Verbrennung der Jungfrau von Orleans Anlaß gaben, ja noch 1578 führt der gelehrte Jesuit Del Rio es anscheinend als einen Beweis besonderen Mutes an, daß er eine Mandragora den Flammen überliefert habe.[2]

Das 16. und 17. Jahrhundert zeitigten eine reichhaltige, die Alraunpflanze und ihre wunderbaren Eigenschaften betreffende Literatur, die zu einem großen Teile deutschem Boden entsproß,[3] und manche spezifisch germanische Züge aufweist. Alle Berichte stimmen annähernd in folgenden wesentlichen Punkten überein: Die Alraunwurzel ist von menschlicher Gestalt, entsteht aus dem Samen eines unschuldig Gehängten, besonders eines schätzelüsternen Erbdiebes, wächst daher häufig unter den Galgen, und heißt deshalb auch „Galgenmännlein"; sie zu gewinnen, ist mit Lebensgefahr verknüpft, da sie beim Herausziehen so entsetzlich schreit, daß, wer es hört, vor Schrecken sterben muß; wer sie daher ausgraben will, der verstopfe sich die Ohren mit Wachs, mache vor Sonnenaufgang, und nach Westen blickend, drei Kreuze über die Wurzel, binde einen hungrigen schwarzen Hund an sie, halte diesem Futter vor, und blase zugleich in ein starkes Horn, um das todbringende Geschrei der Pflanze zu übertönen. Der Hund fällt tot zu Boden, sobald die Wurzel ans Licht gelangt; man wäscht diese mit rotem Wein, legt sie in ein rotes Tuch, be-

[1] „Glossarium" IV, S. 224. [2] Siehe Graesse, „Beiträge zur Literatur und Sage des Mittelalters", Dresden 1850, S. 45. [3] Graesse (a. a. O., S. 56) zählt 18 ausführliche Schriften auf.

kleidet sie jeden Neumond mit einem weißen Hemdlein, badet sie jeden Sonnabend, und bewahrt sie in einem Kästchen auf.

Die gelehrten Kommentatoren der antiken Schriftsteller aus der Zeit der beginnenden Renaissance, sowie besonders die Väter der deutschen Botanik, z. B. Manardus (1462 bis 1536), Mathiolus (1501 bis 1577), Marcellus Vergilius (1518), Brasavoli (1545), Amatus Lusitanus (1554), Bock (1498 bis 1554), Fuchs (1501 bis 1566), Tabernämontanus (1588) u. A., suchten vergeblich Aufklärung über die Mandragora zu verbreiten und die Betrügereien aufzudecken, die mit ihr getrieben wurden: so z. B. schnitt man die Wurzeln der gemeinen Zaunrübe (Bryonia alba) zu menschlichen Gestalten zurecht, ließ ihnen Haare wachsen, indem man sie mit Gras- oder Hirsesamen besteckt in feuchten Sand legte, und stattete sie schließlich mit allerlei schreckhaften oder grauenerregenden Attributen aus; einzelne derartige Kunstprodukte haben sich bis auf den heutigen Tag erhalten.[1] Der großen Lebensgefahr wegen, die angeblich mit ihrer Ausgrabung verknüpft war, wurden die Alraune um schweres Geld verkauft, so z. B. erwarb noch Kaiser Rudolph II. (1576 bis 1612) einen solchen für 100 Taler, und zur nämlichen Zeit wurde in Leipzig ein Exemplar mit 64 Reichstalern bezahlt. Trotz aller Verbote und schwerer Strafen (von der Auspeitschung bis zur Hinrichtung) blieb daher der Handel mit Alraunen ebenso unausrottbar wie der Wunderglaube des Volkes; wie allverbreitet dieser war, zeigt u. a. das Lustspiel „La mandragola“ des Machiavelli, aus dem Lafontaine eine seiner Erzählungen schöpfte.[2]

Aus den oben angeführten Berichten[3] ergibt sich ferner, daß die nach Vorschrift erworbene und behütete Alraunwurzel ihrem Besitzer hauptsächlich vier Gaben einbringt, nämlich Gesundheit, Kindersegen, Gewalt über das Wetter, und Reichtum an Schätzen und Gold; legt man ihr z. B. nächtlich einen

[1] Peters, a. a. O.; I, S. 181. [2] „Contes et Nouvelles“ III, 2.
[3] Graesse, a. a. O.

halben Taler bei, so findet man diesen am Morgen verdoppelt, und dasselbe geschieht mit einem Dukaten, doch muß man mit diesem schonsam sein, um die Kräfte der Wurzel nicht zu überanstrengen. Deutlich wird hierdurch der Zusammenhang erkennbar, in dem die Mandragora mit dem Brutpfennig und dem Hecktaler, und durch diese wieder mit der Springwurzel und Wünschelrute steht; uralte, zum Teil bis in die fernste indogermanische Vergangenheit zurückreichende mythologische Vorstellungen sind es, die den Aberglauben, der sich an alle diese Wunderdinge knüpft, erklären und verbinden.[1]

Im Mittelpunkte dieser Vorstellungen, die hier nur nach den zum Verständnisse notwendigsten Richtungen kurz angedeutet, nicht eingehend entwickelt werden können, steht die Überlieferung, daß das Feuer, die berauschende Kraft des gegohrenen, Geist und Körper erregenden, „feurigen" Trankes der Urzeit, und mit ihnen auch der erste Funke menschlichen Lebens, gemeinsamen himmlischen Ursprunges seien, und gemeinsam zur Erde herabgelangten.

Das himmlische Feuer und der himmlische Trank wurden in gleicher Weise in den Wolken entstehend gedacht, wie man sie im Leben zu erlangen gewohnt war. Das Feuer zuckt entweder als Blitz aus einem himmlischen Wetterbaum, dessen Zweige als Wolken das Firmament bedecken, und wird als brennender Zweig, Keil, oder Stab, von einem Vogel (der anfänglich wohl die Personifikation des Blitzes war) zur Erde getragen; oder es entsteht durch bohrende Reibung und Drehung eines Keiles oder Stabes in der Nabe eines Rades (des Sonnenrades, das sich später zum strahlenden Wagen des Helios gestaltet), und fährt als Blitz in Stab- oder Keilgestalt zur Erde, woferne nicht etwa ein Gott es in solcher Form (als Donnerkeil) herabschleudert, oder es in Vogelgestalt entführt und der Erde zuteilt, — worauf z. B. der geflügelte Stab des griechischen

[1] Siehe die mythologischen Werke von Grimm, Preller, Simrock, sowie Kuhn's „Mythologische Studien" I. (Gütersloh 1886).

Hermes und des indischen Agni hinweist. Der feurige Trank gilt dementsprechend entweder für den Saft eines himmlischen Baumes oder für das Produkt einer quirlenden Mischung himmlischer Kräfte, und wird durch einen Vogel zur Erde gebracht, oder durch einen Gott in Vogelgestalt geraubt, — ein Mythus, als dessen letzter Rest die Entführung des Mundschenken Ganymed durch den in einen Adler verwandelten Zeus erscheint. Mit dem Verfahren bei der Feuerentzündung vergleicht endlich die naive Anschauung das bei der Zeugung, bildet so die Entstehung des Blitzes zur Erzeugung einer Gottheit um, die zur Erde herabsteigt und dort der Stammvater des menschlichen Geschlechtes wird, und betrachtet umgekehrt den Zeugungsakt als Erweckung des himmlischen Feuerfunkens der Seele; auch als Bringer dieser den Körper belebenden Seele wird ein Vogel gedacht (und zwar besonders ein roter, d. h. feuergleicher, z. B. der Rotspecht oder der rotbeinige Storch), daher denn auch nach dem Tode die Seele in Vogelgestalt wieder gen Himmel entschwebt.

Da das Feuer auf Erden aus Holz wieder hervorgelockt werden muß, wird der herabgefahrene Blitz in einen Baumstamm verwandelt gedacht, und zwar, weil der Blitz als Dreizack vorgestellt wird, vorwiegend in einen solchen mit dreigespitzten oder dreilappigen Blättern, z. B. in einen Eschen- oder Eichenstamm; der Vogel, der das Feuer herabbringt, verwandelt sich gleichfalls in eine Pflanze, und zwar hauptsächlich in eine solche mit gefiederten Zweigen oder Blättern, z. B. in eine Eibe oder eine Eberesche (Vogelbeere), deren rote Früchte den feurigen Ursprung verraten. Aus Baumsäften, unter anderem aus Eschensaft, wurde aber auch der gärende feurige Trank der Vorzeit bereitet, und Bäume mit roten Blüten oder Früchten und rotgefärbten Rinden oder Hölzern gelten vorzugsweise für geeignet zur Saftentnahme. Den Bäumen, besonders der Esche, läßt endlich die Sage auch die ersten Menschen entspringen, und noch heute sprechen wir daher von „Stamm“ und „Stammbaum". Der innige Zusammenhang aller dieser Anschauungen erhellt aus zahlreichen Sagen, Gebräuchen und Mythen: der heilige Soma- oder Haomatrank der Inder und Eranier wird z. B. in ältester Zeit aus dem Safte einer feuer- oder goldrot blühenden Pflanze bereitet und verleiht Kraft, Gesundheit und Kinderreichtum; heiliges Feuer gewinnt man aus dem Holze der Esche und Eiche mit Hilfe jener Schling- und Schmarotzerpflanzen, „die schon die Natur diesen Bäumen vermählt hat" (Efeu, Mistel, gewisse Clematisarten u. s. f.); die Feuerhölzer oder „Arani" der alten Inder haben vollständige menschliche Körperbildung als Mann und Weib, und nur wer sie in richtiger Weise reibt, erlangt heilbringendes Feuer, wird aller Wünsche teilhaftig, und reich an Kindern; der latinische Stammvater Picus (= Specht) naht sich als feuerbringender Vogel, nährt Romulus und Remus mit Wein und Met, wird erster König, d. h. erster Mensch des Landes, und gilt als Schutzgott der Gebärenden und der kleinen Kinder u. s. w., u. s. w.

Von dem nämlichen Picus (= Specht) meldet aber die Sage auch, er sei im Besitze der Springwurzel gewesen, in der nichts anderes zu erblicken ist, als ein himmlischer Donnerkeil. Und in der Tat erzählen die indogermanischen Mythen gleichlautend, daß unter anderem der Rotspecht der Bringer der Springwurzel sei, die er herbeihole, um sein von Menschenhand durch einen Keil verschlossenes Nest wieder zu öffnen, und die er fallen lasse, wenn man ihn mit Wein und Met anlocke, oder wenn man unter einer Eberesche ein Feuer anzünde oder ein rotes Tuch ausbreite, und zwar bei Tagesanbruch, derart, daß die ersten Strahlen der aufgehenden Sonne es beleuchten. Die herabgefallene Springwurzel wird im Boden zur Pflanze, deren feuriger Ursprung sich dadurch verrät, daß sie des nachts leuchtet und flammengleich umherhüpft; ihrer Abstammung von den „goldenen Sonnenstrahlen" verdankt sie die Verwandtschaft zum Golde und die Anziehungskraft für edle Metalle, sie offenbart daher verborgene Schätze, sprengt verschlossene

Türen der Schatzgewölbe, und verleiht ferner langes Leben, Macht über das Wetter, und Kindersegen. Als heilige Pflanze darf sie nur unter Beobachtung besonderer geziemender Gebräuche dem Boden entnommen werden, widrigenfalls sie all das Unglück und Übel herbeiführt, vor dem sie sonst schützt; beim Brechen der Wurzel erhebt sich Lärm, Sturm und Donnergetöse, indem der bis dahin festgewurzelte Donnerkeil seine alte Natur wiedergewinnt. Die Springwurzel, ebenso wie die Wünschelrute, die man unter anderem gleichfalls aus dem Holze der Eberesche gewinnen kann, haben (oder erhalten künstlich) menschliche Gestalt als Mann oder Weib; sie werden wie kleine Kinder gekleidet und gehegt, mit Wein oder Met genährt, in einer Wiege oder wiegenähnlichen Truhe aufbewahrt, und mit menschlichen Namen benannt, indem man über sie drei Kreuze macht. Die drei Kreuze sind aber das Zeichen des Gottes T o r oder Donner, der mit dem dreigespitzten Hammer Blitze aus den Felsen schlägt oder den Hammer selbst als todbringendes Geschoß wirft (daher die Redensart „vom Donner gerührt“, „vom Donner geschlagen“), und dem deshalb der Kreuzdorn, die Mistel und die Hasel heilig sind.

Aus dem Dargelegten ergibt sich nun auch ohne Schwierigkeit die Quelle des an der Mandragora haftenden Aberglaubens und seine Deutung. Den Ausgangspunkt bildete offenbar die auffällige, das einfachste Bild des zweibeinigen Menschen versinnlichende Gestalt der Wurzel, vielleicht auch ihr lebhaft (bis zur Tollheit und Raserei) erregender, daher anscheinend berauschender Saft; daraufhin wurden ihr dann auch die übrigen, in dem geschilderten Vorstellungskreise hiermit zusammenhängenden Eigenschaften beigelegt, deren mannigfaltigen mythologischen Beziehungen sie in jeder Hinsicht entspricht.

Die Alraunwurzel findet sich zunächst unter heiligen Bäumen, z. B. Eschen, Eichen, Eiben, Haseln und Kreuzdorn; ihre Entstehung aus dem Samen eines am Galgen Gehängten verweist auf das sagenhafte neuntägige Hängen O d î n s an der Weltesche

Yggdrasil, sowie auf eine spätere Erzählung, nach der die Alraunen Kinder des obersten Teufels[1] (d. h. vom christlichen Standpunkte aus Odîns) und der klugen Frau Albruna seien.[2] Der schon von Flavius Josephus überlieferte Glaube, daß in der Alraunwurzel ein Gespenst wohne, ist in dieser Hinsicht ebenso von Bedeutung, wie die bereits von Aelian und Kedrenos vermeldete Benützung der Wurzel zur Heilung von Fallsucht und Besessenheit, also von Krankheiten, die man der Gegenwart von Dämonen zuschrieb und zugleich mit diesen auszutreiben unternahm. Andererseits erinnert aber dieser Glaube auch wieder an die Verwandlung des Blitzgottes und weiterhin seines Symboles, des Donnerkeiles, in die Pflanze: die Natur des himmlischen Feuers äußert sich im nächtlichen Leuchten, flammengleichen Hüpfen und Fliehen der Blüten, ferner in dem Gebote, den Alraun nur innerhalb dreier Kreise (die das Sonnenrad bedeuten) und bei Sonnenaufgang auszuziehen, — und zwar nach Westen blickend, d. h. nach der nämlichen Richtung, in der die ersten, aus dem Osten kommenden Sonnenstrahlen auf die Wurzel fallen —, endlich in der Notwendigkeit, letztere in ein rotes Tuch eingehüllt aufzubewahren; die Natur des Donnerkeiles wieder verrät sich durch die vor dem Ausgraben nötige Bezeichnung mit drei Kreuzen, und in dem entsetzlichen Schrei und todbringenden Weherufe der losgelösten Pflanze. Das Waschen der Wurzel mit rotem Wein mahnt an den Zusammenhang mit dem feurigen Himmelstrank; ihre Gestaltung als Mann und Weib, das kindergleiche Baden, Kleiden und Aufbewahren in einer Truhe, der Gebrauch als Liebesmittel, sowie die erotischen Reden beim Ausgraben (nach Theophrast) knüpfen hinwiederum an den Vergleich der Feuer-

[1] Nach Hesychius führte auch Zeus den Beinamen ὁ μανδραγόρας.

[2] Von Albruna berichten Tacitus („Germania", cap. 8), und Jornandes („De rebus Geticis", cap. 14); den Namen der klugen Fee Maglore, die in französischen Sagen eine so große Rolle spielt, leitet Grimm ebenfalls von Mandaglore oder Mandagloire (= Mandragora) ab.

gewinnung mit der Zeugung an. In Übereinstimmung mit allem diesem stehen einerseits die Gaben, die die Mandragora verleiht, nämlich Kindersegen und leichte Geburt, Gesundheit und Kraft (langes Leben und Unverwundbarkeit), Gewalt über das Wetter, Reichtum und Güter, endlich die Erlangung von Gold und verborgenen Schätzen, — daher wieder die Bedeutung des Erbdiebes für die Entstehung des Alrauns —, andererseits aber auch die Strafen und Unglücksfälle, mit denen sie jene heimsucht, die sie nicht nach gebührendem Gebrauche aufbewahren oder erwerben.

In letzterer Hinsicht sind noch die das Horn und den Hund betreffenden Vorschriften zu erwähnen. Das Horn hat ursprünglich nicht den Zweck, den Todesschrei des Alrauns zu übertönen, sondern gilt selbst als Symbol des Todes; in diesem Sinne bläst es Wate, der Vater Wieland des Schmiedes, in seiner Eigenschaft als Totenschiffer, Odîn als Todesgott, und Heimdall läßt es als Zeichen des Weltunterganges bei der Götterdämmerung erschallen. Auch der Hund ist ein Attribut der Unterweltsgöttin Nehallenia, bedeutet den Tod oder einen Todesboten, und tritt z. B. als solcher in Gestalt des Gardevias im „Titurel" und des Petitcriu im „Tristan" auf. Als Zugehöriger der dunklen Mächte findet sich der schwarze Hund mit feuriger Zunge und feurigem Schweife im Gefolge des zum wilden Jäger gewordenen Odîn, und wird schließlich zum Höllenhund, zum Begleiter des Teufels, ja zu diesem selbst, wie denn der Teufel in manchen Sagen,[1] unter anderem auch im „Faust", in Hundesgestalt erscheint;[2] solche Anschauungen machen es erklärlich, daß der schwarze Hund als Bewahrer und Hüter der unterirdischen Schätze gilt, ja daß vielfach „Hund" und „Schatz" geradezu identifiziert werden, wie in der noch heute gebräuchlichen, aber nicht mehr verstandenen

[1] Goethe-„Jahrbuch" XV, S. 261.

[2] Vers 1154 ff.: „Und irr' ich nicht, so zieht ein Feuerstrudel Auf seinen Pfaden hinterdrein". „Ich sehe nichts als einen schwarzen Pudel".

Redensart „da liegt der Hund vergraben".[1] Die Beziehungen zu den verschiedenen Eigenschaften der Mandragora, die noch gegenwärtig im Volksmunde „Hundsapfel" heißt,[2] treten aus dem Angeführten deutlich hervor, und aus ihnen ergibt sich zugleich in Klarheit der Sinn und Zusammenhang jener Goetheschen Verse, von denen die vorliegende Untersuchung ihren Ausgang nahm.

[1] Siehe Grimm's „Mythologie", und Schmeller's „Bayrisches Wörterbuch". [2] Wittstein, a. a. O.

II

DIE KÜSTE VON BÖHMEN.[1]

Unter den Absonderlichkeiten und Anachronismen, an denen Shakespeares „Wintermärchen“ so reich ist, hat die rätselhafte „Küste von Böhmen“ seit jeher die Aufmerksamkeit der Kritiker und Kommentatoren in besonders hohem Grade erregt. Die Einen haben in der Einführung Böhmens als Küstenland einen unwiderleglichen Beweis der Unbildung und Unwissenheit Shakespeares gesehen, ohne zu beachten, daß dieser von einem bloßen Irrtum solcher Art wohl sicher gelegentlich der Darstellung des Stückes Kenntnis erhalten hätte, und ihn leicht beseitigen konnte, wozu er nur z. B., wie man vorgeschlagen hat, Bithynien an Stelle Böhmens zu setzen brauchte.[2] Andere sind der Ansicht, der Dichter sei sich zweifellos jenes Fehlers vollkommen bewußt gewesen, habe ihn jedoch absichtlich unverbessert stehen lassen, weil es sich um ein Märchenstück handelte, das „im Lande der Fabel und in der Zeit der Poesie“ spiele, und dem gegenüber ohnehin niemand die Forderung strenger Wahrheit erheben könne.[3] Die Dritten endlich, unter ihnen vor allem Simrock,[4] haben auf die Quelle verwiesen, der Shakespeares „Wintermärchen“ entfloß: die Novelle „Pandosto, the Triumph of Time“, des Robert Greene, eine sehr populäre, seit 1588

[1] „Shakespeare-Jahrbuch“ 1892, S. 115. [2] Simrock, „Die Quellen des Shakespeare“. Bonn 1872. II, S. 90. [3] Ebenda S. 90. [4] Ebenda II, S. 41 ff.

in einer ganzen Reihe von Ausgaben erschienene Erzählung, die, dem gezierten Geschmacke der Zeit folgend, ein Gemisch von Märchen und Schäferroman darstellt,[1] und mit den Worten beginnt:[2] „Ehe noch das Christentum in der Welt erschienen war, regierte in Böhmen ein König, Pandosto genannt". Böhmen sei also bereits als Schauplatz der Begebenheit bekannt gewesen und als solcher gleich am Eingange der Novelle ausdrücklich bezeichnet worden; die Anfänge überlieferter Erzählungen stellten aber für den Bearbeiter feste Punkte dar, an denen er ungerne rüttle, weil sie stärker als alles andere im Gedächtnisse der Leser oder Zuhörer haften, deren Widerspruch er nicht herausfordern mag, — und im Hinblicke hierauf wäre es wohl zu begreifen, daß Shakespeare, der alle in der Novelle vorkommenden Eigennamen geändert hat, den des Landes Böhmen wissentlich beibehielt.[3]

Das Rätsel von der Küste Böhmens ist hiermit allerdings nicht gelöst, sondern die Frage nur um eine Stufe zurückgeschoben, indem sie nun nicht mehr das Schauspiel, sondern die Novelle betrifft. Simrock meint,[4] daß diese, obwohl ihr einige sagengemäße Züge, z. B. die Aussetzung und Wiederauffindung des Kindes, eingeflochten sind, Greenes eigene Erfindung zu sein scheine und keine epische Grundlage habe. Eine solche ist zwar in der Tat bisher nicht bekannt, doch läßt sich auch keineswegs mit Bestimmtheit behaupten, daß sie nicht vorhanden sei. Ist doch das weit ausgedehnte Gebiet der Novellistik romanischen Ursprunges, die vor und während der Zeit Shakespeares in England allverbreitet und Quelle zahlreicher dramatischer und epischer Erzeugnisse war, noch bei weitem nicht eingehend durchforscht, und auch die unter ihrem Einflusse herangebildete englische Erzählungsliteratur

[1] Simrock, „Die Quellen des Shakespeare". Bonn 1872. II, S. 91.
[2] Siehe auch die Einleitung zum „Wintermärchen" in der Ausgabe der Deutschen Shakespeare-Gesellschaft, Berlin 1877. Bd. IX, S. 131 ff.
[3] Simrock II, S. 90. [4] Ebenda S. 91.

nicht bis zu ihren letzten Wurzeln zurückverfolgt, wie denn z. B. erst die zufällige Auffindung eines Exemplares des Greeneschen Märchens mit der Jahreszahl 1588 die eine Zeit lang gültige Annahme beseitigte, es sei jene Novelle erst Shakespeares Schauspiele entflossen. Daß die wichtigste Abänderung, die letzteres aufweist, die Erhaltung Hermiones, die Greene wirklich sterben läßt, lebhaft an die Rettung und Wiederfindung Lucinas in jener Geschichte vom „Apollonius aus Tyrus" erinnert, der Shakespeare den Stoff zu seinem Schauspiele „Perikles, Fürst von Tyrus" entnahm,[1] wird wohl Wenige zur Ansicht Simrocks bekehren, der Dichter habe sich begnügt, im Schicksale der Hermione das der Lucina zu wiederholen.[2] Will man sich schon auf das Gebiet der Hypothese begeben, so kann man sogar jenen Umstand eher zugunsten der Annahme deuten, die schöpferische Phantasie Shakespeares habe sich auch hier nur dem bestimmten Wortlaute einer anderen älteren Quelle untergeordnet; einer solchen nachzuspüren, erscheint daher immerhin als kein ganz aussichtsloses Bestreben, und selbst geringe Anhaltspunkte werden dieses stets in gewisser Hinsicht zu fördern vermögen.

Als ein kleiner Beitrag zur Lösung der eingangs erwähnten Frage mag es daher gelten, wenn ich auf eine Stelle aufmerksam mache, die ich gelegentlich der Studien zu meiner vor etwa Jahresfrist erschienenen „Geschichte des Zuckers",[3] in R. Röhrichts hochgelehrtem Werke „Deutsche Pilgerreisen im Mittelalter"[4] auffand. Wie mir der Herr Verfasser freundlichst bestätigt, ist sie Tschamsers „Annalen der Barfüßer zu Thann"[5] entlehnt und besagt, „daß 1481 vierzehn Pilger von

[1] Simrock II, S. 212. S. auch „Gesta Romanorum", ed. Oesterley, Berlin 1872, S. 510; und über die noch älteren Quellen ebenda S. 737.

[2] Simrock II, S. 90. Auch auf seine „entferntere Verwandtschaft" mit den Schicksalen der Hero in „Viel Lärm um Nichts" hat Simrock hingewiesen, vor ihm und viel bestimmter jedoch schon Lambel: „Mittelalterliche Erzählungen und Schwänke", Leipzig 1883, S. 108. [3] Leipzig 1890, bei Hesse. [4] Gotha 1889, S. 175. [5] Kolmar 1864, I, S. 654.

ihrer Pilgerfahrt ins heilige Land heimkehrten, nachdem sie von Korsaren unterwegs überfallen, aber schließlich glücklich entronnen waren; sie seien „gegen Böhmen“ ... gelandet, und brachten der St. Theobaldskirche zu Thann ihr versprochenes Opfer von fünfzig Pfund Wachs dar“. Hier begegnen wir also wiederum der Küste von Böhmen, zugleich mit ihr aber auch einer Erklärung, denn hinter dem Worte Böhmen findet sich die Einschaltung „hiermit ist Apulien gemeint“. Diese Erzählung, welche um so belangreicher erscheint, als die Einfachheit und Bestimmtheit des Berichtes jede Möglichkeit einer Verwechslung oder Mißdeutung ausschließt, weist also darauf hin, daß in gewissen Zeiten, und zwar noch in solchen, die der Epoche Greenes und Shakespeares ziemlich nahe liegen, die südöstliche Küstenlandschaft Italiens mit dem Namen „Böhmen“ bezeichnet wurde. Halten wir zunächst an der Richtigkeit dieser Angabe fest, und versuchen wir an deren Hand das „Böhmen“ des „Wintermärchens“ und der Novelle „Pandosto“ zu deuten, so zeigt sich allerwärts die erwünschte Übereinstimmung: ein guter Wind trägt den König Egistus rasch nach Sizilien heim;[1] ein zweitägiger Sturm verschlägt das Schiffchen der Faunia (Perdita) von Böhmen nach Sizilien;[2] ein dreitägiger Orkan läßt die aus Sizilien fliehenden Liebenden an Böhmens Küste landen,[3] woselbst sie zuerst ein etwa eine Meile von der Hauptstadt entferntes Dorf betreten;[4] böhmische Kaufleute, die nach Sizilien reisen, verraten dem Egistus den Aufenthalt des jungen Paares,[5] und drei Tage dauert die Fahrt der königlichen Gesandten von Böhmen nach Sizilien. Daß Dorastus (Florizel) mit Faunia (Perdita) nach Italien flüchten will,[6] seine Landung in Apulien jedoch als Vereitelung dieser Absicht erscheint, birgt insofern keinen Widerspruch in sich, als hierbei unter „Italien“ offenbar nur ein bestimmter Teil des heute so benannten ganzen Landes

[1] Simrock II, S. 44. [2] Ebenda, S. 51. [3] Ebenda, S. 73. [4] Ebenda, S. 73. [5] Ebenda, S. 82. [6] Ebenda, S. 65.

verstanden,[1] zudem aber auch Italien überhaupt als „fremdes Land" bezeichnet wird. Ebensowenig bietet das „Orakel des Apollo auf der Insel Delphos" einen Stein des Anstoßes. Shakespeare, der sich (zumeist Greene folgend) im „Wintermärchen" so manche chronologische Freiheit und seltsame Ungenauigkeit gestattete, z. B. Hermione als Tochter des Kaisers von Rußland bezeichnet,[2] — bei Greene gilt dieses von der Gemahlin des Egistus[3] —, den König von Sizilien für seinen Sohn um die Hand der dänischen Prinzessin Euphrania werben läßt,[4] und Julio Romano als hervorragenden Bildhauer rühmt,[5] hat bekanntlich auch vor der Einführung dieses abenteuerlichen Orakels keine Scheu getragen; sei es nun, daß darunter Delphi verstanden war,[6] sei es, daß eine Verwechslung mit Delos vorliegt: so viel wird jedenfalls als glaublich gelten, daß die Gesandten, die zu ihrer Reise drei Wochen brauchten,[7] „in kurzer Zeit von Delphos nach Böhmen heimsegeln" konnten. Wenn endlich von „Böhmens Wüsteneien" die Rede ist,[8] wenn es heißt: „Einsamer Stellen gibts in Böhmen viel",[9] so trifft auch dieses gar wohl auf die zahlreichen waldlosen und unbebauten Felsenküsten Apuliens zu, und die Nähe Siziliens und Apuliens

[1] Ebenda, S. 73 und 75. Der arabische Geograph Edrisi bezeichnet noch in seinem um 1154 beendeten Werke Roger II., an dessen Hofe er lebte, als „König von Sizilien, Italien, Lombardien, Apulien und Calabrien". S. auch Schack, „Geschichte der Normannen in Sizilien", Stuttgart 1889; II, S. 29. Noch in Seb. Brant's 1494 verfaßtem „Narrenschiff" heißt es (Absatz 99, Vers 55) von den Türken: „Apulien tun sie schon Gewalt, Sizilien folgt dann alsobald, Italia stößt zunächst daran".

[2] „Wintermärchen", Akt III, Szene 2. [3] Simrock, S. 46. [4] Ebenda, S. 53. [5] „Wintermärchen", Akt V, Szene 2.

[6] „Delphin" als Orakel des Apollo findet sich z. B. auch in Jakob Ayrer's „Comedia von zweien fürstlichen Räthen" (Nürnberg 1618), die an Shakespeare's „Cymbeline" erinnert, und eine romanische oder lateinische Vermittlung voraussetzt. Siehe bei von der Hagen „Gesamtabenteuer", Stuttgart 1850. III, Vorrede S. 95. Eine „Insel Delphos" wird übrigens in der mittelalterlichen Literatur nicht selten erwähnt, und zwar schon sehr frühzeitig, z. B. in Warnefried's „Geschichte der Longobarden", lib. 2, cap. 23.

[7] „Wintermärchen", Akt II, Szene 3. [8] u. [9] ebenda, Akt III, Szene 3.

läßt es begreiflich erscheinen, daß uns gemeldet wird, ihre Fürsten seien in der Kindheit zusammen auferzogen worden,[1] und fortdauernd habe seit deren Wiederversöhnung Freundschaft und Friede zwischen den beiden Ländern geherrscht.[2] Da Sizilien lange Zeit hindurch (bis 1111) wirklich ein Lehen Apuliens war[3] und seine Geschicke mit denen der benachbarten italischen Landschaften in stetem Zusammenhange standen, so scheint hier sogar ein Funken geschichtlicher Wahrheit durch das Gewebe der Sage zu schimmern. Bedenkt man, daß vom 10. bis 12. Jahrhundert zahlreiche Fürsten des Namens Pandolfo die Kronen der Kleinstaaten Unteritaliens trugen,[4] so bleibt selbst die Annahme nicht ausgeschlossen, daß auch der Name des Königs Pandosto von Böhmen auf einen historischen Hintergrund zurückweise,[5] – um so mehr, als Lautverschiebungen dieser Art bei so ähnlich geschriebenen Worten nicht zu den Seltenheiten gehören.

Es verbliebe nun noch die Frage, auf welchem Wege denn Apulien zu dem Beinamen „Böhmen" gelangen konnte.[6] Direkte geschichtliche Beziehungen liegen nicht vor; denn abgesehen davon, daß Herzog Otto von Böhmen als Begleiter Kaiser Heinrichs VI. auf seinem Zuge nach Apulien verzeichnet wird,[7] finden sich die beiden Länder kaum jemals zusammen genannt. Man muß also vermuten, daß Apulien die Bezeichnung „Böhmen"

[1] „Wintermärchen", Akt I, Szene 1; Simrock, S. 41. [2] Simrock, S. 87. [3] Schack, a. a. O. I, S. 215. [4] Schack, a. a. O. I, 96 ff.; S. 118.

[5] Ähnlich wie Theseus, der „Herzog von Athen" im „Sommernachtstraum", auf die Herzoge von Athen, die unter den Vasallen des 1204 gegründeten lateinischen Kaiserreiches wirklich angeführt werden. Siehe hierüber den Kommentar des Philalethes zu Dantes „Hölle" (Leipzig 1891; I, S. 74), wo Theseus im 12. Gesange „Herzog von Athen" genannt wird, sowie die Erzählung des Ritters in Chaucer's „Canterbury-Geschichten" (übers. von Hertzberg; Hildb. 1866, S. 92 und 596), aus der Shakespeare vermutlich geschöpft hat.

[6] Vielleicht ist der böhmische Pilger, dessen Ariost im 28. Gesange (Strophe 15) des „Rasenden Roland" Erwähnung tut, gleichfalls als apulischer Pilger aufzufassen? (Ariost kannte aber das wirkliche Land Böhmen sehr wohl.) [7] Schack II, S. 316 und 321.

infolge von Verwechslungen oder Mißverständnissen erhielt, die sich jedoch immerhin an Ereignisse oder Namen von historischer Bedeutung knüpfen mögen. In dieser Hinsicht hat man wohl zuerst an Bohemund I. von Tarent zu denken, der während des ersten Kreuzzuges als einer der größten Feldherrn strahlte,[1] das Fürstentum Antiochia begründete und seinem Sohne Bohemund II. vererbte,[2] und als leuchtendes Vorbild kühner Heldenhaftigkeit seinen Zeitgenossen wie der Nachwelt vorschwebte; sagt doch z. B. selbst Matthäus von Edessa, der 1144 verstorbene armenische Historiograph des ersten Kreuzzuges: „Die Ungläubigen betrachteten Bohemund als den eigentlichen König der Franken, und sein Name machte ganz Chorassan erzittern".[3] Daß Apulien im Volksmunde als das „Land des Bohemund", vielleicht auch schriftlich als „Terra Bohemundi" bezeichnet wurde und daß hieraus oder aus einer Abkürzung (etwa „Terra Bohem.") die irrtümliche Benennung „Terra Bohemica" und „Bohemia" (Böhmen) hervorgegangen sei, möchte als die wahrscheinlichste Erklärung jener Begriffsverschiebung gelten.

Diese Annahme würde vielleicht schon an sich allzu kühn erscheinen, ließe sie sich nicht durch eine merkwürdige Parallelstelle unterstützen, deren Belege Humboldt in seinem klassischen Werke: „Kritische Untersuchung über die historische Entwicklung der geographischen Kenntnisse von der neuen Welt"[4] zusammengestellt hat. Wie daselbst nachgewiesen ist, findet sich der Name des großen Nürnbergers Martin Behaim (geb. 1436), Verfertigers der berühmten Erdkugel, auch in der Gestalt Martinus Bohaimus oder Bohemus vor; Behaim selbst begünstigte diese Schreibweise,[5] weil er in ihr zugleich einen Hinweis auf das Vaterland seiner Vorfahren erblickte (die mehrere hundert

[1] Schack, I, S. 189 u. 215. [2] Ebenda I, S. 255 u. 278. [3] Siehe Wollheim da Fonseca, „Die National-Literatur sämtlicher Völker des Orients". Berlin 1873, II, S. 496. [4] Übers. von Ideler, Berlin 1852. [5] Humboldt I, S. 225.

Jahre früher aus einem Dorfe des Kreises Pilsen nach Nürnberg gekommen sein sollen); und so treffen wir ihn schon bei Pigafetta,[1] Barros[2] und Herrera,[3] die von jenem Nebenumstande keinerlei Kenntnis besaßen, als „Martin de Bohemia" aufgeführt, und in Spanien und Portugal noch heutzutage vorwiegend so benannt. Da nun in späterer Zeit eine Anzahl von Gelehrten bemüht war, die Entdeckung Amerikas Behaim zuzuschreiben oder wenigstens mit dessen Fahrten in engen Zusammenhang zu bringen, so sehen wir seinen Namen in jener entstellten Form eine bemerkenswerte Rolle spielen: die Magellanstraße wird als „Fretum bohemicum" (böhmische Meerenge),[4] ja der ganze Weltteil als „Bohaimia" oder sogar als „das westliche Böhmen" bezeichnet.[5] Wir begegnen also hier einem Mißverständnisse genau von der Art desjenigen, der zur Benennung Apuliens mit dem Worte „Böhmen" Veranlassung gegeben haben dürfte.

Die Vermutung, daß der Ursprung dieser Benennung bis in die Zeit der Kreuzzüge zurückreiche, läßt sich noch durch eine Stelle aus „Der Wiener Meerfahrt" stützen, einem mittelhochdeutschen Schwanke, der in der zweiten Hälfte des 13. Jahrhundertes von einem fahrenden Sänger, der sich den „Freudenleeren" nennt, gedichtet wurde.[6] Es wird erzählt,[7] daß zu Wien in Österreich einst reiche Bürger auf einer Laube beim Weine zusammensaßen und des Abends, als sie bereits die Wirkung des Weines erfuhren, eine Kreuzfahrt übers Meer zu unternehmen vorschlugen; sie ließen reichlich Speise und Trank

[1] Humboldt, I, S. 226 u. 254. [2] Ebenda I, S. 234. [3] Ebenda I, S. 253.

[4] Ebenda I, S. 220 und 256. Schon in Postel's „Kosmographie" von 1561 heißt es: „Ad 54. grad. (südl. Breite), ubi est Martini Bohemi fretum, a Magaglianesio alias nuncupatum."

[5] Humboldt I, S. 221. [6] Abgedruckt in v. d. Hagen's „Gesamtabenteuer" Bd II, und bei Lambel a. a. O. II, S. 464.

[7] Der Inhalt der Erzählung läßt sich bis auf Athenäus zurückverfolgen, der sie selbst wieder dem Timäus von Taormina ablehnte (v. d. Hagen II, Vorr. S. 69).

für die Reise herbeibringen, es wurde unter Gesang und Gespräch bald Mitternacht, und da glaubten sie, schon längst das Schiff betreten zu haben und auf dem Meere zu fahren. Als sie vom Weine sinnlos wurden und zu taumeln begannen, meinten sie, ein Sturm sei ausgebrochen, beteten um Rettung, und als einer von ihnen einen Bürger unter einer Bank liegen sah, so behaupteten sie, das Meer stürme um des Toten willen, und warfen ihn über Bord. Durch den Lärm angelockt, kamen die Nachbarn, verwiesen sie zur Ruhe und eilten dem angeblichen Toten zu Hilfe, der sehr beschädigt mitten auf der Straße lag, weshalb die vermeintlichen Kreuzfahrer, nachdem sie ihren Rausch ausgeschlafen, ihm 200 Pfund zur Sühne zahlen mußten.

Bei der Erzählung des Sturmes heißt es nun (Vers 357):

Und als es kam gen Morgen,
Da fuhren sie voll Sorgen,
Und waren doch (wie Gott es weiß)
Noch nicht halbweges bis Brandeis.

Unter Brandeis ist aber natürlich nicht der Ort dieses Namens bei Prag zu verstehen, das schon im frühen Mittelalter als Stapelplatz an der Elbe oft genannte Brendisium,[1] sondern Brindisi, das alte Brundisium,[2] und daß diese wichtige Handelsstadt, die als Einschiffungsplatz der Pilger nach dem heiligen Lande allerorten und jederzeit wohlbekannt war, im Volksmunde mit dem Namen jenes böhmischen Städtchens bezeichnet wurde, liefert einen höchst beachtenswerten Beleg für das Zustandekommen und die Erhaltung der Ideenverbindung zwischen den Namen Böhmens und Apuliens. Das angeführte Zitat steht leider bisher völlig vereinzelt da; zum mindesten haben mir hervorragende Germanisten übereinstimmend mitgeteilt, daß ihnen keinerlei Parallelstelle bekannt sei, und auch die ausführlichsten mittelhochdeutschen Wörterbücher enthalten nichts in dieser Richtung.

[1] Graesse, „Orbis latinus" (Dresden 1861, S. 36); Oesterley, „Histor.-geogr. Wörterbuch des Deutschen Mittelalters" (Gotha 1883, S. 85).

[2] v d. Hagen und Lambel, a. a. O.

Es mag zunächst genügen, auf die vorstehenden, sicherlich nicht uninteressanten Umstände hingewiesen und für die bisher unverständliche, vermeintlich von Unwissenheit[1] zeugende Angabe Shakespeares einen Erklärungsversuch unternommen zu haben; diesen auf seine Richtigkeit und Zuverlässigkeit eingehend zu prüfen, muß den Gelehrten von Fach, sowie den auf den fraglichen Gebieten tätigen Spezialforschern überlassen bleiben.[2]

[1] Viele mittelalterliche Landkarten zeigen den Norden Europas, von dem ihre Verfasser keine, oder wenig Kenntnis besaßen, sehr entstellt, und so auch Böhmen oft völlig verzerrt, viel zu weit ausgedehnt, ja bis zur Küste der Ostsee reichend. Daß Shakespeare durch einen Einfluß solcher Art beirrt worden sei, erscheint mir jedoch völlig ausgeschlossen, schon aus den zu Eingang meines Aufsatzes angeführten Gründen.

[2] Hingewiesen sei noch darauf, daß die vereinzelt dastehende und bisher nicht genügend erklärte französische Bezeichnung der Zigeuner als „Bohémiens", vielleicht damit zusammenhängen könnte, daß die Zigeuner, die zuerst in Südfrankreich, und zwar im ersten Drittel des 15. Jahrhunderts auftreten, dahin aus Süditalien eingewandert wären, wohin sie wiederum aus dem Peloponnes (ihrem sogenannten Klein-Ägypten) leicht zu gelangen vermochten.

Fünfte Abteilung

12

ZUR GESCHICHTE DES THERMOMETERS[1]

Anknüpfend an Professor Hugo Schiffs Mitteilung über Florentiner Spiralthermometer aus dem ersten Drittel des 17. Jahrhundertes,[2] möchte ich auf ein merkwürdiges, ungefähr derselben Zeit entstammendes Dokument aufmerksam machen, das ich in den mir bekannten Werken über die Geschichte der Physik nirgends erwähnt gefunden habe. Es ist dies ein Gedicht von Jean Grillet, dessen Original mir leider bisher nicht zugänglich war, und das ich nur aus dem Abdrucke in der ebenso interessanten wie geistreichen Schrift „Précieux et Précieuses, Caractères et Moeurs Littéraires du 17. Siècle" von Ch. L. Livet kenne.[3] Ich übersetze im folgenden die betreffende Stelle, schicke jedoch eine zum Verständnisse des Ganzen nötige Bemerkung, die Livet erst am Schlusse des Gedichtes gibt, diesem mit voraus: „Der Graf von Montéclair, ein Protektor Grillets, erhielt eines Tages von diesem als Festgeschenk ein Thermometer, damals noch eine Merkwürdigkeit, denn das Thermometer, das Galilei erfand und um 1603 beschrieb,[4] war zwar gewiß den Gelehrten bereits bekannt, allgemeiner Verbreitung aber

[1] „Chemiker-Zeitung" 1896, 19. [2] „Chemiker-Zeitung" 1895, 19, S. 2273.
[3] 3. Auflage, Paris 1895, S. 336 ff. [4] Über diese Angabe, und betreffs Gestalt und Ausführung der ersten Thermometer, siehe Rosenberger's „Geschichte der Physik" (Braunschweig 1884, 2, S. 5 und 18, sowie die übrigen im Register dieses Bandes angegebenen Stellen).

erfreute es sich noch nicht, schon weil einer solchen, wie gewöhnlich, der so kurze Zeit nach der Erfindung noch allzu hohe Preis hinderlich war. Die damaligen Thermometer unterschieden sich von den unserigen nicht nur durch den Mangel der festen Skalenpunkte, d. i. des Gefrierpunktes am Anfange und des Siedepunktes am Ende der Skale, sondern auch durch die Art der Aufstellung: die Kugel befand sich nämlich nicht unten, sondern oben, so daß die Flüssigkeit beim Erwärmen im Rohre herab- und nicht wie jetzt hinaufstieg. Umgekehrt war der Vorgang bei der Abkühlung: nach Sonnenuntergang z. B. fiel das Thermometer nicht, wie bei uns, sondern es stieg, und der Dichter deutete dies phantastisch dahin, daß die Flüssigket dem scheidenden Lichte gleichsam nacheilen und ihm einen Abschiedsgruß zurufen wolle. Überhaupt hielt es Grillet für nötig, dem Grafen, dem er ein so neuartiges Geschenk überreichte, auch dessen Nützlichkeit auseinanderzusetzen, und die Verse, in denen er dieses tut, mögen ihrer Denkwürdigkeit halber hier folgen:

Auf ganz natürliche Weise empor
Steigt der Liquor[1] ın diesem Rohr,
Und füllt diese Kugel an, ohne Rest,
Sobald ein Frost sich verspüren läßt.
Die Kälte, wie sie die Luft verdichtet,
Hat auch die Schwere des Liquors vernichtet,
Denn sie zwingt ihn oben zu schweben,
Und widersetzt sich seinem Bestreben,
Wieder herab zu fließen ins Rohr;
Soll das geschehen, muß es tauen zuvor.
Also die Luft ist die Herrin im Haus:
Dehnt sie sich durch die Wärme aus,
So sinkt der Liquor um einige Grade.
Folgen muß er ihr ohne Gnade;
Wie sie sich ändert, wird er verschoben,
Sei es nach unten, sei es nach oben.

[1] Grillet spricht bald von „liqueur", bald von „eau"; vermutlich handelt es sich nicht um das anfängliche Wasser-Thermometer, sondern die Füllung bestand wohl aus „eau de vie", gefärbtem Weingeist.

Ist das Wetter veränderlich,
Lassen alle Zeichen im Stich,
Ob es warm oder kalt wird sein,
Kannst Du ja nicht sagen, noch nein:
Dann steht der Liquor, ein treuer Wardein,
Gerade inmitten des Rohres ein.

Macht sich aber geltend die Hitze,
So steigt er herab zu tieferem Sitze,
Und je besser die Sonne es meint,
Desto tiefer der Sitz erscheint;
Aber so lange das Wetter dann hält,
Siehst Du, daß er nicht steigt noch fällt.

Doch auch zu Zeiten der Hundstagshitzen,
Wenn die Menschen nackend noch schwitzen,
Kommt es doch nie dem Liquor zu Sinn
Er woll' bis zur anderen Kugel hin.
Sollt er, seiner Gewohnheit vergessen,[1]
In diese zu dringen sich vermessen,
Da müßt' erst brennen die Wand im Saale,
Oder gar schon die hölzerne Skale.

Weiterhin zeigt Grillet, welche Dienste das Thermometer dem Beobachter zu leisten vermag:

Die Skale sagt Dir am frühen Morgen,
Wenn Du die Anzahl der Grade zählst,
Ob Du für warme Kleidung mußt sorgen,
Oder den leichteren Anzug wählst.
Ins Zimmer wird so Dir Nachricht gebracht,
Wie sich draußen das Wetter macht.

Wichtig ist das Thermometer auch zur Erhaltung des körperlichen Wohlbefindens, denn:

Es weist Dir den Raum, der zu jeder Frist
In Deinem Haus' der gesündeste ist.

Endlich ist das Instrument auch deshalb für den Familienvater von hohem Werte, weil es[2] die Blutwärme der Töchter

[1] Offenbar war das Thermometerrohr an seinem unteren (heute oberen) Ende zu einer kleinen Kugel aufgeblasen.

[2] Entsprechend der aristotelischen Theorie der Qualitäten und Temperamente, die bekanntlich bis tief in die Neuzeit hinein herrschend blieb.

zu messen und hiernach zu beurteilen gestattet, ob es schon Zeit ist, sie zu verheiraten oder noch nicht:

Gibst Du's den Töchtern in die Hand,
So lehrt erkennen Dich sein Stand,
Ob Du mit Recht schon auf Heirat sannst,
Oder ob Du noch warten kannst."

Wie schon die holperigen und höchst unbeholfenen Knittelverse vermuten lassen, war die Poesie keineswegs die starke Seite Grillets. In der Tat ist Jean Grillet oder „Maitre Jean Grillet“, wie er zumeist genannt wird, nicht Dichter von Beruf gewesen, sondern Glasbläser. Über sein Leben ist nach Livet nur weniges bekannt: er soll ein Altersgenosse Corneille's (geboren 1606) gewesen sein, doch liegt über seinem Geburtsorte und seiner Herkunft ein ebenso tiefes Dunkel, wie über seiner Erziehung und seinen Lehrjahren. Nach Paris kam er als Glasarbeiter und Glaskünstler, lebte daselbst vom Ertrage seiner Arbeit in auskömmlicher Weise, verkehrte als „Künstler“ in hohen Kreisen, zu deren Unterhaltung seine „Produktionen“ vorgeführt zu werden pflegten (er blies, wie er selbst berichtet, „mit dem Munde, ohne Blasebalg, frei vor der Lampe“), und brachte es schließlich zu dem Amte und Titel eines „Emailleur de la Reyne“. Seine Erlebnisse, Gefühle und Gedanken legte er in der 1647 erschienenen Dichtung: „La beauté des plus belles dames de la cour“ nieder, die poetisch ohne jeden Wert, kulturgeschichtlich aber von mannigfaltigem Interesse ist. Wenn wir lesen, daß er z. B. Piräus für den Namen eines griechischen Helden und Bukephalos, das Roß Alexanders des Großen, für einen philosophischen Freund Platos hielt, so werden wir allerdings seine Bildung nicht höher veranschlagen dürfen als seine Verskunst, und seine geschichtlichen Kenntnisse nicht höher als seine naturwissenschaftlichen.

13

GOETHE'S FARBENLEHRE[1]

Auch aus der Zahl glücklicher Besitzer, die Goethes Werke nicht nur in einer mehr oder minder vollkommenen Auswahl, sondern in ihrer Gesamtheit zu eigen haben, machen sich wohl nur vereinzelte Wißbegierige mit dem Inhalte jener letzten Bände vertraut, die die „naturwissenschaftlichen Schriften“ zu enthalten pflegen, und von diesen Wenigen wieder greift nur selten einer oder der andere nach den Studien zur „Farbenlehre“. Die Einen trösten sich damit, daß es überhaupt nicht so leicht möglich sei, die sämtlichen Werke eines Autors zu lesen, und hoffen allenfalls, hierzu noch später einmal Muße zu finden. Andere betrachten die Farbenlehre, auf die Autorität des großen Naturforschers Du Bois Reymond hin, als eine Schrulle, an die Goethe, wie überhaupt an seine naturwissenschaftlichen Schriften, bedauerlicherweise viele Zeit verschwendete, die er besser poetischer Tätigkeit gewidmet hätte.[2] Noch Anderen endlich ist es erinnerlich, daß das genannte Werk schon zu seines Verfassers Lebzeiten von weiten Kreisen als „verfehlter Versuch“, als eine „mit Nachsicht und Vergessenheit zu bedeckende Schwäche“ angesehen wurde.[3] So also ist die Farbenlehre

[1] Vortrag, gehalten im „Naturwissenschaftlichen Vereine“ in Halle a. S., 1900 („Zeitschrift für Naturwissenschaften“ 1901, Bd. 74, S. 19).

[2] Äußerung von 1882. [3] Dies erwähnt z. B. Schopenhauer („Sämtliche Werke“, Leipzig 1877. Bd. VI, S. 212.)

der großen Mehrzahl der Laien nur vom Hörensagen bekannt. Und dennoch zählt sie schon äußerlich zu den umfassendsten Hervorbringungen des Dichters, erfüllt in der neuesten Weimarer Ausgabe nicht weniger als fünf Bände mit mehr als 2000 Seiten, und steht vor uns als die einzige völlig ausgearbeitete und nach allen Seiten hin abgeschlossene naturwissenschaftliche Schrift Goethes. Zudem lag ihm gerade dieses Werk ganz außerordentlich am Herzen: er bezeichnete es nicht selten als ein „Werk seines Lebens", suchte es dem Verständnisse der Weimarer Freunde durch wiederholte „Vorträge" näher zu führen, deren Handschriften sich im Goethe-Archive vorgefunden haben, und legte zu Zwecken des Studiums und der Erläuterung jene große Sammlung physikalischer und optischer Apparate an, die noch jetzt im Goethe-Hause zu Weimar zu sehen sind. Schon allein aus diesen Gründen sollte eine Arbeit, auf die der Autor selbst so besonderen Wert legte, keinesfalls in der zumeist üblichen Weise vernachlässigt werden; der Anspruch darf mindestens mit Recht erhoben werden, daß man zunächst die Mühe nicht scheue, sich des genaueren mit ihr bekannt zu machen.

Die oft aufgeworfene Frage, wie denn Goethe eigentlich dazu kam, ausführliche Studien über die Natur der Farben anzustellen und sie in einem so umfangreichen Werke niederzulegen, ist unschwer zu beantworten, weit leichter als die analogen Fragen, die sich bei manchen seiner rein dichterischen Werke erheben, und den Literaturhistorikern oder Kommentatoren schon so manche Schwierigkeiten bereiteten. Im vierten Bande der Farbenlehre[1] hat nämlich Goethe selbst unter dem Titel „Konfession" die einschlägigen näheren Angaben niedergelegt. Schon seit früher Jugend, besonders aber seit der Zeit der italienischen Reise, die ihm die Farbenpracht der Natur wie der Gemälde in überwältigender Weise vor Augen führte, war seine Aufmerksamkeit auf mancherlei optische Erscheinungen

[1] Weimarer Ausgabe. „Naturwiss. Schriften", Bd. IV, S. 283.

hingelenkt worden. So z. B. hörte er die Maler von den Gesetzen des Kolorits sprechen, von den warmen Farben, zu denen die gelbe und rote samt ihren Abstufungen, und von den kalten, zu denen die blaue und violette nebst deren Anverwandten gezählt wurden. Er vernahm ferner Berichte über die Regeln der Luftperspektive, die es gebieten, den charakteristischen blauen Ton der Luft, als des Beleuchteten, und die gelben, roten und purpurnen Färbungen der Sonne, als des Leuchtenden, in ganz bestimmter und wohlberechneter Weise zu berücksichtigen. Endlich hatte er auch im Süden Gelegenheit gefunden, gewisse Beobachtungen über die farbigen Schatten zu erneuern, z. B. über die bekannten blauen Schatten, die des Abends hervortreten, wenn das Licht der tiefstehenden Sonne oder des aufgehenden Mondes den von einer gelben Kerzenflamme geworfenen Schatten eines Gegenstandes aufhellt, ferner über die meergrünen Schatten, die glänzend bei jener purpurnen Beleuchtung hervortreten, die der italienische Himmel bei herannahendem Südsturme, „Scirocco“ genannt, aufweist, und endlich über die, schon im Altertume[1] bekannten purpurnen Schatten der grünen Meereswellen.

Das Auftreten wesentlich analoger, polarer Gegensätze auf drei so verschiedenen Gebieten, schien ihm auf eine große und allumfassende Gesetzmäßigkeit zu deuten, auf das Vorhandensein einer bestimmten und organischen Ordnung im Gesamtgebiete des Farbenreiches, ähnlich jener, die er gelegentlich seiner bahnbrechenden Studien über vergleichende Anatomie, über die Metamorphose der Pflanzen, und über die Entwickelungsgeschichte der Tiere entdeckt hatte.

Um sich hierüber des näheren aufzuklären, wandte sich Goethe zunächst an seine Freunde, die Maler; aber diese vermochten ihm über die Gründe der sogenannten Gesetze des Kolorits und der Luftperspektive keine ausreichende Auskunft zu geben, sie kannten nur altbewährte und zuverlässige,

[1] „Farbenlehre“, Bd. III, S. 29.

aber rein empirische Regeln. So befragte er denn weiterhin die Physiker. Diese waren gewohnt, die Farbenlehre in der Optik zu behandeln, gemäß gewissen Lehren der Mathematik, — die hier freilich nach Goethes instinktivem Gefühl „ganz fern liegt und nicht mitspricht"[1] —, und zwar wesentlich im Anschlusse an die Gesetze der Brechung des Lichtes; durch eine Brechung des Lichtes erklärt man bekanntlich die Tatsache, daß die Lichtstrahlen beim Übergange aus einem Medium in ein anderes eine gewisse Ablenkung erfahren, so daß z. B. ein in Wasser getauchter Stab „gebrochen", ein durch ein Prisma betrachteter Gegenstand um einen gewissen Winkel von seinem Orte verschoben erscheint. Die zu Goethes Zeit unbeschränkt herrschende optische Theorie war die Newtons. Dieser große Physiker lehnte bekanntlich die heute allein herrschende Wellentheorie des Lichtes ab, und sah das Licht als eine Emanation an, d. h. als bestehend aus einer ungeheuren Menge unendlich kleiner stofflicher Teilchen, die von den leuchtenden Gegenständen ausgeschleudert oder ausgestrahlt würden; die Farben waren ihm Lichter von verschiedener Brechbarkeit, die von Natur aus ein physikalisch verschiedenes Wesen besitzen, und daher auch vom Auge in entsprechender Verschiedenheit wahrgenommen werden. Diese ganze Lehre und die ihr zur Stütze dienende Theorie widersprach den Fundamentalanschauungen Goethes völlig; da aber die Physiker dogmatisch an ihr festhielten, ja jede Diskussion für überflüssig erklärten, so beschloß er zunächst, die grundlegenden Versuche Newtons zu wiederholen.

Zu diesem Zwecke lieh er sich aus dem physikalischen Institute zu Jena einige gläserne Prismen; infolge vielseitiger Abhaltungen kam er aber monatelang nicht dazu, die geplanten Experimente zu beginnen. Der Professor der Physik zu Jena, Hofrat Büttner, ein sehr genauer und gewissenhafter Mann,

[1] „Goethe's Gespräche", ed. Biedermann (Leipzig 1889 ff.), Bd. VI, S. 330.

mochte aber seine Instrumente nicht über die zulässige Zeit hinaus entbehren; er reklamierte sie wiederholt, und als die letzte Frist verstrichen war, sandte er, ohne Rücksicht auf den Charakter des Entlehnenden als höchsten Vorgesetzten und ersten Staatsministers, einen Boten, um sie zurückzufordern. Im Begriffe, sie dem Abgesandten in die Hände zu geben, wollte Goethe in der Eile doch noch wenigstens einen kurzen Blick durch ein Prisma werfen, was er seit den Jahren der Kindheit nicht mehr getan hatte. So sah er denn gegen eine große, frisch geweißte Wand, in der (freilich ganz irrtümlichen!) Erwartung, ein durchaus buntes vielfarbiges Bild zu schauen; statt dessen aber zeigte sich ihm zu seiner Überraschung die eigentliche Wandfläche weiß wie vorher, und nur an ihren Rändern traten verschiedene Farben auf, und zwar in räumlicher Trennung, Gelb und Rot auf der einen, Blau und Violett auf der anderen Seite. Gleich auf diesen ersten Blick hin folgerte Goethe, daß offenbar die Farben überhaupt nur an den Grenzen erscheinen könnten, dort wo Hell mit Dunkel, Weiß mit Schwarz, Licht mit Finsternis sich berühre, und daß es sich mit diesen Gegensätzen hier sichtlich ebenso verhalte, wie in den ihm längst geläufigen Beispielen des malerischen Kolorits, der Luftperspektive, und der farbigen Schatten. Eine solche Entstehung objektiver Farben durch das Zusammenwirken der bezeichneten Gegensätze schien ihm durchaus neu, und mit Newtons Theorien ganz unvereinbar.

Von diesem Gedanken völlig erfüllt, behielt er nun die Prismen zurück, stellte neue Versuche an, und vergewisserte sich seiner Überzeugung. Er teilte sie sodann einigen befreundeten Physikern mit, sah sie aber von diesen zu seinem Verdrusse bestritten: sie erklärten die Erscheinung selbst für nicht neu, für wohl vereinbar mit Newtons Theorie, und für ableitbar aus dessen Prinzipien, wenn auch nicht auf die einfachste und überzeugendste Weise. Da aber Goethe die Physiker als befangen durch ihre Ehrfurcht gegen den übermächtigen Geist Newtons ansah, so glaubte er an ein unparteiischeres und größeres Publikum appellieren zu sollen und ließ in den Jahren 1791 bis 1792 die Ergebnisse seiner Forschungen unter dem nicht glücklich gewählten Titel „Beiträge zur Optik" im Drucke erscheinen. Doch der Erfolg war keineswegs der erwartete. Die große Menge der Laien wußte mit diesen „Beiträgen" überhaupt nichts anzufangen, ja verstand gar nicht, um was es sich eigentlich handle. Den Physikern von Fach aber dünkte es schon eine Art Anmaßung, daß ein, nach eigenem Geständnisse in der Mathematik so gut wie unbewanderter Dichter eine Schrift über Optik zu veröffentlichen wage, also über ein Gebiet, das man allgemein als der mathematischen Physik zugehörig ansah. Ohne sich auf eine eigentlich kritische oder sachlich begründete Ablehnung einzulassen, leisteten sie daher den „Widerstand der Schule", wie ihn Goethe treffend zu nennen pflegte, und wiesen den Verfasser zurück auf die „Optik" Newtons.

Vergeblich wandte Goethe ein, daß ja Newton in dieser nur einen einzigen, an sich und durch die Art der Versuchsausstellung beschränkten Fall der Farbenlehre behandelt habe, und diesen nicht einmal erschöpfend, während er alles übrige im Dunkel ließ, ja, es durch seine Darstellung noch verwirrte.[1] Aber diese und andere Darlegungen wurden von den Physikern völlig „sekretiert", was Goethe gerade wieder reizte, auf seiner Bahn zu beharren, und der Aufzeigung der Newtonschen Unklarheiten, Irrtümer und Fehler, sowie der Berichtigung der Newtonschen Beobachtungen und Deutungen ein stets steigendes Interesse zu widmen, das schließlich zu einer wahren Leidenschaft anwuchs. Stellte er doch während des unglücklichen französischen Feldzuges von 1792, vom Getümmel des Feldlagers umgeben, optische Versuche an, und bemühte sich während so mancher Nacht die Richtigkeit seiner Lehre be-

[1] „Farbenlehre", Bd. IV, S. 394.

freundeten Fürstlichkeiten in den Laufgräben der belagerten Festung Verdun zu erklären: auch während der ersten Tage nach der Schlacht bei Jena und der entsetzlichen Plünderung Weimars durch die Franzosen 1806, beschäftigte er sich zu seiner Beruhigung mit optischen Experimenten und nahm die Bestrebungen wieder auf, eine gemeinsame Behandlung des Gesamtgebietes der Farbenlehre seitens aller hierbei Beteiligten, also der Maler, Physiker u. s. w., herbeizuführen.[1] Alle diese Mühen blieben jedoch fruchtlos und vermochten die erwartete allgemeine Teilnahme nicht zu erwecken.

Durch dieses Verhalten des gelehrten wie des großen Publikums geriet Goethe allmählich in heftige und steigende Erbitterung, etwa jener vergleichbar, die Schopenhauer fühlen mochte, wenn er seine eigene, von ihm als höchste Wahrheit erkannte Lehre, jahrzehntelang durch die Philosophie Hegels und seiner Schule verdunkelt und in Schatten gestellt sehen mußte. Er bekämpfte nun die Lehre Newtons im Namen der Wahrheit und betrachtete es, wie er wiederholt aussprach, als eine ihm gewordene Mission, diesen Kampf, allen gleichgiltigen und böswilligen Gegnern zum Trotze, unbeirrt weiter zu führen. Zu diesem Zwecke unterwarf er das optische Hauptwerk Newtons einer höchst eingehenden, oft durchaus berechtigten, zuweilen aber auch auf Mißverständnissen beruhenden, äußerst scharfen Kritik. Er suchte ferner zu ergründen, wie und was die führenden großen Geister seit der Zeit des Altertumes über die Entstehung der Farben und über die Farbenlehre gedacht und gelehrt hätten. Endlich unternahm er eine planmäßige experimentelle Erforschung der gesamten Farbenerscheinungen, von ihren einfachsten bis zu ihren verwickeltsten Problemen. Als Frucht aller dieser Bemühungen erschien im Jahre 1810 sein Hauptwerk, die „Farbenlehre", zwei dicke Bände und ein Heft mit Tafeln um-

[1] „Werke", Weimarer Ausgabe, Bd. XXXIII, S. 29 und 31. „Tagebücher", Bd. III, S. 176 ff.

fassend, und in drei Teile, einen didaktischen, einen polemischen, und einen historischen zerfallend.

Im **ersten, didaktischen** Teile der Farbenlehre führt Goethe zunächst aus, daß es drei Klassen Farben gebe: I. die physiologischen, unaufhaltsam flüchtigen; II. die physikalischen, vorübergehend vergänglichen; III. die chemischen, dauernd festhaltenden.[1]

I. Die physiologischen Farben sind das Fundament der ganzen Farbenlehre, da sie auf einer spezifischen Lebenstätigkeit des Auges beruhen, angehörend diesem Organe, „das sein Dasein dem Lichte zu verdanken hat": Denn, — so sagt Goethe in großartiger Vorausahnung der späteren Entwickelungstheorie —, „aus gleichgiltigen tierischen Hilfsorganen ruft sich das Licht ein Organ hervor, das seines gleichen werde", wie dies die Worte eines alten Mystikers andeuten, die da lauten:

„Wär' nicht das Auge sonnenhaft,
Wie könnten wir das Licht erblicken!
Lebt' nicht in uns des Gottes eigne Kraft,
Wie könnt' uns Göttliches entzücken?"[2]

Die subjektiven Farbenerscheinungen sind nach Goethe ganz verschieden von jenen pathologischen Phänomenen, mit denen sie die wissenschaftliche Medizin der damaligen Zeit noch identifizierte, die er selbst jedoch schon richtig deutete, und betreff gewisser Einzelheiten, die z. B. die Farbenblindheit betrafen, zuerst völlig zutreffend erklärte. Die subjektiven Farbenerscheinungen treten aber auch nicht zufällig und regellos auf, wie man bis dahin allgemein vorauszusetzen pflegte, sie gehorchen vielmehr ganz bestimmten Gesetzen. Um dies einzusehen, braucht man sich zunächst nur der einfachsten Fälle zu erinnern, bei denen allein die Gegensätze

[1] „Farbenlehre", Bd. I, Vorrede S. 33 ff.

[2] „Farbenlehre", Bd. I, Vorrede S. 31. Den Inhalt dieses Spruches entnahm Goethe den „Enneaden" des Plotinos; er stammt aber ursprünglich von Platon her (s. meine Mitteilung im „Goethe-Jahrbuche" 1894, Bd. XV, S. 267).

von Licht und Dunkel in Betracht kommen. Zu diesen gehört u. a.:

a) die Erscheinung der Irradiation, die bewirkt, daß helle Flächen auf dunklem Hintergrunde bedeutend größer erscheinen, als sie tatsächlich sind;

b) das Phänomen des Nachbildes heller Objekte, wie man es z. B. wahrnimmt, wenn man ein weißes, von der Sonne beschienenes Fensterkreuz starr betrachtet, und dann rasch die Augen schließt;

c) das Phänomen der Kontrastbilder, vermöge dessen z. B. eine graue Fläche auf schwarzem Hintergrunde heller erscheint als auf weißem, oder ein anfangs verdunkelter und dann plötzlich enthüllter Teil einer hellen Fläche für heller gehalten wird als der andere Teil, der von vornherein sichtbar war.

Etwas verwickelter sind bereits die farbigen Nachbilder. Eine farblose blendende Lichtquelle, z. B. die helle Sonne oder der im Sauerstoff verbrennende Phosphor, erzeugt bekanntlich, wenn man die Augen rasch schließt oder sie plötzlich auf eine dunkle Fläche hinwendet, prachtvolle farbige Nachbilder. Ihre Färbungen sind aber, wie Goethe zuerst beobachtete, keineswegs dem Zufalle unterworfen, sondern klingen nach festen Gesetzen von der hellen Seite, d. h. vom Gelben bis Roten, zur dunklen, d. h. zum Violetten bis Blauen, und sodann bis zum völlig Schwarzen ab. Auch hier entstehen also die Farben durch ein Zusammenwirken von Finsternis und Licht, von Dunkel und Hell, von Nicht-Licht und Licht, und zwar tritt zunächst dem Lichte das Gelb auf, zunächst der Finsternis das Blau, und diese beiden Farben verdichten oder steigern sich zum Roten bezw. Violetten hin. Alle Farben lassen sich demnach als Halblichter oder Halbschatten ansehen, sie enthalten etwas Schattiges, das σκιερόν (Skieron), und erscheinen daher stets dunkler als Weiß, aber heller als Schwarz.[1]

Beim Hinsehen auf helle Flächen zeigen sich dem durch

[1] „Farbenlehre", Bd. I, Vorrede S. 34 ff. Bd. I, S. 31 und 105.

gewisse Farben affizierten Auge, ebenfalls nach festen Gesetzen, gewisse andere Farben: auf Rot folgt z. B. ein grünes Nachbild, auf helles Gelb ein violettes, auf dunkles Gelb ein blaues. Es sind also zwei Hauptgruppen polarer, komplementärer, oder antagonistischer Farbenpaare vorhanden, die sich als Kontraste „fordern", nämlich Rot-Grün und Gelb-Blau. Nimmt man hierzu als dritte Hauptgruppe noch Schwarz und Weiß, Schwarz als die vollendete Finsternis, Weiß als die vollendete Trübe,[1] so gelangt man zu einer Theorie, die sehr nahe mit jener Herings zusammenfällt, die unter dem Namen „Prinzip des Antagonismus" bekannt geworden ist. Diese Theorie, in deren Darstellung Goethe ausdrücklich als Vorläufer anerkannt wird, ist aber zurzeit die in der Wissenschaft herrschende, und hat nach mancherlei Kämpfen[2] jene von Young und Helmholtz, die von nur drei farbigen Grundempfindungen ausging, vollständig überwunden.

II. Die physischen Farben sind nach Goethe objektive Erscheinungen farbigen Lichtes, durch physikalische Vorgänge aus weißem Lichte erzeugt.

Läßt man farbloses blendendes Licht, wie das der hellen Sonne, des brennenden Phosphors u. s. f., auf schwach trübe Lösungen[3] fallen, z. B. auf reines Wasser, das mit etwas Harzessenz verrührt ist, so zeigt sich das zerstreute Licht, auf einen dunklen Hintergrund fallend, ausgesprochen blau, das durchgehende aber gelblich bis rötlich. Wie bei diesen, mit geeigneten Apparaten leicht auch einem großen Zuschauerkreise vorführbaren Experimenten, so erweist sich auch überhaupt das farblose Licht, durch ein schwach trübes Medium gesehen, stets gelb, durch ein stärker trübes gesehen, gelbrot bis rot;

[1] „Farbenlehre", Bd. I, S. 62. [2] Siehe Mach, „Analyse der Empfindungen". Jena 1900.

[3] Goethe rechnet zu dieser irrigerweise auch die fluoreszierenden; die Fluoreszenz des Kastanien-Extraktes hatte er zuerst entdeckt.

die Finsternis hingegen, durch ein schwach trübes, von darauf fallendem Lichte erhelltes Medium gesehen, erscheint blau, durch ein stärker trübes Medium gesehen, heller, blässer, lichtblau bis weißblau, und durch ein weniger trübes angeschaut, dunkler, satter, tiefblau bis violett.[1] Auch hier tritt also der polare Gegensatz der gelben und blauen Seite hervor, als jener der beiden Grundfarben, die in erster Linie durch das Zusammenwirken von Hell und Dunkel entstehen: das Helle, durch ein trübes Medium abgeschwächt, gibt Gelb, das Dunkle, durch ein trübes Medium aufgehellt, Blau. Dies ist also die einfachste, allen komplizierteren Fällen zugrunde liegende, an sich nicht weiter erklärbare Erscheinung, die Goethe mit einem charakteristischen Ausdrucke als „Urphänomen" bezeichnet.

Nach dem großen, die ganze Natur durchziehenden „Prinzipe der Steigerung", das zwar vorzugsweise, aber keineswegs ausschließlich in der organischen Welt hervortritt, entsteht nun durch zunehmende Abschwächung des Hellen aus dem Gelben eine Reihe von Farben, die zum Gelbroten bis Roten führt, und ebenso durch zunehmende Aufhellung des Dunklen die Serie jener Farben, die sich vom Blauen zum Blauroten bis Violetten erstreckt.

Auf Grund dieser Erkenntnis gelang es Goethe, mit Leichtigkeit zwei Erscheinungen zu erklären, betreff derer die Physiker unter seinen Zeitgenossen noch die merkwürdigsten, heute kaum mehr glaublich erscheinenden Theorien aufzustellen pflegten. Die erste ist das Phänomen der Bläue des Himmels; denn offenbar muß der finstere Weltraum, durch die vom Sonnenlichte erhellte, meist schwach getrübte Atmosphäre gesehen, in blauer Farbe erscheinen. Durch eine stärker trübe Atmosphäre erschaut, z. B. durch eine vom Dunste der Täler, von unklaren und staubigen Luftschichten erfüllte, wird er sich heller bläulich bis weißblau darstellen; eine weniger trübe hin-

[1] „Farbenlehre", Bd. I, S. 62.

gegen, wie wir sie auf den Höhen der Alpen, über den Fluren Italiens, und in den Gefilden der Tropen antreffen, wird jene tiefblaue, königsblaue, ja selbst violettblaue Färbung hervorzaubern, die, wenn sie aus den Gemälden hesperischer Landschaften von der Hand so mancher neuerer Meister in voller Intensität herausleuchtet, allen jenen, die der südlichen Natur fremd blieben, fast unmöglich dünkt. -- Wie der Himmel, und aus denselben Gründen, erscheinen nach Goethe auch die Berge blau, da sie in größerer Entfernung nur als einheitliche dunkle Masse wirken.[1]

Die zweite der genannten Erscheinungen ist die der Morgen- und Abendröte. Die an sich blendend helle Sonne erscheint, in trüber Atmosphäre auf- oder untergehend, als gelbliche Scheibe, wenn Höhenrauch herrscht als gelbrote, und im schweren Dunste des Scirocco als rubinrote.

Diese Erklärungen der Himmelsbläue und der Dämmerungsfarben sind heutzutage als durchaus zutreffende längst allgemein anerkannt; zu Goethes Zeit aber wurde ihre Richtigkeit namentlich durch die Physiker vom Fach bestritten. Teilweise waren sie übrigens, allerdings nicht in ebenso bestimmter Weise, schon früher von aufgeklärten Geistern vorgebracht worden, z. B. wie Goethe selbst mit großer Befriedigung feststellte, von Lionardo da Vinci.[2]

Betreffs des komplizierteren Phänomens der Farbenerscheinung bei der Brechung des Lichtes blieb Goethe in dauerndem und unüberbrückbarem Gegensatze zu Newton. Um des letzteren Lehre recht zu verstehen, darf man nicht vergessen, daß Newton zu seinen einschlägigen Studien durch Versuche geführt wurde, die damaligen Fernrohre zu verbessern,[3] deren von mehr oder weniger breiten Farbenringen umsäumte Bilder die astronomischen Beobachtungen ganz außerordentlich erschwerten. Der Hauptversuch der Newton-

[1] „Farbenlehre", Bd. I, S. 64. [2] „Goethe's Gespräche", Bd. VI, S. 359 und 360. [3] Ebenda, Bd. II, S. 162.

schen Optik knüpft bekanntlich an die Herstellung eines farbigen Bildes (des Spektrums, wie wir heute sagen) an, das aus weißem Sonnenlichte durch Brechung in einem Prisma erzeugt wird. Durch die sehr kleine, kreisrunde Öffnung eines Fensterladens fällt ein sehr feiner Sonnenstrahl in ein völlig verdunkeltes Zimmer und nimmt seinen Weg durch ein Prisma: dann zeigt sich an der gegenüberliegenden Wand ein farbiges, mehr oder weniger ausgedehntes Bild, das keineswegs die kreisrunde Form der kleinen Öffnung besitzt, sondern, je nach der Gestalt und Stellung des Prismas, mehr oder weniger nach der Breite oder Länge auseinander gezogen ist. Die farbige Beschaffenheit und die bandförmige Gestalt des Spektrums führt nun Newton darauf zurück, daß das anscheinend einheitliche weiße Licht in Wirklichkeit aus einer gewissen Anzahl, und zwar (wohl wegen der Analogie mit den sieben Tönen) aus sieben, an sich homogenen und unveränderlichen farbigen Lichtern zusammengesetzt sei, die von Natur aus eine verschiedene spezifische Brechbarkeit besäßen; an diese verschiedene Brechbarkeit ist demnach die Entstehung der Farben geknüpft, und es kann keine Brechung ohne gleichzeitige Farbenerscheinung geben, und umgekehrt.[1] Durch die Brechung im Prisma aber soll eine unendliche Anzahl äußerst kleiner, aneinander gereihter, mit den Rändern etwas übereinander greifender kreisrunder Bildchen von stetig sich ändernder Färbung entstehen, deren teilweiser Deckung und Übereinanderschichtung die charakteristische Figur und die regenbogenähnliche Färbung des Spektrums ihr Dasein verdankt.

Nach Goethe rufen Art und Bedingungen der Versuchsanstellung Newtons ein unübersichtliches und sehr verwickeltes Phänomen hervor, daher denn die Erklärung ebenfalls unklar und sehr gezwungen ausgefallen ist. Newton hat vor allem die wichtige Tatsache übersehen, daß zur Erscheinung von Farben unbedingt ein Rand, eine Grenze notwendig ist: die

[1] „Farbenlehre", Bd. II, S. 51.

größte weiße Fläche oder das unbeschränkte Himmelszelt zeigt sich, durch ein Prisma besehen, völlig unverändert; aber schon das kleinste Körnchen, das auf ersterer, das kleinste Wölkchen, das auf letzterer erscheint, bringt das Auftreten der Farben mit sich. Also nicht schon mit dem Lichte allein ist auch die Farbe gegeben, vielmehr wird diese in gleicher Weise durch das Licht hervorgebracht und durch das, was sich ihm entgegenstellt.[1] Neben der Brechung ist noch eine zweite Bedingung nötig, nämlich, daß jene auf ein Bild wirkt und es von seiner Stelle verschiebt. Ein Bild aber erfordert, wie schon Descartes einsah, Grenzen: Bild und Umgebung, Fläche und Grenze, Tätigkeit und Schranke üben also einen gleich wichtigen Einfluß aus, den aber Newton nicht erkannte, ja sogar leugnete, weil ihm die grundlegende Einsicht versagt blieb, daß das Farbenbild nie anders denn als Randerscheinung auftrete.[2]

Nach Goethes eigener Ansicht entstehen bei der Brechung keineswegs unendlich viele, sondern nur zwei an sich farblose Bilder, ein Hauptbild, das ein wenig, und ein Nebenbild, das etwas mehr verschoben werden soll, und deshalb, als ein Abgeleitetes, auch abgeschwächt und getrübt ist. Nunmehr tritt das einfache Urphänomen auch hier in Kraft: wo das abgeschwächte Nebenbild über die dunkle Umgebung des Hauptbildes hinaustritt, ist ein trübes Medium vor einem dunklen Grunde gegeben, und es erscheint daher der blaue Rand; auf der anderen Seite hingegen hat man ein trübes Nebenbild vor einem hellen Hauptbilde, demnach entsteht durch Schwächung des letzteren ein gelber Rand. Dem Prinzipe der Steigerung gemäß wird dann die Helle zum Gelbroten und Roten abgeschwächt, das Dunkle zum Blauroten und Violetten aufgehellt.

Nun bleibt die Mitte eines großen weißen Bildes, z. B. einer weißen Wand, durch ein Prisma betrachtet, stets weiß, und nur wenn die weiße Fläche schmäler und schmäler ge-

[1] „Farbenlehre", Bd. II, S. 10. [2] Ebenda, Bd. II, S. 10 und 166. Bd. IV, S. 396.

wählt wird, rücken die farbigen Ränder näher zusammen, so daß erst dann, wenn sie sich auf sehr schmaler Fläche völlig berühren oder übereinander greifen, auch die Mitte des Bildes farbig erscheint;[1] hierbei ergeben aber die sich deckenden blauen und gelben Ränder die Farbe Grün, die also als Mischfarbe, und nicht, wie Newton will, als ursprüngliche primäre Farbe auftritt. – Statt einer weißen Fläche auf dunklem Grunde kann man aber auch eine dunkle auf weißem Grunde beobachten; in diesem Falle liegen die farbigen Ränder natürlich umgekehrt, und wenn man sie durch Verschmälerung der Flächen in oben beschriebener Weise zusammenrücken läßt, so decken sich schließlich das Rote und Violette, und ergeben eine neue Mischfarbe: Purpur. Man hat also im ganzen zwei Grundfarben, Blau und Gelb, zwei gesteigerte Farben, Violett und Rot, und zwei Mischfarben, Grün und Purpur, und diese sechs Farben bilden einen geschlossenen Farbenkreis,

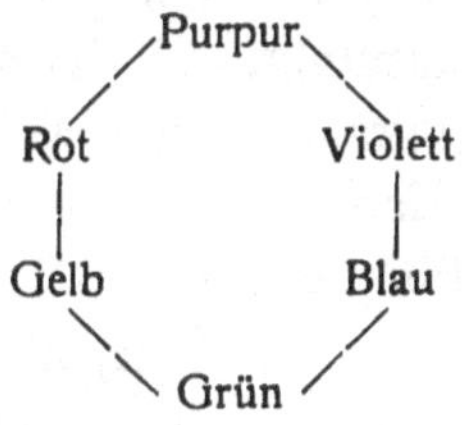

der stetige Übergänge bietet und so beschaffen ist, daß gegenüberstehende Farben stets auch komplementär, polar, oder antagonistisch sind.

Zugunsten dieser eigenen Theorie erhob Goethe gegen die Newtonsche eine Reihe von Einwänden, deren hauptsächlichste folgende sind:

1. Newton vermöge für die dargelegte Lehre vom Farbenkreise keinerlei physikalische Begründung anzuführen; diese Tatsache ist zwar richtig, jedoch insofern leicht begreiflich, als

[1] „Farbenlehre", Bd. IV, S. 396.

das Spektrum und der Regenbogen, mit deren Farben sich Newton hauptsächlich beschäftigte, die Nuance Purpur überhaupt nicht enthalten.

2. Wie das weiße Licht nach Newton in die sieben homogenen farbigen Lichter zerlegt wird, so muß es auch, nach Ansicht dieses Forschers, durch deren Vereinigung wieder zusammengesetzt werden können; es entstehe so auch wirklich, z. B. wenn man die sämtlichen gebrochenen bunten Lichtstrahlen durch eine Linse wieder auf einen einzigen Punkt hin vereinige. Diese Behauptung Newtons bestreitet Goethe durchaus. Zunächst widerspreche ihr der Augenschein, da bei der Ausführung dieses Versuches in Wirklichkeit nicht Weiß zu sehen sei, sondern Grau; dieser Einwand war wohl objektiv berechtigt, da, wie spätere Forschungen (namentlich von Helmholtz) zeigten, die Herstellung völlig reiner und homogener farbiger Lichter eine so außerordentlich schwierige ist, daß sie Goethe schwerlich jemals auch nur annähernd gelungen sein mag. Newtons Behauptung, so lehrt Goethe ferner, sei aber auch schon an und für sich widersinnig und absurd: es ist doch undenkbar, daß die Summierung von sieben Farben, deren jede an sich dunkler als Weiß sei und ein gewisses Maß des Schattigen (σκιερόν) enthalte, als Resultat weißes reines Licht ergebe; müßte doch, wenn das möglich wäre, auch schon die Vereinigung je zweier beliebiger farbiger Lichter unter allen Umständen zu einem helleren Lichte führen, was tatsächlich durchaus nicht der Fall ist.[1]

Es ist nicht leicht, die grundlegende Voraussetzung zu durchschauen, von der Goethe bei der Aufstellung dieser Behauptungen ausging, da er sich in der Farbenlehre selbst über diesen Punkt nirgends des näheren ausgesprochen hat; mit großer Wahrscheinlichkeit ergeben aber einige Stellen in den Briefen und Gesprächen die eigentliche Quelle seiner Meinung. Offenbar ließ sich nämlich Goethe von einer schon

[1] „Farbenlehre", Bd. II, S. 172. Bd. IV, S. 395. Bd. I, S. 225.

dem Altertume[1] geläufigen Analogie zwischen Optik und Akustik leiten, wie er denn Chladnis akustische Versuche geradezu den „Parallelismus zur Farbenlehre" nennt.[2]) So wie in der Akustik die Reihe der Töne der Zahl der Schwingungen parallel geht, wie jede einfache Schwingung eine zugehörige einfache Tonempfindung erregt, und wie mehrere zugleich erklingende Töne nicht einen einheitlichen Mischlaut ergeben, sondern einen Akkord, aus dem sie das geübte Ohr sogar einzeln herauszuhören vermag, ganz ebenso, — das hat Goethe jedenfalls vorausgesetzt —, müßten sich auch die Vorgänge optischen Charakters abspielen; ausdrücklich sprach er es daher aus, daß in ähnlicher Weise „Wirkung und Gegenwirkung sich auch im Auge ereigneten, und zwar folgerecht und nach den nämlichen Gesetzen".[3] Er „postulierte" also, daß zwischen den inneren physiologischen Farbenempfindungen und den sie hervorrufenden äußeren Reizen (den physikalischen Farben) gleichfalls eine einfache Beziehung strenger Parallelität bestehe: einfachen Empfindungen müssen demnach auch einfache Reize entsprechen, und es erscheint dann allerdings a priori unmöglich, ja absurd, daß die einfache Empfindung „Weiß" durch eine Summation äußerst verwickelter physiologischer Vorgänge hervorgerufen werde.[4] — Der heutigen Wissenschaft ist es freilich wohl bekannt, daß die Voraussetzung Goethes eine irrige war, wie das nicht selten gerade bei solchen Annahmen zutrifft, die ohne nähere Prüfung, deren sie scheinbar gar nicht bedürfen, als ganz selbstverständlich eingeführt, und ohne weiteres allen ferneren Betrachtungen zugrunde gelegt werden. Allerdings hat aber auch die Wissenschaft das Problem des Verhältnisses zwischen Farbenempfindung und Farbenreiz bisher nicht zu lösen vermocht, sie läßt es vielmehr, je weiter die einschlägigen Studien gedeihen, nur immer verwickelter erscheinen.

[1] „Farbenlehre", Bd. III, S 19. [2] „Gespräche", Bd. III, S. 263.
[3] Brief vom 23. März 1822. Siehe „Goethe-Jahrbuch", Bd. II, S. 208.
[4] Siehe hierüber bei Schopenhauer, „Werke", Bd. I, S. 71.

3. Newton erklärte, da Farbenerscheinung und Brechung nach ihm unzertrennlich sind, die Herstellung von achromatischen Linsen-Fernrohren, die Bilder ohne farbige Ränder zeigen, für unmöglich, und gab, von dieser Erkenntnis durchdrungen, alle Versuche zur Verbesserung der sogenannten dioptrischen Fernrohre vollständig auf, um sich fortan der Konstruktion seiner so berühmt gewordenen Spiegelteleskope zu widmen.[1] Immerhin schien es ihm aber, gelegentlich einer Betrachtung der durch die farbigen Ränder der Bilder verursachten Fehler, in hohem Grade bemerkenswert, daß man die Objekte im ganzen doch überraschend deutlich, und jedenfalls viel deutlicher sehe, als dies seine Theorie erwarten ließe;[2] auch warf er ausdrücklich die Frage auf, worin denn wohl die Möglichkeit dieses deutlichen Sehens begründet sei, ohne sie aber weiter zu erörtern. Sie wurde daher nicht selten in späterer Zeit wieder aufgenommen, um so mehr, als es schwer erklärlich schien, daß man durch jede gewöhnliche Brille, durch die Camera obscura, ja selbst durch das menschliche Auge, die ganze Welt in klaren deutlichen Bildern ohne alle farbigen Ränder sehe, obgleich doch die Entstehung aller dieser Bilder stets und ausnahmslos mit Brechungen des Lichtes Hand in Hand gehe.[3] Der Anatomie und Physiologie jener Zeit war es auch längst bekannt, daß das menschliche und das höhere tierische Auge aus verschiedenen Medien bestehe, und die Folgerung, daß beim Vorgange des Sehens gewisse Kompensationswirkungen im Spiele sein möchten, lag daher nahe genug; zunächst aber zog sie niemand, und sie entging selbst Forschern, die, wie Rizzetti (1727), das „farblose Sehen" des Auges in ausführlicher Weise besprachen und eingehend diskutierten.[4] Erst der große Mathematiker Euler versuchte 1747, gläserne Halbkugeln, die, analog den Medien des Auges, mit verschiedenen Lösungen gefüllt waren, miteinander zu ver-

[1] „Farbenlehre", Bd. II, S. 161. [2] Ebenda, Bd. I, S. 165. [3] Ebenda, Bd. II, S. 43 und 164. [4] Ebenda, Bd. IV, S. 202 und 85.

binden, und entdeckte hierbei, daß sich tatsächlich die Farbenbildung aufheben lasse, während die Brechung bestehen bleibt.[1] Es ist nicht gewiß, aber sehr wahrscheinlich, daß aus diesen Versuchen Chester-Morehall in England die Anregung zog, achromatische Fernrohre durch Kombination von Linsen aus verschiedenem Materiale zu konstruieren, und jedenfalls waren solche 1754 bereits vorhanden, wurden aber geheim gehalten. Etwas später, 1759, trat als Gegner von Euler's, 1754 auch von Klingenstjerne bestätigten Behauptungen der Engländer Dollond auf, wiederholte, um Newtons Angaben zu erweisen, die Versuche Eulers, fand aber hierbei zu seinem außerordentlichen Erstaunen, daß letzterer im Rechte und Newton im Unrechte sei; er entdeckte im Laufe seiner Arbeiten das verschiedene optische Verhalten verschieden zusammengesetzter Gläser, namentlich des sogenannten Flintglases und Crownglases und machte öffentlich die Kunst bekannt, durch richtige Verbindung solcher Gläser die Farbenbildung zu beseitigen und wahre achromatische Fernrohre herzustellen.[2]

Nun hatte Newton die Verbesserung der dioptrischen Fernrohre und die Achromasie für eine Unmöglichkeit erklärt; trotzdem war diese jetzt zur Wirklichkeit geworden, man hätte also billigerweise eingestehen müssen, daß die Theorie, die zu jener Folgerung Anlaß gegeben hatte, falsch sei oder mindestens wesentliche Lücken enthalte. Statt dessen nahm aber die, um die Autorität ihres Meisters besorgte Schule der Newtonianer ihre Zuflucht — wie sich Goethe ausdrückt — zu „elendem Flickwerk". Sie griff zurück auf einen, von Newton an gewissen Stellen seiner Optik (und nur nebenbei) eingeführten Begriff der „Divergenz", und fügte der qualitas occulta der „Brechung" noch eine solche der „Farbenzerstreuung" oder „Dispersion" neu hinzu.[3] Goethe erklärte diesen Ausdruck für ein leeres Wort, das in keiner Weise geeignet sei, die

[1] „Farbenlehre", Bd. IV, S. 203. [2] Ebenda, Bd. IV, S. 204.
[3] Ebenda, Bd. II, S. 135, 217 und 125.

durch den Begriff der Brechung unerklärt gebliebenen Erscheinungen dem Verständnisse näher zu führen. In der Tat kann man ihm hierin nicht ganz Unrecht geben, besonders wenn man bedenkt, daß die Wissenschaft in neuerer Zeit gezwungen war, in gewissen Fällen auch noch eine „abnorme Dispersion" vorauszusetzen; die Bezeichnung natürlicher Erscheinungen mit dem Namen „abnorm" weist nämlich stets mit ziemlicher Sicherheit auf Fehler oder Lücken der betreffenden Theorien hin, und es sei in dieser Hinsicht nur an die Beispiele der „abnormen Dampfdichten" in der Chemie, der „abnormen Organe" in der Zoologie, und der „abnormen Lagerungen" in der Geologie erinnert. –

Außer den mit den Brechungserscheinungen verknüpften physischen Farben studierte Goethe auch noch die Farben der dünnen Blättchen und Häutchen (z. B. die der Seifenblasen und die Anlauffarben), ferner die der sogenannten Newtonschen Ringe, sodann die bei der Spiegelung, Beugung und Reflektion des Lichtes, sowie beim Irisieren auftretenden, sowie endlich die Farbenerscheinungen bei der chromatischen Polarisation und bei der Betrachtung der Kristalle im polarisierten Lichte; über alle diese Punkte glückten ihm zahlreiche und oft sehr feine Beobachtungen, an deren richtiger Deutung ihn aber in der Regel ungenügendes physikalisches Verständnis hinderte. Auch die Wellentheorie des Lichtes, die ihm (entgegen einer Angabe von Helmholtz) wohl bekannt war, lehnte er unbedingt ab, da er den Lichtäther für ebenso unbegreiflich und unzulässig ansah wie die atomistische Hypothese; hierdurch verschloß er sich leider den damals einzig gangbaren Weg zur Einsicht in die großen, durch die französischen Forscher jener Periode angebahnten Wandlungen der theoretischen Optik; auch den Lehren Fraunhofers über die dunklen Linien im Spektrum, die später durch Entdeckung der Spektralanalyse zu so ungeheuerer Bedeutung gelangten, versagte er jeden Anteil ebenso vollkommen, wie einige Zeit darauf Schopenhauer, der bekanntlich in der Farbenlehre sein vertrauter, persönlicher Schüler war.

III. Bei der Betrachtung der chemischen Farben, oder wie Lichtenberg[1] sie zuerst nannte, der Pigmente, ging Goethe von der Voraussetzung aus, daß ein Zusammenhang zwischen der Farbe und den chemischen Bestandteilen eines jeden Körpers bestehen müsse. Er nahm hiermit einen Gedanken vorweg, den auch die heutige Wissenschaft für richtig erklärt, obgleich es bisher auch der neueren Chemie nur in vereinzelten Fällen gelungen ist, die Träger gewisser farbengebender Eigenschaften in Atomgruppen bestimmter Zusammensetzung, sogenannten chromatophoren Gruppen, zu entdecken. Den Gegensatz des Gelben und Gelbroten auf der einen, und des Blauen und Blauroten auf der anderen Seite, hielt Goethe auch auf diesem Gebiete fest, und sah ihn besonders ausgesprochen im Verhalten der beiden großen Gruppen der Säuren und Alkalien zum Lackmusfarbstoffe, dem damals fast allein gebrauchten Indikator. Seine Betrachtungen über chemische Farben sind gleichfalls reich an scharfen und zum Teil neuen Beobachtungen, so z. B. stellte Goethe zuerst fest, daß eine Anzahl von Farbstoffen, u. a. der Indigo und manche Alizarinpräparate, aber auch das übermangansaure Kalium, in festem oder kristallisiertem Zustande die Komplementärfarben der betreffenden Lösungen zeigen, verbunden mit lebhaftem Metallglanze.[2] Ausführlich erörtert er auch die Bedeutung der Pigmente für die Malerei, ferner die „sinnlich-sittliche" Wirkung der Farben, und die aus ihrer Natur entspringende Bedeutung des ästhetisch-künstlerischen Kolorites.[3]

Der **zweite, polemische** Teil der Farbenlehre, über dessen Abfassung Goethe berichtet, sie sei zwar eine Notwendigkeit

[1] „Farbenlehre", Bd. V, S. 16. [2] Ebenda, Bd. I, S. 231 und 220.
[3] Ebenda, Bd. I, S. 355.

gewesen, aber ihm völlig gegen seine Natur gegangen,[1] richtet sich, wie dies das Wesen der Sache erfordert, fast durchweg gegen Newton und seine Schule. Auf die Angehörigen dieser Schule, die blinden Nachbeter Newtons, ist Goethe ganz besonders schlecht zu sprechen: sie stehen, so sagt er, im Stande der wissenschaftlichen Geistesknechtschaft,[2] sind den widerkäuenden Tieren zu vergleichen,[3] und streben nicht danach, die Wahrheit zu erforschen, sondern mit ihrer einmal ausgesprochenen Meinung Recht zu behalten.[4] Solche Leute zu überzeugen oder auch nur in ihrer Ansicht zu erschüttern, hält Goethe für schwierig, wenn nicht für unmöglich; allein er hofft immerhin, daß seine Farbenlehre, stets aufs neue und überzeugend vorgetragen, doch allmählich „wie eine Purganz wirken werde, mit der, wenn sie das Innere erst einmal rege macht, mitunter auch ein Bandwurm nach dem anderen abgeht.“[5]

Der **dritte, historische** Teil der Farbenlehre enthält eine fast unerschöpfliche Fülle von Gelehrsamkeit, und ist überreich an tiefen und dauernd wertvollen allgemeinen Betrachtungen über die Entwickelung der Wissenschaften, die Wandlung ihrer Theorien, die Einflüsse der Autoritäten und des Autoritätsglaubens, sowie an geradezu klassischen Darstellungen der persönlichen Schicksale und Meinungen zahlreicher Forscher; er geht hierdurch weit über die Bedeutung einer bloßen Sammlung von Materialien zur Geschichte der speziellen Disziplin der Farbenlehre hinaus, und zum Beweise hierfür sei nachstehend allein die glänzende und bei aller Kürze erschöpfende Charakteristik des Plato und Aristoteles wiedergegeben:

„Plato verhält sich zu der Welt wie ein seliger Geist, dem es beliebt, einige Zeit auf ihr zu herbergen. Es ist ihm

[1] „Gespräche“, Bd. VIII, S. 85. [2] „Goethe's naturwissenschaftliche Korrespondenz“, ed. Bratranek (Leipzig 1874), Bd. II, S. 197.

[3] „Gespräche“, Bd. II, S. 126. [4] Ebenda, Bd. VI, S. 55. [5] Ebenda, Bd. II, S. 252.

nicht sowohl darum zu tun, sie kennen zu lernen, weil er sie schon voraussetzt, als ihr dasjenige, was er mitbringt und was ihr so not tut, freundlich mitzuteilen. Er dringt in die Tiefen, mehr um sie mit seinem Wesen auszufüllen, als um sie zu erforschen. Er bewegt sich nach der Höhe, mit Sehnsucht, seines Ursprunges wieder teilhaft zu werden. Alles was er äußert, bezieht sich auf ein ewig Ganzes, Gutes, Wahres, Schönes, dessen Forderung er in jedem Busen aufzuregen strebt. Was er sich im einzelnen von irdischem Wissen zueignet, schmilzt, ja man kann sagen, verdampft in seiner Methode, in seinem Vortrag. — Aristoteles hingegen steht zu der Welt wie ein Mann, ein baumeisterlicher. Er ist nun einmal hier, und soll hier wirken und schaffen. Er erkundigt sich nach dem Boden, aber nicht weiter als bis er Grund findet. Von da bis zum Mittelpunkt der Erde ist ihm das übrige gleichgültig. Er umzieht einen ungeheueren Umkreis für sein Gebäude, schafft Materialien von allen Seiten her, ordnet sie, schichtet sie auf, und steigt so in regelmäßiger Form pyramidenartig in die Höhe, wenn Plato, einem Obelisken, ja einer spitzen Flamme gleich, den Himmel sucht.«[1]

Blicken wir auf den Gesamtinhalt der Farbenlehre zurück, so dürfen wir, um bei einem Bilde aus optischem Gebiete zu bleiben, wohl aussprechen, daß sie viel Licht und viel Schatten enthält.

Zu den Lichtseiten gehört vor allem das rastlose Suchen Goethes nach einem einheitlichen Grundgesetze, das er erfaßt zu haben glaubt im »Urphänomen«, aus dem sich nach den Regeln der Polarität und der Steigerung alles Verwickeltere soll ableiten lassen. Das Urphänomen selbst ist freilich einer weiteren Erklärung nicht fähig: »Das muß man nicht weiter erläutern wollen, Gott selbst weiß nicht mehr davon als ich«,

[1] „Farbenlehre", Bd. III, S. 141.

sagt Goethe gelegentlich einer Unterredung.[1] Schon sein Schüler Schopenhauer[2] hat aber mit Recht darauf hingewiesen, daß das Urphänomen, als „objektive Tatsache" wenig geeignet erscheine, zur obersten Grundlage der ganzen Lehre im Sinne der von Goethe gewünschten Theorie zu dienen; er machte darauf aufmerksam, wie infolgedessen Goethe gar oft bloß beschreibe, wo er zu erklären glaube, und in der Regel nur zeige, wie Farben entstehen, nicht aber was sie sind. In letzterer Hinsicht kann man jedoch einen, die Resultate unserer heutigen Wissenschaft mit Kühnheit vorausnehmenden Satz Goethes anführen: „die Farben sind Erscheinungsweisen desselben Wesens, das sich bald als Elektrizität, bald als Magnetismus, bald als Chemismus zeigt".[3]

Ein fernerer Lichtpunkt ist die zentrale Stellung, die Goethe den physiologischen Farben zuweist, sowie der Erforschung der physiologischen und pathologischen Phänomene; im einzelnen aber führt ihn hier die Voraussetzung einfacher Beziehungen zwischen Farbenempfindung und Reiz häufig in die Irre.

In physikalischer Hinsicht ist vor allem das stete Zurückgehen Goethes auf das Experiment und die Beobachtung zu preisen. Richtige Versuchsanstellungen und richtige Verallgemeinerungen ließen ihm hier die zutreffende Erklärung der Himmelsbläue sowie der Dämmerungsfarben gelingen. Bei vielen weiteren Bestrebungen hemmte ihn aber in mannigfacher Weise der von ihm selbst schmerzlich empfundene Mangel an mathematischer Einsicht;[4] seiner Theorie fehlt es daher durchaus an quantitativer Bestimmtheit, ja sie ist sogar einer mathematischen Behandlung gar nicht fähig. Helmholtz hat mit Recht hervorgehoben,[5] daß sich auf keine Weise

[1] „Gespräche", Bd. X, S. 97. [2] „Sämtliche Werke", Bd. I, S. 2. Bd. VI, S. 193. [3] „Gespräche", Bd. II, S. 120. [4] „Naturwissenschaftliche Korrespondenz", Bd. II, S. 8. [5] „Vorträge und Reden" (Braunschweig 1896), Bd. I, S. 23. Bd. II, S. 355.

ersehen läßt, wie sich eigentlich nach Goethes Sinne z. B. Blau und Gelb ihrem Wesen nach unterscheiden oder inwiefern das „Schattige" im Blauen von dem im Gelben, oder gar von dem in der Mischfarbe beider, im Grünen, verschieden sei u. s. w. Auch die Behauptung Goethes, daß Grün nie als primäre, sondern immer nur als Mischfarbe auftrete, ist eine unrichtige. Desgleichen ist seine Angabe irrtümlich, daß die Zusammensetzung der farbigen Lichter zu Weiß unmöglich sei, wobei ihm übrigens, wie schon Schopenhauer[1] bemerkte, auch ein logischer Beweisfehler untergelaufen ist. Endlich erweist sich auch Goethes eigene Theorie über das Zustandekommen des farbigen Spektrums durch kombinierte Wirkung zweier Bilder als unzureichend, ja in einem Hauptpunkte als ganz unzulässig, indem sie den Bildern selbst, also bloßen optischen Phänomenen, eine wahre, d. h. physikalische Wirksamkeit zuschreibt.

In kritischer Hinsicht ist auf das höchste die Bestimmtheit und Unerschrockenheit zu bewundern, mit der Goethe gegen den Autoritätsglauben jeder Art, sowie gegen die Macht der Schule auftritt. Im Eifer des Kampfes läßt er sich freilich oft zu herben Worten, ja selbst zu offenbaren Ungerechtigkeiten hinreißen, so z. B. wenn er nicht nur Newtons Schülern, sondern auch diesem großen Physiker selbst, absichtliche Verschleierung der Tatsachen, Unredlichkeit in seinen Darlegungen, ja die schlimmste aller wissenschaftlichen Sünden, Obskurantismus, vorwirft.[2] Indessen kann dieses Verhalten Goethes, so befremdlich es auch bleibt, immerhin erklärlich erscheinen, wenn man sich der Stellungnahme seiner Zeitgenossen gegenüber der „Farbenlehre" erinnert. Verständnis oder auch nur

[1] „Sämtliche Werke", Bd. I, S. 45.

[2] Hierher gehört auch das Epigramm:

Es lehrt ein großer Physikus
Nebst seinen Anverwandten:
„Nil luce est obscurius". —
Ja wohl, für Obskuranten!

aufrichtiges Bemühen in den Sinn seiner Arbeiten einzudringen, fand Goethe fast allein bei seinen mehr oder minder laienhaften Freunden: bei dem hochgebildeten, rastlos nach Wissen aller Art strebenden Herzog Karl August nebst seinem Familienkreise, bei Schiller,[1] Schelling und Hegel,[2] beim Staatsrate Schultz,[3] beim Physiologen Johannes Müller,[4] beim Schriftsteller Zschokke,[5] bei seinem treuen Famulus Eckermann,[6] und endlich bei Schopenhauer,[7] dessen Umdeutungen und Erweiterungen seiner optischen Theorien er schon keineswegs mit Beifall aufnahm. Völlig abweisend verhielten sich hingegen die Physiker von Fach, z. B. Schweigger und Döbereiner,[8] sowie Lichtenberg;[9] Purkinje verschmähte sogar nicht, zum Plagiator an Goethe zu werden, und führte später, als man ihm dies vorwarf, zu seiner Entschuldigung ganz offen an, er habe gefürchtet, sich durch Nennung des »Dichters« Goethe bei seinen Fachgenossen zu schaden;[10] Seebeck endlich, der mit Goethe lange Zeit in persönlichem Verkehre und in regem Briefwechsel stand und sich von ihm als »vieljähriger Freund und Mitarbeiter« begrüßen ließ,[11] erklärte noch 1830, als ihn, den Entdecker der Thermoelektrizität, der damals für den bedeutendsten Physiker Deutschlands galt, jemand über Goethes Farbenlehre befragte: »daß zwar allerdings Goethe in vielem im Rechte und Newton im Unrechte sei, daß ihm aber, in seiner Stellung als öffentlicher Lehrer und Akademiker, unmöglich die Verpflichtung obliegen könne, dieses der widerstrebenden Mehrheit der Fachgenossen klar zu machen.« Und auch das sprach Seebeck erst aus, nachdem er sich von dem Fragesteller das Wort hatte geben lassen, er werde bei seinen

[1] „Goethe-Jahrbuch", Bd. II, S. 169. [2] Ebenda, Bd. II, S. 217. Bd. XII, S. 166. Bd. XVI, S. 62 ff. [3] Ebenda, Bd. XII, S. 165.
[4] „Naturwissenschaftliche Korrespondenz", Bd. I, S. 393.
[5] Ebenda, Bd. II, S. 195. [6] „Gespräche", Bd. VII, S. 32. Bd. VIII, S. 26. [7] „Goethe-Jahrbuch", Bd. IX, S. 50. [8] Ebenda, Bd. XII, S. 170 ff. [9] Ebenda, Bd. XVIII, S. 46. [10] „Gespräche", Bd. IV, S. 84 und 337. [11] „Goethe-Jahrbuch", Bd. XII, S. 154.

Lebzeiten nichts über diese Unterredung erzählen oder gar drucken lassen![1] Unter solchen Umständen konnte es Goethe nur wenig Genugtuung bieten, daß doch an einer Universität, Berlin, Henning seit 1822 über seine Farbenlehre las, und dieses Kollegium einige Jahre lang vor leeren Bänken fortsetzte.[2] Die Physiker waren und blieben eben völlig teilnahmslos und hegten schon damals die Ansicht, die Tyndall noch 60 Jahre später mit den Worten aussprach:[3] „Goethes Methoden sind der Physik und der physikalischen Forschung völlig fremd".

In Anbetracht solcher Verhältnisse kann es nicht Wunder nehmen, daß Goethe, von der Richtigkeit seiner Theorien durchaus erfüllt, und die schwachen Seiten derselben kaum wahrnehmend, mit hoher und steigender Befriedigung auf die Gesamtschöpfung seiner Farbenlehre zurückblickte, wie dies aus so manchen bemerkenswerten und oft befremdlichen Äußerungen noch seiner letzten Lebensjahre hervorgeht. So z. B. spricht er sich aus: „Ich allein bin auf der Erde, der in dieser Sache sagen kann, ich habe die Wahrheit" (1822);[4] „Darf ich nicht stolz sein, daß ich unter Millionen der einzige bin, der in diesem großen Naturgegenstande allein das Rechte weiß?" (1823);[5] „In der Farbenlehre steckt die Mühe eines halben Lebens; ich hätte vielleicht ein halbes Dutzend Trauerspiele mehr geschrieben, das ist alles, und dazu werden sich noch Leute genug finden" (1827);[6] „Auf alles, was ich als Poet geleistet habe, bilde ich mir gar nichts ein; .... daß ich aber in meinem Jahrhunderte in der schwierigen Wissenschaft der Farbenlehre der Einzige bin, der das Rechte weiß, darauf tue ich mir etwas zu gute, und ich habe daher ein Bewußtsein der Superiorität über Viele" (1829).[7]

[1] So berichtet Schopenhauer, „Sämtliche Werke", Bd. I. Vorrede zur „Farbenlehre", S. 12. [2] „Goethe-Jahrbuch", Bd. XVI, S. 77. „Naturwissenschaftliche Korrespondenz", Bd. I, S. 185. [3] „Goethe-Jahrbuch", Bd. III, S. 414. [4] „Gespräche", Bd. IV, S. 189. [5] Ebenda, Bd. IV, S. 338. [6] Ebenda, Bd. VI, S. 56. [7] Ebenda, Bd. VII, S. 34.

Dieses Bewußtsein darf indes nicht in dem Sinne aufgefaßt werden, als hätte Goethe jemals seine Farbenlehre für etwas Abgeschlossenes, etwas endgültig Vollendetes gehalten; bis in die letzten Jahre, ja Monate seines Lebens blieb er vielmehr fortwährend bemüht, sie tiefer zu begründen, weiter zu entwickeln, und mit den Fortschritten der Wissenschaft in richtigen Einklang zu setzen. Der Nachlaß weist daher eine ununterbrochene Kette zahlreicher, teils abgeschlossener, teils nur skizzierter oder flüchtig hingeworfener Aufsätze, Nachträge und Bruchstücke zur Theorie der Farbenlehre auf, und bis zum Ende seines Daseins erfüllte den Dichter das Bestreben, sein Werk zu vervollkommnen und den höchsten Ansprüchen gemäß auszugestalten. Führt man aber im Hinblicke hierauf das Wort aus dem ersten Teile des ‚Faust' an: „Es irrt der Mensch, so lang er strebt", so mag man stets auch die Ergänzung im Sinne behalten, die dieser Spruch im zweiten Teile findet, da die Engel Faustens Unsterbliches gen Himmel tragen mit den Worten: „Wer immer strebend sich bemüht, Den können wir erlösen".

Sechste Abteilung

14

ZUR GESCHICHTE DES WISMUTS[1]

Das „Germanische Museum" zu Nürnberg enthält in seiner herrlichen Sammlung mittelalterlicher Truhen, Laden, Koffer und dergl. auch eine Anzahl sehr schöner Kästchen verschiedener Größe, zu deren Verzierung eine eigentümliche, als „Wismutmalerei" bezeichnete Technik diente. Wie dem Abschnitte 8 der Abhandlung „Die Holzmöbel des Germanischen Museums" von Dr. H. Stegmann[2] zu entnehmen ist, erfolgte die Herstellung dieser Malerei auf nachstehende Weise: Auf dünnen Kreidegrund, den üblichen Malgrund, wurde eine dünne Schicht gepulverten Wismuts aufgetragen und mittels des Poliersteines so geglättet, daß eine metallisch glänzende Oberfläche entstand; sodann trug man auf diese die gewöhnlich in lebhaften Farben gehaltene Malerei auf und überzog das Ganze mit Firnis. — Wie die stattliche Reihe der vielfach noch im charakteristischen Metalllüster prangenden sogenannten „Wismutkästchen" zeigt, deren Entstehung in die Zeit vom endenden 15. bis 18. Jahrhundert fällt, vermag die eigentliche Bemalung zu keiner Frist Anspruch auf Kunstwert zu erheben, sondern ist das offenbar ganz handwerksmäßige Produkt sehr bedeutender, ihrem Wesen nach aber rein mechanischer Treffsicherheit. Schon im Anfange des 17. Jahrhundertes begann übrigens der Verfall dieser Technik,

[1] „Chemiker-Zeitung" 1905, S. 719. [2] „Anzeiger des Germanischen Museums" 1905, S. 18.

indem man unmittelbar Öl- oder Leimfarbe zur Anwendung brachte oder auch die Flächen mit farbigen Schnitten oder Stichen beklebte.

Als ein sehr frühes Beispiel der Wismutmalerei ist ein Kästchen mit Deckelzier aus der letzten Periode des 15. Jahrhundertes anzusehen;[1] die vollendete Ausführung weist aber darauf hin, daß die Verfertigung dieser Art kunstgewerblicher Waren damals schon einen hohen Grad von Sicherheit und Vollkommenheit erreicht hatte, also schwerlich mehr etwas Neues war. Hiermit stimmt es überein, daß die Wismuttechnik, wie eine Besprechung einiger ihrer hervorragendsten und zugleich ältesten Erzeugnisse zeigte,[2] nach einem 1876 veröffentlichten Aufsatze A. von Eyes[3] bereits im 14. Jahrhundert nachweisbar ist. Beruht dies aber auf Richtigkeit, so muß das Wismut, dessen erste sichere Erwähnung in der Regel dem Paracelsus zugeschrieben wird, schon erheblich früher bekannt geworden sein, als man bisher annahm, und diese Voraussetzung begegnet insofern keiner Schwierigkeit, als Wismutmetall nicht selten in gediegener Form und an solchen Erzlagerstätten auftritt, die zu den seit längster Zeit aufgeschlossenen und abgebauten gehören.

[1] Abgebildet im „Anzeiger des Germanischen Museums" 1905, S. 36.
[2] „Anzeiger des Germanischen Museums" 1905, S. 37. [3] „Anzeiger für Kunde der deutschen Vorzeit" 1876, S. 1.

15

WER HAT DIE VERBRENNUNG EINER UHRFEDER IN SAUERSTOFFGAS ZUERST AUSGEFÜHRT?[1]

Die obenstehende Frage wurde gelegentlich der Vorführung dieses eindrucksvollen Versuches in der Vorlesung über anorganische Chemie während einer am nämlichen Tage stattfindenden Sitzung der „Naturforschenden Gesellschaft" zu Halle aufgeworfen, ohne daß jemand unter den Anwesenden sie hätte beantworten können.

Mir selbst war auch nur erinnerlich, eine einschlägige Bemerkung, die ich sofort nachzusehen versprach, gelesen zu haben, und zwar im Briefwechsel Lichtenbergs, des trefflichen Göttinger Physikers, der nicht nur ein gewandter Experimentator und allseitig gebildeter Naturforscher war, sondern auch einer der geistvollsten, witzigsten und aufgeklärtesten Köpfe, die Deutschland jemals hervorbrachte. In seinen „Schriften", die erst neuerdings wieder die gebührende Beachtung zu finden beginnen, steht der betreffende Brief in Bd. VIII, S. 145 der Göttinger Ausgabe von 1846, die Lichtenbergs Söhne veranstalteten. Er ist an Hofrat Ramberg in Hannover gerichtet, vom 20. Mai 1782 datiert, und enthält folgende Stelle: „Wenn Sie jetzt bei mir wären, so wollte ich Sie für Ihre viele Gütigkeit mit einem Paar Versuchen belohnen, die Sie in Erstaunen setzen würden. Glauben Sie wohl, daß man in dephlogistisierter Luft Uhrfedern anstecken kann, daß sie

[1] „Chemiker-Zeitung" 1905, S. 849.

abbrennen wie ein Bindfaden, und das mit einem Licht, das förmlich blendend ist? ... Es sind dieser und einige andere Versuche die schönsten, die ich noch in meinem Leben gesehen habe, und mehrere Riesenschritte zur Einsicht in die Natur des Feuers".

Lichtenberg sagt nicht, daß das geschilderte Experiment von ihm selbst ersonnen sei, und sein Bericht klingt auch nicht etwa so, als wünschte er, daß der Empfänger dies herauslese. Infolgedessen hielt ich weitere Umschau in einigen mir zugänglichen älteren chemischen Zeitschriften und Werken, zunächst jedoch ohne Erfolg. Berzelius z. B. beschreibt zwar den Versuch, „einen der schönsten, welchen die Chemie aufzuweisen hat", in der ersten Auflage seines Lehrbuches,[1] nennt aber keinen Autor, und das nämliche gilt für Thénard und sein vielbändiges „Lehrbuch der Chemie",[2] bei dessen deutscher Ausgabe sich der Übersetzer Fechner, der spätere tiefsinnige Denker und Schöpfer der Psychophysik, durch Überanstrengung den Keim zu der schweren Krankheit seines ganzen Lebens holte. Zu noch älteren Quellen herabsteigend, fand ich endlich die richtige Spur in Lavoisiers „Traité élémentaire de Chimie";[3] der Abschnitt, in dem der große Forscher die fragliche Reaktion erörtert und in quantitativer Hinsicht durch den Nachweis aufklärt, daß die beim Verbrennen des metallischen Eisens erfolgende Gewichtszunahme genau der Menge des anscheinend verschwundenen Sauerstoffes entspricht, beginnt nämlich mit den Worten: „Tout le monde connoît aujourd'hui la belle expérience de Monsieur Ingenhouz sur la combustion du fer ..."

Urheber des Versuches ist also Ingen-Housz (dies ist die richtige Schreibweise), der 1730 zu Breda in Holland geborene und 1799 zu London gestorbene vielseitige Naturforscher und durch Einführung der Impfung in Wien (auf Befehl Maria

[1] Deutsch von Blöde, Dresden 1820, 1, S. 188. [2] Leipzig 1825, 1, S. 159. [3] Paris 1789, 1, S. 41.

Theresias, 1768) auch um die öffentliche Gesundheitspflege hochverdiente Arzt. In der Geschichte der Naturwissenschaften ist er hauptsächlich bekannt als erster Entdecker der hervorragend wichtigen Tatsache, daß auch die Pflanzen eine Atmung besitzen, d. h. Sauerstoff aufnehmen und Kohlensäure abgeben, während andererseits ihre grünen Blätter im Sonnenlichte die in der Luft enthaltene Kohlensäure assimilieren und Sauerstoff ausscheiden. Von den Schriften Ingen-Houszs waren mir nur einige botanische zugänglich, in denen des oben erwähnten Verbrennungsversuches nicht gedacht wird; ob dieses Experimentes in anderen der botanischen Werke Erwähnung geschieht, oder ob es Ingen-Housz vielleicht in einem der wissenschaftlichen Organe seines Zeitalters veröffentlichte, vermag ich daher nicht anzugeben.

Die Physik besitzt das ausgezeichnete Buch „Geschichte der physikalischen Experimentierkunst" von Gerland und Traumüller (Leipzig 1899); die vorstehenden Zeilen lassen sicherlich den dringenden Wunsch gerechtfertigt erscheinen, daß ein Werk analogen Inhaltes recht bald auch der Chemie beschieden werde.

Nachschrift: Im Augenblicke empfange ich die soeben erschienene Biographie „Jan Ingen-Housz, sein Leben und sein Wirken als Naturforscher und Arzt", von J. Wiesner (Wien 1905). Diesem höchst fesselnden, nicht genug zu empfehlenden Werke ist zu entnehmen,[1] daß die betreffenden Aufsätze von Ingen-Housz in dessen „Vermischten Schriften"[2] stehen, und zwar unter den Titeln „Eine Art, durch die dephlogistisierte Luft das prächtigste blendendste Licht hervorzubringen" und „Von der Brennbarkeit der Metalle".[3] Die „Vermischten Schriften" sind „übersetzt und herausgegeben" von N. K. Molitor;

[1] J. Wiesner: „Jan Ingen-Housz, sein Leben und sein Wirken als Naturforscher und Arzt." Wien 1905, S. 193, 197, 246.

[2] Jan Ingen-Housz, „Vermischte Schriften". Wien 1782 (I. Aufl.), 1784 (II. Aufl.).

[3] N. K. Molitors Ausgabe von Jan Ingen-Housz' „Vermischten Schriften", Bd. I, S. 203; Bd. II, S. 355.

wo und wann jenes Original erschienen ist, aus dem vermutlich Lichtenberg schon anfangs 1782 schöpfen konnte, läßt sich aber auch aus Wiesners Buch und seiner Zusammenstellung der von Ingen-Housz veröffentlichten Schriften (S. 244) nicht ersehen.

Zusatz[1]

In einer Besprechung meines obengenannten Aufsatzes[2] kam Dr. Diergart kürzlich[3] zu dem Ergebnisse, daß die Urheberschaft Ingen-Houszs (und zwar in der Zeit von 1780 bis Anfang 1782) zwar sehr wahrscheinlich, aber nicht nachgewiesen, und auf dem eingeschlagenen Wege auch nicht nachweisbar sei.

Soweit es sich nun um die Originalarbeit von Ingen-Housz handelt, stimmen unsere Ansichten überein, denn diese ist, was auch ich hervorhob, bisher nicht aufgefunden, obwohl mir ihre Auffindung durch einen Forscher, der Zeit und Gelegenheit hätte, die alte Literatur zu durchsuchen, keineswegs von vornherein aussichtslos scheint. Der Ausführung, daß auch die Urheberschaft des Ingen-Housz unsicher sei, vermag ich hingegen nicht beizupflichten. Zunächst steht fest, daß Ingen-Housz einer der Ersten war, die gleich nach Veröffentlichung der Priestleyschen Entdeckung (1773, nach S. 61 von Wiesners vortrefflichem Werke „Jan Ingen-Housz") deren volle Wichtigkeit erkannten; seine chemischen Untersuchungen ferner, die er im Verlaufe der bis 1773 zurückreichenden Vorarbeiten zu den 1779 erschienenen „Experiments upon vegetables" anstellte, betrafen fast ausschließlich die Gase, namentlich den Sauerstoff, seine Natur und Eigenschaften, seine Darstellung und Bestimmung (ebenda S. 62, 192, 196); in den Abhandlungen endlich, „Eine Art, durch die dephlogistisierte Luft das prächtigste, blendendste Licht hervorzubringen" und „Von der Brennbarkeit der Metalle" schildert

[1] „Chemiker-Zeitung" 1905, S. 1185. [2] Ebenda, 1905, 29, S. 849.
[3] Ebenda, 1905, 29, S. 1143.

er seine einschlägigen Experimente[1] und schreibt u. a.: „Ich brannte in dieser Luft (im Sauerstoff) verschiedene Körper; unter allen den Substanzen aber, die ich so versuchte, gibt es keine, die dem Auge ein so prächtiges Schauspiel wären, als Kamphor, Kunkels Phosphor, besonders Eisen oder Stahl". Die Verbrennung des Phosphors führte er, seiner Angabe gemäß,[2] zuerst 1780 aus; betreff jener des Eisens ist ein Hinweis wichtig, den mir Hofrat Prof. Dr. J. Wiesner brieflich zu geben so freundlich war: in der ersten Auflage der „Vermischten Schriften", die 1782 in Wien erschien, sagt nämlich Ingen-Housz auf S. 347 bei Beschreibung dieses Versuches, „er habe ihn schon vor vielen Jahren seinen Freunden gezeigt", so daß hiernach die Tatsache, daß Lichtenberg ihn im Frühjahr 1782 kannte oder kennen lernte, leicht erklärlich wird. Jedenfalls nimmt also Ingen-Housz jene Experimente hier ausdrücklich für sich selbst in Anspruch, und dazu stimmt auch der Ausspruch Lavoisiers „tout le monde connoît aujourd'hui la belle expérience de M. Ingenhouz sur la combustion du fer"; Lavoisier redet hier als von etwas zu seiner Zeit allgemein bekanntem, und in der Tat hat auch, so viel man weiß, kein anderer Chemiker oder Physiker Ingen-Housz diese Priorität streitig gemacht oder den Ruhm jener glänzenden und von allen Autoren so hochgepriesenen Versuche sich zuzueignen versucht, während es doch im übrigen, wie Wiesner des näheren ausführt, Ingen-Housz an hämischen Nachtretern und bösartigen Neidern nicht fehlte.

So lange daher niemand den positiven Nachweis erbringt, daß Ingen-Housz, sonst ein Mann von anerkannt seltener Ehrlichkeit und Wahrheitsliebe, in diesem Falle fremde Verdienste zu Unrecht sich selbst zuschrieb, so lange ferner nicht festgestellt ist, daß und worin Lavoisier geirrt hat, kann meines Erachtens die Urheberschaft des Ingen-Housz nicht wohl bestritten werden.

[1] „Vermischte Schriften", 2. Aufl., Wien 1784, I, S. 203 und II, S. 355. Bei Wiesner, S. 194 und 197. [2] Bei Wiesner, S. 194.

16

BEMERKUNG ZU EINER STELLE IN A. W. HOFMANN'S REDE „EIN JAHRHUNDERT CHEMISCHER FORSCHUNG UNTER DEM SCHIRME DER HOHENZOLLERN“[1]

In der oben genannten schönen Rede, die A. W. Hofmann 1881 zur Gedächtnisfeier des Stifters der Berliner Universität hielt, bemerkt er, bei Erwähnung der Schwierigkeiten einen würdigen Nachfolger für den 1817 verstorbenen Klaproth zu finden, man habe nur sehr wenige Männer als geeignete Persönlichkeiten ansehen können, wenngleich die unselige Periode der Naturphilosophie als eine überwundene gelten durfte, und wohl kein Gelehrter mehr die Anschauung billigen mochte, „der Diamant sei ein zu Selbstbewußtsein gekommener Quarz“.

Als diese klassische Definition (die übrigens ein namhafter Geologe dahin travestierte, „daß der Quarz verrückt gewordener Diamant sei“) bereits gedruckt war, bemühte sich A. W. Hofmann, ihren Autor festzustellen, aber vergebens. „Obwohl jeder sie kannte (berichtet er in einer Anmerkung), vermochte sie mir doch keiner bei einem der Naturphilosophen nachzuweisen. Es wäre immerhin möglich, daß sie nur im Sinne der Naturphilosophie erfunden worden sei, und ich müßte in diesem Falle schon an die Antwort Voltaires erinnern, als man ihm vorwarf, daß eine Angabe von ihm nicht wahr sei: Monsieur, c'est plus que vrai, c'est vraisemblable.“

[1] „Chemiker-Zeitung“, 1894, S. 67.

Die Vermutung A. W. Hofmanns trifft aber in diesem Falle nicht zu, die fragliche Äußerung ist vielmehr wirklich getan worden. Im Briefwechsel Alexander von Humboldts mit Varnhagen von Ense[1] heißt es im 54. Briefe seitens Humboldts: „Die Zeit der Naturphilosophie ist eine bejammernswürdige Epoche gewesen, in der Deutschland hinter England und Frankreich tief herabgesunken war; eine Chemie, in der man sich die Hände nicht naß machte: Der Diamant ist ein zum Bewußtsein gekommener Kiesel; Granit ist Äther! Carus."

Unter Carus ist Karl Gustav Carus (1789 bis 1869) gemeint, der neben Steffens, Oken und Schubert an der Spitze der naturphilosophischen Bewegung stand,[2] als praktischer Arzt, Physiologe, Maler und Kunstschriftsteller gleich Bedeutendes geleistet hat, und namentlich auch durch seine Beziehungen zu Goethe bekannt ist, der ihm stets die größte Hochschätzung bewahrte.[3] Welchem seiner sehr zahlreichen Werke der Ausspruch über den Quarz entstammt, vermag ich nicht anzugeben.

[1] Leipzig 1860, 2. Auflage, S. 90. [2] Siehe Falkenberg, „Geschichte der neueren Philosophie", Leipzig 1886, S. 363. [3] Siehe v. Biedermann, „Goethes Gespräche", Leipzig 1889 ff., IV, S. 91 und 219; VI, S. 59; VII, S. 323.

17

ZWEI UNGEDRUCKTE BRIEFE LIEBIGS[1]

Vor einiger Zeit gelangte ich in Besitz zweier Briefe Liebigs, herrührend aus dem Nachlasse Ernst von Bibras in Nürnberg, des erfolgreichen Chemikers und nach den mannigfaltigsten Richtungen hin tätigen Naturforschers, dessen Arbeiten, die rasch unberechtigtem Vergessen anheimgefallen waren, kürzlich der um die Geschichte der Naturwissenschaften so hochverdiente Prof. S. Günther in der „Festschrift zum hundertjährigen Jubiläum der Naturforschenden Gesellschaft zu Nürnberg" aufs neue zu gebührender Würdigung verhalf.

Bibra war einst Schüler Liebigs gewesen, der dann zeitlebens mit ihm in persönlicher und wissenschaftlicher Verbindung blieb; als Zeichen einer solchen stellt sich der erste der erwähnten Briefe dar, ein einseitig beschriebenes Quartblatt folgenden Wortlautes:

München, 29. Oktober 53.

Verehrter Freund!

Ich wünsche Ihnen die neue Ausgabe meiner Organischen Analyse zu übersenden bin aber in Zweifel ob Sie dieselbe nicht bereits von mir erhalten haben, ich ersuche Sie deshalb mir auf einem Zettel das Wort Nein oder Ja zu schreiben,

Herzlichst Ihr

Just. Liebig.

[1] „Chemiker-Zeitung" 1904, S. 1121.

Der zweite, längere Brief, in fester und fließender Schrift, einen Oktavbogen mit der (dick durchstrichenen) Aufschrift: „Kapitel des k. Bayerischen Maximilians-Ordens für Wissenschaft und Kunst" fast völlig ausfüllend, lautet, gleichfalls mit allen Eigentümlichkeiten der Orthographie und Interpunktion wiedergegeben, wie folgt:

München 23. Aug. 1872.

Mein verehrtester Freund!

Meinen besten Dank für die „alten Eisen- u. Silberfunde" welche eine Menge für mich interessanter Bemerkungen enthalten; es ist dies wieder eine der großen Arbeiten, mit welchen Sie uns zu überraschen gewohnt sind.

Es ist sonderbar daß man in Ägypten von eisernen Geräthen u. Waffen bis jetzt noch keine Spuren gefunden hat, während es doch ganz unmöglich scheint, ohne Stahl die harten Gesteine zu bearbeiten, aus denen die Ägypter ihre Gebäude u. Kunstdenkmale errichtet haben. Der Stahl ist in Indien uralt, so wie denn Baker u. andere Afrikareisende, bei vielen Völkerschaften eiserne Geräthe gefunden haben, deren Material an Ort u. Stelle aus Eisenerzen wie in Indien gewonnen wird. Ein Stahlhandel bestand in Damaskus in den ältesten Zeiten und der von dort verbreitete Stahl kam sicherlich aus Indien. Die leichte Oxydirbarkeit ist sicherlich der Grund daß man keine Reste von Geräthen mehr findet. Lepsius mit dem ich darüber sprach, sagte mir daß auf den Bildwerken in denen Waffen u. Geräthe vorkommen, Sicheln u. Schwerter theils in blauer theils in rother Farbe sich vorfinden und daß er die blauen für eiserne, die rothen für bronzene halte.

Die Vergoldung von silbernen Gegenständen mit Goldamalgam ist den Römern nach Plinius schon bekannt gewesen.

Man sollte einmal alles sammeln und zusammenstellen was die Alten über Metalle u. Metalgewinnung kannten; daß sie in den Gruben mit Pulver gesprengt haben, scheint mir unzweifelhaft.

Wenn ich nach Nürnberg komme, so werde ich mir sicherlich das Vergnügen machen mit Ihnen ein paar Stunden zu verplaudern.

Mit aufrichtigster Hochachtung Ihr treuer

J. v. Liebig.

An Freiherrn Ernst v. Bibra, Nürnberg.

Dieses Schreiben, dem letzten Lebensjahre Liebigs entstammend (er starb am 18. April 1873), wirft abermals ein helles Licht auf die erstaunliche Vielseitigkeit des großen Forschers und auf jenes unermüdliche, bis an die Grenze seiner Tage fortdauernde Interesse, das er selbst zufällig auftauchenden Nebenfragen zu widmen pflegte, sobald sie ihm von irgend welcher Bedeutung für die Wissenschaft erschienen.

Die Abhandlung Bibras, für deren Zusendung Liebig dankt, führt auf einem mir vorliegenden Exemplare den Titel: „Über alte Eisen- und Silber-Funde, archäologisch-chemische Skizze; Nürnberg und Leipzig, 1873", und ist also entweder, wie im Buchhandel oft üblich, vorausdatiert, oder vielleicht aus den Sitzungsberichten einer gelehrten Gesellschaft nachträglich abgedruckt; sie bildet eine Ergänzung zu Bibras wichtiger, umfangreicherer Schrift: „Die Bronzen und Kupferlegierungen der alten und ältesten Völker" (Erlangen 1869).

Lepsius ist der weltberühmte Berliner Ägyptologe, und seine einschlägigen Forschungen sind niedergelegt in der Abhandlung: „Die Metalle in den altägyptischen Inschriften" (Berlin 1872, später auch in etwas erweiterter französischer Übersetzung erschienen). Auf den zugehörigen beiden Farbentafeln ist die angegebene Färbung der verschiedenen Metalle klar ersichtlich; S. 110 wird sie im Texte näher erörtert, und S. 105 spricht der Verfasser auch die naheliegende Vermutung aus, daß der Rost Ursache der Seltenheit alter Eisenfunde sei. Den neuesten Ausgrabungen von Flinders-Petrie zufolge reicht übrigens die Kenntnis der alten Ägypter vom Eisen ungleich weiter zurück, als man bisher allgemein glaubte: Eisen ist bereits zur Zeit der vierten Dynastie (um 3400 v. Chr.) nachweisbar und steht von da an fortdauernd, und zur Zeit der 19. Dynastie (um 1500 v. Chr.) schon sehr allgemein in Gebrauch, ohne aber die Bronze gänzlich zu verdrängen; diese verstand man bekanntlich in so vorzüglicher Weise zu härten, daß die Bearbeitung auch der widerspenstigsten Gesteine keine unüberwindliche Schwierigkeit bot. Der hieroglyphische Name des Eisens, Be-ni-pe (= Metall des Himmels, auf Meteoreisen hindeutend?) hat sich im Dialekte Oberägyptens bis zum heutigen Tage erhalten.[1]

Der „Damascener Stahl" war, wie Liebig richtig voraussetzt, in Damaskus nur Handelsartikel, stammt aber aus Indien, und ist das Produkt einer eigentümlichen, sehr schwierigen Technik; er wird im Kleinbetriebe durch Zusammenschmelzen von Schmiedeeisen mit kohlenstoffhaltigen Substanzen (Spänen und Blättern gewisser indischer Pflanzen) dargestellt, und seine Zeichnung, der sogenannte Damast, entsteht durch Ätzen der polierten Oberfläche mit Säuren, die die verschieden widerstandsfähigen Eisen-Kohlenstoffverbindungen in ungleichem Grade angreifen.

Die zitierte Stelle des Plinius steht in dessen „Naturgeschichte", Buch 33, Kap. 32 und 42, wo vom Vergolden des Kupfers und Silbers mittels Quecksilbers die Rede ist;[2] hierüber sowie über das Herauslösen des Goldes aus golddurchsponnenen Geweben berichtet auch Vitruvius („De architectura", lib. 7, cap. 8).

Die Annahme Liebigs, daß man sich schon im Alter-

[1] Siehe „Mitteilungen zur Geschichte der Medizin und der Naturwissenschaften", Bd. I, S. 169; Bd. III, S. 45, 81, 453. Diese ausgezeichnete Zeitschrift kann den Chemikern, denen sie noch kaum bekannt zu sein scheint, nicht warm genug empfohlen werden.

[2] Siehe meine Abhandlung: „Die chemischen Kenntnisse des Plinius" (1892).

tume des Pulvers zu Sprengzwecken bedient habe, ist irrtümlich; sie stützte sich wohl auf einige bis in die neueste Zeit oft angeführte Belege aus antiken Schriftstellern, die aber der sachlichen Prüfung in keiner Weise standhalten. Eine Kenntnis des Schießpulvers und seines charakteristischen Bestandteiles, des Salpeters, ist vor dem 13. Jahrhunderte nicht nachweisbar.[1]

Die Originale der beiden Liebigschen Schreiben sind Herrn Geh.-Rat Prof. Dr. Volhard zur Feier des 70. Geburtstages dargebracht worden und stehen in seinem Eigentum.

[1] Siehe meine Abhandlung: „Zur Geschichte des Schießpulvers und der älteren Feuerwaffen" (1899).

Siebente Abteilung

18

KURZER ABRISS DER GESCHICHTE DES ZUCKERS[1]

Gegenwärtig wird der Zuckerbedarf der Welt zur Hälfte etwa durch den Zucker aus Rüben, zur Hälfte durch jenen aus Rohr gedeckt. Nicht immer war dies so, denn die Darstellung des Zuckers aus Rüben hat erst zu Anfang des 19. Jahrhundertes begonnen, und bis dahin kannte der Handel allein den Zucker aus Zuckerrohr. Diese Pflanze, die bekanntlich zu den Gräsern gehört und dem Mais ähnlich sieht, hat ihre Heimat an der Nordküste des indischen Meerbusens; ihre wilde Stammform kommt jedoch weder dort noch anderwärts mehr vor, vielmehr kennt man seit jeher das Zuckerrohr ausschließlich in angebautem Zustande, und zwar in sehr zahlreichen Abarten.

Um welche Zeit dieser Anbau des Zuckerrohres in Indien begonnen hat, läßt sich aus den uns überlieferten indischen Schriften nicht mit Sicherheit feststellen; jedenfalls wurde aber schon mehrere hundert Jahre vor Beginn unserer Zeitrechnung der Saft des Rohres ausgesaugt oder ausgepreßt und getrunken, später auch ausgekocht und eingedickt, und in diesem sirupförmigen Zustande zur Bereitung von Speisen und Arzneien angewendet. Wann man zuerst, durch weiteres Eindicken solchen Sirups, festen Zucker, wenn auch noch in rohester Form, erhalten hat, läßt sich mit Genauigkeit ebenfalls noch nicht

[1] „Arbeiter-Zeitung der Dessauer Zuckerraffinerie", Dessau 1893. Ausführliches siehe in meiner „Geschichte des Zuckers" (Leipzig 1890).

angeben. Aus gewissen chinesischen Schriften kann man aber schließen, daß die Erfindung des festen Rohzuckers in die Zeit zwischen 300 und 600 n. Chr. fällt. Über das Verfahren bei seiner Darstellung weiß man nur wenig; man kochte den aus dem Rohre gewonnenen Saft in flachen Tonpfannen über freiem Feuer ein, und preßte die erkaltete sirupreiche Masse in Säcken oder Matten mittels Steinen und Gewichten aus. Auf diese Weise erhielt man braunen rohen Zucker, den man zu flachen Kuchen oder zu kleinen Kugeln formte; zuweilen reinigte man diesen noch weiter, entweder durch Bespritzen mit Wasser und abermaliges Abpressen, oder durch Auflösen, Filtrieren durch Tücher, Abschäumen und Einkochen. Durch Trocknen in der Sonne erhielt man so schließlich einen gebleichten, gelblichen, noch feuchten, mehlförmigen Zucker. Rohzucker und Sirup, in den verschiedensten Formen der Zubereitung, spielten in den Sitten und Gebräuchen der alten Indier eine große Rolle, z. B. bei Geburten, Hochzeiten, Begräbnissen und Opfern. Sehr ausgebreitet war auch ihre Anwendung in der Medizin, über die wir viele ausführliche Werke indischen Ursprunges besitzen.

In Europa erlangte man die erste Kunde vom Zuckerrohre zur Zeit des Feldzuges Alexander des Großen nach Indien, 327 v. Chr.; es wurde damals berichtet, daß „ein in Indien wachsendes merkwürdiges Schilfrohr eine Art Honig hervorbringe, ohne Beihilfe von Bienen.“ Über diese Kenntnis hinaus ist man aber beinahe ein Jahrtausend hindurch nicht gelangt, was nicht Wunder nehmen kann, wenn man die ungeheure Entfernung Indiens, sowie die unglaublichen Schwierigkeiten des Verkehres dahin in jenen alten Zeiten bedenkt. Besonders ist aber zu erwähnen, daß man den festen Zucker erst sehr spät kennen lernte; seine erste sichere Erwähnung findet sich erst im Jahre 627 n. Chr., als der Kaiser Heraklius von Konstantinopel in einem Kriege das Sommerschloß des damaligen Königs von Persien zerstörte. Es wurden hierbei große Mengen kostbarer indischer Waren erbeutet, darunter Seide, Baumwollkleider, Seidenstoffe, gestickte Tapeten, Pfeffer, Ingwer, Aloe und Zucker. Daß letzterer unter den Schätzen des persischen Königs genannt wird, beweist, daß er damals noch eine große Seltenheit war.

Aus Indien wurde das Zuckerrohr gegen 500 n. Chr. nach Persien gebracht und, wie es scheint, zuerst in der Stadt Gondisapûr, die an der Mündung des Euphrat in den persischen Meerbusen lag, angebaut. Daselbst befand sich nämlich eine christliche Gemeinde und eine Klosterschule, deren Gelehrte sich hauptsächlich mit der Pflege der Arzneikunde befaßten; diese Schule stand in steter Verbindung mit Indien, auch empfing sie oft den Besuch indischer Ärzte, und das bei diesen so hoch geschätzte Zuckerrohr gelangte wahrscheinlich durch solche Vermittlung zuerst nach Persien. Diente auch sein Anbau anfangs lediglich Zwecken der Medizin, so fand er doch sehr bald auch weitere Ausdehnung. Die Kunst der Darstellung festen Rohzuckers gelangte wohl etwas später als das Rohr selbst von Indien nach Persien, und wurde dort, vermutlich ebenfalls von den Gelehrten zu Gondisapûr, gepflegt und verbessert. Vor allem gelang es diesen, zuerst völlig reinen, wirklich weißen Zucker, unserer heutigen Raffinade ähnlich, darzustellen, den sie „Tabarsad“ nannten, d. h. „Axt-gehauen“, weil er fest und hart genug war, um durch Zerschlagen mit dem Beile zerkleinert werden zu können, ja zu müssen. Die Reinigung des rohen Zuckers erfolgte hierbei durch wiederholtes Auflösen, Klären mit Milch, Abschäumen und Einkochen. In Persien wurde also die Raffination des Zuckers erfunden; aber auch die Verwendung der sogenannten Zuckerhutform zur Gestaltung des Zuckers ist nachweislich eine in Persien gemachte Erfindung.

Als die Araber um 640 n. Chr. das persische Reich eroberten, wurde der Anbau des Zuckerrohres sogleich mit einer Steuer belegt, die höher war, als die auf den Anbau aller anderen Gewächse, woraus man schließen kann, daß um diese Zeit jene Anpflanzung schon in größerem Maße betrieben worden sein muß. Die Araber, die Landwirtschaft und Handel der von ihnen eroberten Länder stets in hohem Grade förderten, erkannten sogleich auch den hohen Wert dieser ihnen ganz neuen Nutzpflanze, deren Pflege und Verwertung sie binnen etwa hundert Jahren zur wichtigsten Aufgabe der Landwirtschaft Persiens und zur Grundlage eines mit erstaunlicher Schnelligkeit sich entwickelnden Großgewerbes gestalteten. Das Auspressen des Zuckerrohres geschah mittels mächtiger Steinwalzen, die durch Wasserräder oder durch Wassermühlen getrieben wurden. Auf die Benützung solcher Hilfsmittel waren bereits besondere Steuern gelegt, und ebenso wurden die Abgaben der einzelnen Länder und Kreise häufig auch in Gestalt des fertigen Erzeugnisses, also des rohen Zuckers, eingehoben. Auf solche Weise hatten z. B. um das Jahr 800 n. Chr. einzelne Bezirke jährlich 20000, 30000, ja auch 50000 Pfund Zucker abzuliefern. Dieser wurde größtenteils am Hofe der arabischen Herrscher (Kalifen) bei Gastmählern und Festlichkeiten verbraucht, ja oft geradezu verschwendet; aber auch in der Heilkunde spielte er eine außerordentlich wichtige Rolle, wie dies aus den zahlreichen Schriften arabischer Ärzte jener Zeit in ausführlicher Weise zu entnehmen ist.

Aus Persien brachten die Araber das Zuckerrohr in verschiedene andere, von ihnen eroberte Länder, vor allem nach Ägypten. In diesem Lande, dessen Bewohner sich seit vielen Jahrhunderten mit Chemie und chemischen Arbeiten beschäftigt hatten, wurde namentlich die Kunst der Zuckerraffination außerordentlich vervollkommnet: man erfand daselbst die Reinigung der Zuckersäfte mittels Kalk und Pflanzenasche, die Trennung des festen Zuckers vom flüssigen Sirup durch Ablaufenlassen und Decken, sowie die Darstellung des kristallisierten Kandiszuckers. Schon gegen 750 n. Chr. war das fruchtbarste Land in Ägypten fast überall mit Zuckerrohr bebaut, und die Verwendung des Zuckers erfolgte in immer größerem Maßstabe: wird doch berichtet, daß bei Hochzeiten und Festen am Hofe des Herrschers Mengen von Zucker auf einmal verbraucht wurden, die, in heutigem Gewichte ausgedrückt, 61000 bis 76000 kg betrugen!

Dem siegreichen Vordringen der Araber durch Nordafrika folgte auch das Zuckerrohr auf dem Fuße, so daß es um 710 n. Chr. schon in Marokko erwähnt wird; annähernd um dieselbe Zeit brachten es die Araber auch nach Sizilien und Spanien, welche Länder sie damals ihrer Herrschaft unterwarfen. Namentlich in Spanien nahm der Anbau des Zuckerrohres rasch außerordentlichen Aufschwung, und es sind aus jener Zeit verschiedene Schriften erhalten, die die besten Verfahren zur Anpflanzung des Rohres und zur Gewinnung des Zuckers auf das Genaueste beschreiben.

Ebenfalls im 7. Jahrhunderte brachten die Araber das Zuckerrohr nach Palästina, Syrien, der Insel Cypern, und den Ländern am kaspischen Meere; den weißen raffinierten Zucker, durch dessen Erzeugung Persien Jahrhunderte lang alle Märkte des Ostens beherrschte, führten arabische Schiffe bis nach den indischen Inseln, ja bis nach China, woselbst er einen der wichtigsten Einfuhrgegenstände bildete. In China selbst findet man nämlich das Zucker*rohr* allerdings schon um 200 v. Chr. erwähnt, die Kunst, *festen Rohzucker* darzustellen, wurde aber erst um 650 n. Chr. durch indische Vermittlung bekannt, und die der Raffination sogar erst gegen 1250 n. Chr., und zwar durch ägyptische Lehrmeister, die die mongolischen Herrscher nach China kommen ließen, als sie damals dieses Land eroberten.

Im christlichen Europa lernte man größere Mengen Zucker zuerst durch den Handelsverkehr mit dem Osten kennen, zunächst wohl in Konstantinopel und in jenen Städten Italiens, die mit den Arabern in Nordafrika, Sizilien und Spanien in reger Verbindung standen. Nach Venedig z. B. kam der erste

Zucker im Jahre 996 n. Chr. und wurde von dort aus weiter nach dem mittleren Europa verbreitet. Einen großen Aufschwung nahm der Handel mit dem Osten seit Beginn des ersten Kreuzzuges, 1096 n. Chr.; die Geschichtsschreiber jener Zeit erzählen auch häufig, wie die Kreuzfahrer im heiligen Lande zuerst das Zuckerrohr vorfanden, sich an seinem süßen Safte labten, die Erzeugung des festen Zuckers bewunderten, und diese später selbst erlernten und betrieben.

Letzterer Umstand, sowie die steigende Bekanntschaft der wohlhabenden Küstenländer des Mittelmeeres mit den Kostbarkeiten des Ostens bewirkten auch eine erhebliche Zunahme des Zuckerverbrauches in Europa. In Südfrankreich z. B. war der Zucker schon um 1150 n. Chr. eine wichtige Handelsware und wurde zum Versüßen der Speisen, sowie zur Bereitung von Arzneien vielfach angewendet; dasselbe war in Italien der Fall, und hauptsächlich von dort aus gelangte der Zucker auch nach Deutschland, wo er sich zuerst bei den Dichtern der damaligen Zeit (nach 1200) erwähnt findet.

Auch in den folgenden Jahrhunderten, dem 14. und 15., blieben die wichtigsten Erzeugungsstätten des Zuckers Palästina, Syrien, und die Insel Cypern, vor allem aber Ägypten, dessen raffinierte Zucker (Kandis, Brode und Kristallzucker) von der besten Beschaffenheit waren und daher auch weite Seereisen vertrugen, ohne feucht zu werden oder zu verderben. Das Zuckerrohr pflegte man daselbst bei der Ernte in fingerlange Stücke zu schneiden und diese mittels eines von Ochsen getriebenen Mahlganges auszupressen; das ausgepreßte Rohr diente zum Heizen der Kochkessel, in denen der gewonnene Saft unter fleißigem Abschäumen geklärt und eingekocht wurde: war er dick genug, so goß man ihn in tönerne Zuckerhutformen, und ließ ihn in diesen zu Rohzucker erstarren. Die Raffination zu feinem Hutzucker und Kandiszucker erfolgte durch wiederholtes, in der Regel dreimaliges Auflösen, Klären, und Umkochen, wobei aus hundert Teilen Rohzucker h ö c h s t e n s zwanzig Teile raffinierter erhalten wurden. Von Hut- und Kristallzucker gab es zahlreiche Arten von verschiedener Güte, die nach allen Teilen Europas ausgeführt wurden und unter den Handelswaren der Seestädte eine hervorragende Rolle spielten. In erster Reihe stand hierin Venedig, von wo aus seit etwa 1300 auch eine lebhafte Schiffahrtsverbindung mit den Niederlanden und mit England begonnen hatte; die Unkosten dieses Handels waren natürlich außerordentlich hoch und betrugen oft das Vielfache vom ganzen Werte der Ware. In Frankreich nahm der Verbrauch an Zucker seit 1300 gleichfalls immer mehr zu, und ebenso gelangte (hauptsächlich von Venedig aus) auch viel Zucker nach Deutschland, wo er während des 14. und 15. Jahrhundertes in vornehmeren Haushaltungen schon ziemlich verbreitet war; ein Beweis hierfür ist z. B. ein um 1300 in Süddeutschland verfaßtes Kochbuch, das den Zucker zur Bereitung zahlreicher Gerichte zu benützen vorschreibt. Viel Zucker wurde auch in den Apotheken verwendet, wie dies aus den Apothekenordnungen hervorgeht, von denen jene Kaiser Karls IV. (um 1350) eine der ältesten ist.

In Sizilien und Spanien erhielt sich die Zuckererzeugung in stets fortdauernder Blüte. Von Sizilien aus ließ der portugiesische Prinz Heinrich der Seefahrer im Jahre 1420 das Zuckerrohr nach den neuentdeckten kanarischen Inseln, sowie nach den Inseln Madeira und St. Thomas bringen; auf deren herrlichem Boden gedieh das Zuckerrohr in der üppigsten Weise, und bald erschien Zucker in noch nie gesehener Menge in den Häfen Südeuropas, wohin ihn die portugiesischen Schiffe in ganzen Ladungen brachten. Während sich aber diese neue Quellen erschlossen, wurden zugleich die alten Erzeugungsstätten des Zuckers in der kurzen Zeit von kaum fünfzig Jahren so gut wie gänzlich vernichtet, indem gegen 1500 die Türken Syrien, Cypern und Ägypten eroberten und, durch sinnlose völlige Zerstörung alles Bestehenden, Handel und Wandel daselbst gänzlich vernichteten, und diese Länder auf Jahrhunderte hin in Armut und Verderben stürzten. Eine Folge hiervon war es, daß auch der Verkehr der Seestädte, besonders Venedigs, auf das Schwerste geschädigt wurde, um so mehr, als gleichzeitig die Entdeckung des Seeweges nach Ostindien (1498), sowie die Entdeckung Amerikas (1492) dem Handel überhaupt gänzlich neue Bahnen wiesen.

Kolumbus hatte schon auf seiner zweiten Reise (1493) Zuckerrohr nach der westindischen Insel Domingo mitgenommen, aber erst um 1515 begann daselbst sein planmäßiger Anbau, sowie der Großbetrieb des neuen Erwerbszweiges, der bald weite Ausdehnung erfuhr, und leider zu einer der traurigsten Erscheinungen der menschlichen Geschichte, nämlich zu dem abscheulichen Negerhandel, die Veranlassung gab. Aus Domingo kam das Zuckerrohr nach Kuba, Mexiko, und Brasilien, und sein Anbau machte allenthalben so rasche Fortschritte, daß der Zucker kaum 100 Jahre nach der Entdeckung Amerikas schon einer der wichtigsten und kostbarsten Ausfuhrgegenstände der neuen Welt geworden war; der Handel mit Zucker beschäftigte die Flotten der europäischen Mutterstaaten und brachte den großen Seestädten, vor allem Lissabon und Antwerpen, große Reichtümer. Da das Zuckerrohr in den heißen Ländern Amerikas weit besser gedieh und daselbst viel mehr und viel besseren Zucker ergab, als früher in den Küstenländern des Mittelmeeres, so wurde der Zucker allmählich auch billiger, und seine Anwendung verbreitete sich hierdurch immer mehr, besonders in Frankreich, England, den Niederlanden, und Deutschland. In den drei letzteren Staaten begann man auch Rohzucker auf dem Seewege zu beziehen und ihn selbst zu raffinieren; in Deutschland z. B. gab es schon 1573 eine Zuckerraffinerie in Augsburg, 1597 eine in Dresden, und vermutlich bestanden solche auch in Hamburg, Nürnberg, und einigen anderen Städten. Die Werke der Schriftsteller jener Zeit enthalten ausführliche Nachrichten über Zuckerrohr und Zuckererzeugung, sowie über den Zuckerverbrauch teils zu Genußzwecken, teils zur Darstellung unzähliger geschätzter Heilmittel.

Im 17. und 18. Jahrhunderte nahm die Zuckerfabrikation Amerikas einen immer größeren Aufschwung, sowohl in Brasilien als auch auf den westindischen Inseln, die seit 1625 von den Franzosen und Engländern in Besitz genommen wurden. Während die den Spaniern gehörigen Länder, infolge der schlechten Verwaltung, mit der Zeit vollständig verarmten, erlangten die Niederlassungen Englands und Frankreichs rasch eine stets wachsende Bedeutung. Die wichtigste war Domingo oder Haïti, von den Franzosen auch „die Zuckerinsel" genannt, deren jährliche Erzeugung gegen Ende des 18. Jahrhunderts bis auf etwa 800000 metrische Zentner angewachsen war; durch einen schrecklichen Aufstand wurde jedoch 1791 die ganze Insel vollständig verwüstet und ihr Wohlstand dauernd vernichtet.

Über die ältere, in Westindien übliche Arbeitsweise der Zuckerfabriken berichten verschiedene Werke, von denen das 1722 verfaßte des Predigermönches Labat das ausführlichste ist. Er beschreibt die Wasser- und Windmühlen zum Auspressen des Zuckerrohres, die kupfernen Klär- und Kochkessel zur Darstellung des Rohzuckers, und die Raffination des letzteren durch Decken mit feuchter Tonerde; die feinste Raffinade (den sogenannten Königszucker), in Gestalt schneeweißer marmorschwerer Hüte von zwei bis drei Kilo Gewicht, gewann man durch wiederholtes Auflösen und Läutern gewöhnlicher guter Raffinade, erhielt jedoch aus 100 Teilen dieses Rohstoffes höchstens 45 Teile Königszucker. Eine mittelgroße Rohzuckerfabrik baute jährlich 40 bis 45 Stücke Feld, jedes von etwa 30 m Länge und Breite, mit Zuckerrohr an, lieferte binnen 30 Wochen 6000 bis 6500 Formen Rohzucker-Füllmasse (also täglich etwa nur 35!), und erzeugte im ganzen etwa 1200 metrische Zentner Rohzucker.

Der fast ausschließliche Absatzmarkt des amerikanischen Zuckers war Europa, woselbst jedoch Deutschland infolge seiner schrecklichen Verwüstung durch die beispiellosen Greuel des dreißigjährigen Krieges (1618 bis 1648) aufgehört hatte, ein Markt von Bedeutung zu sein: durch diesen Verfall Deutschlands wurde auch jener Venedigs bedingt, und da gleichzeitig auch der Niedergang Spaniens und Portugals erfolgte, so wandte sich der Welthandel nunmehr Holland, England, und Frankreich zu, die ihn durch kluge Gesetzgebung und weise Verwaltungsmaßregeln festzuhalten und zu fördern wußten. In dem reichen England betrug der Zuckerverbrauch schon gegen das Jahr 1700 jährlich über 100000 metrische Zentner, 1750 erreichte er schon 800000, und 1800 $1^1/_2$ Millionen metrische Zentner. In Deutschland wurde Hamburg der Hauptsitz der Zuckerraffination, und die Hamburger Zucker vermochten die holländischen seit etwa 1700 in steigendem Maße auf vielen nördlichen Märkten zu verdrängen. In Preußen versuchte der großе Kurfürst 1686 die Zuckerraffination einzuführen, jedoch ohne dauernden Erfolg, der vielmehr erst 1750 den auf Veranlassung Friedrichs des Großen begründeten Zuckersiedereien zu teil wurde.

Der Zuckerverbrauch ganz Europas betrug um 1730 etwa 750000, um 1750 etwa 1250000, und um 1800 2 bis $2^1/_2$ Millionen metrische Zentner. Derartige Mengen wären unmöglich mit Hilfe der alten Verwendungsarten des Zuckers (zu Zwecken des feineren Tafelgenusses und der Arzneikunde) unterzubringen gewesen; seit 1650 etwa entstanden aber dem Zuckerverbrauche ganz neue mächtige Förderer, die ihm, durch völlige Umwandlung der täglichen Gewohnheiten und Sitten fast aller Völker, binnen kurzem die weitesten Kreise erschlossen: der Kaffee, der Tee, und die Schokolade waren es, deren Genuß, indem er sich mit überraschender Schnelligkeit allerorten verbreitete und einbürgerte, zugleich auch dem Zucker allgemeine massenweise Anwendung sicherte. Die Bereitung der Schokolade aus den Früchten des Kakaobaumes erlernten die Spanier, als sie 1519 Mexiko eroberten, und brachten sie 1520 nach Europa, wo sie sich zunächst in Spanien, Italien, und Frankreich verbreitete. Der Tee, der in Ostasien wild wächst und in China seit den ältesten Zeiten bekannt war, wird in Europa zwar schon 1559 zuerst genannt, ein eigentlicher Teehandel begann aber erst seit 1630 in Holland und später in England; noch 1660 kostete in London ein Kilo Tee etwa 120 Mark. Der Kaffeebaum, dessen Heimat Afrika ist, wird zuerst von arabischen Schriftstellern im 9. Jahrhunderte erwähnt, soll aber erst 1258 nach Arabien selbst gelangt sein; der schon lange Zeit vorher daselbst bekannte Genuß des Kaffees breitete sich im 14. Jahrhunderte sehr rasch aus, und gelangte über Ägypten nach Konstantinopel, Venedig, und dem übrigen Europa, in dessen Städten seit 1645 allerorten zahlreiche Kaffeehäuser eröffnet wurden. Der Verbrauch an den genannten drei Genußmitteln nahm in der Folgezeit fortdauernd und sehr rasch zu, so daß gegen das Jahr 1800 Europa jährlich etwa 115000 metrische Zentner an Kakao, 160000 an Tee, 700000 an Kaffee, und dazu 2 bis $2^1/_2$ Millionen metrische Zentner an Zucker einführte, im Gesamtwerte von weit über 500 Millionen Mark.

Der größte Teil dieses Zuckers wurde in Europa selbst der Raffination unterworfen, über deren beste Ausführung zuerst der berühmte französische Gelehrte Duhamel du Monceau 1764 ein ausführliches Werk herausgab. Man arbeitete damals in sogenannten „Runden“, indem aus einer bestimmten Menge Rohzucker hintereinander alle Erzeugnisse (Raffinade, Melis, verschiedene Farine, und Sirup) dargestellt wurden, worauf man die ganze Fabrik reinigte, und erst dann wieder einen neuen Posten Rohzucker in Arbeit nahm. Eine solche Runde dauerte acht bis neun Monate und erforderte sehr viel Handarbeit und eine Unmenge Brennstoff, wodurch die Arbeit natürlich sehr verteuert wurde; eine Raffinerie, die jährlich 3000 metrische Zentner Raffinade ablieferte, galt schon für sehr bedeutend, um so mehr, als man selten mehr wie 40 Prozent Raffinade, selbst aus gutem Rohzucker, zu erzielen verstand. Bedeutende wirkliche Verbesserungen des seit alters her üblichen Raffinationsverfahrens kamen erst nach 1750 auf. Hierher sind zu zählen: das Eindicken der Zuckerlösung in flacher Schicht, die Einführung von Klärpfannen mit Doppelböden oder Schlangen, das Kochen mit Dampf (anstatt über freiem Feuer), das Bläuen des Zuckers mit Indigo, und der Gebrauch kupferner und messingner Saftpumpen (an Stelle der Arbeit mit dem Schöpflöffel). Erst nach 1800 wurde die Dampfkraft in einer englischen Raffinerie zuerst nutzbar gemacht, und 1813 erfand Howard das Kochen mit Dampf im luftleeren Raume; in Frankreich empfahl Dubrunfaut das Decken der Brote mit Deckkläre statt mit feuchtem Ton, und erdachte 1819 den sogenannten Saftheber oder Montejus; ebendaselbst entdeckten 1812 zwei Apotheker bei der Bereitung einer Stiefelwichse zufällig die entfärbende Kraft der Knochenkohle, die dann schon 1813 ihre erste Anwendung im Großen in einer Zuckerraffinerie zu Orléans fand.

Die Erzeugung von Rohrzucker in Spanien, Sizilien, und anderen Gegenden Südeuropas hörte im 18. Jahrhunderte ganz auf, und ebenso verfiel der Anbau des Zuckerrohres in Nordafrika und auf den westafrikanischen Inseln, da man im Wettbewerbe mit dem viel billigeren amerikanischen Zucker nirgends Schritt zu halten vermochte. Der Rohzucker Ostindiens wurde dagegen in Europa erst nach 1800 von Wichtigkeit, als durch die napoleonischen Kriege und ihre Folgen alle gewohnten Handelsbeziehungen gestört, und zahlreiche Handelsverbindungen vollständig abgeschnitten waren. — Als gemäß der von Napoleon I. verhängten sogenannten „Kontinentalsperre" englische Schiffe in den Häfen des europäischen Festlandes nicht einlaufen durften, und daher bald die Preise aller überseeischen Waren eine unerhörte Höhe erlangten, begann man in Europa nach Ersatzmitteln für den amerikanischen Zucker zu suchen. Von diesen erlangte allein der Zucker aus Zuckerrüben Bedeutung; daß die Rüben den nämlichen Zucker wie das Zuckerrohr enthalten, entdeckte schon 1747 Marggraf in Berlin, aber erst den mit unerhörter Ausdauer viele Jahre lang fortgesetzten mühevollen Versuchen Achards gelang es, Rübenzucker im großen darzustellen, und die erste wirkliche Rübenzuckerfabrik, Cunern in Schlesien, mit Unterstützung König Friedrich Wilhelm III. zu erbauen und im März 1802 in Betrieb zu setzen. Zu schildern, wie sich aus diesem bescheidenen Anfange, nach vielen Mißerfolgen und Täuschungen, die heute so gewaltig dastehende Fabrikation des Rübenzuckers entwickelte, und in Frankreich, sowie seit etwa 1830 auch in Deutschland immer mehr Boden gewann, liegt nicht mehr in der Absicht dieses kurzen Abrisses; auch würde ein Verständnis dieser Entwicklung ohne zahlreiche Abbildungen und Berechnungen nicht leicht zu vermitteln sein.

Zum Schlusse sei noch ein kurzer Blick auf die Geschichte der Zuckerpreise geworfen, soweit dies deren sehr schwierige Umrechnung auf die heutigen Geldverhältnisse gestattet. In zusammenhängender Weise liegen nur aus einem einzigen Lande, nämlich aus England, zuverlässige Angaben vor, die von etwa 1250 bis zur Gegenwart reichen. Diesen gemäß betrug z. B. der Preis eines englischen Zentners (rund 50 Kilo) Raffinade, in Mark heutigen Geldwertes ausgedrückt:

im	Jahre	1260	Mk.	825.—
„	„	1300	„	1000.—
„	„	1350	„	670.—
„	„	1400	„	925.—
„	„	1450	„	1200.—
„	„	1500	„	214.—
„	„	1550	„	367.—
„	„	1600	„	318.—
„	„	1650	„	322.—
„	„	1700	„	213.—
„	„	1750	„	83.—
„	„	1800	„	153.—

Aus anderen Ländern sind nur vereinzelte Zahlen bekannt;

so z. B. kostete in Paris ein Zentner (50 Kilo) feinster Raffinade in kleinen Broten

im	Jahre	1372	Frcs.	2845.—
„	„	1426	„	1441.—
„	„	1482	„	1375.—
„	„	1542	„	340.—
„	„	1598	„	534.—

In Deutschland bewegten sich die Preise innerhalb ähnlicher Grenzen und waren den Schwankungen durch Kriege, Handelsstörungen u. s. w. noch in weit höherem Grade ausgesetzt als in solchen Ländern, die selbst unmittelbare Verbindungen mit den Erzeugungsorten des Zuckers besaßen. Über die Preise des Zuckers an diesen letzteren selbst sind wir nur wenig unterrichtet, sicher ist es aber, daß sie um das Vielfache niedriger waren als die in den Verbrauchsländern, um so mehr, als von Zucker, bis in die Neuzeit hinein, in vielen Staaten hohe Abgaben, Einfuhr- und Ausfuhrzölle erhoben wurden, und die Kosten der Verschiffung in früheren Zeiten ganz außerordentliche waren. Noch 1550 z. B. kostete die Verschickung einer 250 Kilo schweren Kiste gewöhnlichen Zuckers von Antwerpen nach London 8 Mk., und die Seefracht von Venedig nach Antwerpen betrug für einen Zentner (50 Kilo) beinahe 19 Mk.! Selbst 1621 waren daher unter solchen Umständen z. B. die Preise für ostindische Waren in England noch acht- bis zehnmal höher als an ihrem Ursprungsorte! In wie mächtiger Weise sich seither Handel und Wandel gehoben haben, und wie, durch Verbesserung und Verbilligung sämtlicher Hilfsmittel, gegenwärtig die Erzeugnisse aller Länder, gewöhnliche wie kostbare, jedem, der sie gebraucht, fast für den nämlichen Preis, zu dem ferne Gegenden sie hervorbringen, auch daheim zugänglich sind, — das bedarf keiner weiteren Erörterung und keines langen Überlegens; es zeigt sich in solchen unermeßlichen Fortschritten so recht der segenbringende Erfolg unablässig fortgesetzter menschlicher Arbeit.

19

A. S. MARGGRAF, EIN „ANGEWANDTER" CHEMIKER DES 18. JAHRHUNDERTS[1]

Es ist wohl kein Jahrhundert an chymischen Schriftstellern reicher gewesen als gegenwärtiges, und es gehet der Chymie wie der Arzneykunst: „fingunt se Chymicos omnes". Der Staatsmann, der Finanzier, der Barbier und Feldscheer, der Bierbrauer und Branntweinbrenner, der Färber, der Gerber, die alte Frau, der Kohlenträger und Holzhacker, ja auch der Projektmacher (o! welcher kläglicher Name), sind kühn genug, sich unter die Chymisten zu rechnen.

Mit diesen beweglichen Worten leitet Dr. J. G. Lehmann die von ihm 1761 besorgte Herausgabe der „Schriften" jenes „Chymicus" ein, dessen Andenken einen kleinen Teil ihrer, leider so knapp bemessenen Zeit zu widmen, unsere Versammlung soeben im Begriffe steht. Der Verfasser genannter „Schriften", die nach Lehmanns Versicherung „wirklich reelle Sachen enthalten und daher allezeit ihren Wert bewahren werden, während sich so viele andere in kurzer Frist zu Makulatur verwandeln", ist Andreas Siegmund Marggraf, dessen Namen der großen Menge der Gebildeten, ja selbst der Chemiker von Fach, bestenfalls als der des Entdeckers des Zuckers

[1] Vortrag auf der Hauptversammlung des „Vereines Deutscher Chemiker" 1896 (s. „Zeitschrift für angewandte Chemie", 1896, S. 380).

in der Rübe bekannt ist, der aber in der Tat einer der vielseitigsten, an wissenschaftlich denkwürdigen und praktisch bedeutsamen Erfolgen reichsten Forscher gewesen ist, die das 18. Jahrhundert auf deutschem Boden hervorbrachte. Auf Leben und Werke solcher Männer einen Rückblick zu werfen, ist eine Pflicht der Dankbarkeit und Pietät.

Andreas Siegmund Marggraf[1] wurde am 3. März 1709 als Sohn des Hofapothekers Marggraf zu Berlin geboren, und erhielt seine Bildung am Collegium medico-chirurgicum, unter Leitung Prof. Neumanns, eines hervorragenden Schülers des berühmten Stahl; er vervollständigte seine Kenntnisse durch Studien in Straßburg, Halle und Freiberg, beschäftigte sich in Sachsen und im Harze eingehend mit Bergbau und Hüttenkunde, und kehrte 1735 nach Berlin zurück. Schon 1738 wurde er daselbst Mitglied der königlichen Gesellschaft der Wissenschaften, die ihm 1754 ein Wohnhaus und Laboratorium einräumte und ihn 1760 zum Direktor ihrer physikalisch-mathematischen Klasse wählte. Nach außen wenig hervortretend, den erbitterten Streitigkeiten und persönlichen Eifersüchteleien der damaligen gelehrten Gesellschaft Berlins völlig fernebleibend, lebte der bescheidene und selbstlose Mann jahrzehntelang ausschließlich der Wissenschaft und seinen Schülern, unter denen namentlich Achard zu nennen ist, dessen Tatkraft und Energie der wichtigsten Entdeckung seines Lehrers später zur ersten praktischen Durchführung verhalf; allmählich wurde Marggrafs Namen in ganz Europa bekannt, seine Abhandlungen erschienen in französischer und englischer Übersetzung, die Pariser Akademie ernannte ihn zum „Associé étranger“, und auch der große König, Friedrich II., nahm nachweislich lebhaften persönlichen Anteil an seinen Forschungen. Trotz zarter Gesund-

[1] C. Scheibler, „Aktenstücke zur Geschichte der Rübenzuckerfabrikation in Deutschland“ (Berlin 1875); A. W. Hofmann, „Chemische Erinnerungen aus der Berliner Vergangenheit“ (Berlin 1882); „Allgemeine deutsche Biographie“, Bd. 20, S. 334 (München 1884).

heit blieb Marggraf in stets gleicher Weise ununterbrochen und rastlos tätig, bis ihn 1774 ein Schlaganfall lähmte und eine lange Krankheit einleitete, der er am 7. August 1782 erlag.

Die Abhandlungen Marggrafs wurden zumeist lateinisch oder französisch in den Berichten der Gesellschaft der Wissenschaften und später in jenen der Akademie veröffentlicht; nur schwierig ließ er sich von seinen Freunden bereden, eine deutsche Gesamtausgabe zu veranstalten, die nach langem Bedenken und Zögern schließlich unter dem Titel „Chymische Schriften" erschien, der erste Band 1761 von Lehmann, der zweite 1767 von De Beausobre herausgegeben. Die Sprache dieser Schriften ist einfach und sachlich, aber noch ganz erfüllt von mittelalterlichen Bezeichnungen und Kunstausdrücken, und daher oft nicht leicht zu lesen und zu verstehen; aus der Schule Stahls, des Vaters des Phlogistons, hervorgegangen, blieb Marggraf auch sein Leben lang ein treuer Anhänger der phlogistischen Theorie, — die übrigens in vielen Beziehungen den heutigen Ansichten näher steht, als man zumeist glaubt, — und obwohl er deren Mängel keineswegs ganz verkannte, so schien sie ihm doch zur Erklärung aller wesentlichen Tatsachen ausreichend. Die Arbeiten Marggrafs erstrecken sich über die verschiedensten Gebiete der anorganischen, organischen und analytischen Chemie; die nachfolgende, aus den Quellen geschöpfte Darstellung möge eine kurze Übersicht der wichtigsten gewähren.

Der Phosphor, den 1669 Brand und 1676 bis 1678 Kunkel auf der Suche nach dem Stein der Weisen entdeckt, bezw. aus eingedampftem Harne zu gewinnen gelehrt hatten, war zu Anfang des 18. Jahrhundertes noch ein äußerst seltener, vom Reize magischen Geheimnisses umgebener Körper, der mit Gold mehr als bloß aufgewogen wurde. Gestützt auf einige unklare Andeutungen und Vorversuche Neumanns (1725) und Henckels (1734), fand Marggraf eine einfache und ergiebige Darstellungsweise auf, die maßgebend blieb, bis

Scheele 1769 den Phosphorsäuregehalt der Knochen entdeckte; sie beruhte auf der Reduktion der durch Eindicken gefaulten Harnes ausgeschiedenen Salze mittels Chlorblei, Sand, und Kohle oder Kienruß bei Glühhitze, und ergab schon binnen vier Stunden „den schönsten Phosphor“, der nach einmaliger Umdestillation „rein weiß, klar wie Eis“ war, und sich durch Schmelzen unter warmem Wasser und Eingießen in Glasröhren mit Leichtigkeit in die noch heute typische Stangenform bringen ließ. Durch Verbrennung des Phosphors erhielt Marggraf, unter Gewichtszunahme (wie er ausdrücklich angibt), den jetzt Phosphorsäureanhydrid genannten Körper, als eine weiße, federähnliche, sublimierbare, sehr hygroskopische Masse, die sich in Wasser unter Zischen löst, an der Luft stehend rasch Feuchtigkeit anzieht und zu einem sauren Öle zerfließt, in beiden Fällen aber in eine neue Säure, die Phosphorsäure, übergeht, die man außerdem auch durch Behandlung von Phosphor mit Salpetersäure darstellen kann. Die Phosphorsäure ist eine starke, feuerbeständige Säure und treibt daher beim Glühen selbst die so kräftige Schwefelsäure aus vielen ihrer Verbindungen aus; glüht man sie aber in wasserfreiem Zustande mit Kohle, so läßt sie ihren Phosphor wieder fahren. Sie greift zahlreiche Metalle an und gibt mit den Alkalien und Ammoniak weiße, schön kristallisierte Salze; es läßt sich nachweisen, daß eben diese Salze den zur Darstellung des Phosphors allein dienlichen Harnrückstand bilden, aus dem man sie durch wiederholtes Kristallisieren, Abpressen zwischen Fließpapier und Umkristallisieren, in Gestalt rein weißer, geruchloser Kristalle abzuscheiden vermag. Beim Erhitzen dieser Salze entweicht zum Teil Ammoniak und es entsteht eine klare, durchsichtigem Glase gleichende Schmelze, die beim Zusatz von „Metallkalken“ mannigfaltige, für die verschiedenen Metalle sehr charakteristische Färbungen annimmt; mag man aber die Hitze steigern, so hoch man will, so ist doch aus dieser Schmelze allein niemals Phosphor erhältlich, vielmehr entsteht dieser nur, wenn man

Kohle oder Kienruß zu Hilfe nimmt. Obwohl die phosphorsauren Salze sowohl in Lösung als auch bei Schmelzhitze zahlreicher Umsetzungen fähig sind, so gibt es doch keinerlei Anzeichen, daß sie, wie das betreffs aller Salze die allgemeine Ansicht ist, im menschlichen Körper selbst gebildet werden; dafür, daß sie schon fertig mit der pflanzlichen Nahrung zur Aufnahme gelangen, spricht nicht nur ihre, bei vorzugsweisem Genusse von Pflanzennahrung leicht nachzuweisende Anhäufung im menschlichen Harne, sondern vor allem auch die Tatsache, daß die von Hoffmann, Pott und Boerhave erwähnte Möglichkeit, aus manchen Pflanzenaschen Phosphor zu gewinnen, auf der Anwesenheit phosphorsaurer Salze in diesen Gewächsen beruht, zu denen z. B. weißer und schwarzer Senf, Kresse, Weizen und Roggen gehören. – Von sonstigen Eigenschaften des Phosphors ist noch anzuführen, daß er sich mit fast allen Metallen zu neuen eigentümlichen Verbindungen (den Phosphiden) vereinigt und daß er, mit Schwefel erhitzt, eine gelbe, destillierbare Verbindung (den Schwefelphosphor) liefert, die sich beim Erwärmen entzündet und unter Abscheidung von schwefliger Säure und Phosphorsäure zersetzt, mit Wasser aber unter Schwefelwasserstoffentwicklung zerfällt.

Daß auch aus anderen Säuren Substanzen gewinnbar sind, die dem Phosphorsäureanhydride gleichen, ist Marggraf nicht entgangen; so erhielt er den heute Schwefelsäureanhydrid genannten Körper beim vorsichtigen Erwärmen des Nordhäuser Vitriolöles „als ein trockenes, im Rezipienten wie Wolle hängendes, entsetzlich rauchendes Konkretum, das sich, wenn man es mit Wasser abspülen will, entzündet", und beim Erwärmen konzentrierter Salpetersäure sah er die „schrecklich rauchende, treibende und flüchtige, nur in der Kälte fest zu haltende" sogenannte Untersalpetersäure entweichen, deren flüssige Form (N_2O_4) man ja als intermediäres Anhydrid der salpetrigen und der Salpetersäure betrachten kann. In eine Linie mit diesen Stoffen setzte Marggraf irrtümlicherweise das

Salzsäuregas, das er aus konzentrierter rauchender Salzsäure auszutreiben vermochte.

Eine höchst mühevolle, jedoch auch ungewöhnlich ergebnisreiche Reihe von Untersuchungen widmete Marggraf dem Nachweise der Verschiedenheit des mineralischen und vegetabilischen Alkalis, d. i. des Kalis und des Natrons, die trotz einiger schon bei älteren Autoren gegebener Andeutungen und trotz der Arbeiten von Stahl und Du Hamel (1736) immer noch angezweifelt wurde; die einen erklärten beiderlei Alkalien für identisch, die anderen räumten zwar einen Unterschied ein, betrachteten aber das Alkali des Kochsalzes als eine dem Kalk analoge Erde. Marggraf zeigte zunächst die bestimmte Verschiedenheit des Kalis und Natrons durch folgende grundlegende Versuche: 1. Reines kristallisiertes Chlorkalium (aus Weinstein und Salzsäure erhalten) ergibt, mit der genau erforderlichen (d. h. äquivalenten) Menge starker Salpetersäure behandelt, den bekannten, in Spießen kristallisierenden Kalisalpeter, der die Feuerflamme in charakteristischer Weise blauviolett färbt; reines kristallisiertes Kochsalz, ebenso behandelt, liefert hingegen würfelförmig kristallisierten Natronsalpeter, der die Flamme gelb färbt, und mit Schwefel und Kohle ein mit gelbem Blitze verpuffendes Schießpulver bildet. 2. Mittels Silbernitrat erhält man aus Chlorkalium, neben Chlorsilber, das identisch mit dem natürlich vorkommenden Hornsilber ist, Kalisalpeter, aus Chlornatrium aber Natronsalpeter. 3. Chlorkalium, durch Schwefelsäure zersetzt, liefert ein in Wasser wenig lösliches, daher leicht kristallisierendes Salz (das Kaliumsulfat), Chlornatrium aber ein viel leichter lösliches, schwerer kristallisierendes, das in jeder Hinsicht mit dem bekannten Glaubersalz übereinstimmt; löst man Gips in Salpetersäure und fällt die Lösung mit dem so bereiteten Glaubersalze gerade aus, so wird der Gips zurückgebildet und beim Eindampfen des Filtrates kristallisiert Natronsalpeter, den man mittels rauchender Salzsäure zum Teil wieder in Chlornatrium verwandeln kann. 4. Durch Glühen von Kaliumnitrat mit Kohle entsteht das Alkali der Holzasche (Pottasche), durch Glühen von Natriumnitrat jedoch ein anderes, durchaus analoges, aber doch völlig verschiedenes Alkali, das keine alkalische Erde, sondern ein wahres und echtes Alkali ist, wenn schon ein schwächeres und nicht so laugenhaft schmeckendes wie das erstere. Es löst sich unter Aufbrausen in Säuren, gibt mit Salzsäure Kochsalz, mit Schwefelsäure Glaubersalz, mit Salpetersäure kubischen Salpeter, mit Phosphorsäure und Ameisensäure kristallisierte Salze, mit Essigsäure ein kristallisiertes, wenig zerfließliches, in Alkohol lösliches Azetat, und vereinigt sich mit Weinstein zu Seignettesalz, dessen Natur hierdurch aufgeklärt erscheint; es fällt die Lösungen der alkalischen Erden und vieler Metallsalze, bildet mit Schwefel eine Schwefelleber und mit Kieselsäure ein wahres Glas, reduziert Silber und Quecksilber aus ihren Chloriden, zersetzt den Salmiak, und wird durch Kalk in eine ätzende, verseifend wirkende Lauge übergeführt, die beim Eindampfen ein kaustisches Alkali hinterläßt, das anfangs trocken ist, bald aber Wasser und „Luft" (d. i. Kohlensäure) anzieht und dabei zerfließt. Von der Soda sagt Marggraf, „sie stecke voll von diesem alkalischen Teil des gemeinen Salzes", ihren anderen Bestandteil, die Kohlensäure, hat er jedoch auch hier nicht erkannt.

Aus den angeführten Versuchen schließt jedoch Marggraf nicht nur, daß es bestimmt zwei Alkalien gebe, das Kali und das neu entdeckte Natron, sondern er zieht auch sogleich weitere wichtige Folgerungen. Da sich Weinstein mittels Kreide und Salpetersäure in Kaliumnitrat, mittels Schwefelsäure in Kaliumsulfat, mittels Salzsäure in Chlorkalium überführen läßt u. s. f., desgleichen auch die Natronsalze analoger Umwandlungen fähig sind, die zum Teil bei gelinder Wärme, zum Teil sogar in der Kälte verlaufen, so ist die von der ganzen wissenschaftlichen Welt als unumstößlich betrachtete Ansicht, die Alkalien bildeten sich erst bei Glühhitze, offenbar vollkommen falsch: die Alkalien sind nicht Produkte, sondern Edukte, d. h. sie sind schon von vornherein in den Ausgangskörpern vorhanden, und zwar gilt dies nicht nur für die mineralischen, sondern auch für die vegetabilischen. In der Tat gelingt es, durch Digerieren von Sauerkleesalz oder Buchenspänen mit Salpetersäure Kaliumnitrat darzustellen, aus dem Safte von Borretsch, Tabak und Fenchel kristallisierten Salpeter auszuziehen, und aus dem abgepreßten und eingedickten Safte vieler Pflanzen die Chloride, Sulfate und Nitrate der Alkalien abzuscheiden, wobei sich ferner ergibt, daß die „vegetabilischen Salze“ keineswegs nur Kali, sondern auch Natron enthalten, wie umgekehrt die mineralischen Salze auch reichlich Kali führen können. Im tierischen Reiche sind, neben Ammoniak, ebenfalls beide Alkalien vorhanden, und z. B. im Harne von Menschen und Ochsen leicht nachweisbar; offenbar werden sie dem animalischen Körper durch die Nahrung zugeführt, aber auch die Pflanze bildet jene Salze nicht (wie man allgemein annimmt), sondern „zieht sie aus der Erde, dem Wasser und der Luft, durch ihres Krautes Kanäle in sich auf“. Es ist nun freilich leicht, zu fragen, wie dieses geschieht und wie das Alkali in diese und auch in andere Produkte gerate, z. B. in die Effloreszenzen feuchter Keller und alter Mauersteine, sowie in zahlreiche Mineralwässer, die gleich jenen von Eger, Bilin und Karlsbad große Mengen Natronsalze enthalten; hierauf antwortet indessen Marggraf: „Es ist mir nicht eigen, viel von einer Sache zu sagen, die ich nicht durch richtige Erfahrungen erweitern kann; doch weiß ich gewiß, daß es im großen Laboratorium der Natur ganz anders hergeht als in den unserigen“.

Eine neue Erde, die Magnesia, entdeckte Marggraf bei Untersuchung des sächsischen Serpentinsteines. Durch Schwefelsäure wird dieser zersetzt, wobei Kieselsäure zurückbleibt, und die Lösung enthält „weder Kalk- noch Tonerde, wie man bisher geglaubt hat, sondern eine echte und wahre terra alcalina sui generis". Ihr schwefelsaures Salz schießt beim Eindicken der Lauge in schönen Kristallen an und erweist sich als völlig übereinstimmend mit dem natürlichen Bittersalze; das Nitrat ist ein kristallisiertes zerfließliches Salz und färbt die Flamme grünlich, und ähnliche Salze entstehen auch mit Phosphorsäure, Essigsäure und Ameisensäure; die salzsaure Verbindung (d. i. Chlormagnesium) stellt eine weiße, nur schwierig kristallisierende, sehr zerfließliche, in Wasser sehr lösliche Masse dar, liefert aber mit Salmiak ein schön und gut kristallisierendes Salz ($MgCl_2 + NH_4Cl$), und zersetzt sich beim Glühen, ja schon beim Kochen der wässerigen Lösung, unter Abspaltung von Salzsäure. Hierbei bleibt die alkalische Erde als lockeres, weißes, zartes Pulver zurück; sie zersetzt beim Erhitzen den Salmiak und wird von Säuren leicht gelöst; fügt man zu diesen Lösungen Alkalien, Ammoniak, Pottasche u. s. f., so wird die Erde wieder ausgefällt, durch einen Überschuß der Fällungsmittel, namentlich der ammoniakhaltigen, wird aber der Niederschlag aufs neue gelöst. – Magnesia ist auch im Speckstein enthalten, ferner im Asbest, im Talkstein und im Nephrit (dessen erst jüngst wieder entdecktes, in prähistorischer Hinsicht sehr wichtiges Vorkommen zu Zöplitz in Sachsen Marggraf kennt); weit verbreitet in der Natur ist aber auch das Chlormagnesium, denn nicht eine Kalkverbindung (wie Hoffmann und Pott glaubten), sondern dieses Salz ist der Hauptbestandteil der Kochsalzmutterlaugen. Durch Ammoniak wird aus derartigen Laugen die Magnesia abgeschieden und aus dem Filtrate kristallisiert Salmiak, den man vielleicht auf solche Weise im großen in Ländern darstellen könnte, die an faulenden und verwesenden animalischen Abfällen reich sind.

Eine weitere neue Erde, die Pott, Stahl und Neumann fälschlich mit jener der Kreide identifiziert haben, ist die Tonerde oder Alaunerde, die sich aus Alaunlösung mittels Alkalien in dichten weißen Flocken niederschlagen läßt; sie ist bestimmt eine eigenartige Erde und mit den alkalischen Erden zwar verwandt, aber nicht wesensgleich. Sie treibt beim Glühen mit Kochsalz, Salmiak, oder Salpeter, deren Säuren aus, löst sich teilweise in schmelzendem Alkali, Borsäure und Natriumphosphat, ergibt, mit Kieselsäure geschmolzen, eine Art Réaumursches Porzellan und bildet, mit Kieselsäure verbunden, den gewöhnlichen Ton: schließt man diesen mit Schwefelsäure auf, so geht die Tonerde in Lösung und die Kieselsäure bleibt zurück. Tonerde, namentlich frisch gefällte, ist in Säuren löslich; Salpetersäure ergibt zerfließliche, unbeständige Kristalle, Salzsäure eine weiße zerfließliche Masse, die beim Erhitzen die Salzsäure wieder ausstößt, Phosphorsäure weiße amorphe Flocken, Weinsäure sowie Oxalsäure (als Weinstein und Sauerkleesalz) einen zähen weißen Gummi, und Essigsäure, Ameisensäure, Zitronensäure, sowie Bernsteinsäure weiße lösliche Verbindungen, die (entgegen den aus Kreide erhältlichen) nicht kristallisieren. Behandelt man frisch gefällte, rein ausgewaschene Tonerde mit Schwefelsäure, so erhält man eine saure, kristallisierte, weiche, etwas zerfließliche Masse, der aber „zur völligen Perfektion eines ordentlichen Alaunes noch etwas fehlt"; daß dies „Fehlende" ein Alkali sei und daß man durch Zusatz von „fixen alkalischen Laugen" oder von „Harnsalz" zur schwefelsauren Tonerde wirklich Alaun erhalte, bemerkte Marggraf alsbald, vermochte aber trotzdem nicht die Doppelsalznatur des Alauns klar zu erkennen, da er das Eingehen des so löslichen Alkalis in den viel schwerer löslichen Alaun für durchaus unwahrscheinlich hielt und sich mit allerlei sekundären Hypothesen zu behelfen suchte. – Tonerde wies Marggraf auch als einen Hauptbestandteil des Lapis Lazuli nach; er zeigte, daß alle Ansichten, die die herrliche blaue Farbe dieses Minerales auf die Anwesenheit von Gold, Kupfer oder Eisen zurückführten, irrig seien, da der Lasurstein nur Tonerde, Kieselsäure, ein Alkali und Schwefel enthalte, welcher letztere dem Kalzinieren widerstehe, beim Zusatze von Säuren jedoch als Schwefelwasserstoff, unter Zerstörung der blauen Farbe, entweiche.

Viele Mühe verwendete Marggraf auf die Untersuchung der sogenannten Leuchtsteine. Durch Reduktion des in einem nicht-metallischen Mörser feingeriebenen Bologneser Schwerspates mittels Traganth und Kohle erhielt er den Leuchtstein als gelbe, nach Schwefel riechende, durch Säuren unter Entwickelung von Schwefelwasserstoff zersetzliche Masse, die man, um sie dauernd wirksam zu erhalten, in Glasröhren einschmelzen und stets vor dem ersten Erkalten belichten muß. Doch ist der kostspielige Bologneser Spat nicht allein tauglich, um Leuchtsteine zu gewinnen, vielmehr können hierzu auch einheimische Mineralien dienen, z. B. Gips, Marienglas und Flußspat, und zwar strahlen diese, obwohl in sehr ungleichem Grade, sowohl nach dem Glühen ihr Licht aus, als auch nach der Insolation durch Sonne, Mond, oder selbst Kerzenflammen; nach kräftiger Insolation genügt übrigens schon Ofenwärme, um eine außerordentlich intensive Lichtstrahlung zu veranlassen. Was die Bestandteile der Leuchtsteine betrifft, so enthält der Schwerspat, wie sowohl die Reduktion mittels Kohle, als auch die Entstehung von Kaliumsulfat beim Schmelzen mit Pottasche oder Salpeter beweist, Schwefelsäure; außerdem ist eine alkalische Erde vorhanden, die sich in Salpetersäure löst und auf Zusatz von Schwefelsäure die ursprüngliche Verbindung in Gestalt eines weißen kristallinischen Pulvers regeneriert. Daß diese Erde (der Baryt) etwas eigenartiges an sich hat, erkannte Marggraf, über ihre Natur vermochte er aber ebenso wenig ins klare zu kommen, wie über jene der im Flußspat vorhandenen Säure. Mit Bestimmtheit wies er jedoch nach, daß Marienglas chemisch identisch mit Gips und gleich diesem nichts anderes als schwefelsaurer Kalk sei, dessen Schwefelsäure sich leicht isolieren läßt, wenn man eine wässerige Gipslösung mit Weinstein behandelt, wobei Kaliumsulfat auskristallisiert; umgekehrt erhält man Gips durch Einwirkung von Schwefelsäure auf Kreide oder Marmor und beim Versetzen irgend eines löslichen Kalksalzes mit Kalium- oder Natriumsulfat, Eisen-, Kupfer- und Zinkvitriol, oder Alaun, wodurch sich die Gegenwart des Kalkes stets leicht und mit Sicherheit feststellen läßt. Durch Behandlung von Calciumnitrat bez. Chlorcalcium mit den Alkalisulfaten entsteht, neben dem Gips, Kali- und Natronsalpeter bez. Chlorkalium und Chlornatrium; es ist kein Zweifel, daß Reaktionen solcher und ähnlicher Art, unter Mitwirkung des Wassers als Lösungsmittel, auch im Erdinnern vor sich gehen, und für die Entstehung der mineralischen Wässer, sowie für die Bildung und Abscheidung zahlreicher Mineralien von außerordentlicher Wichtigkeit sind, um so mehr, als hierbei noch die Dauer der Einwirkung in Betracht kommt, „als welche Länge der Zeit öfters mehr wie die Kunst auszurichten imstande ist“.

Die Untersuchung des in der Natur vorkommenden Wassers auf chemischem Wege erklärt Marggraf für höchst wünschenswert, da die (schon im Altertum bekannte?) sogenannte Wasserwage über die Menge der gelösten Bestandteile nichts sicheres und über deren Natur gar nichts aussagt, während doch die Kenntnis dieser Umstände für die Gesundheitspflege, für die Prüfung des Trinkwassers, die Beurteilung des Brauereiwassers u. s. f. kaum entbehrlich ist. Man kann in dieser Hinsicht nur einen Weg als brauchbar betrachten, nämlich die Eindampfung größerer, sorgfältig gezogener Wasserproben und die Abwägung und Analyse des Rückstandes. Auf diese Weise prüfte Marggraf sieben Berliner Wässer sowie die Mineralquellen von Stecknitz und Radisfurth in Böhmen, und faßte die quantitativen und qualitativen Ergebnisse in systematische Tabellen zusammen; die vorgefundenen Stoffe sind Kalk und Gips, Salpeter, Kochsalz, Soda und Glaubersalz, Chlormagnesium und Magnesiumsulfat, Alaun und Tonerde, Eisen, organische Substanz, und „flüchtiger Geist“ (d. i. Kohlensäure). Besonders bemerkenswert ist noch die Analyse des

Berliner „Gesundbrunnens“, weil Marggraf bei dieser Gelegenheit zum Nachweise des Eisens, neben der (schon bei Plinius erwähnten) Galläpfeltinktur, zum ersten Male die von ihm neu entdeckte Reaktion mit Blutlaugensalz benutzte (siehe unten). — Auch das reinste Regen- und Schneewasser, das man im Freien in Glasschalen und unter Beobachtung aller erdenklichen Vorsichtsmaßregeln gesammelt hat, hinterläßt beim sorgsamen Eindampfen größerer Mengen (100 Quart) in Glasgefäßen einen gelblichen Rückstand, der u. a. Kalk, Kochsalz, Salpeter und etwas organische Stoffe enthält; da das Regenwasser selbst beim Stehen an der Sonne bald gärt und fault, das beim Eindampfen überdestillierte Wasser aber nicht, so ist offenbar die Gegenwart jener gelöst gewesenen Stoffe erforderlich, damit eine Gärung zustande kommen kann. Es läge nahe, zu vermuten, sie seien nur zufällig, etwa als feinster, in der Luft enthaltener Staub, in das ursprüngliche Wasser gelangt, schiede nicht auch das reinste Wasser, selbst nach zehn- bis zwölfmaligem Destillieren, immer wieder beim Eindampfen einen zarten erdigen Rückstand aus. Da man desto mehr von diesem erhält, je länger und je stärker gekocht wird, etwas aber sich auch schon bei langem Stehen in der Sonnenhitze, ja selbst bei anhaltendem Schütteln absetzt, so möchte man zunächst glauben, seine Quelle sei das Glas der Gefäße; da aber die benutzten Gläser schon mehr als zehn Jahre lang Salzsäure und andere „den schlechten Gläsern so gefährliche Säuren“ enthielten, „ohne eine Korrosion zu zeigen“, und da sie, selbst mit dem Mikroskope besehen, „weder angefressen noch höckericht waren, sondern glatt und eben“, so glaubte Marggraf jene Erklärung verwerfen und eine teilweise Verwandlung des Wassers in Erde zugestehen zu müssen. Das Irrtümliche dieser allgemein verbreiteten Ansicht haben bekanntlich erst Scheele und Lavoisier erwiesen.

Mannigfaltige Untersuchungen widmete Marggraf auch den Metallen, namentlich den Schwermetallen. Durch Vermittlung des berühmten Mathematikers Euler kam er in den Besitz unzweifelhaften echten Platins, das 1753, trotz der strengen spanischen Ausfuhrverbote (die man angeblich wegen Verfälschungen von Silber und Gold mittels Platin hatte erlassen müssen), endlich in größerer Menge nach England durchgeschmuggelt worden war. Das spezifische Gewicht des rohen Metalles bestimmte Marggraf zu 18,5 (also viel zu niedrig); er fand es unschmelzbar und nur im stärksten Glühfeuer etwas schweißbar, dagegen dehnbar und leicht hämmerbar, unlöslich in allen gewöhnlichen Säuren, aber leicht angreifbar durch schmelzende Alkalien, Sulfide und Phosphide, sowie durch Phosphor, Arsen, Blei und andere zum Legieren geneigte Metalle. In Königswasser löst sich das Platin und beim Erkalten der heißen Flüssigkeit scheidet sich eine braune, undeutlich kristallinische, zerfließliche Masse ab (d. i. Platinchlorid); die Lösung gibt charakteristische Fällungen mit Kalium- und Ammonium-, nicht aber mit Natriumsalzen, und scheidet beim Einbringen metallischen Zinkes ihren Platingehalt wieder ab.

Auch das Gold gibt beim Lösen in Königswasser eine ähnliche Verbindung; auf Zusatz von Alkali entsteht ein Niederschlag, der in überschüssigen Alkalien unlöslich ist, sich dagegen leicht in Ammoniak löst, sowie im Salze des mit Rinderblut calcinierten Alkalis (d. i. Cyankalium). „Bei diesem Calcinieren von Alkali mit Rinderblut muß ihm aus dem Blute etwas besonderes beitreten, dessen Wesen aber noch zu ermitteln bleibt."

Um die Eigenschaften des Silbers zu erforschen, muß man es erst völlig reinigen, denn auch das gewöhnlich als rein betrachtete ist dies durchaus nicht. Man erreicht das am besten, indem man gutes Feinsilber in reiner Salpetersäure auflöst, durch Salzsäure genau ausfällt, den Niederschlag (d. i. Chlorsilber) mit destilliertem Wasser auswäscht, ihn mit Ammoniak digeriert, und die Lösung mit metallischem Quecksilber reduziert; schon nach zwölf Stunden scheidet sich das Silber als „arbor Dianae“ ab; besser ist es aber, ein wahres Silberamalgam darzustellen und das Quecksilber aus diesem abzutreiben. Das Chlorsilber ist identisch mit dem natürlichen Hornsilber und scheidet sich aus ammoniakalischer Lösung in schönen Kristallen ab; auch das salpetersaure Silber kristallisiert sowohl aus Wasser als aus Alkohol, und gibt mit Alkalien einen Niederschlag, der sich nicht nur in mineralischen Säuren auflöst, sondern auch in organischen, z. B. in Zitronensäure, Weinsäure, Kleesäure (Oxalsäure), und Essigsäure; das Silberacetat ist sogar in beständigen Kristallen zu gewinnen, wodurch die noch fast allgemein herrschende Ansicht, nur die stärksten mineralischen Säuren vermöchten Silbersalze zu bilden, widerlegt erscheint. Wie durch Salzsäure, so wird auch durch Chloralkalien das Silber aus seinen Lösungen in Gestalt von Chlorsilber niedergeschlagen; Cyanalkalien fällen Silbercyanid, und in Lösungen, die dieses enthalten, kann das Silber durch die Alkalichloride nicht nachgewiesen werden.

Wie das Silber, so ist auch das Quecksilber keineswegs unfähig, sich mit vegetabilischen Säuren zu verbinden, z. B. mit Zitronensäure, Weinsäure, Kleesäure, und Essigsäure; starker kochender Essig löst z. B. den gelbroten „Quecksilberkalk“ (d. i. Quecksilberoxyd) leicht in bedeutender Menge auf, und beim Erkalten kristallisiert ein schönes Salz aus.

Daß durch Reduktion eines im Galmei enthaltenen „Kalkes“ Zink zu gewinnen sei, scheint schon Pott bemerkt und jedenfalls auch Henckel gewußt zu haben (1721), aber dessen Erfahrungen, sowie die von Lawson in Schottland (1737), Swab in Schweden (1742), und Champion und Emerson in Bristo (1743), wurden sorgfältig geheim gehalten. Es gebührt daher Marggraf das Verdienst, durch Destillation von acht Teilen gepulverten calcinierten Galmeis mit einem Teile Kohlengrus aus irdenen Retorten bei Luftabschluß, ein im Großbetriebe brauchbares Verfahren zur Zinkdarstellung aufgezeigt, und zugleich auch den Hauptpunkt, Ausschluß des Luftzutrittes, richtig erkannt zu haben. Das reine Zink beschreibt er als ein weißes, glänzendes, leicht schmelzbares Metall, das bei Luftabschluß wie Quecksilber destillierbar ist, bei Luftzutritt aber mit glänzender Flamme zu Zinkasche (Zinkoxyd) verbrennt. Wie aus dem natürlichen Galmei, so kann man es auch aus dem Freiberger und Goslarer sogenannten „Ofengalmei“ darstellen, der das Edukt einer Blende ist, in der bisher noch niemand das Vorhandensein von Zink auch nur vermutet hat. Kocht man Galmei mit Alaunlösung, so scheidet sich Tonerde ab, und aus der eingedickten Lauge kristallisiert ein Körper, der nichts anderes ist als der Rammelsberger sogenannte „weiße Vitriol“; dieser „weiße Vitriol“ besteht daher ganz oder größtenteils aus schwefelsaurem Zink. Auch im Messing ist Zink enthalten, und zwar bildet sich Messing überall da, wo Kupfer und Zink gleichzeitig vorhanden sind, also namentlich bei vielen hüttenmännischen Operationen, die das Zink teilweise in Freiheit setzen.

Im Gegensatze zum Zink läßt sich das Zinn nicht verflüchtigen; bei längerem Schmelzen geht es in einen weißen unlöslichen Kalk (d. i. Zinndioxyd) über, der sich auch bei der Einwirkung konzentrierter Salpetersäure auf Zinn bildet. Alles gewöhnliche Zinn enthält Arsen, das die Ursache seiner Brüchigkeit ist, und durch die konzentrierte Salpetersäure in eine kristallisierte Arsensäure übergeführt wird. Im Widerspruche mit Neumanns und Junckers Angaben ist das Zinn auch in vegetabilischen Säuren löslich, z. B. in Essigsäure, Zitronensäure und Weinsäure; die Verwendung arsenhaltigen Zinnes zu Küchengeräten ist daher keinesfalls unbedenklich, denn so klein die gelösten Mengen Arsen auch sind, so können sie doch bei lange fortgesetztem Genusse außerordentlich schädlich wirken.

Daß das Eisen in zahlreichen Mineralien, z. B. im gewöhnlichen Kalksteine, ferner in den Knochen, und auch in vielen

Pflanzenaschen, ein zwar oft sehr geringer, aber fast nie völlig fehlender Bestandteil ist, vermochte Marggraf mittels der von ihm entdeckten und seither unentbehrlich gebliebenen Blutlaugensalzreaktion nachzuweisen. Ferner beobachtete er, daß nicht nur metallisches Eisen aus Kupfervitriollösung Kupfer niederschlägt, sondern auch umgekehrt metallisches Kupfer aus heißer Eisenvitriollösung Eisen, sowie daß metallisches Kupfer zwar durch kalte verdünnte Schwefelsäure nicht angegriffen wird, wohl aber durch eine Lösung von schwefelsaurem Eisen oder von Alaun; Einsichten dieser Art erklärt er nicht nur für wichtig hinsichtlich der Praxis (z. B. der oft ganz unerklärten Vorgänge der Färberei), sondern auch hinsichtlich der Theorie, wie sie denn z. B. einen Einblick in Entstehung und Umsetzung gewisser natürlicher Salze ermöglichen.

Auf dem Gebiete der organischen Chemie war Marggraf in nicht minder erfolgreicher Weise tätig, als auf dem der mineralischen. Aus dem Zedernholze isolierte er, neben einem Harze und den Aschenbestandteilen, das Zedernöl als dichtes, gelbes, in der Kälte steif werdendes Liquidum, das in Alkohol ziemlich löslich ist, und zwar einen hohen Siedepunkt besitzt, trotzdem aber schon bei weit niedrigerer Temperatur mit Wasserdampf flüchtig ist, und auf diese Weise, ebenso wie viele andere Öle, leicht und vollständig gereinigt werden kann. — Durch Behandlung von Bernsteinöl mit konzentrierter Salpetersäure erhielt er ein gelbes, in Wasser unlösliches, in Alkohol lösliches, brennbares Harz von höchst intensivem, dauernd anhaltendem Geruche nach Moschus, — ein sehr merkwürdiges Resultat, wenn man der in neuerer Zeit als „künstlichen Moschus" in den Handel gebrachten Nitroderivate gedenkt; aus welchem Bestandteile des Bernsteinöles dieses Harz entsteht, hat übrigens Marggraf nicht aufgeklärt. — Er gab ferner ein Verfahren zur Raffination des Kamphers an, welche Kunst bis dahin (und wie es scheint auch wieder in neuerer Zeit) als strenges Geheimnis gehütet wurde: man braucht nur ein Gemisch aus drei bis vier Teilen Rohkampher und einem Teil zerfallenem Kalk allmählich zu erhitzen, so sublimiert der reine Kampher „in den schönsten, weißesten, glänzendsten Kristallen“.

Das Ameisenöl erkannte Marggraf als ein „echtes Öl“, indem es in Wasser unlöslich, in Alkohol aber löslich ist, auf Papier Fettflecken gibt, in der Kälte dick wird und in der Hitze verbrennt, Schwefel und Phosphor auflöst, und eine Seife sowie ein Bleipflaster liefert. Neben dem Ameisenöl ist im Destillate der Ameisen eine Säure, die schon 1670 von Wray beobachtete, aber nicht näher untersuchte Ameisensäure, vorhanden, die mit der Essigsäure nahe verwandt, aber nicht identisch ist, und durch Ausfrieren der wässerigen Lösung und nachherige wiederholte Destillation rein gewonnen werden kann. Sie ist eine starke und scharfe Säure, löst die Alkalien und alkalischen Erden sowie deren Karbonate (diese unter Aufbrausen), gibt mit den Alkalien, Ammoniak, und verschiedenen Metallen schön kristallisierte Salze, greift mehrere Metalle, z. B. Eisen und Zink direkt, andere, z. B. Kupfer und Blei, nur in Form ihrer „Kalke“ (Oxyde) an, und reduziert Quecksilberoxyd zu metallischem Quecksilber.

Der Farbstoff des Waids (Isatis tinctoria) ist nach Marggraf zweifellos mit Indigo identisch, und nur der geringere Farbstoffgehalt des Waidsaftes, sowie dessen zahlreiche sonstige Verunreinigungen, bewirken es, daß die Anwendung des indischen Indigos zu Färbezwecken in jeder Hinsicht vorteilhafter ist. Auf dem faulenden Waid findet sich zuweilen massenhaft ein kleiner Wurm vor, der dessen Saft und mit ihm auch den blauen Farbstoff in sich aufnimmt; die mikroskopische Untersuchung zeigte, daß der Farbstoff in feinen Körnern abgelagert wird, und daß der Wurm in Wahrheit die Larve eines Insektes ist, und zwar anscheinend einer Fliegenart, in die er sich nach einigen Wochen verwandelt. Wenn man die Waidpflanzen von vornherein gründlich reinigt und mit Wasser abwäscht, so kommen nur wenige oder fast gar keine Larven zum Vorschein; die allgemeine Ansicht, daß sich diese aus dem faulenden Waid bildeten, ist also offenbar falsch, man muß vielmehr voraussetzen, daß sie aus sehr kleinen Eiern entstehen, die der Pflanze schon vorher anhafteten.

Von der Überzeugung durchdrungen, daß, wie salzig schmeckende Pflanzen in ihren Säften Salze, so auch süß schmeckende etwas Zuckeriges enthalten müßten, untersuchte Marggraf einige derartige Gewächse, namentlich den weißen Mangold, die Zuckerwurzel, und die Runkelrübe, und fand, „daß sie nicht allein etwas Zuckerähnliches in sich führen, sondern einen wahren, vollkommenen, dem gebräuchlichen und bekannten, aus dem Zuckerrohre bereiteten, vollkommen gleichen Zucker". Nicht nur schmecken die aus solchen Wurzeln geschnittenen und sorgfältig getrockneten Scheiben stark süß und lassen unter dem Mikroskope kleine glänzende Kristalle erkennen, sondern man kann auch durch Zerreiben und durch Auskochen mit Alkohol den kristallisierten Zucker in reiner Form gewinnen, woraus sich zugleich ergibt, daß dieser schon für sich ein gutes Kristallisationsvermögen besitzt, und keineswegs, wie stets behauptet wird, erst durch einen gewissen Kalkzusatz die nötige Festigkeit und Trockenheit erlangt. Um aus Zuckerwurzeln (Sium sisarum) in größerem Maßstabe Zucker zu gewinnen, zerstößt man sie, preßt sie aus, kocht den durch Leinen und Filz filtrierten Saft ein, schäumt unter Zusatz von Eiweiß oder Blut ab, konzentriert den filtrierten Saft durch Ausfrieren oder Eindampfen, und läßt den Sirup ein halbes Jahr stehen; man wärmt dann die kristallisierte Masse etwas an, läßt die Mutterlauge (die man weiter verarbeiten kann) abtropfen, preßt die Kristalle zwischen Fließpapier ab, löst sie in Wasser, kocht die mit Eiweiß abgeschäumte, filtrierte Lösung mit etwas Kalkwasser zur Fadenprobe ein, rührt sie kalt, füllt sie in Formen, und läßt diese in der Wärme stehen; nach einer Woche kann man den Sirup abziehen, die Kristalle einige Male mit Kalkwasser bepinseln, und erhält, wenn man sie schließlich zwischen Fließpapier abpreßt, einen gelblichen Rohrzucker, der ebenso gut völlig weiß raffiniert werden kann wie der echte indische. Viel leichter als aus der Zuckerwurzel ist der Zucker aus der Rübe darstellbar, da diese einen an Zucker reicheren, an Schleim aber viel ärmeren Saft enthält, jedoch nur in der Wurzel, denn die Blätter und das Kraut führen zahlreiche, dem Weinstein ähnliche pflanzliche Salze; doch wechselt auch der Zuckergehalt der Wurzel sehr mit der Witterung, der Wärme, und dem Zustande des Wachstumes, so daß er in der völlig gereiften Wurzel am größten ist, beim Aufbewahren bis zum Mai oder Juni allmählich abnimmt, und namentlich beim Auskeimen ganz verschwindet. Das Zerreiben der Rüben ist gut und rasch ausführbar, auch könnte man hierzu, sowie zum Abpressen, leicht passende Maschinen erfinden; die Preßrückstände halten allerdings stets Zucker zurück, sind aber daher auch nicht wertlos, sondern können auf Alkohol verarbeitet werden. Etwa drei Viertel des Rübengewichtes kommen auf den Wassergehalt der Rübe; aus einem halben Pfunde oder acht Unzen vorher getrockneter Rüben läßt sich leicht eine halbe Unze (d. i. 6,2 Prozent) reiner Zucker ausziehen. Im Safte von Mohrrüben, Pastinaken, Kürbissen und Queckenwurzeln, im Aloe- und Birkensafte, sowie im wässerigen Rosinenauszuge ist zwar auch eine Art Zucker vorhanden, doch gleicht dieser mehr dem Sirup oder Honig als dem echten Zucker. „Aus bishero Erzähltem erhellt, was für häusliche Vorteile man aus diesen Erfahrungen ziehen kann, ... daß sich z. B. der arme Bauer dieses Pflanzenzuckers oder dessen Sirups sehr wohl bedienen könnte.... Übrigens wird nun wohl kein Zweifel mehr übrig sein, daß dies süße Salz, der Zucker, sowohl aus unseren Pflanzen, als aus dem Zuckerrohr zu machen sei."

Überblicken wir die angeführten Arbeiten Marggrafs,

denen sich noch so manche minder bedeutsame anreihen, so darf die Zahl und Wichtigkeit seiner Entdeckungen, sowohl was neue Bestandteile, als auch was neue Reaktionen anbelangt, als eine wahrhaft erstaunliche bezeichnet werden. Wir haben festzuhalten, daß Marggraf es war, der zuerst auf „Sorgfalt und Reinheit der Arbeit“ den größten Wert legte, — es sei nur an seine Benutzung des destillierten Wassers erinnert —, der die Berücksichtigung des kristallographischen Aussehens der Präparate und deren Prüfung durch das Mikroskop in die chemische Forschung einführte, der niemals die quantitativen Verhältnisse aus dem Auge ließ, — bestimmte er doch, wieviel Chlorsilber eine gewisse Menge Silber liefert, wieviel Zinn die Säuren lösen, wieviel Salze die Wässer enthalten —, der den Übergang der Salze aus dem Erdboden in die Pflanzen und von da in den tierischen und menschlichen Körper lehrte, der den Einfluß der Zeit auf anorganischem Gebiete (Bildung der Mineralien) wie auf organischem (schleichende Vergiftungen) klar zu würdigen wußte, der die Notwendigkeit löslicher Salze für die Gärung erkannte, die Urzeugung von Tieren aus faulenden Pflanzenresten leugnete, und das ganze scholastische Rüstzeug der „qualitates occultae“ als „asylum ignorantiae“ mit Entschiedenheit verwarf. Bleiben wir endlich der großartigen technischen Bedeutung der Marggrafschen Forschungen eingedenk, über die der Herausgeber seiner Schriften, Lehmann, mit Recht in der Vorrede sagt: „Mit diesen Abhandlungen wird selbst eine gewisse Art von Menschen, welche nur immer fragt, ‚cui bono?‘, wohl befriedigt sein, wenn man dergleichen mechanischen Leuten nur ganz kurz zeigt, was jene vor einen Einfluß in das Ökonomie- und Finanzwesen und in andere praktische Wissenschaften haben!“

Das Andenken solcher Forscher lebendig zu erhalten, ist das Geringste, womit die Nachwelt ihnen lohnen kann.

20

EINIGE WORTE ZUM ANDENKEN ACHARD'S[1]

Wie aus den durch Scheibler in der Festschrift von 1875 veröffentlichten Aktenstücken hervorgeht, waren 1902 gerade 100 Jahre verflossen, seitdem Achard in seiner, mit Unterstützung König Friedrich Wilhelm III. zu Cunern in Schlesien erbauten Fabrik die erste Kampagne begann, und hiermit zugleich das Zeitalter der eigentlichen Rübenzuckerindustrie eröffnete, – denn kleinere, von ihm und Anderen schon vorher veranstaltete Versuche lassen sich nicht als wirklich fabrikmäßige bezeichnen. Anläßlich unserer 1902 abgehaltenen Generalversammlung plante ich, diesen hundertsten Jahrestag auf gebührende Weise in Erinnerung zu bringen, und hatte zu diesem Zwecke auch schon einen Vortrag angemeldet, zog ihn aber wieder zurück, da ich fürchten mußte, die zu jener Zeit ausgebrochenen Streitigkeiten würden die erforderliche Stimmung nicht aufkommen lassen. Eine neue würdige Gelegenheit zur Ausführung meines Vorhabens schien mir die Eröffnung des nunmehr vollendeten „Institutes für Zuckerindustrie“ zu bieten. Raum und Zeit bei der Einweihungsfeier waren jedoch so knapp bemessen, daß ich auf Wunsch des Vereins-Direktoriums erst heute und an dieser Stelle, – allerdings in etwas erweiterter Form –, das

[1] Vortrag auf der Generalversammlung des „Vereines der Deutschen Zuckerindustrie“ 1904 (s. „Zeitschrift des Vereines der Deutschen Zuckerindustrie“ 1904, S. 857). Die wichtigsten Quellenangaben wurden gelegentlich der Korrektur beigefügt.

Wenige vorbringe, was ich dort über Achard zu sagen gedachte; das Wenige, denn nur um vereinzelte, auf Achards Wirken fallende Streiflichter handelt es sich, nicht etwa um die ausführliche, bisher leider noch fehlende Darlegung seiner ganzen Lebensbahn.

Was letztere anbelangt, so darf ich wohl als mehr oder weniger bekannt voraussetzen, daß Achard, der Schüler Marggrafs und sein Nachfolger als Direktor der Akademie der Wissenschaften, schon unter der Regierung Friedrich des Großen eine höchst ausgebreitete Tätigkeit entfaltete, die verschiedensten Zweige der Chemie, Physik und Meteorologie, der Agrikultur, sowie der chemischen und landwirtschaftlichen Technologie umfassend. Entgegen Marggraf, dem Manne der reinen Wissenschaft, blieb er hierbei stets solchen Zielen zugewandt, die ihm für die Praxis bedeutsam und wertvoll erschienen, und wenn in späterer Zeit seine Feinde und Neider ihm gar manchen Stein in den Weg werfen, und ihn als Phantasten und Projektenmacher zu verdächtigen suchen konnten, so lag das nicht zum wenigsten daran, daß sich so manche seiner mit Enthusiasmus angekündigten Erfindungen nicht, oder doch nicht gemäß Erwartung verwirklichen ließen, z. B. das Pulver ohne Salpeter, die durch Luftdruck abzuschießenden Kanonen, die Luftbälle und optischen Telegraphen, die Darstellung künstlicher Edelsteine auf nassem Wege und durch Schmelzfluß, die bessere Verbrennung der Kohlen mittels Sauerstoffzufuhr, die Verwertung der Elektrizität zu technischen und medizinischen Zwecken. In letzterer Hinsicht sei als Beispiel angeführt, daß Achard der Erste war, der Mund und After mittels Stäbchen aus Silber und Zink durch einen galvanischen Strom zu verbinden, und hierdurch eine erhöhte Tätigkeit des Magens und Darmes hervorzurufen unternahm;[1] „der genievolle, oft verkannte Physiker, begabt

[1] Trommsdorf, „Systematisches Handbuch der gesamten Chemie", Erfurt 1803; Bd. V, S. 11.

mit einem besonderen Scharfsinn im Erfinden, und einem Priestley'schen Talent im Ersinnen von Experimenten", – so nennt ihn A. v. Humboldt[1] –, glaubte auch eine Steigerung der geistigen Kräfte unter dem Einflusse der Elektrizität wahrgenommen zu haben, und berichtete hierüber an Friedrich den Großen; dieser dankte in einem anerkennenden, aber etwas skeptischen Briefe, und schloß ihn eigenhändig mit einer seiner klassischen Nachschriften, die in Übersetzung ungefähr lautet: „Wenn Er durch Elektrizität den Schwachköpfen in meinen preußischen Staaten Verstand verschaffen kann, so ist Er mehr wert, als sein Gewicht in Gold."[2]

Man darf indessen aus diesem Ausspruche nicht etwa schließen, Friedrich der Große habe Achard nicht ernst genommen; vielmehr kannte und schätzte er seine guten Seiten in hohem Maße, ließ sich von ihm über praktisch und auch über theoretisch wichtige chemische Fragen Bericht erstatten,[3] und belohnte seine Bestrebungen zur Verbesserung der, dem König sehr am Herzen liegenden inländischen Tabakskultur mit einer lebenslänglichen Pension von 500 Talern, obgleich die Hoffnung, den märkischen Tabak dem damals hochgeschätzten „Kanaster" gleichwertig zu machen, nicht in Erfüllung ging.[4] Über die Tätigkeit Achards zu jener Zeit berichtet Thiébault in seinen Memoiren:[5] „Er war der arbeitsamste Mensch, den ich in meinem ganzen Leben kennen gelernt habe; ich habe es erlebt, daß er neunmal vierundzwanzig Stunden hintereinander in seinem Laboratorium zu-

[1] Humboldt, „Versuche über die gereizte Muskel- und Nervenfaser", (Berlin 1797; Bd. I, S. 73 und 332 ff.).

[2] „Oeuvres de Fréderic le Grand", Bd. XXV, S. 301; siehe das unten angeführte Buch von Bittmann, S. 48 und 82.

[3] Siehe den Brief vom Januar 1780 an d'Alembert, in „Ausgewählte Briefe Fr. d. Gr.", ed. Kannegießer, Leipzig 1897; S. 273.

[4] Siehe Goltz, „Geschichte der Deutschen Landwirtschaft", Stuttgart 1902, Bd. I, S. 460; ferner Stadelmann, „Preußens Könige in ihrer Tätigkeit für die Landeskultur", Leipzig 1887.

[5] ed. Conrad, Stuttgart 1901; Bd. II, S. 229.

brachte, um ein Experiment zu verfolgen; er legte der Akademie einmal einen Plan vor, wonach 40000 Experimente auszuführen waren, um alle bekannten Mineralstoffe nach Belieben in ihre Bestandteile zu zerlegen, oder aus ihnen neu zu bilden. Beim schlechtesten Wetter verbrachte er ganze Tage unter freiem Himmel, um Beobachtungen zur Vervollkommnung der Tabakspflanzenkultur zu machen; die Ausrechnung von 23000 Regeldetri-Aufgaben, die bei diesem Anlasse nötig war, nahm er gleich an Ort und Stelle vor". Die Kenntnisse, die Achard gelegentlich der Veredlung der Tabakspflanzen erwarb, mögen ihm nicht wenig zu statten gekommen sein, als er die Lösung der nämlichen Aufgabe hinsichtlich der Runkelrüben unternahm; bekanntlich empfahl er noch später,[1] deren Blätter zu trocknen und sie als Tabakssurrogat zu benützen, was vorteilhafter und einträglicher sei als die Verfütterung.

Daß wir in Achard den Vater und Begründer des Rübenbaues und der Rübenzuckerindustrie zu verehren haben, wird heute allerorten anerkannt, selbst in Frankreich, wo man sich in älterer, aber auch noch in neuerer Zeit bemüht hatte, Prioritätsansprüche geltend zu machen; daß hierbei Irrtümer obwalteten, erhellt am besten aus der, meines Wissens in völlige Vergessenheit geratenen und in Deutschland bisher unbekannten Tatsache, daß am 21. Juli 1811 die „Société d'agriculture de la Seine" Achard ihre goldene Medaille verlieh, „als dem Ersten in Europa, der Zucker im großen aus der Rübe gewonnen habe", während zugleich Deyeux die nämliche Auszeichnung dafür erhielt, „daß er der Erste gewesen sei, der auch in Frankreich Rübenzucker darstellte".[2]

Das „Verdienst des ersten Erfinders" nahm auch Achard selbst für sich in Anspruch, und betonte es bereits in seiner ersten Eingabe an Friedrich Wilhelm III. vom 11. Januar 1799,

[1] „Die europäische Zuckerfabrikation aus Runkelrüben", Leipzig 1809; § 147 ft. und 162 ff. [2] Siehe Jouffroy-Migne, „Dictionnaire des inventions", Paris 1860, Bd. I, S. 475 ff.

in der er dem König anzeigt, daß er „nach fünfzehnjährigen Kultur- und Fabrikationsversuchen einen neuen Erwerbszweig ausgemittelt habe, geschaffen, um künftig vielen Menschen Unterhalt zu geben, sowie Population und Einkünfte der preußischen Staaten zu vermehren", und noch in seinem letzten Schreiben vom 12. Juli 1810, das die endgültige, für ihn (trotz allen Wohlwollens) den finanziellen Untergang bedeutende Auseinandersetzung mit dem Fiskus betrifft, wünscht er es ermöglicht zu sehen, daß die Fabrik in Cunern wenigstens „als praktische Lehranstalt erhalten bleibe, für fernere Ausbreitung des neuen vaterländischen Erwerbszweiges".[1] Auch in der Vorrede seiner 1800 zu Berlin erschienenen „Anleitung zur Bereitung des Rohzuckers ..." weist Achard darauf hin, wie er von Anfang an „keine Verschweigung und private Ausnützung seiner Erfindung" betrieben, sondern sie veröffentlicht habe, „um dem allgemeinen Wohle zu dienen", und wie er zum Beweise dessen bereit sei, mit seinem Rate jedem Interessenten beizustehen, „der sich in einem frankierten Briefe an ihn wende".

Die von vielen Zeitgenossen anerkannte „seltene patriotische Ehrenhaftigkeit und Uneigennützigkeit des Achard" tritt namentlich in einem merkwürdigen Zwischenfall zutage, zu dessen Aufklärung neues Material beizubringen, den Hauptzweck meines heutigen Vortrages bildet. In Scheiblers Festschrift lesen wir auf Seite 20 folgenden Auszug aus dem Reichsanzeiger Napoleon I., dem „Journal de l'empire" vom 11. April 1811: „Eine wichtige Tatsache, die der berühmte preußische Chemiker Achard veröffentlichte, beweist, wie sehr die vom Kaiser Napoleon getroffenen Maßregeln zum Ersatze des Rohrzuckers die Engländer beunruhigen. Unter dem Schleier der Anonymität wurde nämlich Achard 1800 erst eine Summe von 50000, dann 1802 eine solche von 200000 Talern geboten, falls er bereit sei, in einer neu herauszugebenden Schrift einzugestehen, daß ihn seine Hoffnungen getäuscht, daß die Versuche im

[1] Scheibler's „Festschrift", 1875, S. 34 und 76.

Großen seine früheren Erfahrungen als nichtig erwiesen hätten, und daß er leider zur Überzeugung gelangt sei, der Rübenzucker könne nicht an die Stelle des Rohrzuckers treten. Die Ehrenhaftigkeit und Uneigennützigkeit, die Achard auszeichnen, ließen ihn solche beleidigende Anerbieten in gebührender Art zurückweisen."

Die Wahrheit dieser Erzählung, die den Charakter Achards in so glänzendem Lichte erscheinen läßt, haben schon vor langer Zeit englische und französische Autoren in Abrede zu stellen gesucht, um so mehr als manchen von ihnen nicht die obengenannte unmittelbare Quelle von 1811 bekannt war, sondern nur eine mittelbare, die „Analyse de la question des sucres", die Napoleon III. 1842 verfaßte, während er als Thronprätendent in der Festung Ham gefangen war.[1] Neuerdings hat sich diesen Zweiflern auch unser ehemaliger Fachgenosse, der jetzige Regierungsrat Dr. C. Bittmann in Karlsruhe beigesellt, und zwar in seiner, trotz ihres höchst interessanten Inhaltes seitens unserer Industrie fast unbeachtet gebliebenen Schrift „Jac. Chr. Schmelzer und die Achardsche Departementszuckerfabrik im St. Agnetenkloster zu Trier 1811 bis 1814".[2] Für ihn „trägt jene Notiz die Faktur ihres kaiserlichen Verfassers an der Stirn", er neigt also wohl zur Annahme, Napoleon I. habe sie willkürlich erfunden, um der Welt den wahren Wert der, von ihm zur Zeit der Kontinentalsperre durch Maßregeln aller Art geförderten Rübenzuckerfabrikation, an einem schlagenden Beispiele vor Augen zu führen; Bittmann hält es auch für einen Widerspruch, daß jene Maßregeln schon 1800 oder 1802 die Engländer beunruhigt haben sollten, und erachtet es für mindestens „sehr der Aufklärung bedürftig, ob diese Bestechungsgeschichte sich überhaupt zugetragen habe, und mit welchem Rechte bejahenden Falles das anonyme Angebot den Engländern zugeschrieben werden muß".

[1] Die Schrift erschien zuerst 1842 in Paris; die Erzählung steht S. 3.
[2] Sonderabdruck aus dem „Trierschen Archiv", Trier 1901; S. 44 ff.

Nun könnte man zunächst annehmen, daß der Verfasser jener offiziellen Notiz von 1811 zwar taktisch geschickt verfuhr, sachlich aber im Unrechte war, insofern er die Maßregeln der Kontinentalsperre mit den erwähnten Besorgnissen der Engländer in Verbindung brachte; daß diese aber bestanden, und gerade von der in Frage stehenden Seite aus genährt wurden, ist zweifellos. In der erwähnten „Anleitung" zur Bereitung des Rohzuckers von 1800 sagt Achard ausdrücklich: „Dieser, durch mich ausgemittelte, bisher in Europa unbekannte Erwerbszweig... wird den Weltteil von dem tyrannischen und drückenden Monopol einer einzelnen Nation befreien, unter dessen lästiges Joch alle anderen europäischen Staaten sich zu ihrem großen Nachteil beugen mußten", und welche Nation gemeint ist, spricht er für den, dem diese Andeutung nicht genügt, später noch mit den Worten aus: „der Zuckerhandel kann, wo nicht ausschließlich, doch größtenteils als ein englisches Monopol betrachtet werden".[1] Angar und Derosne, die 1812 Achards Hauptwerk ins Französische übersetzten, bezeugen gleichfalls, daß „auf Achards 1799 in den Annales de Chimie veröffentlichten Brief an van Mons hin, der ungeheueres Aufsehen erregte, ... die Enthusiasten glaubten, eine Befreiung des Handels vom englischen Monopol stehe unmittelbar bevor".[2] Hiernach erscheint es also weder unerklärlich, daß englische Zuckerfabrikanten und Händler eine Schädigung ihrer Interessen befürchten konnten, noch ermangelt es der psychologischen Wahrscheinlichkeit, daß sie den Versuch unternahmen, sich der unbequemen Konkurrenz auf dem kürzesten Wege zu entledigen, der für sie übrigens wohl nur den Charakter eines Handelsgeschäftes trug, nicht den einer Bestechung.

Daß dieser Versuch aber auch wirklich und auf die oben angedeutete Weise stattfand, dafür haben wir einen, nach allem,

[1] „Europäische Zuckerfabrikation aus Runkelrüben", Leipzig 1809, S. 377, § 628. [2] „Traité complet sur le sucre européen de betterave", Paris 1812, Vorwort S. 4.

was wir von ihm wissen, absolut zuverlässigen und glaubhaften Zeugen, nämlich Achard selbst. Die Notiz des „Journal de l'empire" beginnt mit den Worten: „Eine wichtige Tatsache, die der berühmte preußische Chemiker Achard veröffentlichte ..." Beruhte die ganze Erzählung auf freier Erfindung, so wäre es jedenfalls ein ebenso verkehrtes, wie unnötiges Beginnen gewesen, die Veröffentlichung Achard zuzuschieben, von dessen gleichzeitig offiziell belobter Ehrenhaftigkeit eine, in diesem Falle leicht zu begründende Abweisung zu erwarten stand; erfolgte aber die Veröffentlichung in Wahrheit durch Achard, oder auch nur mit seinem Wissen, so durfte man die Hoffnung festhalten, ihre wahre Quelle noch aufzufinden, und ich darf annehmen, daß mir dieser Fund tatsächlich geglückt ist.

Ein Jahr nach Abfassung seines umfangreichen Hauptwerkes: „Die europäische Zuckerfabrikation aus Runkelrüben", also 1810, gab Achard eine kleinere Schrift heraus. „Die Zucker- und Sirupfabrikation aus Runkelrüben", die sogleich zwei französische Übersetzer fand. Der eine von diesen war M. Copin, Stabsarzt des 57. Linienregimentes, und seine Broschüre, die unter dem Titel „Instruction sur la culture et la récolte des betteraves; sur la manière d'en extraire économiquement le sucre et le sirop" zu Paris erschien, fand so großen Beifall, daß sich schon 1812 eine zweite verbesserte Auflage nötig erwies. In der Vorrede, Seite 3, werden nun Auszüge aus einem Briefe wiedergegeben, den Achard, wie die Erwähnung des 1810 erfolgten Abschlusses der fiskalischen Kontrollearbeiten beweist, 1810 oder anfangs 1811 an Copin schrieb, und der Andeutungen seiner zahlreichen Mißgeschicke und traurigen Erlebnisse enthält. Copin berichtet diese Vorfälle, und fährt Seite 7 fort: „Eine wichtige Tatsache, die dieser hochachtbare Forscher enthüllt, beweist, daß die Engländer den Maßregeln, die der große Napoleon ergreifen ließ, um für den Rohrzucker Ersatz zu schaffen, keineswegs so gleichgültig gegenüberstehen, wie es den Anschein hat; unter dem Schleier der Anonymität wurde nämlich Achard 1800 erst eine Summe von 50000, und dann 1802 eine solche von 200000 Talern geboten, falls er bereit sei, in einer neu herauszugebenden Schrift einzugestehen, daß ihn sein Enthusiasmus irreführte, daß die Versuche im Großen seine früheren Erfahrungen als nichtig erwiesen, und daß er zur schmerzlichen Überzeugung gelangt sei, der Rübenzucker könne niemals den Rohrzucker ersetzen. Der Charakter und die Denkart des Autors hießen ihn diese so vorteilhaften Anerbietungen abweisen.«

Hier haben wir also einen von Achard selbst stammenden Bericht über den Hergang des sogenannten Bestechungsversuches. Sollte aber jemand argwöhnen, daß Copin, weil er Achards Worte nur in indirekter Rede wiedergibt, bloß eine von ihm selbst erfundene Erzählung eingeschaltet habe, so läßt sich auch diese Vermutung leicht widerlegen. Erstens nämlich kannte Achard die Übersetzung Copins, und sandte ihm für deren zweite Auflage Zusätze und eine fünfte Tafel Zeichnungen;[1] es ist also undenkbar, daß er einen, ihm fälschlich untergeschobenen Brief unbeanstandet gelassen hätte. Zweitens aber steht Copin dem, von ihm selbst erstatteten Berichte keineswegs unkritisch gegenüber, fährt vielmehr fort: »Ich glaube Herrn Achards Worten ohne weiteres, wollte er aber der amtlichen Formalität genügende Beweise für diese Angaben beibringen, so wäre seine mit Recht hochgeschätzte Uneigennützigkeit des höchsten Lobes wert, ja es möchte ihm noch mehr als nur dieses gebühren.«

Man mag aus dem angeführten Nachsatze immerhin eine gewisse Befürchtung Copins herauslesen, auf den Unglauben seiner Landsleute zu stoßen, und wird diese einem Autor nicht verübeln dürfen, der doch selbst Achard nur seinem trefflichen Rufe, sowie flüchtiger Korrespondenz nach schätzen gelernt hatte. Kein Grund aber, an Achards Wort zu zweifeln, besteht für uns, denen heute der größte Teil des dornenvollen

[1] Siehe deren Vorrede S. 22, sowie S. 32 der Schrift selbst.

Lebensweges Achards offenliegt. Aus seinen Briefen und Eingaben, aus privaten Berichten und amtlichen Aktenstücken, endlich aus den Erzählungen aller seiner Zeit- und Berufsgenossen, leuchten in ungemindertem Glanze bis in die letzten Tage seines Erdenwallens die vier Kardinaltugenden hervor: Fleiß, Wahrheitsliebe, Patriotismus, und Selbstlosigkeit; war doch noch 1811 der, durch die Auseinandersetzung mit dem Fiskus dem finanziellen Untergange verfallene Mann nicht zu bewegen, von Schmelzer, dem seitens der französischen Regierung in Trier zwecks Studiums der Rübenzuckerfabrikation nach Cunern gesandten Bevollmächtigten, auch nur einen Pfennig für Beherbergung und Verpflegung in seinem Hause anzunehmen, so daß Schmelzer, wie aus den noch erhaltenen Rechnungen hervorgeht,[1] ihm und seinen drei Kindern von Breslau aus zwei Strohhüte, ein Messer, und ein Buch im Gesamtwerte von 19 Talern 17 Groschen sandte, um seine Erkenntlichkeit in irgend einer Form zu beweisen!

„Aus heißer Liebe für das preußische Vaterland bin ich bemüht, einen neuen Zweig europäischer Industrie zu schaffen", — so äußert sich Achard 1799 in seiner Schrift „Ausführliche Beschreibung der Kultur der Runkelrübe". Möge das Vaterland, möge die Zuckerfabrikation, die Achard ihr Dasein schuldet, in gleicher Liebe des seltenen Mannes gedenken! So lange die Industrie sein Vorbild vor Augen hat, sein Beispiel in Ehren hält, kann es ihr an einer Zukunft nicht fehlen.

[1] Siehe Bittmann's Schrift, S. 113.

21

E. MITSCHERLICH UND DAS FÜNFZIGJÄHRIGE JUBILÄUM DES POLARISATIONS-APPARATES[1]

Mit Recht wird oft beklagt, daß die sogenannte „Jetztzeit" nur allzusehr der Betätigung echten historischen Sinnes ermangle, dagegen aber bemüht sei, das, woran sie es im Großen fehlen läßt, im Kleinen zu bewähren, durch eifriges, ja oft übereifriges Aufsuchen und festliches Begehen von Gedenk- und Erinnerungstagen. Nur mit einem gewissen Mißtrauen betrachtet man daher jedes neu auftauchende Jubiläum, und wenn auch ich mir zur Feierung eines solchen, und zwar eines fünfzigjährigen, heute das Wort erbat, so weiß ich wohl, daß dies zunächst als ein Wagnis erscheinen wird, das einer Rechtfertigung bedarf. Doch wird mir eine solche, wie ich meine, nicht schwer fallen, ja ich hoffe, Sie werden sie schon in dem Augenblicke für gelungen erachten, in dem ich den Gegenstand nenne, über den ich zu sprechen beabsichtige.

Welches von allen Hilfsmitteln, die die exakten Wissenschaften der Zuckerindustrie zur Verfügung stellten, hat wohl das meiste zum rationellen Ausbaue dieses Gewerbszweiges beigetragen? Welches von ihnen ist es, das es ermöglichte, die Wertbeschaffenheit des in Anwendung kommenden Rohmateriales,

[1] Vortrag auf der Generalversammlung des „Vereines der Deutschen Zuckerindustrie" 1897 (s. „Zeitschrift des Vereines der Deutschen Zuckerindustrie" 1897, S. 665).

der fertigen Erzeugnisse, der Abfallstoffe und Nebenprodukte, in jedem Augenblicke leicht und sicher zu erkennen, vom Soll und Haben an Zucker jederzeit genaue Rechnung zu legen, die Ausbeuten zu ermitteln und festzustellen, die Verluste zu vermindern und zu vermeiden, — kurz die ganze Arbeitsweise mit Bewußtsein und steigender Klarheit zu erfüllen? Diese Frage wirft Scheibler in den Eingangsworten einer 1870 in der Zeitschrift unseres Vereines veröffentlichten Abhandlung auf, und beantwortet sie mit dem Satze: Jenes Hilfsmittel ist das optische Polarisationsverfahren. Daß Scheibler's Ausspruch der Wahrheit die Ehre gibt, davon überzeugt ein bloßer Versuch sich die Zuckerfabrikation, ohne daß sie im Besitze dieser Methode wäre, überhaupt noch vorzustellen: er ist aussichtslos, und der Zustand, den wir uns zu versinnlichen hätten, bleibt völlig undenkbar. In der Tat müssen wir die Polarisationsmethode als das wertvollste und unersetzlichste Geschenk ansehen, das unsere Industrie von Seiten der reinen Wissenschaft jemals entgegengenommen hat, und der Mann, aus dessen Händen sie es vor gerade fünfzig Jahren empfing, ist gewiß ihrer fortdauernden Dankbarkeit und unentwegten Verehrung vor allen würdig.

Aber wer ist dieser Mann? Ich glaube mit der Annahme nicht fehlzugehen, daß die große Mehrzahl dieser Versammlung seinen Namen nicht zu nennen wüßte, und deshalb erscheint es mir als eine Pflicht der Pietät, das Andenken seiner Person und seiner Leistungen, namentlich soweit sie mit unserer Industrie in Verbindung stehen, an dieser Stelle zu erneuern.

Eilhard Mitscherlich, — denn dies ist der große Chemiker, von dem wir zu sprechen haben —, wurde am 7. Januar 1794 als Sohn des Pastors Mitscherlich zu Neuende, dicht am Jahdebusen, geboren, und erhielt seine erste Ausbildung anfangs in Neuende, später in Jever, und zwar unter Leitung seines Landsmannes, des berühmten Historikers Schlosser; er folgte diesem nach Frankfurt und Heidelberg, ließ sich bereden, als Lebensberuf ebenfalls die geschichtliche Forschung zu ergreifen, begann sich insbesondere mit den orientalischen Sprachen, vor allem mit der persischen, zu beschäftigen, und unternahm die Herausgabe eines größeren persischen Geschichtswerkes. Im Laufe seiner Studien, die er in Paris und sodann in Göttingen fortsetzte, gelangte er jedoch noch rechtzeitig zur Überzeugung, daß Anlage wie Neigung ihn auf ganz andere als die bis dahin eingeschlagenen Bahnen wiesen; mit größtem Eifer widmete er sich nun der Medizin, und sodann der Chemie, die er alsbald als das eigentliche und bleibende Feld seiner Tätigkeit erkannte. Im Jahre 1818 übersiedelte er nach Berlin, woselbst der Botaniker Link ihm gestattete, in seinem Laboratorium chemisch zu arbeiten, und schon nach kürzester Frist bereicherte der erst vierundzwanzigjährige Jüngling die Wissenschaft mit seiner ersten, und einer seiner wichtigsten Entdeckungen, dem Isomorphismus, dessen Hauptsatz er dahin ausspricht, daß, innerhalb weiterer Gruppen natürlich verwandter Elemente, Verbindungen, die zwar Atome verschiedener Natur, diese aber in gleicher Anzahl und in gleichartiger Bindung enthalten, auch gleiche Krystallformen zeigen. Diese Arbeit, deren Bedeutung es keinen Eintrag tut, daß schon 1816 Fuchs einen ähnlichen Gedanken, jedoch in ganz unbestimmter Weise ausgesprochen hatte, erregte durch ihre sachliche und logische Vollendung die höchste Aufmerksamkeit des ersten Chemikers jener Zeit, Berzelius'; gelegentlich eines Aufenthaltes in Berlin (1819) suchte dieser die persönliche Bekanntschaft Mitscherlich's, und sah sich alsbald bewogen, dem Unterrichtsminister Altenstein den noch völlig unbekannten jungen Mann als Nachfolger Klaproth's für die Professur der Chemie vorzuschlagen, für die man vergeblich ihn selbst zu gewinnen gesucht hatte. Hierauf ging zwar der Minister zunächst nicht ein, er gewährte jenem aber Mittel, um sich zwei Jahre bei Berzelius in Stockholm weiter auszubilden, und zugleich den Bergbau und die Hüttenwerke Schwedens kennen zu lernen; die betreffende Summe betrug, einschließlich Reisegeld, 666 Taler! Erst nach seiner Heimkehr, und auf wiederholte dringende Empfehlung Berzelius', erfolgte 1822 die Wahl Mitscherlich's zum Mitgliede der Akademie der Wissenschaften und zum Vorstande ihres Laboratoriums, an dem Pott, Marggraf und Klaproth als seine Vorgänger gewirkt hatten; ferner wurde er 1822 außerordentlicher und 1825 ordentlicher Professor an der Universität, erst mit 400 und sodann mit 600 Talern Gehalt; über 1000 Taler Gehalt brachte er es überhaupt zeitlebens nicht, und die zum Unterhalte der Laboratoriumsarbeiten gewährten Mittel waren so geringe, daß er schon bis zum Jahre 1840 über 13000 Taler aus eigener Tasche zugeschossen zu haben angibt! Selbst für eine, im Auftrage des Ministers 1825 unternommene Studienreise nach England und Frankreich konnte Mitscherlich, trotzdem er die entsprechende schriftliche Zusage besaß, hinterher keinerlei Entschädigung erhalten. Besonders schmerzlich empfand er es aber, daß die vorgesetzten Behörden, ohne wahres Verständnis für seine Fähigkeiten, und ohne Würdigung des unersetzlichen Wertes seiner Zeit, ihn in immer steigendem Maße mit „Handwerksarbeiten" überhäuften, nämlich mit Abhaltung von Prüfungen, Abfassung von Gutachten, Revisionen der Apothekerordnungen und Pharmakopöen und dergl. mehr, kurz mit Dingen, die die Arbeitskraft des unendlich gewissenhaften und sorgfältigen Mannes oft zum größten Teile und ganz unnütz in Anspruch nahmen, und es ihm fortdauernd schwerer machten, neue eigene Forschungen zu beginnen, sowie ältere zu vollenden und zu veröffentlichen.

Die Arbeiten, mit denen sich Mitscherlich während seiner über vierzigjährigen Berliner Lehrtätigkeit (1822 bis 1863) beschäftigte, erstrecken sich hauptsächlich auf viererlei Gebiete: auf die kristallographische und physikalische, die anorganische, die organische, sowie die mineralogische und geologische Chemie; auf jedem dieser Felder sind Leistungen hervorragendster

Art zu verzeichnen, doch muß ich mich begnügen, hier nur einige der allerwichtigsten in Kürze zu besprechen.

Die Bestimmung einer fast unabsehbaren Reihe von Kristallgestalten führte Mitscherlich zu der schon erwähnten Entdeckung der Isomorphie (1818), sowie der Dimorphie (1821), d. i. der Fähigkeit chemischer Individuen, je nach den Umständen verschiedene Kristallgestalt anzunehmen, — wofür der Kalkspat und Aragonit als wohlbekanntes Beispiel genannt seien; er beobachtete ferner die ungleichmäßige Ausdehnung der nichtregulären Kristalle beim Erwärmen (1823), den Einfluß des Erwärmens auf die Richtung der optischen Achsen und der Doppelbrechung (1824), die Kristallisation der Salze mit wechselnden, von der Höhe der Temperatur abhängigen Mengen Kristallwasser (1827), die Wärmeentwickelung bei Veränderungen der Kristallform (1852), u. s. w.; nicht zu übersehen sind auch die Messungen zahlreicher Gas- und Dampfdichten (1883), die Studien zur chemischen Affinität, namentlich hinsichtlich der Tension des Kristallwassers (1841 ff.), sowie die Berechnungen über die relativen Gewichte der Körper auf verschiedenen Planeten (1828). Die Hoffnungen, die Mitscherlich gerade bezüglich der physikalischen Chemie auf seinen Aufenthalt zu Paris gesetzt hatte, gingen leider nicht in Erfüllung; dem Briefwechsel mit Berzelius ist zu entnehmen, daß hieran teils gewisse Eifersüchteleien zwischen den dortigen Forschern Schuld trugen, teils Kleinlichkeiten und Umständlichkeiten, die dem persönlichen Verkehre mit einzelnen dieser Meister der Wissenschaft anhafteten. Eine in dieser Hinsicht charakteristische Anekdote teilt Mitscherlich über Ampère mit: Dieser große Physiker besaß zwei Katzen, die er sehr liebte, eine große und eine kleine, und da er sie stets um sich hatte und sie häufig aus- und eingingen, so störte ihn das häufige Öffnen der Türe sehr in seinen Arbeiten; er ließ deshalb in seiner Türe ein großes Loch für die große Katze machen, und daneben ein kleines für die kleine, ohne zu bedenken, daß auch die kleine Katze durch das große Loch schlüpfen konnte!

Auf anorganischem Gebiete sind vor allem Mitscherlich's Untersuchungen über die pyrophorischen Eigenschaften der Metallpulver, namentlich der durch Wasserstoff reduzierten, zu nennen (1824), sodann die Entdeckung einer der Schwefelsäure analogen Selensäure (1827), sowie die der Mangansäure, Übermangansäure und Überchlorsäure (1831). Auch seine Studien über künstliche Darstellung der Mineralien erschlossen ein neues Gebiet und bildeten gleichzeitig den Übergang zu den ausgedehnten Forschungen geognostischen und geologischen Inhaltes, die hauptsächlich die Verhältnisse der Vulkane und heißen Quellen, sowie die Metamorphie der Gesteine, in umfassender und teilweise völlig origineller Weise behandelten.

Die organische Chemie bereicherte Mitscherlich durch genaue Analyse einer Anzahl von Körpern, deren Zusammensetzung zu jener Zeit noch nicht, oder wenigstens nicht sicher feststand, z. B. des Jodoforms, des Naphthalins, der Harnsäure, und der Hippursäure (1834); 1840 stellte er die für die Klasse der Nitrosäuren typische Nitrozimmtsäure dar, 1841 nahm er die schon 1834 begonnenen Arbeiten über die Ätherbildung und die Rolle der sogenannten Kontaktsubstanzen wieder auf, und wurde durch diese in den folgenden Jahren zur Erforschung der Hefe und der Gärung, und schließlich zum Studium der Konferven und anderer kleiner Lebewesen geführt, deren Entwickelung er mikroskopisch zu verfolgen und durch Tinktion mit verschiedenen Farbstoffen in ihren Einzelheiten aufzuklären lehrte. Von größter, ja für die Folgezeit fast unabsehbarer Wichtigkeit, ist aber die 1834 gemachte Entdeckung des Benzols geworden; Mitscherlich gewann diesen Kohlenwasserstoff durch trockene Destillation des Kalksalzes der Benzoesäure (die er alsbald als „Benzinkohlensäure“ definierte), erwies dessen Identität mit einem von Faraday beobachteten Bestandteile des Leuchtgases, und stellte zuerst das Nitrobenzol, das Azobenzol, die Benzolsulfosäuren, und noch viele andere Benzolderivate dar, die heute die Ausgangsmaterialien zur Gewinnung zahlloser Farbstoffe, und damit die Basis einer unserer ausgedehntesten und schönsten Großindustrien bilden.

Schon 1823, zu Beginn seiner Vorlesungen, die durch Menge und Eleganz der Experimente, durch stete Berücksichtigung der technischen Chemie, und durch Fülle der vorgeführten Zeichnungen und Modelle, eine Epoche im chemischen Unterrichte bedeuteten, hatte Mitscherlich auch ein kleines Laboratorium zur Ausbildung junger Chemiker eingerichtet, das also bedeutend älter ist als das allerdings in ganz anderem Sinne organisierte und geleitete Liebig'sche, das man gewöhnlich als erstes in Deutschland angeführt findet. Vergeblich suchte er jedoch der preußischen Regierung klar zu machen, daß es sich hier um eine produktive, staatlicher Beihilfe würdige Ausgabe handle, und selbst 1854 noch wurde seine ausführliche Eingabe, die Errichtung eines chemisch-physikalischen Laboratoriums zu Berlin betreffend, vom Minister rundweg abgewiesen, — wobei allerdings Intriguen des großen Analytikers Rose, der mit Mitscherlich verfeindet war, eine bedeutende Rolle spielten.

Zur Ergänzung seiner mündlichen Unterweisung in Hörsaal und Laboratorium gab Mitscherlich ein „Lehrbuch der Chemie“ heraus, dessen vier Auflagen 1840, 1843, 1845 und 1847 vollendet wurden, und das ein Berzelius, ein Oersted, ein Humboldt, mit Worten größter Bewunderung preisen: „Ich kenne, — so schreibt Alexander von Humboldt —, kein wissenschaftliches Buch in deutscher Sprache, das dem empfänglichen Leser in solchem Grade den Eindruck der Gediegenheit, Umfassungskraft, und Ausdruckskraft des Verfassers gibt,“ und der gestrenge Liebig schreibt an Wöhler: „Dieses Lehrbuch ist die Krone von allen, die mir je vorgekommen sind.“ Außer in einer Reihe in Zeitschriften erschienener Abhandlungen hat Mitscherlich vor allem in diesem Lehrbuche die wichtigsten Ergebnisse seiner langjährigen, die

Zuckerarten betreffenden Arbeiten niedergelegt; um deren Betrachtung zu einer einheitlichen zu gestalten, habe ich es vermieden, einzelne von ihnen, der rein chronologischen Ordnung folgend, schon vorher zu erwähnen.

Von neuen Zuckerarten entdeckte Mitscherlich nur eine, die Mykose, die jetzt meist Trehalose genannt wird, und als in der Natur weitverbreitet nachgewiesen ist; er isolierte sie (1857) aus dem Mutterkorne (Claviceps purpurea), stellte sie rein dar, und beschrieb sie mit allen jenen Eigenschaften, die sich gegenwärtig in den einschlägigen chemischen Werken verzeichnet finden; namentlich erkannte er auch, daß sie mit dem Rohrzucker isomer sei, sich in vieler Hinsicht (gegen Alkalien u. s. f.) analog wie dieser verhalte, und bei der Hydrolyse nur Traubenzucker ergebe.

In zahlreichen Arbeiten, die sich etwa von 1835 bis 1845 hinziehen, beschäftigte sich Mitscherlich mit der Gärung der Zuckerarten, und zwar anknüpfend an die von Berzelius aufgestellten Theorien der Katalyse und der Kontaktwirkung. Übereinstimmend mit Berzelius nahm er zunächst an, daß die chemischen Verbindungen und Zersetzungen im pflanzlichen und tierischen Organismus durch Kontaktwirkung eingeleitet würden, und versuchte u. a. schon 1833 festzustellen, ob infolge solcher etwa die Drüsen befähigt wären, aus den Bestandteilen des Blutes neue Verbindungen zu erzeugen, oder ob sie nur die schon vorhandenen zur Ausscheidung brächten; es wurde hierbei ermittelt, daß z. B. der Milchzucker im Blute nicht fertig gebildet vorhanden ist, und niemals auch nur spurenweise aus Blut isoliert werden kann, obwohl synthetische Versuche zeigten, daß die benützten analytischen Methoden, unter denen auch eine Schleimsäuremethode zu erwähnen ist, noch den Nachweis von 0,01 Prozent Milchzucker ermöglichten. Analog diesen Kontaktwirkungen und entsprechend der sogenannten katalytischen Umwandlung von Cellulose in Glykose, von Stärke in Dextrin, von Dextrin und Gummi in Traubenzucker u. s. f., — bei der die wirkenden kleinen Mengen Säure oder Diastase keine quantitative Veränderung erfahren —, faßte Mitscherlich auch die Bildung von Alkohol und Kohlensäure bei der Gärung des Traubenzuckers auf. Er führt aus, daß man den Traubenzucker als eine Verbindung von Alkohol und Kohlensäure ansehen könne, jedoch keineswegs als eine einfache, da jedenfalls bei seiner Entstehung eine beträchtliche Menge Wärme „verschluckt" (gebunden) werde; bei der Gärung komme nämlich, obwohl schon die Entwickelung der Kohlensäure im Gaszustande viel Wärme erfordere, doch noch eine bedeutende freie Wärmemenge zum Vorscheine, indem offenbar die Elemente im Alkohol und in der Kohlensäure viel inniger als im Zucker, und durch weit größere Verwandtschaftskräfte verbunden seien. Wie nun ein Zusatz von Kupferoxyd, mit chlorsaurem Kalium erhitzt, dieses rasch in Chlorkalium und Sauerstoff zerlegt, so wirkt auch die Hefe auf den Zucker: sie veranlaßt den Überschuß jener Verwandschaftskräfte in Tätigkeit zu treten, und bedingt so die Entstehung von Alkohol und Kohlensäure; der Unterschied beider Reaktionen liegt also nur darin, daß im letzteren Falle die Kontaktsubstanz ein Organismus ist. In dieser Auffassung der Gärungsvorgänge als vitaler Erscheinungen ist Mitscherlich der großen Mehrzahl seiner Zeitgenossen weit voraus. Er erklärt es für zweifellos, daß die Gärung stets durch organisierte Wesen entstehe, so daß man auch umgekehrt Gärungsvorgänge, die (wie z. B. jene des Darmkanales) in Gegenwart solcher Wesen verlaufen, als durch diese verursacht ansehen dürfe; ebenso ist es sicher, daß die eigentliche Hefe, ihrer pflanzlichen Natur gemäß, nie anders als aus „Samen" entstehe, dessen Zutritt zur Zuckerlösung stets von außen erfolge, und daher durch passende Mittel, z. B. schon durch eine Lage porösen Filtrierpapieres, gehindert werden könne. Die Gärung schreitet proportional dem Hefenwachstume fort, dessen Beginn an die Anwesenheit von Sauerstoff (Luft) gebunden ist; sie ist nur bei unmittelbarer Berührung zwischen Zuckerlösung und Hefe möglich, und findet daher z. B. an einer Membran aus Filtrierpapier ein unübersteigliches Hindernis. Im Verlaufe der Gärung erleidet die Hefe charakteristische Veränderungen, deren Fortgang sich durch mikroskopische Beobachtung, besonders der Sprossenbildung, leicht feststellen läßt; stets aber behält sie, namentlich bei längerer Fortpflanzung unter gleichen äußeren Bedingungen, den Typus einer konstanten Art, und kann insbesondere weder in Schimmelpilze übergeführt, noch aus solchen entwickelt werden. Gewisse Gifte, z. B. Kupfervitriol oder Sublimat, hindern ihr Gedeihen außerordentlich, andere dagegen, z. B. Brechweinstein, nicht im geringsten; schädlich wirken auch große Mengen Zucker, sowie ein höherer Prozentsatz von Essigsäure, die übrigens nicht durch die Hefe selbst erzeugt wird, sondern stets durch die Tätigkeit anderer, gleichzeitig anwesender Pilze. Der Verschiedenheit der organisierten Lebewesen entsprechend, können nämlich auch deren Kontaktwirkungen mannigfaltige sein, und es erklären sich so z. B. die schädlichen Eigenschaften vieler Pilze, die Pflanzenkrankheiten verursachen, ferner die Zersetzungen, die die Wurzeln der Gewächse im Boden hervorrufen, und dergl. mehr.

Wie Mitscherlich schon 1841 bis 1842 zeigte, also fast fünf Jahre früher wie Dubrunfaut, dem diese Entdeckung gewöhnlich zugeschrieben wird, vergärt die Hefe den Rohrzucker nicht direkt, sondern führt ihn zunächst in „veränderten Zucker“ (Invertzucker) über, und zwar vermöge eines in ihr enthaltenen, löslichen, durch Wasser ausziehbaren Bestandteiles, den wir heute Invertin nennen; die Erscheinung, daß mit Wasser gründlich ausgewaschenes Hefengut den Rohrzucker nur sehr langsam in Gärung versetzt, war hiernach leicht verständlich, da es eben längere Zeit dauert, bis die Hefe das erforderliche Invertin wieder neu gebildet und ausgeschieden hat. Den „veränderten Rohrzucker“ erkannte Mitscherlich, entgegen den in jener Zeit zumeist noch herrschenden Anschauungen, als verschieden vom eigentlichen Traubenzucker; er erklärte ihn für wesensgleich mit dem unkristallisierbaren linksdrehenden Zucker der Fruchtsäfte (z. B. Trauben), und mit jener Zuckerart, die bei der Einwirkung von Säuren auf den Rohrzucker entstehe, und wurde so veranlaßt, auch diese, den sogenannten Invertzucker, näher zu untersuchen.

Mitscherlich fand hierbei (1841 bis 1843), daß bereits sehr geringe Mengen starker Säuren, z. B. 0,001 Prozent Schwefelsäure, Oxalsäure oder Weinsäure, genügen, um allmählich schon bei gewöhnlicher, und rasch bei höherer Temperatur, auch konzentrierte Zuckerlösungen zu invertieren, während schwächere Säuren, wie die des Rübensaftes, oder wie die Essigsäure, überhaupt erst bei höherer Temperatur und besonders bei Siedehitze einwirken. Aus dem entstehenden Sirupe läßt sich Traubenzucker in kristallisierter Form gewinnen, und dies gilt auch für den natürlich vorkommenden „Fruchtzucker" (d. i. Invertzucker). Erwärmt man reinsten Invertzucker sehr allmählich und vorsichtig im Wasserbade, bis er kein Wasser mehr abgibt, so erhält man eine feste trockene Masse der Zusammensetzung $C_6H_{12}O_6$, die an feuchter Luft, oder auf Zusatz von etwas Wasser, teilweise wieder Kristalle abscheidet, die sich als das Hydrat des Traubenzuckers, $C_6H_{12}O_6+H_2O$ oder $C_6H_{14}O_7$, erweisen; hieraus glaubte Mitscherlich schließen zu müssen, daß die Kraft, vermöge derer der Traubenzucker Kristallform annimmt, auch erst seine Bildung aus dem sirupösen „Fruchtzucker" bewirke, und daß diese Umsetzung vermutlich auch noch auf andere Weise möglich sei.

Viele Mühe verwandte Mitscherlich auf die Untersuchung des geschmolzenen Rohrzuckers, den Péligot und Mulder für identisch mit Invertzucker erklärt hatten, und dessen Natur noch heute keineswegs als endgültig aufgehellt bezeichnet werden kann. Erhitzt man Rohrzucker auf 160°, so tritt nach Mitscherlich stets schon Zersetzung und Färbung ein, und man erhält kein einheitliches Produkt. Wird hingegen vollkommen trockener Zucker auf das vorsichtigste geschmolzen, so entsteht schon unterhalb 160° reiner „armorpher Zucker", der sich Monate lang unverändert glasig erhält, an feuchter Luft zerfließt, und nicht, oder nach Berzelius nur ausnahmsweise, wieder kristallisiert. Anders verhält sich jedoch die Schmelze, die schon bei 154° gebildet wird, wenn man (wie bei der Bonbonfabrikation) Zucker mit etwas Wasser allmählich, am besten im Chlorzinkbade, erwärmt: sie erstarrt zu einer glasigen Masse, die etwas Wasser eingeschlossen enthält, und dieses löst nach und nach amorphen Zucker auf und scheidet ihn kristallisiert wieder ab, bis die ganze Masse aufs neue kristallinische Struktur angenommen hat. Der völlig reine „amorphe“ Zucker löst sich in Wasser ohne jede Färbung und weit leichter als kristallisierter Rohrzucker, wird aber auch von siedendem starken Alkohol in reichlicher Menge aufgenommen, ohne sich indessen beim Erkalten der heiß gesättigten Flüssigkeit in anderem als wieder in sirupösen Zustande abzuscheiden; er ist optisch-inaktiv und läßt sich vollkommen vergären, ohne daß hierbei zu irgendwelcher Zeit eine Drehung bemerklich würde. Allen diesen Eigenschaften nach scheint diese Zuckerart die nämliche zu sein, die bei andauerndem Kochen wässeriger Rohrzuckerlösungen entsteht, und zuerst von Soubeyran und Ventzke beschrieben worden ist.

So gut wie unbekannt dürfte es sein, daß auch das zum Nachweise des Invert- und Traubenzuckers unentbehrliche, heute als Fehling'sche Lösung allbekannte Reagens, in seiner ursprünglichen Gestalt von Mitscherlich herrührt. In einem Briefe vom 6. August 1846 berichtet er darüber an Berzelius: „Ich habe meinen Gehilfen Trommer veranlaßt, eine weitläufige Untersuchung über die Auffindung des Zuckers anzustellen. Wenn man Traubenzucker in wässerigem Kali auflöst, schwefelsaures Kupferoxyd zusetzt, und die Auflösung erwärmt, so kann man durch die rötliche Färbung noch 0,00001 Prozent Zucker erkennen; mit kohlensaurem Kali gelingt dieses gleichfalls, und es läßt sich im Blute noch 0,00001 Prozent zugesetzter Zucker nachweisen.“ Berzelius erwiderte hierauf am 3. September 1841 mit folgenden, für die Genauigkeit und Vorsicht dieses großen Forschers charakteristischen Worten: „Der Versuch, mit so großer Leichtigkeit Zucker in Tieren und Pflanzen zu entdecken, hat mir viel Vergnügen bereitet; es dürfte gleichwohl, um diese Reaktion völlig zuverlässig zu machen, noch nachzusehen sein, ob nicht möglicherweise noch einige andere organische Stoffe dieselbe Art von Farbenveränderung hervorbringen können; denn erst dann, wenn man darüber Gewißheit hat, daß dieses nicht der Fall ist, kann man für sie volles Vertrauen hegen." Mitscherlich befolgte diesen Ratschlag alsbald, und es ergab sich, daß außer Traubenzucker auch Fruchtzucker, Invertzucker, und Milchzucker die Kupferlösung langsam bei gewöhnlicher und sofort bei höherer Temperatur reduzierten, während mit Rohrzucker gar keine, mit Dextrin nur eine allmähliche und geringe Reaktion zu bemerken war; Traubenzucker konnte zu 0,00001 Prozent noch durch den sichtbaren Niederschlag, zu 0,000001 Prozent noch durch die im auffallenden Lichte rötliche Färbung mit Sicherheit erkannt werden. Mit dem neuen Hilfsmittel ausgerüstet, begann Mitscherlich sogleich einige bis dahin so gut wie unnahbare Fragen zu bearbeiten: er bestimmte den Zucker- und Dextringehalt der Roggen-, Gersten- und Weizenkörner, stellte die Zuckerbildung beim Keimen der Getreidearten fest, untersuchte die Geschwindigkeit der Stärkeverzuckerung beim Maischprozesse, verfolgte die im Magen und Darm stattfindende Umwandlung der Stärke in Traubenzucker und Dextrin, und ermittelte den Gehalt des Blutes verschiedener Venen und Arterien an diesen beiden Bestandteilen.

Zu Beginn der vierziger Jahre beschäftigte sich Mitscherlich eingehend mit den Gesetzen der Lichtbrechung, mit der quantitativen Abhängigkeit der Brechungskoeffizienten von der Zusammensetzung der organischen Körper und vom Vorhandensein gewisser Atome und Atomgruppen in diesen, und mit der Verwertung der genau bestimmten Brechungsquotienten verschieden konzentrierter Lösungen der wichtigsten

Zuckerarten zur analytischen Bestimmung der letzteren. Es dürften Arbeiten dieser Art gewesen sein, die seine Aufmerksamkeit aufs neue auch den übrigen optischen Eigenschaften der untersuchten Körper zuwandten, denn schon 1843 finden wir u. a. folgende, der Zeit weit vorauseilende Aussprüche: „auch die Polarisation hängt von der Gruppierung der Atome ab“, und „das polarisierte Licht ist ein Mittel, um die Veränderungen, die in einer Atomgruppe stattfinden, wenn verschiedene Substanzen auf sie einwirken, zu beobachten.“ Die Polarisation des Lichtes wurde bekanntlich 1808 von Malus, und die chromatische Polarisation bald darauf fast gleichzeitig von Arago (1811) und Brewster (1813) entdeckt; 1812 hatte Biot die Rechts- und Linksdrehung des Quarzes, sowie einer Anzahl von Lösungen organischer Stoffe erkannt, und hierüber seit 1814 eine lange Reihe höchst eingehender und wichtiger Abhandlungen veröffentlicht, die namentlich auch den Rohrzucker betrafen, weil es das Studium dieses Körpers war, das ihm zuerst zur Aufstellung und Entwickelung des Begriffes „spezifisches Drehungsvermögen“ Veranlassung gab. Weder Biot und seine Schüler, die sich in Frankreich, noch auch Seebeck, Ventzke und Andere, die sich später in Deutschland mit den Polarisationserscheinungen beschäftigten, hatten sich der Erkenntnis verschließen können, daß eine zuverlässige optische Zuckerbestimmung namentlich der Zuckerindustrie hervorragenden Nutzen bringen müßte, und sichtlich ging mit der Ausbreitung der Rübenzuckerfabrikation auch das Bestreben parallel, die spärlichen, ungenauen, und zeitraubenden Methoden, die allein während der ersten Jahrzehnte zur Verfügung standen, durch bessere, raschere, und einer allgemeinen Anwendbarkeit fähige zu ersetzen. An Bemühungen, die optische Analyse in dieser Hinsicht nutzbar zu machen, fehlte es keineswegs, ja es ist sogar eine größere Anzahl dahin zielender Vorschläge zu verzeichnen, die aber sämtlich ohne endgültiges Ergebnis blieben, weil es nicht gelingen wollte, eine genügend einfache, haltbare, sicher zu handhabende Vorrichtung zu ersinnen. An dieser Stelle setzte nun mit größtem Erfolge Mitscherlich's Tätigkeit ein; sein entscheidendes und für alle Folgezeit ausschlaggebendes Verdienst ist eben die Konstruktion des ersten wirklich brauchbaren, den Bedürfnissen der Praxis entsprechenden Polarisationsapparates.

Auf die Einzelheiten dieser Konstruktion einzugehen, würde hier zu weit führen, und es sei deshalb nur erwähnt, daß die Prismen aus Kalkspat-Rhomboedern geschnitten und mit Canadabalsam verkittet waren, die Beleuchtung durch eine Öllampe mit doppeltem Luftzuge geschah, und die Lösung in ein 200 mm langes, gläsernes oder messingenes, durch planparallele Glasplatten geschlossenes Rohr gefüllt wurde, das man erforderlichen Falles durch einen Wassermantel auf konstanter Temperatur erhalten konnte. Zur Ablesung gelangte unmittelbar der Drehungswinkel, und zwar wurde entweder auf den Punkt größter Verdunkelung des Gesichtsfeldes eingestellt, oder auf das Erscheinen einer bestimmten Farbe, z. B. der roten, oder der scharf begrenzten und deutlich zu erkennenden violetten, wobei farbige Normalgläser zur Vergleichung dienten.

Für die spezifische Drehung der Zuckerarten fand Mitscherlich mittels seines Apparates Werte, die, falls man die heute übliche Zahl $\alpha D = +64^{0}$ für Rohrzucker zugrunde legt, für Traubenzucker $+50{,}28^{0}$, für Invertzucker $-21{,}33^{0}$, für Milchzucker $+50{,}28^{0}$, für Dextrin $+130{,}95^{0}$ ergeben, also den besten gegenwärtig festgestellten Zahlen recht nahe kommen; die Stärke erwies sich als inaktiv, der arabische Gummi, je nach der gewählten Sorte, bald als rechts- bald als linksdrehend. Mitscherlich entdeckte auch zuerst (schon 1843), daß die Rotation der Zuckerarten durch Basen verändert wird, und daß die Linksdrehung des Invertzuckers, für die er bei 20^{0} die Zahl $-21{,}33^{0}$ gefunden hatte, mit steigender Temperatur rasch abnimmt, bei 80^{0} Null wird, und oberhalb 80^{0} in Rechtsdrehung übergeht.

Den Zuckerfabrikanten gab Mitscherlich genaue Vorschriften zur polarimetrischen Analyse von festen Zuckern und Zuckerlösungen an, „die für sie von hoher Wichtigkeit sein werden“; hierdurch nicht minder wie durch die Konstruktion des Apparates erwarb er sich ein großes und dauerndes Verdienst um die Industrie, und niemand erkannte dieses offener und neidloser an als der edle Biot, den seine langjährigen eigenen Bestrebungen in dieser Richtung nicht zum erwünschten Ziele geführt hatten. In Briefen an Mitscherlich aus dem Jahre 1847 rühmt er die Einfachheit und Genauigkeit des neuen Instrumentes, verspricht, nach dem ihm übersandten Modelle sogleich auch in Paris zwei Apparate bauen zu lassen, und verpflichtet sich, diese zu revidieren und für ihre Einführung in einer der Pariser Raffinerien Sorge zu tragen; auch hielt er in der Akademie der Wissenschaften einen Vortrag über das neue Polarimeter, und empfahl es öffentlich in deren Sitzungsberichten, „zum Nutzen der Zuckerfabriken, die der Leitung durch weise Ratschläge gar sehr bedürfen, und in Unkenntnis der Wahrheit nur allzu oft dem ersten besten Schwindler zum Opfer fallen.“

Den Briefen Biot's ist zu entnehmen, daß bereits im Jahre 1847 eine größere Anzahl deutscher und russischer Fabriken praktischen Gebrauch von Mitscherlich's Polarisationsapparate machte; das genaue Datum der ersten Konstruktion und Benützung ist indessen bisher nicht festzustellen gewesen. Nach einer freundlichen Mitteilung Herrn Professor Alexander Mitscherlich's in Freiburg, des jüngsten Sohnes Eilhard Mitscherlich's und Herausgebers seiner „Gesammelten Schriften“, enthalten auch Mitscherlich's hinterlassene Papiere hierüber nichts näheres; sicher ist es aber, daß die erste Beschreibung des Apparates sich in der vierten Auflage des „Lehrbuches“ vorfindet, und da diese im Jahre 1847 vollendet wurde, so habe ich geglaubt, an die Jahreszahl 1847 anknüpfen zu sollen, und sprach in diesem Sinne von einem fünfzigjährigen Jubiläum.

Hundèrt Jahre nach Mitscherlich's Geburt, und 31 Jahre nach seinem am 28. August 1863 erfolgten Tode, wurde zu Berlin, im Kastanienwäldchen, das Mitscherlich-Denkmal enthüllt, bestimmt, auch als äußeres Zeichen dem Danke und der Anerkennung der Nachwelt Ausdruck zu geben; in höherem Grade aber als vielleicht jeder andere Kreis der Epigonen ist der von uns vertretene berechtigt und verpflichtet, diese Gefühle in Treue zu hegen, und mit hoher Ehre das Andenken eines Mannes zu wahren, dessen Namen in der Geschichte der Wissenschaften wie in der unserer Industrie für alle Zeiten fortzuleben bestimmt ist.

22

WELCHES PATENTHONORAR HAT DER ERFINDER DES VAKUUM-APPARATES ERHALTEN?[1]

Über diese Frage, die vor kurzem in anscheinend scherzhafter Weise gelegentlich einer Versammlung von Zuckerfabrikanten aufgeworfen wurde, ist näheres den „Denkwürdigkeiten Justus Erich Bollmann's" zu entnehmen, die Varnhagen von Ense mit bekannter Meisterschaft der Nachwelt überliefert hat.[2] J. E. Bollmann, der 1769 zu Hoya in Hannover geboren wurde und 1821 zu Kingston auf Jamaika starb, waren, wie aus Varnhagens Biographie hervorgeht, höchst wechselvolle und eigenartige Lebensschicksale beschieden; er verwickelte sich in merkwürdige politische Abenteuer, unter denen besonders der von ihm 1795 mit unerhörter Kühnheit vermittelte, jedoch schließlich mißlungene Fluchtversuch des kriegsgefangenen Lafayette aus der Festung Olmütz zu erwähnen ist, machte weit ausgedehnte Reisen durch Europa und Nordamerika, und betrieb zahlreiche technische, bergmännische und Handelsunternehmungen, die ihm viele Erfolge aber auch mannigfache Enttäuschungen brachten. Im Jahre 1815 ließ er sich in London nieder, „um wichtige Entdeckungen aus dem Gebiete der praktischen Physik und Chemie zu verwerten", und errichtete mit Unterstützung englischer Finanzkräfte, namentlich auch des Hauses Baring, eine große chemische Fabrik. „Man destilliert und reinigt dort Holzessig nach einer neuen patentierten Methode, erzeugt essigsaures Kupfer (Spangrün) und Bleiessig, aber auch Soda und andere Artikel, z. B. Bleichromat, die schöne neue gelbe

[1] „Die Deutsche Zuckerindustrie" 1896; Bd. 21, S. 2124.

[2] „Ausgewählte Schriften", Leipzig 1875; Bd 17, S. 235

Farbe, wozu ich die Materialien mit aus Amerika brachte; auch verkohlt man Holz nach einer neuen patentierten Art, in geschlossenen Retorten, mit der Flamme des von ihm selbst entwickelten Gases; mit dem Gase der Steinkohlen erleuchtet man die Stadt". In einem Briefe vom 1. November 1816 erwähnt Bollmann, daß der Gewinn infolge der einfacheren, besseren und rascheren Arbeitsmethoden 100 bis 200 Prozent sei und fährt fort: „Im chemischen Manufakturenfach ist hier noch vieles zu tun. Einer meiner Freunde, Edward Howard, hat die Raffination des Zuckers so sehr vervollkommnet, daß er ein Fünftel mehr Ertrag erhält als nach der gewöhnlichen Art. Man bot ihm für seine patentierte Erfindung 40000 Pfund Sterling, die er ausschlug; er veräußerte aber an Einzelne das Recht, sich ihrer zu bedienen, und hatte sich schon ein jährliches Einkommen von 60000 Pfund Sterling verschafft, als ihn der Tod abholte. Er starb vor einigen Wochen; sein Bruder, der Herzog von Norfolk, sowie seine Tochter, sind untröstlich über diesen Trauerfall".

Da die Patentierung des Vakuums im Jahre 1812 erfolgte, so hat Howard selbst wohl nur während kurzer Frist die Früchte seiner Tätigkeit genossen, und der Hauptteil des Gewinnes ist vermutlich erst seinen Erben zugefallen. Bringt man den weitaus höheren Wert des Geldes zu Anfang des 19. Jahrhundertes in Anschlag, so ersieht man, daß hohe Patenthonorare keineswegs eine erst der „Jetztzeit" zu dankende Neuerung sind; daß sie indessen Howard für seine Erfindung, eine der wichtigsten, die der Zuckerindustrie jemals zuteil wurden, in so reichem Maße zuflossen, dürfte den heutigen Zuckerfabrikanten ebenso unbekannt geblieben sein, wie die Tatsache, daß Howard einer der vornehmsten Familien des englischen Hochadels entstammte, dessen jüngere Glieder, — wie noch heute so auch damals —, es nicht unter ihrer Würde erachteten, sich erwerbender Tätigkeit zu widmen, und durch die Kraft eigener Arbeit Großes und Tüchtiges zu schaffen.

23

ZUR GESCHICHTE DES STRONTIANITS[1]

Die Entwickelung der Melassenentzuckerung mittels Strontians in der Zeit um 1880 stand bekanntlich im innigsten Zusammenhange mit jener des westfälischen Strontianitbergbaues, da, vor dem Aufkommen der Fabrikation von Strontianpräparaten aus Cölestin (Strontiumsulfat), nur die immerhin spärlichen Mengen des natürlich vorkommenden Minerals (Strontiumkarbonat) zu technischen Zwecken verfügbar waren. Es wird allgemein behauptet, man habe jenes Auftreten des Strontianites[2] erst nach 1870 erkannt; daher dürfte eine Bemerkung von Interesse sein, die sich im Briefwechsel von Berzelius und Liebig vorfindet,[3] und den Schluß eines von Liebig am 22. Juli 1834 abgesandten Schreibens bildet: „Kürzlich hat man mir ein Mineral zur Untersuchung gegeben, was bei Münster in Westfalen gefunden wird, es war ganz reiner kohlensaurer Strontian; er kommt dort als Gang im Gryphitenkalk in Menge vor und ist ein recht schöner Stein. Wenn Sie davon haben wollen, dürfen Sie nur ein Wort sagen, wie ich es senden kann".

Wer mit der Geschichte des Strontianverfahrens und der Verwertung der einschlägigen Patente vertraut ist, wird nicht im Zweifel sein, daß die rechtzeitige Kenntnis dieser Angabe dem Wissenden unberechenbare Vorteile, ja geradezu Schätze erschlossen hätte!

[1] „Die Deutsche Zuckerindustrie", 1897; Bd. 22, S. 681.

[2] Dieser Name stammt bekanntlich vom Dorfe Strontian in Schottland, einem der ersten Fundorte der Spezies.

[3] Ausgabe von Carrière (München 1893, S. 94).

Achte Abteilung

24

ZUR GESCHICHTE DES DIABETISCHEN ZUCKERS[1]

Die mir kürzlich von medizinischer Seite vorgelegte Frage, wann und durch wen das Auftreten von Zucker im Harne der Diabetiker zuerst beobachtet worden sei, ist keineswegs eindeutig und in Kürze zu beantworten, sie hängt vielmehr auf das Innigste mit der nach dem Wesen des Diabetes zusammen, und sie hat selbst eine recht verwickelte, für den Mediziner wie für den Chemiker gleich interessante Geschichte.

Älteren Angaben entgegen scheint es zweifellos, daß sich auf europäischem Boden die erste, nur kurze, aber genügend klare Andeutung über diese Krankheit bei dem römischen Arzte Cornelius Celsus (25 vor bis 25 nach Chr.) findet,[2] die erste ganz ausführliche, Symptome, Ursachen und Behandlung umfassende Beschreibung aber, in der auch zuerst der Name „Diabetes" auftritt, bei Aretäus aus Kappadocien (30 bis 90 n. Chr.?);[3] keiner dieser beiden Autoren erwähnt aber einen süßen Geschmack des Harnes, und ebensowenig tut dies Soranus von Ephesus (um 100 n. Chr.), sowie Galenos von Pergamon (131 bis 200 n. Chr.), der gepriesenste und vielschreibendste Arzt des Altertumes, der bis tief in das 17. Jahrhundert hinein das offizielle medizinische System fast wider-

[1] „Chemiker-Zeitung" 1905, S. 1197.

[2] Celsus, lib. IV, cap. 27 (ed. Daremberg, Leipzig 1859, S. 154).

[3] „Wesen der chron. Krankheiten", lib. II, cap. 2; „Therapie der chron. Krankheiten", lib. II, cap. 2 (übers. Mann, Halle 1852, S. 85 und 215).

spruchslos beherrschte, und namentlich bei der so wichtigen und einflußreichen arabischen Schule die Autorität des Aristoteles besaß, d. h. als eine Art unfehlbaren Halbgottes verehrt wurde. Seine Behauptung, Diabetes beruhe auf einer Erkrankung der Nieren, zufolge derer das Getränk den Körper einfach durchfließe (daher „Diabetes" von διαβαίνω) und als Harn unverändert wieder verlasse, blieb daher über 1500 Jahre in so uneingeschränkter Geltung, daß z. B. selbst um 1750 der bedeutendste Praktiker Englands, Mead (1673 bis 1754),[1] nicht einmal eine Diskussion seiner neuen Theorie, Diabetes sei eine Krankheit der Leber, zu veranlassen vermochte! Wie Galenos, so schweigt daher auch seine gesamte ost- und westeuropäische Schule über die Süßigkeit des diabetischen Harnes, was um so mehr Wunder nehmen muß, als der Harn viele Jahrhunderte lang das wichtigste, ja vielfach das ausschließliche diagnostische Material bildete und seine Prüfung, das sogenannte „Harnbeschauen", die wesentlichste Funktion zahlreicher Ärzte ausmachte, so daß z. B. noch Shakespeare „Harnmonarch" und „Arzt" als identisch setzt; daß die Süßigkeit wirklich niemals beobachtet worden sei, erscheint fast unglaublich, viel eher dürfte die Annahme zutreffen, man habe in solchen Fällen, der Autorität des Galenos folgend, den Genuß zuckerhaltiger Getränke als selbstverständlich vorausgesetzt, woraufhin sich dann freilich jede weitere Nachforschung als überflüssig ergab.

Merkwürdigerweise findet sich nun eine frühzeitige, ganz unzweideutige und ohne Anspruch auf Neuheit auftretende Bemerkung über die Süßigkeit des diabetischen Harnes an mehreren Stellen eines medizinischen Werkes, das dem indischen Arzte Susruta zugeschrieben wird.[2] Angesichts jenes völligen Mangels

[1] „Opera medica" (Göttingen 1748); siehe über ihn und die weiter unten genannten Ärzte: Haeser, „Lehrbuch der Geschichte der Medizin" (Jena 1875/82) und Hirsch, „Geschichte der medizinischen Wissenschaft in Deutschland" (München 1893).

[2] Lateinische Übersetzung von Hessler (Erlangen 1844/52; I, S. 46 und 183; II, S. 105.

an chronologischem Geiste, der eine spezifische Eigentümlichkeit des indischen Nationalcharakters bildet, ist es leider noch nicht möglich gewesen, die Lebenszeit dieses Autors (der von einigen Sanskritisten ins 10. vor-, von anderen ins 10., ja 15. nachchristliche Jahrhundert verlegt wurde!) bestimmt festzustellen; auf Grund der in meiner „Geschichte des Zuckers“[1] wiedergegebenen kritischen Betrachtungen, denen seither weitere Forschungen zur Bestätigung gereichten, darf man es jedoch als erwiesen ansehen, daß die Schrift des Susruta spätestens um 900 n. Chr. schon vorhanden war, jedoch in viel kürzerer Gestalt und ohne die zahlreichen Einschiebsel, die zwar in vielen Fällen leicht erkennbar, aber keineswegs in allen sicher auszuscheiden sind. Die indischen Werke wachsen, um einen botanischen Fachausdruck zu gebrauchen, durch Intussusception, d. h. es entspricht dem indischen Geiste, die ursprünglichen (häufig metrischen) Grundlagen ganz oder fast unverändert beizubehalten, sie aber durch Einfügung immer neuer Zusätze, Erläuterungen, erklärender Einkleidungen u. s. f., mehr und mehr, oft ins Ungemessene, zu erweitern; bedenkt man nun, daß ein solches Verfahren häufig ungezählte Jahrhunderte lang (erst mündlich, später schriftlich) fortgesetzt wurde, daß hierbei jedes Gefühl für Chronologie fehlte, daß bei eigentlichen Fachwerken noch die Mangelhaftigkeit der Überlieferung, sowie die Unsicherheit der Kommentatoren und Lexikographen hinzutritt u. s. f., so kann man bei Benutzung der Sanskritliteratur, sobald es sich um wissenschaftliche Gegenstände und vor allem um deren Datierung handelt, nicht vorsichtig genug verfahren. So müßte denn wohl auch die Frage nach dem Alter der Bemerkungen über die Süßigkeit des diabetischen Harnes vorerst unlösbar scheinen, wäre nicht zufälligerweise ein wichtiger Fingerzeig dadurch gegeben, daß, soviel bekannt, keiner der arabischen Ärzte oder medizinischen Autoren dieser Tatsache Erwähnung tut; mit ziemlicher Wahrscheinlichkeit wird man hieraus schließen

[1] Leipzig 1890, S. 55.

dürfen, daß in jener Periode, während derer die arabische Medizin durch die indische in tiefgehender Weise beeinflußt wurde, und Râzi, Ibn-Sina (Avicenna), sowie andere arabische Kompilatoren ihre allumfassenden Enzyklopädien niederschrieben (etwa 800 bis 1050 n. Chr.), die in Rede stehende Beobachtung in Indien noch nicht gemacht oder doch nicht aufgezeichnet war. Als Zeitgrenze wäre hierdurch etwa das Ende des 11. oder der Anfang des 12. Jahrhunderts gegeben. Hierzu stimmt eine mir von weil. F. A. Flückiger mitgeteilte Nachricht (deren Quelle ich jedoch nicht anzugeben weiß): wie der um 1800 in Ceylon tätige englische Arzt Christie meldet, erwähnt nämlich das sehr alte, in singhalesischer Sprache metrisch abgefaßte Buch über medizinische Vorschriften „Yoga ratnakâra" den diabetischen Urin unter dem Namen „madhu mehâ" d. i. „süßer Harn", und der Tradition nach ist dieses Werk unter einem um 1200 n. Chr. regierenden Könige aus dem Sanskrit übersetzt worden.

In Europa blieb die indische Entdeckung jedenfalls unbekannt und mußte einige Jahrhunderte später in selbständiger Weise aufs neue gemacht werden. Paracelsus (1493 bis 1541), der auch hier als scharfer und vorurteilsfreier Beobachter auftritt, bespricht zwar in seinen Abhandlungen „De tartaro" den Diabetes, stellt als Erster die tiefgehenden krankhaften Veränderungen des Harnes fest, die er richtig als Symptom eines schweren Allgemeinleidens deutet, und zeigt, daß der Urin beim Eindampfen erhebliche Mengen eines festen „Salzes" liefert; über die Süßigkeit dieses Rückstandes sagt er aber nichts, obwohl er im Traktat „De urina" die Geschmacksprüfung des Harnes ausdrücklich erwähnt und sie u. a. zur Erkennung der „acuitas" und „dulcedo" vorschreibt, er hat also den Zusammenhang beider Erscheinungen entweder gar nicht wahrgenommen oder ihn doch nicht als kausalen erkannt. Der Ruhm dieser Entdeckung gebührt dem englischen Arzte Willis (1622 bis 1675), der in seiner Abhandlung „De medicamentorum operationibus"[1] zuerst klar ausspricht, „der diabetische Harn sei von wunderbarer Süßigkeit, gleichsam wie von Honig oder Zucker durchtränkt". Auffälligerweise zieht jedoch Willis nicht den naheliegenden Schluß, daß der „reichliche Rückstand" des eingedickten diabetischen Harnes zuckeriger Natur sei, er schreibt vielmehr seinen süßen Geschmack einer eigentümlichen Veränderung der „Salze" durch „schwefelartige Teilchen" zu; zufolge einer Reaktion zwischen den verschiedenen salzigen Bestandteilen des Blutserums soll nämlich, unter Abstoßung jener „Teilchen", die für Diabetes charakteristische Zersetzung und Verflüssigung des Blutes eintreten, wobei physische und psychische Depressionen, zuweilen aber auch eine gesteigerte Durchlässigkeit der Nieren fördernd wirken.[2]

Indessen verwarfen Zeitgenossen und Nachfolger Willis' nicht nur diese iatro-chemische Erklärung, sondern (mit rühmlicher Ausnahme des oben erwähnten Mead und einiger anderer Forscher) unglaublicherweise auch seine Beobachtung selbst, deren Richtigkeit sie leugneten, weil es undenkbar sei, daß anderen Falles die antike und arabische Schule über sie geschwiegen hätten. So verstrich denn noch ein volles Jahrhundert, bis endlich 1776 der englische Arzt Dobson den entscheidenden Schritt tat: in seinen „Medizinischen Untersuchungen" stellte er fest, daß der Harn aller Diabetiker süßen Geschmack zeige und bei vorsichtigem Eindampfen stets eine süße, weiße Masse vom nämlichen Geschmacke wie Kolonialzucker hinterlasse, also Zucker enthalte, und demgemäß fähig sei, in alkoholische und Essig-Gärung überzugehen; aus dem süßen Geschmacke des Blutserums der Diabetiker folgerte Dobson, daß der Zucker (wenngleich er ihn aus dem Serum vergeblich zu isolieren suchte) keinesfalls erst in der Niere ent-

[1] „Opera omnia" (Genf 1676); lib. IV, cap. 3.

[2] Nach Hirsch (a. a. O. S. 491) stellte Willis u. a. auch zuerst die Theorie auf, jede Gärung beruhe auf Übertragung eines Bewegungszustandes vom Erreger auf das Substrat.

stehe, sondern schon im Blute angehäuft sei, und zwar infolge einer Stockung der Assimilation, die zur Anreicherung des in kleiner Quantität auch bei Gesunden vorhandenen Zuckers führe, sowie einer abnormen Fermentwirkung,[1] die Zucker in ungewöhnlicher Menge hervorbringe.

Auf die wissenschaftliche Welt wirkten jedoch auch die experimentellen Darlegungen Dobsons keineswegs sofort überzeugend, und es bedurfte noch mehrerer Dezennien, bis, etwa gegen 1800, ihre Wahrheit, den Widersprüchen der Gegner zum Trotze, allgemeine Anerkennung fand. Dieser wurde sie nur allmählich teilhaftig, und zwar unter dem Einflusse der bestätigenden Arbeiten anderer hervorragender Ärzte; so gewann z. B. Rollo aus 1 kg Harn 85 g, Cowley sogar bis 250 g süßen Rückstandes, Home zeigte, daß dieser aus einem wechselnden Gemische gewöhnlicher Harnsalze und gärungsfähigen Zuckers bestehe, und der berühmte Wiener Kliniker Joh. Peter Frank (1745 bis 1821) stellte um 1792 den Zucker zuerst kristallisiert dar, isolierte ihn hierbei nach wiederholtem Umkristallisieren „völlig rein, an Farbe, Aussehen und Geschmack dem gewöhnlichen Zucker durchaus gleich", und erhielt durch Oxydation Oxalsäure und bei der Gärung Alkohol bezw. Essigsäure.[2] Den Zucker aus dem Blute abzuscheiden, versuchte auch Rollo vergeblich, es gelang ihm aber zu ermitteln, daß normales Blut, schon auf Zusatz kaum merklicher Mengen Zucker, die charakteristischen Eigenschaften des diabetischen annehme; auch erkannte er als Hauptquelle des Zuckers die verwandten Bestandteile der vegetabilischen Nahrung und gründete auf diese Einsicht die erste positive und nachweisbar wirksame Bekämpfung des Diabetes, die durch ausschließlich animalische Ernährung.[3]

[1] Heute würde man „Enzymwirkung" sagen, und tatsächlich führt auch Dobson die Zuckerbildung bei der Keimung der Gerste als Analogon an.

[2] „De curandis hominum morbis" (Mannheim 1792/94).

[3] v. Mering, „Lehrbuch der inneren Medizin" (1903, S. 1026).

Die Erkenntnis, daß diabetischer Zucker nicht „gewöhnlicher Zucker“ sei, sondern Glykose, konnte erst reifen, nachdem man seit Beginn des 19. Jahrhundertes mit der Natur letzterer Zuckerart näher vertraut geworden war; auf die Arbeiten von Thénard (1806) und Chevreul (1815) gestützt, erwiesen 1838 Bouchardat und Péligot die Identität des Harn- und des Traubenzuckers[1], und brachten so die Frage, „welches der wesentliche und süßschmeckende Bestandteil des diabetischen Urines sei“, nach jahrhundertelangen Bemühungen zahlreicher Ärzte und Chemiker zum endgültigen Abschlusse.

Zusatz.[2]

Durch die Freundlichkeit Dr. P. Diergarts wurde mir eine dem Genannten seitens eines Medico-Historikers gemachte Angabe übermittelt, die Existenz einer „Geschichte der Glykosurie von Hippokrates bis zum Anfange des 19. Jahrhundertes“ betreffend, deren Verfasser Dr. Max Salomon, jetzt Kgl. Sanitätsrat in Berlin, ist; das Vorhandensein dieser Schrift war mir leider unbekannt geblieben, denn ich habe sie nirgends zitiert gefunden, niemals nennen gehört, und war auch von Spezialisten, die mich bei der Herausgabe meiner Werke, „Geschichte des Zuckers“ und „Chemie der Zuckerarten“, durch wertvolle Beihilfe unterstützten, nicht auf sie hingewiesen worden. Auf Dr. Diergarts Mitteilung hin habe ich mir inzwischen das Buch verschafft, was einige Schwierigkeiten bot, da es nur als Separatabdruck aus dem „Deutschen Archiv für klinische Medizin“ vom Jahre 1871 erschien; dem Umfange von 103 Seiten entsprechend, enthält es, in viel weiterem Umfange und mit viel größerer Ausführlichkeit als mein kurzer Aufsatz, das meiste des auch von mir allmählich aus verschiedenen Schriften und

[1] Siehe meine „Chemie der Zuckerarten“ (1904, Bd. I, S. 224).

[2] „Chemiker-Zeitung“ 1906, S. 55.

aus Büchern, die in letzter Linie natürlich auf die nämlichen Quellen zurückgehen, Gesammelten, jedoch nicht alles, z. B. nichts über die wichtigen Stellen bei dem Indier Susruta; dagegen läßt sich aus Seite 39 ersehen, daß die Quelle der mir von F. A. Flückiger über die Berichte des anglo-indischen Arztes Christie gemachten Mitteilung (die ich nicht anzugeben vermochte) aller Wahrscheinlichkeit nach Hirschs „Historisch-Geographische Pathologie" ist.

Was das von Christie erwähnte indische „Yoga-Ratnâkara" betrifft, so habe ich über dieses Buch, wie auch über andere indische Werke medizinischen Inhaltes neue Belehrung in J. Jollys „Indischer Medizin"[1] gefunden, auf die mich Professor Dr. Zachariae-Halle in dankenswerter Weise aufmerksam machte. Wenn nämlich Christies „Yoga-Ratnâkara" mit dem in Indien recht verbreiteten Werke des gleichen Namens identisch ist, so steht fest, daß es von einem bisher unbekannten Autor aus der Zeit zwischen 1535 und 1746 herrührt, – wobei aber allerdings nur die jetzt vorliegende Fassung in Frage kommt, während über das Vorhandensein älterer Bestandteile und vollends über deren Datierung ein bestimmtes Urteil (wie in den meisten Fällen dieser Art) vorerst nicht möglich ist. Aus dem Yoga-Ratnâkara läßt sich also nicht beweisen, daß die Indier des 11. oder 12. Jahrhundertes den Diabetes schon kannten; hingegen wurden in neuerer Zeit Quellen aufgedeckt, aus denen hervorgeht, daß die Indier schon in einer viel früheren Periode, als der bisher angenommenen, mit dieser Krankheit vertraut waren; unter den zum Teil auch bei Susruta vorkommenden Namen „Iksu-Meha, Iksurasam, Kandeksurasam" (= Zuckerharn, Zuckerrohrsaftharn) und „Madhumeha, Ksaudrameha" (= Honigharn), die auf „meha" (= Harn, von „mih" = harnen, siehe lateinisch mingere, griechisch μιχεῖν) zurückgehen, wird sie nämlich schon

[1] Straßburg 1901, Teil des großen Bühler'schen „Grundrisses", S. 2, 12, 14, 83 ff.

in den Werken des Arztes Caraka, sowie in den medizinischen Traktaten der sogenannten Bower-Handschrift aufgeführt. Caraka gilt nach einheimischen, chinesischen und persisch-arabischen Quellen als ältester medizinischer Schriftsteller Indiens (denn von dem noch älteren Agnivesa, den er benutzt haben soll, ist nichts erhalten) und kann schon um etwa 100 n. Chr. gelebt haben; der jetzige Bestand seiner Werke ist allerdings erst durch einen Kommentator des 11. Jahrhundertes gesichert, und es ist fraglos, daß der Text sehr mangelhaft überliefert und verschiedentlich ganz offenkundig aus anderen Werken ergänzt und vermehrt ist. Verbleibt demnach auch hier noch eine gewisse Unsicherheit, so darf die Bower-Handschrift ein desto größeres Vertrauen beanspruchen; diese Handschrift, die in einem buddhistischen Heiligtum (sogenannter Stupa) in Chinesisch-Kaschgarien gefunden wurde, ist anscheinend von eingewanderten buddhistischen Hindus auf Birkenbast niedergeschrieben, den man im Format der süd- und westindischen Palmblatt-Manuskripte zugeschnitten hat, und zwar um 450 n. Chr., wie man aus sprachlichen und paläographischen Kriterien folgert. Wenn dieser Schluß berechtigt ist, so kann man nicht daran zweifeln, daß die indischen Ärzte schon im 5. Jahrhunderte den Diabetes kannten und nicht erst im 11. oder 12., wie ich angesichts der mangelnden Erwähnung dieser Krankheit bei sämtlichen arabischen Ärzten folgern zu dürfen glaubte; wie aber dann dieses Schweigen der mit den Schriften der indischen Mediziner so wohl vertrauten arabischen Autoren zu erklären ist, kann nur durch weitere eingehende Untersuchungen aufgehellt werden.

Neunte Abteilung

25

ZUR GESCHICHTE DES MAIS[1]

Der laufende Jahrgang der „Chemiker-Zeitung" hat über einen Vortrag des Herrn Professor Dr. Hartwich-Braunschweig berichtet,[2] in dem dieser auf die merkwürdige Tatsache hinwies, daß nach der Entdeckung Amerikas gewisse Drogen und Produkte dieses Landes sich mit solcher Schnelligkeit über die gesamte alte Welt verbreiteten, daß man bald über ihre Herkunft und Neuheit in Zweifel geriet. In dieser Hinsicht sind besonders der Tabak und der Mais hervorzuheben, von denen oft und mit großer Bestimmtheit behauptet worden ist, sie seien schon vor 1492 in Europa bekannt gewesen. Es besteht über diese Streitfrage eine ziemlich umfangreiche Literatur, man darf aber wohl aussprechen, daß materielle Beweise obiger Behauptung nicht geliefert worden sind, und daß auch, entgegen weit verbreiteten Angaben, die Durchforschung der antiken und mittelalterlichen Schriften, sowie die der indischen, chinesischen und ägyptischen literarischen und Baudenkmale keinerlei Anhaltspunkte in dieser Richtung ergeben hat.

Was nun insbesondere den Mais betrifft, so ist selbst in den eingehendsten der mir bekannten einschlägigen Werke der Bericht zu vermissen, daß über ihn ein ganz untrügliches Zeugnis seitens des Entdeckers der neuen Welt selbst vorliegt,

[1] „Chemiker-Zeitung" 1892, S. 1396 und 1477.
[2] Ebenda 1892, S. 1276.

auf das ich mir gestatte –, da es privater Mitteilung nach auch einigen der hervorragendsten Fachmänner bisher unbekannt geblieben war –, neuerdings hinzuweisen. In dem Berichte über seine dritte Reise (abgedruckt z. B. in „Die Reisen des Cristoph Columbus 1492 bis 1514, nach seinen eigenen Briefen und Berichten", Leipzig 1890) beschreibt nämlich Columbus den spanischen Majestäten eine Bewirtung seiner Leute seitens der Eingeborenen, und sagt dabei: „... es gab auch roten und weißen Wein, ... die aber nicht aus Trauben, sondern aus verschiedenen Fruchtarten gemacht waren; offenbar nahmen sie Mais dazu, der eine Fruchtart ist, die ich mit nach Castilien nahm." Diese Stelle scheint mir genügend, um jeden Zweifel an der amerikanischen Herkunft des Mais zu zerstreuen, um so mehr, als auch die innere Wahrscheinlichkeit für sie spricht, da die aus Mais dargestellten gegorenen Getränke, wie „Chicha de Mahis" und ähnliche, stets die nationalen und Lieblingsgetränke der mittelamerikanischen Völker gewesen und geblieben sind.

Gegen Ende des Mittelalters bestand, wie Heyd in seiner unübertrefflichen „Geschichte des Levantehandels"[1] nachgewiesen hat, ein ganz außerordentlich reger Handelsverkehr zwischen den spanisch-portugiesischen und den übrigen Mittelmeerküsten, und es brachten z. B. „portugiesische Barken ihre Waren direkt bis nach Genua, Venedig und Pera (Konstantinopel)". Auf diese Weise ist jedenfalls, wie die vieler anderer Produkte, auch die rasche Verbreitung des Mais zu erklären, insbesondere die nach dem Orient und der Türkei. Von letzterer aus wanderte dann der Mais, angeblich durch Zigeuner, nach den Donaustaaten, nach Ungarn, Österreich u. s. w., kurz nach jenen Ländern, in denen er noch heute „türkischer Weizen" genannt wird. Dieser Name ist natürlich für die ursprünglich türkische oder orientalische Herkunft nicht beweisend, denn nichts ist gewöhnlicher, als die Verwechslung des Herkunfts-

[1] Französische Ausgabe, Leipzig 1885.

ortes von Waren mit dem wirklichen Ursprungslande. Wollte man so schließen, so müßte der in Süddeutschland und der Schweiz gebräuchliche Name „Welschkorn" für die italienische Heimat des Mais zeugen, oder es müßten z. B. auch die „türkischen Hühner" (Truthühner, englisch „turkeys") aus der Türkei stammen, während sie bekanntlich ebenfalls aus Mittelamerika eingeführt worden sind.

In ganz Österreich, Ungarn, und allen Donauländern wird der Mais fast ausschließlich mit dem Namen „Cucurruz" bezeichnet, der bisher als vollkommen unerklärlich gilt. Meiner Meinung nach ist dieser Ausdruck auf das Wort „Cucurrucho" zurückzuführen, mit dem, nach Humboldt, in Mittelamerika z. B. der dunkle, angebrannte Rohzucker schlechtester Qualität bezeichnet wurde.[1] „Cucurrucho" heißt im Spanischen und Portugiesischen etwas Zugespitztes, eine Spitze, ein Wipfel; das Wort bezeichnet auch eine Papierdüte, sowie ferner die düten- oder kegelförmige Zuckerhutform, und besonders deren zugespitzten Teil. Da nun die Zuckerhutformen auf der Spitze stehend gefüllt und ausgedeckt wurden, so verblieb, wenn das Decken nur unvollständig gelang —, wie das bei dem alten unvollkommenen Arbeitsverfahren der Kolonialzuckerfabriken stets der Fall war —, in der Spitze der Form fast unveränderter, dunkler, angebrannter Rohzucker, und diese schlechteste Qualität wurde daher „Cucurrucho" genannt. Dieser „Kopf", sowie der weiß gedeckte „Fuß" des Brotes („Blanco") wurden von jedem Brote abgeschlagen, und man behielt dann ein halb ausgedecktes Mittelstück über, das „Quebrado" hieß (d. i. Abgeschlagenes, Abgerissenes). Noch zu Humboldts Zeit erhielt man aus der gesamten, in Arbeit genommenen Zuckermasse zwei Drittel als Melasse und nur ein Drittel als Zucker, und von diesem wieder waren etwa fünf Neuntel weißgelb bis weiß gefärbter Blanco, drei Neuntel blonder Quebrado, und ein Neuntel brauner bis schwarzer Cucurrucho.

[1] S. meine „Geschichte des Zuckers", Leipzig 1890, S. 306.

Da nun die ursprüngliche, auch in den oben genannten Ländern noch heute ganz allgemein übliche Art den Mais zu genießen die ist, daß man die Kolben über offenem Feuer braun röstet oder dörrt, und die Körner dann unmittelbar mit den Zähnen ausbeißt und verzehrt, so vermute ich, daß „Cucurruz" nichts anderes bedeutet als „braun geröstet", „angebrannt" oder dergl., und daß diese Bezeichnung der Bereitungsart als unverstandenes Fremdwort schließlich auf die Pflanze selbst überging. Die Richtigkeit dieser Vermutung spräche natürlich zugleich auch für die der angeführten direkten Verbreitung des Mais aus den Ländern der iberischen Halbinsel nach dem Süden und Osten Europas.

Noch sei erwähnt, daß man den spärlichen Berichten, die über die Entdeckung nordamerikanischer Küsten um das Jahr 1000 durch isländische Seefahrer vorliegen, Hinweise auf das Vorkommen von Mais hat entnehmen wollen; daß diese hinfällig sind, gibt schon Humboldt an.[1]

[1] „Kritische Untersuchungen . . .", Berlin 1852, I, S. 357. — Bei dieser Gelegenheit sei darauf hingewiesen, daß die Herausgabe von A. v. Humboldt's eigentlich wissenschaftlichen Werken in einfacher, dem Preise nach erschwinglicher, aber sonst des großen Mannes in jeder Hinsicht würdiger Gestalt eine Ehrenpflicht des deutschen Volkes wäre. Selbst große Universitäts-Bibliotheken besitzen viele seiner wichtigsten Schriften nicht (z. B. die grundlegende Abhandlung über Pflanzengeographie), und andere wieder sind nur im ursprünglichen Groß-Folio-Format vorhanden, das ihre Benützung schwer und ihre Versendung unmöglich macht.

26

ZUR LEHRE VON DER HERKUNFT UND ROLLE DER PFLANZLICHEN ASCHENBESTANDTEILE[1]

Über Herkunft und Rolle der in den Pflanzen vorhandenen Aschenbestandteile herrschte bekanntlich, trotz der sehr bestimmten Ausführungen Marggraf's und Wiegleb's[2], und trotz einzelner Lichtblicke Külbel's (1739) und Rückert's (1789), zu Anfang des 19. Jahrhundertes noch völliges Dunkel; einige Forscher hielten die Aschenbestandteile für Verbrennungsprodukte des Organismus, z. B. Dundonald (1795), andere für Erzeugnisse des Lebensprozesses aus fremden Elementen, namentlich aus Wasser, — eine Ansicht, deren Zulässigkeit noch 1793 Humboldt[3] und noch 1802 Saussure anerkannten —, wieder andere erklärten sie für zufällige Beimengungen, — eine Theorie, die noch 1841 Hlubek und Thaer vertraten.[4] Die richtigen Lehren, die zuerst wieder Saussure (1804), später Davy (1814) und Sprengel (1837, 1839) vorbrachten, ermangelten der bestimmten und überzeugenden Begründung; auch fehlte diesen Forschern der genügende Überblick über die gesamten Folgen und namentlich über die praktische Tragweite der geäußerten Ideen, und so blieb es Liebig (1840) vorbehalten, in dieser Richtung als

[1] „Chemiker-Zeitung" 1894, S. 443. [2] „Chemische Versuche über die alkalischen Salze" (Berlin 1774). [3] „Versuche über die gereizte Muskel- und Nervenfaser", Berlin 1793; Bd. I, S. 126. [4] Siehe Näheres in A. Mayer's „Lehrbuch der Agrikultur-Chemie", Heidelberg 1886, Bd. 1, S. 231.

der große Reformator der Landwirtschaft aufzutreten, während Wiegmann und Polstorff (1842) die schon 1800 von der Berliner Akademie aufgestellte und 1841 von der Göttinger Akademie wieder aufgenommene Preisfrage über Ursprung und Bedeutung der mineralischen Bestandteile der Pflanzen einer endgültigen wissenschaftlichen Lösung zuführten.

In der gründlichen historischen Darstellung bei A. Mayer, sowie auch in mehreren anderen mir bekannten Handbüchern, wird aber der erstaunlich geläuterten Vorstellungen eines Forschers nicht gedacht, auf die ich mir gestatten möchte, die Aufmerksamkeit zu lenken, nämlich der „Erklärung über die Pflanzenstoffe", die Berthollet in seinem klassischen „Essai de statique chimique" (Paris 1803) im Anhange zum zweiten Bande gibt. Da in diesem Werke niemand so leicht derlei Bemerkungen suchen wird, so scheint es leicht erklärlich, daß die daselbst niedergelegten Ansichten zumeist in Vergessenheit gerieten.

Berthollet bespricht zunächst die Beobachtungen über die in den Pflanzen enthaltenen Erden von Saussure, Senebier, und Bergman, zieht aber aus ihnen ganz andere Schlüsse, als diese Forscher selbst. Er erklärt es für gewiß, daß die Bitter-, Alaun- und Kieselerde keine Erzeugnisse einer pflanzlichen Lebenskraft seien, sondern dem Erdboden entstammten, und aus diesem von den Gewächsen aufgenommen würden; auch die Kalkerde sei ein Fremdling in der Pflanze, desgleichen das Eisen und Mangan, das man zuweilen beim Veraschen vorfinde.

Einmal in die Pflanze eingeführt, mögen sich die Erden in ihr verteilen und an den organischen Funktionen Anteil nehmen. Erden, die hierbei nur geringe Affinitäten entfalten, werden leicht wieder ausgeschieden, z. B. die Kieselsäure in kristallinischer Form als sogenannter Tabaschir, sowie als Bestandteil der harten Außenrinde von Gräsern und Binsen.

Auch Salze mineralischer Säuren gehen schon als solche in die Pflanze ein; so z. B. enthalten gewisse Strandpflanzen viel Soda, wenn sie nahe am Meeresufer gedeihen, wenig Soda, wenn sie weit von der Küste entfernt wachsen, dagegen Kochsalz statt der Soda, sobald sie unmittelbar vom Salzwasser bespült werden. Man hat also anzunehmen, daß der Natrongehalt der Pflanzen dem Chlornatrium entstamme, dessen Zerlegung hierbei unter ganz den nämlichen Bedingungen erfolgt, die seine Zersetzung überhaupt ermöglichen. Ebenso ist, so lange nicht bestimmte Nachweise anderes lehren, die Ansicht festzuhalten, daß auch das Kali nicht erst durch eine Lebenskraft der Pflanze erzeugt werde; gegen die Richtigkeit dieser letzteren Annahme spricht es schon, daß alle pflanzlichen Vorgänge sichtlich durch ganz allmählich sich vollziehende Umsetzungen bedingt sind, und daß sie von Kräften bewirkt werden, die sich annähernd das Gleichgewicht halten und schon z. B. durch kleine Temperaturveränderungen Verschiebung erleiden, also nimmermehr zu Endprodukten zu führen vermögen, die man sich nur als von den stärksten Energien hervorgebracht vorstellen könnte.

Die sogenannte Lebenskraft, deren Begriff Berzelius noch in der fünften Auflage seiner „Organischen Chemie" mit dogmatischer Schärfe festhält,[1] verwirft Berthollet überhaupt. Bildung und Veränderung der Pflanzenstoffe, lehrt er, setzen weder andere Ursachen, noch andere Umsetzungsweisen voraus, als jene, die bei allen chemischen Erscheinungen ins Spiel kommen. Man darf daher fest davon überzeugt sein, daß sich die Pflanzenstoffe, z. B. Oxalsäure, Äpfelsäure, Essigsäure, Sauerkleesalz und dergl. mehr, künstlich werden darstellen lassen, und zwar so, daß sie mit den in der Natur vorkommenden völlig identisch sind. Hierzu wird man keiner Wunder bedürfen, sondern es werden im Laboratorium in geeigneter Weise ganz die nämlichen ewigen Kräfte zusammenwirken, deren sich die Natur zu gleichen Zwecke bedient; diesen schiebt man freilich meistens eingebildete Ursachen unter, denen ein

[1] Ausgabe von 1847; Bd. 4, S. 1.

desto größerer Reiz innezuwohnen scheint, je dunkler der Nebel ist, der ihnen als Hülle dient.

Selbst für die Erklärung der Vorgänge innerhalb des tierischen Körpers ist nach Berthollet die Annahme einer Lebenskraft nicht erforderlich. Die chemischen Prozesse verlaufen zwar im tierischen Körper intensiver als im pflanzlichen, und vermögen gewiß im ersteren Verbindungen hervorzubringen, deren Entstehung eine weit schwierigere und verwickeltere ist; daß aber z. B., wie Vauquelin glaubt, die Hühner Kalk und Phosphor zu bilden imstande sind, da ihre Exkremente mehr davon enthalten sollen, als ihr Futter, oder daß, nach Chantrans, gewisse niedrige Tiere, auch in reinem Wasser wachsend, ihren Kalkgehalt vermehren, ist wenig wahrscheinlich, und vielfältige Wiederholungen und Abänderungen der Versuche dieser Forscher wären deshalb dringend zu fordern, bevor man solche Behauptungen als tatsächlich richtig anerkennen dürfte.

27

ZUR GESCHICHTE DER KONSERVEN UND DES FLEISCHEXTRAKTES[1]

Die Zubereitung der Konserven in der heute üblichen Weise pflegt man allgemein auf die Erfindung Appert's (1804) zurückzuführen, die des Fleischextraktes sogar erst auf jene Liebig's; Bestrebungen zur Herstellung solcher Präparate haben sich aber offenbar schon in weit früherer Zeit geltend gemacht, wie dies namentlich eine Stelle beweist, die Jähns in seiner „Geschichte der Kriegswissenschaften" mitteilt,[2] und die einem in der Kgl. Bibliothek zu Hannover aufbewahrten Manuskripte militärischen Inhaltes entstammt, dessen Verfasser niemand geringerer als der große Mathematiker, Philosoph und Universalgelehrte Leibniz ist. Die fragliche Handschrift führt den Titel „Utrechter Denkschriften", und Leibniz hat sie 1714, also ziemlich gegen Ende seiner langen Lebenszeit (1646 bis 1716), abgeschlossen; in einem ihrer Abschnitte erörtert er die Mittel, die Truppen während langer Märsche oder sonstiger großer Anstrengungen dauernd bei ausreichenden Kräften zu erhalten, und empfiehlt zu diesem Zwecke, für rationelle Verpflegung besser vorzusorgen als dies bisher üblich gewesen sei, und sich hierzu namentlich der „Kraft-Compositiones", d. i. der Konserven, vor allem aber „des Extraktes aus Fleisch" zu bedienen, „dessen Komposition mir bekannt ist."

[1] „Chemiker-Zeitung" 1899, S. 449. [2] München 1889 S. 1278.

Leibniz sagt nicht, daß er die betreffenden Zubereitungsarten selbst erfunden habe, sondern nur, daß er sie kenne, und es ist daher zu vermuten, daß sie ihm von anderer Seite her mitgeteilt wurden. In erster Linie kommt hierbei wohl sein berühmter Zeitgenosse Papin (1647 bis 1712) in Betracht, der Erfinder des Papin'schen Topfes und des für diesen Topf erdachten Sicherheitsventiles, das noch heute an allen Gefäßen und Kesseln angebracht wird, deren Inhalt unter höherem als atmosphärischem Drucke steht; aus Papin's Schriften geht hervor, daß er seinen Topf zur Bereitung von Konserven „durch Auskochen und nachherigen luftdichten Verschluß" anwandte, daß er auch aus Fleisch und sogar (natürlich fruchtlos!) aus Knochen die Quintessenz auszuziehen suchte, und überdies auch noch mit der Nützlichkeit des Schwefelns zur Haltbarmachung der Konserven wohlbekannt war, sich also einer Kombination von Mitteln bediente, die selbst 1856 noch Gegenstand eines Patentgesuches[1] von Robert bildete! Da nun Papin in fortdauernder eifriger Korrespondenz mit Leibniz stand, der sich für alle Fortschritte auf jedem, für ihn scheinbar noch so weit abliegenden Gebiete menschlichen Wissens außerordentlich interessierte, so ist es sehr wahrscheinlich, daß dieser das Rezept zu jenen „Kraft-Compositiones", mindestens aber den Anreiz, einem solchen nachzuspüren, von Papin empfing. Wie Gerland[2] aus dem von ihm herausgegebenen „Briefwechsel von Leibniz und Hugyens mit Papin"[3] nachwies, teilte tatsächlich Papin um 1680 an Leibniz mit, daß er zur Haltbarmachung von Konserven neue Mittel gefunden habe, u. a. die Behandlung mit schwefliger Säure und das Einschließen in luftleer gepumpte Glasgefäße, deren Deckel mittelst Terpentinkitt oder Sirup gedichtet werde, und ferner, daß er durch Bereitung eines Gelées (das er für höchst nahrhaft hielt) die

[1] „Dingler's Polytechn. Journal" 1875, Bd. 143, S. 377.
[2] „Chemiker-Zeitung" 1899, S. 564.
[3] Berlin 1881.

geistigen und flüchtigen Bestandteile des Fleisches, die man beim üblichen Einsalzen verliere, festzuhalten vermöge.

Zur Präservierung frischen Fleisches für kürzere Zeitdauer empfiehlt Leibniz, es in „geflossenen (d. i. geschmolzenen) Zucker einzutauchen", da der Zucker einerseits die Fäulnis hindere, andererseits aber selbst ein treffliches Nähr- und Kräftigungsmittel bilde, wie es denn kein besseres und rascher wirkendes Präparat zur Stärkung Erschöpfter und Übermüdeter gebe, namentlich zur Anregung der Herztätigkeit („Cordial"), als gezuckerten Wein, oder Zuckerwasser mit Saft von Zitronen angemacht, „die aus Spanien jetzt wohlfeil zu beziehen sind." — Bekanntlich gelangten die nämlichen Vorzüge des Zuckers in jüngster Zeit, und gerade wieder mit Rücksicht auf militärische Zwecke, zu erneuter Anerkennung; indessen reicht die Kenntnis von diesen Eigenschaften weit hinter Leibniz' Periode zurück, denn schon der arabische Arzt Râzi (850 bis 923) spricht vom Zucker als einem „leicht verdaulichen und assimilierbaren, die Verdauung anderer Nährstoffe erleichternden, vorzüglichen Kraft- und Nahrungsmittel von herzstärkender Wirkung", und entgegen zahlreichen, nie ganz versiegenden Angriffen erhielt sich diese gute Meinung über die Tugenden des Zuckers von Jahrhundert zu Jahrhundert, und läßt sich, von den Vätern der arabischen Medizin beginnend, über Bartholomäus Anglicus (um 1250) Saladin d'Asculo (um 1450), Baptista Porta (1540 bis 1615), Tabernaemontanus (1588), Angelus Sala (1650), Hoffmann (1701), Zahlheimb (1772), Boerhave (1774), u. A., bis auf Hufeland herab verfolgen; erst seit dem Anfange des 19. Jahrhundertes geriet sie allmählich in Vergessenheit.

Zehnte Abteilung

28

LIONARDO DA VINCI ALS GELEHRTER UND TECHNIKER[1]

Nicht jenem Lionardo da Vinci, dessen Ruhmesstern, dem Raphaels und Michel Angelos gesellt, leuchtend vom Morgenhimmel klassischer italischer Kunst herniederstrahlt —, nicht dem Künstler Lionardo da Vinci soll unsere heutige Besprechung gelten, sondern dem Gelehrten und Techniker. Die malerischen und bildhauerischen Meisterwerke Lionardos preist die Welt, und hat ihren Ruhm mit dem Ehrenplatze inmitten jenes glänzenden Dreigestirnes gelohnt; Lionardo der Naturforscher aber, dessen Geist, dem seiner Zeit in staunenswerter Weise vorauseilend, die schwierigsten Fragen der Wissenschaft zu lösen, zugleich aber auch die gefundenen oder erahnten Lösungen praktisch zu verwerten unternahm, ist selbst der großen Mehrzahl naturwissenschaftlich Gebildeter immer noch eine kaum oder nur vom Hörensagen her bekannte Größe. Es rechtfertigt sich deshalb der Versuch, auch seine Leistungen auf diesen Gebieten dem allgemeinen Verständnisse näher zu führen, insoweit mindestens, als das zurzeit vorliegende, bei weitem nicht vollständige Material dies ermöglicht.

Mit den Lebensumständen Lionardos sind wohl alle der Kunstgeschichte Beflissenen ausreichend vertraut, und es wird daher genügen, an dieser Stelle nur einige Hauptdaten zu er-

[1] Vortrag, gehalten im „Naturwissenschaftlichen Verein" zu Halle a. S.; (s. „Zeitschrift für Naturwissenschaften" 1899; Bd. 72, S. 291.

wähnen. — Lionardo wurde 1452 als natürlicher, jedoch sofort oder in zartester Jugend legitimierter Sohn des Ser Piero da Vinci, Notars der Signoria von Florenz, geboren, und verbrachte seine Kindheit im väterlichen Hause, teils auf Schloß Vinci, teils in Florenz. Über den Verlauf seiner Studien und die Entwickelung seiner Talente ist so gut wie nichts bekannt, ebensowenig steht es fest, daß er seine Bildung durch große, angeblich bis nach Ägypten und Syrien ausgedehnte Reisen erweitert habe, und mit Sicherheit wissen wir fast allein, daß er eine längere Lehrzeit bei Verocchio durchmachte, dem vorzüglichen Maler, Zeichner, Bildhauer, Goldschmied und Erzgießer, von dem u. a. das charakteristische und in seiner Art klassische Reiterdenkmal des Condottiere Colleoni zu Venedig herrührt. In seinem 30. Jahre, 1482, wurde Lionardo an den Hof Sforzas nach Mailand berufen. Schon damals ragte er, ebenso sehr wie durch körperliche Schönheit, Gewandtheit, Kraft und Geschicklichkeit in den ritterlichen Übungen des Reitens, Fechtens, Tanzens und Schwimmens, auch durch scharfen Verstand hervor, durch schlagfertigen Witz, überraschende Vielseitigkeit der Bildung, und unglaubliche künstlerische und technische Befähigung; er wird als edlen und vornehmen Charakters geschildert, als erfüllt von unstillbarer Wißbegier, und als bescheiden, wenngleich seines Wertes voll bewußt; was er begann, unternahm er mit Energie und von starkem Schaffensdrange getrieben, doch sank ihm oft schon während der Ausführung der Mut, und das Vollendete war meist unvermögend seinen hohen Ansprüchen zu genügen, und stimmte ihn melancholisch und resigniert.

Der Mailänder Aufenthalt, 1483 bis 1499, war in jeder Hinsicht, in künstlerischer, wissenschaftlicher und literarischer, eine der fruchtbarsten Zeiten seines Lebens, und hinterließ in der 1483 gestifteten Akademie eine Spur von besonders segensreicher Wirksamkeit; politische Verwicklungen setzten ihm ein Ende, und nach dem Sturze der Sforzas kehrte Lionardo

1500 in seine, damals auf der Höhe des Kunst- und Gewerbefleißes stehende Vaterstadt zurück. Im Jahre 1502 wählte ihn der Herzog Caesar Borgia zu seinem General-Ingenieur und übertrug ihm die Ausführung und Beaufsichtigung der Festungsbauten in Umbrien und der Romagna; mit Werken des Krieges und Friedens beschäftigt, verlebte er nun fast ein Jahrzehnt in verschiedenen Städten Nord- und Mittelitaliens, bis ihn 1512 der Ruf des Papstes zu einer Übersiedelung nach Rom bestimmte. Die persönlichen und die künstlerischen Verhältnisse daselbst befriedigten jedoch Lionardo so wenig, daß er bereits nach zwei Jahren die ewige Stadt wieder verließ und sich erst nach Florenz, dann nach Mailand begab; 1516 entschloß er sich, ein Anerbieten König Franz I. von Frankreich anzunehmen, und folgte ihm nach Paris. Ohne dort die gehoffte Befriedigung gefunden und die verheißene Reihe großer Werke auch nur begonnen zu haben, verschied Lionardo im 67. Jahre seines Lebens am 2. Mai 1519 zu St. Cloud, und wurde in der Kirche St. Florentin bei Amboise beigesetzt; 1863 ließ Napoleon III. das damals wieder aufgefundene Grab würdig erneuern und mit einem Denksteine versehen, und 1871 setzte auch die Stadt Mailand dem großen Meister, dem sie so vieles zu danken hat, ein kostbares Monument.

Seine sämtlichen Manuskripte hinterließ Lionardo testamentarisch seinem Freunde Melzo, der sie zunächst getreulich bewachte, ja fast geheim hielt. Mit Ausnahme des „Buches von der Malerei“ war bei Lebzeiten des Verfassers so gut wie nichts aus seinen Handschriften veröffentlicht worden, und da Lionardo diese außerordentlich hoch hielt, so erscheint es fast unbegreiflich, daß man nicht alsbald an eine Drucklegung heranging; das Rätselhafte dieser Unterlassung löst sich jedoch, wenn man bedenkt, daß die Manuskripte, in freiester, ursprünglich wohl rein tagebuchartiger Form, über die verschiedensten und entlegensten Gegenstände in abgerissener, oft nur andeutender Weise und ohne jede systematische Ordnung berichten, daß sie wissenschaftliche Probleme aller Art befassen, für die den Freunden und Schülern Lionardos jegliches Verständnis fehlte, ja fehlen mußte, und endlich, daß sie in sogenannter Spiegelschrift, also in verkehrter Lage, und dabei mit sehr feinen und flüchtigen Zügen niedergeschrieben sind, weshalb ihre Entzifferung ganz ungewöhnliche Schwierigkeiten bietet.

Nur so ist es zu erklären, daß Lionardos Schriften ungelesen und unverstanden blieben, so daß schon der bekannte Kunstschriftsteller und Künstlerbiograph Vasari (1511 bis 1574) nur mehr ihr Vorhandensein erwähnt, über ihren Inhalt aber nichts zu berichten weiß. Nach Melzos Tode wurden sie in sträflicher Weise vernachlässigt und zersplittert, gelangten aber schließlich, unter merkwürdigen und wechselvollen Schicksalen, und mindestens in ihren Hauptteilen wieder vereinigt, in die Mailänder ambrosianische Bibliothek, die sie, in vierzehn Folianten angeordnet, als einen ihrer größten Schätze hütete. Der großen Plünderung Italiens durch die Franzosen fielen 1796 auch diese Bände zum Opfer und wurden nach Paris gebracht; die Verpflichtung, sie zurückzugeben, wurde zwar nach dem Zusammenbruche der Napoleonischen Herrschaft ausdrücklich anerkannt, jedoch nur betreff eines einzigen Bandes erfüllt, während die übrigen für „unauffindbar" galten, und erst mehrere Jahre später, als niemand mehr an das gegebene Versprechen zu erinnern wagte, wieder in der Pariser Bibliothek auftauchten, in der sie sich noch gegenwärtig befinden. Der nach Mailand zurückerstattete Foliant ist der berühmte „Codex atlanticus", der über 1750 Figuren und Zeichnungen enthält; einen weiteren, ebenfalls reich illustrierten Band besitzt die Londoner Bibliothek, während zahlreiche andere, mit Niederschriften und Handzeichnungen mannigfaltigen Inhaltes bedeckte einzelne Blätter, — deren der ursprüngliche Nachlaß mindestens viertausend gezählt haben soll —, in die verschiedensten städtischen oder privaten Büchersammlungen Europas gelangten.

Eine gute Frucht trug übrigens der Raub der Lionardoschen Schriften durch die Franzosen: man begann ernstliche Versuche zu ihrer Entzifferung, deren erste, durch Venturi veröffentlichten Ergebnisse bereits das größte Staunen der gesamten Gelehrtenwelt hervorriefen. Seither fehlte es zwar diesem verdienten Manne niemals ganz an Nacheiferern, und Lionardos Aufzeichnungen wurden von Angehörigen verschiedener wissenschaftlicher Disziplinen wiederholt zu Zwecken bestimmter Spezialgebiete durchforscht; vollständige, den höheren Anforderungen der Kritik entsprechende Ausgaben der Pariser und Mailänder Codices sind aber erst in neuester Zeit begonnen, und der großen Schwierigkeiten und Unkosten halber nur langsam gefördert worden. Mit Ausnahme des „Buches von der Malerei“, das 1651 zuerst in italienischer Sprache und seither auch in vielen Übersetzungen gedruckt wurde, liegt daher gegenwärtig noch keines der Werke Lionardos vollständig vor, und die Wahrscheinlichkeit ist deshalb groß, daß wir in vieler Hinsicht immer noch erst Bruchstücke ihres reichen Inhaltes kennen, und von künftigen Jahren noch so manche Vervollständigung und Bereicherung unseres bisherigen Wissens zu gewärtigen haben.

Bevor wir an eine Schilderung der Leistungen Lionardos auf den einzelnen Gebieten der Wissenschaft und Technik herantreten, sei zunächst seiner allgemeinen, durch Klarheit wie Aufgeklärtheit in gleicher Weise hervorragenden Grundanschauungen gedacht.

Mit Entschiedenheit vertritt Lionardo den Standpunkt, daß die Welt, soweit menschliche Kräfte sie überhaupt zu erfassen vermögen, für den Menschen auch verständlich, und durch eine richtig geleitete Anwendung seiner Vernunft erklärlich sei, so daß es nirgends notwendig bleibe, seine Zuflucht zu „Wundern“ oder „Geheimkräften“ (qualitates occultae) zu nehmen. Vorgefaßte Meinungen und allen Autoritätsglauben hat man hierbei freilich abzutun, und nicht aus Büchern zu lernen, deren Verfasser vielleicht selbst kein rechtes Verständnis für die Natur besaßen, sondern aus dieser selbst. Die Wunderwerke der Natur aber werden allein durch die Erfahrung erleuchtet; diese täuscht uns niemals, sondern nur unser Urteilen führt zu Irrtümern, indem wir aus unseren Wahrnehmungen unberechtigte Folgerungen ziehen. Beobachtungen und Versuche sind also die einzig zuverlässigen Grundlagen für wissenschaftliche Forschungen; sie vermitteln der Vernunft, die außerhalb der Sinne steht, die Sinneseindrücke, aus denen jene dann ihre Schlüsse zu ziehen hat, und lehren sie diese Schlüsse prüfen und berichtigen. Daher ist alles Wissen eitel und voll von Irrtümern, das nicht von der sinnlichen Erfahrung, der Mutter aller Gewißheit, zur Welt gebracht wird, und nicht mit wohlüberlegten Versuchen abschließt, von richtig wahrgenommenen und wohlverstandenen Anfängen aus durch richtige Folgerungen stufenweise zum Ziele schreitend. Mit der Erfahrung, dieser Meisterin aller Meister, ist stets zu beginnen; sie führt in jedem Einzelfalle zur Entdeckung der Wahrheit und gestattet, aus der Summe der Wahrheiten vieler Einzelfälle die allgemeine Wahrheit als „Generalregel" abzuleiten. Die Summe dieser Generalregeln wieder ergibt eine „Theorie", die sich zur „Praxis" verhält wie der Feldherr zu seiner Armee. Eine Praxis ohne wissenschaftliche Grundlage gleicht einem Schiffe ohne Steuer und Kompaß: Niemand weiß sicher zu sagen, wohin die Fahrt geht; man studiere also stets zuerst die Theorie einer Wissenschaft und verfolge dann an ihrer Hand die Praxis, die aus ihr hervorgeht. Von Tatsachen und Beobachtungen ist auszugehen, nicht von Worten; alles Wissen, das nur auf Worte hinausläuft, erstirbt, sowie es ins Leben treten soll: beim Disputieren z. B. über die Wesenheit Gottes oder der Seele, wird alsbald, weil Vernunftgründe und klare Einsicht fehlen, Geschrei an deren Stelle treten; das aber ist stets das Zeichen, daß es mit den geistigen Gründen zu Ende geht.

Diese klaren, sein Zeitalter nicht weniger durch vollständige Neuheit als durch unerhörte Kühnheit überraschenden Äußerungen Lionardos mögen genügen, um auf die Richtung seiner Denkweise einen Schluß zu gestatten; daß er solche Wahrheiten nicht nur richtig erkannt, sondern auch durch die eigene Tat praktisch bewährt hat, werden unsere folgenden Betrachtungen ergeben. Jedenfalls ist aber Lionardo, mit weit größerem Rechte wie der ein Jahrhundert spätere Bacon von Verulam, als Schöpfer oder Neubegründer der induktiven Methode anzusehen, und als einer der Ersten, wenn nicht der Erste, der es unternahm, die Gesamtnatur in einheitlicher Weise, und von den allgemeinen Grundgesetzen der Erfahrung ausgehend, systematisch zu erklären.

Den verschiedenen Zweigen der Mathematik wandte Lionardo große Aufmerksamkeit zu, „denn allein wo Mathematik anwendbar ist, herrscht Gewißheit, und nur soweit sie sich anwenden läßt, steht das Wissen unbedingt fest". Die zahlreichen Rechnungen und geometrischen Figuren in Lionardos Manuskripten zeugen für die Gründlichkeit seiner Studien, die sich, wie wir hier zufällig wissen, besonders auch auf die Werke des Archimedes erstreckten. Daß Lionardo die Zeichen + und — in die Arithmetik eingeführt habe, ist unrichtig, daß er sie in Italien zuerst benutzte, fraglich; was die Geometrie betrifft, so beschäftigte er sich vielfach mit den sogenannten Sternpolygonen und mit der Abwickelung krummer Flächen und ihrer Darstellung in der Ebene, ferner bestimmte er die Lage des Schwerpunktes verschiedener Körper (z. B. der Pyramide durch Zerlegung in Teilkörper vermittelst parallel zur Basis geführte Schnitte), und versuchte sich an der Quadratur des Kreises, die er als ein unlösbares Problem erkannte. Großen Reiz boten ihm Aufgaben aus der angewandten Geometrie; so z. B. erfand er einen Proportionalzirkel und ein

Ellipsenrad, und trachtete, die Regeln des sogenannten „goldenen Schnittes“ zu künstlerischen, aber auch zu praktischen Zwecken zu verwerten, u. a. zur Herstellung möglichst wohlgefälliger, deutlicher, leicht leserlicher Zahlen und Buchstaben, für die er, als eifriger Liebhaber der Kalligraphie, ein ganz besonderes Interesse besaß.

Zahlreich und bedeutsam sind Lionardos Leistungen auf fast allen Gebieten der Physik; die Methode der experimentellen Forschung, in Verbindung mit seinen mathematischen Kenntnissen, führte ihn hier fast bei jedem Schritte zu den schönsten Ergebnissen.

In der Optik fesselte ihn schon frühzeitig die Reflexion des Lichtes, die er als einen der Stoßwirkung analogen Vorgang ansah; er entwickelte die Theorie der Spiegelreflexion, fand die Gesetze auf, nach denen die Reflexion seitens krummer und sphärischer Spiegel berechnet werden kann, und konstruierte Bahnen und Schnittpunkte der zurückgeworfenen Strahlen für alle diese Fälle. Mit der Brechung, vielleicht auch mit der Beugung des Lichtes war er vertraut, und gab, auf Grund zutreffender Anschauungen über Gang und Fortpflanzung der Lichtstrahlen, zuerst die richtige Erklärung der Camera obscura (ohne Linse!), eines Apparates, den er allem Anscheine nach selbst oder doch selbständig erfunden hat. Sogleich gelangte er aber auch zum Schlusse, daß der Vorgang beim Sehen dem in der Camera obscura analog sein müsse, und zeigte durch Anfertigung eines künstlichen Auges, daß das Auge in der Tat nach Art einer Camera funktioniere; über die Bedeutung der einzelnen Teile des Auges, namentlich der Linse, besaß er durchaus korrekte Vorstellungen, desgleichen über die Lage der Bilder auf der Netzhaut, und über die, durch die verschiedene Stellung der beiden Augen bedingte Verschiedenheit der beiden Bilder, die er als Ursache des körperlichen Sehens erkannte, d. h. des Sehens unter Hinzufügung der im einzelnen Bilde nicht enthaltenen Tiefendimensionen. Da Lionardo auch das Aufrechtsehen des auf der Netzhaut verkehrt erscheinenden Bildes, sowie das Einfachsehen der in zwei Augen wiedergespiegelten Gegenstände als physiologische Akte erklärte, da er die Dauer der Eindrücke im Auge sowie die Phänomene der Irradiation und der Nachbilder einer näheren Prüfung unterwarf, und endlich auch Versuche über die subjektiven Farben und die Gesetze ihrer Reihenfolge anstellte, so darf er mit vollem Rechte als Begründer der physiologischen Optik bezeichnet werden. – Von den physiologischen Farben ausgehend, gelangte Lionardo zu seiner Farbenlehre und zur Deutung der farbigen Schatten, sowie der Bläue des Himmels; über die „Gesetze des Lichtes und Schattens“ verfaßte er eine eigene Abhandlung, aus der er wohl manches in das „Buch von der Malerei“ herübernahm. Dieses Buch entwickelt u. a. die Regeln der Licht- und Schattengebung, die Theorie der linearen und der Luftperspektive, sowie die Gesetze der Verkürzung, mit unübertrefflicher Klarheit und Anschaulichkeit, und kann in künstlerischer Hinsicht noch heute ebenso als Fundamentalwerk gelten wie zu Zeiten Correggios, der es „seinen besten und zuverlässigsten Lehrer“ nannte; Lionardo selbst erklärte die Lehre von der Perspektive für „die Wurzel der ganzen Malerei“, vermöge derer das Auge, „dieses Fenster der Seele“, erst „zum zweiten Male, aber nun wahrhaft und untrüglich, zu sehen erlerne“.

Besondere Vorliebe besaß Lionardo für die eigentliche reine Mechanik, die er „das Paradies der mathematischen Wissenschaften“ zu nennen pflegte, und deren sämtliche Hauptzweige er, nicht nur von statischen, sondern, – als Erster –, auch von dynamischen Gesichtspunkten aus, neuen und originellen Betrachtungen unterwarf.

Ursache aller Bewegungen ist allein ein Aufwand von Kraft, die selbst unsichtbar und unkörperlich ist, jedoch, in gegebener Stärke auf gegebene Körper einwirkend, ihnen eine sichtbare und meßbare Bewegungsgröße erteilt, d. h. sie mit einer bestimmten Geschwindigkeit nach einer bestimmten Richtung in Bewegung setzt. Der bewegte Körper „wuchtet" in der Richtung seiner Bewegung, er besitzt eine gewisse „Wirkungsfähigkeit" („peso", heute kinetische Energie genannt), so daß er nur durch Aufwand einer neuen Kraft wieder zur Ruhe gebracht werden kann, und zwar der nämlichen, die erforderlich war, um ihn aus dem Zustande der Ruhe in den der Bewegung zu versetzen. Veränderungen der Geschwindigkeit oder der Richtung, durch Widerstände, Stöße, Reibungen u. s. f., sind mit einem entsprechenden Verluste an „Wirkungsfähigkeit" verbunden; wären solche ganz auszuschließen, so würde jeder Körper endlos in Geschwindigkeit und Richtung seiner Bewegung bezw. in völliger Ruhe verharren, „denn jedes Ding trachtet, sich in seinem gegebenen Zustande zu erhalten". Dies ist das Gesetz der Trägheit, für das Lionardo verschiedene Beweise anführt, u. a. die Möglichkeit, aus einer Säule von Brettspielsteinen vermittelst eines raschen Schlages einen einzelnen herauszuwerfen.

Die „Wirkungsfähigkeit" kann benützt werden, um eine gewisse Menge Arbeit zu verrichten; wer dies nicht einsieht, möge überlegen, daß, wenn er z. B. Wasser nach dem Gewichte kaufte, es für ihn nicht einerlei wäre, ob er einen toten Sumpf oder einen Bach mit Gefälle erwürbe, denn nur in letzterem ist das Wasser arbeitsfähig, in ersterem aber nicht. Bei der Messung der Arbeit ist zu berücksichtigen, daß sie bei gleicher Größe aus verschiedenen Faktoren zusammengesetzt sein kann: es wird z. B. die nämliche Arbeit verrichtet, wenn man ein gegebenes Gewicht auf eine bestimmte Höhe, oder wenn man die Hälfte dieses Gewichtes auf die doppelte Höhe erhebt. Ohne Arbeitsaufwand läßt sich aber auch keine Leistung erzielen, und diese einfache Tatsache ergibt ohne weiteres, daß die Konstruktion eines „Perpetuum mobile" unmöglich und unausführbar ist.

Die den Körpern erteilten Bewegungen können gleichförmige oder ungleichförmige sein, je nachdem der durchlaufene Raum der Zeit direkt proportional ist, oder nicht; wirken auf einen Körper gleichzeitig mehrere Kräfte ein, so läßt sich, auch wenn ihre Richtungen nicht aufeinander senkrecht stehen, die Größe und Richtung der schließlichen Bewegung nach dem Gesetze des Parallelogrammes der Kräfte ermitteln und vorausberechnen. Unter den ungleichförmigen Bewegungen ist die wichtigste der freie Fall; Lionardo erkannte ihn zutreffend als eine gleichmäßig beschleunigte Bewegung, vermochte aber den wahren Zusammenhang zwischen Geschwindigkeit und Fallzeit nicht ausfindig zu machen, und glaubte, die Fallgeschwindigkeiten wüchsen in arithmetischem Verhältnisse. Auch irrte er in der Annahme einer Beeinflussung der Schwere durch die Erwärmung der Körper (zu der er durch unrichtige Deutung eines Versuches kam), sowie in der Voraussetzung eines rascheren Fallens der spezifisch schwereren Substanzen; dagegen bemerkte er bei seinen Versuchen, bleierne und hölzerne Kugeln von hohen Türmen herabfallen zu lassen, zuerst die Abweichung der Falllinie der Bleikugeln von der Vertikalen, und erklärte sie mit staunenswertem Scharfsinne in richtiger Weise aus der Achsendrehung der Erde. – Außer dem freien Falle untersuchte Lionardo auch den Fall auf dem Kreisbogen (wobei er feststellte, daß die Fallzeit auf diesem geringer sei als die auf der zugehörigen kürzeren Sehne), sowie den Fall auf der schiefen Ebene.

Für die einfachen Maschinen leitete er die Gleichgewichtsbedingungen ab, und sprach das sogenannte Prinzip der virtuellen Geschwindigkeiten aus, indem er angab, die Größen der im Gleichgewichte befindlichen Kräfte verhielten sich umgekehrt wie diese virtuellen Geschwindigkeiten. Das Hebelprinzip stellte er in seiner allgemeinen Form auf, erfaßte den Begriff der statischen Momente oder Drehungsmomente der Kräfte, und leitete auf Grund derselben die Hebelgesetze auch für den Fall schief angreifender Kräfte ab. Die schiefe Ebene, die Rolle, das Rad an der Welle, u. s. f., betrachtete er als besondere Fälle des Hebels, und zeigte, wie für sie und ihre Kombinationen (z. B. die der Rollen zum Flaschenzuge) die Verhältnisse zwischen Kraft und Last leicht und mit großer Sicherheit berechnet werden können; daß Lionardo bei seinen zahlreichen Bauten die gewaltigsten Lasten in gewünschter Weise zu heben und zu bewegen verstand, und oft auch von Anderen in dieser Hinsicht um Rat und Hilfe angegangen wurde, ist jedenfalls in erster Linie diesen seinen theoretischen Einsichten zuzuschreiben.

Über den Stoß und seine Gesetze besaß Lionardo zutreffende, und zur Erklärung auch einer Anzahl verwickelterer Fälle ausreichende Vorstellungen. Das nämliche gilt für die Reibung; er kannte den Zusammenhang zwischen den Größen der Oberflächen, der Belastungen, und der Reibung, und stellte experimentell auch die Beträge für verschiedene Fälle der Zapfen-, Räder-, Achsen- und Lagerreibung fest.

Die richtige Auffassung des Stoßes führte Lionardo zu der der Wellenbewegung, denn die Welle läßt sich als Folge eines Stoßes betrachten, durch den der betroffene Körper nur gehoben und gesenkt, nicht aber von seinem Platze weiterbefördert wird; Beispiele hierfür sind das vom Winde bewegte Kornfeld, und der auf dem Wasser schwimmende, nur auf- und niedersteigende, aber seinen Ort nicht verlassende Strohhalm. Nicht die Materie als solche schreitet fort, sondern nur die Form der Bewegung, und zwar erfolgt die Fortpflanzung der Wellenberge und -täler nach bestimmten, mathematisch angebbaren Gesetzen, aus denen auch die Erscheinungen vorausberechnet werden können, die beim Zusammentreffen, beim Kreuzen und Schneiden gleich- und ungleich-großer und -rascher Wellenzüge, sowie bei der Reflexion der Wellen eintreten müssen, und auch tatsächlich eintreten. Die Analogie lehrt, auch den Schall als eine Wellenbewegung in der Luft aufzufassen, Versuche über die Geschwindigkeit seines Fortschreitens anzustellen, und die Regeln des Echos aus denen der Reflexion abzuleiten; als Bestätigung für die Wellennatur des Schalles kann das Mittönen gleichgestimmter Saiten und Glocken beim Anschlagen ihres Grundtones dienen, sowie die Entstehung der Staubfiguren auf flachen, durch Töne in regelmäßige Schwingungen versetzten Platten.

Die Mechanik der Flüssigkeiten läßt Gesetze besonderer Art erkennen, die mit deren eigentümlichem physikalischem Zustande zusammenhängen; die Flüssigkeiten sind nämlich von molekularer Beschaffenheit, die ihre geringe Zusammendrückbarkeit und große Beweglichkeit bedingt, für die es ein schönes Beispiel bietet, daß Wasser in einem rotierenden Gefäße allein infolge der Zentrifugalkraft an den Wänden in die Höhe steigt. Lionardo kennt die Gesetze der kommunizierenden Röhren, und die Regel, daß sich die Höhen zweier im Gleichgewichte befindlichen Flüssigkeitssäulen (z. B. Wasser und Quecksilber) umgekehrt wie die spezifischen Gewichte verhalten; auch weiß er, daß der in einem der Schenkel ausgeübte Druck sich gleichmäßig fortpflanzt, und gründet hierauf die Konstruktion einer hydraulischen Presse, deren Zeichnung vorhanden ist. Vertraut ist er ferner mit den Erscheinungen der Kapillarität, mit den Gesetzen des Schwimmens, und mit der Abhängigkeit des Bodendruckes von der Höhe des Flüssigkeitsstandes; endlich bestimmte er die Mengen und Geschwindigkeiten des aus Hebern und Gefäßen unter verschiedenen Druckhöhen ausfließenden Wassers, beobachtete das Entstehen und die Formen der oberhalb der Gefäßöffnungen auftretenden Wirbel, und bemerkte die charakteristischen Gestaltsveränderungen der aus Öffnungen verschiedenartigen Querschnittes austretenden Wasserstrahlen.

Auch die Mechanik der Luft ist, so wie die der Flüssigkeiten, durch deren spezifische Beschaffenheit bedingt: die Luft ist außerordentlich leicht, dünn, und elastisch, besitzt aber doch eine ganz bestimmte Dichte und Schwere. Diese Dichte ist viel kleiner als die des Wassers (woraus sich die Anwendung der Luft zum Füllen der Schwimmgürtel erklärt), muß jedoch offenbar desto größer sein, je näher sich die Luft an der Erdoberfläche befindet, und desto kleiner, je stärker die Luft erwärmt wird, da heiße Luft das Bestreben zeigt, nach oben zu schweben; von dieser Eigenschaft machte Lionardo gelegentlich seiner Flugversuche eine Nutzanwendung, indem er kleine, mit Wachs gedichtete Ballons durch eingeblasene heiße Luft zum Aufsteigen brachte. Die Dichte der Luft erhellt ferner aus ihrer Fähigkeit, Windmühlen in Bewegung zu setzen, aus ihrem Widerstande, der den Flug der Vögel ermöglicht, und aus ihrer großen Tragfähigkeit für ausgedehnte, aber spezifisch leichte Gegenstände, z. B. die von Lionardo erdachten Fallschirme, die es selbst einem Menschen gestatten würden, sich aus großen Höhen ohne jede Gefahr auf die Erde niedersinken zu lassen; das Schweben und Schwimmen in der Luft unterliegt den nämlichen Gesetzen wie das im Wasser, und da sich die Dichte der Luft ändern kann, z. B. wenn sie erwärmt wird, so müssen sich auch die Gewichte aller Körper etwas veränderlich zeigen, wenn sie in ungleich dichter Luft bestimmt werden. Die Elastizität der Luft endlich äußert sich in deren großer Kompressibilität, die z. B. beim Einsinken der Taucherglocken deutlich zu beobachten ist; da aber die Luft ebenso wie zusammengedrückt auch verdünnt werden kann, ohne daß sich aus irgend zureichenden Gründen eine letzte Verdünnungsgrenze annehmen ließe, so erklärt Lionardo, im Gegensatze zu allen seinen Zeitgenossen und fast allen seinen Vorgängern, einen luftleeren Raum für sehr wohl denkbar, und vermutet sogar, daß eben die Existenz eines solchen Vakuums, in Verbindung mit der Schwere und dem Drucke der Luft, das Aufsteigen des Wassers in den Pumpen ermögliche.

Die nämlichen mechanischen Gesetze, die die Bewegungen der irdischen Körper regeln, regieren auch die der himmlischen, und man bedarf keiner besonderen Annahmen zur Erklärung der kosmischen Vorgänge. Die Bewegungen der Planeten, — die sich Lionardo 1489, gelegentlich eines Festspieles bei der Hochzeit des Herzogs Sforza, durch mechanische Vorrichtungen nachzuahmen bemühte — bieten zwar der Deutung viele und große Schwierigkeiten, doch ist dies nicht in „Wundern" begründet, sondern in unserer Unwissenheit und Voreingenommenheit. So z. B. ist es zweifellos, daß die Erde weder im Zentrum der Sonnenbahn liegt, noch im Mittelpunkte der Welt, sondern ein Himmelskörper ist wie alle übrigen, vom Monde oder den Sternen aus gesehen selbst nur als ein gewöhnlicher Stern erschiene, und daher für das Weltganze keine größere Bedeutung hat als irgend ein anderer Planet; wenn man den Sternen das Funkeln und das Zurückwerfen des Sonnenlichtes als charakteristische Eigenschaften zuschreibt, so ist dies völlig unberechtigt, denn das Funkeln kommt den Sternen als solchen überhaupt nicht zu und ist rein physiologisch zu erklären, das Sonnenlicht reflektiert aber auch die Erde, und bewirkt dadurch die schwache Sichtbarkeit des Mondes unmittelbar vor und nach Neumond, die bisher allen Beobachtern rätselhaft blieb. Ebenso ist es gewiß, daß die Erde außer der Bewegung um die Sonne auch eine Drehung um ihre Achse vollzieht, und daß sie von kugelförmiger Gestalt ist. Allerdings widersprechen diese Anschauungen gewissen althergebrachten Lehren, doch darf man sich durch Vorurteile nicht beeinflussen lassen, denn es ist z. B. bekannt, daß der heilige Augustinus die Existenz der Antipoden leugnete, während sie jetzt durch die Entdeckung Amerikas bewiesen ist, woraus sich ergibt, daß in derlei Dingen selbst Kirchenväter und Heilige irren können. — Ob kartographische Skizzen mit den Umrissen der neuen Welt, sowie ein Brief von 1473 an Columbus, tatsächlich von Lionardo herrühren, erscheint mehr als zweifelhaft; Landaufnahmen, Vermessungen, und genau ausgearbeitete topographische Pläne sind aber von seiner Hand in großer Zahl vorhanden.

Was die Chemie anbelangt, so hat sich Lionardo mit den Eigenschaften einer großen Anzahl von Rohstoffen und technischen Produkten praktisch bekannt gemacht, da er gewohnt war, alle seine Farben und Firnisse selbst zu bereiten; wie Vasari erzählt, erregte er hierdurch den Unwillen des Papstes Leo X., „der, statt eines Malers, einen Firnißkocher nach Rom berufen zu haben schien". Daß Lionardo zuweilen seinen selbstgewonnenen Farbstoffen allzu rasch vertraute, soll aber auch ihm selbst manchen Schaden zugefügt, und namentlich den unerwartet schnellen Verfall seines künstlerischen Hauptwerkes, des „Abendmahles" im Refektorium zu Mailand, mitverschuldet haben. — Genau bekannt war er mit der Darstellung und Verwendung des Schießpulvers, sowie mit der Gewinnung seiner Bestandteile und ihrer Reinigung durch Kristallisation und Sublimation. Auf Grund dieser und anderer Kenntnisse erklärte er die Alchemie für eine lügnerische und verderbliche Kunst, die Alchemisten für Schwindler und Betrüger, und die künstliche Darstellung des Goldes für ebenso unmöglich wie die Quadratur des Kreises oder die Erfindung des Perpetuum mobile. Die Energie, mit der er über diese drei Lieblingsprobleme seines Zeitalters und zweier folgender Jahrhunderte den Stab brach, würde allein schon hinreichen, um ewiges Zeugnis für seine Geisteskraft abzulegen!

Höchst bedeutend sind Lionardos Äußerungen über die Luft: sie ist nach ihm kein Element, sondern enthält zwei Bestandteile, da sie zwar (wie schon Heraklit und später Roger Bacon lehrten) durch das Feuer sowie auch durch die Atmung verzehrt wird, aber nicht ganz. Verbrennung und Atmung sind nur in der Luft möglich, und machen diese untauglich, zu weiterer Verbrennung und Atmung zu dienen, und zwar in ganz analoger Weise, so daß, wo keine Flamme mehr brennt, auch kein Tier mehr zu atmen vermag, und umgekehrt; weil aber, wie die Erfahrung lehrt, schlechte und verdorbene Luft durch Pflanzen wieder gereinigt und atembar gemacht wird, so scheint sie diesen noch zur Nahrung dienen zu können. Da bei der Verbrennung ein Teil der Luft verzehrt wird, so müßte ein Vakuum entstehen, falls nicht weitere Luft nachströmte; durch dieses Nachströmen wird aber umgekehrt auch die Intensität der Lichtentwickelung und Verbrennung außerordentlich erhöht. Von solchen Beobachtungen ausgehend konstruierte Lionardo den Lampenzylinder, „der der Flamme reichlichere frische Luft zuführen, und gleichzeitig die unbrauchbar gewordene Luft, diese Exhalation der Flamme, ableiten soll“; diese Erfindung ist also keineswegs ein Produkt des Zufalles, sondern die Frucht wohlbegründeter Überlegungen. — Sehr bemerkenswert ist es, daß Lionardo im Verlaufe derartiger Betrachtungen scharf zwischen der gewöhnlichen und der strahlenden Wärme unterscheidet: letztere ist durch Spiegel reflektierbar wie das Licht, durch Wassertropfen brechbar, ohne sie zu erwärmen, und gelangt überhaupt von einem Punkte zu einem anderen, ohne sich auf dem zurückgelegten Wege durch Temperaturerhöhung fühlbar zu machen.

Die praktischen Anwendungen, die Lionardo von seinen physikalischen, chemischen und mechanischen Kenntnissen machte, sind geradezu unzählbar, und ihre Mannigfaltigkeit muß auch dann immer wieder aufs neue überraschen, wenn man es als zweifellos ansieht, daß er die Maschinen, Apparate, und Vorrichtungen, von denen seine Skizzenbücher meist wohldurchdachte, gründlich durchgearbeitete, und mit Rücksicht auf Formschönheit der Teile entworfene Zeichnungen wiedergeben, nicht alle gänzlich neu ersann, vielmehr seine Ideen häufig nur an schon Vorhandenes knüpfte, und dieses weiter entwickelte. Eine vollständige Aufzählung auch nur des bisher bekannt gewordenen einschlägigen Inhaltes der Manuskripte würde viel zu weit führen, und es mögen daher nur die wichtigsten Gruppen kurze Erwähnung finden. Zu diesen gehören: 1. Hebezeuge, Krane und Winden, Ketten und Kettenglieder (darunter die U-förmigen), Wagenräder, einrädrige Bergwerkskarren, Laderampen, Türen mit schiefen selbstschließenden Angeln und dergl.; 2. Bewegungsmechanismen, u. a. Zahn-, Friktions-, Schrauben- und Kegelräder mit gerader und schräger Verzahnung, Federn, Daumenräder, Kupplungen, Kurbeln und Doppelkurbeln, Universalgelenke (?), Riemscheiben und Riemen, ferner Kurbeln, Zugstangen, Nuten und Stifte zur Erzeugung intermittierender, oder hin- und hergehender Bewegungen; 3. Walzen und Pressen zum Profilieren von Eisenstäben, Hämmer und Federhämmer, Maschinen zum Ziehen und Härten von Metallfedern, zum Feilenhauen, zum Hobeln und Sägen von Holz, Stein und Eisen, zum Schlagen von Metallplatten und zum Prägen von Münzen und Medaillen; 4. Webstühle, Tuchscher-, Walk-, Wasch-, Preßmaschinen und Kalander, den modernen sehr ähnliche Spinnmaschinen und Seilspinnmaschinen (diese alle wohl durch die Industrien Florenzs und Bolognas veranlaßt); 5. Gebläse und Gebläsemaschinen mit Rückschlagventilen, Zugregulatoren für Kamine mit selbsttätigen Klappen, Heißluftmotoren mit horizontalen Schaufelrädern (z. B. zum Drehen der Bratspieße), Apparate zum Erhitzen und Destillieren von Wasser, Schmelzöfen, Flammöfen, und Glasöfen mit vorliegender Feuerung; 6. Landwirtschaftliche Maschinen, als Pflüge, Eggen, Schöpfbrunnen, Quellenbohrer, Bohrmaschinen für Brunnenrohre, Mühlen, und Mahlgänge; 7. Turbinen und Wasserräder (in über 30 Gestaltungen), Schaufelräder mit neuartig geformten Schaufeln, Zuleitungen des in senkrecht stehenden Rohren aufgesammelten Wassers in freier Ausströmung unmittelbar auf die Räder oder in die

Zellen der Turbinen; 8. Hydraulische Pressen, Saug- und Druckpumpen, Feuerspritzen, Kettenpumpen, und eine Art Zentrifugalpumpen; 9. Meßwerkzeuge, u. a. Wagen, Dezimalwagen, Uhrwerke mit Balanciers und Horizontalpendeln, Dynamometer, Wegemesser, Geschwindigkeitsmesser für fließendes Wasser, Logleinen für die Schiffahrt, u. s. f.

Mit großem Eifer suchte Lionardo auch nach zuverlässigen Grundregeln für die Ausführung von Land- und Wasserbauten. So z. B. bestimmte er in eingehendster und erstaunlich genauer Weise die relative und absolute Festigkeit der Balken gegen Zug, Druck, Biegung, und Knickung, ermittelte Vorschriften für die Prüfung der Festigkeit der Gerüste, der Tragfähigkeit von Quer- und Langhölzern in Verbindung unter sich und mit Mauerwerk, sowie der Widerstandsfähigkeit von Mauern und Fundamenten, und entwickelte eine ausführliche Theorie der Wölbungen und Bogen; ebenso untersuchte er die günstigsten Formen und Stärken für Nägel, Bolzen, Keile, Angeln, Holzrammen, und dergl., und gab den zu erwartenden Nutzeffekt, bezw. den aufzuwendenden Kraftbedarf an.

Besondere Vorliebe hegte er aber für den Wasserbau und für die Ausgestaltung seiner theoretischen Unterlagen; reiche mathematische Vorkenntnisse und fortgesetzte Versuchsanstellungen befähigten ihn, feste Regeln für bis dahin rein empirisch behandelte Verhältnisse aufzustellen; er berechnete die richtige und ausreichende Dimensionierung von Dämmen und Kanälen, die Mengen des zu fördernden Wassers, die Einflüsse der Kanalprofile und der Form der Ausflußöffnungen auf Leistung und Geschwindigkeit der Kanäle, die Druckwirkungen des strömenden Wassers auf Sohle und Seitenwände, und deren Inanspruchnahme durch Verengungen, Biegungen, und Wirbel. Diese seine Kenntnisse bewährte er auch praktisch: in den Jahren 1493 bis 1497 leitete er die Regulierung des Tessin und die Kanalisierungen im Veltlin, legte den noch bestehenden, schiffbaren, 200 Miglien langen Martesana-Kanal an, führte das

Wasser der Adda bis Mailand, und erschloß durch sein vorbildliches System der Berieselung, sowie durch die Anwendung der künstlichen Bewässerung und Schlammdüngung zur Umwandlung von Sandböden in Ackerfelder, für ganz Norditalien eine neue, in ihren Nachwirkungen geradezu unerschöpfliche Quelle wirtschaftlichen Wohlstandes. Betreff der Schiffbarmachung des reißenden Arno zwischen Florenz und Pisa (1501), und der Regulierung der Mündung des Arno (1503), blieb es zwar beim bloßen Projekte; dagegen vollendete Lionardo 1506 noch den Kanal und Hafen von San Cristoforo, nebst Sperrschleusen und Staubassin, zu dessen Errichtung er neue Baggermaschinen, und zu dessen Speisung er die Anlage eines Systems artesischer Brunnen erdachte; ferner entwarf er während seines Aufenthaltes in Frankreich den Kanal von Romorentin (1517), der aber erst nach seinem Tode, genau den hinterlassenen Plänen gemäß, ausgeführt wurde. – Durch den Bau dieser Wasserstraßen veranlaßt, beschäftigte sich Lionardo auch mit dem der Flöße und Schiffe; unter seinen hierher gehörigen Zeichnungen bietet eine ganz ungewöhnliches Interesse, weil sie die Fortbewegung einer Barke mittels Dampf zum Gegenstande hat; mit der Spannkraft des Dampfes war nämlich Lionardo wohl vertraut und er schlug u. a. vor, sie zum Heben von Wasser, sowie zum Betriebe einer Art Dampfkanonen zu benützen.

In den Kriegswissenschaften besaß Lionardo, wie sein bekannter Bewerbungsbrief von 1482 an den Herzog von Mailand zeigt, schon in frühen Jahren so außerordentliche Kenntnisse, daß man auch hier in fortgesetzter Verlegenheit bleibt, sich vorzustellen, wie und wann er sie erwerben konnte. Er rühmt sich schon damals, – und wie die Folgezeit bewies mit vollem Rechte –, daß er verstehe: das kunstgemäße Entwerfen und Errichten von Land- und Seebefestigungen; den

Bau von Wassergräben und Brücken, von Kriegsschiffen und Belagerungsmaschinen; die Anlage der (zu jener Zeit ganz neuen) Minen und Gegenminen; die Anfertigung von Handfeuerwaffen, Orgelgeschützen und Mitrailleusen; die Erzeugung glatter oder gezogener Kanonen, Mörser und Bombarden, durch Guß oder durch Aus- und Nachbohren, mögen es Vorder- oder Hinterlader sein; endlich die Anwendung und Herstellung aller Zündstoffe und namentlich des Schießpulvers. In der Tat finden sich unter Lionardos Skizzen ausführliche Entwürfe zu Pulvermühlen, Mischmaschinen mit Kollergang, Trockenöfen, Sublimationsapparaten für Schwefel, u. s. f.; daß er aber auch über die Wirkungsweise des Pulvers richtige Vorstellungen besaß, bezeugen die von ihm zuerst angestellten Versuche, die Bahnen und Geschwindigkeiten der Geschosse, die Tragweiten und ihre Abhängigkeit vom Elevationswinkel, sowie die Effekte bleierner und steinerner (nicht eiserner!) Kugeln zu bestimmen und zu berechnen, — Versuche, die ihm den Anspruch verleihen, als Vater der modernen Ballistik bezeichnet zu werden.

Hinsichtlich der eigentlichen Naturgeschichte (in engerem Sinne) ist gleichfalls von wichtigen Leistungen Lionardos zu berichten.

Während die medizinischen Kenntnisse des Altertumes von den Arabern sorgfältig gesammelt, überliefert, und in vielen Punkten auch wesentlich bereichert worden waren, hinderten die religiösen Vorschriften des Korans, weil sie die Zergliederung des menschlichen Körpers, ja nach Auffassung der Orthodoxen selbst die bildliche Wiedergabe seiner Teile verboten, nicht nur jeglichen Fortschritt in der Anatomie, sondern ließen sogar die wichtigsten Errungenschaften der griechischen Ärzte allmählich in fast völlige Vergessenheit geraten; auf diesem Gebiete herrschte daher noch bei Beginn der Neuzeit eine kaum glaubliche Unwissenheit, die am besten dadurch gekennzeichnet wird, daß das geschätzteste und beliebteste Lehrbuch, das des Mondino (1316 verfaßt), das beinahe zweihundert Jahre lang die alleinige Grundlage des ärztlichen Studiums bildete, keine einzige Abbildung enthielt! Aber auch spätere, gegen Ende des Mittelalters erschienene Werke, brachten es bestenfalls nur zu einigen dürftigen, rein schematischen Figuren, was nicht Wunder nehmen kann, wenn man bedenkt, daß z. B. noch Papst Bonifacius VIII. alle „Leichenzergliederer" mit dem großen Kirchenbanne bedroht haben soll. So blieb es denn Lionardo vorbehalten, auch auf diesem Felde bahnbrechend zu wirken; gemeinsam mit dem hochbegabten, leider früh verstorbenen Marcantonio della Torre, Professor der Medizin zu Padua, begann er 1510 eingehende anatomische Studien zu treiben, die wissenschaftliche und künstlerische Zwecke auf das schönste vermählten. Als Frucht dieser Bemühungen besitzen wir noch 235 Blätter mit 779 Bildern, den ersten, wirklich richtigen und naturgetreuen anatomischen Zeichnungen; sie umfassen Knochen, Muskeln und Bänder, Blutgefäße, Venen und Arterien, Gehirn, Ohr und Auge, Lunge, Leber und Eingeweide u. s. f., die sie, einzeln und in Verbindung miteinander, in mannigfachen Anordnungen und Lagen wiedergeben, sichtlich stets mit größter Sorgsamkeit, und in vielen Fällen (der Deutlichkeit wegen) auch in den natürlichen Farben. Besonders merkwürdig ist aber ein Blatt mit Abbildungen des Herzens, die dessen Klappenapparat, und hauptsächlich die halbmondförmigen Aortenklappen, mit solcher Genauigkeit und Schärfe in ihren verschiedenen Stellungen zeigen, daß hier, nach Ansicht Sachverständiger, unbedingt eine richtige Vorstellung ihrer Funktion, d. h. der Regelung des Blutkreislaufes, zugrunde gelegen haben muß.

Angeregt durch seine Arbeiten an dem herrlichen Reiterdenkmale des Sforza, dessen Modell leider gelegentlich der französischen Invasion von rohen Soldaten mutwillig zerstört wurde, beschäftigte sich Lionardo auch mit der Anatomie des Pferdes, die ihn zur vergleichenden Anatomie und zur Untersuchung der Ähnlichkeit und gegenseitigen Bedingtheit der Knochen, Muskeln, Bänder u. s. f. hinüberleitete. Neben der Statik vernachlässigte er aber auch die Dynamik nicht; am menschlichen Körper untersuchte er die Bewegungen und Gleichgewichtsbedingungen beim Heben, Stemmen, Tragen, Werfen und dergl., die ihn zur Auffassung des Gehens als eines fortgesetzten Fallens veranlaßten, am Vogelkörper das Zustandekommen der Flugbewegungen und die Bedingungen des freien Fluges, als deren wesentlichste er das Gewicht des Vogels erkannte, und die er wieder zur Konstruktion von Flugmaschinen zu verwerten suchte.

Das Pflanzenreich fesselte Lionardo hauptsächlich durch die oft so sichtlich hervortretende Symmetrie von Blättern, Blüten und Zweigen, deren Gestaltungen er durch das Verfahren des Naturselbstdruckes, sowie durch Anfertigung von Holzschnitten behufs unmittelbaren Abdruckes in die „Kräuterbücher“, festzuhalten suchte. Für Form, Anordnung, und Verteilung der Blüten und Blätter stellte er Regeln auf, und zeigte, daß die Stellung der Blätter oft in wichtiger Beziehung zu ganz bestimmten physiologischen Aufgaben steht, z. B. zur Ableitung des Tropfwassers. Als Erster bezeichnete er die Blätter ausdrücklich als Organe der Ernährung, die Licht und Luft suchen, woraus es sich erklärt, daß Bäume an den Waldrändern, und an ihnen wieder die äußersten Zweige, sowie überhaupt ringsum freistehende Gewächse, stets besser und kräftiger gedeihen als die übrigen benachbarten; daß sich Pflanzen „vermöge der Luft“ (und zwar auch „verdorbener“) tatsächlich ernähren können, bewies er durch Versuche, er züchtete z. B. aus einem kleinen Kürbiskeimlinge, den er in einer passenden Wasserschüssel vegetieren ließ, eine ausgewachsene Pflanze, die sechzig Früchte ansetzte. Auf die

Nahrungszufuhr durch die Wurzeln führte er dagegen die wichtigen Einflüsse der Bodenbeschaffenheit, der Bewässerung, und der Düngung zurück; durch Düngung mit Giften, z. B. arseniger Säure und Sublimat, und durch Einspritzen ihrer Lösungen in die Saftbahnen, prüfte er auch den Einfluß dieser Substanzen auf das Pflanzenwachstum, und die Möglichkeit ihrer Überführung in bestimmte Teile der Pflanzen, z. B. in die Früchte.

Die Wasserbauten, die Ausführung der das lombardische Schuttland durchschneidenden Kanäle, sowie die Anlage der Steinbrüche, die das erforderliche Baumaterial zu liefern hatten, lenkten Lionardos Aufmerksamkeit auch auf mineralogische und geologische Fragen. Er untersuchte Gestalt und Struktur verschiedener Gesteine, bemerkte die Symmetrie der natürlichen Kristalle, und erklärte die Versteinerungen von Pflanzen und Tieren für Überbleibsel aus längst vergangenen Zeitperioden, nicht aber für „Naturspiele“, „Erzeugnisse der Sternstrahlen“, oder „mißlungene Schöpfungsübungen Gottes“, als welche sie noch die späteren Scholastiker bezeichneten, wenngleich schon Xenophanes sowie Herodot die richtige Ansicht ausgesprochen hatten! Aus dem Anblicke der, gelegentlich der Kanaldurchstiche, freigelegten Schichten, zog er mit überraschender Einsicht Schlüsse auf ihre Ablagerung, auf die Bildung von Gebirgen und Tälern, auf die Erhebung der Kontinente, und auf die wechselnde Ausbreitung der Ozeane; völlig klar war er auch über die grundlegende Bedeutung der Erosion, zu deren merkwürdigsten Wirkungen er u. a. die Ausgestaltung der südtiroler Dolomitengegenden zählte, deren Kegel und Zinnen man auch im landschaftlichen Hintergrunde des wunderbaren Bildnisses der Mona Lisa wiedererkennen will, das Lionardo vermutlich 1501, während seines Aufenthaltes zu Florenz malte. Den Bildungen der Täler und der Herkunft ihrer Wasserläufe nachforschend, soll er bis in das Herz der, zu jener Zeit fast nie ohne dringendste Not betretenen Hochalpen vorgedrungen sein, die Schönheiten der alpinen Natur gepriesen, und sogar eine Besteigung der Schneegipfel der Monte Rosa-Gruppe, — allerdings erfolglos —, versucht haben.

Die Abhängigkeit des Wasserstandes in Kanälen und Flüssen von den Niederschlagsmengen in den sie speisenden Gebieten veranlaßte Lionardo auch zu meteorologischen Beobachtungen. Als Ursache des Witterungswechsels bezeichnete er einerseits die Verdichtungen und Verdünnungen der Luft, die die Entstehung von Winden zur Folge haben, andererseits die Veränderlichkeit des Wassergehaltes der Luft; zur Bestimmung des letzteren konstruierte er ein Hygrometer, bestehend aus einer kleinen Wage, an deren Armen sich ein Stückchen Wachs und ein Bausch Baumwolle in völlig trockenem Zustande das Gleichgewicht hielten, während bei nassem Wetter die Baumwolle Feuchtigkeit anzog, so daß ihr Hebel herabsank und die Wage einen Ausschlag gab. Auch über kaltem Wasser und bei gewöhnlicher Temperatur bilden sich wässerige Dünste, die sich allmählich zu Wolken verdichten, die aus großen Massen feiner Wassertröpfchen bestehen; ihre Lage ist keineswegs durch den Zufall bestimmt, vielmehr bleiben sie da schweben, wo sich die Kräfte des Auftriebes und der Schwere eben aufheben, so daß sie stets leichter als alles unter, und schwerer als alles über ihnen Befindliche sein müssen. Daß sich Witterung und Winde nach gewissen Gesetzen ändern, und namentlich auch Zusammenhänge zwischen Winden und ozeanischen Strömungen bestehen, ist fraglos; doch reichen die bisherigen Kenntnisse nicht hin, sie festzustellen, wie man denn z. B. nicht einmal weiß, mit welcher Geschwindigkeit sich diese Strömungen bewegen. — Aus dem Bestreben, in dieser Richtung Messungen vorzunehmen, ist vielleicht die (bereits erwähnte)

Erfindung der Logleine hervorgegangen, über deren praktische Anwendung zuerst Toscanelli und Behaim berichten.

So unendlich ist der Umfang von Lionardos Wissen und Können, – das wir immerhin nur seinen Hauptzügen nach betrachtet haben, – so groß und mannigfach die Zahl der Gebiete, über die es sich erstreckt, daß den Epigonen kaum Hoffnung verbleibt, es nur nach allen Seiten voll zu erfassen, geschweige denn zu begreifen, wie das Haupt eines Einzigen es je zu erlangen und in sich zu sammeln vermochte.

Sehen wir Lionardo als Maler, Zeichner, und Bildhauer Meisterwerke ersten Ranges hervorbringen; als Architekten den Bau des Mailänder Domes betreiben, aber auch wieder ein Gartenhaus für Sforzas Gemahlin, vom Bauplane bis zu den Einzelheiten der Badeöfen und Leitungshähne herab, mit eigener Hand entwerfen und vorzeichnen; neuartige Konstruktionen für Theater und Schaubühnen angeben; Triumphbögen und Empfangshallen errichten; mit unerschöpflicher Phantasie Feste und Aufzüge veranstalten, unvergeßlich wie die bei Sforzas Hochzeit und bei der Ankunft König Ludwig XII.; als Gelegenheitsdichter und Improvisator, als Sänger, Lautenschläger, und Violinspieler glänzen; Geist, Witz, und Schlagfertigkeit mit Schönheit, Gewandtheit, und edler Sitte verbinden; lichtvolle Aussprüche über Moral und Religion, Tod und Leiden, Lebenskämpfe und Selbstbeherrschung, Dichtung und Kunst, Politik und Handel, Sprache und Grammatik niederschreiben; alle Höhen und Tiefen der Wissenschaft durchmessen, und das Erschaute und Erdachte in tausend großen und kleinen Fällen tatkräftigen Sinnes nutzbringend verwerten, – so dürfen wir bewundernd bekennen, daß die Menschheit wohl nie eine vollkommenere Vereinigung aller körperlichen und geistigen Vorzüge hervorgebracht, die Natur kaum je einen Menschen so hoch erhoben hat, wie Lionardo da Vinci.

„In ihm, der allein eine Akademie war, schlossen sich, — so sagt der Historiker Florenzs, Capponi, — das künstlerische Schaffen und die Erkenntnis der Natur zur untrennbaren Einheit zusammen, in ihm vereinigten sich die beiden Strömungen, die Italien zur Größe hinantrugen: Kunst und Wissenschaft." Humboldt preist ihn im „Kosmos" als den Ersten aller Naturforscher des 15. Jahrhundertes, den erhabenen Geist, „der mit ausgezeichneten mathematischen Kenntnissen den bewunderungswürdigsten Tiefblick in die Natur verband", und Burckhardt faßt in der „Kultur der Renaissance in Italien" sein Urteil, kurz und erschöpfend wie immer, in die Worte zusammen: „Die ungeheueren Umrisse von Lionardos Wesen wird man ewig nur von ferne ahnen können."

Doch wie niemals hellem Lichte der Schatten fehlt, so mischt sich auch der freudigen Verehrung, mit der wir zu dem Staunenswertesten aller Universalgenien aufblicken, ein Gefühl des Schmerzes bei; was dem Künstler in reichem Maße beschieden war, blieb dem Naturforscher versagt: Nachruhm und Nachwirkung. Im Entwickelungsgange der Menschheit wäre wohl ein volles Jahrhundert erspart worden, hätte die Wissenschaft in jene Richtung, die ihr nun erst Galilei wies, schon an Lionardo knüpfend einlenken können; sein kühner Geist hatte die neuen Ziele bereits erblickt, die neuen Wege bereits betreten, oder wo nicht betreten doch vorgezeichnet, und an entschlossenen Nachfolgern hätte es in jener Epoche blühenden Aufschwunges gewiß nicht lange gefehlt, wären nur die Wegweiser aufrecht geblieben, die der mutige Bahnbrecher vorauseilend errichtete. Aber eine unglückliche Verkettung von Umständen, die ihre Erklärung teils in Lionardos unstetem Leben, teils in den traurigen Schicksalen Italiens nach seinem Tode findet, ließ seine Schriften ungelesen und unverstanden verkommen, die Wahrzeichen, die er gesetzt, hinsinken, und erst nach Menschenaltern neue Geschlechter abermals und unter unsäglichen Anstrengungen den

Pfaden nachspüren, die er längst vorher den Schritten der Forschenden offengelegt hatte; so ist ihm der Ruhm unermeßlichen Einflusses auf den Fortgang der gesamten Kultur, dessen er unter günstigeren Verhältnissen sicher gewesen wäre, verloren gegangen, und statt an dem einen Namen Lionardos zu haften, verteilt er sich auf eine ganze Reihe in jüngeren Zeiten erstandener Geisteshelden.

Daß aber Lionardo die Arbeit, die zum großen Teile nachmals durch die mühevolle und gemeinsame Tätigkeit dieser Männer aufs neue verrichtet werden mußte, schon einmal, selbständig und allein, geleistet hatte, — diese Wahrheit festzustellen, und ihr zu immer allgemeinerer Anerkennung zu verhelfen, bleibt eine Ehrenpflicht der Gerechtigkeit, die zu erfüllen die späte Nachwelt den Manen jenes großen Genius noch schuldet.

29

BACON VON VERULAM[1]

Zu den, vor nicht allzu langen Jahren modern gewesenen „Rettungen", die den Zweck verfolgten, geschichtlich oder literarisch übel beleumundete Individuen vor der Mitwelt zu rechtfertigen, sie als Opfer unglückseliger Verhältnisse hinzustellen, und ihre wirklichen oder vermeintlichen Verdienste ins rechte Licht zu setzen, befinden sich gewisse, der jüngsten Zeit angehörige Bestrebungen in auffälligem Gegensatze; sie zielen dahin ab, den Ruf hervorragender Persönlichkeiten als erschlichen nachzuweisen, ihnen ihre Leistungen abzusprechen, und den Kranz des Ruhmes zu zerpflücken, mit dem die Mit- oder Nachwelt edle Häupter gekrönt hat. Daß Absonderlichkeiten der einen wie der anderen Art Verbreitung und Anhang finden, wird niemanden überraschen, der es gelernt hat, die Schwächen der Menschheit und die Größe der von allem Paradoxen ausgehenden Macht historisch zu erkennen und zu würdigen; Ideen solcher Gattung erfreuen sich, wie man wohl sagen könnte, einer komprimierten Unsterblichkeit, die sich nicht auf die Zeit, sondern auf den Raum erstreckt: sie tauchen auf, fassen Boden, werden urplötzlich aller Orten verbreitet und besprochen, beschäftigen zahlreiche Geister, verschwinden nach kürzerer oder längerer Frist ebenso rasch wie

[1] Vortrag, gehalten in der Sitzung des „Naturwissenschaftlichen Vereins" für Sachsen und Thüringen zu Halle a. S. am 9. Dez. 1897 (s. „Zeitschrift für Naturwissenschaften" 1897; Bd. 70, S. 257).

sie entstanden sind, und hinterlassen den späteren Betrachtenden nur das Gefühl der Verwunderung, wie denn dergleichen überhaupt möglich gewesen sei.

Als die merkwürdigsten Belege für die zweite Art der genannten Bestrebungen kann man den Kampf gegen Lessing und den gegen Shakespeare anführen. Lessing betreffend sei nur an das, noch in Aller Gedächtnis stehende traurige Ende des Professors Albrecht zu Hamburg erinnert, der die vergebliche Arbeit eines ganzen Lebens daran setzte, um unter Aufwand einer beinahe fabelhaften Belesenheit und Gelehrsamkeit jenen großen Mann als einen literarischen Freibeuter und elenden Plagiator zu entlarven. Was Shakespeare anbelangt, so bemüht sich bekanntlich eine nicht geringe Zahl zum Teil wissenschaftlich wohl gebildeter Autoren seit Jahren mit dem Nachweise, daß er unmöglich der Verfasser der unter seinem Namen bekannten Werke gewesen sein könne, und eine kleine Bibliothek würde bereits von den Büchern amerikanischen, englischen und deutschen Ursprunges erfüllt werden, die sich sämtlich mit der Darlegung und Begründung dieser Behauptung beschäftigen, und zum übereinstimmenden Schlusse gelangen, daß als wahrer Urheber der Dramen Shakespeares dessen großer Zeitgenosse, der englische Lordkanzler Bacon von Verulam, betrachtet werden müsse.

Auf die Einzelheiten dieser sogenannten Shakespeare-Bacon-Theorie einzugehen, liegt nicht im Plane des heutigen Vortrages, um so mehr, als K. Fischer, Engel, Schipper, Brandl, u. A., deren Unhaltbarkeit in mehr als ausreichender, vielleicht nur zuweilen in persönlich allzu scharfer Art, auseinandergesetzt haben. Die Anhänger genannter Theorie vermochten eben bisher weder die positiven, für die Autorschaft Shakespeares zeugenden Tatsachen im geringsten zu widerlegen, noch waren sie imstande, auf Inhalt oder Form der Werke, auf philologische oder stilistische Forschung, auf poetische und künstlerische, historische oder psychologische Wahrscheinlichkeit gegründete, wissenschaftlich stichhaltige, wirklich ernste Beweise für ihre Meinung beizubringen; vielmehr bewegt sich fast alles, womit sie diese zu stützen trachten, auf dem Gebiete unsicheren Aus- und Unterlegens, willkürlicher oft sogar gewaltsamer Interpretation nach vorgefaßtem Sinne, und subjektiver Ausdeutung angeblich vorhandener esoterischer Geheimlehren. Dagegen lassen sie Fragen unbeantwortet, die sich jedem Unparteiischen, als einer Lösung schlechterdings bedürftig, sofort aufdrängen müssen. Welches war z. B. der Grund, der Bacon hätte veranlassen können, die Autorschaft nicht nur der Dramen, sondern auch der lyrischen Poesien und erzählenden Dichtungen, zeitlebens geheim zu halten, ja sie nicht einmal nach seinem Tode verkündigen zu lassen? Wie ist es erklärlich, daß die angeblich von Bacon besorgte erste Folioausgabe der Shakespeareschen Werke von vielen hunderten der gröbsten Fehler wimmelt, ja zu den zahllosen Entstellungen und Auslassungen der alten liederlichen Quart-Editionen (vermutlich stenographischer Raubausgaben) noch neue fügt? Wie ist das Verhältnis Bacons zu jenen Shakespeareschen Stücken zu denken, von denen ältere, wahrscheinlich vor-Shakespearesche Fassungen vorliegen? Hat Bacon, da doch Shakespeare nur im Zusammenhange mit seinen Vorgängern und Zeitgenossen zu erfassen ist, vielleicht auch die Dramen aller Dieser gedichtet? Wie können dem gelehrten Bacon die sachlichen Fehler, Widersprüche und Anachronismen untergelaufen sein, an denen einige Werke Shakespeares so reich sind? ... Über diese und zahlreiche ähnliche Punkte geben die Vertreter der Bacon-Theorie keine, oder keine hinreichende Auskunft, sondern begnügen sich zumeist mit Hinweisen auf versteckte Andeutungen und geheimnisvolle Auslegungen. Auf wie schwachen Füßen diese oft stehen, dafür sei als einziges Beispiel nur angeführt, daß u. a. die Anrufung Melpomenes, als der Muse der Tragödie, in einem Lobgedichte auf Bacon, für dessen Eigenschaft als dramatischen Dichter zeugen soll; mit demselben Rechte könnte man aus der bekannten Ode an Melpomene im vierten Buche des Horaz folgern, daß dieser ein heimlicher Tragödiendichter gewesen sei.

Unter den Argumenten der Verfechter der Bacon-Theorie nimmt jedoch eines eine ganz besonders wichtige, von den verschiedensten Seiten wiederholt und nachdrücklich betonte Stellung ein. Es lautet in kurzem wie folgt: Die Autorschaft der dem Shakespeare zugeschriebenen Werke setzt einen hohen, ja ungewöhnlich hohen Grad von Bildung voraus; da wir nun angeblich nach den Einen garnicht, nach den Anderen nicht genügend, nachzuweisen vermögen, wie Shakespeare zu diesem gelangte und gelangen konnte, so folgt daraus, daß er ihn garnicht besessen hat. Dagegen besaß ihn keiner seiner Zeitgenossen in reicherem Maße als der große Lordkanzler Bacon von Verulam; demnach ist dieser als wahrer Verfasser der sogenannten Shakespeareschen Werke anzusehen, die hervorzubringen auch er allein, als Philosoph, Naturforscher und Naturphilosoph ersten Ranges, die wirkliche Befähigung besaß.

Die geschichtlichen und literarhistorischen Schwächen dieses Hauptargumentes sind bereits von den oben genannten Forschern endgültig klargelegt worden; bezüglich des materiellen Inhaltes scheint es aber an genügender Untersuchung noch zu fehlen. Es erhebt sich nämlich die naheliegende Frage: trifft die, als selbstverständlich eingeführte Voraussetzung überhaupt zu? war Bacon wirklich ein Philosoph, Naturforscher und Naturphilosoph ersten Ranges? — oder fällt zugleich mit der Richtigkeit dieser Annahme auch die der ganzen Schlußfolgerung?

Der Lösung dieser Frage näher zu treten, ist der Zweck unserer heutigen Besprechung; wir werden zu diesem Ende Bacon's Lebenslauf zu überblicken, und seine Leistungen, namentlich auch die in naturwissenschaftlicher Hinsicht, genauer zu prüfen haben als dies bisher in der Regel geschehen ist. Denn über Bacon haben zwar Viele, deren Worten wir oft zu folgen haben werden, ausführlich geschrieben, u. a. Dixon,

K. Fischer, Kirchmann, Liebig, Macaulay, I. de Maistre, Montagu, u. s. f.; doch war bei einigen unter diesen das Urteil durch Haß oder Liebe arg getrübt, und was die Naturforschung betrifft, so fehlte es ihnen fast allen an eigenem zureichenden Verständnisse, während Liebig wieder sich nur auf wenige, zwar sehr charakteristische, aber den gesamten Sachverhalt keineswegs erschöpfende Einzelheiten beschränkte.

Francis Bacon wurde am 22. Januar 1561 geboren, als Sohn des Nicolas Bacon, des Großsiegelbewahrers der Königin Elisabeth, und seiner Gemahlin Anna, einer hochgebildeten Tochter des durch Gelehrsamkeit und Frömmigkeit gleich berühmten Cookschen Hauses; als Kind soll er zart, fast kränklich gewesen sein, dabei von großer Wißbegier und Beobachtungsgabe, so daß seine Frühreife zuweilen die Königin belustigte, die ihn scherzend ihren kleinen Siegelbewahrer nannte; das Echo und die Kunst des Taschenspieles werden unter den Gegenständen aufgeführt, die zuerst die Aufmerksamkeit des Knaben fesselten. Von seinem zwölften Jahre ab studierte er auf dem Trinity-College zu Cambridge, und zwar, wie bezeugt wird, mit großem Fleiße; er verließ es in seinem fünfzehnten Jahre, tief abgestoßen von Form und Inhalt der daselbst noch alleinherrschenden scholastischen Lehrmethode, jedoch schwerlich schon, wie einige behaupten wollen, erfüllt vom Geiste seiner späteren größeren Werke. Sein Vater sandte ihn zunächst im Gefolge des englischen Gesandten, Sir Paulet, nach Frankreich, dessen politische Verhältnisse unter dem schwachen Heinrich III. damals die denkbar traurigsten und zerrissensten waren; Bacon lernte daselbst die französische Literatur näher kennen und empfing namentlich von Montaignes Werken tiefe Eindrücke, ferner beschäftigte er sich mit Statistik und Finanzkunst, mit den Geheimnissen der Diplomatie und ihrer Chiffernschrift, und brachte angeblich auch schon einige politische Gedanken zu Papier, die europäische Lage betreffend.

Der plötzliche Tod seines Vaters rief ihn 1579 nach England zurück, und da ihm nur ein kleines Erbteil zufiel, mußte er sich zu einem Brodberufe entschließen; er wählte die juristische Laufbahn, und wandte zehn Jahre an die üblichen Vorstudien, sowie an die langsame Erreichung einer Stellung als Advokat und Richter. In diese Epoche dürfte auch der grundlegende Plan seines wissenschaftlichen Hauptwerkes fallen, den er 1586 in einer, bis auf wenige Bruchstücke verlorenen Schrift niederlegte, die den stolzen Titel führte: „Die größte Geburt der Zeit“. Seiner ganz ungewöhnlichen Beredsamkeit hatte er vermutlich die frühe Wahl in das Parlament zu verdanken (schon 1584), in dem er bald eine geachtete Stellung einnahm, und Mitglied, ja auch Berichterstatter der Kommissionen für fast alle wichtigeren Fragen wurde. Nur allzu gerne wäre er in den Staatsdienst übergetreten, und versuchte dieses zunächst durch die Königin zu erreichen, der er 1586 sein, von den übertriebensten Schmeicheleien gegen die schon dreiundfünfzigjährige Herrscherin erfülltes „Lob der Wissenschaft“ widmete, — jedoch ohne Erfolg; nicht besser erging es ihm bei seinem Oheime, dem Schatzkanzler Lord Burleigh, der die ihm brieflich, unter Hinweis auf politischen Ehrgeiz und Liebe zur Wissenschaft angetragenen Dienste des Neffen zurückwies (1591), wie die Einen glauben, weil er in ihm einen gefährlichen Konkurrenten seines eigenen Sohnes sah, wie die Anderen behaupten, weil er ihn für einen unklaren Kopf und unsicheren Charakter hielt. Da nun alle diese Pläne mißglückten, und Bacon sich außerdem 1593 durch eine Rede gegen die, wegen der spanisch-schottischen Kriegsgefahr verlangten Geldbewilligungen, die Ungnade der Krone zugezogen hatte, so versuchte er nunmehr andere Mittel. Seit 1588 etwa war Graf Essex, ein Neffe zweiten Grades der Königin, deren erklärter Günstling und Liebling geworden; Bacon machte ungefähr 1591 seine Bekanntschaft, gewann bald seine Neigung und Freundschaft, und vermochte Essex, sich zu wiederholten Malen persönlich für ihn bei Elisabeth zu verwenden. Aber selbst diese Vermittelung fruchtete nicht, Bacon wurde abgewiesen, und um ihn in etwas zu entschädigen, schenkte ihm Essex, „in so edler und feiner Art, daß deren Wert größer war als der des Geschenkes“ (Worte Bacons!), ein Landgut; Bacon verkaufte es übrigens sogleich für 1800 Pfund, da er, infolge einer unglückseligen, weit über seine Verhältnisse hinausgehenden Neigung zum Luxus, fortwährend von einer großen Schuldenlast bedrückt war.

Im Jahre 1597 ließ Bacon seine „Essays über Moral und Politik“ erscheinen, die noch heute zu den klassischen Werken der englischen Literatur gezählt werden, übrigens sichtlich unter dem Einflusse Montaignes standen, dessen Namen jedoch nicht in ihnen genannt ist. Die Essays erregten großes Aufsehen, sie verbreiteten Bacons Ruhm auch im Auslande, und brachten ihm eine Fülle von Lob und Anerkennung, leider jedoch keinen materiellen Gewinn; eines solchen hätte er gar sehr benötigt, denn Verschwendung, Prunksucht und Prachtentfaltung hatten seine Vermögensverhältnisse derartig verschlechtert, daß ihn z. B. 1598 ein Goldschmied sogar auf offener Straße wegen einer Schuld von 300 Pfund festnehmen ließ, und er nur durch Eingreifen seines Vetters Cecil, Sohnes des Lord Burleigh, der Schuldhaft entging. Mehr als je war unter derartigen Umständen sein Streben auf Versöhnung der Herrscherin und auf Erlangung eines einflußreichen, gut besoldeten Staatsamtes gerichtet, — denn die Kronadvokatur, zu der man ihn inzwischen zugelassen hatte, war kein solches.

Um diese Zeit nun hatten sich die Ereignisse zugetragen, die alsbald Sturz und Untergang des allmächtigen Essex herbeiführten: seine mißlungene Expedition nach den azorischen Inseln (1597), seine unglückliche Statthalterschaft in dem empörten Irland (1599), — vor deren Annahme Bacon den Freund gewarnt hatte, weil für Irland keine politische, sondern nur eine soziale Hilfe möglich sei —, endlich seine eigenmächtige Rückkehr nach London. Essex fiel in Ungnade, doch sorgte die Königin unter Vermittelung Bacons dafür, „daß er schonend verurteilt, nicht vernichtet werde"; er jedoch bot ihr Trotz, ließ sich in gefährliche und zweideutige Verhandlungen mit den Führern der katholischen Agitation ein, und schritt in seiner Verblendung zum offenbaren Hochverrate. Der Straßenkampf mißglückte, der Aufruhr wurde niedergeschlagen, und Essex vor Gericht gestellt; da war es denn Bacon, der ihm in der Eigenschaft eines Kronanwaltes als Ankläger gegenübertrat, sachlich wie persönlich mit größter Feindseligkeit verfuhr, keine seine Ehre halbwegs rettende Ausflucht gelten ließ, jeden mildernden Umstand ausschloß, und so am meisten dazu beitrug, daß Essex verurteilt und am 25. Februar 1601 hingerichtet wurde. Mag es nun auch zugegeben werden, daß Bacon die Anklage wider Willen führen, und dem an ihn ergangenen Auftrage im höheren Interesse des Staates Folge leisten mußte, so ist doch so viel sicher, daß er sich keineswegs auf das notwendige beschränkt, sondern in offenbarer Weise gegen Essex Partei ergriffen hat; auch war seine Rolle mit dem Tode des Gegners noch nicht zu Ende, vielmehr wurde er dazu ausersehen, eine „Rechtfertigungsschrift" abzufassen, die das erfolgte Todesurteil als gerecht und unabwendbar begründen sollte, in Ton und Inhalt jedoch derartig ausfiel, daß sie den allgemeinsten Unwillen erregte, und ihre Schärfe und Härte halber als eine „zweite Hinrichtung" bezeichnet wurde. Dem gegenüber berief sich Bacon allerdings darauf, daß er nach Befehl und genauer Anweisung gehandelt, und überhaupt zu der ganzen Sache nur den Namen hergegeben habe: mit Recht nannte man aber diese Entschuldigung schlimmer als gar keine.

Sollte, wie behauptet worden ist, Bacon für sein Verhalten eine Anerkennung seitens der Königin erwartet haben, so täuschte er sich. Durch Essexs Tod, sowie durch mancherlei andere

Ereignisse moralisch und gesundheitlich schwer erschüttert, verbrachte Elisabeth ihre letzten Lebensjahre in Vereinsamung und Verbitterung, und starb 1603, nachdem sie Jacob, den Sohn der Maria Stuart, ausdrücklich zu ihrem Nachfolger bestimmt hatte.

Sobald dieser schwache, weibische, energielose Fürst, der von öder theologischer Gelehrsamkeit erfüllt, und auf diese außerordentlich eitel war, zur Regierung gelangte, suchte sich Bacon auf alle Weise an ihn heranzudrängen. Da Jacob Sympathie, ja Freundschaft für Essex gehegt hatte, schrieb Bacon eine „Apologie“ seines Benehmens während jenes Prozesses, auch überreichte er dem Könige seine Schrift „Über den kirchlichen Frieden und die Stärkung der englischen Kirche“, widmete ihm schmeichlerische Begrüßungen, die ihn als einen Gelehrten und einen Herrscher priesen, den zum Nachfolger zu haben noch für die tote Elisabeth ein Glück sei, und stellte sein Wissen und seine Feder ganz zu seiner Verfügung. Diese Bemühungen blieben nicht fruchtlos, um so mehr, als Bacon auch das Wohlwollen der Günstlinge des Königs zu gewinnen wußte, namentlich Villiers, der damals mit unerhörter Schnelligkeit zur Würde eines Herzogs von Buckingham und eines fast unumschränkten Staatsministers hinanstieg; verschmähte Bacon es doch nicht, diesem Manne eine förmliche Anweisung zur Erlangung und Erhaltung der Günstlingsschaft auszuarbeiten.

Durch Buckinghams Einfluß fiel Bacon 1603 die Ritterwürde zu, und 1604 das längst gesuchte Staatsamt, die Stellung des ersten Kronadvokaten; er vermochte nun auch, in seinem 44. Jahre, sich zu verheiraten, und vermählte sich 1605 mit Alix Barnham, einer Londoner Aldermanstochter, die ihm einige hundert Pfund Jahresrente zubrachte, und hierdurch seine finanzielle Lage in erwünschter Weise verbesserte. Im nämlichen Jahre erschien sein Werk „Über die Fortschritte der göttlichen und menschlichen Wissenschaften“, das nachmals der später zu besprechenden „Großen Erneuerung der Wissenschaften“ als erster Teil einverleibt wurde.

Im Parlamente, bei Hofe, und beim Könige persönlich erfreute sich Bacon um diese Zeit eines großen, immerfort wachsenden und klug benutzten Einflusses; 1607 wurde er Sollicitor general und hiermit Vertreter der Krone in allen wichtigen Rechtsfällen, 1615 Attorney general, 1617 Mitglied des geheimen Rates und Großsiegelbewahrer, 1618 Großkanzler und Baron von Verulam. Als solcher gab er 1620 sein, dem König Jacob gewidmetes Hauptwerk heraus, das „Neue Organon", das jener huldvoll entgegennahm, und darin mit Befriedigung seine eigenen gelehrten Gedanken wiedererkannte, oder doch wiederzuerkennen vermeinte. Bald darauf wurde Bacon (1621) zum Lord St. Albans ernannt, eine Würde, mit der auch eine namhafte Pension verbunden war, und stand so, politisch wie literarisch, auf der Höhe des nach menschlichem Ermessen überhaupt für ihn erreichbaren. Aber kaum im Zenith angekommen, begann sein Stern auch schon zu erbleichen. Die Mißwirtschaft des Königs, namentlich in finanzieller Hinsicht, ließ, nach mehrjähriger Pause, die Wiederberufung des Parlamentes notwendig erscheinen, und auch Bacon selbst befürwortete diesen Schritt; gereizt durch zahlreiche Vorfälle der letzten Vergangenheit, sowie durch die Beschränkung seiner Rechte, trat das Parlament in übler Stimmung zusammen, und verfügte zunächst eine Untersuchung der unzähligen lautgewordenen Klagen über die, bei der Verpachtung von Domänen, Zöllen, Monopolen u. s. f. eingerissenen Mißbräuche. Schon nach kurzer Zeit nahm diese eine unerwartete Wendung, sie richtete sich wider Bacon selbst, der beschuldigt wurde, seinen Einfluß bei Entscheidung von Prozessen und bei der Vergebung von Lizenzen und Patenten, in vielen Fällen für Geldsummen von 100 bis 1000 Pfund verkauft zu haben. Es scheint, daß Bacon sich anfangs zu verteidigen gedachte, indem er zwar die Annahme von Geschenken zugestand, jedoch leugnete, daß sie den Zweck verfolgt und erreicht hätten, ihn zu bestechen; bald aber gab er diese Absicht auf, angeblich, weil der König ihn beschwor, alles schweigend über sich ergehen zu lassen, in welchem Falle er später für volle Wiederherstellung sorgen werde. Es mag richtig sein, daß sowohl der König als auch Buckingham mit Bacons Schuld ihre eigene zu decken suchten, und daß sie einen politischen Tendenzprozeß zu verhüten wünschten, der ihnen angesichts der persönlichen Feindschaft des von Bacon gestürzten Reichsgerichtsvorsitzenden Coke, seines nunmehrigen Anklägers, besonderes Bedenken einflößte; kaum glaublich ist es aber, daß der Hof ihn auch dann hätte fallen lassen, wenn er seine Unschuld klar beweisen konnte. Das vermochte Bacon jedoch nicht, um so mehr, als seine Verschwendungssucht und die ungemessene Höhe seiner Ausgaben allgemein bekannt waren, so daß, seines Verhaltens im Essex-Prozesse eingedenk, gar viele Stimmen ihm vorwarfen, „er habe als käuflicher Advokat begonnen, um als käuflicher Richter zu enden“. Auch die Entschuldigung, daß Bacon nur der allgemeinen Sitte seinerzeit gefolgt sei, kann man nicht gelten lassen; die gelegentliche Annahme von Geschenken war allerdings selbst bei Souverainen üblich, — soll doch Bacon, noch als unbesoldeter Rat, der Königin Elisabeth einst eine sehr genehme Gabe in Gestalt eines gestickten weißseidenen Unterrockes dargebracht haben —, die Bestechlichkeit der Richter und Beamten war aber längst, und nicht zum wenigsten von Bacon selbst, als verwerflich und verderblich gekennzeichnet worden. Ein Ausspruch Bacons: „Es gibt Menschen, die an Weisheit geflügelten Engeln gleichen, an Begierden aber den Schlangen des Erdenstaubes“, muß hier auf ihn selbst angewendet werden; seinem Charakter scheint immer noch die Annahme günstiger, daß er als Opfer derartiger Begierden fiel, als jene, daß er sich nur auf Wunsch des Königs, und entgegen der Wahrheit, für schuldig erklärte. Doch sei dem wie immer, Tatsache bleibt, daß Bacon mündlich und schriftlich die volle Berechtigung der Anklage zugestand; das Urteil lautete auf Verlust der Ämter, des Parlamentssitzes und des Rechtes, bei Hofe zu erscheinen, auf 40000 Pfund Strafgeld, und auf Gefangenschaft im Tower „so lange es dem Könige beliebe". Dieser Spruch fiel schwer und hart aus, vielleicht, weil man wußte, er werde nicht strenge vollzogen werden; in der Tat entließ Jacob schon nach zwei Tagen Bacon aus dem Tower, sicherte ihm bald darauf eine auskömmliche Pension, und gestattete ihm, sich in London aufzuhalten. Jedoch verbrachte er einen großen Teil der folgenden Jahre auf seinem prunkvollen Landsitz zu Gorhambury, teils im Umgange mit einigen jüngeren Freunden, unter denen besonders der später zu so hohem Ruhme gelangte Th. Hobbes zu nennen ist, teils mit wissenschaftlichen Arbeiten beschäftigt; diese betrafen die Umarbeitung und Vollendung der geplanten sechs Teile seines Hauptwerkes, außerdem aber auch zahlreiche Schriften anderer Art, darunter die „Geschichte Heinrich VII.", und die Abhandlung „Über die wahre Größe Englands", die in bezug auf den Einfluß von Bildung, Sitten und Mut des Volkes, von Handelsfreiheit und Herrschaft zur See, von Kriegsdienst und allgemeiner Wehrpflicht u. s. f., zahlreiche vortreffliche Einzelheiten enthält.

Der Untergang von Bacons bürgerlicher Ehre hatte seinen literarischen Ruf nicht geschädigt; im Inlande und Auslande fuhr man fort, ihn als hervorragenden Schriftsteller zu feiern. Doch dieser Ruhm genügte Bacon nicht, es verlangte ihn nach Macht und politischem Einflusse, und unaufhaltsam bestürmte er den König und dessen Günstlinge mit Eingaben und Bittgesuchen, oft der demütigendsten und unwürdigsten Art; schließlich erlangte er 1624 teilweise, und 1625 gänzliche Begnadigung, deren Erfolg ihm aber nicht mehr voll zugute kam, da Jacob im nämlichen Jahre starb, und er selbst zu kränkeln begann. Während des strengen Winters befiel ihn, als er sich einer Beobachtung wegen im Freien aufhielt, ein plötzliches schweres Unwohlsein; er vermochte nicht mehr nach Hause zurückzukehren, sondern suchte Aufnahme in dem benachbarten Schlosse Highgate, und verschied daselbst am 9. April 1626. Sein Tod erregte großes Aufsehen und allgemeine Trauer, die sich in zahlreichen Gedichten und Denkversen aussprach; direkte Nachkommen waren nicht vorhanden, denn seine sehr unglückliche Ehe blieb kinderlos.

Nach Bacons Hinscheiden wurde ein Teil seiner hinterlassenen Schriften von seinem langjährigen Sekretär Rawley herausgegeben, ein anderer gelangte 1653 in Amsterdam zur Veröffentlichung; Gesamtausgaben erschienen in Deutschland schon 1665 in Frankfurt und 1694 in Leipzig, in England kam jedoch die erste nicht vor 1730 zustande, und erst viel später folgten drei weitere, darunter in jüngster Zeit die ausführlichste und umfassendste Speddings, in 14 Bänden. Es ist natürlich im Rahmen eines Vortrages unmöglich, auf den Inhalt von Bacons sämtlichen, die verschiedensten Wissensgebiete berührenden Werken einzugehen, vielmehr werden wir uns, dem angestrebten Ziele entsprechend, wesentlich auf solche naturwissenschaftlichen und philosophischen Inhaltes zu beschränken haben, und unter diesen wieder hauptsächlich jene ins Auge fassen, die Bacon selbst herausgegeben und selbst als besonders wichtig bezeichnet hat; es sind dieses die „Essays“ (3. Aufl. 1625), die der Universität Cambridge gewidmete „Weisheit der Alten“ (1609), das „Neue Organon“, und die Schrift „Über Würde und Vermehrung der Wissenschaften“. Mit Ausnahme der letzten liegen diese sämtlich auch in deutschen Übersetzungen vor, und man kann sagen, daß sie alles enthalten, was zur Beurteilung Bacons in seinem Verhältnisse zur Naturphilosophie erforderlich ist.

Seinem schon wiederholt erwähnten Hauptwerke gab Bacon bekanntlich den Sammelnamen „Die große Erneuerung der Wissenschaften“, und gedachte es in sechs Teilen auszuführen. Der erste trägt den Namen „Über Würde und Vermehrung der

Wissenschaften" und gibt im wesentlichen eine enzyclopädische Darstellung des derzeitigen Standes der Wissenschaften, des schon Erreichten, und des noch Fehlenden. Der zweite, das „Neue Organon", enthält die eigentliche Methodenlehre, und entwickelt die Prinzipien der Forschung; der dritte sollte unter dem Namen „Naturgeschichte" eine Zusammenfassung der tatsächlichen naturhistorischen Kenntnisse im weitesten Sinne des Wortes bieten, der vierte die Anwendung der Lehren des „Organon" auf dieses Material darlegen, der fünfte diese Anwendung vollziehen, der sechste endlich an der Hand der so gewonnenen neuen Wahrheiten die Wissenschaft vollenden und so die neue Philosophie erstehen lassen. Es ist ersichtlich, daß dieser Plan die Leistungsfähigkeit eines Einzelnen weitaus übersteigt, und auch Bacon selbst war sich hierüber völlig klar. In formalem Sinne vollendet ist denn auch allein der erste Teil, in materiellem auch noch der Zweite; dagegen besteht der Dritte nur aus einer ungeordneten Sammlung von Materialien und aus einigen größeren Abhandlungen, während von den drei übrigen nichts weiter als Inhaltsangaben, Entwürfe, und spärliche Bruchstücke vorhanden sind.

Der wichtigste Teil ist entschieden der Zweite, das „Neue Organon", das sich schon durch seinen Namen in offenkundigen Gegensatz zu den unter dem Namen „Organon" zusammengefaßten erkentnistheoretischen Schriften des Aristoteles stellt. Bacon selbst berichtet, er habe zwölf Jahre daran gearbeitet, es zwölfmal umgeschrieben, und es sei das beste und am besten ausgearbeitete aller seiner Werke; auch habe er in naturwissenschaftlicher Hinsicht, wie er das überhaupt zu tun pflege, nur dasjenige aufgenommen, was sich gemäß strenger, fast abergläubisch vorsichtiger Prüfung, nach Augenschein und genauer Untersuchung, als richtig bewiesen habe, — wenngleich auch dieses noch immer nicht vollständig und zuverlässig genug sein möge. Trotz dieser ungewöhnlichen Arbeit, die Bacon an das „Organon" wandte, ist es, wie fast alle seine Schriften, infolge Mangel an Zeit und Ruhe, Bruchstück und Entwurf geblieben, wenigstens äußerlich, denn im Wesen darf es, ungeachtet seiner fragmentarischen Form, als vollendet gelten. Die Darstellung ist eine aphoristische, und läßt die Mängel merklich hervortreten, die auch den meisten übrigen Werken Bacons eigen sind, und sich genügend aus dem vielbewegten Laufe seines äußeren Lebens erklären: es fehlt an gründlichem Studium und Verständnis der Quellen; Auszüge und Berichte, wohl zumeist von den Sekretären verfaßt, werden kritiklos aufgenommen und verwertet; unvermittelt treten oft kaum glaubliche Widersprüche hervor, und zwar nicht nur in Dingen, bezüglich derer Bacon, wie z. B. in seiner Auffassung der Atomistik, zu verschiedenen Zeiten schwankender Ansicht war.

Folgendes ist der Kern der im „Organon" vorgetragenen Lehren Bacons: Die Wissenschaft, insbesondere auch die Naturwissenschaft, hat sich zu scholastischem Wortkram, zu unfruchtbarer Dialektik, zu leerer Spitzfindigkeit aufgelöst, sie hat gänzlich aus dem Auge verloren, was ihre eigentliche Aufgabe ist, nämlich Nutzen zu bringen, d. h. gemeinnützig und praktisch zu sein, Macht und Lebensgenuß der Menschheit zu erhöhen, und so eine soziale Pflicht zu erfüllen. Ihr wahres Ziel muß daher sein: die Herrschaft über die Dinge zu erlangen, durch Entdeckungen und Erfindungen. Bloße Einsichten in die Natur der Dinge, die man auch als wissenschaftliche, lichtbringende Erfindungskunst bezeichnen kann, sind zwar von hoher Bedeutung, aber bloßes Wissen beglückt nicht; zur Verbesserung der Zustände der Menschheit braucht es neue Erfindungen, braucht es die technische, industrielle, gewinnbringende Erfindungskunst. Den Weg zu dieser weist die systematische Beobachtung der Dinge, die Erfahrung, die Induktion, die überhaupt die allein richtige Methode sämtlicher Wissenschaften ist, auch der psychologischen, moralischen, und sozialen. Damit aus ihr Erfindungen hervorgehen, muß sie die Erscheinungen auslegen und deren Gesetze feststellen, hierbei aber unbefangen, frei von vorgefaßten Meinungen und Autoritätslehren verfahren, kurz die Dinge selbst untersuchen, ihre Ursachen (nicht ihre angeblichen Zwecke!) prüfen, und sie durch den kunstgerechten Zwang des Experimentes nötigen, ihre Natur deutlich zu offenbaren. Auf solchem Wege wird es gelingen, die „Formen“ der Dinge, d. h. ihre konstanten Wirkungsweisen, die Eigenart ihrer Grundkräfte zu ermitteln, vorausgesetzt, daß man das Wesentliche und das Zufällige richtig auseinandergehalten, und das Für und Wider (oder, wie Bacon sagt, die positiven und negativen Instanzen) gebührend erwogen und berücksichtigt hat; sind jene Formen aber erst erkannt, so ist auch ihre Anwendung und praktische Verwertung gegeben, und man hat das gewünschte Ziel erreicht. In diesem Sinne ist das weltberühmte baconische Wort gemeint und zu verstehen: „Wissen ist Macht“. — Wie himmelweit verschieden ist diese Anschauung, daß das Wissen Macht über die Dinge verleihe, z. B. von jener Spinozas, nach dessen Lehre das Wissen Freiheit bringt, indem es die Gewalt der Dinge über uns aufhebt, die Herrschaft der Affekte bricht!

Wie schon Zeitgenossen Bacons, u. a. Bodley, der berühmte Stifter der Bodleyanischen Bibliothek, richtig hervorhoben, läßt sich nicht nur der Ausgangspunkt Bacons bestreiten, nämlich die Nichtigkeit der bisherigen Wissenschaft, und die Behauptung, daß diese in erster Linie nicht nach der Wahrheit, sondern nach dem Nutzen zu streben habe, sondern es bleibt auch noch die wichtige Frage offen, wie denn das Wesentliche und Zufällige, das Für und Wider, richtig und gebührend zu unterscheiden sei? In der Tat stehen wie hier vor einem der größten Mängel der baconischen Philosophie: trotzdem nämlich die Unsicherheit der sinnlichen Wahrnehmung und ihrer Ausdeutung Bacon keineswegs entgangen ist, fehlt es bei ihm doch vollständig an jeder Untersuchung des Erkenntnisvermögens. Sammelt man aber, ohne den Leitfaden einer solchen, die empirischen Tatsachen nach rein äußerlichen Kennzeichen, wobei z. B. „jeder am Baume hängende Apfel als eine negative Instanz gegen die allgemeine Schwere erscheinen kann“, vernimmt man nach rein juristischer Weise Zeugen pro und contra, jedoch ohne vorher deren Glaubwürdigkeit geprüft zu haben, dann ist es offenbar, daß unklare und verworrene Begriffe leicht eine ebensolche, daher völlig wertlose Induktion erzeugen, also trotz Richtigkeit der Methode, und trotz Beobachtung der (übrigens schon von Aristoteles hervorgehobenen) negativen Instanzen, den Forscher gänzlich irre führen werden.

Die Richtigkeit dieses Satzes hat sich an Niemandem mehr bestätigt als an Bacon selbst, und dazu, daß dies der Fall war, trugen namentlich noch zwei weitere große Mängel bei, die deshalb gleich an dieser Stelle erwähnt seien. Der erste ist, daß Bacon weder selbst mathematisch gebildet war, noch in den Wert der Mathematik irgendwelche Einsicht besaß, wenngleich er einmal an einer Stelle deren Anwendung auf die Physik flüchtig empfiehlt; diese mächtigste der deduktiven Wissenschaften erklärte er vielmehr, gleich der Logik, für eine nebensächliche Hilfsdisziplin. Der zweite Mangel lag in der Unfähigkeit Bacons, die Verdienste seiner Vorgänger, wie die Errungenschaften seiner Mitwelt, zu erkennen und zu verstehen; dies gilt nicht nur betreff eines Copernikus, Kepler, Galilei, Stevinus u. a. mehr, sondern auch betreff jener Männer, die als seine Zeitgenossen, ja zum Teil in jahrelanger unmittelbarer Berührung mit ihm, in England lebten, z. B. für Harvey (Entdecker des Blutumlaufes, k. Hofarzt), Harriot (Schöpfer der neueren Optik), Lobel (berühmter Botaniker), und Gilbert (Begründer der richtigen Lehren über Magnetismus und Elektrizität). Bacon sieht nicht, daß diese vorgerückten Geister praktisch vollbringen, ja teilweise schon vollbracht haben, was sein „Organon“ als Aufgabe der neuen Zeit hinstellt, und spricht über sie in der wegwerfendsten Weise: Copernikus ist ihm „ein Mann der mathematischen Abstraktionen und Hirngespinste“, „einer jener neuen Karrenmänner, die die Erde herumtreiben wollen“; Kepler gehört zu jenen „die, um nur ihre Rechnungen zu erleichtern, die Sache verdunkeln und den Sinnen Gewalt antun“, „deren Irrtümer aus dem Streben nach falscher Vereinfachung hervorgehen“; Galileis Theorien der Erdbewegung, sowie der Ebbe und Flut (die er überdies falsch darstellt) sind ihm „verrückte und chimärische Hypothesen“, Galileis glänzende Fernrohrentdeckungen (Natur der Sonnenflecken, der Mondoberfläche, der Milchstraße, der Jupitertrabanten . . .) erklärt er „für wenig glaublich, und durch ihre Beschränkung auf so Weniges verdächtig“; Gilbert endlich bezeichnet er als „Empiriker“, seine Experimente als „Fabeln“, seine Theorien als „auffallenden Beleg dafür, wie einer verdorbenen Phantasie wahrscheinlich, ja gewiß erscheinen könne, was doch nur unförmlich, ungeheuerlich, auf wenige dunkle Versuche gegründet, unglaublich, und eitel sei.“

Dieses Verkennen und Verachten der Errungenschaften Anderer erscheint nun keineswegs durch Bacons eigene Naturbetrachtungen gerechtfertigt; ein kurzer Überblick über das, von ihm betreff der verschiedenen Gebiete der Naturforschung Gelehrte, wird uns vielmehr zeigen, daß sein Standpunkt fast stets ein mangelhafter, ja falscher war, obgleich es wiederum nirgends an einzelnen richtigen Anschauungen fehlt, die aber nicht festgehalten, noch weniger kritisch verfolgt, oder konsequent durchgeführt werden.

Was zunächst die **Natur als Ganzes** anbelangt, so zeigt sich Bacon entschieden von einer (freilich nicht durch Induktion zu gewinnenden) Ahnung ihrer Einheit und Harmonie erfüllt, und glaubt, daß eine stufenförmige Reihe, eine „Leiter“, alle Wesen, vom niedrigsten bis zum höchsten verbinde. Die alte Lehre von der Bildung verschiedener Arten durch Kampf und Umwandlung ist jedoch „als eine nichtige Abkürzung der Forschung“ abzuweisen; die Arten sind durch Schöpfung entstanden, indem der Stoff, in mittlerem Zustande zwischen Anfang und Verfall, im voraus dazu fertig, geeignet und geneigt war, die verschiedenen Pflanzen, Tiere und Steine hervorzubringen, sich in sie auszubreiten und zu zerstreuen. Die Existenz von „Naturwundern“ verwirft Bacon, — was ihn jedoch nicht abhält, die Versteinerungen als „Spiele der Natur“ zu deuten; in ihrem „unentrinnbaren, gleichsam aus Magnetstein gewobenen Netze“ hält die Natur alles fest, und die „Wunder“ liegen daher nicht in der Sache, sondern im mangelnden Wissen des Menschen. Um einzusehen, welches das Wesen der Wunder ist, z. B. der Sonne und des Mondes unter den Sternen, des Magnetes unter den Steinen, des Quecksilbers unter den Metallen, des Elephanten unter den Vierfüßlern, das S unter den Buchstaben, muß man die Bedingungen ihrer abweichenden Eigenschaften aufsuchen, denn ganz neue Dinge zu erzeugen, ist sehr schwer, leichter aber läßt sich, durch Abändern der Merkmale schon vorhandener, das Seltene und Ungewöhnliche hervorbringen. Auf letzterem Wege entwickelt die Natur ihre „Mitteldinge“: die Kometen z. B. sind Zwischenformen von Sternen und Meteoren, die Moose von Fäulnis und Pflanze, die Quallen von Fisch und Pflanze, die Seekälber von Fisch und Vierfüßler, die Fledermäuse von Vierfüßler und Vogel, die fliegenden Fische von Fisch und Vogel. Zu beachten bleibt hierbei, daß alles in der Natur einem mächtigen Zuge zu seinesgleichen folgt; mit Rücksicht hierauf wird man z. B. festzustellen haben, wo sich Metalle und Edelsteine bilden, aus welchen Fäulnissen bestimmte Tiere entstehen, wie man Garten- und Waldgewächse pfropfen muß (z. B. die Eichen, um sie schattiger und ertragsfähiger zu machen), wo Blumen und Sträucher wachsen und welchen Dünger sie verlangen, welches Futter die Tiere erfordern, und dergl. mehr. In dieser

Hinsicht ist zu bemerken, daß Bacon, wohl auf mißverstandene Lehren des Paracelsus und Telesius hin, daran festhält, daß die Tiere und Pflanzen die Nährstoffe stets in jene „Säfte“ umwandeln, die sie schon enthalten, und daß die Pflanzen durch innige Vereinigung der öligen und wässerigen Säfte in der Erde entstehen; daher gedeihen z. B. zwei „gleich aussaugende“ Gewächse, wie Wein und Kohl, nicht nebeneinander, wohl aber Getreide und Kornblumen, da diese von den Säften zehren, die jenes von sich stößt.

Wie schon dieses letztere Beispiel zeigt, ist Bacon ein Anhänger der uralten, im 16. Jahrhunderte aber besonders durch Paracelsus neubelebten spiritualistischen Theorie. Für ihn beruht die Wirksamkeit alles Vorhandenen auf Natur, Wesen, und Umgestaltung von „Geistern“ (Spiritus); sämtliche Körper enthalten solche „Geister“, sie umgeben den Geist, der schwerlos ist und sogar ihr Gewicht erleichtert, wie ein Kleid, und wenn jener herausgelassen wird, so schrumpfen ihre kleinsten Teilchen zusammen, und sie werden runzlig, trocken und hart. Jeder leblose Körper besitzt einen leblosen Geist, jeder lebende dazu noch einen Lebensgeist, d. i. einen körperlichen, durch Wärme verdünnten und unsichtbar gemachten, aus Feuer und Luft bestehenden Hauch, der durch ölige und wässerige Stoffe ernährt wird, bei den Tieren als „Tierseele“ im Kopfe wohnt, und von da aus die Nerven entlang läuft; beim Menschen endlich ist noch ein weiterer, göttlicher Geist vorhanden, die Seele.

Der allen Naturkörpern innewohnende Geist ist himmlischen Ursprunges, und befindet sich dann in passendster Bereitschaft zur Vermählung mit den irdischen Stoffen, wenn er anfängt zu gerinnen und gleichsam betäubt zu werden. Die Himmelskörper, denen er entstammt, streben mit aller Kraft darnach, ihn wieder zu sich emporzuziehen, auch trachtet er selbst zu seinesgleichen zurückzukehren, und sucht die irdischen groben Geister aufzusaugen und mit sich zu führen;

oft aber gelingt ihm dies nicht, vielmehr wird er selbst festgehalten und vermag dann nicht wieder aufzuschweben. Ihn dauernd an irdische Stoffe zu fesseln, gibt es zwei Wege: 1. Verdichtung und Absperrung, d. i. Einkerkerung durch rohe Gewalt, wie sie z. B. den Geist in Steinen und Metallen vermöge der Festigkeit der Massen einschließt; 2. Gewährung geeigneter Nahrung, z. B. in den Tieren und Pflanzen: der Geist bleibt dann, obgleich er hier offene Gänge zum Entweichen findet, freiwillig zurück, „um zu schlürfen und zu nippen", ja er zieht sich sogar aus den Gewächsen des Winters in die Erde hinab, um die Wiederkehr des Sommers und das Neuerwachen der Vegetation abzuwarten.

Für das Zerfallen der Körper gelten drei Möglichkeiten: 1. Wird der Zerfall „durch den Zügel des herrschenden Geistes" gehemmt, so besteht der Körper weiter, entweder unverändert, wie z. B. Blut in der Kälte, oder nur vorübergehend verändert, wie z. B. Metalle oder Wachs beim Schmelzen; mehr wie alle anderen Stoffe verabscheuen besonders die festen und harten, wie Stahl oder Glas, ihre Auflösung, weshalb man sie auch nur bis zu einem gewissen Grade zu pulvern vermag. 2. Wird der Zerfall nicht gehemmt, so findet er statt; bei sehr dichten Stoffen begegnet der Geist hierbei großem Widerstande, und stößt deshalb kleine Teilchen des Körpers selbst vor sich her, und zu den spärlichen Poren hinaus, wie man das z. B. beim Rosten des Eisens sieht. 3. Wird der Zerfall nur teilweise gehemmt, so entstehen organische Wesen, wie Würmer, Fliegen, Ameisen und Frösche; dieser Fall tritt z. B. ein beim Liegen des Fleisches, nach starkem Regen, und bei der Fäulnis, doch dürfen keinerlei Störungen vorhanden sein, zu denen beispielsweise frischer Wind, fließendes Wasser, ja schon das Umschaufeln des Getreides auf der Tenne gehören.

Gehen wir nun zu den **Einzelwissenschaften** über, so sei an erster Stelle die Lehre vom Weltgebäude betrachtet, die

Astronomie. Hier vermißt Bacon die systematische Erklärung der Himmelserscheinungen und ihrer Wirkungen, statt derer man den Wahnwitz der Astrologie vorfindet, die verächtliche, allenfalls für Märchen brauchbare Stern- und Traumdeuterei, und den sinnlosesten, in unruhigen Zeiten oft panisch auftretenden Aberglauben. Doch fehlt es auch hier nicht an Widersprüchen: „Eitle Hirngespinste" nennt Bacon den Glauben, „die Himmelskörper hätten einen maßgebenderen Einfluß auf die irdischen Ereignisse, als das in der Tat der Fall ist"; dennoch bezweifelt er nicht, daß den Kometen unstreitig eine bestimmende Macht über das Große und Ganze der Dinge zukomme, nur bleibe noch genauer zu erforschen, welche Art Kometen, je nach Stellung, Sichtbarkeit, Farbe und Glanz, gewissen eintretenden Wirkungen entspreche; desgleichen versichert er, aus den Bewegungen der sieben Planeten gehe die Eintracht und Zwietracht aller Dinge hervor, da namentlich auch die niedrigen Teile der Tier- und Menschheit ordnungslos, unregelmäßig, und von den Himmelskörpern abhängig seien, und in diesem Sinne zieht er den Vergleich: „Fürsten ähneln Himmelskörpern, die gute oder schlechte Zeiten herbeiführen, und denen viele Verehrung zu teil wird, aber keine Ruhe."

Daß Bacon, trotz Copernikus, Kepler und Galilei, und unbeirrt durch Giordano Brunos Aufsehen erregende Londoner Vorlesungen über die galileische Lehre, an dem aristotelisch-ptolemäischen System festhält, ist bereits erwähnt worden. Die Sonne bewegt sich, wie die Erfahrung beweist, um die Erde, und bestrahlt diese mit Licht und Wärme, welche letztere sich erhöht, sobald die Sonne den großen Fixsternen naht. Ob der Mond ein festes oder ein luftig-flammiges Gebilde ist, bleibt zweifelhaft, da auch Wolken das Sonnenlicht zu reflektieren vermögen. Die Planeten haben verschiedene Wärme, je nachdem diese durch die Nähe schöner großer Fixsterne verstärkt wird oder nicht, und sie besitzen, als untergeordnete

Weltkörper, nur eine beschränkte Eigenbewegung in den Geleisen ihrer Sphären; die Unregelmäßigkeiten ihrer Bahnen erklären sich durch die ablenkende Anziehung des äußersten Sternenhimmels und durch Störungen und Erschütterungen der himmlischen Regionen, die aber die Macht der Sonne mäßigen und regeln kann. Innerhalb der Planetenbahnen, im Raume zwischen den unteren Himmeln und der Erde, ist hauptsächlich Verwirrung und Unförmlichkeit, Wechsel und Verderbnis, Zerstörung und Tod anzutreffen. Die Erde selbst steht allein fest auf ihrem eigenen Mittelpunkte, während sich alle anderen Gestirne um ihre gegenseitigen Achsen drehen und einander dienstbar sind; die Behauptungen, daß sich die Erde drehe und bewege, sind unbewiesen und unglaubhaft, auch haben Ebbe und Flut weder zu dieser Drehung, noch zur anziehenden Kraft des Mondes irgendwelche Beziehung, sondern entstehen durch eine Kreisdrehung, die sich an jene der Sterne anschließt. Es erfolgen aber Ebbe und Flut stets nur in der Mitte des Meeres, und diese Bewegung spricht daher ebenso gegen die Drehung der Erde, wie jene der Luft an den Wendekreisen (d. i. der Passatwinde), der niederen Kometen, der Planeten, und des äußersten Sternenhimmels.

Die Orte für Nord und Süd sind am Himmelsgewölbe festgestellt, für Ost und West aber gibt es keine bestimmten Plätze. So verhält es sich auch auf der Erde, woselbst es daher z. B. für Kriege aus Ost und West keine Regeln gibt, wohl aber für solche aus Nord und Süd, denn nie haben Völker aus dem fernen Süden die nördlichen überfallen; offenbar bildet der nördliche Teil der Erde deren kriegerische Region, teils infolge der Gestirne dieser Hemisphäre, teils infolge ihrer großen Ländermassen, teils infolge ihrer abhärtenden und den Mut befeuernden Kälte. Mit dieser Kälte nicht gleichwertig und nicht identisch ist jedoch die der Schneeregionen in den Gebirgen; solche Regionen treten nur in mittleren Höhen auf, denen weder die strahlende Sonne, noch die reflektierende Erde nahe genug ist, und wenn sie sich in manchen von ihnen nicht finden, wie z. B. in jenen der Anden oder Teneriffas, so liegt das daran, daß dort die Luft nicht kalt genug ist, sondern nur scharf, dünn, auflösend, und erstickend.

In der **Physik** geht Bacon ebenfalls von einer Anzahl richtiger Prinzipien aus: Die Physik hat alle Zwecke zu verwerfen, nicht „wozu" zu fragen, sondern „warum", da nichts zufällig geschieht. Aus Nichts wird Nichts, und nichts kann vergehen, da der einmal von Gott erschaffene Stoff nur in immerwährendem Flusse kreist, seiner Menge nach aber unveränderlich und unzerstörbar ist. Alle Wirksamkeit der Natur vollzieht sich durch sinnlich nicht wahrnehmbare kleinste Teilchen, und zwar soll man nicht metaphysische Atome lehren, sondern physische Korpuskeln, da nur solche kleinste körperliche Elemente in Wahrheit existieren; den „Korpuskeln oder Atomen" wohnt eine natürliche Bewegung inne, eine bewegende Urkraft, die aus dem Stoffe alle Dinge schuf und gestaltete Anziehung und Abstoßung verursacht, und auch in die Ferne wirkt. — Diese Grundsätze, die keineswegs induktiver Natur sind, hat Bacon wesentlich der griechischen Philosophie entnommen, und sie seinem Systeme mit einigen charakteristischen und leicht kenntlichen Zutaten einverleibt, so z. B. wenn er die Unzerstörbarkeit der Materie durch „die unüberwindliche Kraft des Widerstandes ihrer einzelnen Teile gegen die Vernichtung" begründet, oder hinzufügt, daß die Kenntnis der einfachsten Elemente des Stoffes und ihrer Eigenschaften wenig Wert habe, weil jene praktisch unerreichbar sind, daher weder Nutzen noch Macht gewähren. Was Bacon dunkel vorschwebte, was er aber deutlich zu erfassen und klar auszusprechen nicht vermochte, war offenbar jene Weltanschauung, die wir heute als „mechanistische Auffassung der Natur" bezeichnen, die jedoch gegenwärtig von der Wissenschaft teilweise wieder eifrig bekämpft wird.

Kraft und Stoff sind nach Bacon nur in Verbindung miteinander bekannt, doch bilden Schwere und Magnetismus Ausnahmen von dieser Regel, denn während Licht, Schall, Wärme u. s. f., ein Medium erfordern, das sie während ihrer Ausbreitung verändern, ist das bei jenen beiden Kräften nicht der Fall, sie sind demnach in der Zeit, die sie zum Übergange von einem Körper zum anderen gebrauchen, an keinen Stoff gebunden. Bemerkenswert ist auch die Tatsache, daß manche Kräfte nicht nur bei unmittelbarer Berührung wirken, sondern auch in die Ferne; Beispiele hierfür bietet der Bernstein, wenn er leichte Körper an sich lockt, die Anziehung zwischen auf dem Wasser schwimmenden Luftblasen, sowie die Anwendung gewisser Laxantien, die zugleich mit den Eingeweiden auch den Kopf erleichtern. Einige Kräfte wirken sogar nur aus der Ferne, z. B. die das Sehen ermöglichenden, von allen sichtbaren Körpern ausgehenden Lichtstrahlen, denen es alte Leute mit schwachen Augen zu verdanken haben, daß sie doch gerade in die Ferne gut sehen können. Häufig vermögen auch die Kräfte kleiner Körper mehr, wie die großer, so z. B. jene der kleinen spitzigen Bohrer und der Diamantsplitter.

Jedem Körper ist von Anfang an ein natürlicher Ort und ein natürlicher Zustand angewiesen, dem er stets wieder zustrebt, und sich dabei gleichzeitig mit Verwandtem zu vereinigen trachtet. Daher sucht alles Schwere stets die Erde, alles Leichte (wie Wolken oder Meteore) den Himmel, und eine Kegelform befördert, aufrecht stehend, als Destillierhelm, das Emporsteigen der Alkoholdämpfe, umgekehrt aufgestellt aber, als Zuckerform, das Abfließen der Sirupe. Jenes Streben nach Vereinigung wieder, in Verbindung mit der allen Körpern innewohnenden Scheu sich zu trennen, bewirkt den „Horror vacui“, die Furcht der Natur vor dem Leeren; deshalb strömt das Wasser beim Rudern und die Luft beim Abschießen einer Windbüchse wieder zusammen, deshalb dringt Wasser in ein Glasei ein, aus dem man die Luft ausgesaugt hat, „weil eben die über ihre Natur ausgedehnte Luft sich zusammenzieht", deshalb endlich vereinigt sich die Hefe des Weines auf dem Boden, und die Sahne der Milch an der Oberfläche der Gefäße, — was keineswegs mit der Schwere zusammenhängt.

In der Regel ruhen die Naturkörper entweder völlig, oder sie drehen sich endlos im Kreise, vorausgesetzt, daß sie sich hieran erfreuen und gut gestellt sind; anderenfalls bewegen sie sich auf kürzestem Wege zu ihresgleichen, um sich mit diesen zusammen weiter zu drehen, oder gemeinsam auszuruhen. Besondere Scheu vor jeder Bewegung haben Körper von großer Dichte und wenig Geist: sie sind nur schwierig (z. B. durch Erwärmen) in eine Bewegung zu versetzen, und trachten, wenn sie doch zu dieser gezwungen wurden, sogleich wieder stille zu stehen. Wie man sieht, hat Bacon keine Ahnung vom Trägheitsgesetze, das doch bis zu gewissem Grade schon dem Aristoteles geläufig war, dessen physikalischen Lehren er sich sonst so vielfach anschließt; es kann daher auch nicht überraschen, wenn er in der Übertragung einer Bewegung „ohne daß sich diese vermindert", wie z. B. zwischen ineinander greifenden Rädern, eine „magische Wirkung" sieht, die ihn an das Weiterfressen von Feuer, an die Ausbreitung der Gärung, und an die ansteckende Gewalt der Giftstoffe erinnert.

Von der Mechanik, wie von allen Teilen der Physik, die rechnerische Betrachtung erfordern, hält Bacon seine Unkenntnis der Mathematik fern. Die bereits von Aristoteles abgehandelten Gesetze des Hebels bezeichnet er kurzweg als noch unbekannt. Der Stoß ist ihm eine gewaltsame Bewegung, die sich durch den ganzen gestoßenen Körper fortpflanzt, ihn vortreibend und drehend, indem seine Elemente das Leiden gleichmäßig unter sich zu verteilen streben; daher durchfliegen Geschosse und Kugeln die Luft, weil sie den Druck hinter sich nicht ertragen können, und ihm zu entgehen suchen.

Feste Körper sollen nach Bacon durch Druck nicht kompressibel sein, flüssige aber weit mehr. Als Beweis hierfür berichtet er über ein von ihm selbst ersonnenes Experiment: eine Hohlkugel aus Blei wurde mit Wasser gefüllt, zugelötet, und hierauf platt geschlagen, wobei Wasser in feinen Tröpfchen durch den Bleimantel trat; es ist leicht ersichtlich, daß dieser Versuch das Gegenteil von Bacons Behauptung beweist, und in der Tat führt man ihn heute aus, um, vermöge der äußerst geringen Kompressibilität des Wassers, die Porosität des Bleies zu beweisen, die Bacon offenbar nicht wahrgenommen, oder doch nicht beachtet hat. Bacon vermutet, daß, wie ein lange Zeit hindurch gebogener Stab schließlich auch beim Loslassen in krummer Lage beharre, so auch Luft oder Wasser nach längerer Kompressionsdauer das ihnen aufgezwungene Volum beibehalten würden, wobei vielleicht Luft in Wasser übergehen könnte. Doch ist bei solchen Versuchen der entgegenwirkende Einfluß der Wärme zu beachten: erwärmt man die im Glaseie verdünnte Luft, so strebt sie nicht mehr nach ihrem früheren Zustande zurück, und kühlt man zusammengepreßtes Wasser ab, so geht es freiwillig in das dichtere(!) Eis über, und bei lang andauerndem Abkühlen in Löchern oder Höhlen auch in Bergkristall. — Da Luft oder Alkoholdampf, der nach Bacon ein hundertmal größeres Volumen erfüllt als der flüssige Alkohol, sich im Raume ebenso stetig ausbreiten soll, wie z. B. Wasser, so bleibt, falls man keinen leeren Raum zuläßt, der Widerspruch zu erklären, daß Luft oder Dampf dennoch „dünner“ sind, d. h. „weniger Stoff in sich enthalten“; Bacon sucht diesem Zwiespalte vermittelst der Annahme zu entgehen, daß die natürliche Biegsamkeit der Stoffe ihnen ein gewisses Ausdehnen und Zusammenziehen ermögliche.

Was die Schwere anbelangt, so mißt Bacon ihrer Betrachtung wenig Wert bei, und verwechselt sie mit dem spezifischen Gewichte, indem er sich über die Schwere des Quecksilbers wundert, das doch weit weniger hart als Diamant sei. Ob sie auf einer Anziehung der Erde beruhe, läßt er an einer Stelle in Frage, während er an einer anderen die Fortdauer der

Schwere ganz natürlich findet, da auch die Erde fortwährend vorhanden sei. Als Probe auf den Zusammenhang zwischen Schwere und Erde empfiehlt er, eine Pendeluhr einmal auf einem hohen Turme und einmal in einem tiefem Schachte zu beobachten, da er voraussetzt, ihr Gang müsse im ersten Falle langsamer, im zweiten rascher sein. Als bestimmt unsinnig bezeichnet er jedoch den Glauben, daß ein fallender Körper im Erdzentrum zur Ruhe kommen würde, denn dieses Zentrum sei ein bloßer mathematischer Punkt, der als solcher nicht physisch wirken könne.

Der Ton braucht zu seiner Übertragung ein Medium, und verbreitet sich in ihm, dem Geruche gleich, durch eine Art stofflicher Strahlung.

Das Licht ist in manchen Substanzen schon als ursprüngliche Eigenschaft vorhanden, so z. B. in der Luft, daher denn Eulen und Fledermäuse auch bei Nacht zu sehen vermögen; die Farben sind in ihm nicht schon enthalten, sondern entstehen erst nachträglich, durch besondere Modifikationen. Aus der Tatsache, daß man den Blitz einer Kanone eher sieht als man den Schuß hört, folgert Bacon, daß auch das Licht Zeit zur Fortpflanzung brauche, und daß man daher den Himmel nicht so sehe wie er jetzt ist, sondern so wie er vordem war. Aber sogleich verwirft er diesen richtigen Schluß wieder, weil die Ausstrahlung des Lichtes der Gestirne auf so große Weiten zu bedeutende Verluste brächte, sein Weg durch die Wolken gestört würde, und die unendliche Geschwindigkeit des rotierenden Himmels auch eine ebensolche des Lichtes verbürge. — Daß Bacon die Wichtigkeit des Fernrohres nicht begriff, ist schon erwähnt worden; auch vom Mikroskope sagt er nur „es wäre dann nützlich, wenn man mit ihm auch große Körper und deren Teile betrachten könnte“, was nicht darauf schließen läßt, daß er dieses Instrument jemals selbst zur Hand nahm; die Unsichtbarkeit sehr rasch bewegter Körper, z. B. Flintenkugeln, erklärt er dadurch, daß das Licht nicht Zeit genug habe, bis zum Auge zu gelangen.

Ob der Magnetismus zu seiner Übertragung eines Mediums bedürfe, darüber äußert sich Bacon an verschiedenen Stellen in ganz widersprechender Weise. Daß der Magnet auf Eisen wirkt „ohne dabei selbst schwächer zu werden", gehört zu den „magischen Erscheinungen"; daß der armierte Magnet kräftiger als der nicht armierte ist, rührt von der Gleichheit der Stoffe her, die sich in Magnet und Armatur gegenseitig verstärken, „so wie ein Holzpfeil tiefer in eine Holzwand eindringt als ein eiserner." Die richtige Erklärung Galileis wird verworfen, die Gilbertsche Theorie vom Erdmagnetismus und dessen Äußerungen (z. B. auf ein in der Richtung des magnetischen Meridianes gehaltenes Eisen) als unwahrscheinlich abgelehnt, obgleich nicht auf eigene Versuche hin.

Was Gilbert über Elektrizität berichtet, ist gleichfalls nur „Fabel". Das Wesen dieser Kraft besteht nämlich darin, daß manche Stoffe, z. B. Spreu, die Luft nicht gut vertragen, und daher andere nahe Körper, z. B. Bernstein, vorziehen. Denn alle Substanzen, die unter feindliche geraten sind, bemühen sich, diesen zu entrinnen: so freut sich auch das Blattgold nicht an der umgebenden Luft, sondern legt sich lieber an feste Körper, so vertragen Papier und Tuch die Luft in ihren Poren nicht, stoßen sie aus, und nehmen lieber Feuchtigkeit auf, so füllen sich Schwämme und Zucker gerne mit Wasser, ja ziehen dieses sogar zu sich empor.

Die Wärme nimmt in Bacons System eine ganz besonders wichtige Stellung ein, da sie im „Organon" als Musterbeispiel dafür dient, wie die Induktion zu handhaben und auszuführen sei, so daß hier nicht nur die Ansichten Bacons offen liegen, sondern auch die genauen Wege, auf denen er zu ihnen gelangte. Seine Untersuchung über das Wesen der Wärme zerfällt in drei Teile: die Aufstellung des Beobachtungsmateriales, wesentlich nach qualitativer Seite; die sogenannte „Tafel der Grade", quantitative Beziehungen betreffend; die Erklärung und Deutung der Beobachtungen.

Der erste Teil führt die „positiven und negativen Instanzen“ an, die im folgenden stets gleich zusammen, in Kürze, und nur auszugsweise wiedergegeben seien. Die Frage lautet stets: in welchem Falle tritt Wärme zutage und in welchem analogen nicht? Warm sind: 1. Die Sonnenstrahlen, direkt und reflektiert; keine Wärme zeigen die Strahlen der Kometen, der Sterne und des Mondes (was jedoch mittelst Drebbels Luftthermometer noch näher zu prüfen wäre), ja der Vollmond bewirkt sogar oft große Kälte. — 2. Die feurigen Lufterscheinungen; Kometen steigern aber die Jahreswärme nicht, sondern bewirken nur Dürre, und die brennende klebrige Masse der Sternschnuppen ist kalt. — 3. Die Blitze; nicht aber das Wetterleuchten. — 4. Die Flammen, auch jene feuerspeiender Berge; doch kommen Vulkane auch in den kalten Ländern vor, und das in deren Klima gedeihende harzige Holz brennt besonders gut. — 5. Glühende feste Stoffe, und erwärmte aller Art; Irrlichter, Elmsfeuer und Leuchtkäfer, sowie die Lichter beim Faulen von Holz und Fischen, beim Meeresleuchten, und beim Zuckerschlagen, sind aber kalt, ferner läßt sich Wasser rascher erwärmen als Metalle oder Steine(!) — 6. Künstlich erwärmte, oder von Natur aus heiße und erhitzende Flüssigkeiten; aus heißen Quellen geschöpftes Wasser kühlt sich hingegen allmählich ebensoweit ab als durch Feuer erhitztes, und leicht brennbare und brennend schmeckende Flüssigkeiten, wie Alkohol, ätherische Öle, und Vitriolöl, sind beim ersten Anfassen doch kühl. — 7. Heiße Luft, Dunst, und Rauch; doch ist die Luft an sich kalt, und nur durch Absperren, Reiben, oder Erhitzen wird sie warm. — 8. Die natürlichen heißen Winde; es gibt aber auch natürliche kalte Stürme. — 9. Die eingeschlossene Luft der Keller im Winter; kalt ist jedoch die derselben Keller im Sommer. — 10. Wolle, Pelze und Federn; es hat aber jeder Körper seine natürliche Wärme, zu der er womöglich stets wieder zurückkehrt, und in diesem Falle ist das die ursprüngliche Wärme der Tiere. — 11. Funken aus Stahl und Kiesel; sie entstehen nur, wenn man genügend große

Stücke des Steines abschlägt, und streben daher mehr nach unten wie nach oben. — 12. Stark geriebene Stoffe; die durch Wind oder Blasebälge bewegte Luft wirkt jedoch kühlend. — 13. Feuchtes Gras und Heu; sie haben eine verborgene Wärme in sich, die erst beim Einschließen bis zur Selbstentzündung vermehrt und angehäuft wird. — 14. Gelöschter Kalk, bei dem es sich ebenso verhält, oder vielleicht die feurigen und wässerigen Geister in Konflikt kommen; Öl wirkt nicht auf Kalk, weil es seine Geister nicht reizen kann. — 15. Eisen oder Zink, beim Lösen in kalter Säure; Gold, Silber, Quecksilber und Kupfer lösen sich aber ohne Erwärmen. — 16. Das Innere der Tiere; Insekten sind jedoch kalt, wegen ihrer Kleinheit, und auch bei warmen Tieren, z. B. Vögeln, ist die Wärme in verschiedenen Körperteilen sehr wechselnd. — 17. Die tierischen Exkremente; selbst in altem Zustande enthalten sie noch eine „mögliche" Wärme, die sich z. B. beim Düngen der Felder zeigt. -- 18. Das Vitriolöl, wenn man es auf Leinen tropft; doch faßt es sich kalt an, und löst nicht alle Metalle. — 19. Die erhitzenden ätherischen Öle, wenn man sie auf die Zunge bringt; doch fassen sich auch diese kalt an. — 20. Der Alkohol, in dem Eiweiß gerinnt, und Brod wie beim Backen eine braune Kruste bildet(!); vermutlich wirkt er aber, wie hier erhärtend, so auch erweichend, z. B. auf Butter, Wachs, Pech und Holz. — 21. Die aromatischen und hitzigen Kräuter, beim Genusse; vielleicht kann man mittelst solcher Speck und Fleisch ebensogut trocknen und räuchern, wie mittelst der Ofenwärme. — 22. Essig, wenn man ihn auf Wunden gießt; wie diese von Natur aus kalte Flüssigkeit wirken aber auch die von Natur heißen ätherischen Öle. — 23. Heftige Kälte, wenn sie Brennen erregt; manche Wirkungen haben demnach Wärme und Kälte gemeinsam, wie sie auch beide die Körper zum Einschrumpfen bringen, und die Nahrungsmittel vor Fäulnis schützen.

Der zweite Teil, „Tafel der Grade" genannt, untersucht nun die quantitativen Wärmeverhältnisse und hebt, als besonders bemerkenswert, folgende hervor: 1. Die Wärme der Sonne und der Planeten wechselt mit ihrer Stellung. — 2. Alle leblosen Körper sind von Natur aus kalt, jedoch in verschiedenem Grade, z. B. Holz und Metall; manche haben eine mögliche Wärme, wie Steinöl, Schwefel und Naphtha, andere enthalten verborgene Wärme, wie die Düngemittel Kreide, Sand und Salz, bei noch anderen, z. B. den Faulenden, kann man die Wärme nicht fühlen, sondern nur riechen. — 3. Alle lebenden Körper sind von Natur aus warm, und zwar wird diese Wärme durch große äußere Kälte, sowie durch Bewegung, Anstrengung, Mahlzeiten, Schmerzen und Krankheiten gesteigert; Menschen von sehr trockener Körperbeschaffenheit werden bei hitzigen Fiebern so heiß, daß man sich bei der Berührung die Hand etwas verbrennt. — 4. Wärme ist leicht auf alle Stoffe übertragbar, ohne sie sonst zu verändern; am leichtesten aufgenommen und abgegeben wird sie von der Luft, schwieriger von Schnee, Eis, Quecksilber und Fett, noch schwieriger von Holz, Wasser, Stein und Metall; dafür halten aber letztere die einmal aufgenommene Wärme auch am längsten fest, so bleiben z. B. gebrannte Ziegel und glühendes Eisen, in kaltes Wasser getaucht, vier Stunden lang unangreifbar heiß. — 5. Was einmal Wärme aufgenommen hat, behält stets deren Reste in sich zurück; daher taugen Mist, Kalk, Asche und Ruß zum Düngen, daher löst die Erde der Kirchhöfe die Leichen rasch auf, daher endlich gibt es orientalische, aus Vogelfedern gefertigte Gewebe, in die eingewickelt Butter sofort zerschmilzt. — 6. Die Flammen brennender Stoffe sind verschieden warm, eine der kältesten ist die des Alkohols; viel größer als die Wärme der Flammen ist die des heißen Wassers und der Luft, auch wird z. B. glühendes Eisen in der Weingeistflamme viel heißer als diese selbst ist(!). — 7. Wie ein gebogener Stab beim Loslassen nach der Gegenseite ausschlägt, so steigert auch große Kälte die Wärme, weshalb z. B. im Winter die Kamine besser brennen. — 8. Auch durch starke Bewegung wächst die Wärme, daher befördert der Blasebalg das Schmelzen des Eisens, daher wird der Amboß beim Hämmern warm und müßte schließlich rotglühend werden, daher zünden Brennspiegel besser, wenn man sie bis zur richtigen Distanz bewegt, als wenn man sie gleich in diese einstellt (diesen Versuch will Bacon selbst gemacht haben!); hingegen erlischt das Feuer, wenn man ihm den Platz zur Bewegung nimmt, z. B. mit dem Fuße auf brennenden Docht oder Zunder tritt. — 9. Feuersbrünste dehnen sich bei starkem Sturm mehr entgegen der Windrichtung aus; verschiedene Feuer, sowie große und kleine Flammen, wirken gegenseitig auf ihre Wärme ein, ebenso kühlt sich heißes Wasser ab, wenn man es in siedendes gießt.

Zweckmäßig lassen sich hier auch noch einige Betrachtungen anschließen, die Bacon an anderer Stelle vorbringt: 1. Die Wärme der Sonne ist gegenüber jener des Feuers sanft, milde und feucht; ihre Strahlen erzeugen größere Hitze, wenn sie auf einen schrägen Abhang fallen, als wenn sie die Ebene bescheinen. — 2. Die Kälte hoher Berge und die Glut des unterirdischen Feuers stellen die letzten Enden der sich abstoßenden Erdwärme und Himmelskälte dar. — 3. Steine und Metalle erwärmen sich langsamer als Luft, weil sie weniger geschickt und bereit zur Bewegung sind, und weil die anregenden Geister in ihnen unter zu hohem Drucke stehen; im Erdinneren wird man, des dort herrschenden, noch viel größeren Druckes halber, Stoffe vorfinden, die sich überhaupt nicht erwärmen lassen. — 4. Bei der Verbrennung z. B. einer Kerze, in einer durch Wasser, besser durch Öl oder Quecksilber abgeschlossenen Glocke, wird die Luft nicht vermindert, sondern nur kontrahiert. Daß Flammen brennende Dünste oder Lüfte seien, ist falsch, vielmehr ist die Luft der Flamme feindlich, und preßt sie von der Seite zusammen, wodurch sie die pyramidale Gestalt gewinnt; sobald man die Luft abhält, z. B. eine kleine Kerze inmitten einer großen Weingeistflamme brennen läßt, wird die Flamme sofort gleichmäßig schön und rund. (Diesen unmöglichen Versuch will Bacon selbst angestellt haben!). —

5. Feuer ist eine heftige Erschütterung und Reibung der Körper, wobei die sich treffenden Stoffe verfeinert, verdünnt, in Bewegung gesetzt, und hierdurch vorbereitet werden, die Glut der Himmelskörper in sich aufzunehmen. — 6. Laues Wasser friert schneller als kaltes.

Gestützt auf diese und ähnliche Materialien, denen Bacon hohen empirischen Wert beimißt, obwohl er selbst auch wieder ausdrücklich hervorhebt „Wärme sei bloße Gefühlssache, eine schwankende Beziehung, da das nämliche Wasser einer kalten Hand warm erscheine, einer warmen jedoch kalt", wird nun zum dritten Teile, zur „Auslese", übergegangen. Die „Form", d. h. das Wesen und Gesetz der Wärme, kann nicht gesucht werden: 1. Im Elementaren; weil diesem die Sonnenstrahlen völlig entgegengesetzt sind. 2. In den Himmelskörpern; wegen des irdischen und unterirdischen Feuers. 3. In der Beschaffenheit der Einzelkörper; denn alle werden durch Feuer warm. 4. In einer Substanz; denn glühende Körper verlieren nicht an Gewicht, während sie andere erwärmen. 5. Im Licht; denn heißes Wasser erwärmt, ohne zu leuchten, und der Mond leuchtet, ohne zu wärmen. 6. In der Lockerheit; denn auch das dichte Gold glüht. 7. Im Dünnen; denn auch dünne Luft ist oft kalt. 8. In der Ausdehnung; denn glühendes Eisen behält sein ursprüngliches Volumen bei, und die Luft in Drebbels Luftthermometer vermag sich auch ohne Erwärmung auszudehnen(!). 9. In einer Zerstörung; denn auch bei empfindlichen Körpern findet diese nicht immer statt. 10. In einem Stoffe; denn diesen schließt die Wärmeerzeugung durch Reibung aus.

Bedenkt man hingegen, daß Flammen fortwährend zittern, und siedende Flüssigkeiten aufwallen, daß der Blasebalg und der Wind das Feuer verstärken, der Druck des Fußes es aber verlöschen macht, so wird offenbar, daß der Wärme eine Bewegung zugrunde liege. Besondere Bestimmungen dieser Bewegung sind: 1. Sie wirkt ausdehnend, z. B. auf Luft, Rauch, und Dampfblasen, während umgekehrt die Kälte alles zusammenzieht, so daß z. B. Winters eiserne Nägel aus der Wand fallen. 2. Sie wirkt nach der Oberfläche ausdehnend und zugleich in die Höhe hebend; so z. B. versengt ein Holzspan die Finger viel eher, wenn er in senkrechter Stellung brennt, und Schnee kühlt einen heißen Eisenstab rascher von oben her ab, als von unten aus. 3. Sie betrifft nur die kleinsten Teilchen der Körper, die sich gegenseitig hemmen, drängen und zurückstoßen, und so das Zittern und Aufwallen herbeiführen; wo daher freie Ausdehnung möglich ist, kann die Bewegung nicht wirken, so z. B. wird die Luft im Luftthermometer bei freier Ausdehnung nicht warm.

Es ergibt sich also endlich der Schluß: „Wärme ist eine ausdehnende Bewegung, die gehemmt wird, und in den kleinsten Teilchen erfolgt, wobei sich der Umfang der Körper etwas vergrößert, und die Bewegung etwas in die Höhe strebt. Könnte man in einem Körper eine ausdehnende Bewegung erwecken, und sie so zurückdrängen und auf sich selbst richten, daß die Ausdehnung nicht gleichmäßig vor sich ginge, sondern teils geschähe, teils zurückgestoßen würde, so ließe sich unzweifelhaft Wärme erzeugen."

Dieser ganze induktive Vorgang ist nach Form und Inhalt außerordentlich lehrreich und für Bacon höchst charakteristisch; wer ihn überblickt, wird auch den Wert der, oftmals unter großer Anerkennung geäußerten Behauptung zu schätzen wissen, Bacon sei doch im wesentlichen zum richtigen (von der heutigen Wissenschaft übrigens wieder angefochtenen) Satze gelangt: „Wärme ist eine Form der Bewegung." Auch die Art, in der die Definition gegeben wird, ist bemerkenswert; ob und wie, ihr entsprechend, Wärme erzeugt werden könne, wird nicht untersucht, und es bleibt unerklärt, weshalb hier das „Wissen" mit dem „Können" nicht zusammenfällt.

Was Bacon unter dem Namen **Chemie** behandelt, ist zumeist Alchemie, deren Anschauungen und Versprechungen er als falsch, unsinnig, und praktisch unbewiesen, scharf zurückweist; er tadelt die Chemiker, die ungeleitet von Kunst und Theorie ihre Versuche anstellen, die nur zufällig, oberflächlich, sozusagen handwerksmäßig, brauchbare Entdeckungen machen, und die als ursprüngliche Bestandteile der Körper betrachten, was sie ihnen erst durch Destillieren, Erwärmen, und Auflösen abgezwungen haben. Durch solche Operationen werden nämlich tiefgreifende Veränderungen der „greifbaren Wesen und Geister" bewirkt, aus denen die Stoffe bestehen, und zwar ist ein desto größerer Kraftaufwand nötig, je gröber die Teile und je energischer die Geister sind, z. B. beim Quecksilber und beim Vitriolöl.

Als Grundlage aller Stoffe kann man (dem Paracelsus folgend) Schwefel, Quecksilber, und Salz ansehen; betreff des Schwefels stimmen Öle, fette Dünste, Flammen, und Sterne überein, betreff des Quecksilbers Wasser, wässerige Dünste, Luft, und Himmelsäther; das Salz aber ist kein eigentliches Prinzip und erklärt bloß die Natur der festen Körper. Sind Stoffe verwest oder verbrannt, so ist ihre ursprüngliche Natur zerstört, sie haben ihren Lauf vollbracht, und sind durchaus unfähig, abermals Bestandteile der nämlichen Dinge zu werden, denen sie vorher angehörten, weshalb man, falls solche wiederhergestellt werden sollen, zu allgemeineren Grundstoffen seine Zuflucht nehmen muß.

Jeder Stoff läßt sich als eine Summe elementarer Eigenschaften betrachten, d. h. als eine Vereinigung bestimmter Gestaltungen und Bewegungen der Stoffteilchen; kennt man erst diese „Formen", so kann man sie auch erzeugen, den Körpern mitteilen, und diese so ineinander verwandeln. Obgleich also Bacon die Träume der Alchymisten völlig verwirft, erklärt er doch, von diesem Standpunkte aus, die Umwandlung niedriger Metalle in Silber und Gold für möglich, ja er gibt hierzu sogar ein ausführliches Rezept, das darauf hinausläuft, die einzelnen „Formen" des Goldes, die er sich offenbar als selbständig und unabhängig von diesem existierend denkt, zusammenzusetzen, also durch Vereinigung der gelben Farbe, des Glanzes, der Dehnbarkeit und Hämmerbarkeit, der Unauflöslichkeit in Säuren, des hohen spezifischen Gewichts u. s. w., eine Synthese des Goldes zu bewerkstelligen. Auch lobt Bacon die Chinesen, deren Versuche, das spezifisch schwere Blei in das leichtere Silber zu transmutieren, offenbar aussichtsreicher seien, als die der europäischen Chemiker, aus Blei das spezifisch schwerere Gold zu gewinnen.

Ob es tatsächlich Mittel gibt, die Stoffe durch Veränderung ihrer kleinsten Teilchen ineinander zu verwandeln, bleibt für viele Fälle allerdings dahingestellt. Sicher ist aber, daß zahlreiche Körper vermöge ihrer Bewegungen andere in sich umwandeln: so gibt Luft unter Druck Wasser, führt dagegen, über Wasser stehend, dieses in Luft über, so werden Schlamm und feuchte Erde beim Verweilen zwischen Steinen selbst hart und versteinert, so erklärt sich der Vorgang der Gärung, der Gerinnung, und der Giftwirkung. Von großem Einflusse ist bei allen solchen Umsetzungen die Temperatur; die Kälte z. B. verwandelt in China gewisse vergrabene Erden binnen 40 bis 50 Jahren in Porzellan, und zwar durch einen Verdichtungsprozeß, wie er auch beim Eintauchen von manchen Gegenständen in versteinernde Wässer oder in Quecksilber vorkommt; was die Wärme vermag, das zeigt am besten die Entzündung des Schießpulvers. Wie nämlich Öl und Wasser sich abstoßen, wie Quecksilber das Fett flieht und eben deshalb mit ihm zu einer Salbe verrieben werden kann, so verhält es sich auch mit dem entzündlichen Geiste des Schwefels, und dem jede Flamme verabscheuenden des Salpeters. Unter Vermittelung der Kohle bricht der Salpetergeist hervor, dehnt sich durch die Wärme der Entzündung aus, und bläst wie ein verborgener Blasebalg die Schwefelflamme nach allen Seiten auseinander; Quecksilber verstärkt seine Wirkung (dies war ein weit verbreiteter Aberglaube!), weil es an Kraft schon ohne Entzündung dem Pulver gleichkommt. Daß das Pulver große Gebäude zu zersprengen vermag, ist leicht erklärlich: der Geist des Pulvers schreitet eben viel rascher fort als sich die, durch die Schwere bedingte Gegenbewegung, sowie der Widerstand der stumpfen körperlichen Masse entwickelt, den man überhaupt im ersten Momente als noch garnicht vorhanden, demnach als Null ansehen kann (!). Die Wirkung der kleinen Menge des Pulvergeistes ist nicht anders zu beurteilen, als die der kleinen Menge Geist in den Elefanten und Walfischen, die dennoch deren große Körper in Bewegung setzt.

Hervorzuheben ist endlich noch der geringe Wert, den Bacon, so sehr er sonst nach Induktion und Versuchen verlangt, dem chemischen Experimente zuschreibt, das doch nicht zum wenigsten „die Natur durch kunstgerechten Zwang nötigen soll, sich deutlich zu offenbaren." Er sagt darüber: „Wo die Kunst der Natur mit Martern und Gewalt Zwang antut, wo man den Stoff absichtlich mittelst der Kraft bedrängt und quält, wird selten das Ziel erreicht, sondern es entstehen zumeist seltsame mannigfaltige Gestalten, schwache haltlose Fehlgeburten. So geschieht es bei den chemischen Erzeugnissen, aber auch bei neuen mechanischen Erfindungen, die dennoch durch Betrüger mit Pomp zur Schau gestellt werden."

Die Unvollkommenheit der **Medizin** hat Bacon richtig wahrgenommen, und namentlich den Mangel klinischer Beobachtungen, den einer auch die Einflüsse von Übung und Bewegung berücksichtigenden Organlehre, den der vergleichenden und pathologischen Anatomie, der Vivisektionskunde, und der Arzneimittellehre, kritisch beleuchtet. Seine eigenen Ansichten stehen, nach dem Urteile eines hervorragenden Fachmannes, Bamberger, zumeist unter dem Einflusse des (dazu noch oft von ihm mißverstandenen) Paracelsus und Galenos, und entwickeln eine nicht unkonsequente, aber praktisch durchaus unanwendbare, ganz abenteuerliche Theorie, die betreff der meisten medizinischen Einzelheiten völlig Falsches enthält; auch leugnet Bacon zwar, daß Sympathie und Antipathie irgend zureichende Erklärungsgründe seien, die Behauptungen aber, die er über die Rolle der guten und bösen Säfte, der öligen und wässerigen Bestandteile, des Konfluxus und Konsensus der „Lebensgeister" vorbringt, sind doch nur jene nämlichen alten Lehren unter etwas verändertem Namen.

Was den menschlichen Körper anbelangt, so erklärt Bacon die Angaben der Chemiker, die in ihm pflanzliche und mineralische Bestandteile nachweisen wollen, für fragwürdig; sicher ist es aber, daß in ihm der am meisten gemischte und organische aller Körper vorliegt, und daß er deshalb auch so überraschende Kräfte besitzt. Einfache Körper nämlich haben nur wenige Kräfte, dafür aber energische und lebhafte, weil sie nicht zersplittert und geschwächt, und auch nicht durch Beimischung anderer Geister ausgeglichen sind. Hingegen enthält der menschliche Körper mannigfaltige Geister, durch deren Veränderung, z. B. mittelst der Arzneimittel, man auf ihn einwirken kann: die Wohlgerüche sammeln und verdichten bei Ohnmachten die Geister, die „feindlichen und boshaften" Opiate verdünnen sie hingegen, verdrängen sie aus den Gehirnhöhlen, und führen durch diesen Platzmangel Schlaf und selbst Tod herbei.

Die Teile des Körpers sind von sehr verschiedener Temperatur, die, je nach den Ernährungs- und Bewegungszuständen, auch im nämlichen Organe wechselt; am kältesten ist das Gehirn, am wärmsten das Herz. Beim Schlagen des Herzens, — so lehrt ein Zeitgenosse Harvey's! —, entsteht eine zitternde Bewegung, wie stets, wenn ein Körper nicht richtig und seiner Natur gemäß, aber auch nicht ganz schlecht gestellt ist, sein Stand ihn demnach zwar nicht befriedigt, aber doch auch zu keiner völligen Veränderung antreibt.

Die Sinnesorgane haben dieselbe Natur wie die auf sie wirkenden Körper, so daß das Auge mit einem Spiegel übereinstimmt, das Ohr mit einem Orte an dem Echo herrscht; solche Analogien sind in der ganzen Natur verbreitet, wie denn Bäume Harz und Felsen Edelsteine ausschwitzen, dem Munde aller vollkommenen Tiere etwas hartes entfließt (bei den Vierfüßern Zähne, bei den Vögeln Schnäbel), ja selbst Erdteile ähnlich gestaltet sind, z. B. Afrika und Südamerika. — Was ihnen unähnlich ist, stoßen die Sinne zurück, üble Gerüche und Geschmäcke z. B. mit solcher Kraft, daß gleichzeitig die Magenmündung sich zu wenden und der Kopf sich zu schütteln beginnt; auch hierfür sind Analogien vorhanden, denn der Zimmt bleibt z. B. in der Nähe von Düngergruben länger als sonst wohlriechend, weil er sich seinen Duft in solcher Umgebung auszuströmen scheut, und nur Aromata, nicht aber Blumen, riechen am besten beim Zerdrücken, weil der grobe, erdartige Geist der letzteren ihrem edlen feineren feindlich ist.

Zwischen dem tierischen Körper und der göttlichen Seele herrscht zwar ein Zusammenhang, aber die Natur irrt oft in dieser Hinsicht, und bringt dann Mißgestalten hervor; denn die Seele eines Blöden besteht aus demselben Stoffe wie die eines Staatsmannes, und wenn die Natur fehlgreift, muß auch ein guter Geist in einem unvollkommenen Körper Wurzel fassen. Ihrem Wesen nach ist die Seele überirdischen Ursprunges, unbegreiflich, und daher dem Gebiete der Religion zugehörig; so lange sie mit dem Körper vereinigt ist, sitzt sie, als eine wesentlich trockene, wegen ihrer großen Feinheit unsichtbare Substanz, im Gehirn, empfängt dort die Einflüsse des Willens und der Gefühle, und äußert sich durch Hervorbringen willkürlicher Bewegungen und sinnlicher Wahrnehmungen, die keineswegs mit Empfindungen identisch, sondern nur öfters von diesen begleitet sind. — Über die Dunkelheit und Verworrenheit dieser Lehren hat sich schon Spinoza tadelnd ausgesprochen.

Betreff der reinen, sogenannten **Geisteswissenschaften,** können hier nur einige der wichtigsten Punkte kurz berührt werden.

Bei seiner Betrachtung der Geschichte läßt Bacon völlig den geschichtsphilosophischen Sinn, oder, wie Buckle sich ausgedrückt hat, den „geschichtlichen Verstand" vermissen; er vermag keine Zeit aus sich heraus zu beurteilen, verfährt stets unnatürlich und geschichtswidrig, und teilt den Fehler vieler seiner Landsleute, die wohl den römischen, in seinem Streben nach praktischen Zielen dem englischen verwandten Geist zu erfassen vermögen, aber durchaus nicht den griechischen, diese eigentliche Seele des Altertums und der Antike. So sind ihm auch in seiner Schrift „Die Weisheit der Alten" die antiken Sagen und Mythen nur frostige Sinnbilder und Parabeln moralischer oder gar physikalischer Lehren, die er allegorisch zu erklären sucht; seine Deutungen aber erfolgen rein teleologisch und nach vorgefaßten Begriffen, sind willkürlich und schwankend, kindisch und abgeschmackt, fern von jedwedem Verständnisse für die Natur und Entstehung der Mythen, sowie für deren religiöse Grundlage.

Auch dem Wesen der Religion steht Bacon völlig fremd gegenüber. Er ist des naiven Glaubens, daß die Gebiete der Wissenschaft und der Religion glatt zu trennen seien, daß man die Religion (die nicht mit der Theologie zu identifizieren ist!) aus der Wissenschaft, in der sie nichts zu suchen hat, einfach hinausweisen könne, und daß im übrigen Religion und Wissenschaft sehr wohl nebeneinander zu bestehen vermögen; in diesem Sinne ist der berühmte Ausspruch aufzufassen: „Ein wenig Philosophie veranlaßt den menschlichen Geist zur Gottesleugnung, ihre volle Tiefe aber führt ihn zur Religion zurück." Die Lehren der Religion, die biblische Autorität, sowie die Offenbarungen dürfen nach Bacon nicht durch die Vernunft geprüft werden, und er nimmt in dieser Hinsicht den Standpunkt des Kirchenvaters Tertullianus an: „Credo, quia absurdum est"; überhaupt sollen Streitigkeiten zwischen Religion und Wissenschaft vermieden werden, denn sie bringen keinen Nutzen, sie sind nicht praktisch. Die Religion, sagt Bacon an einer

Stelle, ist ein Spiel, dessen Regeln Gott festgestellt hat, und wer ein Spiel mitspielen will, hat sich den Regeln zu unterwerfen, und sie nicht erst zu kritisieren. Es kann hiernach nicht Wunder nehmen, daß man Bacons Stellung zum Glauben als ein, durch seine Ämter am Hofe und beim Könige bedingtes, „zeitgemäßes Kostüm" charakterisiert, und geschwankt hat, ob nur an Vorsicht und Klugheit zu denken sei, oder an Heuchelei.

Was die Ethik anbelangt, so betont Bacon in sehr entschiedener Weise die sozialen Pflichten, und dringt auf ein werktätiges Leben, nicht der Beschaulichkeit, sondern der Arbeit gewidmet, namentlich jener an der Vervollkommnung des künftigen Zustandes der Menschheit, der vor allem und in jeder Weise nachzustreben sei. Doch hebt er andererseits auch wieder die Vergänglichkeit alles Irdischen lebhaft hervor: das Vergangene gleicht einem Traume, aber auch wer auf die Zukunft hofft oder baut, der träumt wachend; wir sterben täglich, und wie andere uns Raum machten, so überlassen wir den Platz wieder anderen.

Unter den menschlichen Leidenschaften begriff Bacon am besten den Ehrgeiz und die Herrschsucht, am wenigsten die Liebe, die er deshalb auch am niedrigsten schätzt. Die Bühne, so sagt er, sei ihr mehr verpflichtet als das menschliche Leben, in dem sie viel Unheil anrichte, bald als Sirene, bald als Furie, und so sei unter den wahrhaft großen und verdienstvollen Menschen aller Zeiten auch kein einziger zu finden, der sich zu diesem unsinnigen Zustande habe hinreißen lassen; diese schwächliche Leidenschaft muß großen Geistern fernbleiben, und auch großen Geschäften, denn drängt sie sich gar erst in die Geschäfte ein, so trübt sie das Glück der Menschen, und verhindert sie, ihre Ziele zu erreichen. — Es wird erzählt, daß diese niedrigen Ansichten eine erste Ehewerbung Bacons, um die reiche Witwe Lady Hatton, zu nichte machten, da die Lady, als sie von der betreffenden Schrift Bacons erfuhr, fürchtete, daß er nicht nach ihr strebe, sondern nach ihrem Gelde; den Gemahl, den sie bald darauf erwählte, machte sie übrigens so unglücklich, daß Bacon diesen Verlust jedenfalls nicht zu beklagen brauchte.

Der Kunst widmet Bacon nur wenig Aufmerksamkeit, ihr Wesen ist ihm so fremd wie das der Religion und der Liebe; von „Künsten" spricht er in der Regel als von den praktischen Anwendungen der Wissenschaften, bei denen nicht die Schönheit, sondern der Nutzen in Frage kommt, und die „schönen Künste" zählt er zur „Lustlehre" (Voluptuaria), mit Ausnahme der Poesie. Diese erklärt er für ein, der Phantasie gemäßes Abbild der Welt in und nach unserem Geiste, für einen Spiegel der Ereignisse und der Geschichte, nicht aber der Seele und des Gemütes. Daher verweist er den Urquell aller Poesie, die Lyrik, in die Philosophie und die Rhetorik, d. h. in die Prosa, während er der Allegorie, diesem nüchternsten und trockensten Gebiete der Dichtkunst, den obersten Platz in der Poesie einräumt; das Kunstwerk steht ihm eben desto höher, je nützlicher und der Wissenschaft dienstbarer es ihm erscheint, und seine Frage lautet: was soll die Dichtung, was bezweckt sie?

Eigentliche künstlerische Interessen lagen Bacon völlig ferne, auch war er in der poetischen Literatur selbst seines Vaterlandes so gut wie unbewandert, und erwähnt z. B. in seinen Werken keinen einzigen englischen Dichter. Dem Brauche seiner Zeit folgend, hat er zwar gelegentlich einige Festspiele und Gedichte verfaßt, doch überschreiten auch die besseren unter ihnen nicht das dem Gebildeten seiner Zeit erreichbare Mittelmaß, während andere tief hinter diesem zurückbleiben; poetische Anlagen wird man ihm, diesen Leistungen nach, jedenfalls nicht mehr zuschreiben dürfen als etwa dem Benvenuto Cellini auf die, in seiner Selbstbiographie verstreuten, in der Form ganz vollendeten Gedichte hin.

Bemerkenswert ist es, daß Bacon in der zweiten Auflage seiner Enzyklopädie, die 1623 erschien, also im selben Jahre wie die berühmte erste Folioausgabe von Shakespeares Werken, die Bühne seiner Zeit, gegenüber der antiken, außerordentlich scharf verurteilt; diese Stelle, die in der ersten Auflage der Enzyklopädie von 1605 fehlt, hat man zwar mittels des Hinweises erklären wollen, daß 1623 wirklich schon ein arger Verfall der englischen Bühne vorgelegen habe, doch sind, namentlich mit Rücksicht auf den damaligen puritanischen Ansturm gegen das Theaterwesen, alle derartigen Nachrichten mit größter Vorsicht aufzunehmen, um so mehr, als es z. B. nachweislich feststeht, daß nicht nur 1623, sondern selbst noch 1633, Shakespearesche Dramen oft gegebene Lieblingsstücke des Publikums waren. Zu Bacons Ansicht paßt außerdem auch sein Lob der pädagogischen Verwertung „der, als Gewerbe übelberufenen (infamis), als Übung aber vortrefflichen Schauspielkunst“ durch die Jesuiten, deren erfolggekröntes Streben nach Macht überhaupt Bacons Bewunderung erregt zu haben scheint; in einem der Essays empfiehlt er ebenfalls „Schauspiele zu besuchen, aber nur solche, die von der vornehmen Gesellschaft besucht werden“, und versteht unter diesen wohl die Maskenspiele und Prunkaufzüge, von denen er eine ausführliche und für ihn sehr charakteristische Schilderung gibt.

Werfen wir nun einen Rückblick auf das bisher Besprochene, suchen wir uns den angeführten Belegen gemäß klar zu machen, wie der Standpunkt Bacons als Philosoph, als Naturforscher, als Naturphilosoph, zu charakterisieren sei, so kann das Ergebnis nicht zugunsten jener noch immer weitverbreiteten Ansichten ausfallen, die, nicht näher geprüften Traditionen folgend, Bacon eine nach jeder Richtung hin hervorragende Stellung einräumen wollen.

Bedeutend ist Bacon hauptsächlich im Negativen, d. h. in der Kritik, und im Kampfe gegen die Mängel der Wissenschaften, der Schulgelehrsamkeit, und der Scholastik, die er in Aristoteles verkörpert sieht, dabei aber weniger auf den wahren Aristoteles zielt, als auf das vielfach verzerrte Bild, das er sich von diesem großen Manne machte. Es darf jedoch nicht übersehen werden, daß Bacon gegen einen Feind ankämpft, der bereits vielfach besiegt, ja dem Wesen nach sogar schon endgültig geschlagen war, bevor nur Bacon das Licht der Welt erblickte. Durch das Wiederaufblühen der Philosophie, der reinen und angewandten Wissenschaften, und der Naturforschung (namentlich in Italien), durch den Einfluß der platonischen Schule zu Florenz, durch die Ausbreitung des Buchdruckes, durch die unermeßlichen Erfolge des Zeitalters der Entdeckungen, endlich durch die fortschreitende Auflehnung gegen die Autorität, besonders gegen jene der Kirche, — wobei jede Lehre des Thomas von Aquino oder seiner Nachfolger als „aristotelisch" galt —, war in der Tat die Scholastik bereits unwiderruflich gestürzt; dies trifft insbesondere auch für England zu, wo selbst an schottischen Universitäten die Philosophie schon nicht mehr nach Aristoteles, sondern nach seinem Erzfeinde Petrus Ramus (Pierre de la Ramée) vorgetragen wurde, und das alte scholastische System nur noch an gewissen gelehrten Schulen fortlebte, —, jenem Trägheitsgesetze folgend, das ebensowohl für die geistige wie für die körperliche Natur gilt. Die Behauptung, Bacon habe die Scholastik und das aristotelische System zuerst und in entscheidender Weise zu Falle gebracht, ist daher eine durchaus irrtümliche, und nur geeignet, dem Verdienste Abbruch zu tun, das er sich als Rufer im Streite wirklich erwarb.

Sowie jedoch Bacon vom Negativen zum Positiven übergeht, zeigt er sich selbst als durchaus in scholastischen Begriffen befangen; seine „Geister", z. B. deren Sympathie und Antipathie, Consensus und Dissensus, Begehren und Verabscheuen, u. s. f., unterscheiden sich in nichts von den Truggebilden seiner mittelalterlichen Vorgänger, und unbekümmert um seine eigenen Lehren begeht er so alle die an Anderen getadelten Fehler, verletzt die selbst aufgestellten Regeln, verliert jeden kritischen Halt, und gelangt daher zu falschen, für die Wissenschaft unbrauchbaren, ja ihren Fortschritt hemmenden Ergebnissen. Diese Widersprüche erklären sich daraus, daß Bacon kein systematischer und konsequenter Denker, kein reiner Forscher, und überdies durch das Vorwiegen praktischer Rücksichten und sein persönliches Begehren nach Macht, Reichtum, Wohlleben und politischem Einfluß, im Festhalten und Fortbilden seiner Gedankengänge vielfach behindert war. Bacons Geist ist universal, von großer Gesichtsweite und seltenem Scharfsinne, vorwiegend auf das Allgemeine gerichtet, nach Verbindung und Wechselwirkung der vereinzelten Wissenschaften strebend; in diesem Sinne fordert er die Schaffung der heute als „Akademien der Wissenschaft“ bezeichneten Institute, die in stetem Verkehrsaustausche bleiben sollen, verlangt er eine allgemeine Naturgeschichte, eine Geschichte der Technologie, Kunst- und Literaturgeschichten im Sinne der Kulturgeschichte, direkt aus den Quellen geschöpfte politische und nationale Geschichte, und eine Geschichte der Sprachen, deren Vergleichung Einsichten in ferne Vergangenheiten eröffnen werde.

Das oft gebrauchte Bild, „Bacons Wissen habe einem Globus geglichen, der stets nur eine Übersicht des Zusammenhanges bieten könne, aber kein Detail“, ist jedoch nicht zutreffend. Sicherlich vermag der Globus das Detail nicht mit der Sorgfalt einer Spezialkarte wiederzugeben, aber so weit er es gibt, muß es richtig sein, und bevor man den Globus anzufertigen und den Zusammenhang auf ihm darzustellen unternimmt, müssen eben die genauen Spezialkarten vorliegen, aus denen sich das erforderliche Material schöpfen läßt. An dieser Vorkenntnis des Einzelnen fehlt es aber bei Bacon durchaus, nicht etwa im Vergleiche mit den Kenntnissen der Jetztzeit, — denn ein solcher wäre durchaus ungerecht —

sondern in jenem mit den Kenntnissen seines eigenen Zeitalters; wie wir bei Betrachtung der einzelnen Wissenschaften ersahen, steht Bacon hier nach jeder Richtung weit hinter seinen Zeitgenossen zurück, und vermag deren wichtigste Errungenschaften weder zu würdigen noch zu begreifen. Dies gilt insbesondere für die Naturwissenschaft, wie denn schon sein Landsmann, der große Harvey, sagte, Bacon habe über diese geschrieben „nicht wie ein Naturforscher, sondern wie ein Lordkanzler". Seine eigenen Versuche sind fast durchwegs als schlecht angelegt, als roh und falsch ausgeführt, und als unrichtig gedeutet zu bezeichnen, und weder geht von Bacon irgend eine positive Leistung oder Entdeckung aus, noch hat er eine solche veranlaßt, noch sie zu verstehen gewußt, wenn er sie bei Anderen vorfand; selbst Whewell muß dies in seiner „Geschichte der induktiven Wissenschaften", in der er die großartigen Verdienste englischer Forscher mit Stolz in das rechte Licht zu setzen pflegt, zugestehen, und bleibt nur bemüht, Bacons Schwächen und Unwissenheit zu entschuldigen.

So wenig also Bacon Aristoteles und die Scholastik stürzte, so wenig hat er auch der Naturkenntnis eine neue und maßgebende Form verliehen, oder ihren Inhalt bereichert; und weder hat er die Methode der Induktion erfunden, noch sie zuerst zutreffend analysiert, noch zuerst ihre richtige Anwendung gezeigt, oder auch nur die von Anderen gezeigte erfaßt. Überblickt man seine eigenen induktiven Versuche, z. B. den als Musterbeispiel aufgestellten über die Wärme, so liegt die treffendste Kritik im Hinweise auf die erschöpfende Charakteristik Goethes, der in einem erst jüngst veröffentlichten Briefe von 1808 sagt: „Bacon kommt mir vor wie ein Herkules, der einen Stall vom dialektischen Miste reinigt, um ihn mit Erfahrungsmist wieder zu füllen." Die induktive Methode allein ist eben durchaus unzureichend, denn die Induktion wird nur dann richtig, wenn der sie Ausführende schon richtige

Grundbegriffe hat, oder diese wenigstens zu erkennen weiß, – wozu freilich eine besondere geniale Veranlagung gehört, eine instinktive Gabe der Intuition. Wenn daher Bacon glaubte, im Besitze seiner Methode werde auch der Ungeübte mit jener selben Sicherheit und Leichtigkeit Erfindungen machen, mit der er, im Besitze eines Zirkels, einen richtigen Kreis zu beschreiben vermöge, so befand er sich in einem großen Irrtume, der desto auffälliger ist, als es ihm nicht entging, daß die bedeutenden Erfindungen „nicht durch kleinliche Auslegungen des schon Bekannten gemacht werden, sondern durch Zufall." Bacon überschätzte eben, aus Mangel an wahrer Sachkenntnis, das erhoffte, rein mechanische Verfahren des Erfindens, und unterschätzte die ideale Seite, das Wesen des persönlichen Forschergeistes, der die Voraussetzung dafür bildet, daß sich im gegebenen Falle Verdienst und Glück verketten, daß der Entdecker das zu sehen und festzuhalten weiß, was Hunderten vor ihm unbemerkt aus den Fingern entschlüpfte. Dieser Irrtum Bacons erklärt sich wohl genügend daraus, daß er, wie Carlyle sich ausdrückt, bei aller großen Begabung doch nur ein „sekundärer Geist" war, daß er namentlich der Schöpferkraft ermangelte, und diese deshalb auch nicht begriff.

Vielfach hat man nun darauf hingewiesen, wie Bacon zu wiederholten Malen für sich nur das Verdienst der Aufstellung von Zielen und Wegweisung, nur die Rolle eines Zeigers, in Anspruch genommen habe. Seine Bedeutung wird dann darin gesucht, daß er der schon im Zuge befindlichen Bewegung Bahnen anwies, als Ziel „das Wohl der Menschheit" aufstellte, und als Methode die Vervollkommnung der bislang verachteten, des geistigen Forschers unwürdig befundenen „Künste" (d. h. der angewandten Wissenschaften) empfahl. Allerdings habe er also weder die Straße entworfen, noch gebaut, noch entdeckt, aber er verwies auf ein bisher nicht erkanntes, und allein auf dieser Straße erreichbares Ziel, und verlieh so der induktiven Methode eine vorher unbekannte Wichtigkeit, weil sie, des großen zu erreichenden Zweckes halber, auch mit größter Sorgfalt und Genauigkeit betrieben und ausgeführt werden mußte. Nicht neue induktive Regeln habe er gegeben, sondern nur Motive, solche aufzusuchen, nicht direkt habe er gewirkt und fortgewirkt, sondern indirekt, durch Anregung von Forschergeistern, die dann selbst die Welt bewegten; epochemachend sei, und stemple ihn zum Philosophen, daß er die aufgetauchte neue Geistesrichtung, auch insoweit sie die Naturforschung betraf, richtig erkannte, sie seinem Zeitalter vorhielt und einprägte, und es nachdrücklich zu der sinnlichen Erfahrung antrieb, die seither die Wissenschaft ins Unendliche erweiterte.

In diesen Behauptungen, die überdies Bacon schon eine weitaus bescheidenere Rolle zuweisen, als jene ist, die er selbst zu spielen vermeinte, dürfte aber immer noch weit mehr Irriges als Zutreffendes enthalten sein.

In philosophischer Richtung hat Bacon überhaupt nichts Einheitliches und Geschlossenes geschaffen, keine der großen Fragen durchdacht oder gelöst, und nichts ausgesprochen, was nicht erst selbst wieder der philosophischen Untersuchung und Ergänzung bedürfte. Mag auch immerhin seine Enzyklopädie in mancher Hinsicht eine Vorläuferin der großen französischen von Diderot und d'Alembert sein, worauf die Vorrede der letzteren hinweist (1758), so gibt es doch kein Baconsches System und keine Baconsche Schule. Nicht Schüler hat Bacon gehabt, sondern nur Nachfolger, und wenn diese zum Teile durch Ideen angeregt wurden, die sich u. a. auch bei Bacon vorfinden, so beweist das allein noch keineswegs, daß sie sie gerade aus ihm geschöpft haben; liegt doch der Schwerpunkt der Leistungen eines Hobbes, Locke, Berkeley, und Hume, in der Untersuchung und Kritik des Erkenntnisvermögens, also eines Gebietes, das Bacon nicht einmal dem Namen nach kannte. Daher haben sich auch die Philosophen zumeist geweigert, Bacon als einen ihrer Wissenschaft Zugehörigen anzusehen, und verwiesen vielmehr auf die Bedeutung seiner naturwissenschaftlichen Leistungen.

Die Naturforscher hinwiederum wollten zwar Bacons philosophische Bedeutung nicht bestreiten, sträubten sich aber, aus leicht begreiflichen Ursachen, ihn als Mitglied ihrer Gilde anzuerkennen. In der Tat hat er als Naturforscher, wie wir gesehen haben, selbst nichts Brauchbares geleistet; vergeblich sucht man aber auch jene Forschergeister, die angeblich von ihm und seiner induktiven Methode ihre Anregungen empfangen haben sollen. Zwar sind Boyle und Newton als diejenigen genannt worden, bei denen sein Ausschließen jeder Hypothese, als etwas Deduktiven, „im Stillen" gewirkt habe; Beweise hierfür liegen indessen nicht vor, auch berufen sich diese Forscher, von denen Newton die Namen zahlreicher Physiker quellenmäßig anführt, nirgends auf Bacon, und endlich hat Newton zwar gesagt, „Hypothesen erdenke ich nicht", solche aber nichts destoweniger in fast allen seinen Werken aufgestellt. Dies ist auch gar nicht anders zu erwarten, denn ohne Hypothesen gibt es keine Ableitung der Sätze, die das Experiment durch eine Frage an die Natur bestätigen soll, also überhaupt keine Induktion, und dies nicht eingesehen zu haben, ist sogar einer der größten Fehler, die man Bacon vorwerfen muß.

Die Wissenschaft hat aber auch (wie schon Stuart Mill hervorhob) im wesentlichen gar nicht den Gang eingeschlagen, den ihr Bacon vorschrieb oder vorgeschrieben haben soll. Sie verfährt auch gegenwärtig nicht induktiv in dem Sinne, daß neue Entdeckungen und Erfindungen aus vielen einzelnen positiven und negativen Fällen erschlossen, durch genauen kritischen Vergleich abstrahiert werden, vielmehr ist der Vorgang auch heute noch ein deduktiver, ja apriorischer: aus dem Einzelfalle sucht man das Gesetz zu erkennen, das auch in ihm ganz enthalten sein muß, und wer nicht instinktiv das vorzuahnen und zu erschauen vermag, was Goethe das „Urphänomen" nannte, der weiß überhaupt nicht im Buche der Natur zu lesen, der kann nichts entdecken oder erfinden, und gelangt gar nie zur Gelegenheit, die Wahrheit eines gefaßten Gedankens auf induktivem Wege zu prüfen und zu bestätigen. Reine Induktion nach baconischer Auffassung führt, wie Goethe urteilte, nicht zur Wissenschaft, sondern „zur grenzenlosen Empirie und Methodenscheu".

Nach allem Dargelegten kann also keine Rede davon sein, Bacon einen Einfluß auf die Entwickelung der menschlichen Geistesgeschichte zuzusprechen, in dem Sinne wie ihn, – um nur einige wenige Namen zu nennen –, Demokritos und Epikur, Platon und Aristoteles, Descartes und Spinoza, Locke und Hume, Leibniz und Kant ausgeübt haben, und zwar derartig, daß er von ihrem ersten Auftreten an bis auf den heutigen Tag stets unbestritten feststand, unvermindert fortdauerte, und unverkennbar hervortrat. Was bei Bacon überhaupt in Frage kommen kann, ist nur jene Wirkung, die er erzielte: durch seine Anteilnahme am Kampfe gegen die Scholastik, durch sein entschiedenes Hinweisen auf praktische, gemeinnützige Bestrebungen, und durch seine bestimmte Verkündigung einer besseren Zukunft der Menschheit. Doch hätten vielleicht auch diese Lehren keinen tiefer gehenden Eindruck hervorgerufen, wenn sie nicht von einem Manne ausgingen, der gleichzeitig die Autorität einer hohen und einflußreichen Stellung im Staate besaß, der nach übereinstimmendem Urteile Aller der erste Redner seiner Zeit war, und dessen Ruf als Schriftsteller Inland und Ausland erfüllte. Zwar ist in letzterer Hinsicht nicht mit Unrecht der Einwand erhoben worden, daß selbst die gerühmten „Essays", neben viel Klugem und Tiefem noch viel mehr Gewöhnliches und Plattes, und gar nichts Packendes und Geniales enthielten, während wieder die naturwissenschaftlichen Schriften, mit ihrem Gewebe von

Irrtümern und Vorurteilen, allenfalls den Unkundigen (zu denen auch die meisten damaligen Fachphilosophen zählten) eine überraschende und dabei nirgends über den gewohnten Horizont hinausgehende Unterhaltung gewähren, sicherlich aber keine Belehrung verbreiten konnten. Dem gegenüber darf aber der Einfluß nicht vernachlässigt werden, den Bacon durch seine Schreibweise ausübte. An vielen einzelnen Stellen ist diese freilich trocken, nüchtern-verständig und pedantisch, so daß sie Goethes Ausspruch rechtfertigt, Bacon sei das „Haupt aller Philister"; im ganzen aber ist sein Stil, besonders im Vergleiche mit dem seiner Vorgänger und Zeitgenossen, wohltuend klar, von der Schulsprache unverdorben, dabei kräftig durchgearbeitet, prägnant und abgeschliffen, und besticht durch den Reichtum an Zitaten, sowie durch die Fülle der Gleichnisse und Bilder, die allerdings desto geistvoller erscheinen, je weniger man in der Lage ist, sie nach Inhalt, Richtigkeit, und Zutreffen zu prüfen.

Solchen positiven Vorzügen läßt sich ihre Bedeutung nicht absprechen, aber sie reichen bei weitem nicht aus, um ihren Besitzer als einen der „führenden Geister" zu kennzeichnen, um ihm die Anwartschaft auf den Titel eines „großen Erneuerers der Wissenschaften" zu sichern. Das denkbar günstigste Endurteil über Bacon dürfte daher jenes sein, das schon 1865 J. E. Erdmann in seiner „Geschichte der Philosophie" mit den Worten aussprach: Bacon beginne nicht die neue Philosophie, sondern beschließe die mittelalterliche, so daß seine Ansichten modern erscheinen mit dem Maßstabe des Mittelalters, mittelalterlich aber mit jenem der Neuzeit gemessen. Doch bezieht sich dieser Satz nur auf Bacons Stellung zur Philosophie, nicht auf jene zur Naturforschung, und in der Tat kann man sich nicht verhehlen, daß Bacon eine solche gar nicht einnimmt; die betreffenden Teile seiner einschlägigen Werke gehören nur in das naturwissenschaftliche Raritätenkabinet, in dem man sie als historisch merkwürdige

Curiosa bestaunen, niemals aber als vollwichtige, tragende Glieder in die große Kette der Erkenntnis einreihen wird.

Alles in allem genommen war also Bacon eine relative Größe, keine absolute; mit dieser Einsicht ist aber auch dem am Anfange dieses Vortrages erwähnten Hauptargumente der Bacon-Verehrer jeglicher Boden entzogen: daß nämlich allein ein Philosoph, Naturforscher, und Naturphilosoph ersten Ranges wie Bacon imstande gewesen sei, die bisher fälschlich dem Shakespeare zugeschriebenen Werke hervorzubringen.

30

NATURWISSENSCHAFTLICHES AUS SHAKESPEARE[1]

In einem vor mehreren Jahren gehaltenen Vortrage über Bacon von Verulam versuchte ich darzulegen, daß diesem gelehrten Staatsmanne, entgegen weitverbreiteten Vorurteilen, wissenschaftliche Bedeutung nur in sehr eingeschränktem Maße, naturwissenschaftliche aber gar nicht zukomme; als hinfällig auch von dieser Seite erwies sich daher das, gelegentlich der Diskussion der sogenannten Bacon-Shakespeare-Frage oft gehörte Argument: „nur ein, das gesamte menschliche Wissen so wie Bacon umfassender Genius habe jene Summe von Einsichten und Kenntnissen besitzen können, deren es bedurfte, um die Werke hervorzubringen, als deren Urheber man bisher seinen Zeitgenossen, den ungebildeten Schauspieler Shakespeare, anzusehen pflegte."

Schon gelegentlich jenes Vortrages, und zwar namentlich im Hinblicke auf die über Bacons naturhistorische Kenntnisse handelnden Abschnitte, wurde von einigen Zuhörern der Wunsch ausgesprochen, Shakespeares naturwissenschaftliche Anschauungen ebenfalls im Zusammenhange dargestellt zu sehen, weil auf solche Weise Vergleiche in einer Richtung ermöglicht würden, die für die sogenannte Bacon-Shakespeare-Frage sichtlich von ganz besonderem Interesse sein müsse.

[1] Vortrag, gehalten im „Naturwissenschaftlichen Vereine" zu Halle a. S. (s. „Zeitschrift für Naturwissenschaften" 1901; Bd. 74, S. 305.)

Es ist nun freilich schwierig, die Anschauungen zu charakterisieren, die ein Dichter, insbesondere ein dramatischer, auf bestimmten Gebieten hegt, denn keineswegs braucht alles, was er den handelnden Personen in den Mund zu legen beliebt, auch als Ausdruck seiner eigenen Meinung zu gelten; über philosophische, religiöse, oder ästhetische Probleme wird daher häufig ein einheitliches Urteil kaum zu gewinnen sein. Dagegen erscheinen naturwissenschaftliche Fragen, sofern nicht etwa Tendenzen ins Spiel kommen, in weit neutralerem Lichte; die Gesamtheit dessen, worüber der Dichter spricht oder schweigt, sowie Art und Inhalt seiner Aussprüche, gewähren hier Anhaltspunkte von beträchtlicher Zuverlässigkeit.

In diesem Sinne mag die nachstehende Übersicht einschlägiger Shakespearescher Stellen aufgefaßt werden, und da es an einer solchen in der sonst so umfangreichen Shakespeare-Literatur meines Wissens bisher fehlt, so dürfte sie mannigfaches Interesse bieten; auf Vollständigkeit macht sie jedoch keinen Anspruch, namentlich konnte es auch keinen Anreiz gewähren, auf alle Einzelnheiten einzugehen, die schon in besonderen Werken behandelt worden sind (z. B. in Phipson „Animal Lore of Shakespeares time“, London 1883; Grindon „Shakespeare-Flora“, London 1883; Dyer „Folk Lore of Shakespeare“, London 1883), also etwa die über 150 Pflanzen und über 100 Vogelarten aufzuzählen, die bei Shakespeare zu finden sind, und dergl. mehr.

Zitiert wurden: Die Dramen nach der von der Deutschen Shakespeare-Gesellschaft revidierten Schlegel-Tieckschen Ausgabe (Berlin 1876); das Schauspiel „Perikles“, das in dieser Ausgabe nicht enthalten ist, nach der Übersetzung Simrocks (Hildburghausen 1868); die Sonette nach der Gelbckes (ebenda 1867); die epischen Gedichte nach jener Neidhardts („Shakespeares kleinere Gedichte“, Berlin o. J.). Die Titel der Werke nebst den für sie gebrauchten Abkürzungen, sowie die von bedeutenden Autoritäten angenommenen, bekanntlich aber noch vielumstrittenen Abfassungszeiten, sind aus folgender Tabelle ersichtlich:

Vor 1590:	Titus Andronicus.	Titus.
Um 1590:	Heinrich VI., Teil I.	Heinr. VI. A.
	Liebes Leid und Lust.	L. Leid.
„ 1591:	Comödie der Irrungen.	Comöd.
„ 1592:	Die beiden Veroneser.	Veron.
	Heinrich VI., Teil II.	Heinr. VI. B.
	Heinrich VI., Teil III.	Heinr. VI. C.
„ 1593:	Richard III.	Rich. III.
	Venus und Adonis.[1]	Venus.
„ 1594:	Sommernachtstraum.	Somm.
	Romeo und Julia.	Rom.
	Richard II.	Rich. II.
	Lucretia.[2]	Lucr.
„ 1595:	König Johann.	Joh.
	Sonette.[3]	Son.
„ 1596:	Kaufmann von Venedig.	Kaufm.
	Zähmung der Widerspenstigen.	Wid.
„ 1598:	Heinrich IV., Teil I.	Heinr. IV. A.
	Heinrich IV., Teil II.	Heinr. IV. B.
	Die lustigen Weiber.	Lust. W.
	Heinrich V.	Heinr. V.
	Viel Lärm um Nichts.	V. Lärm.
„ 1599:	Wie es Euch gefällt.	W. gef.
	Was Ihr wollt.	W. wollt.
„ 1601:	Ende gut, Alles gut.	Ende.
	Julius Cäsar.	Cäs.
„ 1602:	Hamlet.	Haml.
„ 1603:	Maß für Maß.	Maß.

[1] 1593 zuerst erschienen; wohl schon früher verfaßt.

[2] 1594 zuerst erschienen; wohl schon früher verfaßt.

[3] 1598 von Meres schon als sehr bekannt erwähnt; teilweise schon früher verfaßt; erschienen erst 1609.

Um	1603:	Troilus und Cressida.	Troil.
„	1604:	Othello.	Oth.
„	1605:	Lear.	Lear.
„	1606:	Macbeth.	Macb.
„	1607:	Timon von Athen.	Timon.
		Perikles (teilweise?).*)	Per.
„	1608:	Antonius und Cleopatra.	Ant.
		Coriolan.	Cor.
„	1609:	Cymbeline.	Cymb.
„	1610:	Der Sturm.	Sturm.
		Wintermärchen.	Wint.
„	1612:	Heinrich VIII. (teilweise?).	Heinr. VIII.

Die Zahlen, die die Zitate begleiten, geben zunächst die Akte und Szenen an, denen die Ausführungen entstammen, und weiterhin die betreffenden Bände und Seiten, oder (bei „Perikles“, den Sonetten, und den epischen Gedichten) letztere allein, bezw. die Nummern der Gedichte und Strophen.

I. Himmel und Erde.

Über die Gestalt des Weltalls und der Erde finden sich nur wenige Andeutungen archaïstischen Gepräges:

1. „. . . ich will die Schwüre halten
Wie die gewölbte Feste dort das Licht,
Die Tag' und Nächte scheidet.“

2. „(. . . Gott,)
Daß doch dein ehern Himmelstor sich öffne,
Und lasse meine sünd'ge Seele ein.“

3. „Die Erde, dieser treffliche Bau . . . ., dieser herrliche Baldachin, die Luft, ... dieses wackre umwölbende

* Von anderen, als Umarbeitung eines älteren Stückes, in Shakespeares Anfangszeit versetzt.

[1]) W. wollt V, 1 (V, 243). [2] Heinr. VI C.; II, 3 (III, 223). [3] Haml. VI, 2 (VI, 66).

Firmament, dies majestätische Dach mit goldenem
Feuer ausgelegt . . ."

4. „Nach Perikles ward lange Zeit
Mühsam gesucht, viel Meilen weit,
An den vier Ecken, wo die Welt
Das Gleichgewicht zusammenhält."

In der großen Mehrzahl der Fälle wird dagegen die Kugelgestalt der Erde als ganz unzweifelhaft angesehen:

5. „Doch meiner Liebe starker Grund und Bau
Ist wie der Erde rechter Mittelpunkt,
Der alles anzieht."

6. „Rund um die Erde zieh' ich einen Gürtel
In viermal zehn Minuten."

7. „Sie ist sphärisch wie ein Globus."

8. „Wenn hinterm Erdball sich das späh'nde Auge
Des Himmels birgt, der untern Welt zu leuchten." . . .

9. „Denn wo du seist auf diesem Erdenball,
Soll eine Iris dich zu finden wissen."

10. „. . . mache kund
Was auf dem Erdenball begonnen wird."

11. „. . . So wird . . .
Auch dieser Erdball selbst, mit allem
Was er umschließt und nährt, dereinst zergehn,
Und . . . spurlos schwinden."

12. „. . . treu wie . . . dem Pol die Erde."

13. „Bei der Polarachse, ich ford're dich!"

Auch die geographischen Anschauungen, sichtlich erfüllt von den mächtigen Eindrücken, die das Zeitalter der Entdeckungen hinterließ, setzen durchwegs die Kugelgestalt der Erde voraus:

[4] Per. III, 1 (47). [5] Troil. IV, 3 (XI, 273). [6] Somm. II, 1 (IV, 362). [7] Comöd. III, 2 (VIII, 233). [8] Rich. II.; III, 3 (I, 321). [9] Heinr. VI. B.; III, 2 (III, 100). [10] Heinr. IV. B.; Prolog (II, 17). [11] Sturm IV, 1 (V, 344). [12] Troil. III, 2 (XI, 252). [13] L. Leid V, 2 (VII, 372).

14. „Ich schlage beide Welten in die Schanze.“
15. „Ein Zollbreit mehr Aufschub ist eine Südsee weit von der Entdeckung.“
16. „Du bist von allem Guten so getrennt,
Wie es von uns die Antipoden sind.“
17. „Indes wir bei den Antipoden weilten ...“
18. „Die Antipoden sind sich ferner nicht
Als ich und solch ein Schuft.“
19. „Ich wäre jetzt bereit ... zu den Antipoden zu gehen.“
20. „Wir hielten mit den Antipoden Tag,
Erschient Ihr, während sich die Sonn' entfernt.“
21. „Eh' wollt ich glauben, daß es möglich wär'
Ganz zu durchbohren dieser Erde Boden,
Und durch die Öffnung zu den Antipoden
Zu senden des verwegnen Mondes Gruß,
Der hellen Mittagssonne zum Verdruß.“

Als Krankheiten der Erde werden die Erderschütterungen aufgefaßt, von denen es heißt:

22. „Die krankende Natur bricht oftmals aus
In fremde Gärungen; die schwangre Erde
Ist mit 'ner Art von Kolik oft geplagt,
Durch Einschließung des ungestümen Windes
In ihren Schoß, — der, nach Befreiung strebend,
Altmutter Erde ruckt, und niederwirft
Kirchtürm' und moos'ge Burgen.“
23. „... des Dunkels Vogel
Schrie laut die ganze Nacht; man sagt, die Erde
War fiebernd, bebte.“

Sonne und Mond bewegen sich, den Lehren des Aristoteles und Ptolemäus gemäß, in ihren Sphären rings um die

[14] Haml. IV, 5 (VI, 125). [15] W. gef. III, 2 (VI, 395). [16] Heinr. VI., C.; I, 4 (III, 206). [17] Rich. II. III, 3 (I, 321). [18] Lear II, 2 (XI, 60). [19] V. Lärm II, 1 (VII, 169). [20] Kaufm. V, 1 (VI, 297). [21] Somm. III, 2 (IV, 380). [22] Heinr. IV. A.; III, 1 (I, 456). [23] Macb. II, 3 (XII, 213).

Erde, nähren sich von irdischen und wässerigen Ausdünstungen, und üben mancherlei Einflüsse auf die Menschheit aus, ohne jedoch selbst gegen gewisse zauberische Kräfte ganz gefeit zu sein:

24. „Zweifle an der Sonn' Bewegung,
Zweifle an der Sterne Licht,
Zweifle ob nicht lügt die Wahrheit, –
Doch an meiner Liebe nicht."

25. „. . . o du Sonne,
Verbrenne deine Sphäre, dunkel stehe
Der vielgestalt'ge Weltkreis."

26. „Narrheit geht rund um die Welt wie die Sonne; sie scheint allenthalben."

27. „. . . sie, . . . die keine Zeitung
Erhalten kann, wofern die Sonne nicht
Als Bote liefe."

28. „. . . die Sonn' ihr glühend Aug' erhebt,
Den Tau der Nacht verzehrt und neu die Welt belebt."

29. „Ein Schwur ist Hauch; ein Hauch ist Dunst; von mir,
Als Erde, saugt dein holder Sonnenschein
Den Dunstschwur auf."

30. „Daß aller Giftqualm, den die Sonn' aufsaugt
Aus Sumpf, Moor, Pfuhl, auf Prosper fall', und mach' ihn
Siech durch und durch!"

31. „O segenzeugende Sonn'! Entsaug' der Erde
Dunstfäulnis! Deiner Schwester Bahn verpeste
Den Luftkreis!"

32. „Die Sonne ist ein Dieb, beraubt durch ziehn'de Kraft
Die weite See; ein Erzdieb ist der Mond,
Da er sein blasses Licht der Sonne wegschnappt;

[24] Haml. II, 2 (VI, 59; in Schlegels Übersetzung verwischt). [25] Ant. IV, 13 (X, 144). [26] W. Wollt III, 1 (V, 197). [27] Sturm II, 1 (V, 312). [28] Rom. II, 3 (IV, 228). [29] L. Leid IV, 3 (VII, 325). [30] Sturm III, 2 (V, 315). [31] Tim. IV, 3 (X, 393). [32] Tim. IV, 3 (X, 410).

Dieb ist das Meer, deß nasse Flut den Mond
In salz'ge Tränen auflöst; Dieb die Erde;
Sie zehrt und zeugt aus Schlamm nur, den sie stiehlt
Vom allgemeinen Auswurf."

33. „Du würdest den Mond aus seiner Sphäre heben, wenn er fünf Wochen darin bleiben wollte, ohne zu wechseln."

34. „Das hat wahrhaftig nur der Mond verschuldet:
Der kommt der Erde näher als er pflegt,
Und macht die Menschen rasend."

35. „... von Kopf zu Fuß bin ich
Nun marmorfest; der unbeständ'ge Mond
Ist mein Planet nicht mehr."

36. „O schwöre nicht beim Mond, dem wandelbaren, ...
Daß nicht auch wandelbar dein Lieben sei."

37. „... der feuchte Stern,
Dess Einfluß waltet in Neptunus Reich."

38. „Es hat der Mond, der Fluten Oberherr,
Vor Zorne bleich, die ganze Luft gewaschen
Und fieberhafte Flüsse viel erzeugt."

39. „In meinen Augen strömen alle Quellen,
Daß ich, hinfort vom feuchten Mond regiert,
Die Welt in Tränenfülle möcht ertränken."

40. „... ich sah das feurige Geschoß
Im keuschen Strahl des feuchten Monds verlöschen."

41. „Unser Glück hat seine Ebbe und Flut wie die See, da es, wie die See, unterm Monde steht."

42. „Wir überstehen List und Zwist der Großen,
Die Flut und Ebbe haben nach dem Mond."

[33] Sturm II, 1 (V, 308). [34] Oth. V, 2 (XII, 144). [35] Ant. V, 2 X, 163). [36] Rom. II, 2 (IV, 224). [37] Haml. I, 1 (VI, 22). [38] Somm. II, 1 (IV, 359). [39] Rich. III.; II, 2 (III, 396). [40] Somm. II, 1 (IV, 361). [41] Heinr. IV A.; I, 2 (I, 405). [42] Lear V, 3 (XI, 139).

43. „... leichter bringt ihr
Das Meer dahin, dem Mond nicht zu gehorchen,
Als ihr durch Eid und Gründe Dem der Torheit
Gebäu hinwegräumt und erschüttert; denn
Das ruht auf seinem Glauben, und wird dauern
So lange als sein Leib."

44. „Er stand im Dunklen hier, sein Schwert gezückt,
Den Mond beschwörend mit verruchtem Zauber
Ihm hilfreich beizustehen."

45. „... eine Hex', die war so stark, daß sie
Den Mond im Zwang hielt, Flut und Ebbe machte."

Ungewöhnliche Erscheinungen, die Sonne und Mond betreffen, sind von entscheidendem Belange für die Schicksale der Sterblichen:

46. „Drei lichte Sonnen, jede ganz vollkommen, ...
Der Himmel deutet ein Begebnis an."

47. „... man sah die Nacht fünf Monde,
Vier stehend, und der fünfte kreiste rund
Um jene vier in wunderbarer Schwingung."

48. „Diese kürzlichen Verfinsterungen von Sonne und Mond weissagen uns nichts Gutes. Mag die Wissenschaft der Natur sie so oder anders auslegen, die Natur empfindet ihre Geißel an den Wirkungen, die ihnen folgen."

49. „... feu'rgeschweifte Sterne, blut'ger Tau,
Die Sonne fleckig; und der feuchte Stern,
Dess Einfluß waltet in Neptunus Reich,
Krankt an Verfinstrung wie zum jüngsten Tag."

Von den Sternen haben jene des Tierkreises wenig Bedeutung, und dienen nur dazu, den Verlauf der Jahreszeiten zu erkennen:

50. „Dort harret, bis der zwölf Gestirne Zeichen
Vollendet haben ihren Jahreslauf."

[43] Wint. I, 1 (IX, 177). [44] Lear II, 1 (XI, 53). [45] Sturm V, 1 (V, 360). [46] Heinr. VI. C.; II, 1 (III, 209). [47] Joh. IV, 2 (I, 197). [48] Lear I, 2 (XI, 30). [49] Haml. I, 1 (VI, 22). [50] L. Leid V, 2 (VIII, 376).

Für desto tiefgehender und eingreifender gilt aber der Einfluß der Planeten, durch deren Wesen, Bewegungen, Eigenstellungen und Konstellationen die Charakteranlagen und Schicksale des Menschen bis in alle Einzelnheiten bestimmt werden sollen. Die fünf Wandelsterne, die zusammen mit Sonne und Mond die „heilige Siebenzahl" der Planeten bilden, finden sich sämtlich genannt:

51. „Mein Vater hieß mich Autolykos; da er, wie ich, unter dem Merkur geworfen wurde, war er ebenfalls ein Aufschnapper von unbedeutenden Kleinigkeiten."

52. „Fürstin, wenn Venus eure Wünsche lenkt,
So ist Saturn Monarch der meinigen."

53. „Venus und Saturn heuer in Konjunktion? Was sagt der Kalender dazu?"

54. „Mars wahrer Lauf ist, grade wie am Himmel,
Bis diesen Tag auf Erden unbekannt." *)

55. „Ihr seid unter einem barmherzigen Stern geboren, ... ich denke entschieden unter dem Mars, wenn er rückläufig war, ... Ihr geht immer rückwärts, wenn Ihr kämpft."

56. „Sei wie Planetenpest, wenn Jupiter
In kranker Luft auf hochverruchte Städte
Sein Gift ausstreut."

57. „Heil ist ihm beschieden,
Er ward geboren unter Jovis Stern."

58. „April, der buntgeschmückte, ...
Goß Mut der Jugend allen Wesen ein;
Der grämliche Saturn selbst lacht' und tanzte."

[51] Wint. IV, 2 (IX, 220). [52] Titus I, 3 (IX, 333). [53] Heinr. IV. B.; II, 4 (II, 64). [54] Heinr. IV. A.; I, 2 (III, 335). [55] Ende I, 1 (XI, 372). [56] Tim. IV, 3 (X, 397). [57] Cymb. V, 4 (XII, 428). [58] Son. 96 (114).

*) Die Theorie der Marsbahn veröffentlichte Kepler nach mehrjährigen Beobachtungen erst 1609 in der „Astronomia nova" (Prag, 1609).

59. „Du (Melancholischer), der du selbst unterm Saturn
geboren sein willst . . .“

Durch geregelte Bewegung innerhalb ihrer Sphären erzeugen die Planeten die Sphärenmusik, deren Erklingen als günstige Vorbedeutung angesehen wird:

60. „Das ist Musik der Sphären!“

61. „Hört! In der Luft Musik? Im Schoß der Erde.
Das ist ein gutes Zeichen, meint ihr nicht?“

Auch im übrigen gilt der ruhige und ungestörte Gang der Sterne und ihr Beharren in der rechten Sphäre für glücksverkündend:

62. „Nun Sterne, die in rechter Bahn ihr rollt,
Wo ist eur' Einfluß?“

63. „In seinem Streiflicht nur und hellem Schein
Durft' ich mich laben, nicht in seiner Sphäre.“

64. „Wie sich ein Stern in seinem Kreis nur regt,
Kann ich's nicht ohne sie.“

Ungeregelte Bewegungen aber drohen Übles an, oder treten als Wahrzeichen unglückbringender Begebenheiten hervor:

65. „. . . wenn die Planeten
In übler Mischung irren, regellos:
Was für Schreckzeichen, Pest und Meuterei,
Des Meeres Toben, Erderschütterung,
Aufruhr der Luft, Umwälzung, Furcht und Graus,
Zerteilt, zerreißt, zerschmettert, und entwurzelt
Eintracht und Ehefrieden der Natur
Tief aus dem Grunde!“

66. „Zwei Sterne kreisen nie in einer Sphäre:
So duldet England auch kein doppelt Reich.“

[59] V. Lärm I, 3 (VII, 158). [60] Per. V. 1 (95). [61] Ant. IV, 3 (X, 123). [62] Joh. V, 7 (I, 225). [63] Ende I, 1 (XI, 368). [64] Haml. IV, 7 (VI, 130). [65] Troil. I, 3 (XI, 205). [66] Heinr. IV. A.; V, 4 (I, 505).

67. „Wer ist der . . . dessen Spruch des Weh's
Der Sterne Lauf beschwört, und macht sie stillstehn
Wie schreckbefangne Hörer?“

68. „. . . (eine Kunde) . . . die deine Augen
Wie Stern' aus ihren Sphären schießen machte.“

69. „. . . Harmonien . . .,
Daß Sterne wild aus ihren Kreisen fuhren.“

70. „Wollt Ihr die Sterne aus den Sphären schwören,
Ich sagte doch: Herr, nichts von Reisen.“

71. „. . . Er flieht
Wie ein entgleister Stern.“

72. „. . . er macht mich zornig,
Und das ist bald gescheh'n in dieser Zeit,
Wo gute Sterne, die mich sonst geleitet,
Aus ihrer Bahn gewichen, und ihr Licht
Zum Höllengrund gesendet.“

In mannigfaltiger Weise tragen die Planeten dazu bei, Schicksale und Erlebnisse der Menschenkinder bald zum Guten, bald auch wieder zum Bösen zu gestalten oder doch umzugestalten:

73. „. . . die Planeten saßen all' zu Rat
Sie mit den höchsten Reizen auszustatten.“

74. „Sei'n alle Glücksplaneten meinem Tun
Zuwider!“

75. „Ich weiß, daß dein Gestirn zu dieser Sendung
Sehr günstig ist.“

76. „Mein Gestirn erhebt mich über dich.“

77. „. . . mir zeigt die Kunde
Der Zukunft an, es hänge mein Zenith
An einem günst'gen Stern.“

[67] Haml. V, 1 (VI, 147). [68] Haml. I, 5 (VI, 43) [69] Somm. II, 1 (IV, 361). [70] Wint. I, 1 (IX, 163). [71] Troil. II, 2 (XI, 222). [72] Ant. III, 11 (X, 116) [73] Per. I, 1 (9). [74] Rich. III.; IV, 4 (VII, 461). [75] W wollt I, 4 (V, 160). [76] W. wollt II, 5 (V, 193). [77] Sturm I, 2 (V, 287).

78. „Sie haben, so wie jeder den sein Stern
Erhob und krönte, Diener, treu zum Schein."
79. „... (ich hoffe, daß) ... seine gute Vorschrift
Zu meiner Erbschaft durch das glücklichste
Gestirn geweiht wird."
80. „Bis daß ein günst'ger Stern den Schritt mir lenkt,
Und lächelt mich mit gnäd'gem Strahle an ..."
81. „Der Sterne Liebling mag sich hoher Ehren
Und stolzer Titel rühmen."
82. „Soll ich so sehr entehren mein (gutes) Gestirn?"
83. „... ich beklag's ... daß unsre Sterne
Die unvereinbaren, so unsre Gleichheit
Zerreißen mußten ..."
84. „Weil gute Sterne der Geburt gemangelt ..."
85. „Die Eule schreit jetzt nur, der Wolf nur bellt,
Kein guter Stern hält seine lichte Wacht."
86. „Das kommt von einem sündlichen Planeten,
Der trifft, wenn er regiert, und wirkt."
87. „... (feindlich plötzlich) jetzt eben nur,
Als ob die Menschen ein Planet betört."
88. „... (ich sage, daß ich) ... treuen Sinns
Das zu ersetzen stets bemüht sein werde,
Worin mein niedriges Gestirn nicht Schritt
Mit meinem großen Glücke hielt."
89. „Nun hemmt die Wut, des Himmels zorn'ge Sterne."
90. „Gott schütze dich vor Wirbelwinden, vor bösen Sternen
und vor Seuchen."
91. „... ich schüttle von dem lebensmüden Leibe
Das Joch feindseliger Gestirne."

[78] Lear III, 1 (XI, 79). [79] Ende I, 3 (XI, 385). [80] Son. 1 (19). [81] Son. 19 (37). [82] Rich. II ; IV, 1 (I, 340). [83] Ant. V, 1 (X, 150). [84] Rich. III.; IV, 4 (III, 457). [85] Lucret. 24 (129). [86] Wint. I, 1 (IX, 169). [87] Oth. II, 3 (XII, 63). [88] Ende II, 5 (XI, 414). [89] Per. II, 1 (26). [90] Lear III, 4 (XI, 87). [91] Rom. V, 3 (IV, 297).

92. „... (schade) ... daß wir arm Gebor'nen
Durch nied're Stern' auf Wünsche nur beschränkt."
93. „Welch finstrer Stern beneidet jetzt dein Glück?"
94. „Meine Gestirne schimmern dunkel auf mich herab."
95. „... es herrscht ein bös' Gestirn;
Ich muß geduldig sein, bis der Aspekt
Am Himmel günst'ger ist."
96. „... Schon bessert Sol's heilkräft'ger Blick
Der bösen Sterne schädlichen Aspekt."

Gefährlicher noch als das Erscheinen böser Sterne, deren übler Einfluß doch durch mancherlei Gegenkräfte gemildert oder ganz aufgehoben werden kann, ist das der Kometen und der Meteore:

97. „Kometen, Zeit- und Staaten-Wechsel kündend,
Schwingt die kristallnen Zöpf' am Firmament,
Und geißelt die empörten Sterne."
98. „Kometen sieht man nicht, wenn Bettler sterben."
99. „Nun strahle sie wie ein Komet der Rache."
100. „Wenn ein gutes Weib geboren würde bei jedem Kometen, oder bei jedem Erdbeben: das würde die Lotterie verbessern."
101. „Der blasse Mond scheint blutig auf die Erde
Und Meteore droh'n den festen Sternen."
102. „Ich seh', wie einen Sternschuß, deinen Ruhm
Vom Firmament zur niedren Erde fallen."
103. „Der Himmel prangt mit Funken ohne Zahl,
Und Feuer sind sie all', und jeder leuchtet."
104. „Seht ihr hier diese Meteore? Bemerkt
Ihr diese Feuerdünste?"

[92] Ende I, 1 (XI, 371). [93] Heinr. VI. B.; III, 1 (III, 81). [94] W. wollt II, 1 (V, 173). [95] Wint. II, 1 (IX, 184). [96] Troil. I, 3 (XI, 205). [97] Heinr. VI. A.; I, 1 (II, 329). [98] Cäs. II, 2 (V, 59). [99] Heinr. VI. A.; III, 2 (II, 379). [100] Ende I, 3 (XI, 379). [101] Rich. II.; III, 1 (I, 317). [102] Rich. II.; III, 1 (I, 318). [103] Cäs. III, 1 (V, 70). [104] Heinr. IV. A; II, 4 (I, 446).

105. „. . . als ich zur Welt kam, war
Des Himmels Stirn voll feuriger Gestalten,
Und Fackelbränden."
106. „. . . wut-entbrannte Augen,
Die eines trüben Himmels Meteore."
107. „Lagen auf seinem Antlitz, in der Zeit,
Des Herzens Meteore nicht im Streit?"

Angesichts dieser zahlreichen, für den allgemeinen Glauben an die Macht der Gestirne charakteristischen Stellen, denen auch noch die folgenden allgemeinen Inhaltes anzuschließen wären:

108. „Bei allen Kräften der Planetenbahnen,
Durch die wir leben und dem Tod verfallen,
Sag' ich mich los hier aller Vaterpflicht."
109. „Hat dies holde Antlitz
Mich wie ein wandelnder Planet beherrscht?"
110. „Aber es tanzte ein Stern, . . . und unter dem bin ich zur Welt gekommen."
111. „. . . die Sterne,
Die Sterne oben lenken unsern Sinn,
Sonst zeugte nicht so ganz verschiedne Kinder
Ein- und dasselbe Paar."

treten desto bedeutsamer diejenigen hervor, die solche Wahnvorstellungen durchaus zurückweisen, und nicht erst die Rätsel der himmlischen Welt heranziehen wollen, um die der irdischen auszudeuten:

112. „Nicht durch die Schuld der Sterne, lieber Brutus,
Durch eig'ne Schuld nur sind wir Schwächlinge."

[105] Heinr. IV. A.; III, 1 (I, 455). [106] Heinr. IV. A.; I, 1 (I, 401). [107] Comöd. IV, 2 (VIII, 242). [108] Lear I, 1 (XI, 19). [109] Heinr. VI. B.; IV, 2 (III, 117). [110] V. Lärm II, 2 (VIII, 672). [111] Lear IV, 3 (XI, 112). [112] Cäs. I, 2 (V, 33).

113. „Oft liegen in uns selbst die Arzenei'n
Die wir von Gott erfleh'n. Die Sterne leih'n
Uns freien Spielraum; sie zieh'n rückwärts nur
Den trägen Plan, wenn wir stumpf von Natur."

114. „Am Himmel kein natürlich Dunstgebild,
Kein Spielwerk der Natur, kein trüber Tag,
Kein leichter Windstoß, kein gewohnter Vorfall,
Den Jene nicht dem wahren Grund entreißen
Und nennen werden: Meteore, Wunder,
Vorzeichen, Mißgeburten, Himmelsstimmen."

115. „Das ist die ausbündige Narrheit dieser Welt, daß wenn unser Glück krankt, ... wir die Schuld unserer Unfälle auf Sonne, Mond und Sterne schieben, als wenn wir Schurken wären durch ihre Notwendigkeit; Narren durch himmlische Einwirkung; Schelme, Diebe und Verräter durch die Übermacht der Sphären; Trunkenbolde, Lügner und Ehebrecher durch unfreiwillige Abhängigkeit von planetarischem Einfluß ..."

116. „Der Sterne Rätsel kann ich nicht ergründen, ...
Nein, all mein Wissen stammt von dieser Erde."

117. „Ich weiß es, daß, was wächst, nur kurze Zeit
Sich in vollkomm'ner Schöne mag erhalten;
Daß nichts als Schaugepräng die Bühne beut,
Die riesige, ob der die Sterne walten.
Ich seh' die Menschen, Pflanzen gleich, erstehn,
Desselben Himmels Gunst und Ungunst leiden,
Erst stolz und voll im Saft, dann im Vergehn,
Bis sie, nach kurzem Blühn, vergessen scheiden."

II. Physik und Chemie; Mathematik.

Physikalische Sätze und Gleichnisse finden sich bei Shakespeare in großer Zahl. Dem Gebiete der sogenannten

[113] Ende I, 1 (XI, 373). [114] Joh. III, 4 (I, 183). [115] Lear I, 2 (XI, 31). [116] Son. 15 (33). [117] Son. 16 (134).

allgemeinen Physik und Mechanik, einschließlich der Wellenlehre und Akustik, sind die nachstehenden entnommen:

1. „Aus Nichts kann Nichts entstehen.“
2. „Feu'r wird durch Feuer, Keil durch Keil verdrängt,
Recht stürzt das Recht, Kraft wird durch Kraft gesprengt.“
3. „Wie eine Glut die andre Glut vertreibt,
Und wie ein Keil der Kraft des andern weicht“ ...
4. „Der Wagebalken unseres Lebens hat eine Schale von Vernunft, um eine andere von Sinnlichkeit aufzuwiegen.“
5. „... (sie ist) der Erde rechter Mittelpunkt,
Der alles anzieht.“
6. „Und wie ein Ding, das schwer ist an sich selbst,
Auf Nötigung mit schnellster Eile fliegt:
So flohen unsre Leute.“
7. „Hier ist ein langsam Ding“ ... „Ist das Blei träg,
das aus dem Geschütz man feuert?“
8. „... o bleierne Boten ihr,
Getragen von des Feuers wilder Hast,
Verfehlt eu'r Ziel! Durchbohrt die stille Luft,
Die singt, wenn ihr sie trefft!“
9. „Denn England ist in seinem Andrang rasch,
Wie Wasser, das ein Wirbel in sich saugt.“
10. „Ein Zirkel nur im Wasser ist der Ruhm,
Der niemals aufhört selbst sich zu erweitern
Bis die Verbreit'rung ihn in Nichts zerstreut.“
11. „... wie den Ton die Wölbung
Zurückströmt, oder wie ein Schild von Stahl
Der Sonne Bild aufnimmt und wiedergibt
Samt ihrer Glut.“

[1] Lear I, 1 (XI, 18). [2] Cor. IV, 7 (VIII, 130). [3] Veron. VI, 5 (VIII, 341). [4] Oth. I, 3 (XII, 40). [5] Troil. IV, 3 (XI, 273). [6] Heinr. IV. B.; II, 1 (II, 23). [7] L. Leid III, 1 (VII, 305). [8] Ende III, 2 (XI, 422). [9] Heinr. V; II, 4 (II, 209). [10] Heinr. VI. A.; I, 2 (II, 340). [11] Troil. III, 3 (XI, 258).

Dem Bereiche der Optik gehören die folgenden Sätze und Bilder an:

12. „Licht ist die Wirkung des Feuers, und Feuer brennt."
13. „Der Glühwurm zeigt, daß kühl der Morgen naht,
Denn sein unwirksam Feu'r beginnt zu blassen."
14. „Das Verlangen ihres Auges drohte mich zu versengen, wie ein Brennglas."
15. „Von ihm spricht jede Zung', das blöde Auge
Bebrillt sich, ihn zu sehen."
16. „Ich hieß die Augen mit den Herzen wandern,
Und nannte blinde trübe Brillen sie."
17. „. . . Willst
Du Herzensleid mit einer Brille suchen?"
18. „Gib! Wenn es nichts ist, brauch' ich keine Brille."
19. „. . . können wir
Durch so kostbare Brillen Schön und Häßlich
Nicht scheiden?"
20. „So tief drang hier mein Blick ein, daß Verachtung
Ihr höhnisch Glas mir lieh, das, jedes and'ren
Gesichtes Züg' entstellend, reine Färbung
Verhöhnte oder als gestohlen schalt,
Und alle Formen dehnte oder kürzte
Zur ärgsten Fratze."
21. Das Aug' des Kummers, überglast von Tränen,
Zerteilt ein Ding in viele Gegenstände.
Wie ein gefurchtes Bild, grad angesehen,
Nichts als Verwirrung zeigt, doch schräg betrachtet
Gestalt läßt unterscheiden: so entdeckt . . ."

[12] Comöd. IV, 3 (VIII, 247). [13] Haml. I, 5 (VI, 45). [14] Lust. W. I, 4 (IX, 26). [15] Cor. II, 1 (VIII, 54). [16] Heinr. VI. B.; III, 2 (III, 91). [17] Heinr. VI. B.; V, 1 (III, 140). [18] Lear I, 2 (XI, 28). [19] Cymb. I, 6 (XII, 336). [20] Ende V, 3 (XI, 469). [21] Rich. II.; II, 3 (I, 305).

22. „... selbst das Auge sieht,
Der geistigste der Sinne, nicht sich selbst, ...
Denn Sehkraft wendet sich nicht auf sich selbst."

Anspielungen auf magnetische und elektrische Phänomene (St. Elmsfeuer) finden sich ebenfalls an einigen Stellen:

23. „Du ziehst mich an, hartherziger Magnet,
Doch ziehest du nicht Eisen, denn mein Herz
Ist treu wie Gold; lass' ab mich anzuzieh'n,
So hab' ich dir zu folgen keine Macht."
24. „Nein gute Mutter, hier ist ein stärkerer Magnet."
25. „So treu wie Stahl ... wie Eisen dem Magnet,
Dem Pol die Erde."
26. „Auf dem Verdeck, in jeglicher Kajüte
Flammt' ich Entsetzen; bald zerteilt ich mich
Und brannt' an vielen Stellen; auf dem Mast,
An Stang' und Bugspriet flammt' ich abgesondert,
Floß dann in eins ..."
27. „Habt sonst Ihr Wunderbares noch gesehn?"
„... Ein Sklave
Hob seine linke Hand empor; sie flammte
Wie zwanzig Fackeln auf einmal, und doch,
Die Glut nicht fühlend, blieb sie unversengt."
28. „Die Ausdünstungen, schwirrend in der Luft,
Gewähren Licht genug, dabei zu lesen."

In chemischer Hinsicht spielt zunächst die Alchemie eine bedeutsame Rolle, und mit ihr der Stein der Weisen, der im gediegenen Golde Fülle des Reichtums, und im flüssigen Alkahest („aurum potabile") Gesundheit und langes Leben verleiht:

29. „... Plutus selbst,
Der Goldtinktur und Alchymie Adept,

[22] Troil. III, 3 (XI, 258). [23] Somm. II, 1 (IV, 362). [24] Haml. III, 2 (VI, 88). [25] Troil. III, 2 (XI, 252). [26] Sturm I, 2 (V, 287). [27] Cäs. I, 3 (V, 40). [28] Cäs. II, 1 (V, 47). [29] Ende V, 3 (XI, 471).

Kennt der Natur Geheimnis nicht genauer
Als ich den Ring."

30. "... (dieser Segenstag) ...,
Um ihn zu feiern, wird die hehre Sonne
Verweilen und den Alchymisten spielen,
Verwandelnd mit des kostbar'n Auges Glanz
Die mag're Erdenscholl in blinkend Gold."

31. "Du bist ein Alchymist, mach' aus Schlägen Gold!"

32. "... (Drum bist du), ...
Der Krone bestes Gold, vom Gold das Schlechteste;
Ein and'res, wen'ger fein, ist köstlicher,
Bewahrt als trinkbare Arznei das Leben."

33. "Das, was in uns als Frevel nur erschiene,
Wird Brutus' Ansehn, wie der Stein der Weisen,
In Tugend wandeln und in Würdigkeit."

34. "Es müßte schlimm aussehen, wenn ich nicht einen doppelten Stein der Weisen aus ihm machte."

35. "Laß Dirnen und Wein, – Und halte dich ein,
So find'st du den Stein – Der Weisen allein."

Der vier Elemente im empedokleisch-aristotelischen Sinne geschieht wiederholt Erwähnung:

36. "(Dies Roß) ist nichts wie Feuer und Luft, und die trägen Elemente der Erde und des Wassers zeigen sich niemals in ihm."

37. "... wir sollten uns
So schreckbar treffen wie die Elemente
Von Feu'r und Wasser, wenn ihr lauter Stoß
Des Himmels wolk'ge Wangen jäh zerreißt."

38. "Bezeugt's, ihr ewig glüh'nden Lichter dort,
Ihr Elemente, die ihr uns umschließt!"

[30] Joh. III, 1 (I, 164). [31] Timon V, 2 (X, 419). [32] Heinr. IV.; IV, 4 (II, 113). [33] Cäs. I, 3 (V, 45). [34] Heinr. IV. B.; III, 2 (II, 85) [35] Lear I, 4 (XI, 39). [36] Heinr. V.; III, 7 (II, 256). [37] Rich. II.; III, 4 (I, 329). [38] Oth. III, 3 (XII, 93).

39. „. . . bei den Elementen,
Treff' ich ihn jemals wieder Stirn an Stirn,
Mein ist er, oder ich bin sein."

40. „(Unsre Spieler) . . . waren Geister, und
Sind aufgelöst in Luft, in dünne Luft."

41. „. . . Phantasie,
Die aus so dünnem Stoff als Luft besteht."

Metalle, edle und unedle, werden oft genannt, und zahlreichen Gleichnissen zugrunde gelegt:

42. „(Sein Wappenschild) ist eine Hand aus Wolken,
Gold haltend, das sie am Probierstein prüft."

43. „. . . ich hatte das für Silber
Gehalten" . . . „Bleierne Löffel,
Alteisen, . . . dies Gesindel
Liest's auf vor Schluß des Treffens."

44. „Der Schurke lief vor mir davon wie Quecksilber."

45. „. . . hurtig wie Quecksilber."

46. „. . . es birgt mein Haus hier in der Stadt . . .
Messing und Zinn, und was in Haus und Wirtschaft
Gehören mag."

47. „Ist nicht Blei ein Metall, plump, langsam und schwer?"

48. „. . . mit Flossen schwimmt von Blei, wer
Auf Volkes Gunst sich stützt."

49. „Denn s e i n Metall nur stärkte die Partei:
Als es in i h m erweicht war, kehrten alle
In sich zurück, wie stumpfes schweres Blei."

50. „Wenn ihr aber diese Schläge noch lange fortsetzt, so muß ich mir wirklich ein Dach für meinen Kopf machen lassen, womöglich ein kupfernes."

[39] Cor. I, 10 (VIII, 44). [40] Sturm IV, 1 (V, 344). [41] Rom. I, 4 (IV, 211). [42] Per. II, 2 (34). [43] Cor I, 5 (VIII, 33). [44] Heinr. IV. B.; II, 4 (II, 63). [45] Haml. I, 5 (VI, 45). [46] Wid. II, 1 (VII, 59). [47] L. Leid. III, 1 (VII, 305) [48] Cor I, 1 (VIII, 19). [49] Heinr. IV B.; I, 1 (II, 23). [50] Comöd. II, 2 (VIII, 215).

51. „. . . (das Eisen), . . .
Ja, es verzehrte sich nachher in Rost.“
52. „. . . Angewöhnung, die zu sehr
Den Schein gefäll'ger Sitten überrostet.“
53. „Nicht riesengliedrig von Cyklopenbau,
Doch Eisen sind wir, bis ins Rückgrat Stahl.“
54. „Gebt ihr als Liebeszeichen nur Steine, denn sie ist so hart wie Stahl.“
55. „Und hätte sie nicht mein Herz von Stahl
Und im Glauben gehärtet befunden:
Sie hätte zum Küchenmops mich gemacht
Und ans Bratspießrad gebunden.“
56. „Ein spanisch Schwert, in Eis gehärtet.“

Anderer chemischer Stoffe und Körper wird nur vorübergehend, und an einzelnen Stellen gedacht:

57. „Gleich Schwefelminen brennend.“
58. „Röstet mich in Schwefel!“
59. „. . . wenn's mit dem Steinkohlenfeuer zu Ende geht . . .“
60. „. . . einem Lamm seid ihr gesellt,
Das so nur Zorn hegt wie der Kiesel Feuer,
Der, viel geschlagen, tücht'ge Funken zeigt,
Und gleich drauf wieder kalt ist.“
61. „In dem Glase Sekt ist auch Kalk; nichts als Schurkerei ist unter dem sündhaften Menschenvolk zu finden.“
62. „Fort! Ist die Trennung schon ein ätzend Mittel,
Sie dient für eine Wunde voller Tod.“
63. „. . . dein Witz
Fängt Feuer durch das eig'ne Ungeschick,
Wie Pulver in nachläss'ger Krieger Flasche.“

[51] Joh. IV, 1 (I, 187). [52] Haml. I, 4 (VI, 39). [53] Titus IV, 3 (IX, 375). [54] Veron. I, 1 (VIII, 310). [55] Comöd. III, 2 (VIII, 234). [56] Oth. V, 2 (XII, 151). [57] Oth. III, 3 (XII, 88). [58] Oth. V, 2 (XII, 152). [59] Lust. W. I, 4 (IX, 28). [60] Cäs. IV, 3 (V, 101). [61] Heinr IV. A.; II, 4 (I, 439). [62] Heinr. IV. B.; III, 2 (III, 100). [63] Rom. III, 3 (IV, 260).

64. „... (dein Gift) ..., es wirkt so stark
Als Aconitum oder lodernd Pulver.“

65. „Und großer Jammer ist es, ja fürwahr,
Daß sie den bübischen Salpeter graben
Aus unsrer guten Mutter Erde Schoß!“

66. „Sie tauchen seine Fehl' in ihre Liebe,
Die, wie der Quell das Holz in Stein verwandelt,
Aus Tadel Lob macht.“

67. „... wie saures Lab, in Milch getropft,
Sie plötzlich mit Gewalt gerinnen macht ...“

68. „Hat Freundschaft solch' ein schwaches Herz wie Milch,
Die in zwei Nächten umschlägt?“

69. „(Eine Leiche in der Erde) ... dauert Euch ein acht bis neun Jahre aus, ein Lohgerber neun Jahre, ... sein Gewerbe gerbt ihm das Fell so, daß es eine Zeit lang das Wasser abhält.“

Auf vereinzelte Nennungen von Gewürzen, Farbstoffen, und Produkten der Technologie, wie Essig, Öl, Leder, Papier,*) Zucker u. s. f., soll an dieser Stelle nicht eingegangen werden, dagegen sei auf die ungemein häufigen Erwähnungen der Gärung und der destillierten Flüssigkeiten hingewiesen:

70. „Hefe und Schaum, du lügst!“

71. „Und hätten wir nicht zu Essenz gezogen
Des Sommers Düfte in kristallne Haft ...“

72. „... die süße Rose,
Aus ihrem Tod wird Wohlgeruch gemacht.“

73. „Der Aufschub ist bestreut mit Süßigkeiten,
Die, in der Zeit Retorte destilliert,
Mit Lust die Zukunft füllen.“

[64] Heinr. IV. B.; IV, 4 (II, 105). [65] Heinr. IV. A.; I, 3 (I, 414). [66] Haml. IV, 7 (VI, 130). [67] Haml. I, 5 (VI, 45). [68] Timon III, 2 (X, 367). [69] Haml. V, 1 (VI, 144).

*) Papiermühle: s. Heinr. VI. B.; IV, 7 (III, 122).

[70] Lust. W. I, 1 (IX, 17). [71] Son. 6 (24). [72] Son. 27 (45). [73] Ende II, 5 (XI, 410).

74. „Du bist leichter zu verschlucken als ein brennender Schnaps."
75. „Holt mir einen Schoppen Branntwein!"
76. „Holt Spiritus!"
77. „(Es wirkt auf ihn) wie Branntwein auf eine Hebamme."
78. „Ich will Euch eine Flasche gebrannten Sekt geben."
79. „Gebrannter Sekt sei das Ende."
80. „Verkorkt . . . wie ein starker Aquavit."
81. „Lieber will ich . . . einem Irländer meine Aquavitflasche anvertrauen!"
82. „Man wird ihn . . . mit Aquavit oder einer anderen hitzigen Einflößung wieder zum Leben bringen."
83. „Verschafft Euch etwas destillierten Cardobenedikt und legt ihn aufs Herz, es gibt kein besseres Mittel für Beklemmungen."

Das kühlende Universalmittel Cardobenedikt bezog man, wie viele desgleichen, aus den Apotheken, deren mittelalterliche Einrichtung und deren pharmazeutische Spezialitäten wiederholt treffend geschildert werden:

84. „Mir fällt ein Apotheker ein, . . .
Ein Schildplat hing in seinem dürft'gen Laden,
Ein ausgestopftes Krokodil, und Häute
Von mißgestalten Fischen; auf dem Sims
Ein bettelhafter Prunk von leeren Büchsen,
Und grünen Töpfen, Blasen, muffgen Samen,
Bindfaden-Enden, alten Rosenkuchen, –
Dies alles dünn verteilt, zur Schau zu dienen."
85. „Leute . . . die riechen, wie ein Apothekerladen zur Zeit der Kräuterlese."

[74] L. Leid. V, 1 (VII, 339). [75] Haml. V, 1 (VI, 140). [76] Rom. IV, 5 (IV, 284). [77] W. Wollt II, 5 (V, 195). [78] Lust. W. II, 1 (IX, 41). [79] Lust. W. III, 1 (IX, 61). [80] Lust. W. III, 5 (IX, 82). [81] Lust. W. II, 2 (IX, 52). [82] Wint. IV, 3 (IX, 254). [83] V. Lärm III, 5 (VII, 203). [84] Rom. V, 1 (IV, 290). [85] L. Weib. III, 3 (IV, 67).

86. „. . . heißt den Apotheker
Das starke Gift mir bringen, das ich kaufte.“

87. „. . . Bisam ist von schlechterer Abkunft als Teer, . . . der unsaubere Abgang einer Katze.“

88. „. . . . für innere Schäden kommt
Nichts auf der Welt dem Spermaceti bei.“

89. „Gäb's 'ne Purganz wie Senna und Rhabarber,
Die Feinde abzuführen.“

90. „. . . Das überwund'ne Auge,
Sonst nicht gewöhnt zu schmelzen, Tränen nun
Vergießt's, so reichlich wie Arabiens Bäume
Ihr heilungskräftig Harz.“

Auf den mächtigen Einfluß, den die Vorlesungen Giordano Brunos während seines Londoner Aufenthaltes im Kreise der Höchstgebildeten und namentlich auch bei Hofe ausübten, hat man Shakespeares Kenntnis der Atomtheorie zurückführen wollen, die sich in einigen Sätzen äußern soll:

91. „Dies Ziel ist klar, handgreiflich wie ein Körper
Dess Masse sich aus kleinsten Teilen formt.“

92. „Du bist nicht du selbst,
Denn du bestehst durch Tausende von Körnern,
Aus Staub entsprossen.“

93. „Warum sollte die Einbildungskraft nicht den edlen Staub Alexanders verfolgen können, bis sie ihn findet, wo er ein Spundloch verstopft? . . . Alexander starb, Alexander ward begraben, Alexander verwandelte sich in Staub; der Staub ist Erde; aus Erde machen wir Lehm: und warum sollte man nicht mit dem Lehm, worin er verwandelt ward, ein Bierfaß stopfen können?
Der große Cäsar, tot und Lehm geworden,
Verstopft ein Loch wohl vor dem rauhen Norden.

[86] Heinr. VI. B.; III, 3 (III, 102). [87] W. gef. III, 2 (VI, 391). [88] Heinr. IV. A.; I, 3 (I, 413). [89] Macb. V, 3 (XII, 270). [90] Oth. V, 2 (XII, 155). [91] Troil. I, 3 (XI, 212). [92] Maß III, 1 (X, 240). [93] Haml. V, 1 (VI, 145).

O daß die Erde, der die Welt gebebt,
Vor Wind und Wetter eine Wand verklebt!"

Doch scheint es fraglich, ob man aus diesen Bildern, — das von Alexanders Staub findet sich schon bei antiken und auch bei orientalischen Schriftstellern, z. B. in Marc Aurels „Meditationen" (VI, 21), und im „Diwan" des Hafis (1318—1389?), wo es heißt:*) „Jeder Klumpen Lehms hienieden Ist ein Schädel Alexanders" —, solche Folgerungen ziehen darf. Die „kleinsten Teilchen" vermöchte man sehr wohl auch als materielle Korpuskeln aufzufassen, wie z. B. in folgender Stelle des „Sturm":

94. „... die Elemente, draus
Man eure Schwerter schmiedet, könnten wohl
So gut den lauen Wind verwunden, ... als
Am Fittig mir ein Fläumchen kränken."

Ferner ist der Gedanke, daß alles Sein, der begrenzten Menschheit wie der unendlichen Natur, als ein wandelbares, vorübergehendes, zwischen Vernichtung und Wiedererstehen wechselndes anzusehen ist, ein von Shakespeare sehr oft und mit großem Nachdrucke geäußerter:

95. „Ich seh' der Dinge wechselndes Gewühle,
Und was da ist, zum Untergang bestimmt."

96. „... mein Leben hat den Kreislauf
Vollbracht."

97. „... Unsre Spiele sind zu Ende;
Die Spieler, wie ich sagte, waren Geister,
Die nun in Luft, in dünne Luft zerflossen.
Und wie die luft'ge Bildung dieses Scheins
So werden die gewölkumragten Türme,
Die Prachtpaläste, die erhab'nen Tempel,
Ja dieser Erdball selbst, mit allem
Was er umschließt und nährt, dereinst vergeh'n,

[94] Sturm III, 3 (V, 335). [95] Son. 31 (49). [96] Cäs. V, 3 (V, 117).
[97] Sturm IV, 1 (V, 344); hier nach Bodenstedt's Übersetzung.
*) Übersetzung von Hammer (Stuttgart 1812, II, S. 500).

Und, wie dies wesenlose Schaugepräng',
Spurlos verschwinden."

Aus dem Staube, in den sich das All aufgelöst, formen sich dann von neuem die Lebewesen:

98. „... (Natur), ... du allgemeine Mutter,
Dein Schoß unmeßbar, deine Brust unendlich,
Gebiert, nährt All'; derselbe Stoff, aus dem
Dein stolzes Kind, der freche Mensch, aufquillt,
Erzeugt die schwarze Kröt' und blaue Natter,
Die gold'ne Eidechs' und die gift'ge Schlange."

99. „Welch ein Meisterwerk ist der Mensch! ... und doch, was ist mir diese Quintessenz von Staub?"

100. „Und der muß wahrlich selt'nen Stoffes sein,
Den nicht entadeln kann ... (unwürdig Tun)."

101. „Das Gehirn dieses närrisch zusammengekneteten Tones, der Mensch heißt" ...

102. „... (nach dem Tode) ist, was du hier siehst, nichts als ein Erdkloß."

Endlich ist, wo Shakespeare mit Bezug auf den Menschen von Elementen spricht, auseinander zu halten, daß er nur zuweilen von materiellen Elementen (und zwar im antiken, nicht im modern-chemischen Sinne) redet:

103. „Besteht unser Leben nicht aus den vier Elementen?" „Ja wahrhaftig, so sagen sie; aber ich glaube eher, daß es aus Essen und Trinken besteht." „Du bist ein Gelehrter! Lass' uns also essen und trinken."

104. „... doch Liebe
Lebt nicht allein vermauert im Gehirn,
Nein, kreist, mit aller Elemente Schwung
So rasch wie der Gedank', in jeder Kraft."

[98] Timon IV, 3 (X, 399). [99] Haml. II, 2 (VI, 66). [100] Ant. I, 4 (X, 40). [101] Heinr. IV. B.; I, 2 (II, 27). [102] Joh. V, 7 (I, 224). [103] W. Wollt II, 3 (V, 176). [104] L. Leid IV, 3 (VII, 335).

105. „Die Elemente sei'n dir hold, und mögen
Dein Herz zur Freude stimmen."
106. „Ganz Feur' und Luft, geb' ich dem niedren Leben
Die andren Elemente."
107. „Wär' meines Leibes träger Stoff Gedanke,
Dann hielte mich Entfernung nicht zurück, . . .
Weh mir, zu denken, daß ich nicht Gedanke,
Und nicht dir folgen kann; daß ich, aus Erd'
Und Wasser, ganz an grober Mischung kranke,
Und harren muß bis Zeit mir Trost gewährt,
Da träg die Elemente nichts gewähren."
108. „Die andren beiden, Luft und Feuer, weilen
In deiner Nähe, wo ich immer bin; . . .
Wenn so zu dir auf Liebeswegen wandern
Die flücht'gen Elemente, dann erstarrt,
Allein gelassen mit den beiden andern,
Zum Tod mein Leben, das aus vielen ward;
Bis sich die Mischungen von neuem binden."

In vielen anderen Fällen gebraucht der Dichter aber Elemente im geistigen Sinne von Temperamenten, Anlagen oder Launen, die man sich, antiken Traditionen folgend, allerdings wieder an eine materielle Unterlage gebunden dachte, nämlich an die „Säfte" des Körpers, die mehr oder weniger sanguinischer, phlegmatischer, cholerischer oder melancholischer Beschaffenheit sein konnten:

109. „Sanft war sein Leben, und so mischten sich
Die Element' in ihm, daß die Natur
Aufstehen durfte und der Welt verkünden:
Dies war ein Mann."
110. „. . . ein Mann, in dem die Natur so Launen zusammengehäuft hat, daß . . ."

[105] Ant. III, 2 (X, 86). [106] Ant. V, 2 (X, 164). [107] Son. 62 (80). [108] Son. 63 (81). [109] Cäs. V, 5 (V, 126). [110] Troil. I, 2 (XI, 191).

111. „Melancholisches Element hat (das Fräulein) nicht viel.“

112. „O, wie der Krampf mir auf zum Herzen schwillt!
Hinab, aufsteigend Weh! Dein Element
Ist unten.“

Sentenzen mathematischen Inhaltes sind bei Shakespeare außerordentlich selten; ganz vereinzelt findet sich:

113. „... so nahe wie die letzten Enden
Von Parallelen, ähnlich wie Vulkan
Und Venus ...“

III. Leib und Seele.

Das Verhältnis von Leib und Seele faßt Shakespeare in einer großen Anzahl von Fällen der seit altersher herrschenden Anschauung gemäß auf: dem materiellen Stoffe steht der immaterielle Geist gegenüber, dem rohen und nur den irdischen Gesetzen gehorchenden Körper die ätherische und den höheren Regionen entstammende Psyche; beide sind ganz voneinander verschieden, wirken nur vorübergehend vermöge der Lebenskraft aufeinander ein, vereinigen und trennen sich aber im übrigen als zwei ganz fremde Wesen, wie es etwa halb scherzhaft selbst vom Krokodile heißt:

1. „... es lebt von seiner Nahrung, und haben seine Elemente sich aufgelöst, so geht seine Seele auf die Wanderschaft.“

Beispiele für die erwähnte Anschauungsweise sind:

2. „Als dieser Körper einen Geist enthielt
War ihm ein Königreich zu enge Schranke.“

3. „... eure Seelen,
Die doch sogleich vom Leibe scheiden müssen.“

4. „Doch dieses Wort, Rebellion, schied ganz
Die Handlung ihres Leibes von den Seelen.“

[111] V. Lärm II, 2 (VII, 172). [112] Lear II, 4 (XI, 67). [113] Troil. I, 3 (XI, 207). [1] Ant. II, 7 (X, 77). [2] Heinr. IV. A.; V, 4 (I, 506). [3] Rich. II.; III, 2 (I, 318). [4] Heinr. IV. B.; I, 1 (II, 26).

5. „... daß die Seelen
In Frieden mögen scheiden und zum Heil
Von diesen Feldern, wo die armen Leiber
Verwesen müssen."

6. „... den Geist vermach'
Ich allen Lüften, und den Leib dem Grunde."

7. „Es schafft der Geist, liegt schon der Leib darnieder."

8. „Staub geht zu Staub, dem er gehört, dieweil
Du meinen Geist, mein besser Teil, erlesen."

9. „Wir sind von dem Stoff,
Der Träume bildet, und dies kleine Leben
Umzirkt ein Schlaf."

10. „Wir alle stehen gegen Cäsars Geist,
Und in dem Geist des Menschen ist kein Blut."

11. „In uns selber liegt's, ob wir so sind oder anders. Unser Körper ist der Garten, und unser Wille der Gärtner, so daß, ob wir Nesseln drin bauen wollen oder Salat pflanzen, Ysop aufziehen oder Thymian ausjäten, ... das Vermögen dazu und die besondere Macht durchaus in unserem Willen liegt."

12. „Aus welchem Stoffe schuf dich die Natur,
Daß Millionen Formen an dir kleben?
Sonst hat doch jedes Wesen eine nur,
Du ganz allein kannst jede Form dir geben."

13. „... Bastard? Unecht?
Wir, die im heißen Diebstahl der Natur
Mehr Stoff empfah'n und kräft'gern Feuergeist
Als ... ein ganzes Heer von Tröpfen ..."

14. „Hast du zu fluchen Lust, fluch' deinem Vater,
... der in Verzweiflung Stoff
Gab einer Bettlerin, dich draus zu formen."

[5] Heinr. V.; IV, 3 (II, 260). [6] Lucr. 172 (166). [7] Sonn. 52 (75) [8] Sonn. 118 (136). [9] Sturm IV, 1 (V, 344). [10] Cäs. II, 1 (V, 82). [11] Oth. I, 3 (XII, 40). [12] Sonn. 36 (44). [13] Lear I, 2 (XI, 27). [14] Timon IV, 3 (X, 403).

15. „Doch stünde auf dem Spiel nur dies Stück Erde,
Die Form des Marcius: zu Staub zerreiben
Und in den Wind streu'n sollten sie's.“
16. „Der Lebensgeist, die Form die dich gestaltet,
Macht ihn zum Manne auch.“
17. „Die Lebensgeister sind mir wie im Traum
Gefesselt.“
18. „Fräulein, ihr habt der Worte mich beraubt:
Mein Blut nur in den Adern spricht zu Euch,
Verwirrung ist in meinen Lebensgeistern.“
19. „O Jupiter, wie matt sind meine Lebensgeister!“ „Ich fragte nicht nach meinen Lebensgeistern, wenn nur meine Beine nicht matt wären!“
20. „Gift wird wirkungslos
Als solches oft gemacht, wenn man es bloß
Mit reinen Stoffen mengt; und seine Kraft,
So angewendet, wirkt als Lebenskraft.“
21. „Bleiern schwer
Ringt Schlummer mit der Lebenskraft.“
22. „Nicht alle Schlummerkräfte der Natur
Verhelfen je dir zu dem süßen Schlaf,
Den du noch gestern hattest.“

Diesen dualistischen Äußerungen gegenüber stehen aber auch solche, die, von einem höheren Standpunkte aus, nicht nur die innige, gegenseitige Bedingtheit und Abhängigkeit von Leib und Seele betonen, sondern auch die wichtigsten Einflüsse, Erblichkeit, Übung, und Ernährung, mit Nachdruck hervorheben:

23. „Krankheit verabsäumt jeden Dienst, zu dem
Gesundheit ist verpflichtet; wir sind nicht wir selbst,

[15] Cor. III, 2 (VIII, 94). [16] Rich. II.; I, 2 (I, 179). [17] Sturm I, 2 (V, 299). [18] Kaufm. III, 2 (VI, 259). [19] W. gef. II, 4 (VI, 373). [20] Lucr. 76 (142). [21] Lucr. 18 (128). [22] Oth. III, 3 (XII, 88). [23] Lear II, 4 (XI, 69).

Wenn die Natur, im Druck, die Seele zwingt
Zu leiden mit dem Körper.“

24. „Du arme Seele, Mittelpunkt dem Staub
Dem sünd'gen, und doch sein Narr und Fröhner.“

25. „Der Verstand
Der Menschen ist ein Teil von ihrem Glück,
Und äußre Dinge ziehn das innre Wesen
Sich nach, daß eines wie das andre krankt.“

26. „Doch lebt erst das Gemüt auf, so erstehen
Auch die zuvor erstorbenen Organe, ...
Und regen sich aufs Neu, ... mit frischem Schwung.“

27. „Die ew'ge Sorg' und Arbeit des Gemüts
Hat so die Mau'r, die es umschließt, vernutzt:
Das Leben blickt schon durch und will heraus.“

28. „Wie eines Färbers Hand, so zeigt mein Wesen
Des Stoffes Farb', in dem ich schaffe.“

29. „Ein fein Gepräge ward
Dem Geist zu seinem Tun; doch die Natur
Verleiht kein Stäubchen ihrer Trefflichkeit,
Wofür sie nicht, als wirtschaftliche Göttin,
Sich eines Gläub'gers Ehrenzoll bedingt,
So Dank als Zins.“

30. „Welch' edler Zug!
O Würde der Natur, ererbte Größe!
Feig artet Feigem, Niedrer Niedrem nach,
Natur teilt Klei' und Mehl aus, Huld und Schmach.“

31. „Schön war die Form, den Ahnen gleich,
Darin Natur ihn goß.“

32. „Hehre Göttin
Natur, wie zeichnest du dein Wappenschild

[24] Sonn. 152 (170). [25] Ant. III, 11 (X, 111). [26] Heinr. V.; IV, 1 (II, 244). [27] Heinr. IV. B.; IV, 4 (II, 107). [28] Sonn. 107 (125). [29] Maß I, 1 (X, 192). [30] Cymb. IV, 2 (XII, 397). [31] Cymb. V, 4 (XII, 426). [32] Cymb. IV, 2 (XII, 404).

In diesen Fürstenknaben! ... Welches Wunder,
Daß unsichtbarer Trieb sie, unbelehrt,
Zu Königsart und Ehre formt, zur Sitte
Die sie nicht Anderen absah'n, und zum Mut,
Der wild in ihnen wächst, doch Ernten liefert
Als wär' er ausgesät!"

33. „... die Übung kann
Fast das Gepräge der Natur verändern."

34. „... (die Briten), ... woher käm' ihr Feu'r?
Ist nicht ihr Klima neblig, rauh und dumpf? ...
Kann ihnen Gerstenbrüh', gesottnes Wasser, ...
Das kalte Blut zu tapfrer Hitze kochen?"

35. „Wackres Landvolk, ... zeigt uns nun
Die Kraft genossner Nahrung!"

Was die Funktionen des Körpers betrifft, so beurteilt sie Shakespeare im ganzen gemäß den, bis tief in die Neuzeit hinein herrschend gebliebenen Lehren des Galenos, doch fehlt es nicht an einzelnen Modifikationen, die zum Teile auf Paracelsus hinweisen; diese beiden großen Meister werden auch namentlich angeführt:

36. „... ich habe die Ursache der Wirkung (dieses Zustandes) beim Galenus gelesen."

37. „Von allen Meistern der Kunst aufgegeben zu sein, ... von Galen und Paracelsus ..."

Als Hauptorgane des Körpers gelten Gehirn, Herz und Leber; das „kühle" Gehirn ist vornehmlich Sitz des Verstandes, das „warme" Herz Sitz der Lebensgeister, und die „heiße und trockene" Leber (die daher durch alles heiße und trockene, ihr antipathische, gereizt wird), Sitz der Körperwärme und der „hitzigen Eigenschaften", z. B. der Tapferkeit und Tatkraft, der Verliebtheit und Trunksucht. Das in gesundem Zustande leicht-

[33] Haml. III, 4 (VI, 109). [34] Heinr. V.; III, 5 (VI, 227). [35] Heinr. V., III, 2 (II, 217). [36] Heinr. IV. B; I, 2 (II, 31). [37] Troil. II, 3 (XI, 397).

flüssige und rote, in krankhaftem dünne und bleiche, oder dicke und schwarze Blut wird im Magen zubereitet, und von ihm aus, nebst den übrigen „Säften“, dem Gehirne und dem Herzen zugeführt; doch ist dieses durch besondere Kanäle auch mit anderen Körperteilen verbunden, namentlich mit den Sinnesorganen, durch die daher, falls sie sich wie die Ohren nach außen öffnen, Gifte in die Blutbahn gelangen können:

38. „Ich (Magen) nehm' die Nahrung in mich auf
Wovon Ihr lebt, und zwar mit Recht, weil ich
Die Vorratskammer bin, das Magazin
Des ganzen Leib's; doch, wenn Ihr Euch erinnert,
Send' ich sie durch die Ströme Eures Bluts
Bis an den Hof, das Herz, zum Thron des Hirns;
Und durch des Körpers Windungen und Räume
Empfängt der stärkste Nerv, die kleinste Ader,
Von mir, was die Natur zu ihrem Leben
Bedarf.“

39. „. . . unser Blut
Ist kalt bei leeren Adern, und wir schmollen
Dann mit dem Morgen, ungeneigt zum Geben
Und zum Vergeben; doch sind sie gefüllt
Die Röhren und Kanäle unsres Bluts
Mit Speis' und Trank, dann sind auch unsre Seelen
Geschmeidiger.“

40. „Die Ihr Herz, Leber und Hirn Brittaniens seid . . .“

41. „. . . weil alles Blut zum Herzen niederstieg,
(Das in dem Kampf, den mit dem Tod es führt,
Es an sich zieht zur Hilfe wider seinen Feind),
Wo's mit dem Herzen kalt wird, und nicht rückkehrt
Die Wangen noch zu röten und zu zieren.“

42. „Ich hab' ein Herz, so ungefüg wie deines,
Doch auch ein Hirn, das leitet meinen Zorn.“

[38] Cor. I, 1 (VIII, 18). [39] Cor. V, 1 (VIII, 133). [40] Cymb. V, 5 (XII, 432). [41] Heinr. VI. B.; III, 2 (III, 92). [42] Cor. III, 2 (VIII, 91).

43. „. . . das Leben seines Blutes
Ist tödlich angesteckt, und sein Gehirn,
Der Seele zartes Wohnhaus, wie sie lehren,
Sagt uns durch seine eitlen Grübeleien
Das Ende seiner Sterblichkeit voraus."

44. „Mein Hirn soll meines Geistes Weibchen sein,
Mein Geist der Vater; diese Zwei erzeugen
Dann ein Geschlecht stets brütender Gedanken."

45. „Ich will einem unklugen Menschen niemals trauen, bis ich sein Gehirn sehe."

46. „(Die beiden Kämmerer) . . . will ich mit Wein
Und würz'gem Tranke bald . . .
So fangen, daß der Wächter des Gehirns,
Gedächtnis, Dunst soll werden, und die Stätte,
In der Vernunft sonst wohnt, nur die Retorte."

47. „. . . dein Gebot soll leben ganz allein
Im Buche meines Hirnes, unvermischt
Mit minder würd'gen Dingen."

48. „Kannst du
Auslöschen Sorge, im Gehirn verzeichnet?"

49. „Mein Gehirn, geschäft'ger als die fleiß'ge Spinne,
Webt mühsam Schlingen zu der Feinde Fang."

50. „. . . solch Geschehnis . . .
War's, das im Hirn mir Hochmutsgrillen heckte."

51. „Aus eurem Hirn dies Wermutskraut zu reuten
Sollt ihr . . ."

52. „. . . ein feiner Mann,
Dess Hirn wie eine Münze Phrasen prägt."

53. „. . . sollen wir uns durch Sticheleien und Sentenzen,

[43] Joh. V, 7 (I, 222). [44] Rich. II.; V, 4 (I, 366). [45] W. wollt II, 2 (V, 230). [46] Macb. I, 7 (XII, 202). [47] Haml. I, 5 (VI, 46). [48] Macb. V, 3 (XII, 269). [49] Heinr. VI. B.; III, 1 (III, 85). [50] L. Leid V, 2 (VII, 360). [51] L. Leid V, 2 (VIII, 378). [52] L. Leid I, 1 (VII, 278). [53] V. Lärm II, 3 (VII, 183).

durch Papierkugeln des Gehirns, aus der Bahn unserer Launen schrecken lassen?«

54. „Dies ist bloß eures Hirnes Ausgeburt.«

55. „Es war ein Pfeil aus Nichts, in Nichts geschnellt,
Den das Gehirn aus Dunst macht; uns're Augen
Sind oft wie unser Urteil blind.«

56. „. . . dies Gehirn
Jagt auf der Klugheit Fährte nicht so sicher
Als es wohl pflegte.«

57. „O, es ist viel Gehirn vergeudet worden.«

58. „. . . ein feierliches Lied, . . .
Von irrem Sinne heil' es dein Gehirn,
Das jetzt unwirksam dir im Schädel siedet.«

59. „In seinem Hirne, das so trocken ist
Wie Überrest von Zwieback nach der Reise,
Hat er seltsame Stellen, übervoll
Von Lebensregeln, die er brockenweise
Nun von sich gibt.«

60. „. . . der listigste, tollste Eifersuchtsteufel, der je ein verbranntes Gehirn regiert hat . . .«

61. „Hab' ich mein Gehirn zum Trocknen in die Sonne gelegt, daß es nicht Saft und Kraft behalten hat ein so plumpes Blendwerk zu durchschauen?«

62. „. . . eine längere Unterhaltung mit euch würde mein Gehirn anstecken.«

63. „. . . doch ob
Auch Grau sich etwas mengt ins jüngre Braun,
Mein Hirn nährt noch die Sehnen.«

64. „Ich bin ins Hirn gehauen« (= wahnsinnig).

[54] Haml. III, 4 (VI, 108). [55] Cymb. IV, 2 (XII, 409). [56] Haml. II, 2 (VI, 56). [57] Haml. II, 2 (VI, 68). [58] Sturm V, 1 (V, 351). [59] W gft. II, 7 (VI, 381). [60] Lust. W. IV, 7 (IX, 107). [61] Lust. W. V, 4 (IX, 116). [62] Cor. II, 1 (VIII, 49). [63] Ant. IV, 8 (X, 131). [64] Lear IV, 6 (XI, 124).

65. „(Der Zustand) hat seinen Ursprung vom vielen Kummer, vom Studieren, und von Zerrüttung des Gehirnes".
66. „Was den (feigen) Junker betrifft, wenn er geöffnet würde, ihr findet nicht so viel Blut in seiner Leber, als eine Mücke auf dem Schwanze tragen kann."
67. „Bardolph ist weiß von Leber und rot von Gesicht, vermöge dessen er verwegen drein sieht, aber nicht ficht."
68. „Ein Schurke bist du, . . . ein milchlebriger Schurke!"
69. „. . . Überschmink' die Furcht,
Du Lilienleber!"
70. „Mannheit und Ehre
Bekämen Hasenherzen, mästeten
Sie sich mit Gründen; Grübeln und Erwägung
Macht blaß die Leber, lähmt die frische Regung."
71. „Liebt meine Frau?" „Mit heißem Leberbrand!"
72. „Dies ist die Leberlaune; sie treibt mit Fleisch Abgötterei."
73. „. . . wär' meines Weibes Leber
Vergiftet, wie ihr Leben . . ."
74. „Ihr werdet mehr verliebt sein als geliebt?" „Nein! lieber mag mir der Wein die Leber wärmen!"
75. „Laßt lieber mir vom Wein die Leber glühn."
76. „. . . (zu stark Gebratnes)
Die Gall' erregt es, und erzeugt den Ärger."
77. „Was süß schmeckt wird oft bitter beim Verdau'n."
78. „Ganz rot und rein ist teils ihr warmes Blut,
Ein andrer Teil ist schwarz, und diesen hat
Befleckt Tarquins so schnöde falsche Tat."

[65] Heinr. IV. B.; I, 2 (II, 31). [66] W. wollt III, 2 (V, 204). [67] W. wollt III, 2 (II, 218). [68] Lear II, 2 (XI, 57). [69] Macb. V, 3 (XII. 268). [70] Troil. II, 2 (XI, 222). [71] Lust. W. II, 1 (IX, 38). [72] L. Leid IV, 3 (VII, 326). [73] Wint. I, 1 (IX, 173). [74] Ant. I, 2 (X, 27). [75] Kaufm. I, 1 (VI, 208). [76] Wid. IV, 1 (VII, 82). [77] Rich. II.; I, 3 (I, 288). [78] Lucr. 249 (185).

79. „Es zieht ums schwarze Blut, das bald erstarrt,
Ein Wasserstreif sich melancholisch hin, ...
Es zeigt verdorbnes Blut sich wässerig, ...
Doch unbeflecktes Blut ist rot."

80. „Der angebor'nen Farbe der Entschließung
Wird des Gedankens Blässe angekränkelt."

81. „... ihr Rang? Den kann
Ich aufbau'n! Seltsam! Unser Blut, nach Farbe,
Gewicht und Wärme, – gösse man's zusammen –,
Vermischte spurlos sich; und dennoch macht' er
So mächt'gen Unterschied?"

82. „... wenn man leiten könnte
Der Feindschaft Blut in eine Bundesader ..."

83. „(Es trifft sie) ... von Geburt, — woran sie schuldlos,
Weil sich Natur nicht ihren Ursprung wählt —,
Ein Übermaß in ihres Blutes Mischung,
Das Dämm und Schanzen der Vernunft oft einbricht."

84. „Das Gehirn kann Gesetze für das Blut aussinnen, aber eine hitzige Natur springt über eine kalte Vorschrift hinweg."

85. „Das dünne Getränk und die vielen Fischmahlzeiten kühlen (diesen Burschen) ihr Blut so übermäßig, daß sie in eine Art von männlicher Bleichsucht verfallen. ... Ein guter spanischer Sekt hat eine zwiefache Wirkung an sich: er steigt euch ins Gehirn, trocknet da alle die albernen und rohen Dünste ... Das Blut, das zuvor, kalt und ohne Bewegung, die Leber weich und bleich ließ, ... das wärmt der Sekt auf, und bringt es von den inneren bis in die äußersten Teile in Umlauf ... Da stellen sich alle die Insassen des Leibes, die kleinen Lebensgeister aus den Provinzen, ihrem Hauptmann, dem Herzen."

[79] Lucr. 250 (186). [80] Haml. III, 1 (VI, 80). [81] Troil. II, 3 (XI, 402). [82] Joh. V, 2 (I, 211). [83] Haml. I, 4 (VI, 39). [84] Kaufm. I, 2 (VI, 212). [85] Heinr. IV. B.; IV, 4 (II, 102).

86. „Gefährliche Gedanken sind gleich Giften
Die anfangs kaum dem Gaumen widrig sind,
Allein nach kurzer Wirkung auf das Blut
Gleich Schwefelminen brennen."

87. „. . . (ins Ohr gegoßner)
Saft verfluchten Eibenbaums, . . . wovon die Wirkung
So mit des Menschen Blut in Feindschaft steht,
Daß er durch die natürlichen Kanäle
Des Körpers, hurtig wie Quecksilber, läuft,
Und, wie ein saures Lab in Milch getropft,
Mit plötzlicher Gewalt gerinnen macht
Das leichte reine Blut."

Krankheiten entstehen teils durch schlechte Beschaffenheit und Unbeweglichkeit des Blutes und der Säfte, teils durch böse Dünste der Luft, die bald Fieber bald Pest verbreiten; ihre Diagnose erfolgt nicht selten durch Prüfung des Harnes, dessen „Beschauung" bekanntlich Jahrhunderte hindurch eine Hauptbeschäftigung der Ärzte wie der Kurpfuscher bildete. Von den Wunden nahm man an, sie müßten vornehmlich gegen den Eintritt der Luft, und (aus sympathetischen Gründen) vor der Annäherung gewisser Pflanzen und Tiere geschützt werden; tödliche Wunden sollten, sobald sich der Mörder näherte, noch am Leichname wieder zu bluten beginnen. Geheilte Kranke galten für gesünder und kräftiger als sie vor der Verwundung oder Erkrankung gewesen waren; außer der Kunst des Arztes rief man bei manchen Krankheiten aber auch die göttliche Gnade zu Hilfe, vermöge derer die Gesalbten des Herrn, die gekrönten Könige, durch bloße Berührung oder durch Auflegen der Hände Heilung zu bringen vermochten:

88. „Diese Apoplexie ist . . . eine Art von Lethargie . . ., eine Art von Schlafen im Blut . . ."

[86] Oth. III, 3 (XII, 88). [87] Haml. I, 5 (VI, 45). [88] Heinr. VI. B.; I, 2 (II, 30).

89. „... diese Überschwemmung böser Säfte ...“
90. „Es hängt, verschlingend, Pest in unsrer Luft,
Und du entfliehst zu einem rein'ren Himmel.“
91. „Der Toten irdisch Teil die Luft erstickt,
Und sein Geruch in Frankreich Pest erzeugt.“
92. „Gott, mein Herr,
Hält in den Wolken Musterung der Scharen
Der Pestilenz, uns beizustehn.“
93. „Schleicht Brutus vom gesunden Bett sich weg
Der schnöden Ansteckung der Nacht zu trotzen,
Und reizet er die böse Fieberluft
Sein Übel noch zu mehren?“
94. „Was sagt der Doktor zu meinem Wasser?“
95. „Die weise Frau muß ihm das Wasser beschaun.“
96. „Der Harn-Monarch!“ (= Arzt).
97. „Ich werde ihm seine Uringläser an seinen Schelmenkopf schmeißen ...“
98. „Die Narrheiten .... scheinen durch Euch hindurch wie das Wasser in einem Uringlase, daß jedes Auge, das Euch sieht, zum Medicus wird, und über Eure Krankheit räsoniert.“
99. „... könnt'st, Doktor, meines Landes Wasser
Du untersuchen, und die Krankheit finden!“
100. „Die Luft drang in die schweren Wunden mir,
Und viel Verlust von Blute macht mich matt.“
101. „Krabben sind nicht gut bei einer frischen Wunde.“
102. „... des toten Heinrich Wunden
Öffnen den starren Mund und bluten frisch.“

[89] Joh. V, 1 (I, 207). [90] Rich. II.; I, 3 (I, 290). [91] Heinr. V.; IV, 3 (II, 161). [92] Rich. II.; III, 4 (I, 330). [93] Cäs. II, 1 (V, 56). [94] Heinr. IV. B.; I, 2 (II, 30). [95] W. wollt III, 4 (V, 211). [96] Lust. W. II, 3 (IX, 53). [97] Lust. W. III, 1 (IX, 56 und 60). [98] Veron. II, 1 (VIII, 324). [99] Macb. V, 3 (XII, 270). [100] Heinr. VI. C.; II, 6 (III, 230). [101] Heinr. IV. B.; II, 1 (II, 43). [102] Rich. III.; I, 2 (III, 357).

103. „Es wird, wie ein geheiltes Bein, der Friede
Nur stärker durch den Bruch.“

104. „. . . kommt der König?“ . . .
„Ja Herr! Ein Haufen armer Leute steht da
Und harrt auf seine Kur, denn ihre Krankheit
Besiegt die Müh'n der Kunst; doch sein Berühren,
— So heiligte der Himmel seine Hand —,
Heilt sie im Augenblick.“

IV. Tier- und Pflanzenreich; Aberglauben.

Den alten Überlieferungen sowie den volkstümlichen Anschauungen seiner Zeit getreu, schreibt Shakespeare vielen Tieren merkwürdige Fähigkeiten und absonderliche Eigenschaften zu, sowohl was ihre Lebensweise als was ihren Ursprung betrifft. Daß Tiere, und zwar auch höhere, durch die Einwirkung der Sonnenwärme auf feuchten Schlamm, verwesende Häute und Haare, faulendes Fleisch und dergleichen entstehen können, ist ihm eine durchaus geläufige Vorstellung:

1. „Der warme Tag ist's, der die Natter zeugt.“
2. „Ja ja, so 'ne ägyptische Schlange wird aus so 'nem Schlamm von der Sonne ausgebrütet; auch so'n Krokodil.“
3. . „. . ja, bei dem Feuer
Das Nilus Schlamm belebt . . .“
4. „Viel brütet jetzt,
Das gleich dem Roßhaar nur erst Leben hat,
Noch nicht der Schlange Gift.“
5. „Denn wenn die Sonne Maden in einem toten Hunde ausbrütet, — eine Gottheit, die Aas küßt . . .“

[103] Heinr. IV. B.; IV, 1 (II, 93). [104] Macb. IV, 3 (XII, 257). [1] Cäs. II, 1 (V, 46). [2] Ant. II, 6 (X, 76). [3] Ant. I, 3 (X, 37). [4] Ant. I, 2 (X, 34). [5] Haml. II, 2 (VI, 61).

Für giftig gelten, neben den Schlangen, noch vielerlei meist ganz unschuldige Tiere der verschiedensten Klassen, z. B. Fledermäuse, Igel, Eidechsen, Salamander, Basilisken, Molche, Kröten, Spinnen, Hirschkäfer (Schröter) u. s. f.:

6. „Heillos'res Schicksal treffe den Elenden, . . .
Als ich kann wünschen Kröten, Spinnen, Nattern,
Und allem giftigen Gewürm, das lebt."

7. „Kröt', die unter kaltem Stein
Tag und Nächte dreißig-ein
Schwitztest Gift im Schlafe doch . . ."

8. „. . . lieber Kröte sein,
Und von den Dünsten eines Kerkers leben."

9. „Widerwärtigkeit,
Die, gleich der Kröte, häßlich und voll Gift,
Ein köstliches Juwel im Haupte trägt."

10. „Die Lerche, sagt man, tauschte mit der Kröte
Die Augen: möchte sie doch auch die Stimme!"

11. „. . . daß man dich meide
Wie gift'ge Kröte oder Eidechsstacheln."

12. „Laß sich die Spinnen, die dein Gift einsaugen,
Und träge Kröten in den Weg ihm legen."

13. „Was? Bist du wie die Natter taub geworden?
Sei giftig auch, und stich dein arm Gemahl!"

14. „Bunte Schlangen, zweigezüngt,
Igel, Molche, fort von hier,
Daß ihr euer Gift nicht bringt
In der Königin Revier."

15. „Es kommt der Tag, wo du herbei mich wünschest
Zum Fluchen auf dem giftgeschwollnen Molch."

[6] Rich. III.; I, 2 (III, 335). [7] Macb. IV, 1 (XII, 241). [8] Oth. III, 3 (XII, 85). [9] W. gef. II, 1 (VI, 367). [10] Rom. III, 5 (IV, 264). [11] Heinr. VI. C.; II, 2 (III, 220). [12] Rich. II.; III, 3 (I, 320). [13] Heinr. VI. B.; III, 2 (III, 90). [14] Somm. II, 2 (IV, 365). [15] Rich. III.; I, 3 (III, 374).

16. „Seit zweiunddreißig Jahren nunmehr habe ich diesen euren Salamander im Feuer unterhalten; der Himmel lohne es mir.“

17. „... alle Zauberei
Der Sycorax: Molch, Schröter, Fledermaus, befall' euch!“

18. „... Gift sei ihr Getränk, ...
Ihr schönster Anblick grimme Basilisken,
Eidechsenstich ihr sanftestes Berühren,
Ihre Musik wie Schlangenzischen gräßlich.“

19. „Die Augen, ... die sonst in sich trugen
Die Bälle mörderischer Basilisken:
Wir hoffen günstig, solcher Blicke Gift
Verliere seine Kraft ...“

20. „... ich will
Mehr Gaffer töten als der Basilisk.“

21. „... (dies Auge),
O wär's ein Basilisk, dich tot zu blitzen.“

22. „... daß sie einander, wie Basilisken, mit den Augen umbringen werden.“

23. „Nein, gib mir nicht des Basilisken Auge!
Ich sah auf Tausende, und sie gediehen
Durch meinen Blick.“

24. „Mit Basilisken-Blicken, glühend wild,
Reckt' er sich auf ...“

Von dem verwandten Chamäleon, sowie auch vom Krokodil, werden nur die bekannten Fabeln wiederholt, jedoch ohne Andichtung giftiger Eigenschaften:

25. „... (ich lebe) von dem Chamäleons-Gericht, ich esse Luft.“

[16] Heinr. VI. A.; III, 3 (I, 472). [17] Sturm I, 2 (V, 293). [18] Heinr. VI. B.; III, 2 (III, 98). [19] Heinr. V.; V, 2 (II, 85). [20] Heinr. VI. C.; III, 2 (III, 245). [21] Rich. III.; I, 2 (III, 361). [22] W. wollt III, 4 (V, 214). [23] Wint. I, 1 (IX, 176). [24] Lucr. 78 (143). [25] Haml. III, 2 (VI, 87).

26. „Obwohl das Chamäleon „Liebe“ von Luft leben kann, so gehöre ich zu der Gattung, die sich von Viktualien nährt, und es gelüstet mich nach Fleisch.“
27. „Ich schill're mehr als das Chamäleon.“
28. „Gloster's Schein
Bethört ihn, wie das traur'ge Krokodil
Mit Weh gerührte Wanderer bestrickt.“

Zahlreiche Wundertiere in gutem und bösem Sinne gehören auch dem Reiche der Vögel an:

29. „Mein Staub kann, wie der Phönix, einen Vogel
Erzeugen, der mich an Euch rächt.“
30. „... aus der Asche jenes Wundervogels,
Des Jungfrau-Phönix, neu ein Erb' entsteht.“
31. „Nun will ich glauben
Daß es Einhörner gibt, daß in Arabien
Ein Baum des Phönix Thron ist, daß ein Phönix
Zur Stunde dort regiert.“
32. „Du hast dein Blut ja, wie ein Pelikan
Schon abgezapft.“
33. „Den Freunden will ich weit die Arme öffnen,
Und wie der Lebensopfrer Pelikan
Mit meinem Blut sie tränken.“
34. „Zeugte doch dies Fleisch
Diese Pelikan-Töchter!“
35. „... end' er Schwanen-gleich,
Hinsterbend in Musik.“
36. „Die Eule schrie dabei, ein übles Zeichen;
Die Krähe krächzte, Unglückszeit verkündend, ...

[26] Veron. II, 2 (VIII, 329). [27] Heinr. VI. C.; III, 2 (III, 245). [28] Heinr. VI. B.; III, 1 (III, 81). [29] Heinr. VI. C.; I, 4 (III, 203). [30] Heinr. VIII.; V, 4 (IV, 145). [31] Sturm III, 3 (V, 333). [32] Rich. II.: II. 2 (I, 298). [33] Haml. IV, 5 (VI, 125). [34] Lear III, 4 (XI, 87). [35] Kaufm. III, 2 (VI, 265). [36] Heinr. VI. C.; V, 6 (III, 295).

Der Rabe kauzte auf den Feueressen,
Und Elstern schnarrten in mißhell'gen Weisen."

37. „Sang er nicht eben mir ein Rabenlied, . . .
Und denkt er nun, daß des Zaunkönigs Zirpen
Den erst vernomm'nen Laut verjagen kann?"

38. „So böser Thau, als meine Mutter je
Vom faulen Moor mit Rabenfedern strich,
Fall' auf Euch Zwei!"

39. „oft erzürnt' er mich,
Wenn er erzählt' von Ameis und vom Maulwurf, . . .
Vom Drachen und vom Fische ohne Flossen,
Berupftem Greif, und Raben in der Mauser."

Andere Tiere verschiedener Klassen werden nur selten, und meist auch nur in Erinnerung fabelhafter Vorstellungen erwähnt:

40. „Kühlt (den Trank) mit Pavianblut."

41. „ungestaltet
Gleich wie ein Chaos oder Bärenjunges,
Das ungeleckt der Mutter Spur nicht trägt."

42. „. . . (es heißt),
Das Einhorn lasse sich mit Bäumen fangen,
Der Bär mit Spiegeln, und der Mensch durch Schmeichler."

43. „Die Fische leben in der See . . . wie wir Menschen auf dem Lande: die großen fressen die kleinen."

44. „Es läßt die Biene selten ihre Waben
In totem Aas."

45. „So tun die Honigbienen, Kreaturen
Die durch die Regel der Natur uns lehren
Zur Ordnung fügen ein bevölkert Reich . . ."

[37] Heinr. VI. B.; III, 2 (III, 89). [38] Sturm I, 2 V, 293). [39] Heinr. VI. A.; III, 1 (I, 460). [40] Macb. IV, 1 (XII, 242). [41] Heinr. VI. C.; III, 2 (III, 144). [42] Cäs. II, 1 (V, 53). [43] Per. II, 1 (27). [44] Heinr. IV. B.; IV, 4 (II, 106). [45] Heinr. V.; I, 2 (II, 189).

46. „Wie schleunig die Natur in Aufruhr fällt
Wird Gold ihr Gegenstand! . . .
Denn wie die Biene, jede Blume schatzend
Um ihre süße Kraft,
Die Schenkel voller Wachs, den Mund voll Honig:
So bringen wir's zum Korb. Und wie die Bienen
Erwürgt man uns zum Lohn."

Die Pflanzen entnehmen ihre Nahrung dem Himmel und der Erde, von deren Säften zuweilen die Einen jene an sich ziehen, die seitens der Anderen abgestoßen werden; aber auch zauberische Kräfte, namentlich die nächtlicher Geister, sind auf ihr Wachstum von Einfluß:

47. „Wie wagen Pflanzen aufzuschau'n zum Himmel,
Der ihnen Nahrung schenkt?"

48. „Denn was nährt Unkraut, als gelinde Luft,
Und was macht Räuber kühn, als zu viel Milde?"

49. „. . . ich jät' indessen
Das Unkraut aus, das den gesunden Blumen
Die Kraft des Bodens unnütz saugt hinweg."

50. „Es wächst die Erdbeer' unter Nesseln auf;
Gesunde Beeren reifen und gedeihen
Am besten neben Früchten schlechtrer Art."

51. „im brachen Feld
Hat Lolch und Schierling und der geile Erdrauch
Sich eingenistet, weil die Pflugschar rostet; . . .
Die eb'ne Wiese, . . .
Die Sichel missend, üppig, ohne Zucht,
Wird müßig schwanger, und gebieret nichts
Als schlechten Ampfer, rauhe Disteln, Kletten."

52. „Sie wuchs, wie Sommergras, bei Nacht am schnellsten,
Das ungeseh'n doch kräft'ges Wachstum hat."

[46] Heinr. IV. B.; IV, 4 (II, 111). [47] Per. I, 2 (16). [48] Heinr. VI. C.; II, 6 (III, 230). [49] Rich. II.; III, 5 (I, 336). [50] Heinr. V.; I, 1 (II, 181). [51] Heinr. V.; V, 2 (II, 286). [52] Heinr. V.; I, 1 (II, 181).

53. „. . . Ihr Zwerge, die Ihr
Beim Mondschein grüne saure Ringlein macht,
Wovon das Schaf nicht frißt; die Ihr zur Kurzweil
Die nächt'gen Pilze macht . . .“

Edle Früchte läßt die Natur edlen Gewächsen entsprießen, aber auch die Kunst vermag hier nachzuhelfen, und rohe Wildlinge durch Züchten und Propfen umzubilden:

54. „so wuchsen wir
Zusammen, einer Doppelkirsche gleich, . . .
Zwei holde Beeren, einem Stiel entsprossen.“

55. „Er impfte auf den edlen Stamm das Reis
Von einem Wildling, dessen Frucht du bist.“

56. „Ich will Euch auf (den Baum) impfen, und dann wird er Mispeln tragen: denn Eure Einfälle verfaulen ehe sie halb reif sind, und das ist eben die rechte Tugend einer Mispel.“

57. „. . . die Natur wird durch kein Mittel besser
Das sie nicht selber macht; so ist die Kunst,
Die, wie du sagtest, die Natur bereichert,
Stets eine Kunst durch die Natur gemacht.
Du siehst, mein holdes Kind, wie wir vermählen
Den edlen Sproß dem allerwild'sten Stamm,
Befruchtend so die Rinde schlechtrer Art
Durch Knospen edler Frucht. Dies ist 'ne Kunst
Die die Natur verbessert, — mind'stens ändert:
Doch diese Kunst ist selbst Natur.“

Zu den verderblichen und giftigen Pflanzen zählen die Eibe, die Cypresse, die Mistel, ferner Schierling, Lolch (Trespe), Tollkraut (Aconitum), die sagenhafte Alraunwurzel (Mandragora) und dergl. mehr; heilsam und glückbringend dagegen ist z. B. der Lorbeer.

[53] Sturm V, I (V, 350). [54] Somm. III, 2 (IV, 385). [55] Heinr. VI. B; III, 2 (III, 94). [56] W. gef. III, 2 (VI, 393). [57] Wint. IV, 3 (IX, 227).

58. „sie wollten an den Stamm
Mich binden eines grimmen Eibenbaumes,
Und diesem jammerhaften Tod mich weih'n."
59. „Selbst deine Palastbettler lernen Bogen
Von Eiben, doppelt tödlich, auf dich spannen."
60. „Mit Saft verfluchten Eibenbaumes . . ."
61. „Hexensaft, . . . Schierling auch,
Nachts gesucht nach echtem Brauch, . . .
Eibenspahn, der abgesplißt
Wenn der Mond verfinstert ist."
62. „. . . die Bäume . . .,
Mit Moos und gift'gen Misteln überstrickt."
63. „. . . Gift sei ihr Getränk,
Ihr bester Schatten ein Cypressenwald."
64. „Die Lorbeerbäum' im Lande sind verdorrt."
65. „(Das Korn) . . . es war voll Trespe."
66. „(Das Gift) . . . wirkt es auch so stark
Als Aconitum . . ."
67. „aßen wir von jenem Tollkraut,
Das den Verstand gefangen nimmt?"
68. „Gekreisch wie von Alraunen, die man aufwühlt."
69. „Wär' Fluchen tödlich wie Alraunen-Ächzen."
70. „Gib mir Mandragora zu trinken, . . .
Daß ich die große Kluft der Zeit verschlafe!"
71. „Nicht Mohnsaft noch Mandragora
Verhelfen je dir zu dem süßen Schlaf
Den du noch gestern hattest."
72. „Du verwünschtes Alräunchen!"
73. „Der nannte ihn Alräunchen."

[58] Titus II, 3 (IX, 336). [59] Rich. II.; III, 3 (I, 323). [60] Haml. I, 5 (VI, 45). [61] Macb. IV, 1 (XII, 242). [62] Titus II, 3 (IX, 336). [63] Heinr. VI. B.; III, 2 (III, 98). [64] Rich. II.; III, 1 (I, 317). [65] Heinr. V.; III, 2 (II, 380). [66] Heinr. IV. B.; IV, 4 (II, 105). [67] Macb. I, 3 (XII, 190). [68] Rom. IV, 3 (IV, 281). [69] Heinr. VI. B.; III, 2 (III, 97). [70] Ant. I, 5 (X, 42). [71] Oth. III, 3 (XII, 88). [72] Heinr. IV. B.; I, 2 (II, 27). [73] Heinr. IV. B.; III, 2 (II, 85).

Auf ähnlichen sympathetischen Gründen wie der Glaube an die Kraft der Alraunwurzel beruht auch der an die erotische Macht gewisser Blumen und der Kartoffeln, an die Heilwirkung der schwertförmigen Wegerichblätter, und an den verbergenden Schutz der verborgen sitzenden Farnsamen:

74. „Der Saft (der Blume „Lieb' im Müßiggang"),
Geträufelt auf entschlaf'ne Wimpern,
Macht Mann und Weib in jede Kreatur
Die sie zunächst erblicken, toll vergafft."

75. „Die Kartoffelfinger des Wollustteufels."

76. „Nun mag der Himmel Kartoffel regnen!"

77. „ein Feuer brennt das andre nieder,
Ein Schmerz kann eines andren Qualen mildern ..."
„Ein Blatt von Weg'rich dient dazu vortrefflich."

78. „Wir haben das Rezept von Farnsamen, wir gehen unsichtbar einher."

Wie aus diesem und auch aus den vorigen Abschnitten hervorgeht, gelten bei Shakespeare die Naturreiche und ihre Produkte als Sitze mannigfacher, teils offenbarer, teils verborgener Kräfte, die sich bald durch schaffende Wirkungen, bald durch störende Einflüsse nach außen zu erkennen geben:

79. „O, große Kräfte sind's, weiß man sie recht zu pflegen,
Die Pflanzen, Kräuter, Stein', in ihrem Innern hegen."

80. „Kunst und Wissenschaft
Den Menschen machen sie zum Gott. Ihr wißt, stets hab' ich
Physik studiert; durch solch' geheime Kunst,
Durch Forschung guter Bücher, und durch eig'ne
Erfahrung, macht' ich mir vertraut und dienstbar
Die segensreichen Kräfte allzumal
Die in Metallen, Steinen, Pflanzen wohnen.

[74] Somm. II, 1 (IV, 362). [75] Troil. V, 2 (XI, 301). [76] Lust. W. V, 4 (IX, 111). [77] Rom. I, 2 (IV, 201). [78] Rich. II.; II, 1 (I, 426). [79] Rom. II, 3 (IV, 228). [80] Per. III, 2 (53).

Auch weiß ich Kunde von den Störungen
In der Natur, und was sie heilt.«

81. „Das arme Erdenvolk bei Zeichen,
Bei Wundern und Erscheinungen erschrickt,
Die es mit grausen Ahnungen beschleichen
Wenn es mit starrem Auge sie erblickt.«

82. „... (die Leute) ... bemerken
Verhaßte Ausgeburten der Natur, ...
Dreimal ohn' Ebbe hat der Strom geflutet.«

83. „Man weiß, daß Steine gingen, Bäume sprachen.«

84. „Unzeit'ge Stürme künden Teurung an.«

85. „Wild fochten feu'rge Krieger auf den Wolken, ...
Wovon es Blut gespritzt auf's Capitol.«

86. „solche Zeichen grauser Dinge
Sind Boten, die dem Schicksal stets vorangeh'n,
Und Vorspiel der Entscheidung, die sich naht.«

87. „Doch wolltet ihr den wahren Grund erwägen ...
Warum all' diese Dinge ihr Gesetz,
Natur, und angeschaffne Gaben wandeln
In Mißbeschaffenheit: nun so erkennt ihr,
Der Himmel hauchte diesen Geist in sie,
Daß sie durch Furcht und Warnung Werkzeug würden.«

Indessen stehen diesen so bestimmten Äußerungen auch andere, skeptische, ja geradezu ablehnende gegenüber:

88. „... wenn dieser Wunderzeichen
So viel zusammentreffen, sage Niemand:
Dies ist der Grund davon, sie sind natürlich.«
„Gewiß, die Zeit ist wunderbar gelaunt,
Doch Menschen deuten oft nach ihrer Weise
Die Dinge, weit entfernt vom wahren Sinn.«

[81] Ven. 155 (113). [82] Heinr. IV. B.; IV, 4 (II, 107). [83] Macb. III, 4 (XII, 236). [84] Rich. III; II, 3 (III, 401). [85] Cäs. II, 2 (V, 59). [86] Haml. I, 1 (VI, 22). [87] Cäs. I, 3 (V, 41). [88] Cäs. I, 3 (V, 40).

89. „... zur Stunde der Geburt
Erzitterte der Erde Bau und Gründung
Wie eine Memme!“ ... „Ei, sie hätt's auch getan
Zur selben Zeit, hätt Eurer Mutter Katz' nur
Gekitzt, wenn Ihr auch nie geboren wär't!“

Zur Kenntnis der Wunderkräfte der Natur und ihrer geheimnisvollen Wirkungen verhelfen oft Prophezeiungen und Wahrsagungen, oft auch Eingebungen durch Träume, denen freilich nicht stets unbedingt zu trauen ist:

90. „Mir stellt' ein weiser Mann das Horoskop.“
91. „Hier ist eine ganz schlechte Lebenslinie!“
92. „Der Träumer Merlin, was der prophezeit ...“
93. „Nun helft ihr Zaubersprüche, Amulete,
Und ihr, die ihr mich warnt, erles'ne Geister,
Und Zeichen mir von künft'gen Dingen gebt.“
94. „er träumte daß ein Eber ihm
Den Helmbusch abstieß; aber nur gering
Hab ich's geachtet und versäumt zu flieh'n.“
95. „... (sie wissen) daß auf Träume sich
Nichts bauen läßt, daß Träumer öfters lügen.“
„Sie träumen Wahres, weil sie schlafend liegen.“
96. „Träume, Kinder eines müß'gen Hirns,
Von nichts als eitler Prahlerei erzeugt,
Die aus so dünnem Stoff als Luft besteht.“

Vermittelt werden jene Kräfte und Wirkungen durch ein Heer überirdischer, den Menschenkindern bald wohlwollend, bald feindlich gesinnter Wesen, die als Elfen, Feen, Hexen und Geister in zahlreichen Shakespeareschen Stücken hervorragende Rollen spielen, z. B. im „Sommernachtstraum“ und „Sturm“, im „Hamlet“ und „Macbeth“, in den „Lustigen

[89] Heinr. IV. A.; III, 1 (I, 456). [90] Heinr. VI. B.; IV, 1 (III, 104). [91] Kaufm. II, 2 (VI, 230). [92] Heinr. IV. A.; III, 1 (I, 460). [93] Heinr. VI. A.; V, 3 (II, 413). [94] Rich. III.; III, 4 (III, 423). [95] Rom. I, 4 (IV, 209). [96] Rom. I, 4 (IV, 211).

Weibern", „Julius Cäsar", „Romeo und Julie" (Fee Mab) u. s. f. Elfen und Feen sind meist gütig gesinnt, stehen ihren Schutzbefohlenen bei und erfreuen sie durch Geschenke, deren Beständigkeit aber zuweilen fragwürdig ist:

97. „Das ist Feengold!"

Die Hexen entspringen der Erde, üben dämonische Macht über Irdisches und Himmlisches, und nehmen Menschen völlig in Besitz, die sie aber zu verlassen gezwungen sind, sobald man deren Blut fließen läßt:

98. „Dem Wasser gleich wirft auch die Erde Blasen,
Und solche waren sie" (die Hexen).
99. „eine Hex', und zwar so stark, daß sie
Den Mond im Zwang hielt, Flut und Ebbe machte."
100. „Ich lasse Blut dir, du bist eine Hexe."

Zu den Geistern gehört vor allem der böse Geist κατ' ἐξοχήν, der Teufel, der in verschiedenen Gestalten haust, unter dessen Bild auch alte heidnische Götter auftreten, und der eine Schar bösartiger und heimtückischer Poltergeister befehligt:

101. „Dir Satan, der in diesem Manne wohnt,
Gebiet' ich: weiche meinem heil'gen Spruch.
Fahr aus! Zurück ins Reich der Finsternis,
Bei allen Heiligen beschwör ich dich!"
102. „Was gibt's, Mephistophilus?"
103. „Nun die Sporen gegeben, und fort wie drei deutsche Teufel, wie drei Doktor Faustusse!"
104. „der Jäger Herne, . . .
Er macht den Baum ganz dürr, behext das Vieh,
Wandelt der Kühe Milch in Blut."

[97] Wint. III, 13 (IX, 214). [98] Macb. I, 3 (XII, 190). [99] Sturm V, 1 (V, 360). [100] Heinr. VI. A.; I, 5 (II, 348). [101] Comöd. IV, 4 (VIII, 251). [102] Lust. W. I, 1 (IX, 16). [103] Lust. W. IV; 5 (IX, 102). [104] Lust. W. IV, 3 (IX, 97).

105. „. . . der Poltergeist, . . . der pflegt
Den Milchtopf zu benaschen, . . .
Durch den der Brau mißrät, und mit Verdruß
Die Hausfrau athemlos sich buttern muß."

106. „Das ist der böse Geist Flibbertiggibet; er kommt mit der Abendglocke und geht um bis zum ersten Hahnenschrei; er bringt den Star, den Schrind, macht das Auge schielend, schickt Hasenscharten, verschrumpft den weißen Weizen, und quält die arme Kreatur auf Erden."

Gefährliche Geister sind jedoch auch die der Toten, namentlich um Mitternacht, zur eigentlichen „Geisterstunde"; den Reinheit verbreitenden Sonnenaufgang, oder die Segenswirkung, die von den „heiligen zwölf Nächten" (von Weihnachten bis zum 6. Januar) ausgeht, vermögen aber, wie alle Geister, so auch sie nicht zu ertragen, und verbergen sich dann in ihren Schlupfwinkeln:

107. „Die See geht hoch, der Wind ist laut und legt sich nicht, bis das Schiff von Toten gesäubert."

108. „Da du um Mitternacht mich aufriefst, Thau
Zu holen von den stürmischen Bermudas."

109. „Die Zeit wo Eulen schrein und Hunde heulen,
Wo Geister gehn, ihr Grab Gespenster sprengen."

110. „. . . der Hahn erweckt . . .
Den Gott des Tages, und auf seine Mahnung
Sei's in der See, im Feu'r, Erd', oder Luft,
Eilt jeder schweifende und irre Geist
In sein Revier."

111. „. . . (bei Hahnenruf) . . .
Darf auch kein Geist umhergeh'n, sagen sie;
Die Nächte sind gesund, dann trifft kein Stern,
Kein Elfe faht, noch mögen Hexen zaubern."

[105] Somm. II, 1 (IV, 357). [106] Lear III, 4 (XI, 89). [107] Per. III, 1 (51). [108] Sturm I, 2 (V, 289). [109] Heinr. VI. B.; I, 4 (III, 50). [110] Haml. I, 1 (VI, 23). [111] Haml. I, 1 (VI, 23).

Überblickt man die Reihe der im Vorstehenden angeführten Aussprüche Shakespeares, die zwar auf Vollständigkeit keinen Anspruch erheben soll, aber auch keine wichtige Seite ganz übergehen dürfte, so drängt sich jedem Kenner nicht nur von Bacons Schriften, sondern auch von jenen der „klassischen" Autoren der elisabethinischen Periode überhaupt (etwa Ben Jonsons), ohne weiteres die gänzliche Verschiedenheit auf, die Shakespeares Geistesrichtung gegenüber der jener Zeitgenossen erkennen läßt. Zunächst ist ihr jeder Zug eigentlich „klassischer", richtiger gesagt scholastischer Gelehrsamkeit fremd, wie sie nach Form und Inhalt z. B. gerade den Werken Bacons, – obgleich dieser als entschlossener und erbitterter Gegner der Scholastik auftritt –, ihr charakteristisches Gepräge verleiht; sodann fehlt jede Spur der bei Bacon in so übermächtiger Weise vorherrschenden mittelalterlichen Kirchengesinnung, ja auch der bibelgemäßen Ausdrucksweise, so daß es wohl unmöglich wäre, einen dem V. Hehnschen Aufsatze „Goethe und die Sprache der Bibel" analogen über Shakespeare zu schreiben; endlich schöpfte Shakespeare, im Volke wurzelnd und in ländlicher Heimat aufgewachsen, aus persönlicher Anschauung und eigener Erfahrung jene weitgehende Kenntnis der gesamten belebten Natur, sowie des urwüchsigen, gesunden, an seinen Sagen, Märchen und Aberglauben aller Art festhaltenden Volksgeistes, die Männern von Bacons Herkunft und in Bacons Stellung notwendigerweise zeitlebens ein völlig verschlossenes Gebiet blieb und bleiben mußte.

Dieser Sachverhalt schließt keineswegs aus, daß Shakespeare eine beträchtliche Belesenheit besaß, wenngleich die Annahme, er habe sein ganzes Wissen aus Büchern geschöpft, ebenso hinfällig ist wie die andere, er könne seine Kenntnisse über Rechtsverhältnisse, Kriegswesen, Medizin u. s. f. nur dadurch erlangt haben, daß er selbst eine zeitlang Gehilfe eines Advokaten, Offiziers, oder Arztes gewesen sei; beide unterschätzen eben in gleicher Weise die Fähigkeit des Genius

Wahrheiten aller Art durch Intuition zu durchschauen, so daß man also z. B. nicht nötig hat, wie das wohl geschehen ist, Shakespeare als Kenner der Psychiatrie und ähnlicher, zu seiner Zeit noch garnicht vorhandener Wissenschaften deshalb hinzustellen, weil er krankhafte geistige Zustände oder die Symptome schwerer Gemütsleiden mit unübertrefflicher Treue zu schildern verstand.[1]

Shakespeares Belesenheit ist aber keine spezifisch gelehrte, sie umfaßt vielmehr, soweit man heute urteilen kann, in bunter Mischung, neben älteren englischen Schriften und Dichtern (Gower; Chaucer; Chroniken), verschiedene Werke französischer, vielleicht auch einige italienischer Herkunft, und endlich die wichtigsten Schriftsteller der antiken Literatur, die damals in allen Klassen der Gesellschaft geschätzt und verbreitet, und durch vielerlei Übersetzungen auch dem minder Sprachgebildeten leicht zugänglich war.[2] Nicht schulgemäßer als Shakespeares Belesenheit ist auch die Verwertung des Gelesenen; ob er seine Stoffe aus alten Königschroniken, aus den klassischen Biographien eines Cäsar, Antonius, und Coriolan, aus Erzählungen romanischer Novellisten, oder aus volkstümlichen Märchenbüchern schöpft, — immer ist der dichterische Standpunkt der allein entscheidende, und ohne störende Bedenken hinsichtlich unvollständiger, nicht genügend getreuer, oder anachronistischer Benützung der Quellen, faßt er zu, ergreift was er gebraucht, läßt fallen was ihm nicht dient, und formt um was sich der Gestaltung widersetzt.

Alle speziellen Fragen, die sich auf Shakespeares Belesenheit beziehen, lassen sich zurzeit, trotz so mancher trefflicher Vorarbeiten, nur mehr oder weniger unvollkommen beantworten, und so wäre es auch ein mißliches und über den Rahmen des

[1] s. Kellog, „Shakespeares delineations of insanity, imbecillity, and suicide" (Newyork 1866). — Laehr, „Die Darstellung krankhafter Geisteszustände in Shakespeares Dramen" (Stuttgart 1898).

[2] s. Engel, „W. Shakespeare" (Leipzig 1897).

vorliegenden Aufsatzes weit hinausgreifendes Beginnen, die Quellen seiner naturwissenschaftlichen Anschauungen im einzelnen nachweisen zu wollen; es mag daher in dieser Hinsicht mit wenigen Andeutungen sein Bewenden haben.

Als wichtigste direkte Quelle dürfte Ovid in Betracht kommen, und zwar besonders mit den „Metamorphosen"; diesen entlehnte Shakespeare auch viele Situationen in „Lucretia" und „Venus und Adonis" (deren lateinisches Motto aus Ovid stammt),[1] ferner das Liebespaar Pyramus und Thisbe, und endlich auch einzelne, nicht selten für „echt-shakespearisch" angesehene Redewendungen, z. B. die vom „Zahn der Zeit".[2] In den „Metamorphosen" begegnen wir den Bildern von dem Land und Wasser scheidenden Himmelsgewölbe,[3] von der Erdkugel,[4] von der Polarachse und den Polen,[5] von den Erdbeben als Wehen der Erde,[6] von Erdbeben, Verfinsterungen und dergl. als bösen Vorzeichen,[7] vom zauberischen Herabziehen des Mondes,[8] vom giftigen, bei Mondschein gesammelten Tau als Trank der Hekate,[9] vom Einflusse des Merkur auf seinen Sohn Autolykos;[10] ferner vom Ursprunge des menschlichen Leibes aus Erde,[11] von der Wandelbarkeit und Unbeständigkeit des Menschen wie alles Irdischen,[12] von den Wandlungen des toten Körpers;[13] sodann vom farbenwechselnden und von Luft lebenden Chamäleon,[14] von den Mäusen aus Nilschlamm,[15] vom Phönix,[16] vom Unglück kündenden Eulen- und Uhu-Geschrei,[17] vom Schwanengesang,[18] vom Krähen des Hahnes,[19] vom Zurechtlecken des Bärenjungen,[20] vom Natterngift;[21] endlich vom Gifte

[1] Met. X, 352ff.; IV, 305ff. [2] Met. XV, 235 und 872; Shakespeare gebraucht sie in „Maß für Maß" (V, 1); Ovid selbst übernahm sie aus dem Griechischen, denn bei dem Dichter Simonides kommt sie schon im 5. Jahrhundert vor. [3] Met. I, 21ff. [4] ebd. I, 35 u. „Fasten" II, 270. [5] ebd. I, 255; II, 297, 74, 295. [6] ebd. XV, 298ff., 346ff. [7] ebd. I, 203; XV, 782ff.; X, 449. [8] VII, 207; XII, 362. [9] VII, 68. [10] XI, 312ff. [11] I, 87. [12] XV, 166ff., 234ff., 453ff. [13] XV, 234. [14] XV, 411. [15] I, 416ff. [16] XV, 393. [17] V, 551 [18] III, 386; XIV, 430. [19] XI, 597. [20] XV, 379. [21] II, 770ff.

der Eibe[22] und des Lolches,[23] vom brachliegenden Lande das Unkraut trägt,[24] und dergl. mehr.

Indirekte Quellen von größter Bedeutung sind hauptsächlich Aristoteles, Aelian und Plinius, wenngleich manche Gelehrte, z. B. Drake, voraussetzen, daß Shakespeare wenigstens letzteren doch unmittelbar gekannt und gelesen habe; jedenfalls ist es aber, da Auszüge und verkürzte Bearbeitungen dieser Schriftsteller schon gegen das Ende des Altertums umliefen, und dann fast die gesamte Literatur des Mittelalters und der beginnenden Neuzeit beherrschten, vorerst unmöglich anzugeben, durch welche besonderen Kanäle Teile ihres Inhaltes bis zur Kenntnis der elisabethinischen Zeit, und insbesondere Shakespeares selbst, hindurchgesickert sind. Untersuchungen hierüber müssen den Fachgelehrten vorbehalten bleiben, während an diesem Orte nur einige wenige (keineswegs erschöpfende) Hinweise auf bemerkenswerte Stellen der Originalwerke folgen mögen.

Über das Weltgebäude und die Bahnen und Sphären der Himmelskörper berichtet Aristoteles ausführlich in seinen Büchern „Vom Himmel", und über den Zusammenhang zwischen den Bewegungen der Gestirne und den Vorgängen auf der Erde noch speziell in der „Metaphysik".[25] Bei Plinius finden sich die charakteristischen Angaben über die Kugelgestalt der Erde,[26] über ihre Unbeweglichkeit („treu dem Pol"),[27] über die Antipoden,[28] über Erdbeben als Vorzeichen,[29] über die Bedeutung von Neben-Sonnen und -Monden,[30] über die Ernährung der Sonne und des Mondes durch irdische und wässerige Dünste,[31] über das Herabziehen des Mondes durch Zauberinnen,[32] über den Mond als Herrn der Ebbe und Flut,[33] über die kühle Natur des Mondes,[34] über die Sphärenmusik,[35] über den un-

[22] IV, 432. [23] „Fasten" I, 153; vgl. Plautus „Miles" II, 3, 50. [24] V, 481 ff. [25] XII, 8. [26] II, 2 und 64. [27] II, 4. [28] II, 65. [29] II, 86. [30] II, 31 und 32. [31] II, 103 und 104. [32] XXX, 2; vgl. Virgil „Eklogen" 8, 69. [33] II, 99. [34] XVIII, 69. [35] II, 3.

berechenbaren Lauf des Mars,[36] über die Macht und den Einfluß der Sterne,[37] und über die Verderblichkeit der Kometen.[38]

Den Satz „Aus Nichts wird Nichts" zitiert Aristoteles wiederholt,[39] ebenso die Sätze „Keil wird von Keil verdrängt" und „Feuer wird von Feuer verdrängt;[40] auch gebraucht er das Gleichnis von der sich im Wasser immer weiter bis zum Verschwinden ausbreitenden Welle;[41] bei Plinius wieder ist vom Elmsfeuer zu lesen,[42] vom Probiersteine,[43] und vom hurtigen Quecksilber, dem „lebenden Silber".[44]

Die Lehre vom kalten feuchten Hirn, dem warmen Herzen, und der heißen Leber trägt Aristoteles an verschiedenen Stellen vor,[45] auch spricht er von den gleich Pflanzen blühenden Menschen,[46] vom Eintreten der Luft in die Wunden,[47] von der Macht der Gewohnheit die zur zweiten Natur wird,[48] von der Mischung der Elemente und Temperamente und dem Gleichgewichte der Elemente,[49] und von der „angeborenen Farbe" und der Veränderung der natürlichen Röte oder Blässe durch körperliche Zustände und Leiden.[50] Über Herz, Hirn und Leber äußert sich in analogem Sinne auch Plinius,[51] desgleichen über die Veränderungen der Farben;[52] er bespricht das Vorkommen von Luft in den Adern,[53] das Beschauen des Harnes,[54] die Pest vertreibende Wirkung der Sonne,[55] und die Krankenheilung durch Händeauflegen seitens der Könige.[56]

Gleichfalls bei Plinius finden sich Berichte über die giftigen Eigenschaften der Eibe,[57] der Cypresse,[58] und des in die Ohren einzugießenden Bilsenöles,[59] über den blutstillenden

[36] II, 15. [37] II, 5 und 6; XVIII, 57ff. [38] II, 23. [39] z. B. „Über Melissos", 1. [40] z. B. „Vom Staate" 5, 11; vgl. Ovid, Met. II, 313. [41] „Über Weissagung im Traume", 2. [42] II, 37. [43] XXXIII, 43. [44] XXXIII, 32 und 41. [45] „Tiergeschichte" 2, 7 und 10; 3, 5 und 12; 4, 2. „Vom Sinne" 2. „Über Jugend und Alter" 3 und 4. [46] „Brief an König Philipp 1." [47] „Über das Atmen" 7. [48] „Nicom. Ethik" 7, 11. [49] „Nic. Ethik" 7, 15. „Vom Staate" 5, 8. [50] „Kategorieen" 8. [51] XI, 49, 69 und 75. [52] XI, 91. [53] II, 99; XI, 88 und 89. [54] XXIII, 19. [55] XXXVI, 69. [56] VII, 2; vgl. Spartian „Hadrian", 25. [57] XVI, 20. [58] XVI, 60. [59] XXV, 17.

und wundenschließenden Wegerich,[60] über den Einfluß des Mondes auf die Pflanzen,[61] und über die Wirkungen der Sympathie und Antipathie,[62] die übrigens ebenso wie jene der Magie für unsinniges Vorurteil oder absichtliche Täuschung erklärt werden.[63]

Aristoteles erwähnt in der „Tiergeschichte" das Zurechtlecken des Bärenjungen,[64] die hitzige Natur der Ziegen,[65] die Giftigkeit der Eidechsen[66] und Salamander,[67] den Farbenwechsel des Chamäleons,[68] und den Kampf der Fische, „bei denen die großen die kleinen fressen".[69] Plinius erzählt ebenfalls vom Lecken des Bärenjungen[70] und von den brünstigen Ziegen,[71] ferner vom Einhorn,[72] vom giftigen Igel,[73] von den Tieren aus Nilschlamm,[74] vom Basiliskenblick,[75] vom luftfressenden Chamäleon,[76] vom Gifte des Frosches,[77] des Salamanders[78] und der Spinne,[79] vom Steine im Kopfe der Kröte,[80] vom Maulwurfe, der, unter der Erde lebend, einen Toten bedeutet,[81] vom Phönix,[82] von Eule und Uhu,[83] vom Schwanengesang,[84] und von den Verwandlungen der Singvögel, z. B. der Amsel.[85] Bei Aelian endlich begegnen wir den wunderbaren Berichten über das Einhorn,[86] über die hitzige Natur der Ziegen und Affen,[87] über das kühlende Affenblut, das die Krankheit des Löwen heilt,[88] über das Fangen der Affen mit Spiegeln,[89] über die Tränen des Krokodils,[90] über die Aufopferung des Pelikans,[91] über die Kraft des Hahnenrufes,[92] und über den giftigen Blick der Kröte.[93]

[60] XXV, 39; vgl. Diogenes v. Laërte 4, 57. [61] II, 102. [62] XX, 1. [63] XXVIII, 3ff.; XXX, 1ff. [64] 6, 30. [65] 6, 19. [66] 8, 24; „Wundergeschichten" 148. [67] 5, 19. [68] 2, 11; 4, 11. [69] 8, 19 und 9, 2; vgl. Oppian 2, 43. [70] VIII, 54; X, 83. [71] VIII, 76. [72] VIII, 31 und XI, 45. [73] VIII, 56. [74] IX, 84. [75] VIII, 33; XXIX, 19. [76] VIII, 51. [77] XXXII, 18. [78] X, 86; XI, 116; XXIX, 23. [79] X, 93. [80] XXXII, 18. [81] XXX, 7; vgl. „Hamlet". [82] X, 2. [83] X, 16. [84] X, 32. [85] X, 42. [86] 4, 52; 16, 20. [87] 7, 19; daher „Ziegen und Affen!" im „Othello". [88] 1, 9; daher das „kühlende Paviansblut" im Zauberspruche des „Macbeth". [89] 17, 25; vgl. Diodor 17, 90. [90] 12, 15. [91] 3, 23. [92] 3, 31; 4, 29. [93] 17, 12.

Zum Schlusse sei noch die naheliegende Frage erörtert, ob das Vorkommen naturwissenschaftlicher Anspielungen in irgend einem nachweisbaren chronologischen oder gegenständlichen Zusammenhange mit den Abfassungszeiten und Inhalten der Shakespeareschen Stücke stehe. Läßt man die eingangs angeführte, wie erwähnt aber in vielen Punkten strittige Anordnung der Dramen gelten, so verteilen sich die Stellen naturwissenschaftlichen Inhaltes, gemäß der obigen Auswahl und Gliederung in vier Gruppen, wie folgt auf die einzelnen Werke:

		I. Himmel und Erde	II. Physik und Chemie	III. Leib und Seele	IV. Tier- und Pflanzenreich	Zusammen
Vor 1590:	Titus	1	1	—	2	4
Um 1590:	Heinr. VI. A.	2	1	—	3	6
	L. Leid	3	4	4	—	11
„ 1591:	Comöd.	2	3	—	1	6
„ 1592:	Veron.	—	2	1	1	4
	Heinr. IV. B.	3	3	2	10	18
	Heinr. IV. C.	3	—	1	7	11
„ 1593:	Rich. III.	3	—	1	5	9
	Venus	—	—	—	1	1
„ 1594:	Somm.	5	1	1	4	11
	Rom.	3	4	—	6	13
	Rich. II.	5	2	6	6	19
	Lucr.	1	—	5	1	7
„ 1595:	Joh.	3	3	3	—	9
	Son.	5	5	4	—	14
„ 1595:	Kaufm.	1	—	3	2	6
	Wid.	—	1	1	—	2
„ 1598:	Heinr. IV. A.	7	4	1	3	15
	Heinr. IV. B.	2	7	9	5	23
		49	41	42	57	189

		I. Himmel und Erde	II. Physik und Chemie	III. Leib und Seele	IV. Tier- und Pflanzenreich	Zusammen
		49	41	42	57	189
Um 1598:	Lust. W.	—	8	5	4	17
	Heinr. V.	—	2	5	6	13
	V. Lärm.	3	2	1	—	6
„ 1599:	W. gef.	1	1	2	2	6
	W. wollt	5	2	4	1	12
„ 1601:	Ende	7	4	—	—	11
	Cäs.	3	7	2	5	16
„ 1602:	Haml.	8	10	8	7	33
„ 1603:	Maß	—	1	1	—	2
	Troil.	5	7	3	1	16
„ 1604:	Oth.	2	6	3	2	13
„ 1605:	Lear	9	4	4	2	19
„ 1606:	Macb.	1	1	5	6	13
„ 1607:	Timon	3	3	1	—	7
	Per. (?)	4	1	—	4	9
„ 1608:	Ant.	5	3	4	4	16
	Cor.	—	5	5	—	10
„ 1609:	Cymb.	1	1	5	—	7
„ 1610:	Sturm	6	4	3	6	19
	Wint.	5	1	1	3	10
„ 1612:	Heinr. VIII.	—	—	—	1	1
		117	113	104	111	445

Diese Statistik ist nicht ohne Interesse und vermöchte vielleicht nach mehr als einer Richtung hin zu speziellen Untersuchungen anzuregen; Folgerungen allgemeiner Art lassen sich jedoch schwerlich aus ihr ableiten.

31

GEDÄCHTNISREDE ZUM DREIHUNDERTJÄHRIGEN GEBURTSTAGE RENÉ DESCARTES'[1]

René Descartes, der Mann, dessen Andenken zu feiern wir heute versammelt sind, wurde am 31. März 1596 zu Lahaye in der Touraine geboren, als Sprößling des alten und altangesehenen Geschlechtes der Des Quartes, das sich in latinisierter Form auch De Quartis oder De Cartis nannte. Bis zum achten Jahre wuchs der anfangs zarte und schwächliche Knabe im Hause seines Vaters auf, der das Amt eines Parlamentsrates bekleidete, und empfing dann seine weitere Erziehung in dem von Heinrich IV. gestifteten Jesuiten-Kollegium Laflèche in Anjou, das, wie alle Kollegien dieses Ordens, noch völlig im Banne rein scholastischen Geistes und mittelalterlicher Wortgelehrsamkeit stand. Sechszehn Jahre alt, verließ er 1612 die Schule, deren System, das jede freie Denktätigkeit ausschloß und jede Belehrung durch unmittelbare Anschauung verdammte, ihn mit unauslöschlichem Ekel erfüllte, der sein ganzes Leben hindurch anhielt; als Ausfluß solchen Gefühles erscheint noch der Ausspruch, den er in reifem Mannesalter gelegentlich seiner medizinischen Studien tat: „Diese Skelette sind die wahren Bücher. Lateinisch und Griechisch zu lernen

[1] Gehalten in der Sitzung der „Naturforschenden Gesellschaft" zu Halle a/S. („Abhandlungen der Naturf. Gesellschaft" 1899, Bd. 22.)

hat nicht mehr Zweck, als etwa Schweizerdeutsch oder Niederbretonisch!"

Da Descartes von seinem Vater für die militärische Laufbahn bestimmt war, begab er sich zunächst 1613 nach Paris, übte sich dort im Fechten, Reiten, und in allen ritterlichen Künsten, und wurde bald in jenen Strudel gesellschaftlicher Vergnügungen und Ausschweifungen hineingerissen, die schon zu jener Zeit Reiz und Gefahr der französischen Hauptstadt bildeten. Sein überlegener Charakter ward aber jener Anfechtungen Herr, aus denen ihm nur die intuitiv erkannte Hohlheit und Nichtigkeit entgegensah, die dem flachen Geiste der halbgebildeten Menge eigen ist; „man sollte glauben (so äußert er sich hierüber später), daß der gesunde Verstand es sei, der in der Welt am besten verteilt ist, denn mit diesem meint jeder so gut versehen zu sein, daß selbst Leute, die in allem anderen schwer zu befriedigen sind, sich dabei gerade an Verstand zumeist nicht mehr wünschen als sie haben."

Angewidert von dem zügellosen Treiben seiner Freunde und Altersgenossen zog sich deshalb Descartes plötzlich vollständig aus ihrem Kreise zurück, schloß sich gänzlich von allem Verkehre ab, und lebte, vereinsamt inmitten der Großstadt, fast drei Jahre lang für sich allein, philosophischen und namentlich mathematischen Studien ergeben. Aber auch diese befriedigten ihn nicht dauernd, und ließen gar manche der Fragen ungelöst, mit denen der jugendliche Forscher an die schwierigsten Probleme menschlichen Wissens herantrat; so beschloß er denn, der stillen Arbeit am Schreibtisch überdrüssig, neue Belehrung im Gewühle der Welt zu suchen, und ohne lange zu zögern nahm er Kriegsdienste, um sich, statt an den Gedanken der Menschen, nunmehr an ihren Taten weiter zu bilden.

Zunächst trat er 1617 in das Heer des Moritz von Nassau, Sohnes Wilhelm's von Oranien ein, und verweilte zwei Jahre in den Niederlanden; der Mangel an entscheidenden militärischen Ereignissen und das lange Liegen in den Winterquartieren ließ ihm indessen auch hier reichliche Muße zu geistiger Tätigkeit. So löste er 1618 in Breda ein mathematisches Problem, zu dessen Bearbeitung, einer Sitte der Zeit folgend, Professor Beckmann durch öffentlichen Anschlag aufgefordert hatte, und knüpfte hierdurch ein Band inniger, lebenslänglicher Freundschaft mit diesem verdienten Manne; für ihn verfaßte er auch um die nämliche Zeit einen „Grundriß der Musik", der sowohl akustische als ästhetische Fragen behandelte, z. B. neben dem Wesen der Tonhöhe und der Theorie von Konsonanz und Dissonanz auch die Regeln der Stimmführung und Komposition. Im Jahre 1619 schloß er sich der kaiserlichen Armee unter Tilly an, sah sich aber zuvörderst wiederum zu einem langen Winterquartiere zu Neuburg an der Donau verdammt. Hier war es, wo er, in tiefe Gedankengänge versunken, und trostlos über die Vergeblichkeit alles seines Nachsinnens, der heiligen Jungfrau eine Wallfahrt nach Loretto gelobte, soferne sie ihm Erleuchtung in seinen Zweifeln schenke, ihm einen Ausweg zeige aus den grübelnden Irrpfaden widerspruchsvoller Lehren; sein Gelübde fand Erhörung, denn wie durch plötzliche innere Eingebung erschaute er den Hauptgedanken seines ganzen späteren philosophischen Systemes, und erfaßte, sich selbst zum Staunen, wie mit einem Schlage die auf ihn gegründete Methode eines Neubaues der gesamten Weltweisheit. Nunmehr griffen aber äußere Ereignisse in die Kreise des stillen Denkers ein; die Armee brach zum Feldzuge gegen Friedrich V. von der Pfalz auf, dessen kurzer Herrschaft die Schlacht am weißen Berge bei Prag (1620) ein trauriges Ende bereitete, und Descartes verfolgte vermutlich eigenen Auges Beginn und Verlauf dieses welthistorischen Kampfes. Nach Beendigung des böhmischen Krieges ließ er sich in die Armee Buquoi's aufnehmen, die den in Ungarn ausgebrochenen Aufstand des Fürsten Bethlen Gabor niederzuschlagen beauftragt war; nach glücklicher Eroberung Preßburgs fiel aber Buquoi während der langwierigen Belagerung von Neuhäusel, die daraufhin aufgegeben wurde. Dieses bestimmte Descartes, dessen Erwartungen der Verlauf der fünf von ihm durchlebten Kriegsjahre wohl ohnehin wenig entsprochen hatte, seinen Abschied zu nehmen und die Heimreise nach Frankreich anzutreten, die er benützte, um die wichtigsten Staaten des mittleren und nördlichen Europas kennen zu lernen. Nach Paris zurückgekehrt (1622), verkaufte er seine Güter und trat eine große Reise nach Italien an, gelegentlich derer er 1624 auch in Loretto sein Gelübde löste; es ist gewiß bemerkenswert, daß diese im Sinne echt mittelalterlichen Kirchengeistes getane Wallfahrt bezweckte, den Dank für die Auffindung eines philosophischen Systemes abzustatten, das dazu berufen war, nicht das Wenigste zum völligen Umsturze der alten religiösen Weltanschauung beizutragen!

Während der folgenden Jahre griff Descartes zwar nochmals vorübergehend zu den Waffen, und machte die denkwürdige Belagerung von La Rochelle mit, im übrigen aber lebte er ziemlich zurückgezogen in Paris, im Stillen mit immer weiterer Ausarbeitung und Vertiefung seiner Gedanken beschäftigt. Durch das Drängen einiger Freunde verleitet, eröffnete er diese, wie es scheint zuwider seiner eigentlichen Absicht, gelegentlich einer Disputation einem weiteren Kreise von Zuhörern. Der Eindruck war ein außerordentlicher, das größte Aufsehen erregender; sei es nun, daß Descartes eine dauernde Störung seiner geistigen Ruhe fürchtete, oder daß er Besorgnisse in politischer Hinsicht hegen mußte, – bedrohte doch ein Parlamentsbeschluß von 1624 alle „Neuerer" mit dem Tode —, jedenfalls hielt er es für geboten, Frankreich zu verlassen. So verbrachte er denn, von wenigen Reisen abgesehen, die nächsten zwanzig Jahre, 1629 bis 1649, die besten und wichtigsten seines Daseins, in den Niederlanden; ganz unabhängig und meist verborgen lebte er, seinen Aufenthalt häufig wechselnd, während dieser Zeit an nicht weniger als dreizehn verschiedenen Orten, und verblieb in dauernder Verbindung fast allein mit seinem alten ergebenen Schulgenossen und Freunde, dem großen Gelehrten Mersenne, sowie mit der nach dem Haag geflüchteten Elisabeth von der Pfalz (Witwe Friedrich's V.) und deren Tochter, der Prinzessin Elisabeth, die nachmals als Äbtissin des Klosters Herford in Westfalen starb.

Als erste Frucht fortgesetzter rastloser Arbeit in diesem ungestörten Asyle reifte ein umfassendes Werk „Le monde", worin Descartes seine Lehren ausführlich zu entwickeln und ihre Anwendung auf die verschiedensten Probleme der großen und der kleinen Welt darzutun plante. Im Begriffe, die letzte Hand an die Vollendung seiner Schrift zu legen, erfuhr er indessen die 1632 erfolgte Verurteilung Galilei's, dessen der Kirchenlehre so sehr widersprechende Ansichten betreff der Bewegung der Erde und ihrer Stellung im Universum er durchaus teilte. Nun war Descartes zwar ein durchaus edler, ehrlicher, gerader Charakter, und religiös im hohen Sinne dieses Wortes, zudem nahm er an der Kirche und ihren Dogmen keinerlei eigentlichen Anteil, wenngleich er sich, aus Achtung vor den Gefühlen Anderer, ihren äußeren Gebräuchen dauernd fügte; dagegen schlummerte aber auch in ihm, trotz lebhaften Ehrgeizes und heftiger Reizbarkeit, nicht ein Funke jener reformatorischen Tatkraft, jenes vor keinem Martyrium zurückscheuenden Enthusiasmus, wie er etwa die Brust eines Giordano Bruno schwellte; vielmehr war für Descartes, sollte sein Genius nach eingeborener Bestimmung das Wesen des äußeren Weltgetriebes wie des inneren Geisteslebens durchforschen, auch äußere und innere Ruhe ein unentbehrliches und unabweisbares Bedürfnis. Bei solcher Veranlagung mußte ihn das Schicksal Galilei's erschüttern und ängstigen, und da es unmöglich schien, die Lehren des Kopernikus und Galilei öffentlich zu bekennen, ohne neue große Konflikte heraufzubeschwören, so unterdrückte Descartes sein beinahe fertiggestelltes Werk „Le monde"; statt dessen ließ er erst 1637, und zwar zunächst anonym, zu Leyden die „Essays philosophiques" erscheinen, die (in erheblicher Umarbeitung) vier, verschiedenen Wissensgebieten zugehörige Teile der Schrift über die Welt enthielten, nämlich den „Discours de la méthode", die „Dioptrik", die „Meteore", und die „Geometrie". Den „Essays" folgten 1641 die „Meditationes de prima philosophia", die Hauptpunkte der neuen Lehre, die gegen diese von einer Anzahl namhafter Denker erhobenen Einwände, und deren Widerlegung enthaltend, der Pariser Sorbonne gewidmet, den Namen des Autors in der ihm zeitlebens unsympathischen latinisierten Form „Cartesius" an der Stirne tragend, und nicht mehr in französischer Sprache abgefaßt, deren Stil Descartes mit so musterhafter Klarheit und Logik beherrschte, sondern in lateinischer, — vermutlich zum Zeichen, daß der Inhalt kein ganz unbedenklicher, nicht für die Allgemeinheit, sondern nur für die Gelehrten bestimmter sei. Des weiteren erschienen noch 1644 zu Amsterdam die „Principia philosophiae", und 1650 die schon 1646 vollendete, und der Prinzessin Elisabeth von der Pfalz gewidmete Schrift „Les passions de l'âme"; der Erfolg dieser Werke war ein ungeheurer und sie verbreiteten den Ruhm ihres Verfassers über den ganzen gebildeten Erdkreis.

Hatte jedoch Descartes gehofft, sich durch sein persönliches Auftreten, durch die Vorsicht in der Aufstellung neuer Theorien, und durch seine offenkundige Fügsamkeit der Kirche gegenüber, Ruhe und Frieden zu sichern, so befand er sich in schwerem Irrtume; der orthodoxe Klerus, die Jesuiten, die Anhänger der alten Scholastik, und nicht zum mindesten die Professoren der Theologie und Philosophie, witterten mit sicherem Instinkte die Gefährlichkeit solcher Lehren, sie sahen den Geist des Zweifels mit allen seinen „wenn auch noch nicht vorhandenen, so doch möglichen Konsequenzen" erweckt, sie bemerkten bedenkliche Widersprüche gegen wichtige, von der Kirche aufgestellte und vom Staate approbierte Dogmen, und eröffneten daraufhin gemeinsame, nicht nur höchst gehässige, sondern auch höchst gefährliche Denunziationen und Angriffe gegen Descartes. Dieser sah sich in zeitraubende, aufregende, seiner Gemütsruhe verderbliche Streitigkeiten verwickelt, so daß die Möglichkeit seines Verbleibens in den Niederlanden täglich fraglicher wurde; aber auch an eine Rückkehr nach Frankreich war nicht zu denken, denn seit dem Tode Ludwig's XIII. und Richelieu's fehlte der Schutz eines aufgeklärten Hofes, dem er 1640, als ihn der Tod seines Vaters kurze Zeit nach Paris rief, und ebenso noch bei späterer Gelegenheit, allen Anfeindungen zum Trotze einen ehrenvollen, ja auszeichnenden Empfang zu danken hatte. Bedrängt durch solche Wirren, und von schwerer Sorge über die nächste Zukunft erfüllt, faßte Descartes einen großen Entschluß: er nahm eine wiederholt an ihn ergangene Einladung der gelehrten Königin Christine, Tochter Gustav Adolf's an, brachte die Unterhandlungen mit Chanut, dem schwedischen Gesandten zu Paris, einem seiner größten Verehrer und Lobredner, zu raschem Abschlusse, und übersiedelte 1649 nach Stockholm. Den Anstrengungen der Reise, den mühsamen Vorarbeiten zur Gründung einer Akademie, und den Härten des nordischen Klimas zeigte sich jedoch die Gesundheit Descartes' nicht gewachsen; gelegentlich der Rückkehr von einer der, stets in den frühesten Morgenstunden stattfindenden philosophischen Unterredungen mit der Königin, befiel ihn eine schwere Erkältung, deren Folgen er am 11. Februar 1650, erst 54 Jahre alt, erlag. Seine Leiche wurde 1666 nach Frankreich zurückgeholt, und im Kloster St. Geneviève du Mont (dem jetzigen Pantheon) beigesetzt, von wo man sie während der Revolutionszeit nach dem Museum, und 1819 nach der Kirche St. Germain-des-Près übertrug; weil der Papst 1663 die Schriften Descartes' auf den Index hatte setzen lassen, mußte seine Beerdigung in Paris in aller Stille erfolgen, und einem der größten Söhne Frankreichs durfte weder eine Leichenrede gehalten, noch ein Grabstein geweiht werden. Auch noch 1667 erging ein Verbot gegen die von seinen Freunden und Schülern geplante Errichtung eines Denkmales, da auf Betreiben der Geistlichkeit gerade in diesem Jahre die Descartes'schen Lehren neuerdings von allen Universitäten und höheren Schulen verbannt, und alle Vorlesungen und Schriften über sie untersagt worden waren.

Mit dem Hinscheiden Descartes' erlosch auch sein Geschlecht, denn seine einzige natürliche Tochter, Franziska, war ihm schon 1640, als fünfjähriges Kind, im Tode vorangegangen. Seine Werke, sowohl die bereits erwähnten größeren, als auch eine Anzahl Streitschriften, der Briefwechsel, einige Bruchstücke des Buches „Le monde“, und der vorwiegend medizinische, „Traité de l'homme“, erschienen neu gedruckt, teils einzeln, teils in Sammelbänden, bald nach seinem Tode, und erlebten zahlreiche, leider zumeist flüchtig und inkorrekt zusammengestellte Auflagen; eine würdige Gesamtausgabe unternahm erst 1826 Cousin, und in allerjüngster Zeit gelangten auch die ersten Bände einer ganz neuen, auf Staatskosten veranstalteten Ausgabe der „Sämtlichen Werke“ zur Vollendung, deren sorgfältige, durch hervorragende Fachgelehrte besorgte Redaktion, auch die höchsten Anforderungen zu erfüllen verspricht.

Seine philosophischen Lehren hat Descartes im „Discours de la méthode“, in den „Meditationes“, und in den „Principla philosophiae“ niedergelegt, deren wesentlicher Inhalt der folgende ist:

So sicher und untrüglich die Mathematik, so unsicher und von Vorurteilen erfüllt erscheint die ganze hergebrachte Philosophie: nichts ist in ihr völlig gewiß, jeder Punkt bleibt schweren Bedenken ausgesetzt, und unabweislich ergibt sich daher die Notwendigkeit nicht eines Umsturzes, wohl aber einer tiefgreifenden Umbildung, eines Neubaues, der sich auf

Prinzipien zu stützen hätte, die es den mathematischen Axiomen an Gewißheit gleichtun, d. h. nicht bewiesen zu werden brauchen, sondern unmittelbar einleuchten. Vier Hauptgrundsätze lassen sich in dieser Hinsicht aufstellen: 1. Erkenne als wahr nur an, was mit einer jeden Zweifel ausschließenden Sicherheit als evident erscheint; 2. Zerlege jedes verwickelte Problem in seine Teile, und prüfe deren Evidenz im einzelnen; 3. Denke hierbei rein ordnungsgemäß, d. h. streng stufenweise vom einfachen zum zusammengesetzteren aufsteigend; 4. Schreite hierbei so planmäßig und überlegt vor, daß nichts Zugehöriges übersehen werden kann.

Um diese Grundsätze mit Erfolg anzuwenden, bedarf es aber eines unbedingt gewissen, völlig sicheren Prinzipes, als des ersten, dem Standorte des Archimedes vergleichbaren, unerschütterlich feststehenden Ausgangspunktes. Wo ist dieses zu finden? Suche ich es in der Außenwelt, so führen mich die Sinne irre, deren Wahrnehmungen sich in tausend und abertausend Fällen als unzuverlässig und widerspruchsvoll erweisen; suche ich es im Inneren, so weiß ich, daß mich im Schlafe der Traum täuscht, im wachen Zustande oft, ja möglicherweise immer, die Vernunft, und daß ich, obgleich anscheinend einem untrüglichen Lichte folgend, dennoch zahlreichen Irrtümern unterliege. Fasse ich also den Mut, von aller auf bloßer Überlieferung oder Autorität beruhenden Tradition vollständig abzusehen, und betrachte allein das eigene, völlig voraussetzungslose Denken als Prüfstein der Wahrheit, so gelange ich zu dem niederdrückenden Ergebnisse, daß ich nichts mit Bestimmtheit wissen, nichts mit Bestimmtheit erkennen kann, daß es nichts gibt, woran ich nicht zu zweifeln berechtigt wäre, und daß kein zureichendes Mittel besteht, diese Zweifel zu beschwichtigen oder zu lösen.

Aber aus der Unentwirrbarkeit dieses Labyrinthes zeigt sich ein Ausweg. Darf mein voraussetzungsloses Denken auch alles in Frage stellen, alles bezweifeln, so gibt es doch Eines, was nicht bezweifelt werden kann, ja dessen Gewißheit durch jeden Versuch des Zweifels noch bestärkt wird, nämlich meine eigene bewußte Geistestätigkeit, die sich eben im Denken kundgibt: es ist völlig gewiß und unzweifelhaft, daß ich denke, und daß ich als denkendes Wesen auch bin, und zwar ist dies kein logischer, auf irgend welchen Folgerungen beruhender Schluß, sondern eine intuitive, unwiderlegliche, eines Beweises weder bedürftige noch fähige Überzeugung, keine von bestimmten Voraussetzungen ausgehende Definition, sondern eine unmittelbare Erfahrung und Erkenntnis. Es ist gewiß, daß ich denke, und daß ich, der ich denke, bin: dies ist der Sinn des weltberühmten Satzes „Cogito ergo sum", wobei jedoch zu bemerken ist, daß Descartes ausdrücklich unter „cogitare" jede bewußte innerliche Tätigkeit versteht, also neben dem Denken auch das Vorstellen, Fühlen, Wollen u. s. f.; äußere Tätigkeiten, die erst durch Vorstellung, also nur indirekt, zum Bewußtsein gelangen können, sind hierbei naturgemäß ausgeschlossen, und wenn man einem Geiste wie Gassendi den Ausspruch unterschob, Descartes hätte statt „cogito ergo sum" ebensogut sagen können „ambulo ergo sum" (ich gehe spazieren, also bin ich), so bedarf eine solche Flachheit für den Kundigen keiner Widerlegung.

Die Selbstgewißheit des denkenden Ichs ist also das gesuchte fundamentale Prinzip der Erkenntnis; die Gewißheit des Denkens verbürgt die Gewißheit des denkenden Subjektes, und was so gewiß ist wie das, daß ich selbst bin, das ist mit zweifelloser Sicherheit als evident erkannt, also wahr.

Ein Bedenken bleibt jedoch noch zu lösen. Könnte nicht jene zweifellose Sicherheit dennoch eine trügerische sein, falls es etwa einem übermächtigen Wesen gefiele, mich durchaus und in allem zu täuschen? In meinem beschränkten und endlichen Inneren finde ich nun tatsächlich die Idee eines allmächtigen und unendlichen Wesens, die mir eingeborene Vorstellung Gottes: das bloße Vorhandensein dieser Idee des

Unendlichen beweist aber schon ihre reale Existenz, denn woher sollte sie mir Endlichem überhaupt kommen, entspräche ihr nicht ein wirkliches Vorhandensein in der Außenwelt? Wie aus der Natur des Dreieckes folgt, daß die Summe seiner Winkel zwei Rechte beträgt, so folgt aus der Natur Gottes sein Dasein, denn zu den Vollkommenheiten des vollkommensten Wesens gehört seine Existenz, ja sie ist mit seinem bloßen Begriffe schon untrennbar verbunden; zudem wird sie noch durch die Überlegung gewährleistet, daß das Sein und Erhaltenwerden meiner Selbst, wie der ganzen Welt, einer zureichenden obersten Ursache bedarf. Es ist mir also unmöglich, zu bezweifeln, daß Gott ist; ist aber Gott, so gehört zu den notwendigen Eigenschaften dieses höchsten Wesens die Wahrheitsliebe, und er kann mich nicht täuschen wollen. Die von Gott gegebene Vernunft lehrt mich also das Richtige, und was ich mit zweifelloser Sicherheit „klar und bestimmt" erkenne, ist wahr. Zu diesen klaren und bestimmten Erkenntnissen gehören aber in erster Linie alle mathematischen, geometrischen, und auf die räumliche Anordnung bezüglichen; die Außenwelt mit allen ihren Objekten existiert also wirklich, jedoch stellt mir die Wahrnehmung die Dinge nicht durchaus so dar, wie sie tatsächlich sind: die Gefühle von Farbe, Ton, Geruch, Geschmack, Lust oder Schmerz u. s. f., die sie erregen, sind nämlich veränderlich, relativ, und gehören nur dem empfindenden Subjekte an; wesentlich für das Objekt, beharrlich, beständig, seine Existenz erschöpfend, ist aber einzig seine Ausdehnung, denn sie allein bleibt bestehen, wenn ich von allen seinen sonstigen Eigenschaften abstrahiere.

Bezeichnet man die wechselnden Eigenschaften des Objektes und die wandelbaren Zustände des Subjektes als „Modalitäten" oder „Modi", so stellen diese offenbar Begriffe vor, die nur mit Hilfe anderer gedacht werden können, es ist z. B. „dreieckig" ein Modus der „Gestalt", und „schmerzhaft" ein solcher der „Empfindung"; „Gestalt" und „Empfindung" sind aber selbst

Modi wieder anderer, weiterer Begriffe, und wenn man diese systematisch vergleicht und auf immer wenigere, jedoch umfassendere zurückführt, so behält man schließlich nur zwei grundlegende „essentiale Haupteigenschaften" oder „Attribute" übrig, die Ausdehnung und das Denken (im Sinne jeder bewußten innerlichen Tätigkeit). Beide sind Prädikate und bedürfen als solche eines substantiellen Trägers, einer „Substanz". Faßt man „Substanz" im strengsten Sinne als dasjenige auf, „was so existiert, daß es zu seinem Sein keiner anderen Existenz bedarf", so gibt es eigentlich nur eine einzige absolute Substanz: Gott; erkennt man aber auch relative Substanzen an, d. h. solche, die mit Ausnahme Gottes, der sie schuf, nichts gemeinsames haben, also in allem übrigen einander völlig selbständig gegenüberstehen, so ergibt sich als Träger der „Ausdehnung" die materielle Substanz oder Materie, als Träger des „Denkens" die immaterielle Substanz oder Seele. Die ausgedehnte wie die denkende Substanz, beide, und nur sie allein, werden von uns „klar und bestimmt" erkannt: die Ausdehnung ist das Wesen der körperlichen Außenwelt, der Objekte; das Denken aber, von dem wir, auch bei Abstraktion von allem Körperlichen, eine deutliche und spezifische Vorstellung besitzen, ergibt sich eben hierdurch als Wesen der selbständig existierenden Seele, und wie der Körper nie ohne Ausdehnung, so kann die Seele nie ohne Denken sein.

Die körperliche Materie besitzt keine inneren Kräfte und keine inneren differenzierenden Eigenschaften, es gibt daher nur eine einzige und einheitliche Materie im ganzen Weltall. Alle ihre erkennbaren Qualitäten beruhen ausschließlich darauf, daß sie in weitem (aber begrenztem) Maße teilbar ist, und daß sich ihre Teile, die Korpuskeln (die nicht mit den unendlich kleinen und unteilbaren Atomen verwechselt werden dürfen!) auf die mannigfaltigste Weise bewegen; ihr Wesen erschöpft sich eben in der Ausdehnung und deren Modis, also in der Gestalt, Form, Größe, Lage, Bewegung u. s. f. der Korpuskeln. Daher ist alles körperliche Geschehen als solches nur durch wirkende, niemals durch Zweckursachen zu erklären, und zu seiner Deutung müssen rein mechanische Ableitungen genügen, in letzter Linie also Druck und Stoß.

Im Gegensatze zur körperlichen Materie besitzt die geistige, die Seele, ausschließlich innere Kräfte, und alle ihre Verschiedenheiten, d. h. die Bedingungen der Individualität, beruhen auf inneren differenzierenden Eigenschaften. Ihr Wesen erschöpft sich im Denken, d. h. in bewußter innerer Tätigkeit; daher kann alles geistige Geschehen nur wieder aus inneren geistigen, nie aus äußeren wirkenden Ursachen erklärt werden, und seine Ableitung nach mechanischen Gesetzen ist ebenso unmöglich wie undenkbar.

Die mechanische Erklärung allein ist erforderlich, und auch ausreichend, zum Verständnisse alles physischen Geschehens, sowie sämtlicher Vorgänge im Reiche der Pflanzen und Tiere, denn auch letztere sind nur als seelenlose Maschinen, als Automaten sehr verwickelter aber rein mechanischer Konstruktion anzusehen. Dagegen bietet das Verständnis des Menschen eine neue Schwierigkeit dar, denn obwohl Materie und Geist, Ausdehnung und Denken einander völlig ausschließen, sich fremd gegenüberstehen „wie Schwarz und Weiß, ja wie Feuer und Wasser", so finden wir doch im Menschen Leib und Seele innig vereinigt, und zwar so, daß die Seele dem Leibe nur beigesellt ist: der Leib als solcher lebt gleich dem tierischen nach rein mechanischen Gesetzen, und weder erzeugt die Seele in ihm erst das Leben, noch verursacht sie, indem sie ihn verläßt, den Tod, vielmehr scheidet sie vom Leibe erst, wenn dieser abgestorben ist, was allein geschieht, wenn sich seine Maschinerie abgenutzt hat oder zerstört wurde.

Die Verbindung zweier so heterogener Wesen wie eines Geistes und eines Körpers kann offenbar nicht in deren Natur begründet sein, sondern muß als eine gewaltsame, übernatürliche, von Gott gewollte Tatsache aufgefaßt und hingenommen werden.

Seele und Leib können sich auch, als gänzlich voneinander verschieden, an und für sich in keiner Weise gegenseitig beeinflussen; die tatsächlich vorhandene Wechselwirkung ist daher ebenfalls nur durch Gottes Beihilfe und fortdauerndes Eingreifen erklärbar. Endlich ist die Seele zwar mit dem ganzen Leibe verbunden, da sie aber keine Ausdehnung besitzt, kann sie sich mit ihm nur in einem Punkte berühren, und das Organ, in dem dies stattfindet, ist das einzige unpaare und asymetrische des Gehirnes, die Zirbeldrüse. Bewegung zu erzeugen, oder deren gegebene Menge zu verändern, vermag die Seele selbst, als immateriell, nicht, vielmehr bewirkt sie nur einen unendlich kleinen Anstoß der Zirbeldrüse, die dann ihrerseits die Richtung der Bewegung abändert, d. h. den Lebensgeistern andere entsprechende Bahnen anweist; umgekehrt drängen die von außen kommenden Eindrücke nur die Lebensgeister in bestimmte Bahnen, und bewegen so die Zirbeldrüse, vermittelst derer wieder die Seele einen unendlich kleinen Anstoß empfängt. Der Vergleich des Verhältnisses zwischen Körper und Seele mit jenem zwischen Roß und Reiter ist daher nicht abzuweisen, jedoch nur in beschränktem Sinne als richtig anzuerkennen, denn stets bleibt festzuhalten, daß es einen unmittelbaren Übergang zwischen Denken und Bewegung oder Bewegung und Denken nicht geben kann. Weder vermag ein Gedanke Bewegung hervorzurufen, noch eine Bewegung Gedanken; auch das Auftauchen der Erinnerung ist nicht dadurch zu erklären, daß von außen kommende Bewegungen in der Seele unmittelbar gewisse Gedanken erregen, sondern dadurch, daß sie die Lebensgeister in Bahnen lenken, die frühere Bewegungen im Gehirne nachgelassen haben „wie Falten im Papier", und so zunächst mittelbar die Zirbeldrüse beeinflussen.

Die Frage, welchen tieferen Sinn die von Gott gewollte Vereinigung des Leibes mit der Seele haben kann, führt auf das Gebiet der Ethik, das Descartes, mit mannigfachen Anlehnungen an die Moral der Stoiker, hauptsächlich in der Schrift

„Les passions de l'âme" behandelt hat. Als ethisches Ziel des menschlichen Daseins ist jene Glückseligkeit zu betrachten, die aus der Tugend hervorgeht, deren eigene Wurzeln wieder einem gefestigten guten Willen entsprießen. Alle sittlichen Irrtümer beruhen auf Mißleitung des Willens durch falsche oder vorschnelle Urteile über ungenügend und undeutlich Erkanntes; erste Vorbedingung des guten Willens ist daher die „klare und bestimmte" Erkenntnis, zu der jedoch die Seele nur durch beharrliches Bemühen, durch große aber befreiende Opfer gelangen kann, indem sie es erlernt, die Macht der Affekte zu überwinden. Kein Affekt ist an sich schlecht, wohl aber kann jeder ebensogut schlechte Wirkungen ausüben wie gute; sobald die Seele die Leidenschaften zu meistern vermag und sich von deren blinder Herrschaft befreit hat, kann es ihr zu keiner Zeit an klarer und bestimmter Erkenntnis fehlen, sie versteht die Zusammenhänge im Größten und Kleinsten des Weltalls, und aus dieser Weisheit geht die Festigung ihres guten Willens hervor, als einer Lust an vernunftgemäßer, dem Wahren und Guten zugewandter Tätigkeit. In dem festen Willen, nur das für recht Erkannte zu erstreben, besteht aber die Tugend, die in der Erfüllung dieses Strebens ihre Glückseligkeit, und in der Gewissensruhe ihren Lohn findet; eine zur zweiten Natur gewordene Unmöglichkeit des Irrens über das, was wahr und gut, also anzustreben sei, wäre die höchste Freiheit.

Der Außenwelt des Körpers mit ihrem Mechanismus und ihrer Notwendigkeit stellt sich so im Menschen die Innenwelt der Seele mit ihrem Bewußtsein und ihrer Freiheit gegenüber. Beide stehen durchaus in Wechselwirkung, wie es denn, wenn man z. B. verlangt, die Seelle solle die Leidenschaften bekämpfen, verlangen heißt, sie solle das Strömen der (insbesondere zum Herzen hindringenden) Lebensgeister zügeln, und deren mannigfacher heftiger Bewegungen Herr werden; doch ist hierbei stets nur an gewisse Stufen oder Grade ihrer Tätigkeit zu denken, nicht an eine Anzahl besonderer „Vermögen", denn die Seele ist, wie das schon ihre immaterielle und daher unsterbliche Natur bedingt, durchaus einheitlich. Wie die Gemütsbewegungen mit den sie begleitenden Symptomen im Einzelnen zusammenhängen, und wie sich diese gegenseitig bedingen, ist selbst bei den wichtigsten Phänomenen, z. B. der für den Menschen so charakteristischen Fähigkeit der Sprache, noch unerforscht, und zum Teile vielleicht unerforschlich; in dieser Hinsicht hat man auch stets der Offenbarungen und Eingriffe Gottes gedenk zu bleiben, der auch das Übernatürliche zu verwirklichen vermag, und das menschliche Gemüt, ja alle ethischen und sittlichen Gesetze, völlig anders und von den Bestehenden gänzlich abweichend hätte einrichten können, falls dieses so in seinem Willen gelegen wäre.

Auch als Mathematiker vertritt Descartes die Ansicht, daß die mathematischen Wahrheiten, so klar, bestimmt, und eindeutig ihre Erkenntnis in der einmal geschaffenen Welt auch ist, dennoch an und für sich vollständig von Gottes Willen abhängen, der sie nach Belieben auch ganz anders hätte gestalten können; da sie aber Gott endgültig so gestaltet hat wie sie jetzt vorhanden sind, wohnt jener Einsicht nichts Beirrendes inne, und sie kann weder die Untrüglichkeit der mathematischen Erkenntnisse beeinflussen, noch die Sicherheit der Ergebnisse ihrer praktischen Anwendung. Auf letztere legt Descartes das Hauptgewicht, da er merkwürdigerweise wiederholt angibt, eigentliches reines Interesse für die Mathematik als solche nie gehabt zu haben.

Die größte und unsterbliche Leistung Descartes in dieser Wissenschaft ist die Schöpfung der analytischen Geometrie, deren Grundgedanke, die Anwendung der Algebra auf die Geometrie, der Mathematik völlig neue, von ihren früheren Gebieten her unerreichbare, ja unerkennbare Wege erschloß, und das Fundament zu ihrer ganzen, seither so glänzenden

Weiterentwickelung legte. Die Bedeutung dieses durchaus originalen Grundgedankens besteht im Durchschauen der Möglichkeit einer analogen Auffassung geometrischer und algebraischer Verhältnisse, und in der Aufstellung des Begriffes der Funktion, als der, durch eine gegebene Gleichung ausgedrückten, und durch ihre Kontinuität charakterisierten Abhängigkeit einzelner Variablen. Descartes zeigte so, daß sich ganze Klassen geometrischer Gebilde durch algebraische Gleichungen wiedergeben lassen, er stellte mit Hilfe der von ihm erdachten Systeme der Koordinaten diese Gleichungen wirklich auf, und lehrte, wie auch wieder umgekehrt aus gegebenen Gleichungen Natur und Eigenschaften der ihnen zugrunde liegenden geometrischen Gebilde erkannt, und bis in alle Einzelheiten abgeleitet werden können. Seine Untersuchungen erstreckten sich, außer auf die schon seit altersher bekannten krummen Linien, auch auf zahlreiche andere „geometrische" Kurven, d. h. auf alle jene „die durch eine einfache und geordnete Bewegung entstehen"; auf die übrigen (z. B. Zycloide, Spirale . . .), die er als „mechanische" bezeichnete, wurden seine Prinzipien zumeist nicht von ihm selbst, sondern erst von späteren Forschern, namentlich von Leibniz, angewandt. Aus der großen Reihe bedeutungsvoller Einzelresultate mögen nur hervorgehoben werden: die Ableitung der gesamten Eigenschaften aller Kegelschnitte (Kreis, Ellipse, Parabel, Hyperbel) aus der allgemeinen Gleichung zweiten Grades als geometrischer Ort betrachtet; die allerdings nur für bestimmte Kurven zutreffende, aber sehr allgemeine Lösung des Tangenten- und Normalen-Problems; die Lösung des Tangenten-Problems an der Zykloide; die Theorie der Asymptoten; die Konstruktion der Berührungskurven, z. B. eines Kreises, der drei beliebig gegebene Kreise berührt; endlich die geometrische Lösung des Problems der Maxima und Minima der durch Kurven dargestellten Funktionen, — die Descartes in einen lebhaften Streit mit seinem großen Zeitgenossen Fermat verwickelte.

Als Leistungen auf rein algebraischem Gebiete wären noch anzuführen: die Auflösung der Gleichungen vierten Grades durch Zerlegung in zwei quadratische Gleichungen; die hierzu zuerst angewandte Methode der unbestimmten Koeffizienten, die für die Entwickelung der Infinitesimalrechnung von außerordentlicher Wichtigkeit wurde; die Einführung der Exponenten für die Potenzbezeichnung, und die Begründung der Potenzrechnung; die Erkennung der wahren Bedeutung der negativen Wurzeln der Gleichungen, des Zusammenhanges der Anzahl der positiven und der negativen Wurzeln mit der Anzahl der Zeichenwechsel zwischen den einzelnen Gleichungsgliedern, und des Vorhandenseins sowie der Zahl imaginärer Wurzeln einer Gleichung, neben den reellen.

Die naturwissenschaftlichen Studien Descartes betreffen hauptsächlich die Physik, und zwar im weitesten Sinne des Wortes, sowie die Medizin.

Was die Medizin anbelangt, so ist namentlich anzuerkennen, daß er die entscheidende Wichtigkeit der Harvey'schen Entdeckung des Blutumlaufes (1628), die bekanntlich von den meisten Fachgenossen des großen englischen Arztes mit Zweifel, ja mit Spott aufgenommen wurde, sofort vollständig begriff, und diese Lehre allen seinen Betrachtungen zugrunde legte; sie schien ihm jedoch insoferne unzureichend, als er die Angabe einer eigentlichen Ursache der Blutbewegung vermißte, und als solche glaubte er die im Herzen konzentrierte Lebenswärme und die Temperaturverschiedenheit des Blutes der Herzkammern aufstellen zu sollen. Die Lebenswärme verwandelt das Blut in Dampf und treibt es in die Lungen, woselbst es sich abkühlt, und dann verflüssigt zurückströmt; das neuerdings angewärmte und durch die Wärme verdünnte und ausgedehnte Blut tritt hierauf den weiteren Kreislauf durch die Arterien, Kapillargefäße und Venen an. Diese Zirkulation des Blutes ist das eigentliche

Prinzip des Lebens, und so lange sie andauert, zeigt sich auch die Maschinerie des tierischen Leibes wie des menschlichen Körpers belebt, während ihr Stillstehen sogleich den Tod, und durch diesen beim Tiere das Aufhören des Belebtseins, beim Menschen aber auch noch das des Beseeltseins bewirkt. Dem Gehirn fällt bei der Blutzirkulation die Aufgabe zu, das kreisende Blut abzukühlen, ihm seine feinsten und flüchtigsten Teile, die Lebensgeister, zu entziehen, und diese in ihre Behälter, die Nerven, zu verteilen, deren wichtigste in der Zirbeldrüse zusammenlaufen, und indirekt auch mit allen übrigen in Verbindung stehen; da das Blut dem Gehirne sämtliche Lebensgeister unaufhörlich zuführt, so wird die Zirbeldrüse zum natürlichen Mittelpunkte aller von außen kommenden Eindrücke, sowie zum Ausgangspunkte aller nach außen zu übermittelnden Bewegungen, die die Nerven auf die ihnen zugehörigen Muskelsysteme übertragen; ohne weiteres leuchtet auch ihre wichtige Rolle für die Entstehung der sogenannten Reflexbewegungen ein, deren Descartes zahlreiche sorgfältig beobachtet, und ihrem Wesen nach auch richtig aufgefaßt hat.

Wie diese Darlegungen erkennen lassen, blieb Descartes nach vielen Richtungen, z. B. hinsichtlich der Annahme großer Temperaturverschiedenheiten der einzelnen Teile des Körpers, in fehlerhaften, seit dem Altertume her fortgeerbten Anschauungen befangen, während er sich nach anderen wieder hoch über diese erhob, z. B. in seinem zum Teile höchst merkwürdigen und der Zeit weit vorauseilenden entwickelungsgeschichtlichen Betrachtungen.

Als Erster entdeckte Descartes die Bedeutung der Wölbung der Kristalllinse für die Akkommodationstätigkeit des Auges, und jedenfalls selbständig auch die Entstehung der physischen Bilder gesehener Objekte auf der Retina. Er behandelte ferner das Problem des Aufrechtsehens der auf der Retina verkehrt erscheinenden Bilder, sowie das des Einfachsehens; die Vereinigung der in beiden Augen getrennt entstehenden Bilder zu einem Einzigen schrieb er in letzter Linie wieder einer besonderen Tätigkeit der Zirbeldrüse zu.

Die Physik, im weitesten Sinne, hat nach Descartes alles das zu beschreiben und zu erklären, was die menschliche Vernunft durch Beobachtung der Erscheinungen in der Natur wahrnimmt, oder durch Nachdenken über diese erschließt. Da nun bei allen Beobachtungen der Außenwelt zu abstrahieren ist: 1. von den sinnlichen Qualitäten der Körper, die nur Zustände des Empfindenden, den Körpern selbst aber nicht ähnlicher sind als etwa die Worte den durch sie bezeichneten Begriffen; 2. von Zahl und Zeit, die bloß seitens des Subjektes gesetzte Beziehungen zwischen den Körpern vorstellen; 3. von allen inneren, geheimnisvollen Trieben und Kräften (z. B. der fernwirkenden Schwere) und allen Zweckursachen, — so ergibt sich, als für den physischen Körper allein charakteristisch, seine Ausdehnung. Materie und ausgedehnter Raum sind identisch, Ausdehnung ist körperliches Sein und umgekehrt, und im Zustande absoluter Ruhe gäbe es nur eine, allerorten gleichartige und unterschiedslose Materie. Gott hat aber die Materie bewegt erschaffen, und daher ist alles körperliche Geschehen Bewegung; der unbeseelten Welt liegen also Ausdehnung und Bewegung, und zwar nur diese, zugrunde, und ihre Körper bestehen aus der einheitlichen Materie in den verschiedensten Arten der Verteilung, Gestaltung, Verbindung und Bewegung. Die Gesetze dieser Bewegung hat die Physik zu ermitteln, und in diesem Sinne ist Mechanik als identisch mit Physik zu betrachten, und nicht, wie sonst gebräuchlich, als eine ihrer Unterabteilungen.

Da der Körper mit dem von ihm erfüllten Raume identisch ist, so enthält die Annahme eines „leeren Raumes" eine „contradictio in adjecto", die ohne weiteres die Unmöglichkeit seiner Existenz ersehen läßt: „würde Gott, vermöge seiner Allmacht, wirklich allen Inhalt aus einem gegebenen Gefäße entfernen, so müßten dessen Wandungen zusammenfallen". Aus der Unmöglichkeit des leeren Raumes ergibt sich die Kontinuität der Materie; diese ist, ebenso wie der von ihr erfüllte Raum, ins Endlose teilbar, diese Teilung kann aber stets nur zu beliebig kleinen, jedoch weiter teilbaren, und untereinander zusammenhängenden Korpuskeln führen, nie zu individuellen, unteilbaren, und durch leere Räume getrennten Atomen. Des weiteren folgt aus der Unmöglichkeit des leeren Raumes die Unbegrenztheit des Weltalls, die aber mit der Begrenztheit unseres Sonnensystems keineswegs unvereinbar ist, da sehr wohl auch eine Vielheit von Welten möglich erscheint (wie sie zuerst bekanntlich Giordano Bruno gelehrt hat).

Der Unveränderlichkeit der Ursache der Weltschöpfung, Gottes, entspricht auch eine unveränderliche Wirkung: die Materie, die er geschaffen, und die Bewegung, die er ihr verliehen, kann weder vermehrt noch vermindert werden, d. h. es besteht Konstanz der Menge aller Materie, und Konstanz der Summe aller Bewegungen, also der Bewegungsgröße. Als Ausdruck der Bewegungsgröße, und daher als Kräftemaß, betrachtet Descartes das Produkt $m. v$ von Masse m und Geschwindigkeit v, ohne jedoch zu einem klaren Begriffe der Masse zu gelangen, der ihm bald mit jenem der Ausdehnung, bald mit jenem des Gewichtes, in vieldeutiger Weise verschwimmt.

Auf Grund dieser Sätze, und jedenfalls unter Anlehnung an die ihm wohlbekannten Lehren Kepler's, stellt Descartes drei Hauptprinzipien auf: 1. Jeder Körper beharrt in seinem Zustande der Ruhe oder Bewegung, solange dieser nicht durch äußere Einflüsse verändert wird (Trägheitsprinzip); 2. jeder bewegte Körper beharrt in der Richtung seiner Bewegung; 3. trifft ein bewegter Körper auf einen anderen, so teilt er diesem Bewegung mit, falls er ihn überhaupt bewegen kann, während er anderenfalls keinen Verlust an Kraft erleidet. Dieser dritte Satz ist unrichtig, und die aus ihm abgeleiteten Gesetze des Stoßes erweisen sich daher ebenfalls fast durchgehends als falsch.

Unter dem Einflusse der drei erwähnten Gesetze unterlag der, ursprünglich von Gott als chaotische Masse mittelgroßer, unrunder, nach den verschiedensten Richtungen bewegter Teile erschaffene Urstoff, wichtigen Wandlungen; infolge der fortdauernden Bewegung und der mit ihr verbundenen Reibung, bildeten sich nämlich allmählich drei beständige Modifikationen der Materie aus: α) Das Feuerelement, ein feinstes Gemenge völlig zersplitterter Teilchen von mannigfaltiger unregelmäßiger Gestalt und schneller heftiger Bewegung, die vermöge dieser Eigenschaften befähigt sind, in alle Poren und Zwischenräume gröberer Stoffe einzudringen und sie auszufüllen; aus diesem Elemente bestehen die Sonne und die Fixsterne. β) Das Erdelement, ein Konglomerat zusammengeballter gröberer Teilchen von verschiedener Gestalt und langsamerer Bewegung; aus ihm bestehen die Erde und die Planeten, und wie sich vermutlich das Erdelement erst sekundär aus dem Feuerelement entwickelt hat, so lassen sich auch die Planeten als verkümmerte Sonnen, als Reste anderer Weltsysteme betrachten. Aus verzweigten, verschlungenen, leicht an- und ineinander haftenden Teilchen des Erdelementes setzen sich die festen Körper zusammen, aus länglichen, rundlichen, aalglatt durcheinander schlüpfenden, die Flüssigkeiten. γ) Das Luft- oder Himmelselement, der zarteste, durch die endlose Reibung rund abgeschliffene Staub, bestehend aus unendlich kleinen Kügelchen gleicher Größe, von unendlich schneller (d. h. zeitloser) geradliniger Bewegung, und zu unermeßlichen Wirbeln vereinigt. Dieses Element erfüllt als Weltäther den Himmel, die Luft, die Kometen, und den ganzen Weltraum. — Es ist zu beachten, daß sich das Feuer-, Erd- und Luft-Element (ein Wasserelement nimmt Descartes nicht an, da das Wasser nur ein Gemisch der beiden letztgenannten sein soll) einzig und allein durch Bewegungsvorgänge aus der einheitlichen Urmaterie herausdifferenzierten, und sich nur durch solche von ihr unterscheiden; erst durch weitere gegenseitige Einflüsse treten Differenzen zweiter Ordnung zutage, und es bilden sich „scharfe harte", „biegsame weiche" und „schwere runde" Aggregate, die als „Salz", als „Schwefel" und als „Quecksilber" die drei Urstoffe der Chemiker darstellen (d. h. die Träger gewisser prinzipieller Eigenschaften, in denen die damalige Chemie das Wesen aller Stoffe suchte).

Das Feuerelement verleiht der Sonne und den Fixsternen eigenes Licht, und befähigt sie, frei im Weltenraume zu schweben. In und mit dem Weltäther, der, einer wirbelnd bewegten Flüssigkeit vergleichbar (schon Giordano Bruno's Lehre nach) diesen Weltraum erfüllt, schwimmen in krummlinig kreisenden Strömungen die übrigen Weltkörper rings um die Sonne, demnach desto langsamer, je weiter entfernt sie von ihr sind; sie werden hierbei von besonderen Wirbeln des Himmelselementes bewegt und fortgetragen, und befinden sich daher diesen gegenüber in jener gewissen Art „relativer Ruhe", die Descartes spitzfindig benützte, um seine, zur Vorsicht ohnehin nur „beispielsweise" vorgetragenen, an Kopernikus, Bruno, Kepler, und Galilei anklingenden Lehren, mit den Dogmen der Kirche einigermaßen in äußerliche Übereinstimmung zu setzen. Jenes kreisförmige Strömen in rücklaufenden Wirbeln („tourbillons") ist übrigens keine dem Himmelselemente als solchem zukommende Eigenschaft, sondern die natürliche Grundform aller Bewegungen; denn da es weder einen leeren Raum gibt, noch Verdichtungen oder Verdünnungen der Materie, so kann sich diese überhaupt nicht anders als in kontinuierlichen Wirbelströmen, und an verengten Stellen mit vergrößerter Geschwindigkeit bewegen. Durch eine solche Verengung des Erdwirbels, an der Stelle, wo sich der Mond befindet, sucht z. B. Descartes die Entstehung von Ebbe und Flut zu erklären, deren Zusammenhang mit den Mondbewegungen er früher als seine meisten Zeitgenossen richtig erkannte.

Durch die Drehung der Erde und anderer Sterne wird auch eine, gewöhnlich als Schleuderkraft (Zentrifugalkraft) bezeichnete Erscheinung hervorgerufen, deren wahres Wesen aber darin besteht, daß sich gewisse Teilchen, nämlich jene, die das meiste Himmelselement eingeschlossen enthalten, naturgemäß von den Weltkörpern zu entfernen, und sich dem Himmel zu nähern suchen; indem nun die Teilchen, denen man die größte Zentrifugalkraft zuzuschreiben pflegt, sich wirklich von den Weltkörpern erheben und gen Himmel aufsteigen, drängen sie hierbei andere Teilchen herab, und erzeugen durch deren Druck die fälschlich als „Kraft" angesehene Schwere. Kein Körper ist daher an sich schwer, sondern die Schwere ist eine nur relative Eigenschaft, die unter gewissen Umständen Veränderlichkeit zeigen, unter andern sogar ganz verschwinden müßte: in einem leeren Raume z. B. wäre die Schwere unmöglich, weil in diesem die Teilchen der Elemente fehlen, die sie, gleichsam durch ihren Rückstoß, erst hervorrufen.

Was die Mechanik in engerem Sinne anbelangt, so hat Descartes ihre Prinzipien, namentlich in statischer Beziehung, mit großer Einsicht erfaßt, und sie in den meisten Fällen (jedoch nicht in allen) auch richtig angewandt. Dies gilt besonders von den Sätzen, daß die Wirkung nicht mehr enthalten kann als die Ursache, und daß Hervorrufung und Hemmung einer Bewegung gleich große Tätigkeit erfordern, sowie vom Prinzipe der virtuellen Geschwindigkeit, das er sehr klar an dem vortrefflichen Beispiele des Flaschenzuges erörtert, und zur Ableitung der Gleichgewichtsbedingungen an den einfachen Maschinen benützt. Weniger erfolgreich ist er in der Behandlung dynamischer Probleme, obwohl es auch hier an einzelnen, ganz hervorragenden Leistungen nicht fehlt: so löste Descartes 1646 zuerst die von Mersenne aufgeworfene, überaus schwierige Frage nach dem Schwingungsmittelpunkte des Pendels, allerdings nur unter der Voraussetzung, daß die Rotationsachse in die Ebene der Figur fällt;

er erkannte ferner, daß bei der Bewegung durch die einfachen Maschinen an Zeit verloren, was an Kraft gewonnen wird, und faßte auch einen richtigen Begriff der „Arbeitsgröße", indem er angibt, daß es die nämliche Kraftanwendung koste, einen Zentner zwei Fuß, oder zwei Zentner einen Fuß hoch zu heben. Als Maß der Kraftanwendung in diesem Sinne stellte er das Produkt aus Gewicht und Erhebungshöhe auf, vermochte aber weder dessen Unterschied von der Bewegungsgröße (Produkt aus Masse und Geschwindigkeit) deutlich festzuhalten, noch überhaupt betreff der richtigen Behandlung des Begriffes der Geschwindigkeit Klarheit zu gewinnen. Dies tritt namentlich in seinen Ansichten über den freien Fall zutage. Er erkennt diesen, vermutlich Kepler's Spuren folgend, prinzipiell zutreffend als eine beschleunigte Bewegung; aber das mangelnde Verständnis für die Bedeutung der Geschwindigkeit, der Glaube, daß schon vorhandene Bewegung einen Körper bezüglich der „Aufnahme" weiterer Bewegung prädisponiere, die Leugnung konstanter Naturkräfte, und endlich die Vorstellung über die Natur der Schwere, verhindern ihn, den richtigen Sachverhalt ausfindig zu machen, oder auch nur Galilei's grundlegende Versuche über den freien Fall, den Fall auf der schiefen Ebene, und den Wurf, richtig zu verstehen.

Sehr bemerkenswert ist Descartes' Theorie der Elastizität, die er, ohne auf die beliebten „elastischen Kräfte" zurückzugreifen, mit Scharfsinn und Konsequenz allein aus rein mechanischen Vorstellungen ableitet. Ebensolche liegen auch seiner Theorie der Wärme zugrunde, deren Wesen er in einem, durch die Stöße des Feuerelementes verursachten Schwingen und Erzittern der irdischen Körper erblickt; da zu dieser Bewegung ein größerer Raum als der im Ruhezustande eingenommene erforderlich ist, so dehnen sich die Körper beim Erwärmen aus.

Mit den Grundgesetzen der Hydrostatik (u. a. mit dem sogenannten hydrostatischen Paradoxon), und teilweise auch mit denen der Hydrodynamik, zeigt sich Descartes durchaus vertraut; bekannt sind die (ihm jedoch nicht mit völliger Sicherheit zuzuschreibenden) „cartesianischen Taucher" oder „cartesianischen Teufelchen", kleine hohle Glasfigürchen, zumeist Teufel darstellend, in einen langen, an seinem Ende fein durchlochten, und um einen der Arme geschlungenen Schwanz auslaufend; sie befinden sich in einem mit Wasser gefüllten und mit einer Tierblase zugebundenen Zylinder, und ihr Steigen und Fallen, ihre Schwebe- und Drehbewegungen bei einem Drucke auf die Blase, lassen die Gleichgewichts- und Bewegungsgesetze der Flüssigkeiten in sehr anschaulicher Weise erkennen.

Eine hervorragende Leistung Descartes' ist die Erkennung der Luft als ausdehnsame Flüssigkeit, die den nämlichen Gleichgewichts- und Bewegungsgesetzen unterliegt wie alle Flüssigkeiten; sie besitzt Gewicht und übt infolgedessen einen Druck aus, und dieser Luftdruck ist es, der (wie Descartes schon vor Torricelli aussprach) das Stehenbleiben des Quecksilbers in der barometrischen Röhre verursacht, und jenes Aufsteigen des Wassers in den Pumpenrohren bis zur Höhe von achtzehn Fuß bewirkt, das noch Galilei fälschlich durch den „horror vacui" zu erklären versuchte. Aus der Abhängigkeit des Luftdruckes von der Höhe der Luftsäule folgerte Descartes, daß der Stand des Barometers auf dem Gipfel eines genügend hohen Berges niedriger sein müsse als an dessen Fuße, und 1647 forderte er brieflich Pascal auf, diesen Versuch vorzunehmen, woraufhin Pascal seinen Schwager zu der berühmten, in der Geschichte der barometrischen Höhenmessung epochemachenden Besteigung des Puy-de-Dôme veranlaßte, die Descartes' Voraussagung glänzend bestätigte.

Die magnetischen Zustände, insbesondere die analogen aber entgegengesetzten Eigenschaften des positiven und negativen Magnetismus, leitete Descartes aus Gestalt und Bewegung eigentümlicher Schraubenzieher-ähnlicher Gebilde ab, die entstehen, wenn die Materie die Kanäle und Poren gewisser Stoffe (z. B. Eisen) durchdringt oder durch sie durchgepreßt wird, wobei ganz analoge, jedoch bald rechts-, bald linksgewundene Korpuskeln zutage treten. Mit Hilfe dieser Vorstellung, die an die Hypothese erinnert, mittels derer man gegenwärtig die entgegengesetzte optische Drehung chemisch isomerer Stoffe deutet, erklärt Descartes die seinem Zeitalter bekannten magnetischen Erscheinungen in ausreichender Weise, zieht aber aus ihr auch falsche Schlüsse, z. B. daß Magnetismus im leeren Raume unmöglich sei. Überraschend richtig sind seine Ansichten betreff des Erdmagnetismus; auch beobachtete er mit Hilfe von Eisenfeilspänen zuerst die sogenannten magnetischen Kraftlinien, und fertigte genaue Zeichnungen über den Verlauf dieser Kurven an. Wie befremdend derlei Darstellungen den damaligen Gelehrten und Ungelehrten erschienen, mag man daraus ersehen, daß nach Cyrano de Bergerac's um 1650 verfaßter „Reise in die Sonne" schon der Besitz der betreffenden Abbildungen genügte, um in den gefährlichen Verdacht der Magie und Zauberei zu geraten. — Weniger glücklich und zureichend ist Descartes' Theorie der Elektrizität; die Behauptung, er habe die elektrische Natur des Gewitters erkannt, läßt sich nicht erweisen, auch spricht es gegen sie, daß er den Donner als Geräusch zusammenstürzender Wolkenmassen auffaßt.

Die Akustik verdankt Descartes die richtige Erklärung der Obertöne, durch Zerfallen der schwingenden Saite in partial für sich schwingende kleinere Abteilungen.

Mannigfaltig sind seine Leistungen auf optischem Gebiete. Als Wesen des Lichtes betrachtet er eine geradlinig fortschreitende, zitternde oder schwingende Bewegung des Himmelselementes, und schreibt dieser eine unendlich schnelle oder momentane Fortpflanzung zu, „weil, falls dies nicht so wäre, auch die Fixsterne eine scheinbare Bewegung zeigen müßten" (die tatsächlich vorhandene, aber damals noch nicht beobachtete sogenannte Aberration). Durch den Stoß des Himmelselementes auf das Auge entsteht das subjektive Gefühl des Lichtes; merkwürdigerweise kann sich aber Descartes nicht ganz von der Anschauung frei machen, daß auch das Auge selbst eine Art tastender Lichtstrahlen aussende, wie das z. B. die (falsche!) Tatsache des Sehens der Katzen in völlig finsteren Räumen beweise.

Eingehend untersuchte und formulierte Descartes die Gesetze der Reflexion des Lichtes, auch entdeckte er, wie ein neuerdings durch Korteweg aufgefundener Brief von 1629 beweist, selbständig das Gesetz der Lichtbrechung; ohne die ungedruckt gebliebene Arbeit von Snellius (1591 bis 1626) zu kennen, leitete er es aus seinen (nicht stets richtigen) Hypothesen über die Natur des Lichtes ab, und sprach es in dem Satze aus, daß der Brechungskoeffizient konstant, und dem Quotienten aus den trigonometrischen Sinus des Einfalls- und Brechungswinkels gleich sei. Bestätigende Versuche stellte er besonders mittels hyperbolischer Linsen an, auf deren Anfertigung er außerordentliche Mühe verwandte; er erdachte und konstruierte zu diesem Zwecke eigene Schleifmaschinen, und prüfte auch das optische Verhalten der verschiedenen Glassorten. Gelegentlich der Studien über das Brechungsvermögen der Gläser entdeckte er den Zusammenhang zwischen Brechung und Entstehung farbiger Ränder, und beobachtete das bei der Brechung des Sonnenlichtes durch ein Glasprisma auftretende farbige Spektrum. Die Farben, deren Erzeugung im allgemeinen auf die optischen Verhältnisse an den Grenzen von Licht und Schatten zurückzuführen ist, sollen im besonderen Falle der Lichtbrechung ihren Ursprung dadurch empfangen, daß die Teilchen des Himmelselementes nicht nur aus ihrer Bahn abgelenkt werden, sondern gleichzeitig auch in eine rotierende Bewegung geraten, deren Schnelligkeit bald größer, bald geringer ist als die ihrer geradlinig fortschreitenden; je nachdem der erste oder zweite dieser Fälle eintritt, und je nach der absoluten Größe der Geschwindigkeitsdifferenzen, entstehen die nach der roten, oder die nach der violetten Seite des Spektrums zu liegenden Farben und Zwischenfarben.

Auf diese Ergebnisse gestützt, wandte sich Descartes der Erforschung des Regenbogens zu, an dessen Erklärung sich schon seit Aristoteles die besten Geister, und zumeist fruchtlos, versucht hatten. Zwar war es schon 1311 dem Predigermönche Theodorich von Basel gelungen, die Entstehung des Haupt- und Nebenbogens richtig zu deuten, und das nämliche führte 1611 der Erzbischof Marcantonio de Dominis von Spalatro (ohne seinen Vorgänger zu kennen) nochmals für den Hauptbogen aus; aber erst Descartes blieb es vorbehalten, auf Grund einer geradezu musterhaften Experimentaluntersuchung des Ganges von Lichtstrahlen durch kugelförmige, mit Wasser gefüllte Flaschen, die erschöpfende (nur in Einzelheiten von Newton und sodann nochmals in neuester Zeit ergänzte) Theorie der beiden Regenbogen zu entwickeln, und nicht nur deren Bildung durch die kombinierte Wirkung mehrmaliger Brechung und Reflexion endgültig aufzuhellen, sondern auch auf höchst mühsamem Wege die Größe der charakteristischen Winkel bezw. der Bogenhalbmesser, zu berechnen.[1]

Auch das Auftreten der Ringe und Höfe um Sonne und Mond führte Descartes als Erster auf die Brechungen und Reflexionen der Lichtstrahlen an den feinen, in den höchsten Schichten der Atmosphäre schwebenden Eisnadeln zurück; eine eigentliche Erklärung der die Brechungserscheinungen begleitenden Farbenphänomene gelang ihm jedoch hier ebensowenig wie im Falle des Regenbogens.

Werfen wir nun einen kritischen Rückblick auf die philosophischen und physikalischen Lehren Descartes', so ist

[1] Über die zuerst 1801 von Young, sodann 1837 von Airy, 1850 von Stokes, und 1897—1900 von Pernter erkannte Notwendigkeit, die Descartessche Theorie zu ergänzen und abzuändern, s. Chwolson, „Lehrbuch der Physik" (Braunschweig 1904, Bd. II, S. 712).

es selbstverständlich nicht schwierig, ihnen vom heutigen Standpunkte aus eine große Reihe prinzipieller Fehler vorzuhalten, ganz abgesehen von den Mißgriffen auf manchen Einzelgebieten, deren verschiedene schon im Verlaufe der bisherigen Darstellung erwähnt wurden.

In physikalischer Hinsicht ist es z. B. unzweifelhaft, daß schon die Fassung des dritten „Hauptprinzipes" völlige Unkenntnis des Gesetzes von der Gleichheit der Wirkung und Gegenwirkung verrät, sowie Unkenntnis des Gesetzes von der Unabhängigkeit gleichzeitig einwirkender Kräfte; daher muß die Erklärung der, gerade für Descartes' System so überaus wichtigen Stoßwirkungen und aller ihrer Konsequenzen notwendig falsch ausfallen, um so mehr als Descartes, hier den Einfluß der Elastizität außer acht läßt, und den folgenschweren Irrtum begeht, die Richtung für eine nebensächliche, von der Natur der Bewegung ganz unabhängige Eigenschaft zu halten, so daß sie, falls sich ein Widerstand bietet, abgeändert, ja selbst ganz umgekehrt werden kann, ohne daß ein Verlust an Geschwindigkeit eintritt, — eine Behauptung, die in unlösbarem Widerspruche zu Descartes' eigenem Satze von der Erhaltung der Bewegungsgröße steht.

Weshalb es nur drei Elemente, und zwar gerade von den geschilderten Eigenschaften, geben kann, ist nicht recht zu begreifen; überdies sollen sie nur durch ihre Bewegungszustände differenziert sein, so daß in der Ruhelage nur ein einheitlicher Körper zurückbliebe, den man nicht einmal einen physischen nennen könnte, sondern nur einen mathematischen, da die „Undurchdringlichkeit" offenbar keine Eigenschaft der „Ausdehnung" ist, und nur vermöge einer Begriffserschleichung als in ihr schon mitenthalten bezeichnet werden kann. Schwer erfaßlich ist es ferner, wie die Bewegungszustände, trotz der hinzutretenden Wirbelbewegungen, unverändert erhalten bleiben und fortbestehen können.

Die Theorie der Wirbel selbst leidet an zwei bedeutenden

Schwächen: erstens muß die Ursache dieser Wirbel, die doch alle Bewegung erst erklären sollen, selbst wieder in einer Bewegung gesucht werden, als deren Quelle bloß der wahre „Deus ex machina", der „Gott, der nur von außen stieße", verbleibt; zweitens aber fehlt es ihr vollständig an einer mathematischen Unterlage. Infolgedessen können zwar alle möglichen physikalischen und chemischen Eigenschaften der Körper aus ihr abgeleitet werden, die hierzu nötigen, mannigfaltigen, und oft sehr geistreichen sekundären Hypothesen sind jedoch zumeist durchaus willkürliche, und ermangeln daher der beweisenden Kraft. Die feste Überzeugung, einen allein richtigen Grundgedanken gefunden zu haben, mittels dessen sich alles weitere aus bloßen Begriffen und Definitionen, und dennoch der Wirklichkeit getreu, erklären lasse, hat hier Descartes irre geführt; daß er von ihr vollständig durchdrungen war, läßt aber begreifen, weshalb er weder Methoden noch Resultate seiner großen Zeitgenossen Stevinus und Galilei zu verstehen vermochte, ja sogar das vermessene Wort sprach: „in Galileis Schriften finde ich nichts, um was ich ihn beneide, und fast nichts, was ich als mein betrachten möchte." Umgekehrt wieder bezeichneten Männer wie Gassendi oder Huygens die Wirbeltheorie des Descartes, namentlich in ihrer Anwendung auf den Kosmos, als „eine Mischung von Träumen und Hirngespinsten", einen „physikalischen Roman", „ein Gewebe so leichtfertiger Gründe und Dichtungen, daß man nur mit Verwunderung sehen kann, welche Mühe auf seine Anfertigung verwandt wurde".

Den optischen Theorien endlich, auf die Descartes großes Gewicht legte, haftet der Mangel an, daß sie stets nur die Phänomene der Brechung, nicht aber die der Farbenzerstreuung erklären, da nicht einzusehen ist, wieso die brechenden Medien den Lichtteilchen Rotationsbewegungen, und noch dazu solche von sehr verschiedener Geschwindigkeit, erteilen können; die Descartes zuweilen zugeschriebene Ansicht, diese Geschwindigkeiten seien „schon von vornherein gegeben", d. h. das weiße Licht „enthalte bereits an sich Strahlen von allen Farben, die bei der Brechung nur getrennt werden", hat er tatsächlich niemals ausgesprochen.

In philosophischer Beziehung ist als ein Hauptmangel von Descartes System hervorzuheben, daß, strenge genommen, der Satz „cogito ergo sum" nur das geistige, nicht auch das körperliche Sein des Denkenden beweist, und daß die Begriffe des Selbstbewußtseins und der Individualität, die Descartes als „höchst deutliche, einfache und durchsichtige" voraussetzt, in Wirklichkeit zu den letzten, schwierigsten, und noch heute der Erklärung fast unzugänglichen Abstraktionen gehören. Nur durch eine ganz unzulässige, seinem eigenen sonstigen Gedankengange widersprechende Unterstellung konstruiert sodann Descartes aus dem „Denken" ein „denkendes Etwas", und identifiziert dieses mit der üblichen Vorstellung einer „Seele" als beharrender Grundlage des Ichs, das doch in Wahrheit nur Ergebnis, nicht Ursache von Bewußtseinsbestimmungen sein kann; es liegt hier eine der üblen Folgen seines Unvermögens vor, sich vom mittelalterlichen scholastischen Begriffe der „Substanz" loszumachen. Die drei Substanzen, Gott, Materie, und Seele, werden übrigens nicht aus dem Denken abgeleitet, sondern in ihm „vorgefunden", und zwar als „eingeborene Ideen", deren Herkunft, Wesen, und Tragweite im Dunkeln verbleibt; nur für die Existenz Gottes findet sich noch ein besonderer Beweis geführt, den man aber nicht mit Unrecht als eine bloße verschlechterte Auflage jenes berüchtigten ontologischen Beweises des Anselmus von Canterbury angesehen hat. Widerspruchsvoll erscheint die Bezeichnung der Seele als eine „immaterielle Substanz", ungerechtfertigt schon überhaupt die Bezeichnung von Seele und Körper als „Substanzen", da beide doch von Gott geschaffen, also gänzlich durch ihn bestimmt und von ihm abhängig sind; unerklärt bleibt es auch, wieso Körper und Seele, die, als gänzlich voneinander verschieden, sich gegenseitig nicht beeinflussen können, dieses mit Hilfe einer Beeinflussung durch Gott vermögen sollen, der doch, als dritte Substanz, von ihnen beiden nicht weniger verschieden erscheint, als sie dies selbst untereinander sind. Sodann ist aber auch die Wechselwirkung zwischen Leib und Seele keineswegs konsequent, d. h. so dargestellt, wie dieses einem extrem dualistischen Systeme entspräche; denn mögen auch die „Anstöße" der Zirbeldrüse noch so klein sein, so widerstreitet doch schon ihr bloßes Stattfinden der behaupteten Unmöglichkeit einer unmittelbaren Wirkung von Leib auf Seele oder Seele auf Leib, und es ist ganz offenbar, daß z. B. auch der kleinste wirksame Anstoß der Seele ganz undenkbar bleibt ohne Entstehung einer „neuen" Bewegung, und ohne jene bestimmte Kraftleistung, die erforderlich ist, um den in ihrer Bahn beharrenden Lebensgeistern eine andere Richtung aufzunötigen.

Unklar bleibt ferner: das Verhältnis zwischen Leben, Tod und Seele; der Zusammenhang der geistigen und körperlichen Symptome; die Theorie der seelischen Wirkungen unter Voraussetzung eines Ausschlusses besonderer Seelenvermögen, auf dem Descartes richtigerweise besteht; endlich die gegenseitige Beziehung zwischen Sprache und Denken, deren Vorhandensein ihm nicht entging, ja ihm sogar Versuche zur Herstellung der Ursprache als bedeutsam erscheinen ließ. Auch bezüglich der Betrachtung der Tiere als bloßer belebter Maschinen, als lebendiger Automaten, gewährt schon der einfache Hinweis auf den begangenen Fehler volle Einsicht in dessen Größe; einige Forscher haben zwar die Vermutung ausgesprochen, Descartes habe eigentlich auch den Menschen in ähnlicher Weise angesehen, diesen Gedanken jedoch nicht auszusprechen gewagt, und deshalb, um Tieferdenkende auf ihn hinzuweisen, absichtlich den großen Widerspruch zwischen der sozusagen monistischen Auffassung der Tierwelt und der dualistischen der Menschheit bestehen lassen; innere wie äußere Gründe sprechen aber gegen das Zutreffen einer solchen Vermutung.

Angesichts dieser Reihe keineswegs nebensächlicher Irrtümer und Fehlgriffe, drängt sich mit Nachdruck die Frage auf, worauf nun, trotz dieser, die eigentliche Bedeutung Descartes beruhe, — denn das bloße Vorhandensein auch positiver mathematischer, physikalischer, und philosophischer Einzelleistungen könnte kaum mehr in Aussicht stellen, als ein volles Aufwiegen aller jener Mängel. In der Tat darf auch die bleibende Größe Descartes nicht darin gesucht werden, daß ihm solche Einzelleistungen glückten, — und wären sie auch noch so zahlreich und folgenschwer —, bedingt wird sie vielmehr durch die Tiefe seiner Gesamtanschauung, durch das richtige Erfassen der großen Grundgedanken und fundamentalen Probleme.

So stellt sich als leitende Idee seiner ganzen Physik (im weitesten Sinne betrachtet) dar: Die Aufstellung einer einheitlichen Welterklärung auf Grund der Überzeugung, daß alles Geschehen in der rein körperlichen Welt, einschließlich der organischen, allein auf Ausdehnung und Bewegung beruht, demnach auch eine rein mechanische Ableitung zuläßt, und zwar mittels der mathematischen Gesetze, die, als untrügliche eingeborene Ideen des Geistes, gleichzeitig auch die ganze äußere Ordnung der Natur beherrschen. Alles solche Geschehen muß sich daher durch Annahme ausgedehnter individueller Korpuskeln, die mit quantitativ angebbaren Bewegungsgrößen begabt sind, in zureichender Weise erklären lassen, ohne Voraussetzung irgendwelcher „qualitates occultae". Wie die Menge der Materie erhalten bleibt, so auch die der Bewegungsgröße (in der eine dunkle Vorahnung dessen ruht, was wir heute als Energie bezeichnen); alle qualitativen Verschiedenheiten sind deshalb in letzter Linie auf quantitative zurückführbar, d. h. auf bloße Veränderungen der Bewegungszustände, deren Gesamtbetrag aber eine stets unwandelbare und konstante Größe ist. Zur Erklärung jener Veränderungen dient die Wirbeltheorie, die jedenfalls als eine höchst geniale und sehr zweckdienliche Konzeption zu bezeichnen ist, da sie, von wenigen einheitlichen Voraussetzungen ausgehend, eine außerordentliche Fülle von Tatsachen in anscheinend zureichender Weise deutete, und hierdurch, sowie durch ihre treffliche logische Entwicklung, eine Vollständigkeit und Abrundung gewann, die ihr für lange Zeit hinaus siegreiche Überlegenheit sicherte.

Als führender Gedanke der Descartesschen Philosophie tritt die Lehre hervor, daß sich bei voraussetzungslosem, von allen Vorurteilen freiem Selbstdenken, als erstes und wichtigstes philosophisches Problem die Prüfung der Erkenntnis ergibt; nicht vom Sein ist auszugehen, sondern vom Erkennen, denn das einzige, wirklich und unmittelbar Gegebene ist nicht die Materie, sondern das Bewußtsein, und dieses allein kann aller weiteren Forschung zur Grundlage dienen. Bevor wir fragen, was wir wissen, ist also erst zu untersuchen, wie wir wissen. Mit dieser Unterscheidung hat Descartes den Wegweiser zu Kants Kritik der reinen Vernunft aufgestellt.

Was den „methodischen Zweifel“ betrifft, so fehlte es Descartes nicht an mannigfachen Vorgängern, denn Sätze wie „Zum Wissen bahnt der Zweifel den Weg“, „Erstes Erfordernis der Erkenntnis ist der Zweifel“, „Mit dem ersten Zweifel beginnt das erste Wissen“, und dergl., finden sich schon bei Aristoteles, bei Pyrrho und Aenesidemos, beim Araber Abu-Haschim (nach v. Kremer), bei Raymund Lull (1235 bis 1315), und bei vielen Anderen, bis herab zu Descartes unmittelbaren skeptischen Vorläufern Charron (1541 bis 1603) und Montaigne (1533 bis 1592); auch zogen schon der heilige Augustinus (354 bis 430), Wilhelm von Occam († 1347), und Campanella (1568 bis 1639), aus solchen Sätzen Schlüsse, die in mancher Hinsicht denen Descartes' gleichen. Völliges Eigentum dieses Forschers ist aber, — wenn wir von der, erst in sehr viel späterer Zeit bekannt gewordenen Philosophie der indischen Upanishaden absehen —, die systematische Ausgestaltung des Skeptizismus in dem Sinne, daß der Zweifel nicht Grenze und Ende alles Denkens bildet, sondern im Gegenteil Anfang und Ausgangspunkt eines neuen Weges zur Wahrheit, als dessen Ziel sich darstellt: die Erkenntnis der Selbstbewußtheit des denkenden Ichs, und das Gewahrwerden des Gegensatzes zwischen Bewußtsein und Dasein, Denken und Sein, also zwischen Begriffen, die sich einerseits wie unversöhnlich gegenüberstehen, andererseits aber doch gebieterisch nach einer Vermittlung verlangen.

Erfolgt diese nur durch einen „deus ex machina", so kann sie freilich keine volle und dauernde Befriedigung gewähren, und der starre Dualismus bleibt in seiner ganzen Schärfe bestehen. Seine strenge Aufrechterhaltung hat aber auch wohltätige Folgen gezeitigt und segensreich klärend gewirkt: daß das Innenleben nicht aus mechanischen Vorgängen abzuleiten, sondern alles Seelische allein aus Seelischem, alles Physische allein aus Physischem zu erklären, und nur so der rechte Weg zur exakten Naturforschung zu gewinnen sei; daß dem erkennenden Subjekte die äußere Welt als Objekt gegenüberstehe; daß die äußere Welt mir zunächst nur als Vorstellung gegeben ist, und die Frage, ob und welche Realität, ob und welches wahre Dasein ihr zukomme, erst untersucht werden muß; daß der Ursprung der Vorstellung, also in letzter Linie der des Verhältnisses zwischen Objekt und Subjekt, der Prüfung bedürfe; daß die Einheitlichkeit des Weltganzen dem Gegensatze des Subjektiven (Idealen) und Objektiven (Realen) dennoch die Möglichkeit irgend einer Lösung verbürge; — diese und viele andere tiefsinnige Gedanken entflossen den, von Descartes mit so großer Bestimmtheit aufgestellten, und mit Beharrlichkeit festgehaltenen Unterscheidungen.

Ist nun auch in Descartes Lehre vieles Unzureichende und Unfertige, vieles Inkonsequente ja Widerspruchsvolle stehen geblieben, so daß Leibniz sie in dieser Hinsicht mit einigem Rechte als „bloßes Vorzimmer zur Wahrheit" bezeichnen durfte, so hat doch seine Denkarbeit schon durch Erfassen und Aufstellen jener ewigen Probleme eine bahnbrechende, tief eingreifende, die ganze Folgezeit beherrschende Leistung vollbracht. „Descartes, — so sagt der mit seinem Lobe karge Schopenhauer —, ist der Vater der neueren Philosophie; er hat die Vernunft angeleitet auf eigenen Beinen zu stehen, indem er die Menschen lehrte, ihren eigenen Kopf zu gebrauchen, für den bis dahin die Bibel einerseits, der Aristoteles andererseits funktionierte; er hat sich zuerst das Problem zum Bewußtsein gebracht, um das sich seither alles Philosophieren hauptsächlich dreht, das Problem vom Idealen und Realen, das heißt die Frage, was in unserer Erkenntnis objektiv und was darin subjektiv sei, was darin uns selber, was etwaigen von uns verschiedenen Dingen zuzuschreiben sei." „Dies hat er deutlich erkannt und deutlich ausgesprochen" und ist so „der Atlas geworden, auf dessen Schultern die ganze moderne Philosophie ruht."

In dem durchdringenden, von größter Ursprünglichkeit und Energie erfüllten Geiste diesen freien Selbstdenkers finden sich bereits fast alle Hauptzüge des späteren Zeitalters der Aufklärung vorgebildet; gleich bewunderungswürdig ist die Macht seines unbedingten Strebens nach reiner Wahrheit, wie die Gewalt seiner klaren und logischen Darstellung, — Vorzüge, die ihn gleichzeitig zum Schöpfer der nationalen französischen Philosophie, wie zum Vollender des wissenschaftlichen französischen Stiles stempelten.

Doch nicht nur die Philosophie seines Vaterlandes hat Descartes von Geulincx und Malebranche bis auf Cousin und Comte beeinflußt, sondern auch dessen Kunst: deutet doch Boileaus berühmter Ausspruch, daß nur das klar und deutlich Erkannte wahr, und nur das Wahre schön sei („rien n'est beau que le vrai"), unmittelbar auf Descartes' Lehre zurück!

Seine Physik aber, deren „tourbillons" noch Molière im dritten Akte der „Femmes savantes" in etwas satirischem Tone Erwähnung tut, gewann seit 1671 mit ungeahnter Schnelligkeit allgemeine Verbreitung und Anerkennung, indem in diesem Jahre, also noch vor Abschluß des Jahrzehntes, in dem Descartes' Schriften auf den Index gesetzt worden waren, das ganz vorzügliche, an einen Entwurf des Cyrano de Bergerac anschließende, und durchaus in Descartes' Sinne abgefaßte Lehrbuch Rohaults erschien; seither verstummte alsbald nicht nur jeder Widerspruch der Mitwelt, sondern selbst die Newtonsche Lehre gebrauchte später Menschenalter, um den Einfluß der Descartesschen zu überwinden, was ihr in Frankreich, nach endlosen Streitigkeiten, erst gegen Ende des 18. Jahrhundertes dank den Bemühungen Maupertuis und Voltaires gelang.

Die Macht jedoch, die Physik wie Philosophie des Descartes in allen diesen Kämpfen unermüdlich und mit dem Aufgebote aller ihrer Mittel schützte und schirmte, war keine andere als die der Kirche, die nämliche also, die jene Lehren samt ihrem Schöpfer kurze Zeit vorher auf das bitterste verfolgt und sie in den Bann getan hatte. Wie die Kirche, als im frühen Mittelalter die Werke des Aristoteles zuerst bekannt wurden, sie zunächst zurückwies und verbot, bald darauf aber, als ihr dies vorteilhaft schien, den Aristoteles für ihren Verbündeten erklärte, ihn als „praecursor Christi in rebus naturalibus" proklamierte, ja schließlich jeden Angriff gegen seine Autorität als Ketzerei betrachtete und rächte: ganz ebenso verhielt sie sich, unbelehrt durch die Schäden, die ihr aus der blinden Identifizierung mit einem bestimmten philosophischen und physikalischen Systeme erwachsen waren, gegen Descartes. Seine anfänglich verworfenen Theorien waren nach wenigen Jahrzehnten zu offiziellen kirchlichen Lehrmeinungen geworden, sie verknöcherten alsbald zu unabänderlichen Dogmen, es galt für frevelhaft, an sie zu rühren, und für ketzerisch, sie zu kritisieren. Infolge solcher Einflüsse ist es ähnlich wie Aristoteles auch Descartes ergangen: gerade die schwächsten und mangelhaftesten Teile der Systeme beider Forscher wurden, weil zufällig fremden Zwecken dienlich, eifrig ausgestaltet und unermüdlich angepriesen, so daß sie noch jetzt (wenn auch zumeist unbewußterweise) die Denkart der großen Massen, wie die der überwiegenden Menge der Halbgebildeten beherrschen; die wahrhaft bedeutenden und bahnbrechenden Leistungen dieser tiefen Geister aber sind auch heute noch nur Wenigen bekannt, und von noch Wenigeren voll verstanden und gewürdigt.

32

ROBERT MAYER UND DAS GESETZ VON DER „ERHALTUNG DER KRAFT“.[1]

Auch den der Wissenschaft ferner Stehenden ist heutzutage im allgemeinen genügend bekannt, daß Namen und Leistungen Robert Mayers zu den hervorragendsten der neueren Zeit gehören; wollte man sie aber des Näheren befragen, welches die Art der Errungenschaften dieses Mannes sei, und welche eigentlichen Fortschritte die Wissenschaft ihm verdanke, so würde wohl nur selten befriedigende Auskunft zu erlangen sein. In der Regel lautet auf solche Fragen die Antwort: Mayer ist der Entdecker der mechanischen Wärmetheorie, und diese Theorie besagt, daß die Wärme als eine Art der Bewegung betrachtet werden muß. Diese Angaben sind aber im wesentlichen unzutreffend, sowohl hinsichtlich ihres bloßen Wortlautes, als auch hinsichtlich des Sinnes, den man diesem herkömmlicherweise unterzulegen pflegt. Es dürfte daher am Platze sein, sie zu berichtigen, und zu diesem Zwecke Leben und Wirken Robert Mayers einer eingehenden Betrachtung zu unterziehen. Was er geleistet und was er erlebt, steht gerade bei ihm in völlig unauflöslichem Zusammenhange.

Robert Mayer wurde am 25. November 1814 als Sohn des Apothekers Christian Mayer zu Heilbronn geboren. In

[1] Vortrag, gehalten im „Naturwissenschaftlichen Vereine“ zu Halle a/S. 1896 (Zeitschrift für Naturwissenschaften“ 1897, Bd. 70).

Schule und Gymnasium war er ein mittelmäßiger, oft sogar ein schlechter Schüler. Mit Vorliebe trieb er sich im Freien, und namentlich an den Ufern der kleinen Bäche herum, die in jener Gegend dem Neckar zufließen, und versuchte an diesen Wasserrädchen aufzustellen, und mittels solcher ein Perpetuum mobile zu konstruieren. Die Unmöglichkeit, dies zu erreichen, machte ihm schon in seinem Knabenalter, wie er später selbst erzählte, einen tiefen und für sein ganzes Leben vorhaltenden Eindruck. 1832 begann Mayer in Tübingen Medizin zu studieren und setzte dieses Studium bis 1837 fort; in diesem Jahre geriet er mit den Behörden der Universität wegen Zugehörigkeit zu einem verbotenen Korps in Konflikt, und es wurde zeitweiliger Arrest über ihn verhängt.

Dies versetzte Mayer in eine außerordentlich überreizte Stimmung, die sich, wie manche behaupten wollten, beinahe einer geistigen Störung näherte; solchen vorübergehenden Zufällen war er, wie wir sehen werden, auch im ferneren Verlaufe seines Lebens nicht selten unterworfen, wenn mißliche Ereignisse ihn unerwarteterweise betrafen. Nachdem indes jene Untersuchung ohne weitere Folgen niedergeschlagen war, promovierte Mayer 1838 auf eine Dissertation hin, die das Santonin behandelte, jenen fünf Jahre vorher entdeckten Hauptbestandteil des sogenannten Wurmsamens, dem Mayer auf Grund seiner Versuche eine große Zukunft in der Medizin voraussagte, – und, wie die Folge gezeigt hat, mit Recht. 1839 verweilte Mayer in Paris, das sich damals der hervorragendsten medizinischen Kliniken erfreute, und entschloß sich, noch im selben Jahre eine Stelle als Schiffsarzt in Holland anzunehmen, um so die Welt kennen zu lernen, bevor er sich, wie das seine Absicht war, dauernd in seiner Geburtsstadt als praktischer Arzt niederließe; er schiffte sich 1840 zu Rotterdam ein, und zwar auf einem nach Batavia bestimmten Schiffe. Außer der Verpflegung erhielt er ein monatliches Honorar von 50 holländischen Gulden oder ungefähr 85 Mark.

Während der Überfahrt, die ohne besondere Zwischenfälle von statten ging, erregte namentlich eine Tatsache Mayers Geist. Er beobachtete nämlich, – was allerdings auch schon im Altertume, z. B. Cicero und Seneca bekannt war –, daß die vom Sturme gepeitschten Wellen erheblich wärmer seien als ruhiges Wasser, und beschäftigte sich mit der Frage, was wohl die Ursache dieser Erscheinung sein möge. Bei der Ankunft in Batavia befiel die bis dahin gesunde Schiffsmannschaft ein heftiges epidemisches Fieber, gegen das Mayer unter anderem Aderlässe für angezeigt hielt. Hierbei machte er nun eine für alle seine weiteren Leistungen maßgebende und bahnbrechende Beobachtung, die in ihrer Einfachheit an jene der bekannten Überlieferungen erinnert, die Newton und den fallenden Apfel, oder Galilei und die schwingende Ampel im Dome zu Pisa betreffen. Er nahm nämlich wahr, daß bei Aderlässen an Neulingen im tropischen Klima die Armvenen so hellrotes Blut lieferten, daß er zu Anfang beinahe vermeinte, eine Arterie getroffen zu haben. Das Nachsinnen über diese, den Ärzten der Tropen zwar längst bekannte, aber nie von ihnen weiter erwogene Tatsache, führte ihn zu einem Gedankengange, den man in kurzem etwa wie folgt zusammenfassen kann: Bei sehr vermindertem Bedürfnisse organischer Wärmeerzeugung (infolge der geringeren Temperaturdifferenz zwischen dem Körper und der warmen Tropenatmosphäre) werden die mit Sauerstoff beladenen arteriellen Blutkörperchen weniger weit reduziert als in kälterer Umgebung; die Farbendifferenz des arteriellen und venösen Blutes ist ein Ausdruck für die Größe des Sauerstoffverbrauches also für die Stärke des Verbrennungsprozesses im Organismus, und der verminderten Ausscheidung von Wärme entspricht auch ein geringerer Verbrauch an zu oxydierender Substanz. Es produziert aber der Körper außer der Wärme auch noch mechanische Leistung, die indes auf mancherlei Weise, z. B. durch Vermittlung von Reibung, wiederum in Wärme übergeführt werden kann; diese mittelbar erzeugte Wärme ist daher ebenfalls auf Rechnung des vitalen Verbrennungsprozesses, also eines Stoffverbrauches, zu setzen. Nun bleibt die Temperatur des gesunden menschlichen Körpers konstant; also muß auch zwischen der Temperatur der Umgebung und der gesamten Wärmeentwicklung des Körpers ein bestimmter und fester Zusammenhang bestehen. Von dieser gesamten Wärme wird aber ein Teil in Form mechanischer Leistung entwickelt: demnach waltet auch zwischen mechanischer Leistung und Wärme ein konstantes Verhältnis. Die Summe von Wärme und Arbeit, als an einen proportionalen Stoffverbrauch gebunden, erweist sich selbst als konstant, als etwas Substantielles (das wir heute als „Energie" bezeichnen). So aber, wie auf dem Gebiete der Wärme, muß es sich offenbar auf allen Gebieten verhalten, d. h. die Summe aller Energien ist ebenfalls als etwas Substantielles anzusehen, sie ist konstant.

Zur Zeit, als Mayer diesen großartigen Gedankengang erfaßte und durchführte, fühlte er sich, wie er seinen Freunden noch nach Jahren erzählte, inspiriert wie nie vordem oder nachdem, so daß er kaum das Schiff verließ, den Herrlichkeiten der ihm neuen Tropenwelt keine Aufmerksamkeit schenkte, und sich am glücklichsten fühlte, wenn er ungestört an Bord arbeiten und sich ganz der Entwicklung seiner Gedanken hingeben konnte.

Gleich nach seiner Rückkehr nach Europa brachte Mayer seine Ansichten in einem ersten Aufsatze zu Papier, der, wie er selbst späterhin wahrnahm, nach einigen Richtungen unvollkommen, nach anderen sogar fehlerhaft war. Er schickte diesen zunächst an den berühmten Physiker Poggendorff, den Herausgeber der „Annalen der Physik", sowie an den hervorragenden Chemiker Gmelin in Heidelberg, ohne aber von diesen auch nur einer Erwiderung oder Empfangsanzeige gewürdigt zu werden; hingegen ließ ihm ein Professor der Mechanik, dessen Namen nicht überliefert ist, folgende klassische

Antwort zugehen: „Das Gebiet der Wissenschaften ist bereits übergroß genug, und daher eine Erweiterung desselben keineswegs wünschenswert". Freunde, unter denen namentlich Baur und Rümelin, der bekannte nachmalige Kanzler der Universität Tübingen, zu nennen sind, suchten nun Mayer, dessen Ideen sie, ohne ihren Gehalt eigentlich voll zu begreifen, doch für originell und bedeutsam erkannten, mit den Physikern der Universitäten Tübingen und Heidelberg, Prof. Nörremberg und Prof. Jolly, in Berührung zu bringen. Aber diese verdienten Gelehrten waren nicht imstande, den Gedankengang Mayers zu fassen und zu verstehen; namentlich schien ihnen der Mangel an experimentaler Begründung schwerwiegend, und Jolly riet deshalb Mayer, er möge doch Versuche anstellen, da z. B., wenn seine Theorien richtig seien, es möglich erscheinen müsse, die Temperatur des Wassers durch Schütteln in einer geschlossenen Flasche zu erhöhen. Mit Vergnügen berichtete Jolly noch in seinen alten Tagen, wie damals, Monate nach ihrer ersten Zusammenkunft, plötzlich die Türe seines Laboratoriums aufgegangen, und ein, beim ersten Anblick ihm gar nicht mehr erinnerlicher Mann erschienen sei, der im breiten schwäbischen Dialekt, den zu sprechen er gewohnt war, ihm ohne weiteres zurief: „Es ischt aso!", – indem er voraussetzte, daß auch Jolly sich während der ganzen verflossenen Zeit keinem anderen Gedanken hingegeben habe, als dem von ihm angeregten.

In verbesserter und geläuterter Form legte Mayer 1842 seine Lehre in einem neuen Aufsatze dar: „Bemerkungen über die Kräfte der unbelebten Natur". Daß er, obwohl von der Betrachtung des organischen Stoffwechsels ausgehend, doch zunächst nicht diesen behandelte, sondern anorganische Probleme voranstellte, hatte seinen Grund darin, daß er diese letzteren als das feste Fundament betrachtete, von dem aus, sobald es erst völlig gesichert dastehe, er unbesorgt und ungestört weiter bauen könne.

Mayer geht in diesem Aufsatze zunächst von den Grundsätzen aus: causa aequat effectum (die Ursache ist gleichwertig der Wirkung), ex nihilo nihil fit (aus nichts wird nichts), und nihil fit ad nihilum (keine Sache kann zu nichts werden). Sowohl die Erfahrung als auch die Denkgesetze zeigen nun, daß ebenso wie die Materie auch die Kraft oder Energie unzerstörlich ist, während sie sich, – im Gegensatze zur Materie, – als wandelbar und imponderabel erweist. Die Kraft bringt, als Ursache, eine ihr gleiche Wirkung hervor, hat aber, sobald diese hervorgebracht ist, hiermit auch aufgehört selbst zu sein, d. h. die Ursache ist ganz und völlig in eine ihr gleichwertige Wirkung übergegangen. Dieser Anschauung widerstreitet namentlich die hergebrachte Definition der Schwere, gegen die sich daher Mayer entschieden ausspricht. Die Schwere ist nach Mayer keine Kraft, sondern eine Eigenschaft, und zwar jene, die die Beschleunigung des freien Falles bedingt. Wäre die Schwere eine Kraft im üblichen Sinne, so hätte sie offenbar die Fähigkeit zu wirken, ohne doch abzunehmen, d. h. es müßte Bewegung ohne Aufwand einer Kraft fortdauernd neu erzeugt werden können, aber auch umgekehrt eine gegebene Bewegung häufig zu nichts werden, also verschwinden. Die andauernde Produktion von Bewegung ohne Kraftaufwand würde aber nichts anderes bedeuten, als die Möglichkeit eines „Perpetuum mobile". Daß jedoch ein solches nicht existieren könne, war in der Wissenschaft längst nicht mehr strittig: hatte doch die Pariser Akademie schon im Jahre 1775 beschlossen, Einsendungen, die die Erfindung des Perpetuum mobile beträfen, fortan einer Prüfung nicht mehr zu unterziehen. Also nicht die Schwere ist nach Mayer Ursache des Falles der Körper, sondern vielmehr die räumliche Differenz zwischen einem über die Erde erhobenen Körper und der Erde selbst; also diese Erhebung über die Erde, sie ist die wahre „Kraft", die wir heute als „Energie der Lage" oder „potentielle Energie" bezeichnen, während sie Mayer „Fallkraft" benannte. Die gehobene Last als eine Form der Energie oder, wie er sich ausdrückte, als eine Kraft zu betrachten, ist einer der kühnsten, originellsten und weittragendsten Gedanken Mayers.

Sehr häufig sehen wir eine Bewegung aufhören, ohne daß sie eine andere Bewegung oder eine Gewichtserhebung erzeugt hätte. Indem Mayer die Frage erwog, was in diesem Falle aus der Bewegung werde, erinnerte er sich der schon seit fast 50 Jahren bekannten Erscheinung, daß Reibung Wärme zu erzeugen vermöge. 1798 bereits hatte Rumford in München beobachtet, daß beim Ausbohren der Kanonen durch die Reibung des Bohrers eine gewaltige Wärmemenge entwickelt werde, die binnen gewisser Zeit sogar hinreiche, um in die Seele des Geschützes gefülltes Wasser bis zum Sieden zu erhitzen. Ferner hatte 1799 der englische Physiker Davy gezeigt, daß Eisstücke durch bloßes Aneinanderreiben im luftleeren Raume teilweise geschmolzen werden können. Auch Mayer selbst hatte beobachtet, daß bewegtes Wasser wärmer sei als ruhiges, daß kaltes Wasser durch Schütteln erwärmt werde, und daß z. B. die Temperatur des Papierbreies in den „Holländer" genannten Rührapparaten der Papierfabrikation, nach längerem Gange des Rührwerkes erheblich zu steigen pflege. Er schloß hieraus unmittelbar, daß ganz allgemein Wärme in Bewegung und diese in Wärme überführbar sei. So wie der Chemiker, lehrt Mayer, nicht vorgibt, daß auf der einen Seite Wasserstoff und Sauerstoff verschwunden und auf der anderen auf unerklärliche Weise Wasser zum Vorschein gekommen sei, sondern vielmehr behauptet, Wasserstoff und Sauerstoff seien in Wasser übergegangen, ganz ebenso ist anzunehmen, daß nicht Bewegung verschwinde und Wärme zum Vorschein komme (oder umgekehrt, wie z. B. in der Dampfmaschine), sondern daß die eine Form der Kraft oder Energie eben nur gesetzmäßig in eine andere übergehe.

Es läge nun nahe, hieraus zu schließen, daß das Wesen der Wärme Bewegung sei, und in der Tat ist diese Folgerung mit mehr oder weniger Bestimmtheit von der ältesten Zeit angefangen bis in die neuere hinein von zahlreichen Denkern und Forschern gezogen worden, z. B. von Heraklit, Plato, Lukrez, Baco von Verulam, Leibniz, Lavoisier und Laplace, Rumford, Davy, Young, Ampère, Kant, Liebig u. s. w.; auf Definitionen wie die berüchtigte von Boscovich: „Wärme ist die Gärungsbewegung einer schwefligen Substanz" brauchen wir hierbei nicht erst zurückzugreifen! Nach Mayer wäre indessen die Folgerung, „das Wesen der Wärme ist Bewegung", nicht weniger unrichtig als etwa die: „Das Wesen der Fallkraft ist Bewegung"; im Gegenteile sei es eher anzunehmen, daß die Bewegung, um Wärme zu werden, aufhören müsse, Bewegung zu sein.

Zwischen Fallkraft und Bewegung besteht bekanntlich eine konstante Beziehung, die Galilei durch Aufklärung der Gesetze des freien Falles ermittelte, und die sich z. B. durch die Größe des Fallraumes für eine gewisse Zeit, etwa für die erste Sekunde, ausdrücken läßt. In ganz analoger Weise muß auch eine Beziehung zwischen Wärme und Bewegung bestehen: um sie zahlenmäßig wiederzugeben, hätte man festzustellen, auf welche Höhe irgend ein Gewicht erhoben werden muß, damit es beim Herabfallen auf die Erde gerade ebensoviel Arbeit leiste, als zur Erhöhung der Temperatur eines gleichen Gewichtes Wasser um 1° C., also etwa von 0 auf 1°, nötig ist. Eine solche Gleichung muß, so führt Mayer aus, wenn seine Anschauungen zutreffend sind, in der Natur begründet sein.

Mayer war zwar nicht in der Lage, neue einschlägige Versuche selbst anzustellen, es gelang ihm hingegen, auf Grund bereits bekannter experimenteller Daten, die gewünschten Beziehungen auf rechnerischem Wege zu ermitteln. Nehmen wir an, es befinde sich irgend ein Gas, z. B. Luft, in einem Zylinder, ähnlich dem Zylinder einer Dampfmaschine, von genau 1 qm im Querschnitt, und dieser Zylinder enthalte einen gut gedichteten, ohne Reibung beweglichen, und durch ein Gegengewicht genau ausbalancierten Kolben, der soweit herabgelassen wurde, daß er gerade 1 m über der Grundfläche steht, so daß also genau 1 cbm Gas im Zylinder abgesperrt ist. Wird nun der Kolben z. B. durch eine Stellschraube in dieser Lage festgehalten und das abgesperrte Gas auf irgend eine Weise erwärmt, z. B. von 0° bis 100°, so wird es allmählich die letztere Temperatur erlangen, ohne sein Volumen ändern zu können, weil es hieran durch den absperrenden Kolben gehindert wird; die Erwärmung von 0 bis 100° verlangt hierbei die Zufuhr einer gewissen Menge von Wärme, die nach bekannten physikalischen Methoden genau bestimmbar ist. Man wiederhole nun ganz den nämlichen Versuch, jedoch mit der einen Abänderung, daß die Stellschraube beseitigt werde, der Kolben sich also frei bewegen kann. In diesem Falle wird sich das Gas während des Erwärmens ausdehnen, und die schließliche Wärmegrenze von 100° unter beträchtlicher Vergrößerung seines Volumens erreichen, wobei der Kolben im Zylinder ein Stück Weges in die Höhe geschoben werden wird. Es zeigt sich nun, daß in diesem zweiten Falle zur Erwärmung des nämlichen Quantums Luft von 0 auf 100° eine erheblich größere Wärmemenge zugeführt werden muß als im ersten. Die Ursache dieser merkwürdigen Erscheinung liegt nach Mayer darin, daß bei der zweiten Art der Versuchsanordnung außer der bloßen Erwärmung der Luft auch noch eine Arbeit geleistet, nämlich der Kolben im Zylinder nach oben geschoben wird. Die Größe dieser Arbeit läßt sich berechnen, da man einerseits das zugeführte Wärmequantum nach zuverlässigen Methoden feststellen kann, andererseits aber auch die zur Erhebung des Kolbens aufgewendete Arbeit genau bestimmbar ist: man mißt nämlich die Höhe, auf die der Kolben gehoben wurde, sowie (durch barometrische Beobachtung) das Gewicht der Luft oder den Luftdruck, der auf ihm lastete, und bei seiner Hebung überwunden werden mußte.

Auf Grund der wenig vollkommenen physikalischen Bestimmungen, die 1842 hinsichtlich dieses schwierigen Gebietes zur Verfügung standen, berechnete nun Mayer das sogenannte „mechanische Wärmeäquivalent" auf 365, welche Zahl, nach späteren genaueren Messungen, auf rund 425 zu erhöhen ist; beim Herabfallen aus 425 m Höhe leistet also ein Körper beliebigen Gewichtes soviel Arbeit, daß mittels Aufwand dieser selben Arbeit eine gleiche Gewichtsmenge Wasser um 1° C. erwärmt werden kann. Die Endgeschwindigkeit eines aus 425 m Höhe fallenden Körpers ist 91 m in einer Sekunde, und die äquivalente Menge Wärme beträgt nur etwa $^1/_{6000}$ jenes Wärmebetrages, der durch Verbrennung eines gleichen Gewichtes Kohle entstehen würde. Die Menge der erzeugten Wärme hängt übrigens, wie Mayer sogleich wahrnahm, allein von jener der umgesetzten mechanischen Arbeit ab, nicht aber davon, auf welche Art und Weise, also wie diese Arbeit umgesetzt wird.

Den vollendeten Aufsatz sandte Mayer 1842 nicht wieder an Poggendorff, dessen Forschungsgebiet er eigentlich betraf, sondern an einen Mann von weit freierem und umfassenderem Geiste, nämlich an Liebig, der zu jener Zeit von ähnlichen Ideen durchdrungen war, die zu völliger Klärung zu bringen er aber nicht vermocht hatte; Liebig erklärte sich sogleich in einem Briefe an Mayer als völlig einverstanden mit dessen Ansichten, und brachte den Aufsatz in seinen „Annalen der Chemie" sofort zum Abdruck.

Frägt man nun, welche Wirkung denn die Veröffentlichung eines so außerordentlichen und bedeutsamen Gedankenganges hervorbrachte, so muß man leider eingestehen, daß zunächst von einer solchen überhaupt nicht die Rede sein konnte. Es waren hieran verschiedene Umstände schuld: der Titel der Abhandlung war nicht geschickt gewählt, die Ausführung schien eine im ganzen summarische, gleichsam nur auf Wahrung der Priorität berechnete, und auch der Ort der Publikation, Liebigs

„Annalen", konnte einer raschen Verbreitung in den Kreisen der Physiker wenig dienlich sein. Ferner zeigten diese sich der von Mayer gewählten Ableitung seiner Lehre aus allgemeinen Prinzipien, — in Erinnerung an die Mißerfolge der naturphilosophischen Epoche —, nicht wohl gesinnt, und betrachteten alles, was nur entfernt an metaphysische Spekulation erinnerte, mit größtem Mißtrauen. Endlich aber hatte Mayer auch versäumt, die Endergebnisse seiner Arbeit deutlich und klar, für jedermann faßbar, am Schlusse nochmals hervorzuheben; er hatte damit gegen ein Gesetz verstoßen, das am treffendsten der bekannte Wiener Komiker Nestroy in den Worten zusammenfaßte: „Wer mit etwas auf die Menge wirken will, der muß sie physisch beim Genick packen und moralisch mit der Nase darauf stoßen", — ein Gesetz, das durchaus richtig ist, und in wissenschaftlicher Hinsicht nicht weniger als in künstlerischer gilt.

Angesichts dieser Umstände kann es nicht Wunder nehmen, daß Mayers Arbeit zunächst gar keine Beachtung, ja in den Fachzeitschriften der Physiker nicht einmal eine Rezension fand; eine solche wurde ihr erst 1845 in einem Buche des Kieler Professors Pfaff, jedoch in höchst konfuser und im wesentlichen ablehnender Weise zuteil, für die aber Mayer immerhin dem Autor seinen Dank sagte, da er sich doch mindestens mit seinem Ideenkreise ernstlich beschäftigt habe.

Mayer selbst war sich, wie der Briefwechsel von 1843 44 mit seinen Freunden Baur, Rümelin, Griesinger und Anderen zeigt, der Tragweite seiner Gedanken völlig bewußt: „Es gibt in Wahrheit nur eine einzige Kraft (Energie); in ewigem Wechsel kreist sie in der toten wie in der lebenden Natur; die Energie in ihren verschiedenen Formen kennen zu lernen, die Bedingungen ihrer Metamorphosen zu erforschen, dies ist die einzige Aufgabe der Physik". „Wahrlich, ich sage euch, eine einzige Zahl hat mehr wahren und bleibenden Wert als eine kostbare Bibliothek voll Hypothesen." „Kommen wird der

Tag, das ist ganz gewiß, da diese Wahrheiten zum Gemeingut der ganzen Wissenschaft werden.“

Dabei war indessen Mayer weit entfernt von jeder Selbstüberschätzung: „Ich weiß wohl, daß ich kein Physiker bin. Soll ich aber den Schacht zuwerfen, bei dem Bewußtsein, daß Gold daraus für meine Wissenschaft zu gewinnen ist?“ Um seine Kenntnisse zu vervollkommnen, nahm er noch in dieser Zeit bei seinem Freunde Baur regelmäßigen Unterricht in der Mechanik, Physik, und Infinitesimal-Rechnung, was um so höher anzuschlagen ist, als er seit 1842 verheiratet, und als Stadtarzt in Heilbronn praktisch in höchst anstrengender Weise beschäftigt war.

Eine weitere Entwicklung seiner Grundgedanken gab Mayer in dem Aufsatze „Die organische Bewegung in ihrem Zusammenhange mit dem Stoffwechsel“ (1845), und es ist bemerkenswert, daß er auch hier zuerst und in ausführlicher Weise das anorganische Gebiet zu behandeln trachtet. Folgendes sind etwa die Grundgedanken dieser Schrift:

Um eine ruhende Masse in Bewegung zu setzen, ist Kraft (Energie) nötig; ein Objekt, das, indem es aufgewendet wird, Bewegung hervorbringt, nennen wir Kraft, und es gibt nur eine Kraft (Energie), die, ewig wechselnd, in der toten wie in der lebenden Natur kreist.

Die erste Stelle bei Betrachtung der Kräfte verdient die Bewegung; sie ist eine Kraft, d. h. imponderabel, wandelbar, aber der Größe nach konstant. Die Fallbewegung einer vorher ruhenden Masse erfordert den Aufwand einer Kraft; auf die Frage, welches diese Kraft sei, ist zu antworten: Die Erhebung (die Energie der Lage, die potentielle Energie, oder Fallkraft).

Auch die Wärme ist eine Kraft. Sie läßt sich in mechanischen Effekt verwandeln, und dies ist eine wirkliche Tatsache, nicht aber eine sogenannte „Erklärung“ dieser Verwandlung, über deren Wesen vielmehr hierdurch nichts ausgesagt sein soll und kann. Als Beispiele für die Verwandlung von Wärme in mechanische Leistung läßt sich anführen, daß Kohlen, unter dem Kessel verbrennend, weniger Wärme frei geben, wenn die Maschine arbeitet, daß Geschütze beim blinden Feuern heißer werden als wenn sie geladen sind, und daß Gase, die sich unter Überwindung von Druck ausdehnen, also während der Ausdehnung Arbeit leisten, Wärme verlieren und sich abkühlen, während die Ausdehnung der Gase an und für sich, z. B. beim Überströmen in einen luftleeren, also widerstandslosen Raum, keinen Wärmeaufwand erfordert, wie Gay-Lussac schon 1807 gezeigt hat. — Es verdient bemerkt zu werden, daß bereits bei dieser Gelegenheit Mayer die Ansicht aussprach, keine gegebene Wärmemenge lasse sich als Ganzes, d. h. vollständig, in Bewegung umsetzen; es ist dies ein höchst wichtiger Satz, dessen mathematische Darlegung und wissenschaftliche Ausgestaltung zu den größten Verdiensten des berühmten Wärmetheoretikers Clausius gezählt wird.

Keine „Kraft" ist die Schwere, vor allem keine konstante, gleichmäßig beschleunigende Kraft, wie das ausnahmslos die damaligen physikalischen Werke und Schulbücher lehrten (und zum Teil noch heute lehren). Die Totalwirkung einer konstanten Kraft müßte nämlich notwendigerweise eine unendliche Bewegungsgröße sein, beziehungsweise die unendliche Geschwindigkeit eines aus unbegrenzter Entfernung auf die Erde fallenden Körpers. Diese letztere Geschwindigkeit hat aber in Wirklichkeit einen endlichen, maximalen Wert, der allein durch die Massen der Erde und des betreffenden Körpers bedingt ist. Auf Grund des Newtonschen Gravitationsgesetzes ist dieser Wert, wie Mayer zuerst nachwies, berechenbar, und zwar findet man, daß ein aus unbegrenzter Entfernung auf die Erde herabstürzender Körper eine maximale Geschwindigkeit von etwa 12000 m in der Sekunde erreicht, diese aber nicht überschreiten kann. Beim Falle einer Masse von z. B. 1 g mit solcher Geschwindigkeit würde eine Arbeit geleistet, vermittelst deren man ein gleiches Gewicht, also 1 g Wasser, um etwa 15000° C. zu erwärmen vermöchte, die also 15000 Kalorien gleichwertig wäre.

Auch die chemische Differenz der Materie ist eine Kraft, jedoch eine relativ kleine. 1 g Knallgas z. B. vermag bei seiner Verbrennung nicht mehr als etwa 3850 Kalorien zu entwickeln, während, wie wir eben gesehen haben, deren ungefähr 15000 nötig wären, um ein Gewicht von 1 g aus dem Anziehungsbereiche der Erde wegzuschleudern. Auf dem viel kleineren Monde, woselbst auch die Schwere entsprechend geringer als auf der Erde ist, wäre das Knallgas bei weitem ausreichend, eine solche Wirkung hervorzubringen, die dort nur einen Aufwand von etwa 777 Kalorien erfordern würde. — Die Erde hat in ihrer Bahn eine mittlere Geschwindigkeit von ungefähr 31000 m in der Sekunde; die Erzeugung dieser Bewegung würde, wie dies das mechanische Aequivalent der Wärme zu berechnen gestattet, die Verbrennung des 13fachen Gewichtes der Erde an Kohle erfordern, und die erzielte Verbrennungswärme wäre ausreichend, um ein dem Erdvolum gleiches Volumen Wasser (dem doch die höchste spezifische Wärme zukommt), um 110000° Celsius zu erwärmen; es ist also ersichtlich, daß schon ein ganz geringer Teil der Bewegungskraft der Erde, in Wärme umgesetzt, genügend wäre, um die ganze Erde in glühenden Staub aufzulösen.

Auch die Reibungs- und Verteilungs-Elektrizität sind Kräfte, denn sie werden unter Aufwand mechanischen Effektes (Arbeit) erzeugt, und auch umgekehrt, wie das z. B. beim Elektrophor ersichtlich ist; ebenso verhält es sich mit dem Magnetismus, und auch die galvanische Elektrizität steht in engem Zusammenhange mit den chemischen Umsetzungen der Bestandteile in der galvanischen Batterie.

Es gibt also, – und hierauf wies Mayer schon in den Briefen von 1842 hin, — zwar nur eine Energie, aber fünf wohlbekannte, verschiedene Formen der Energie, und 25erlei mögliche, und durch Beispiele zu belegende Übergänge von jeder dieser Formen in alle anderen. Die erwähnten fünf Formen sind: 1. Fallkraft, 2. Bewegung, 3. Wärme, 4. Chemisches Getrennt- und Verbunden-Sein von Materien, 5. Magnetismus und Elektrizität. Zurückzuweisen ist hingegen die, im Sinne der alten und bis dahin üblichen Theorie gebräuchliche Anschauung von Kräften, die als gewichtslose oder imponderable Fluida definiert werden: „Sprechen wir es aus das große Wort: Es gibt keine immateriellen Materien!"

Mayer untersuchte nun weiter, welches die Quelle aller irdischen Kraft oder Energie sei, und erkannte als solche schon 1841 die Sonne. Die Pflanzen verwandeln das Licht oder besser gesagt die strahlende Energie der Sonne in chemische Differenz, die z. B. bei der Verbrennung in Form von Wärme wieder frei wird; sogenannte „Lebenskräfte" hingegen, die die Energie nicht nur umwandeln, sondern auch erschaffen könnten, gibt es nicht, und kann es nicht geben, weder im pflanzlichen noch im tierischen Organismus. In letzterem entwickelt die Oxydation der Nahrungsstoffe durch den Sauerstoff der Luft freie Wärme oder eine, einem Teile dieser Wärme äquivalente Menge von Bewegung; die gesamte, dem chemischen Prozesse äquivalente Wärme ist also stets die Summe einerseits der in freier Form, und andrerseits der in Form von Bewegung abgegebenen Wärme. In dieser Hinsicht dachte Mayer die von Lavoisier (1777) und später von Liebig angedeuteten Gedanken zu Ende, ein Verdienst, das um so höher anzuschlagen ist, wenn man die Unklarheit der damals noch allverbreiteten schulgemäßen Vorstellungen bedenkt. So z. B. sieht noch Reich in einem 1842 erschienenen medizinischen Lehrbuche die tierische Wärme als ein Erbstück an, das jedes lebende Wesen vom mütterlichen Organismus mit auf den Weg erhalte, — wozu Mayer die treffende Bemerkung macht: „Für diese Entdeckung wünschen wir besagtem Gelehrten einen Stubenofen, welcher die vom Vater Hochofen überkommene Wärme spende, für und für."

Das Werkzeug zum Umsatze der chemischen Differenz in mechanischen Effekt ist nach Mayer der Muskel, in dem er, — auch hierin der Lehre seiner Zeit weit voraus, — einen wesentlichen Teil der Oxydation stattfinden läßt. Die Umsetzung erfolgt proportional der Masse des durchströmenden Blutes, das als eine langsam brennende Flüssigkeit, als das wahre Öl in der Flamme des Lebens, anzusehen ist. Auf die Größe des Umsatzes läßt sich aus der Tatsache schließen, daß z. B. das menschliche Herz in wenigen Tagen vollständig oxydiert wäre, wenn es seine Arbeit bloß unter Verbrauch seiner eigenen organischen Substanz vollbringen sollte. Hebt sich ein erwachsener Mensch, auf einem Fuße stehend, senkrecht empor, so leistet er eine Arbeit von etwa $^1/_{100}$ Pferdekraft, und es ist nur der Versuch nötig, diese Bewegung in gleichem Zeitmaße wie jene des Herzens fortzusetzen, um ohne weiteres zu erkennen, wie außerordentlich groß die Leistung dieses Organes ist.

In zwei späteren Aufsätzen: „Über die Herzkraft“ (1851) und „Über das Fieber“ (1862) hat Mayer diese Gedanken noch weiter ausgeführt. Ein gesunder Arbeiter setzt z. B. etwa $^1/_6$ des chemischen Effektes in mechanische Arbeit um, während beim Fieberkranken dieser Umsatz fast vollständig stockt, und nur Wärme produziert wird, wobei der Herzschlag an Frequenz außerordentlich zunimmt, an Energie aber im selben Maße nachläßt. Gestört ist hierbei die Anpassung der Wärmeerzeugung an die Wärmeabgabe, also eben der chemische Prozeß. Dieser, demnach der Stoffwechsel, erklärt zur Genüge den Fortbestand des Organismus, während die „Lebenskraft“, die zum Teil noch bei Liebig vorzufinden ist, weil selbst rätselhaft und erst der Deutung bedürftig, niemals ein genügendes Erklärungsprinzip abzugeben vermag.

Was nun aber die Frage anbelangt, auf welche Weise jene gegenseitigen Umsetzungen von Wärme und anderen Energieformen vor sich gehen, so muß auf diese erwidert werden, daß die Natur besagter Umwandlungen uns bisher vollständig unbekannt blieb; die sogenannte „innere Seite" aller solcher organischen Vorgänge ist uns, ihrem Wesen nach, ein Buch mit sieben Siegeln. „Es ist wahrscheinlicher, eine Quinterne in der Lotterie zu gewinnen, als einen verwickelten physiologischen Prozeß durch Hypothesen zu erraten." „Ist eine Tatsache nach allen Seiten hin bekannt, so ist sie eben damit auch erklärt, und die Aufgabe der Wissenschaft ist beendigt." Mit solchen Worten schließt sich Mayer dem Grundgedanken an, den auch große Physiker, wie Newton und Kirchhoff, letzterer in den bekannten einleitenden Worten zu seiner „Mechanik", äußerten. Von allen, über das Tatsächliche hinausgehenden Hypothesen trachtete sich Mayer stets sorgfältig ferne zu halten, und vermied es in dieser Richtung, jenen Standpunkt einzunehmen, den Grillparzer mit den treffenden Worten charakterisiert hat: „Unser Erklären der Natur besteht darin, daß wir ein selten vorkommendes Unverständliches auf ein oft vorkommendes, aber ebenso Unverständliches zurückführen."

Seinem vollendeten Aufsatz, den mit Recht Moleschott in einem späteren Briefe als „ein Werk von monumentalem Charakter, würdig des größten und fruchtbarsten Gedankens, den das Jahrhundert zutage gefördert hat", bezeichnet, sandte Mayer zunächst an Liebig; da aber Umfang und Inhalt für den Leserkreis der „Annalen der Chemie" ungeeignet schien, ersuchte ihn Liebig, die Veröffentlichung lieber in Poggendorffs „Annalen der Physik" zu bewirken. Den gemachten Erfahrungen zufolge wollte sich Mayer jedoch an diesen Forscher nicht wieder wenden, sondern zog es vor, eine Broschüre im Selbstverlage erscheinen zu lassen. Auch die Wirkung dieses Werkes auf das wissenschaftliche Publikum war aber eine außerordentlich geringe, und es lag dies, wie Mayer selbst einsah, teils abermals an dem unpassend gewählten Titel, teils an dem etwas eigensinnigen Festhalten einer ungewohnten, den üblichen Schulbegriffen widerstreitenden Nomenklatur. So blieb denn der Inhalt auch dieser Schrift zunächst unbekannt und unverstanden; sogar große Physiologen, wie Johannes Müller, und Fachzeitschriften, wie das „Archiv für physiologische Heilkunde", lehnten eine ausführliche Rezension, ja selbst eine kurze Besprechung ab.

Mayer ließ sich indessen auch durch diese Mißerfolge nicht entmutigen und trat bald darauf mit zwei weiteren Werken hervor: „Beiträge zur Dynamik des Himmels" (1848), und „Bemerkungen über das mechanische Äquivalent der Wärme" (1850).

In den „Beiträgen zur Dynamik des Himmels" führte er aus, daß das mechanische Äquivalent der Sonnenstrahlung auf jeden Quadratmeter der Erdoberfläche etwa 0,4 Pferdekraft, für die ganze Erde also etwa 200 Billionen Pferdekräfte betrage. Nach Herschels und Pouillets Rechnungen würde diese Wärmemenge genügen, um eine 30 m dicke Eisschicht auf der ganzen Erdoberfläche jährlich zu schmelzen, und es gestattet dies einen Schluß auf die enorme Größe der entsprechenden totalen Ausstrahlung der Sonne. (Es sei jedoch an dieser Stelle darauf hingewiesen, daß schon Descartes die Berechtigung zur Annahme einer solchen allseitigen Ausstrahlung mit dem Hinweise bezweifelt hat, daß die Sonne wohl nur dahin Wärme abzugeben vermöchte, wo Körper im Weltraume vorhanden seien, um solche auch aufzunehmen, – ein Gedanke, der sich neuerdings auch in den Darlegungen Ostwalds in selbständiger Weise wiederfindet.) Entsprechend der oben erwähnten Totalausstrahlung müßte die Sonne, selbst wenn sie die spezifische Wärme des Wassers, also 1, besäße, sich jährlich um 1,8°, in 5000 Jahren also um 9000° Celsius abkühlen, was den Tatsachen nach entschieden nicht der Fall ist.

Zur Lösung der Frage, woher der Ersatz für die ausgestrahlte Wärme komme, ist die Hypothese, es handle sich um eine chemische Reaktion, nicht ausreichend, denn bestände selbst die Sonne vollständig aus reinster Kohle, so würde deren Verbrennung doch nur genügen, um etwa 6000 Jahre lang die Wärmeausstrahlung zu decken. Mayer kam daher auf den Gedanken, daß es der Fall meteorischer Massen des Weltraumes auf die Sonne sei, der den Ausgleich jener verlorenen Wärmemengen bewirke. Wie er schon 1844 gezeigt hatte, beträgt für die Erde, deren Radius 6,4 Millionen Meter und deren Beschleunigung 9,8 m ist, die Endgeschwindigkeit eines aus unbegrenzter Entfernung fallenden Körpers etwa 12000 m in der Sekunde; für die Sonne, deren Radius 112mal, und deren Beschleunigung 28,4mal größer ist, beträgt die Endgeschwindigkeit aber 630400 m oder 85 geographische Meilen in einer Sekunde. Der Fall von 1 kg meteorischer Masse ist also auf der Sonne (je nach den näheren Umständen) äquivalent der Erzeugung von 24 bis 48 Millionen Kalorien, d. i. 4 bis 8000 mal mehr Wärme, als durch Verbrennung eines gleichen Quantums Kohle gewonnen werden kann. Um die Wärmeausstrahlung der Sonne auf diesem Wege zu decken, müßten in jeder Minute ein bis zwei Millionen Kilogramm Asteroiden aus dem Weltraume auf sie niederstürzen, wonach also eine Masse wie die des Mondes in ein bis zwei, wie die der Erde in 50 bis 100 Jahren verbraucht wäre. Auf jeden Quadratmeter der Sonnenoberfläche würden sich demgemäß in einer Minute 17 bis 34 g meteorischer Massen auflagern, und infolgedessen müßte der Sonnendurchmesser in 28500 bis 57000 Jahren um eine Bogensekunde zunehmen, daher die Jahresdauer sich um $^1/_2$ bis $^7/_8$ Zeitsekunden jährlich verkürzen. Dies stimmt aber mit der Beobachtung nicht überein, und Mayer mußte daher selbst seine Theorie als unzureichend betrachten; sie wurde bekanntlich seither durch die von Helmholtz aufgestellte Kontraktionstheorie ersetzt.

Des weiteren führte Mayer aus, daß Ebbe und Flut offenbar die Umdrehungsgeschwindigkeit der Erde, proportional dem allgemeinen Weststrome des Ozeans, der der Erdrotation entgegenwirkt, verkleinern müssen; Kant hat dies schon 1754 gelehrt, doch waren seine Schriften jedenfalls damals, wie auch wohl später, Mayer unbekannt. Die mechanische Arbeit, die zur Erzeugung von Ebbe und Flut aufzuwenden ist, berechnete Mayer auf etwa 6000 Millionen Pferdekräfte in der Sekunde, d. i. annähernd $^1/_{30000}$ der gesamten, von der Sonne auf die Erde übertragenen Arbeitsgröße. Hiernach muß die Tagesdauer in 2500 Jahren um $^1/_{16}$ Sekunde jährlich wachsen, falls das Volumen der Erde konstant ist. Diese Voraussetzung trifft indessen nicht zu; die Abkühlung der Erde durch Wärmeausstrahlung sowie deren Folgeerscheinungen vermindern nämlich allmählich ihr Volumen und bewirken dadurch eine Beschleunigung der Rotation. Binnen je 2500 Jahren verkleinert sich der Erdhalbmesser ungefähr um $4^1/_2$ m, und die Temperatur der Erde fällt um $^1/_{14}{}^0$ Celsius. Noch Laplace nahm zu Anfang des 19. Jahrhundertes an, daß die Länge des Sterntages seit den Zeiten des Astronomen Hipparch konstant geblieben sei, und demgemäß hätte man vorauszusetzen, daß die Beschleunigung der Rotation der Erde durch die Abnahme ihres Volumens, und die Verzögerung dieser Rotation durch Einfluß von Ebbe und Flut, sich gerade noch aufheben. Seither aber zeigte, wie auch Mayer selbst in einem später (1870) gehaltenen Vortrage „Über Erdbeben" bemerkte, der englische Astronom Adams, daß in Wirklichkeit die Länge des Sterntages schon abnimmt, und zwar in 1000 Jahren um $^1/_{100}$ Sekunde, der verzögernde Einfluß überwiegt also gegenwärtig bereits den beschleunigenden, und die Erde ist, wenn man sich eines naheliegenden Vergleiches bedienen will, bereits in ihr Greisenalter eingetreten, das langsam, aber sicher ihren heutigen altererbten Zustand der Auflösung zuführen muß.

In dem Werke „Bemerkungen über das mechanische Äquivalent der Wärme" wendet sich Mayer gegen eine Reihe von Mißverständnissen und Entstellungen seiner früheren Lehren, die, worauf wir sogleich zurückkommen werden, seit deren Veröffentlichung zutage getreten waren. Er knüpft zunächst an die gebräuchliche Schuldefinition der Kraft an, die da lautet: „Kraft ist alles, was eine Bewegung hervorbringt oder hervorzubringen strebt, abändert oder abzuändern strebt", und zeigt, daß in dieser Definition die elf letzten Worte überflüssig sind, wobei nämlich stehen bleibt: „Kraft ist alles!" Und in der Tat ist eben Kraft (Energie) dasjenige Etwas, das bei Erzeugung jeder Bewegung aufgewandt wird, und der erzeugten Bewegungsgröße äquivalent ist.

Sodann wendet sich Mayer abermals gegen die herkömmliche Auffassung der Schwere. Die Schwere ist keine Kraft, kein Bewegung hervorbringendes Objekt, sonst müßte sowohl eine fortdauernde Erzeugung von Bewegung ohne Aufwand (d. h. aus nichts) möglich sein, als auch eine unendliche Endgeschwindigkeit der aus dem Weltraume auf die Erde niederstürzenden Körper, – während doch in der Tat diese Geschwindigkeit den erwähnten maximalen Wert von etwa 12000 m besitzt. Das allgemeine Gesetz der potentiellen Energie enthält das Newtonsche Gravitationsgesetz als speziellen Fall; wo potentielle Energie verschwindet, entsteht Bewegung (und umgekehrt), oder eine der Bewegung äquivalente Menge von Wärme.

Hieraus folgt aber nicht, daß, wie so häufig angenommen wird, die Wärme eine Bewegung sei. Unter dem Namen „Wärme" wird überhaupt nicht selten dreierlei ganz Verschiedenes zusammengefaßt: 1. die sogenannte latente Wärme. Führt man z. B. einem Gefäße voll siedenden Wassers auch noch so viele weitere Wärme zu, so steigt die Temperatur des kochenden Wassers, so lange auch nur ein Tropfen von ihm vorhanden ist, nicht im geringsten, und man nimmt daher an, die aufgewandte Wärme sei verschwunden, sie sei versteckt, latent geworden. In Wirklichkeit hat sie aber dazu gedient, das Wasser von 100° in Dampf von 100° zu verwandeln, der ein außerordentlich viel größeres Volumen einnimmt; es ist also, wie wir heute sagen, Wärmeenergie in Volumenenergie übergegangen. Wärme selbst ist aber dann als solche gar nicht mehr vorhanden, und es hat keinen Sinn, ihre Gegenwart dennoch anzunehmen, und sie mit dem Beiworte „latent" oder „versteckt" zu bezeichnen. 2. Die sogenannte freie Wärme. Sie wird als im Inneren der als warm bezeichneten Körper wirksam gedacht, doch haben wir über ihre Natur keinerlei Kenntnisse. Mögen wir, so sagt Mayer, die Materie als atomistisch konstituiert annehmen oder nicht, die Zwischenräume der Atome mit Äther erfüllt denken oder nicht, – so gelangen wir doch auf keine Weise zu einer wirklich zureichenden, sachlichen Erklärung des Wesens freier Wärme. 3. Die sogenannte strahlende Wärme. Sie pflanzt sich von einem heißen Körper zu einem anderen, weniger heißen fort, anscheinend ohne Vermittlung materieller Teilchen, und jedenfalls ohne Erwärmung des Zwischenraumes, – z. B. von der Sonne zur Erde, oder von einem glühenden Eisenblocke zu Gegenständen seiner Umgebung. Diese Wärme ist jedenfalls eine Bewegungserscheinung und zeigt die charakteristischen Eigenschaften einer solchen. Daß sie aber die Bewegung eines „Äthers" sei, das erklärt Mayer auch in diesem Falle für mindestens unbewiesen, und allen Hypothesen abhold, läßt er auch diese dahingestellt sein. Auch vom heutigen Standpunkte aus erscheint übrigens diese Vorsicht durchaus berechtigt, da man dem sogenannten Äther, damit er zur Erklärung der kalorischen, optischen, und elektrischen Erscheinungen ausreiche, Eigenschaften zuzuschreiben gezwungen ist, die ihn in ihrer Gesamtheit zu einem Objekte stempeln, dem das Prädikat der Begreiflichkeit nicht im entferntesten mehr zugestanden werden kann. Aus einem erst kürzlich erschienenen Werke des englischen Physikers Lodge, eines Vertreters der extremsten Anschauungen der Schule Maxwells, betitelt „Neueste Anschauungen über Elektrizität", ergibt sich z. B. etwa folgendes über den Äther: „Äther ist eine alles durchdringende, mit Beharrungsvermögen ausgestattete, gallertartige Masse, reibungslos beweglich, vollständig flüssig, jedoch aus zwei untrennbar verbundenen, völlig starren Bestandteilen bestehend, gegen mechanischen Druck völlig durchlässig und widerstandslos, inkompressibel, also von unendlicher Elastizität des Volumens, zugleich aber auch in gewissem Grade plastisch, also von endlicher Elastizität der Gestalt." Sich solcher Beschreibung gemäß eine Vorstellung zu bilden, dürfte wohl schwerlich auch dem geschultesten Denker möglich sein; die ganze Anschauungsweise bietet vielmehr nur den Vorteil, nach den meisten Richtungen hin mathematische Anknüpfungen in ausreichender Weise zu gestatten, ist aber im übrigen, um Lodges eigene Worte zu gebrauchen, „eine Parodie der Wirklichkeit."

Haben wir nun im Vorstehenden die wichtigsten der Schriften Mayers erörtert, in denen er seine Grundgedanken in genialster Weise nach den verschiedensten Seiten der Wissenschaft hin entwickelte, so wollen wir uns jetzt zunächst mit den äußeren Schicksalen des Forschers beschäftigen, die sich an die Aufnahme seiner Werke knüpften.

Die Physiker von Fach behandelten diese zunächst sehr von oben herab. In den „Fortschritten der Physik", einem seit 1847 von der physikalischen Gesellschaft zu Berlin herausgegebenen Jahresberichte, führte der Referent, Helmholtz, die erste Schrift Mayers gar nicht an, die zweite erwähnte er nur mit dem Zusatze „bloß der Vollständigkeit der Titel wegen", und wies darauf hin, daß sie Zusammenstellungen schon bekannter Facta enthalte, bezüglich derer auf die Arbeiten von Holtzmann, Joule, und Helmholtz selbst zurückzugreifen sei. Es läßt sich an dieser Stelle nicht vermeiden, auf das unerfreuliche Kapitel der Prioritätsreklamationen einzugehen und die wichtigsten jener Arbeiten zu erwähnen, in denen Zeitgenossen ähnliche Gedanken wie die von Mayer selbst ausgesprochenen niederlegten; denn wie in vielen Fällen, so war auch hier ein wissenschaftliches Problem allmählich zu einem gewissen Grade der Reife gelangt, und Ideen gleicher Art bewegten eine ganze Anzahl fähiger Köpfe.

Ein merkwürdiges und absonderliches Faktum ist es hierbei, daß die Priorität desjenigen Mannes, dem allein eine solche mit vollem Rechte hätte zugeschrieben werden können, durch eine eigentümliche Verkettung von Umständen gar nicht in Frage kam. Der große französische Physiker Carnot, der 1832 an der Cholera starb, hinterließ nämlich, im Anschlusse an seine höchst geistreichen und für die Geschichte der Wärmelehre außerordentlich wichtigen Schriften, ein Konvolut von Papieren, die erst 1876 herausgegeben und der Öffentlichkeit zugänglich gemacht wurden; da ergab es sich, daß Carnot schon um 1830 den Gedanken einer Äquivalenz von Wärme und Arbeit gefaßt, und als Äquivalenzzahl 370 berechnet hatte. Weil aber sein gesamter Nachlaß über 40 Jahre hindurch der Wissenschaft vorenthalten blieb, so konnten seine Anschauungen, deren Entwicklung und Herleitung man übrigens im einzelnen nicht mehr wohl verfolgen kann, keinerlei Einfluß auf den Gang der Forschung ausüben.

1843 hatte ein dänischer Forscher, Colding, teils auf Vermutungen ziemlich unklarer Natur, teils auf Reibungsversuche gestützt, ebenfalls ein Wärmeäquivalent von 350 berechnet. Doch blieb seine in dänischer Sprache verfaßte Schrift so gut wie unbekannt, bis sie 1863 auch in französischer und englischer Übersetzung erschien.

Im selben Jahre 1843 begann auch Joule seine, mit außerordentlichem experimentellen Geschicke ausgeführten Arbeiten über die Äquivalenz der Kräfte, die zu den schönsten der gesamten messenden Physik gehören, übrigens aber gleichfalls das Schicksal hatten, von der Akademie zu Manchester anfänglich als „völliger Unsinn" zurückgewiesen zu werden. Auf diese Reihe seiner Arbeiten gestützt, beanspruchte 1847 Joule in den Berichten der Pariser Akademie Mayer gegenüber die Priorität, indem er namentlich behauptete, Mayers Beweisführung in seiner Schrift von 1842 enthalte eine wesentliche und wichtige Lücke: es sei nämlich nicht nachgewiesen, daß jenes „Mehr" an Wärme, das verbraucht werde, wenn sich das Gas unter Volumenvergrößerung ausdehne, wirklich nur durch die Arbeitsleistung, und nicht etwa durch die Ausdehnung des Gases konsumiert worden sei. Joule übersah hierbei, daß der verlangte Beweis schon 1807 von Gay-Lussac geliefert worden war, und daß Mayer in seiner Schrift von 1842 sich an der entsprechenden Stelle ausführlich auf diesen Beweis Gay-Lussacs berief. Mayer wies daher den Prioritätsanspruch Joules mit Bestimmtheit, vielleicht aber mit allzu großer Höflichkeit ab, was zur Folge hatte, daß Joule sich für nicht widerlegt ansah, und auch späterhin auf seiner ganz unbegründeten Meinung, wie auf einer wohlberechtigten, beharrte.

1845 gelangte auch Holtzmann zur Berechnung eines Wärmeäquivalentes, und zwar von 374; doch wurde seine Arbeit, die nicht ganz konsequent durchgeführt war, erst 1848 durch einen Auszug in Poggendorffs „Annalen" weiteren Kreisen der Physiker bekannt. Im nämlichen Jahre behauptete auch der französische Physiker Seguin die Idee eines Wärmeäquivalentes gefaßt zu haben, da ihm schon von Montgolfier, seinem Oheime, 1839 übermittelt worden sei, daß es mindestens eine qualitative Beziehung zwischen Arbeit und Wärme gäbe. 1847 endlich erschien der berühmte Aufsatz von Helmholtz „Über die Erhaltung der Kraft", dem gleichfalls das Schicksal widerfuhr, von Poggendorff als „unverständliche Spekulation" abgewiesen zu werden; dieser Aufsatz, der zu den geistvollsten und formvollendetesten gehört, die wir Helmholtz verdanken, ergänzt in vieler Hinsicht die Ausführungen Mayers, ist aber schwerlich geeignet, als Grundlage für eine Reklamation der Priorität zu dienen, um so mehr, als Helmholtz seine Gesetze wesentlich als an das Herrschen von Zentralkräften gebunden ansah, ihr Gebiet also jedenfalls viel zu enge umgrenzte. Trotzdem nahm aber dieser Forscher in einer Rezension in den

„Fortschritten der Physik“ die Priorität für sich in Anspruch, wobei er sich wiederum auf die schon von Joule fälschlich angeführte Lücke in Mayers Beweisführung berief, Mayers öffentliche Widerlegung Joules aber vollständig ignorierte.

Das kritische Jahr 1848 brachte auch für Mayer große Erregungen mit sich. Einer seiner Brüder hatte sich den badischen Freischaren zugesellt, und auf Bitten seiner Schwägerin entschloß sich Mayer, trotz der sichtlichen Gefahr, mit ihr zusammen dem Bruder nachzureisen und ihn nach Hause zurückzubringen. Er hatte dabei das Mißgeschick, in die Hände der Aufständischen zu fallen, und wurde, da er als Erzreaktionär verrufen war, als vermeintlicher Spion dem Kommandierenden zur sofortigen kriegsgerichtlichen Aburteilung vorgeführt; doch war dieser einsichtig genug, ihn mit der Äußerung: „Ich kann doch nicht alle Reaktionäre erschießen lassen“, wieder frei zu geben. Mayer hat dieser bedenklichen Fahrt nie anders als in humoristischer Weise gedacht, und die Gefahr, in die er sich begeben hatte, stets nur als Folge einer selbstverständlichen Pflichterfüllung angesehen.

Im nächsten Jahre, 1849, sah sich Mayer veranlaßt, der „Allgemeinen Zeitung“ zu Augsburg, die damals zu derartigen Zwecken vielfach benützt wurde, eine Prioritätsreklamation betreffs seiner neuen Lehre einzusenden. Gleich darauf erschien in derselben Zeitung ein von einem Dr. Seyffer unterzeichneter Artikel, in welchem Mayers Theorie als vollkommener Aberwitz, der von der Wissenschaft längst schon abgewiesen und abgetan sei, hingestellt wurde. Nicht wenig erstaunt war daher Mayer, als er zufällig bald darauf die Promotionsschrift desselben Dr. Seyffer in die Hand bekam, und in ihr als erste These las: „Das mechanische Äquivalent der Wärme erkenne ich als eine vollendete Tatsache an.“ Er schickte sogleich eine Berichtigung an die Redaktion der „Allgemeinen Zeitung“, wurde aber abgewiesen. Infolge der großen Ärgernisse und Aufregungen machte sich seine schon einmal erwähnte Neigung zu krankhaften, an Sinnesverwirrung streifenden Störungen geltend: er verfiel in eine fieberhafte Krankheit, und stürzte sich im Delirium in einem unbewachten Momente 9 m tief auf die Straße hinab. Glücklicherweise erlitt er keinen allzu großen Schaden, und die Erholung war eine sehr rasche, wie schon daraus hervorgeht, daß er bereits 1850 sein Werk „Bemerkungen über das mechanische Äquivalent der Wärme“ erscheinen lassen konnte. Er übersandte es mit besonderen Begleitschreiben an die Akademien von Paris, München, und Wien. In Paris wurde Regnault, in München der berühmte Physiker Ohm mit der Berichterstattung betraut; beide fanden aber eine solche unnötig. Die Wiener Akademie druckte das Schreiben Mayers in ihren Berichten zwar ab, und der große Physiologe Brücke schlug vor, indem er auf die hohe praktische und theoretische Wichtigkeit des mechanischen Äquivalentes der Wärme verwies, neue Bestimmungen seines Wertes als Preisaufgaben auszuschreiben; sein Antrag, in dem er übrigens den Namen Mayers nicht nannte, wurde jedoch abgelehnt.

Durch diese fortgesetzte Reihe von Mißerfolgen und schweren persönlichen Kränkungen verfiel Mayer neuerlich in einen trübsinnigen Zustand, und in eine Art religiöser Manie, die zuletzt zu einer schweren Krankheit, einer Gehirnhautentzündung, ausartete. Er suchte Erholung in den Württembergischen Heilanstalten Winnenthal und Göppingen, geriet dort aber leider in die Hände von Ärzten, die nichts weniger als psychiatrisch geschult waren; wie er selbst erzählt, wurde er wesentlich auf Größenwahnsinn hin behandelt, denn es galt von vornherein als feststehend, daß ein schwäbischer Landsmann, Arzt von Beruf, der glaube, eine physikalische Entdeckung ersten Ranges gemacht zu haben, von keiner andern als gerade von dieser Krankheit befallen sein könne. Die Behandlung, die Mayer in den genannten Kliniken erfuhr, bezeichnete er mit Recht als eine der Inquisition würdige; Zwangsjacken und Zwangsstühle waren die Mittel, durch die der gebeugte Geist des Forschers wieder aufgerichtet werden sollte. Zum Glück trat, trotz aller dieser Maßnahmen der Ärzte, eine rasche und fast völlige Heilung ein, von der nur eine gewisse Reizbarkeit zurückblieb, deren zeitweises Auftreten Mayer auch in späteren Jahren noch mehrmals veranlaßte, auf kurze Frist passende Heilanstalten aufzusuchen. Sein Leiden war übrigens keineswegs ein eigentliches Geistesgestörtsein, sondern bewegte sich in denjenigen Formen, die man heutzutage als für die Abulie oder Willensschwäche charakteristisch anzusehen pflegt.

Durch eine Reise in die Schweiz gekräftigt, kehrte Mayer wieder nach Heilbronn zurück, und erholte sich um so rascher gänzlich, als ihm die Befriedigung zu teil wurde, von dieser Zeit ab eine langsame, aber stetige Hinwendung der Wissenschaft nach der Seite seiner Lehre wahrzunehmen. Vor allem sah er die von ihm so eifrig bekämpfte „Lebenskraft“, die selbst Liebig schließlich nur mehr unter dem Gewande eines „Kollektivnamens“ vorzubringen wagte, seit Anfang der 50er Jahre immer mehr vom Schauplatze schwinden: sie wurde, wie sich Weyrauch treffend ausdrückt, auf dem wissenschaftlichen Raritäten-Kirchhofe, neben dem Horror vacui, der negativen Schwere, dem Phlogiston, und anderen dergleichen Merkwürdigkeiten, zur ewigen Ruhe bestattet. Ferner bestätigten 1854 die von Regnault in der berühmtesten seiner Abhandlungen veröffentlichten ausführlichen Versuche vollständig die Theorien Mayers, und dies war um so höher anzuschlagen, als z. B. zur selben Zeit der hervorragende Ingenieur und Wärmetheoretiker Hirn, dem die Entwicklung der Wärmetheorie so vieles verdankt, noch der Ansicht war, es sei die Leistung von Arbeit sehr wohl auch ohne Wärmeverbrauch möglich, und ein Wärmeäquivalent bestehe zwar, aber es sei nicht konstant, – welche Anschauung er erst 1862 endgültig zurücknahm. Ebenso war noch bis 1857 Faraday betreffs der Auffassung der Schwere in fast fortwährender Begriffsverwirrung befangen; es kann dies nicht Wunder nehmen, wenn man bedenkt, daß z. B. noch 40 Jahre später ein hervorragender Mann, der, obwohl nicht Gelehrter von Fach, doch ein vorzügliches und gedankentiefes philosophisches Werk, „Die Atomistik des Willens", geschrieben hat, Hamerling, die Frage aufwirft, ob es sich mit dem Gesetze von der Erhaltung der Kraft vereinbaren lasse, daß ein Ei, das ein Vogel hoch oben auf einem Baume in sein Nest gelegt habe, beim Herabfallen eine entsprechende Arbeit leiste, trotzdem es doch nicht vorher auf den Baum hinauf gehoben worden sei!

Im Jahre 1856 hatte Mayer die Genugtuung, daß der Physiker Baumgartner in Wien eine ausführliche Rede über die Bedeutung seiner Lehre hielt, und deren Tragweite dahin feststellte, daß seit Newton nichts von gleicher Wichtigkeit, und nichts gelehrt worden sei, was in ähnlicher Weise eine völlig neue Gestaltung der gesamten Wissenschaft herbeiführen müsse.

Im nämlichen Jahre aber entbrannte auch der Prioritätsstreit mit Joule, Thomson, Hirn, Holtzmann, Colding und Helmholtz aufs neue, und letzterer griff abermals auf die schon wiederholt erwähnte, sogenannte Lücke in Mayers erster Beweisführung von 1842 zurück. Es sei bei dieser Gelegenheit erwähnt, daß der Standpunkt von Helmholtz gegenüber Mayer ein im Laufe der Jahre sehr wechselnder gewesen ist; er ließ ihm bald größere, bald geringere Gerechtigkeit widerfahren, und es mögen hierauf sowohl äußere Einflüsse, als auch namentlich das Verhalten seiner Schüler und Anhänger zeitweise großen Einfluß geübt haben. Sicherlich war aber Helmholtz der Mehrzahl dieser letzteren an Unparteilichkeit weit überlegen, wenn er es auch zeitweise an einer kaum begreiflichen Selbstbefangenheit nicht fehlen ließ, und es namentlich in späteren Jahren liebte, Mayer zwar als den ersten Berechner des Wärmeäquivalentes anzuerkennen, sich selbst aber als den eigentlichen Entdecker des Gesetzes von der Erhaltung der Kraft hinzustellen. Als „Vater dieses Prinzipes“ ließ er sich noch 1886 von der physikalischen Sektion der Berliner Naturforscherversammlung, und 1891 von der Berliner physiologischen Gesellschaft feierlich begrüßen, und es kann daher nicht befremdlich erscheinen, wenn bei der offiziellen Totenfeier Helmholtzs zu Berlin, der Festredner eine Äußerung ungefähr dahin tat, daß, falls Mayer gar nicht gelebt hätte, Helmholtz wohl der Mann dazu gewesen wäre, die Taten, die jener gewirkt habe, auch aus eigener Kraft zu vollbringen. Ohne die Berechtigung einer solchen Behauptung untersuchen zu wollen, — für die ja der Wahrheitsbeweis doch nie erbracht werden kann —, darf man wohl sagen, daß dieser Ausspruch dem Inhalte nach nur allzu lebhaft an die Fabel vom Ei des Kolumbus erinnert, dem Geschmacke nach aber nur wenig hinter dem bekannten geflügelten Worte Du Bois-Reymonds zurücksteht, wonach Goethe besser getan hätte, statt naturwissenschaftlicher Arbeiten Gedichte zu verfassen, und seinen Faust Gretchen heiraten zu lassen, anstatt ihn in die Hochflut philosophischer Gedanken zu versenken.

Im Jahre 1857 veröffentlichte der Physiker Bohn eine Schrift über die Lehre von der Erhaltung der Kraft, in der er irrtümlicherweise Mayer im Irrenhause verstorben sein ließ; anläßlich eines Vortrages Liebigs in München geriet diese Nachricht in die „Allgemeine Zeitung“ und ging aus dieser in Poggendorffs „Biographisches Wörterbuch“ über, so daß sie seither, obwohl das Druckfehlerverzeichnis letztgenannten Werkes sie berichtigt, jahrzehntelang in wissenschaftlichen Kreisen nicht wieder auszurotten war. Um sie gründlich zu widerlegen, erschien Mayer 1858 auf der Naturforscherversammlung, und hatte das Vergnügen, dort Männer wie Baumgartner und Schönbein, die zu seinen warmen Verehrern gehörten, persönlich kennen zu lernen. Durch Schönbeins Vermittlung wurde ihm auch die erste öffentliche Anerkennung zuteil, nämlich die Mitgliedschaft der naturforschenden Gesellschaft zu Basel. Bald darauf ernannte ihn auch die Universität Tübingen zu ihrem Ehrendoktor, und die Münchener Akademie zu ihrem Mitgliede.

Die entscheidende Wendung in Mayers Schicksal trat aber erst 1862, durch Vermittlung des großen Physikers Clausius in Bonn, und Tyndalls in London ein. Tyndall hielt während der internationalen Ausstellung zu London im königlichen Institute einen Vortrag „Die Energie und ihre Wandlungen“, in dem er voll freudiger Anerkennung und auf das unparteiischste die bahnbrechenden Verdienste Mayers in das rechte Licht stellte; auch Tyndalls 1863 verfaßtes Lehrbuch der Wärmetheorie war, als erstes seiner Art, vollkommen auf Grund der Mayerschen Prinzipien aufgebaut. Durch dieses offene Eintreten für Mayer erregte Tyndall indessen den Zorn seiner Landsleute, namentlich Joules, Thomsons, und Taits, die ihn sachlich wie persönlich auf das heftigste angriffen, und ihm namentlich Mangel an sogenanntem „wissenschaftlichem Patriotismus“ vorwarfen; in seinen Briefen bedauert Mayer den geehrten Freund, daß er sich seinetwegen solchen Anfechtungen ausgesetzt habe, und zitiert den Wielandschen Spruch: „Sich neue Bahnen brechen, Heißt in ein Nest gelehrter Wespen stechen.“

Über das Mißgeschick, 1864 in der Zeitschrift „Das Ausland“ wieder als im Irrenhause verstorben bezeichnet zu werden, konnte sich Mayer leicht hinwegsetzen, um so mehr, als ihm nun aus immer weiteren Kreisen Ehrenbezeugungen zuteil wurden: 1864 ernannte ihn die „Naturforschende Gesellschaft zu Halle“ zum Mitgliede, 1867 die Akademie zu Turin, desgleichen die zu Wien und zu Paris. Auch wurden ihm der Poncelet-Preis, sowie die Copley-Medaille, wissenschaftliche Auszeichnungen allerhöchsten Ranges, verliehen. Nur die Berliner Akademie verhielt sich abweisend, und ist auch später der Ehre nicht teilhaftig geworden, Mayers Namen in der

Liste ihrer Mitglieder zu verzeichnen. Von der 1867 erschienenen Gesamtausgabe von Mayers Schriften „Die Mechanik der Wärme" nahmen die von der Berliner physikalischen Gesellschaft herausgegebenen „Fortschritte der Physik" auffälligerweise keinerlei Notiz, und ebenso wenig auch von den späteren Schriften Mayers; hingegen besorgte Helmholtz zu gleicher Zeit eine deutsche Übersetzung des physikalischen Lehrbuches von Thomson und Tait, das von ungerechtfertigten und erbitterten Angriffen gegen Mayer erfüllt war.

1869 beteiligte sich Mayer an der Naturforscher-Versammlung zu Innsbruck, und hielt dort einen Vortrag „Über notwendige Konsequenzen und Inkonsequenzen der Wärmemechanik". Aus diesem sind hauptsächlich folgende Gedanken hervorzuheben: Zunächst wendet sich Mayer gegen den von Clausius aufgestellten Begriff der sogenannten Entropie. Nach Clausius strebt die Entropie der Welt einem Maximum zu, das sich schließlich verwirklicht fände, wenn alle Massen zu einer einzigen gleichmäßig vereinigt, und alle Energien in Form von Wärme gleichmäßig über diese verteilt wären, — wobei offenbar ewiges Gleichgewicht herrschen müßte. Diese Lehre lehnte Mayer, als über die Erfahrung hinausgehend, ja ihr widersprechend, entschieden ab, indem, wie er schon früher zeigte, gleich der Beginn selbst einer nur teilweisen Vereinigung kleinerer Weltkörper, durch die enorme, mit ihr verbundene Wärmeentwicklung zu einer Verstäubung oder Vergasung der Massen führen, also dem anzustrebenden Zustande der Entropie geradezu entgegenwirken müßte. Er berief sich hierbei auch auf die berühmte Feuerkugel von 1863, für die die Astronomen eine Geschwindigkeit von über neun Meilen in der Sekunde berechnen konnten, während die Anziehung der Sonne in der Erdentfernung ihr höchstens eine solche von etwa sechs Meilen zu verleihen vermag; aus dieser Tatsache schließt Mayer, daß auch die Einwirkung aus fremden Welträumen stammender Körper auf unser Planetensystem zuzulassen, und schon deshalb eine Anwendung des Entropieprinzipes auf das Weltganze abzulehnen ist. Es dürfen eben Grundsätze, die nur für ein begrenztes Tatsachengebiet bewiesen und gültig sind, nicht transzendent, d. h. über dieses hinaus, angewendet werden, und verlieren auch, sobald dies doch geschieht, ihren eigentlichen Sinn und ihre Verständlichkeit.

Des weiteren besprach Mayer die konstanten Störungen des elektrischen Gleichgewichtes der Erde, die sich in den Erscheinungen des Nordlichtes, und im Wechsel der magnetischen Deklination bemerkbar machen, und äußerte die Vermutung, daß sie in einer regelmäßigen Abhängigkeit von den Passatwinden ständen, sowie daß die Veränderungen des meteorologischen Äquators jenen der Deklination parallel gingen. Da er die Mittel zur näheren Erforschung dieses so schwierigen Gegenstandes selbst nicht besaß, so mußte er sich damit begnügen, eine solche durch Äußerung seiner Hypothese angeregt zu haben.

Am Schlusse seines Vortrages wandte sich Mayer zu einer Betrachtung der organischen Natur, und führte aus, daß weder Materie noch Kraft erschaffbar seien, wohl aber neue Organismen sich fortdauernd bildeten, und neue Individuen anscheinend ex nihilo entständen; da ferner weder die Materie noch die Energie imstande sei, zu denken, so müsse man notwendigerweise noch ein drittes, ein geistiges Prinzip annehmen. Die geistigen Verrichtungen des Gehirnes gehen nach Mayer zwar durchaus parallel der cerebralen Aktion, sind aber keineswegs mit ihr identisch; als Beispiel hierfür gibt Mayer den seither typisch gebliebenen Vergleich mit dem Zustandekommen der telegraphischen Mitteilung. Eine solche ist ohne chemischen Prozeß in der elektrischen Batterie nicht möglich, und nur durch genaue Kenntnis dieses Prozesses sowie der Art der Erregung und Übertragung des Stromes, wird der Vorgang des Telegraphierens verständlich. Was aber der Telegraph spricht, also der Inhalt der Depesche, das ist keine

Funktion der elektrochemischen Aktion, kann aus dieser nicht begriffen und erklärt, und durch keine noch so eingehende Kenntnis ihres Wesens dem Verständnis irgendwie näher geführt werden. Bei jeder geistigen, ja überhaupt bei jeder von Organismen ausgehenden Tätigkeit, ist eben die physische und die psychische Seite, als Außen- und Innenseite eines und des nämlichen Vorganges, durchaus zu unterscheiden; beide Seiten zeigen strenge Parallelität, jede besitzt aber ihre eigene Gesetzmäßigkeit, und keine kann als Folge aus der andern abgeleitet, oder ihr als Grund untergelegt werden. Dieses Gesetz gilt nicht nur für dies eine Organ, das Gehirn, sondern ist ein wichtiges und allgemeines Grundgesetz der ganzen organischen Welt. Aus den, für die Deutung der Außenseite der letzteren ausreichenden Gesetzen läßt sich nicht auch die Innenseite erklären; vielmehr hat diese Innenseite, als deren höchste Äußerung das Reich des bewußten menschlichen Willens oder der Freiheit erscheint, ihre eigenen Gesetze, die aus den erstgenannten nicht erschlossen, ja mit ihrer Hilfe nicht einmal verständlich gemacht werden können.

An diese gedankentiefen Ausführungen, die in zwei späteren Schriften „Über die Ernährung“ (1871) und „Über veränderliche Größen“ (1873) noch einige Ergänzung finden, schloß Mayer am Ende seines Vortrages eine Erklärung seiner im besten Sinne des Wortes religiösen und gottgläubigen Gesinnung an, die allerdings an diesem Orte und bei dieser Gelegenheit wenig am Platze gewesen sein mag. Er forderte dadurch den energischen Widerspruch einer Anzahl von Gegnern heraus, unter denen sich namentlich Carl Vogt bemerkbar machte, indem er in einem offenen Briefe die Berufer der Naturforscherversammlung beschuldigte, sie hätten einen Mann gestörten Geistes zu einem Vortrage eingeladen, und die Anwesenden mit dem Anhören seiner verworrenen Gedanken belästigt. Mayer, der zufällig während des Heimweges diesen Brief zu lesen bekam, regte sich über dessen Inhalt außerordentlich auf, und zog sich dadurch eine neuerliche Erkrankung zu. Doch war auch diese glücklicherweise nur vorübergehender Natur, und er fühlte sich, als 1870 der Krieg gegen Frankreich ausbrach, imstande, alle seine Kräfte in aufopferndster Weise der Pflege der Kranken und Verwundeten zu widmen, wofür er vom Könige von Württemberg mit der Denkmünze bedacht wurde. Das glückliche Ende des großen Kampfes stimmte auch Mayer, der bis dahin Partikularist gewesen war, durchaus reichsfreundlich, jedoch hielt er sich seit dieser Zeit von der Politik vollständig fern, versäumte aber nicht, sich als unbedingten Gegner des sogenannten Kulturkampfes zu bekennen, weil er von diesem in letzter Linie nichts weiter als eine Stärkung des streng kirchlichen Einflusses erwartete.

Schriftstellerisch war Mayer in den folgenden Jahren nur mehr wenig tätig, und publizierte bloß noch zwei kleinere Arbeiten, den Aufsatz: „Die Torricellische Leere“, in dem er den sogenannten Äther als ponderable Materie im Zustande außerordentlich hoher Verdünnung zu betrachten suchte, und die Schrift „Über Auslösungen“ (1875), in der er eine Reihe der tiefsinnigsten Ideen, die ihn schon seit dem Jahre 1844 fortdauernd beschäftigten, kurz zusammenfaßte. Die Absicht, über den gleichen Gegenstand ein größeres Werk zu schreiben, blieb leider unausgeführt, und so sind wir denn auf die sehr knappe, mehr andeutende als ausführende Darstellung angewiesen, die Mayer in jener Schrift seinen Gedanken zu widmen imstande war. Es ist nicht leicht, diese in kurzer Übersicht wiederzugeben, und jedenfalls ist es zum Zwecke einer solchen unerläßlich, die zahlreichen zugehörigen Einzelsätze, die sich durch die Abhandlungen und Briefe Mayers, während eines Zeitraumes von über 30 Jahren hin zerstreut vorfinden, mit in Betracht zu ziehen. Man kann dann etwa in folgenden Worten den Grundgedanken der Schrift über Auslösung zum

Ausdrucke bringen: Das Energieprinzip bestimmt nur die Beträge der Umwandlung einer Form der Energie in eine andere, nicht aber die Umstände, unter denen diese Umwandlung eintritt. Daß eine solche Verwandlung stattfindet, warum sie geschieht, wann sie erfolgt, wie sie zustande kommt, binnen welcher Zeit sie sich vollendet, — über diese und ähnliche Fragen gibt das Energieprinzip als solches keinerlei Auskunft. Als zweifellos feststehend ist es zu betrachten, daß keine Energie sich von selbst in eine andere verwandelt, oder ohne weiteres in eine andere Form übergeht; insbesondere ist die potentielle Energie als solche weder nach außen hin wirksam, noch arbeitet sie selbst auf eine Veränderung ihres Zustandes hin. Damit Veränderung, damit Übergang einer Energieform in eine andere stattfinde, bedarf es vielmehr eines Anstoßes, einer äußeren Erschließung, die mit dem Namen „Auslösung" bezeichnet wird. Die Auslösung ist nicht die Ursache der schließlich entstehenden Wirkung, sondern nur die Ursache der eintretenden Umwandlung, — soweit hier nämlich von einem Verhältnisse zwischen Ursache und Folge überhaupt noch die Rede sein kann; der angedeutete Unterschied ist von ganz außerordentlicher Tragweite (und daher noch heute vielfach selbst in wissenschaftlichen Kreisen unverstanden). Die Auslösung selbst kann offenbar nicht mit einem Verbrauche an Energie verbunden sein, sie würde ja sonst gerade dem Gesetze der Erhaltung der Energie widersprechen; der auslösende Anstoß ist oft verschwindend klein, und vielfach besteht gar keine proportionale, überhaupt keine quantitative, ja nicht einmal eine qualitative Beziehung zwischen ihm und der schließlich eintretenden Wirkung. Daher ist denn auch die Auslösung kein Gegenstand für die Mathematik, denn Qualitäten lassen sich nicht wie Quantitäten zahlengemäß berechnen und feststellen. Die eigentliche Domäne der Auslösung ist vor allem die organische Welt, die im Pflanzenreiche auf Reize, im Tier- und Menschenreiche aber auf anschauliche, ja selbst auf abstrakte

Motive reagiert. Die physiologischen, psychologischen und pathologischen Vorgänge, die Funktionen des Nervensystemes, die Tätigkeit auf geistigem Gebiete, — sie alle gehören vornehmlich dem Reiche der Auslösungen an. Es ergibt sich aus dem Dargelegten ohne weiteres, daß die zuweilen aufgeworfene Frage, ob das Gesetz der Erhaltung der Kraft auch für das geistige Gebiet gelte, abzuweisen ist, indem das, für die Energie und ihre Wandlungen bestimmende und maßgebende Verhältnis zwischen Ursache und Wirkung, auf dieses Gebiet des Inneren eine sinngemäße Anwendung überhaupt nicht finden kann. Eine „Weltformel", wie sie verschiedene Gelehrte, u. a. Laplace, und später in seiner berühmten Rede „Über die Grenzen des Naturerkennens" Du Bois-Reymond als denkbar hingestellt hatten, wäre daher nach Mayer in dieser Hinsicht unzureichend: seiner Ansicht nach würde sich das eigentliche Wesen aller imeren, also namentlich auch der geistigen Vorgänge, keineswegs aus einer derartigen Weltformel begreifen, oder gar voraussagen lassen, weil eine solche immer nur für die physische, nie aber für die psychische oder innere Seite des Geschehens in Frage kommen kann.

Das äußere Leben Mayers seit 1870 bewegte sich in gleichmäßigen und ruhigen Bahnen. Er behielt seine Berufstäigkeit auch bei vorgerücktem Lebensalter bei, und gab seine Praxis niemals gänzlich auf. Gerne pflegte er geselligen Verkehr, und gab in diesem zahlreiche Beispiele von Gemütlichkeit und Humor, die sich nicht selten auch in treffenden sarkastischen Bemerkungen äußerten, und seinen Freunden oft zu nicht geringem Vergnügen gereichten. Einer von diesen erzählt z. B., wie er mit Mayer ruhig in einer Weinstube saß, als plötzlich ein vierschrötiger Fleischermeister eintrat; ohne weiteres erhob sich Mayer, ging auf den neuen Gast zu und fragte ihn: „Was halten Sie von der Seelenwanderung?" Der

Fremde erwiderte: „Was? Seelenwanderung? Das ist ja Unsinn!“, — worauf Mayer erfreut sagte: „Das ist ganz auch meine Meinung.“ Seinem Freunde aber versicherte er, er habe nicht umhin gekonnt, den Mann, als er ihn in so materieller Wohlbeleibtheit eintreten sah, gerade mit einer Frage so transzendenten Gebietes heimzusuchen.

Gelegentlich einer Besprechung der oft sehr unzureichenden physikalischen Grunderklärungen in Lehrbüchern, äußerte Mayer: „Hört man derlei hohle Phrasen, und frägt dann auf solche hin mit dem Konfirmationsbüchlein: Erkläre mir dieses noch deutlicher!, so kommt die Antwort wie gewöhnlich aus dem Tacitus.“ Daß Tacitus „der Schweiger“ bedeutet, dürfte auch den nicht des Lateinischen Kundigen aus dem Anfangskapitel von Gustav Freytags „Verlorener Handschrift“ wohl bekannt sein.

Ein andermal fragte Mayer in einer lebhaft bewegten Gesellschaft: „Wissen Sie denn auch, daß die Frauen nicht in das Himmelreich kommen?“ Als geantwortet wurde: „Nein, wieso denn?“, erwiderte er: „Es heißt ja, Offenbarung Johannis 8, 1: Und es ward eine Stille im Himmel, bei einer halben Stunde.“

Tiefer aus der Fülle seiner Erlebnisse geschöpft sind wohl die Äußerungen: „Die Geschichte aller Zeiten lehrt, daß die Schulgelehrsamkeit, den Tropfsteingebilden ähnlich, durch Anlagerung gleichartiger Teile bereitwillig an Umfang zunimmt, dagegen einen starren Widerstand jeder mehr als oberflächlichen Umgestaltung ihrer oft grotesken Gebilde entgegensetzt“; und ferner: „Jeden, der zu denken wagt, auf den Scheiterhaufen führen zu wollen, dürfte zu unserem Glücke schon aus ökonomischen Gründen nicht rätlich erscheinen.“

Eine letzte Unterbrechung in Mayers Stillleben bildete noch 1877 die Dühringsche Episode. Dühring hatte nämlich eine preisgekrönte Geschichte der Mechanik verfaßt, und ihr namentlich in der zweiten Auflage, gelegentlich der Darstellung und Beurteilung von Mayers Verdiensten, eine heftige und vielleicht nicht immer gerechte Polemik gegen Helmholtz eingeflochten, die diesen, sowie den Kreis seiner Freunde und Schüler, außerordentlich reizte. Im Laufe der hieraus entspringenden literarischen Streitigkeiten ließ sich Dühring verschiedene weitere Beleidigungen akademischer Kreise zuschulden kommen, und wurde schließlich von der Berliner Universität removiert. Diese Vorfälle erregten außerordentliches Aufsehen, teils der hohen geistigen Bedeutung Dührings, teils der unverdient harten Behandlung dieses blinden Gelehrten wegen. Da der ganze Vorfall im wesentlichen an den Namen Mayers anknüpfte, so kam dieser nochmals in aller Mund, und erlangte auch bei den der Wissenschaft ganz ferne Stehenden eine unerwartete Popularität. Es war wohl eine Folge der geschilderten Vorkommnisse, daß Helmholtz in einer Festrede „Das Denken in der Medizin", die er im nämlichen Jahre in Berlin hielt, eine Reihe sehr scharfer Äußerungen über Hypothesenmacherei, Veröffentlichungen unreifer Arbeiten, und ungerechtfertigte Prioritätsreklamationen vorbrachte, die nicht wohl anders als auf Mayer bezogen werden konnten, und auch allgemein als auf diesen gemünzt betrachtet wurden. Mayer sah sich deshalb an seinem Lebensabende nochmals veranlaßt, in Form einer Rezension dieser Rede, sich in ruhiger und maßvollster Form die gebührende Priorität zu wahren; Dühring aber, den er zu dieser Zeit auch persönlich in Wildbad kennen lernte, sprach er sein lebhaftes Bedauern darüber aus, daß er sich, seine gute Sache verfechtend, in bester Absicht, und doch nutzlos, so große persönliche Unannehmlichkeiten zugezogen habe.

Im Laufe des Jahres 1877 begann Mayer über krankhafte Symptome zu klagen; er erkannte bald selbst, daß sich ein Lungenleiden ausgebildet habe, von dem eine Heilung nicht zu erwarten sei, und ging ruhig und gefaßt dem Ende entgegen. Er starb am 20. März 1878 im Kreise seiner Familie, und wurde zu Heilbronn mit hohen Ehren bestattet. Schon 1892 gelang es, hauptsächlich dank den Bemühungen des „Vereines deutscher

Ingenieure und Architekten", ihm ein Denkmal auf dem Marktplatze seiner Vaterstadt zu enthüllen, und im folgenden Jahre erschien auch die von Weyrauch in pietätvollster Weise besorgte dritte Auflage seiner gesammelten Schriften, und die Ausgabe seines Briefwechsels sowie seiner kleineren Werke.

Das körperliche wie das geistige Denkmal werden das Andenken des großen Heimgegangenen in gebührender Weise der Nachwelt überliefern; möge diese in ihm einen Mann ehren, dessen Geist nicht minder hoch stand als sein edles und reiches Herz. Für die Gemütstiefe Mayers zeuge der Schlußsatz eines Vortrages, den er 1871 für die Invalidenstiftung hielt; in diesem hatte er unter anderem auch die Grundlehren der Darwinschen Theorie auseinandergesetzt, der er mit Achtung, aber ohne Sympathie gegenüberstand, und er beendete seine Darlegung mit folgenden Worten, die um so höher anzuschlagen sind, als er selbst, wie selten einer, alle Bitternisse des Lebens durchgekostet hatte: „Ein Kampf ums Dasein findet allerdings statt, aber nicht der Hunger ist es, es ist nicht der Krieg, und auch nicht der Haß ist es, was die Welt erhält, – es ist die Liebe."

I
Register der geographischen und Eigennamen

(einschließlich der Namen von zitierten Schriftstellern und der Titel anonymer Werke)

II
Sachregister

(Der Raumersparnis wegen ist nicht jedes einzelne Schlagwort aufgenommen; man hat also z. B. ein Gift auch unter „Pflanzen, giftige" oder „Tiere, giftige" aufzusuchen, ein Öl unter „Öle, fette" oder „Öle, ätherische", Zitronensäure unter „Säuren", Rubin unter „Edelsteine", Kiefernharz unter „Harze" u. s. f.)

Schriften
von Prof. Dr. Edmund O. von Lippmann:

Geschichte des Zuckers, seiner Darstellung und Verwendung, seit den ältesten Zeiten bis zum Beginne der Rübenzuckerfabrikation. Ein Beitrag zur Kulturgeschichte. (Leipzig 1890; 474 S.)

Die Entwicklung der Deutschen Zuckerindustrie von 1850 bis 1900. Festschrift zum fünfzigjährigen Bestande des Vereines der Deutschen Zuckerindustrie. (Leipzig 1900; 341 S.)

Die Chemie der Zuckerarten, 3. Aufl. (Braunschweig 1904; 2 Bände, 2004 S.)

Analyse der Rohstoffe, Erzeugnisse und Hilfsprodukte der Zuckerfabrikation. (Berlin 1905, 107 S.; Bd. III von Lunge's „Chemisch-technischen Untersuchungsmethoden", 5. Auflage.)

Ferner:

Gemeinverständliche Nationalökonomische Vorträge; geschichtliche und eigene Forschungen, von weil. **Prof. Dr. Wilhelm Neurath.** Herausgegeben von **Prof. Dr. Edmund O. von Lippmann.** (Braunschweig 1902; 308 S.)

FSC
www.fsc.org
MIX
Papier | Fördert
gute Waldnutzung
FSC® C083411

Kolibri 360 GmbH
Ferdinand-Jühlke-Straße 7
99095 Erfurt, Deutschland
produktsicherheit@kolibri360.de